X線分析の進歩 46

ADVANCES IN X-RAY CHEMICAL ANALYSIS, JAPAN
NO. 46

（X線工業分析50集）

日本分析化学会
X線分析研究懇談会 編

Edited by The Discussion Group of X-Ray Analysis, The Japan Society for Analytical Chemistry

JN161735

（株）アグネ技術センター
Published by AGNE GIJUTSU CENTER

編集 / *Editors*

河合　潤（京都大学）/Jun Kawai (Kyoto University)

林　久史（日本女子大学）/ Hisashi Hayashi (Japan Women's University)

編集委員 / *Editorial Advisory Board*

桜井健次（物質・材料研究機構）/ Kenji Sakurai (National Institute of Materials Science)

高山　透（日鉄住金テクノロジー）/ Toru Takayama (Nippon Steel & Sumikin Technology Co. Ltd.)

辻　幸一（大阪市立大学）/ Kouichi Tsuji (Osaka City University)

中井　泉（東京理科大学）/ Izumi Nakai (Tokyo University of Science)

早川慎二郎（広島大学）/Shinjiro Hayakawa (Hiroshima University)

松尾修司（コベルコ科研）/ Shuji Matsuo (Kobelco Research Institute, Inc.)

村松康司（兵庫県立大学）/ Yasuji Muramatsu (University of Hyogo)

森　良弘（堀場製作所）/ Yoshihiro Mori (HORIBA, Ltd.)

渡部　孝（コベルコ科研）/ Takashi Watanabe (Kobelco Research Institute, Inc.)

編者のことば

　1975年1月号の『ぶんせき』誌55～57ページには，当時X線分析研究懇談会委員長の武内次夫先生が書いた「X線分析研究懇談会について」というインフォメーションが掲載されています．それによると，「本会は昭和35年（1960年）4月，桃木弘三氏（横浜国大工）の提唱によって発足した．当時の名称は「X線工業分析法研究懇談会」．時期的には我が国の高度成長の前夜にあたり，以後の本会でのX線分析装置と分析方法に関する討論は，鉄鋼，セメントなどの基幹産業の工程管理分析をはじめ，各種産業の工業分析法の高度化，自動化の基礎を築いた．また一方，X線機器メーカーには，ユーザーサイドからの提言を行い，発展の方向を示唆し続けてきたと言っても過言ではあるまい．昭和46年（1971年）4月，会の名称を現行の「X線分析研究懇談会」と改めた．本会での討論が「工業分析」の範囲にとどまらなくなったこと，すなわち，生物部門，医薬方面などへの応用分野の拡大があり，一方基礎科学の領域で更に研究，討論を深める必要が痛感されたことなどに起因するものである．」と説明されています．昭和45年以降に会員制となり，年10回程度の例会開催，年1回のX線分析討論会（第7回までは「X線工業分析討論会」），状態分析研究分科会，公害分析・標準試料・試料調製などのテーマでの「パネル討論会」，「講習会」，「勉強会」，『X線分析の進歩』の出版などの事業についても説明されています．部門別・地域別に責任者が決められており，懇談会事務局（東京工業試験所），『X線分析の進歩』（新日鉄，河島磯志），X線分析討論会（明治大学，貴家恕夫），状態分析研究分科会（東芝，合志陽一），東北（東北大金研，広川吉之助），関東（東工試），中部（名工試，椎尾一），関西（関西大，片山佐一），九州（九工試，垣山仁夫）が分担していました．

　昨年（2014年）には東北大片平さくらホールで第50回X線分析討論会が開催され，本集（『X線分析の進歩』第46集）が刊行される2015年3月末で，懇談会が発足して満55年が経過したことになります．上記の武内先生の記事から推察される通り，X線分析討論会と『X線分析の進歩』誌の関係は，設立当初から非常に強いものでした．『進歩』第1集の巻頭言では，武内先生自らが『進歩』について「懇談会の活動の総括」と述べられていますし，第2集までは討論会の要旨を掲載するのが慣例だったようです．『進歩』とX線分析討論会との蜜月は現在も続いており，46集にも，第50回X線分析討論会で依頼講演された2名の先生方による，興味深い総説が掲載されています．

　38集で『進歩』のページが400ページを越えたことを機に，39集から2段組みにしましたが，42集で再度400ページを突破し，以来350ページを割ったことがありません．46集も，最近の充実を反映し，質的にも量的にも読みごたえのあるものに仕上がりました．これも著者の皆様・査読者の協力のおかげと感謝しています．近年，カラー図の投稿が多くなり，著者が負担するカラー印刷費が高額になるため，この1年間にわ

たって出版方法を検討した結果，今号から，著者が論文を掲載する際には高額なカラー印刷費＋別刷代に代わって割安な投稿料を払う投稿料制とし（投稿の手引き参照），また CD-ROM を付録で付けることにもなりました．投稿者の皆様には，暫定版の投稿の手引きをお送りして了承を得ながら編集を進めました．『進歩』の伝統と品質を保ちながら，激変する出版状況とネット環境に対応するための 1 試行とご理解ください．

付録 CD-ROM には冊子の全ページが，連続した 1 つの PDF ファイル（約 100 MB）と，論文ごとの個別ファイルとで 2 重に，カラー図はカラーとして収録されています．紙冊子は全て白黒印刷です．PDF は黄色のハイライトを塗ったり，図をキャプチャーしたり，Acrobat などで自由にページを切り抜きできるフォーマットで収録されています．本『X 線分析の進歩』誌の CD-ROM をご自分のコンピュータにインストール後は，コンピュータ上で黄色のラインマーカーを引きながら，あるいは，書込みをしながら自由に読んでいただくことが可能です（Acrobat などのソフトに依存する）．また，個別の論文なら冊子からコピーを取るようにプリントアウトしていただくことが可能です．著者なら自分のホームページなどに自分の論文をアップロードして公開していただいて構いません．ただし，自分が著者ではない論文を勝手に Web に公開することはしないでください．各論文，文章にはそれぞれ著作権がありますし，出版社にも費用をかけて出版した権利がありますので，X 線分析研究懇談会の出版事業を脅かすような行為――例えば，購入していない人のために複数の論文または冊子全体をコピーして（有料・無料にかかわらず）そのコピーを譲渡するような行為――は慎んでいただき，X 線分析研究の発展への御協力をお願いいたします．

2015 年 3 月
『X 線分析の進歩』共同編集委員長
河合 潤
林 久史

X線分析の進歩 46
(X線工業分析 第50集)

目　次

1. 追悼　Dennis Lindle 教授……………………………………（三菱電機）上原　康……1

I. 総説・解説

2. Low Power Total Reflection X-Ray Fluorescence Spectrometry: A Review
   ……………………………………………………………（京大院工）Ying LIU ……13
3. X線発生装置の原理と設計……………………………（近畿レントゲン）勝部祐一……27
4. 和歌山カレーヒ素事件における頭髪ヒ素鑑定の問題点…………（京大院工）河合　潤……33
5. コメ中カドミウムの分析：原子吸光分析法と蛍光X線分析法
   …………………………（明大研究・知財戦略，明大理工[*]）乾　哲朗，中村利廣[*] ……59
6. 蛍光X線分析の試料調製 —基本と実例—
   …………………………（明大研究・知財戦略，明大理工[*]）市川慎太郎，中村利廣[*] ……77
7. 尾形光琳作 国宝《紅白梅図屏風》の蛍光X線分析による解析の問題点と制作技法の解明
   ……………………………………………………………（箔屋野口）野口　康……97
8. 超伝導直列接合検出器の開発……………………（テクノエックス）倉門雅彦，谷口一雄……111
9. 走査型蛍光エックス線顕微鏡による細胞内元素局在—細胞生物・医学への応用—
   …………………………（国際医療研究セ，阪大院工[*]）志村まり，松山智至[*] ……133
10. ハンドヘルドXRFの機能向上と産業，環境，学術研究分野における役割の拡大
    ……………………………………………………（リガク）野上太郎，牟田史仁……145
11. 多層膜回折格子の放射光への応用—keV領域回折格子分光器ビームラインにおける新展開—
    …………………………（原子力機構）小池雅人，今園孝志，石野雅彦……159
12. 3 GeV高輝度東北放射光計画の概要と光源性能
    …………………………（東北大電子光理学研究セ/東北放射光）濱　広幸……167

II. 原著論文

13. 放射光XRFおよびXAFSを用いた超硬合金肺病理標本中の元素分析
    …………………………（医科歯科大医歯総研，自治医大院医[*]，
    北海道中央労災病院[**]，北大院医[***]）宇尾基弘，和田敬広，杉山知子[*]，中野郁夫[**]，

　　　　　　　　　　　　木村清延＊＊，谷口菜津子＊＊＊，猪又崇志＊＊＊，今野　哲＊＊＊，西村正治＊＊＊……177

14. 実験室用・1結晶型・高分解能X線分光器によるCrとFe化合物の化学状態分析
　　　　　　　　　　　　　　　　　　　　　　　　　　　　　　　　　（日本女子大理）林　久史……187

15. 焦電結晶を用いた投影型電子顕微鏡……（京大院工）大谷一誓，今宿　晋，河合　潤……203

16. 蛍光X線分析法による寒天中のイオンの拡散過程の観察…（福岡教育大化）原田雅章……207

17. 微小部蛍光X線分析装置による海底熱水鉱床産硫化物の化学分析
　　　　　　　　　　　　　　　　（富山大院理工，三和油化＊）丸茂克美，中嶋友哉＊，渡邊祐二……213

18. ルースパウダー蛍光X線分析法によるCO_2貯留対象層のコア試料の迅速定量化への適用
　　（地球環境産業技研，リガク＊）中野和彦，伊藤拓馬，高原晃里＊，森山孝男＊，薛　自求……227

19. フォトンカウンティング法を利用した実験室系結像型蛍光X線顕微鏡
　　　　　　　　　　（筑波大数理）青木貞雄，鬼木　崇，今井裕介，橋爪惇起，渡辺紀生……237

20. 結晶子形状に強い異方性を持つ硫酸カルシウム二水和物のX線回折分析
　　　　　　　　　　　　　　　　　　　　　　　　（リガク）大渕敦司，紺谷貴之，藤縄　剛……245

21. 偏光光学系EDXRFを用いたFP法によるPM2.5の成分分析
　　　　　　　　　　　　　　　　　　　　　（リガク）森川敦史，池田　智，森山孝男，堂井　真……251

22. ポータブル全反射蛍光X線分析装置を用いた野菜中微量ひ素および鉛分析法の検討
　　　　　　　　　　　　　　　　　　　　　　　　　　　（東理大工）国村伸祐，横山達哉……261

23. 共焦点型蛍光X線分析法による置換めっきプロセスのモニタリング
　　　　　　　　　　（大阪市立大院工）北戸雄大，平野新太郎，米谷紀嗣，辻　幸一……269

24. 放射光X線分析を用いた東北地方の法科学土砂データベースの構築と土砂試料の起源推定法の開発
　　　　　　　　　　　　　　　　　　　　　　　　　　　（東理大理，高輝度光科学研究セ＊）
　　　　今　直誓，古谷俊輔，前田一誠，岩井桃子，阿部善也，大坂恵一＊，伊藤真義＊，中井　泉……277

25. 福島県の土壌を用いたCs吸着挙動の研究
　　　　　　　　……（東理大理，東大院理＊）諸岡秀一，阿部善也，小暮敏博＊，中井　泉……293

26. 姫路城いぶし瓦の劣化評価（3）；放射光軟X線吸収分光による表面炭素膜の元素マッピング
　　　　　　　（兵庫県立大院工，LBNL＊）村松康司，村上竜平，Eric M. GULLIKSON＊……309

27. ニュースバル多目的ビームラインBL10における軟X線吸収分析（4）；軟X線吸収分析装置の導入と有機薄膜試料の軟X線吸収・反射率分析
　　　　　　　　　　　　　（兵庫県立大院工，兵庫県立大高度産業科学技研＊）植村智之，
　　村松康司，南部啓太，福山大輝，九鬼真輝＊，原田哲男＊，渡邊健夫＊，木下博雄＊……317

28. 二重湾曲結晶とSDDを用いた多元素同時分析可能な波長分散型蛍光X線分析装置の開発

……………………（テクノエックス）大森崇史，河本恭介，石井秀司，谷口一雄……327

29. エネルギー分散型蛍光X線分析装置による米中のCdスクリーニング法の考え方
 ………………………………………………………（テクノエックス）
 タンタラカーン クリアンカモル，河本恭介，大森崇史 柴沢 恵，石井秀司，谷口一雄……333

30. 簡易な蛍光X線キットによるタンタルの定量………………（信越化学）国谷譲治……339

31. 惑星探査機搭載に向けた蛍光X線分光計の焦電結晶X線発生装置の基礎開発
 ……………………………（早大先進理工*，早大理工学術院総研**）長岡 央*，
 長谷部信行*,**，草野広樹**，大山裕輝*，内藤雅之*，柴村英道**，久野治義**……347

Ⅲ．国際会議報告
32. 第63回デンバーX線会議報告………………………………（リガク）佐藤千晶……355
33. ロシアX線会議とボローニャEXRS2014報告………………（京大院工）河合 潤……359

34. 『蛍光X線分析の実際』（朝倉書店）の訂正願い………………（東理大理）中井 泉……375

Ⅳ．新刊紹介
35. "Worked Examples in X-Ray Analysis" ……………………………………………… 96
36. 「ベーシックマスター 分析化学」………………………………………………………202
37. 「マイクロビームアナリシス・ハンドブック」………………………………………226
38. "Laboratory Micro-X-Ray Fluorescence Spectroscopy, Instrumentation and Applications" …………236
39. "Total-Reflection X-Ray Fluorescence Analysis and Related Methods" ……………268
40. "Street Smart Kids: Common Sense for the Real World" ……………………………326
41. 「「金属」2014/9 臨時増刊号 ハンドヘルド蛍光X線分析の裏技」…………………374

Ⅴ．既掲載X線粉末回折図形索引 No.1 (Vol.8)～No.10 (Vol.18)（物質名と化学式名による）…377

Ⅵ．2014年X線分析のあゆみ
1. X線分析関係国内講演会開催状況……………………………………………………381
2. X線分析研究懇談会講演会開催状況…………………………………………………389
3. X線分析研究懇談会規約…………………………………………………………………399
4. 「X線分析の進歩」投稿の手引き………………………………………………………400
   第9回 浅田榮一賞…………………………………………………………………………403
5. （公社）日本分析化学会X線分析研究懇談会2014年運営委員名簿………………404

Ⅶ．X線分析関連機器資料………………………………………………………………………S1
Ⅷ．既刊総目次……………………………………………………………………………………A1
Ⅸ．X線分析の進歩46 索引……………………………………………………………………B1

ADVANCES IN X-RAY CHEMICAL ANALYSIS, JAPAN
No.46 (2014 Edition)
Edited by the Discussion Group of X-Ray Analysis, the Japan Society for Analytical Chemistry

1. Obituary ··· 1

I. Review Articles

2. Low Power Total Reflection X-Ray Fluorescence Spectrometry: A Review
   Ying LIU ·· 13

3. The Elements and Design of X-Ray Generator
   Yuichi KATSUBE ·· 27

4. Review on Hair Analysis in the Wakayama Arsenic Case
   Jun KAWAI ·· 33

5. Analysis of Cadmium in Rice by Atomic Absorption Spectrometry and X-Ray Fluorescence Spectrometry: A Review
   Tetsuo INUI and Toshihiro NAKAMURA ··· 59

6. Sample Preparation Approaches for X-Ray Fluorescence Analysis
   Shintaro ICHIKAWA and Toshihiro NAKAMURA ····································· 77

7. Review on the X-Ray Fluorescence Analysis on the Figure of "Red and White Plum Blossoms" Screens, a National Treasure, by Korin OGATA
   Yasushi NOGUCHI ··· 97

8. Superconducting Series-Junction Detectors
   Masahiko KURAKADO and Kazuo TANIGUCHI ····································· 111

9. Visualization of Intracellular Elements by Scanning X-Ray Fluorescence Microscopy-Application for Cell Biology and Medicine-
   Mari SHIMURA and Satoshi MATSUYAMA ··· 133

10. Improvement of Handheld XRF and its Expanded Role in Industry, Environment and Academia
    Taro NOGAMI and Fumihito MUTA ·· 145

11. Applications of Multilayered Gratings to Synchrotron Light Sources—New Horizon of Diffraction Grating Monochromators in the keV Region—
    Masato KOIKE, Takashi IMAZONO and Masahiko ISHINO ··················· 159

12. Project of a 3 GeV High Brilliant Tohoku Light Source and Expected Performance
    Hiroyuki HAMA ·· 167

II. Original Papers

13. Elemental Analysis of Histopathological Specimens of Tungsten Carbide Lung Disease Using Synchrotron Radiation XRF and XAFS

Motohiro UO, Takahiro WADA, Tomoko SUGIYAMA, Ikuo NAKANO, Kiyonobu KIMURA, Natsuko TANIGUCHI, Takashi INOMATA, Satoshi KONNO and Masaharu NISHIMURA ······ 177

14. Chemical State Analysis of Cr and Fe Compounds by a Laboratory-use High-Resolution X-Ray Spectrometer with Spherically-bent Crystal Analyzers
    Hisashi HAYASHI ·· 187

15. Projection Type Electron Microscope Using Pyroelectric Crystal
    Issei OHTANI, Susumu IMASHUKU and Jun KAWAI ·· 203

16. X-Ray Fluorescence Observation of Diffusing Ions in Agar
    Masaaki HARADA ·· 207

17. Micro XRF Chemical Analysis of Sulfide Minerals from Seafloor Hydrothermal Deposits
    Katsumi MARUMO, Tomoya NAKASHIMA and Yuji WATANABE ······················· 213

18. Application to Rapid Quantitative Analysis Using Loose Powder X-Ray Fluorescence Analysis for Sediment Cores from Geological CO_2 Sequestration Site
    Kazuhiko NAKANO, Takuma ITO, Hikari TAKAHARA, Takao MORIYAMA and Ziqiu XUE ··· 227

19. A Laboratory-scale Full-field X-Ray Fluorescence Imaging Microscope Using Photon-counting Technique
    Sadao AOKI, Takashi ONIKI, Yuusuke IMAI, Junki HASHIZUME and Norio WATANABE ··· 237

20. X-Ray Diffractometry for Calcium Sulfate Hydrate of Powder Having an Anisotropic Shape
    Atsushi OHBUCHI, Takayuki KONYA and Go FUJINAWA ····································· 245

21. PM2.5 Elemental Analysis with FP Method Using Polarized Optics EDXRF
    Atsushi MORIKAWA, Satoshi IKEDA, Takao MORIYAMA and Makoto DOI ········· 251

22. Study of an Analytical Method to Determine Trace Amounts of As and Pb in Vegetables Using a Portable Total Reflection X-Ray Fluorescence Spectrometer
    Shinsuke KUNIMURA and Tatsuya YOKOYAMA ··· 261

23. Confocal Micro XRF Monitoring of Displacement Plating Process
    Yuta KITADO, Shintaro HIRANO, Noritsugu KOMETANI and Kouichi TSUJI ······· 269

24. Construction of Forensic Soil Database of the Tohoku Region in Japan by Using Synchrotron Radiation X-Ray Analysis and Development of a Provenance Estimation Method of the Soil Samples
    Naochika KON, Shunsuke FURUYA, Issei MAEDA, Momoko IWAI, Yoshinari ABE, Keiichi OSAKA, Masayoshi ITOU and Izumi NAKAI ·· 277

25. Cs-adsorption Behavior of Soil Samples Collected in Fukushima Prefecture
    Syuuichi MOROOKA, Yoshinari ABE, Toshihiro KOGURE and Izumi NAKAI ········ 293

26. Evaluation of the Weathered Japanese Roof Tiles of Himeji Castle (3); Elemental Mapping of the Surface Carbon Films by Soft X-Ray Absorption Spectroscopy
    Yasuji MURAMATSU, Ryohei MURAKAMI and Eric M. GULLIKSON ················ 309

27. Soft X-Ray Absorption Analysis in the Multi-Purpose Beamline BL10 at New SUBARU (4); Development of a Soft X-Ray Absorption Station and the Soft-X-Ray-Absorption/X-Ray-Reflectivity Analysis of Organic Thin Films

   Tomoyuki UEMURA, Yasuji MURAMATSU, Keita NAMBU, Daiki FUKUYAMA, Masaki KUKI,
   Tetsuo HARADA, Takeo WATANABE and Hiroo KINOSHITA··············317

28. Development of the Novel WDXRF Apparatus with DCCs and an SDD for Simultaneous Analyses on Multi Elements
   Takashi OMORI, Kyosuke KOHMOTO, Hideshi ISHII and Kazuo TANIGUCHI··············327

29. Approach on Screening Analysis of Cadmium Concentrations in Rice Grain Samples by an Energy Dispersive X-Ray Fluorescence Spectrometer
   Kriengkamol TANTRAKARN, Kyosuke KOHMOTO, Takashi OMORI, Megumi SHIBASAWA,
   Hideshi ISHII and Kazuo TANIGUCHI··············333

30. A Study of Quantitative Analysis of Tantalum with a Mini XRF Kit
   Joji KUNIYA··············339

31. The Development of X-Ray Generator with a Pyroelectric Crystal for Future Planetary Exploration
   Hiroshi NAGAOKA, Nobuyuki HASEBE, Hiroki KUSANO, Yuki OYAMA, Masayuki NAITO,
   Eido SHIBAMURA and Haruyoshi KUNO··············347

III. Conference Reports

32. 2014 Denver X-Ray Conference··············Chiaki SATO···355
33. Report on 8th Russian Conference on X-Ray Spectrometry (Irkutsk) and European X-Ray Spectrometry Conference (Bologna)··············Jun KAWAI···359

34. Errata··············Izumi NAKAI···375

IV. Book Reviews

35. "Worked Examples in X-Ray Analysis"··············96
36. "Basic Master Series ANALYTICAL CHEMISTRY"··············202
37. "Microbeam Analysis"··············226
38. "Laboratory Micro-X-Ray Fluorescence Spectroscopy, Instrumentation and Applications"··············236
39. "Total-Reflection X-Ray Fluorescence Analysis and Related Methods"··············268
40. "Street Smart Kids: Common Sense for the Real World"··············326
41. "Hand-held X-Ray Fluorescence Analysis"··············374

V. Standard Powder Diffraction Data, Cumulative Index to Volumes. 8, 9, 10, 11, 12, 13, 14, 15, 16, 18······377

VI. Annual Report for X-Ray Analysis in Japan 2014

 1. Meetings on X-Ray Analysis held in Japan in 2014··············381
 2. Meetings held by the Discussion Group of X-Ray Analysis in 2014··············389
 3. Rules of Discussion Group of X-Ray Analysis, the Japan Society for Analytical Chemistry··············399
 4. Manuscript Requirements for Advances in X-Ray Chemical Analysis, Japan··············400
   The Asada Award··············403
 5. Organizing Committee Members (2014)··············404

VII. Information Bulletin on Instruments for X-Ray Analysis··············S1

VIII. The Contents of Advances in X-Ray Chemical Analysis, Japan (1964 Edition-2014 Edition)··············A1

IX. Index to Volume 46··············B1

追悼　Dennis Lindle 教授

上原　康

Dennis W.Lindle
(by courtesy of Shane Bevell, Director of Communications, College of Sciences, UNLV)

　原子・分子を対象としたX線分光研究のパイオニアで，日本の軟X線分光関係者にも関係が深いDennis Lindle教授が2014年10月5日に急逝された．筆者（上原）は，1995年10月からの1年間，客員研究員として，米国California州の放射光施設Advanced Light Source（ALS）に滞在した．その時に，客員研究員としての地位，すなわちビザ発給の手配をしてくれたのがLindle教授であり，20年近くの知己を得たことになる．ALSで筆者を直接指導いただいたDr. Pereraの協力を得て，Lindle氏の偉業と人柄を振り返り，感謝と追悼の意を表したいと思う．

　Lindle氏は，1956年12月，米国中西部のIndiana州生まれ．高校時代の物理と化学の教師に強い影響を受け，その頃から物理化学の道に進むことを決意された．名門州立大学であるIndiana大学でレーザー分子分光を学んだ後，1978年からUC BerkeleyのDavid Shirley教授の指導の下に入り，分子分光をX線の領域に広げて研究を続け，1983年に化学のPhDを取得している．Shirley教授は，Lindle氏が学生となる前から，UC Berkeleyのキャンパスから連なる丘の中腹にあるLawrence Berkeley国立研究所（LBNL）の研究リーダーが本務で，1980年には研究所長併任となった．Lindle氏は，博士課程の学生生活を主にLBNL内で送り，各種実験を主導するだけでなく，Shirley所長の右腕として，新しいシンクロトロン放射光施設をLBNLに建設するための申請書作成に尽力された．それが，今日のALSである．ALSは，世界初の第3世代放射光施設であり，稼働開始から2013年で20年を迎えた．今日でも軟X線領域で第一級の研究成果を輩出しているが，Lindle氏はその生みの親の一人とも言える．

　Lindle氏は，1986年から，米国東海岸のアメリカ国立標準技術研究所（National Institute of Standards and Technology, NIST）の研究員として研究を続けられた後，1991年に化学科の助教授としてNevada大学Las Vegas校（UNLV）に着任された．NISTにてPerera氏と知り合い，共に気体のX線分光研究に従事した．Perera氏

追悼　Dennis Lindle 教授

がLBNLのX線光学素子研究センター（Center for X-ray Optics, CXRO）に異動後は，お二人が二人三脚で，ALSのビームライン9.3.1の構築を主導された．Lindle氏は，20年以上に亘るUNLVの化学科教授としての在任中，学科長を2回務められた他，2013年には大学からDistinguished Professorの称号を受けている．この称号は，大学が現職教員に向けた最高の栄誉であり，教育者，研究者そして大学運営者として，Lindle氏が如何に大学全体から信頼されていたかが分かる．Lindle氏は，今年（2014年）はサバティカルイヤーとして教育の場を離れ，ALSやフランスでの実験を中心に，研究生活に集中しておられた．ALSのユーザーズミーティング出席のため，亡くなられた直前はBerkeley近郊に滞在中であったが，心臓発作で滞在先の家の中で倒れ，共に滞在していた友人が外出先から戻ったときには既に亡くなっていたそうである．

　Lindle氏の研究は，希ガス原子や少数原子で構成される小型気体分子とX線との相互作用に集約される．筆者を含め，本冊子の投稿者や読者の大部分は，固体や液体がX線分析の研究対象としていると考える．それら対象はいずれもX線を吸収或いは散乱する原子の周囲環境が複雑であり，光吸収現象も複雑になるが，気体分子は空間に孤立しているため，当該分子と光子のシンプルな相互作用を捉えることができる．EAXFSの古典的教科書には，X線吸収端以降の波打ち現象が最近接原子による光電子波の干渉である，ということを説明するために，クリプトン（Kr）ガスと臭素（Br_2）ガスのX線吸収スペクトルの違いが示されている．物質における種々の物理現象の理解は，気体状態で生じる現象の正確な実験と結果の解釈が基本になっ

ており，固体や液体を対象としている研究者も，気体分光の果実を享受しているということを忘れてはいけないと思う．気体分子とX線との相互作用とはいわゆる光電効果のことであるが，X線は分子結合を切断するのに十分なエネルギーを有することから，X線の吸収と発光（蛍光X線）に加えて光解離現象の研究も含まれる．

　これらの実験研究を行うため，Lindle氏のグループは，ALSにビームラインBL9.3.1を構築した．筆者のALS滞在時は丁度このビームラインの立ち上げ時期で，光軸調整や実測強度，エネルギー分解能の評価実験を担当した．偏向電磁石からのX線を前置ミラーで平行化して2結晶分光器に導き，単色化されたX線は後置ミラーで集光されて測定点に導かれる構成で，終端までBe窓等が無い．2.3〜5.6 keVのエネルギー領域に1eV以下のエネルギー幅で10^{11} photons/secのX線を得ることができる．このエネルギー領域には，硫黄（S）や塩素（Cl）のK吸収端があり，HClやSF_6或いは塩化メチルなどが研究対象となる．ビームライン終端には，磁場集束型の質量分析計，高分解能発光分析装置などが取り付けられ，気体のX線吸収に伴う解離や発光スペクトルの測定が行える．また最近，Lindle氏のグループは，放射光の単一偏光性を利用した光学異方体を対象とした研究を進めている．これら気体分光の実験を容易にするため，ALSは年に何週かを単バンチでの運転に振り向けている．この期間は，リングの総蓄積電流がマルチバンチ時に比べて1/10以下になるため，固体を対象とした実験者は手持無沙汰となるが，逆に気体を対象とした原子・分子分光の研究者が世界中からALSに集まってくる．なお，全世界的に数少ない上記エネルギー領域をカバーするBL9.3.1は，固体分光にもビー

ムタイムが開放されており,塩素や硫黄を含む固体のみならず,ニオブ(^{41}Nb)からキセノン(^{54}Xe)のL吸収端の測定を行うことができる.

Lindle氏のグループは,自ら"XAMS (X-ray Atomic & Molecule Science program)"チームと名乗っている.写真1に示したのが現在のUNLV学内メンバーで,1名のポスドクと2名の学生が含まれる.また,フランスを中心としたヨーロッパの研究者との繋がりも深く,実験研究の場も双方がALSやフランスの放射光研究所"LURE (Lab d'Utilisation du Rayonnement. Electromagnetique)"を行き来するといった関係にある.日本の原子・分子分光研究者との相互交流はそれほど密ではなかったようだが,筆者がALSに滞在した後の1998年頃から軟X線分光という切り口で関係が深まり,ALSでの実験でも複数名の研究者がお世話になっている.2010年にハワイで開催された環太平洋国際化学会議(Pacifichem2010)では,写真2に示したように,兵庫県立大の村松教授が主催されたシンポジウムにおいて,"Application of resonant inelastic X-ray scattering to molecules and solids"という表題で特別講演を担当された.

Lindle氏は,研究や教育に熱心なだけでな

写真1 Lindle研究チーム(左端がLindle氏).

写真2 Pacifichem2010でのLindle氏
(左:シンポジウム集合写真,前列中央がLindle氏. 右:特別講演中のLindle氏).

く，ワインへの造詣が深く，また演劇の大ファンであった．San Francisco を中心とする Bay Area にはいくつかの劇場があるが，Lindle 氏は 2 つの劇場のシーズン会員となっていたそうで，Berkeley に来るときには，必ずと言って良いほど劇場通いも兼ねていた．また，Perera 氏や私と食事をするとき，ワインの選択は必ず Lindle 氏であった．公式死亡日の前日（10 月 4 日）も，Berkeley 近郊で開かれた "Pleasant Hill Art, Wine & Jazz festival" で Dr. Perera とワインテイスティングを楽しむ予定だったが，Lindle 氏は会場に現れなかったとのこと．恐らく，既にこの時に，倒れておられたと思われる．

　Lindle 氏の追悼式は，11 月 8 日に Berkeley 近くの Martinez にて Dr. Perera らが主催して，11 月 16 日にはお父上やご兄弟が住まわれる Indianapolis で，そして 12 月 8 日には UNLV キャンパスにて，それぞれ行われた．享年 57 歳，若過ぎる死である．ご本人は，サバティカルイヤー後の計画も，色々と立てておられたと推察するが，後進の研究グループメンバーが，必ず立派に引き継いでいかれることと思う．また，今後とも，ALS に訪れる方は，施設の設立に尽力された Lindle 氏のことを，少しでも想っていただければ幸いである．

　Perera 氏は，Lindle 氏の訃報を真っ先に知らせてくださり，氏との思い出等も教えていただいた．また，兵庫県立大学の村松教授からは，写真 2 を提供いただいた．ご両名への謝辞と共に，筆をおく．

AIP 刊行物：

AIP01　D. A. Shirley, P. H. Kobrin, D. W. Lindle, C. M. Truesdale, S. H. Southworth, U. Becker and H. G. Kerkhoff, Resonance and Threshold Effects in Photoemission up to 3500 eV, *AIP Conf. Proc.*, **94**, 569 (1982).

AIP02　S. Southworth, C. M. Truesdale, P. H. Kobrin, D. W. Lindle, W. D. Brewer and D. A. Shirley, Photoionization cross sections and photoelectron asymmetries of the valence orbitals of NO, *J. Chem. Phys.*, **76**, 143 (1982).

AIP03　C. M. Truesdale, S. Southworth, P. H. Kobrin, D. W. Lindle, G. Thornton and D. A. Shirley, Photoelectron angular distributions of H_2O, *J. Chem. Phys.*, **76**, 860 (1982).

AIP04　C. M. Truesdale, S. Southworth, P. H. Kobrin, D. W. Lindle and D. A. Shirley, Photoelectron angular distributions of the N_2O outer valence orbitals in the 19-31 eV photon energy range, *J. Chem. Phys.*, **78**, 7117 (1983).

AIP05　C. M. Truesdale, D. W. Lindle, P. H. Kobrin, U. E. Becker, H. G. Kerkhoff, P. A. Heimann, T. A. Ferrett and D. A. Shirley, Core-level photoelectron and Auger shape-resonance phenomena in CO, CO_2, CF_4, and OCS, *J. Chem. Phys.*, **80**, 2319 (1984).

AIP06　D. W. Lindle, C. M. Truesdale, P. H. Kobrin, T. A. Ferrett, P. A. Heimann, U. Becker, H. G. Kerkhoff and D. A. Shirley, Nitrogen K-shell photoemission and Auger emission from N_2 and NO, *J. Chem. Phys.*, **81**, 5375 (1984).

AIP07　M. N. Piancastelli, D. W. Lindle, T. A. Ferrett and D. A. Shirley, The relationship between shape resonances and bond lengths, *J. Chem. Phys.*, **86**, 2765 (1987).

AIP08　M. N. Piancastelli, D. W. Lindle, T. A. Ferrett and D. A. Shirley, Reply to the "Comment on 'The relationship between shape resonances and bond lengths'", *J. Chem. Phys.*, **87**, 3255 (1987).

AIP09　T. A. Ferrett, D. W. Lindle, P. A. Heimann, M. N. Piancastelli, P. H. Kobrin, H. G. Kerkhoff, U. Becker, W. D. Brewer and D. A. Shirley, Shape-resonant and many-electron effects in the S 2p photoionization of SF_6, *J. Chem. Phys.*, **89**, 4726 (1988).

AIP10　L. J. Medhurst, T. A. Ferrett, P. A. Heimann, D. W. Lindle, S. H. Liu and D. A. Shirley, Observation of correlation effects in zero kinetic energy electron spectra near the N1s and C1s thresholds in N_2, CO, C_6H_6, and C_2H_4, *J. Chem. Phys.*, **89**, 6096 (1988).

AIP11 M. N. Piancastelli, T. A. Ferrett, D. W. Lindle, L. J. Medhurst, P. A. Heimann, S. H. Liu and D. A. Shirley, Resonant processes above the carbon 1s ionization threshold in benzene and ethylene, *J. Chem. Phys.*, **90**, 3004 (1989).

AIP12 P. L. Cowan, S. Brennan, T. Jach, D. W. Lindle and B. A. Karlin, Performance of a high-energy-resolution, tender x-ray synchrotron radiation beamline (invited), *Rev. Sci. Instrum.*, **60**, 1603 (1989).

AIP13 S. Brennan, P. L. Cowan, R. D. Deslattes, A. Henins, D. W. Lindle and B. A. Karlin, Performance of a tuneable secondary x-ray spectrometer, *Rev. Sci. Instrum.*, **60**, 2243 (1989).

AIP14 G. Jones, S. Ryce, D. W. Lindle, B. A. Karlin, J. C. Woicik and R. C. C. Perera, Design and performance of the Advanced Light Source double-crystal monochromator, *Rev. Sci. Instrum.*, **66**, 1748 (1995).

AIP15 R. C. C. Perera, G. Jones and D. W. Lindle, High-brightness beamline for x-ray spectroscopy at the advanced light source, *Rev. Sci. Instrum.*, **66**, 1745 (1995).

AIP16 W. Ng, G. Jones, R. C. C. Perera, D. Hansen, J. Daniels, O. Hemmers, P. Glans, S. Whitfield, H. Wang and D. W. Lindle, First results from the high brightness x-ray spectroscopy beamline 9.3.1 at ALS, *Rev. Sci. Instrum.*, **67**, 3374 (1996).

AIP17 O. Hemmers, S. B. Whitfield, P. Glans, H. Wang, D. W. Lindle, R. Wehlitz and I. A. Sellin, High-resolution electron time-of-flight apparatus for the soft x-ray region, *Rev. Sci. Instrum.*, **69**, 3809 (1998).

AIP18 D. W. Lindle, O. A. Hemmers, H. Wang, P. Focke, I. A. Sellin, J. D. Mills, J. A. Sheehy and P. W. Langhoff, Beyond the dipole approximation: Angular distribution effects in the 1s photoemission from small molecules, *AIP Conf. Proc.*, **500**, 156 (2000).

AIP19 O. A. Hemmers, H. Wang, D. W. Lindle, P. Focke, I. A. Sellin, J. D. Mills, J. A. Sheehy and P. W. Langhoff, Beyond the dipole approximation: Angular-distribution effects in the 1s photoemission from small molecules, *AIP Conf. Proc.*, **506**, 222 (2000).

AIP20 O. A. Hemmers and D. W. Lindle, Photoelectron spectroscopy and the dipole approximation, *AIP Conf. Proc.*, **576**, 189 (2001).

AIP21 M. N. Piancastelli, W. C. Stolte, G. Öhrwall, S.-W. Yu, D. Bull, K. Lantz, A. S. Schlachter and D. W. Lindle, Fragmentation processes following core excitation in acetylene and ethylene by partial ion yield spectroscopy, *J. Chem. Phys.*, **117**, 8264 (2002).

AIP22 P. Nachimuthu, J. H. Underwood, C. D. Kemp, E. M. Gullikson, D. W. Lindle, D. K. Shuh and R. C. C. Perera, Performance Characteristics of Beamline 6.3.1 from 200 eV to 2000 eV at the Advanced Light Source, *AIP Conf. Proc.*, **705**, 454 (2004).

AIP23 P. Nachimuthu, S. Thevuthasan, V. Shutthanandan, E. M. Adams, W. J. Weber, B. D. Begg, D. K. Shuh, D. W. Lindle, E. M. Gullikson and R. C. C. Perera, Near-edge x-ray absorption fine-structure study of ion-beam-induced phase transformation in $Gd_2(Ti_{1-y}Zn_y)_2O_7$, *J. Appl. Phys.*, **97**, 033518 (2005).

AIP24 R. Guillemin, W. C. Stolte, L. T. N. Dang, S.-W. Yu and D. W. Lindle, Fragmentation dynamics of H_2S following S 2p photoexcitation, *J. Chem. Phys.*, **122**, 094318 (2005).

AIP25 M. N. Piancastelli, W. C. Stolte, R. Guillemin, A. Wolska, S.-W. Yu, M. M. Sant'Anna and D. W. Lindle, Anion and cation-yield spectroscopy of core-excited SF_6, *J. Chem. Phys.*, **122**, 094312 (2005).

AIP26 D. Céolin, M. N. Piancastelli, R. Guillemin, W. C. Stolte, S.-W. Yu, O. Hemmers and D. W. Lindle, Fragmentation of methyl chloride studied by partial positive and negative ion-yield spectroscopy, *J. Chem. Phys.*, **126**, 084309 (2007).

AIP27 A. C. Hudson, W. C. Stolte, D. W. Lindle and R. Guillemin, Design and performance of a curved-crystal x-ray emission spectrometer, *Rev. Sci. Instrum.*, **78**, 053101 (2007)

AIP28 M. N. Piancastelli, W. C. Stolte, R. Guillemin, A. Wolska and D. W. Lindle, Photofragmentation of SiF_4 upon Si 2p and F 1s core excitation: Cation and anion yield spectroscopy, *J. Chem. Phys.*, **128**, 134309 (2008).

AIP29 M. N. Piancastelli, W. C. Stolte, R. Guillemin, A. Wolska and D. W. Lindle, Photofragmentation of SiF_4

upon Si 2p and F 1s core excitation: Cation and anion yield spectroscopy, *J. Chem. Phys.*, **128**, 134309 (2008).

AIP30　D. Céolin, M. N. Piancastelli, W. C. Stolte and D. W. Lindle, Partial ion yield spectroscopy around the Cl 2p and C 1s ionization thresholds in CF_3Cl, *J. Chem. Phys.*, **131**, 244301 (2009).

AIP31　W. C. Stolte, I. Dumitriu, S.-W. Yu, G. Öhrwall, M. N. Piancastelli and D. W. Lindle, Fragmentation properties of three-membered heterocyclic molecules by partial ion yield spectroscopy: C_2H_4O and C_2H_4S, *J. Chem. Phys.*, **131**, 174306 (2009).

AIP32　L. El Khoury, L. Journel, R. Guillemin, S. Carniato, W. C. Stolte, T. Marin, D. W. Lindle and M. Simon, Resonant inelastic x-ray scattering of methyl chloride at the chlorine K edge, *J. Chem. Phys.*, **136**, 024319 (2012).

AIP33　S. Carniato, P. Selles, L. Journel, R. Guillemin, W. C. Stolte, L. El Khoury, T. Marin, F. Gel'mukhanov, D. W. Lindle and M. Simon, Thomson-resonant interference effects in elastic x-ray scattering near the Cl K edge of HCl, *J. Chem. Phys.*, **137**, 094311 (2012).

AIP34　S. Carniato, L. Journel, R. Guillemin, M. N. Piancastelli, W. C. Stolte, D. W. Lindle and M. Simon, A new method to derive electronegativity from resonant inelastic x-ray scattering, *J. Chem. Phys.*, **137**, 144303 (2012).

AIP35　K. P. Bowen, W. C. Stolte, A. F. Lago, J. Z. Dávalos, M. N. Piancastelli and D. W. Lindle, Partial-ion-yield studies of $SOCl_2$ following x-ray absorption around the S and Cl K edges, *J. Chem. Phys.*, **137**, 204313 (2012).

APS 刊行物：

APS01　P. H. Kobrin, U. Becker, S. Southworth, C. M. Truesdale, D. W. Lindle, and D. A. Shirley, Autoionizing resonance profiles in the photoelectron spectra of atomic cadmium, *Phys. Rev.*, **A 26**, 842 (1982).

APS02　P. H. Kobrin, P. A. Heimann, H. G. Kerkhoff, D. W. Lindle, C. M. Truesdale, T. A. Ferrett, U. Becker, and D. A. Shirley, Photoelectron measurements of the mercury 4f, 5p, and 5d subshells, *Phys. Rev.*, **A 27**, 3031 (1983).

APS03　S. Southworth, U. Becker, C. M. Truesdale, P. H. Kobrin, D. W. Lindle, S. Owaki, and D. A. Shirley, Electron-spectroscopy study of inner-shell photoexcitation and ionization of Xe, *Phys. Rev.*, **A 28**, 261 (1983).

APS04　C. M. Truesdale, S. H. Southworth, P. H. Kobrin, U. Becker, D. W. Lindle, H. G. Kerkhoff, and D. A. Shirley, Shape Resonance Phenomena in CO Following K-Shell Photoexcitation, *Phys. Rev. Lett.*, **50**, 1265 (1983).

APS05　P. H. Kobrin, S. Southworth, C. M. Truesdale, D. W. Lindle, U. Becker, and D. A. Shirley, Threshold measurements of the K-shell photoelectron satellites in Ne and Ar, *Phys. Rev.*, **A 29**, 194 (1984).

APS06　D. W. Lindle, P. H. Kobrin, C. M. Truesdale, T. A. Ferrett, P. A. Heimann, H. G. Kerkhoff, U. Becker, and D. A. Shirley, Inner-shell photoemission from the iodine atom in CH_3I, *Phys. Rev.*, **A 30**, 239 (1984).

APS07　P. A. Heimann, C. M. Truesdale, H. G. Kerkhoff, D. W. Lindle, T. A. Ferrett, C. C. Bahr, W. D. Brewer, U. Becker, and D. A. Shirley, Valence photoelectron satellites of neon, *Phys. Rev.*, **A 31**, 2260 (1985).

APS08　D. W. Lindle, T. A. Ferrett, U. Becker, P. H. Kobrin, C. M. Truesdale, H. G. Kerkhoff, and D. A. Shirley, Photoionization of helium above the He+(n = 2) threshold: Autoionization and final-state symmetry, *Phys. Rev.*, **A 31**, 714 (1985).

APS09　D. W. Lindle, P. A. Heimann, T. A. Ferrett, P. H. Kobrin, C. M. Truesdale, U. Becker, H. G. Kerkhoff, and D. A. Shirley, Photoemission from the 3d and 3p subshells of Kr, *Phys. Rev.*, **A 33**, 319 (1986).

APS10　D. W. Lindle, T. A. Ferrett, P. A. Heimann, and D. A. Shirley, Increasing quantum yield of sodium salicylate above 80 eV photon energy: Implications for photoemission cross sections, *Phys. Rev.*, **A 34**, 1131 (1986).

APS11　T. A. Ferrett, D. W. Lindle, P. A. Heimann, H. G. Kerkhoff, U. E. Becker, and D. A. Shirley, Sulfur 1s core-level photoionization of SF_6, *Phys. Rev.*, **A 34**, 1916 (1986).

APS12　U. Becker, H. G. Kerkhoff, D. W. Lindle,

P. H. Kobrin, T. A. Ferrett, P. A. Heimann, C. M. Truesdale, and D. A. Shirley, Orbital-collapse effects in photoemission from atomic Eu, *Phys. Rev.*, **A 34**, 2858 (1986).

APS13 P. A. Heimann, U. Becker, H. G. Kerkhoff, B. Langer, D. Szostak, R. Wehlitz, D. W. Lindle, T. A. Ferrett, and D. A. Shirley, Helium and neon photoelectron satellites at threshold, *Phys. Rev.*, **A 34**, 3782 (1986).

APS14 D. W. Lindle, P. A. Heimann, T. A. Ferrett, and D. A. Shirley, Helium photoelectron satellites: Low-energy behavior of the n = 3−5 lines, *Phys. Rev.*, **A 35**, 1128 (1987).

APS15 D. W. Lindle, P. A. Heimann, T. A. Ferrett, M. N. Piancastelli, and D. A. Shirley, Photoemission study of Kr 3d→np autoionization resonances, *Phys. Rev.*, **A 35**, 4605 (1987).

APS16 D. W. Lindle, T. A. Ferrett, P. A. Heimann, and D. A. Shirley, Complete photoemission study of the He 1s2→3s3p autoionizing resonance, *Phys. Rev.*, **A 36**, 2112 (1987).

APS17 T. A. Ferrett, D. W. Lindle, P. A. Heimann, W. D. Brewer, U. Becker, H. G. Kerkhoff, and D. A. Shirley, Lithium 1s main-line and satellite photoemission: Resonant and nonresonant behavior, *Phys. Rev.*, **A 36**, 3172 (1987).

APS18 D. W. Lindle, T. A. Ferrett, P. A. Heimann, and D. A. Shirley, Photoemission from Xe in the vicinity of the 4d Cooper minimum, *Phys. Rev.*, **A 37**, 3808 (1988).

APS19 D. W. Lindle, L. J. Medhurst, T. A. Ferrett, P. A. Heimann, M. N. Piancastelli, S. H. Liu, D. A. Shirley, T. A. Carlson, P. C. Deshmukh, G. Nasreen, and S. T. Manson, Angle-resolved photoemission from the Ar 2p subshell, *Phys. Rev.*, **A 38**, 2371 (1988).

APS20 T. A. Ferrett, M. N. Piancastelli, D. W. Lindle, P. A. Heimann, and D. A. Shirley, Si 2p and 2s resonant excitation and photoionization in SiF_4, *Phys. Rev.*, **A 38**, 701 (1988).

APS21 D. W. Lindle, P. L. Cowan, R. E. LaVilla, T. Jach, R. D. Deslattes, B. Karlin, J. A. Sheehy, T. J. Gil, and P. W. Langhoff, Polarization of molecular x-ray fluorescence, *Phys. Rev. Lett.*, **60**, 1010 (1988).

APS22 Thomas A. Carlson, David R. Mullins, Charles E. Beall, Brian W. Yates, James W. Taylor, Dennis W. Lindle, B. P. Pullen, and Frederick A. Grimm, Unusual degree of angular anisotropy in the resonant Auger spectrum of Kr, *Phys. Rev. Lett.*, **60**, 1382 (1988).

APS23 Thomas A. Carlson, David R. Mullins, Charles E. Beall, Brian W. Yates, James W. Taylor, Dennis W. Lindle, B. P. Pullen, and Frederick A. Grimm, Unusual degree of angular anisotropy in the resonant Auger spectrum of Kr, *Phys. Rev. Lett.*, **60**, 1382 (1988).

APS24 U. Becker, B. Langer, H. G. Kerkhoff, M. Kupsch, D. Szostak, R. Wehlitz, P. A. Heimann, S. H. Liu, D. W. Lindle, T. A. Ferrett, and D. A. Shirley, Observation of many new argon valence satellites near threshold, *Phys. Rev. Lett.*, **60**, 1490 (1988).

APS25 Thomas A. Carlson, David R. Mullins, Charles E. Beall, Brian W. Yates, James W. Taylor, Dennis W. Lindle, and Frederick A. Grimm, Angular distribution of ejected electrons in resonant Auger processes of Ar, Kr, and Xe, *Phys. Rev.*, **A 39**, 1170 (1989).

APS26 Thomas A. Carlson, David R. Mullins, Charles E. Beall, Brian W. Yates, James W. Taylor, Dennis W. Lindle, and Frederick A. Grimm, Angular distribution of ejected electrons in resonant Auger processes of Ar, Kr, and Xe, *Phys. Rev.*, **A 39**, 1170 (1989).

APS27 J. C. Levin, C. Biedermann, N. Keller, L. Liljeby, C. -S. O, R. T. Short, I. A. Sellin, and D. W. Lindle, Argon-photoion−Auger-electron coincidence measurements following K-shell excitation by synchrotron radiation, *Phys. Rev. Lett.*, **65**, 988 (1990).

APS28 R. Mayer, D. W. Lindle, S. H. Southworth, and P. L. Cowan, Direct determination of molecular orbital symmetry of H_2S using polarized x-ray emission, *Phys. Rev.*, **A 43**, 235 (1991).

APS29 D. W. Lindle, P. L. Cowan, T. Jach, R. E. LaVilla, R. D. Deslattes, and R. C. C. Perera, Polarized x-ray emission studies of methyl chloride and the chlorofluoromethanes, *Phys. Rev.*, **A 43**, 2353 (1991).

APS30 R. C. C. Perera, P. L. Cowan, D. W. Lindle, R. E. LaVilla, T. Jach, and R. D. Deslattes, Molecular-orbital studies via satellite-free x-ray fluorescence: Cl K absorption and K-valence-level emission spectra of chlorofluoromethanes, *Phys. Rev.*, **A 43**, 3609 (1991).

APS31   Li-Qiong Wang, Z. Hussain, Z. Q. Huang, A. E. Schach von Wittenau, D. W. Lindle, and D. A. Shirley, Surface structure of $\sqrt{3}\times\sqrt{3}\ R30°$ Cl/Ni(111) determined using low-temperature angle-resolved photoemission extended fine structure, *Phys. Rev.*, **B 44**, 13711 (1991).

APS32   S. H. Southworth, D. W. Lindle, R. Mayer, and P. L. Cowan, Anisotropy of polarized x-ray emission from molecules, *Phys. Rev. Lett.*, **67**, 1098 (1991).

APS33   J. C. Levin, D. W. Lindle, N. Keller, R. D. Miller, Y. Azuma, N. Berrah Mansour, H. G. Berry, and I. A. Sellin, Measurement of the ratio of double-to-single photoionization of helium at 2.8 keV using synchrotron radiation, *Phys. Rev. Lett.*, **67**, 968 (1991).

APS34   J. C. Levin, I. A. Sellin, B. M. Johnson, D. W. Lindle, R. D. Miller, N. Berrah, Y. Azuma, H. G. Berry, and D.-H. Lee, High-energy behavior of the double photoionization of helium from 2 to 12 keV, *Phys. Rev.*, **A 47**, R16(R) (1993).

APS35   E. W. B. Dias, H. S. Chakraborty, P. C. Deshmukh, Steven T. Manson, O. Hemmers, P. Glans, D. L. Hansen, H. Wang, S. B. Whitfield, D. W. Lindle, R. Wehlitz, J. C. Levin, I. A. Sellin, and R. C. C. Perera, Breakdown of the Independent Particle Approximation in High-Energy Photoionization, *Phys. Rev. Lett.*, **78**, 4553 (1997).

APS36   J. D. Mills, J. A. Sheehy, T. A. Ferrett, S. H. Southworth, R. Mayer, D. W. Lindle, and P. W. Langhoff, Nondipole Resonant X-Ray Raman Spectroscopy: Polarized Inelastic Scattering at the K Edge of Cl_2, *Phys. Rev. Lett.*, **79**, 383 (1997).

APS37   D. L. Hansen, M. E. Arrasate, J. Cotter, G. R. Fisher, K. T. Leung, J. C. Levin, R. Martin, P. Neill, R. C. C. Perera, I. A. Sellin, M. Simon, Y. Uehara, B. Vanderford, S. B. Whitfield, and D. W. Lindle, Neutral dissociation of hydrogen following photoexcitation of HCl at the chlorine K edge, *Phys. Rev.*, **A 57**, 2608 (1998).

APS38   D. L. Hansen, G. B. Armen, M. E. Arrasate, J. Cotter, G. R. Fisher, K. T. Leung, J. C. Levin, R. Martin, P. Neill, R. C. C. Perera, I. A. Sellin, M. Simon, Y. Uehara, B. Vanderford, S. B. Whitfield, and D. W. Lindle, Postcollision-interaction effects in HCl following photofragmentation near the chlorine K edge, *Phys. Rev.*, **A 57**, R4090(R) (1998).

APS39   D. L. Hansen, M. E. Arrasate, J. Cotter, G. R. Fisher, O. Hemmers, K. T. Leung, J. C. Levin, R. Martin, P. Neill, R. C. C. Perera, I. A. Sellin, M. Simon, Y. Uehara, B. Vanderford, S. B. Whitfield, and D. W. Lindle, Photofragmentation of third-row hydrides following photoexcitation at deep-core levels, *Phys. Rev.*, **A 58**, 3757 (1998).

APS40   D. L. Hansen, O. Hemmers, H. Wang, D. W. Lindle, P. Focke, I. A. Sellin, C. Heske, H. S. Chakraborty, P. C. Deshmukh, and S. T. Manson, Validity of the independent-particle approximation in x-ray photoemission: The exception, not the rule, *Phys. Rev.*, **A 60**, R2641(R) (1999).

APS41   J. D. Mills, J. A. Sheehy, T. A. Ferrett, S. H. Southworth, R. Mayer, D. W. Lindle, and P. W. Langhoff, Mills et al. Reply:, *Phys. Rev. Lett.*, **82**, 667 (1999).

APS42   A. Derevianko, O. Hemmers, S. Oblad, P. Glans, H. Wang, S. B. Whitfield, R. Wehlitz, I. A. Sellin, W. R. Johnson, and D. W. Lindle, Electric-Octupole and Pure-Electric-Quadrupole Effects in Soft-X-Ray Photoemission, *Phys. Rev. Lett.*, **84**, 2116 (2000).

APS43   H. S. Chakraborty, D. L. Hansen, O. Hemmers, P. C. Deshmukh, P. Focke, I. A. Sellin, C. Heske, D. W. Lindle, and S. T. Manson, Interchannel coupling in the photoionization of the M shell of Kr well above threshold: Experiment and theory, *Phys. Rev.*, **A 63**, 042708 (2001).

APS44   O. Hemmers, S. T. Manson, M. M. Sant'Anna, P. Focke, H. Wang, I. A. Sellin, and D. W. Lindle, Relativistic effects on interchannel coupling in atomic photoionization: The photoelectron angular distribution of Xe 5s, *Phys. Rev.*, **A 64**, 022507 (2001).

APS45   W. C. Stolte, D. L. Hansen, M. N. Piancastelli, I. Dominguez Lopez, A. Rizvi, O. Hemmers, H. Wang, A. S. Schlachter, M. S. Lubell, and D. W. Lindle, Anionic Photofragmentation of CO: A Selective Probe of Core-Level Resonances, *Phys. Rev. Lett.*, **86**, 4504 (2001).

APS46 H. Wang, G. Snell, O. Hemmers, M. M. Sant'Anna, I. Sellin, N. Berrah, D. W. Lindle, P. C. Deshmukh, N. Haque, and S. T. Manson, Dynamical Relativistic Effects in Photoionization: Spin-Orbit-Resolved Angular Distributions of Xenon 4d Photoelectrons near the Cooper Minimum, *Phys. Rev. Lett.*, **87**, 123004 (2001).

APS47 O. Hemmers, H. Wang, P. Focke, I. A. Sellin, D. W. Lindle, J. C. Arce, J. A. Sheehy, and P. W. Langhoff, Large Nondipole Effects in the Angular Distributions of K-Shell Photoelectrons from Molecular Nitrogen, *Phys. Rev. Lett.*, **87**, 273003 (2001).

APS48 B. Krässig, E. P. Kanter, S. H. Southworth, R. Guillemin, O. Hemmers, D. W. Lindle, R. Wehlitz, and N. L. S. Martin, Photoexcitation of a Dipole-Forbidden Resonance in Helium, *Phys. Rev. Lett.*, **88**, 203002 (2002).

APS49 R. Guillemin, O. Hemmers, D. W. Lindle, E. Shigemasa, K. Le Guen, D. Ceolin, C. Miron, N. Leclercq, P. Morin, M. Simon, and P. W. Langhoff, Nondipolar Electron Angular Distributions from Fixed-in-Space Molecules, *Phys. Rev. Lett.*, **89**, 033002 (2002).

APS50 E. P. Kanter, B. Krässig, S. H. Southworth, R. Guillemin, O. Hemmers, D. W. Lindle, R. Wehlitz, M. Ya. Amusia, L. V. Chernysheva, and N. L. S. Martin, E_1–E_2 interference in the vuv photoionization of He, *Phys. Rev.*, **A 68**, 012714 (2003).

APS51 W. C. Stolte, M. M. Sant'Anna, G. Öhrwall, I. Dominguez-Lopez, M. N. Piancastelli, and D. W. Lindle, Photofragmentation dynamics of core-excited water by anion-yield spectroscopy, *Phys. Rev.*, **A 68**, 022701 (2003).

APS52 B. Farangis, P. Nachimuthu, T. J. Richardson, J. L. Slack, R. C. C. Perera, E. M. Gullikson, D. W. Lindle, and M. Rubin, In situ x-ray-absorption spectroscopy study of hydrogen absorption by nickel-magnesium thin films, *Phys. Rev.*, **B 67**, 085106 (2003).

APS53 O. Hemmers, R. Guillemin, E. P. Kanter, B. Krässig, D. W. Lindle, S. H. Southworth, R. Wehlitz, J. Baker, A. Hudson, M. Lotrakul, D. Rolles, W. C. Stolte, I. C. Tran, A. Wolska, S. W. Yu, M. Ya. Amusia, K. T. Cheng, L. V. Chernysheva, W. R. Johnson, and S. T. Manson, Dramatic Nondipole Effects in Low-Energy Photoionization: Experimental and Theoretical Study of Xe 5s, *Phys. Rev. Lett.*, **91**, 053002 (2003).

APS54 P. Nachimuthu, S. Thevuthasan, M. H. Engelhard, W. J. Weber, D. K. Shuh, N. M. Hamdan, B. S. Mun, E. M. Adams, D. E. McCready, V. Shutthanandan, D. W. Lindle, G. Balakrishnan, D. M. Paul, E. M. Gullikson, R. C. C. Perera, J. Lian, L. M. Wang, and R. C. Ewing, Probing cation antisite disorder in $Gd_2Ti_2O_7$ pyrochlore by site-specific near-edge x-ray-absorption fine structure and x-ray photoelectron spectroscopy, *Phys. Rev.*, **B 70**, 100101(R) (2004).

APS55 R. Guillemin, O. Hemmers, D. Rolles, S. W. Yu, A. Wolska, I. Tran, A. Hudson, J. Baker, and D. W. Lindle, Nearest-Neighbor-Atom Core-Hole Transfer in Isolated Molecules, *Phys. Rev. Lett.*, **92**, 223002 (2004).

APS56 O. Hemmers, R. Guillemin, D. Rolles, A. Wolska, D. W. Lindle, K. T. Cheng, W. R. Johnson, H. L. Zhou, and S. T. Manson, Nondipole Effects in the Photoionization of Xe $4d_{5/2}$ and $4d_{3/2}$: Evidence for Quadrupole Satellites, *Phys. Rev. Lett.*, **93**, 113001 (2004).

APS57 M. Simon, L. Journel, R. Guillemin, W. C. Stolte, I. Minkov, F. Gel'mukhanov, P. Sałek, H. Ågren, S. Carniato, R. Taïeb, A. C. Hudson, and D. W. Lindle, Femtosecond nuclear motion of HCl probed by resonant x-ray Raman scattering in the Cl 1s region, *Phys. Rev.*, **A 73**, 020706(R) (2006).

APS58 O. Hemmers, R. Guillemin, D. Rolles, A. Wolska, D. W. Lindle, E. P. Kanter, B. Krässig, S. H. Southworth, R. Wehlitz, B. Zimmermann, V. McKoy, and P. W. Langhoff, Low-Energy Nondipole Effects in Molecular Nitrogen Valence-Shell Photoionization, *Phys. Rev. Lett.*, **97**, 103006 (2006).

APS59 R. Guillemin, S. Carniato, W. C. Stolte, L. Journel, R. Taïeb, D. W. Lindle, and M. Simon, Linear Dichroism in Resonant Inelastic X-Ray Scattering to Molecular Spin-Orbit States, *Phys. Rev. Lett.*, **101**, 133003 (2008).

APS60 S. Carniato, R. Guillemin, W. C. Stolte, L. Journel, R Taïeb, D. W. Lindle, and M. Simon, Experimental and theoretical investigation of molecular

APS61 Renaud Guillemin, Wayne C. Stolte, Maria Novella Piancastelli, and Dennis W. Lindle, Jahn-Teller coupling and fragmentation after core-shell excitation in CF$_4$ investigated by partial-ion-yield spectroscopy, *Phys. Rev.*, **A 82**, 043427 (2010).

APS62 M. M. Sant'Anna, A. S. Schlachter, G. Öhrwall, W. C. Stolte, D. W. Lindle, and B. M. McLaughlin, K-Shell X-Ray Spectroscopy of Atomic Nitrogen, *Phys. Rev. Lett.*, **107**, 033001 (2011).

APS63 Renaud Guillemin, Wayne C. Stolte, Loïc Journel, Stéphane Carniato, Maria Novella Piancastelli, Dennis W. Lindle, and Marc Simon, Angular and dynamical properties in resonant inelastic x-ray scattering: Case study of chlorine-containing molecules, *Phys. Rev.*, **A 86**, 013407 (2012).

APS64 Renaud Guillemin, Wayne C. Stolte, Loïc Journel, Stéphane Carniato, Maria Novella Piancastelli, Dennis W. Lindle, and Marc Simon, Erratum: Angular and dynamical properties in resonant inelastic x-ray scattering: Case study of chlorine-containing molecules, *Phys. Rev.*, **A 86**, 039903 (2012).

APS65 W. C. Stolte, Z. Felfli, R. Guillemin, G. Öhrwall, S.-W. Yu, J. A. Young, D. W. Lindle, T. W. Gorczyca, N. C. Deb, S. T. Manson, A. Hibbert, and A. Z. Msezane, Inner-shell photoionization of atomic chlorine, *Phys. Rev.*, **A 88**, 053425 (2013).

Elsevier 社刊行物：

ELS01 Egon Hoyer, representing the Beam Line VI Design Group:, Charles Bahr, Thomas Chan, John Chin, Tom Elioff, Klaus Halbach, Gerald Harnett, Egon Hoyer, David Humphries, Donald Hunt, Kwang-Je Kim, Ted Lauritzen, Dennis Lindle, David Shirley, Robert Tafelski, Albert Thompson, Steven Cramer, Peter Eisenberger, Richard Hewitt, Joachim Stöhr, Richard Boyce, et al., A new wiggler beam line for SSRL, *Nucl. Instrum. Methods Phys. Res.*, **208**, 117 (1983).

ELS02 Dennis W. Lindle, Photoionization studies of atoms and molecules using synchrotron radiation, *Nucl. Instrum. Methods Phys. Res., Sect.*, **A280**, 161 (1989).

ELS03 Dennis W. Lindle, Bernd Crasemann, Atomic, molecular, and optical physics with X-rays, *Nucl. Instrum. Methods Phys. Res., Sect.*, **B56**, 441 (1991).

ELS04 Dennis W. Lindle, W. Les Manner, Lynette Steinbeck, Elizabeth Villalobos, Jon C. Levin, and Ivan A. Sellin, Auger electron-photoion coincidence measurements of atoms and molecules using X-ray synchrotron radiation, *J. Electron Spectro. & Rel. Pheno*, **67**, 373 (1994).

ELS05 Dennis W. Lindle, and Oliver Hemmers, Breakdown of the dipole approximation in soft-X-ray photoemission, *J. Electron Spectro. & Rel. Pheno*, **100**, 297 (1999).

ELS06 Dennis W. Lindle, and Oliver A. Hemmers, Time-of-flight photoelectron spectroscopy of atoms and molecules, *J. Alloys and Compounds*, **328**, 27 (2001).

ELS07 Oliver Hemmers, Renaud Guillemin, and Dennis W. Lindle, Nondipole effects in soft X-ray photoemission, *Radiat. Phys. Chem.*, **70**, 123 (2004).

ELS08 O. Hemmers, R. Guillemin, A. Wolska, D.W. Lindle, D. Rolles, K.T. Cheng, W.R. Johnson, H.L. Zhou, and S.T. Manson, Non-dipole effects in Xe 4d photoemission, *J. Electron Spectro. & Rel. Pheno*, **144**, 51 (2005).

ELS09 O. Hemmers, R. Guillemin, D. Rolles, A. Wolska, D.W. Lindle, E.P. Kanter, B. Krässig, S.H. Southworth, R. Wehlitz, P.W. Langhoff, V. McKoy, and B. Zimmermann, Nondipole effects in molecular nitrogen valence shell photoionization, *J. Electron Spectro. & Rel. Pheno*, **144**, 155 (2005).

ELS10 Renaud Guillemin, Oliver Hemmers, Dennis W. Lindle, and Steven T. Manson, Experimental investigation of nondipole effects in photoemission at the advanced light source, *Radiat. Phys. Chem.*, **73**, 311 (2005).

ELS11 Renaud Guillemin, Oliver Hemmers, Dennis W. Lindle, Steven T. Manson, Experimental investigation of nondipole effects in photoemission at the advanced light source, *Radiat. Phys. Chem.*, **75**, 2258 (2006).

ELS12 M.N. Piancastelli, R. Guillemin, W.C. Stolte, D. Céolin, and D.W. Lindle, Partial cation and anion-yield experiments in ammonia around the N 1s ionization threshold, *J. Electron Spectro. & Rel. Pheno*, **155**, 86 (2007).

ELS13 G.W. Chinthaka Silva, Longzhou Ma, Oliver Hemmers, and Dennis Lindle, Micro-structural characterization of precipitation-synthesized fluorapatite nano-material by transmission electron microscopy using different sample preparation techniques, *Micron*, **39**, 269 (2008).

ELS14 Stéphane Carniato, Richard Taïeb, Loïc Journel, Renaud Guillemin, Wayne C. Stolte, Dennis W. Lindle, Faris Gel'mukhanov, and Marc Simon, Resonant X-ray Raman scattering on molecules: A benchmark study on HCl, *J. Electron Spectro. & Rel. Pheno*, **181**, 116 (2010).

ELS15 Renaud Guillemin, Stéphane Carniato, Loïc Journel, Wayne C. Stolte, Tatiana Marchenko, Lara El Khoury, Elie Kawerk, Maria Novella Piancastelli, Amanda C. Hudson, Dennis W. Lindle, and Marc Simon, A review of molecular effects in gas-phase KL X-ray emission, *J. Electron Spectro. & Rel. Pheno*, **188**, 53 (2013).

IOP 刊行物：

IOP01 P. H. Kobrin, R. A. Rosenberg, U. Becker, S. Southworth, C. M. Truesdale, D. W. Lindle, G. Thornton, M. G. White, E. D. Poliakoff and D. A. Shirley, Resonance photoelectron spectroscopy of 5p hole states in atomic barium, *J. Phys. B: At. Mol. Opt. Phys.*, **16**, 4339 (1983).

IOP02 P. A. Heimann, D. W. Lindle, T. A. Ferrett, S. H. Liu, L. J. Medhurst, M. N. Piancastelli, D. A. Shirley, U. Becker, H. G. Kerkhoff, B. Langer, D. Szostak and R. Wehlitz, Shake-off on inner-shell resonances of Ar, Kr and Xe, *J. Phys. B: At. Mol. Opt. Phys.*, **20**, 5005 (1987).

IOP03 N. Berrah, B. Langer, J. Bozek, T. W. Gorczyca, O. Hemmers, D. W. Lindle and O. Toader, Angular-distribution parameters and R-matrix calculations of Ar resonances, *J. Phys. B: At. Mol. Opt. Phys.*, **29**, 5351 (1996).

IOP04 W. C. Stolte, Y. Lu, J. A. R. Samson, O. Hemmers, D. L. Hansen, S. B. Whitfield, H. Wang, P. Glans and D. W. Lindle, The K-shell Auger decay of atomic oxygen, *J. Phys. B: At. Mol. Opt. Phys.*, **30**, 4489 (1997).

IOP05 R. Wehlitz, I. A. Sellin, O. Hemmers, S. B. Whitfield, P. Glans, H. Wang, D. W. Lindle, B. Langer, N. Berrah, J. Viefhaus and U. Becker, Photon energy dependence of ionization-excitation in helium at medium energies, *J. Phys. B: At. Mol. Opt. Phys.*, **30**, L51 (1997).

IOP06 O. Hemmers, G. Fisher, P. Glans, D. L. Hansen, H. Wang, S. B. Whitfield, R. Wehlitz, J. C. Levin, I. A. Sellin, R. C. C. Perera, E. W. B. Dias, H. S. Chakraborty, P. C. Deshmukh, S. T. Manson and D. W. Lindle, Beyond the dipole approximation: angular-distribution effects in valence photoemission, *J. Phys. B: At. Mol. Opt. Phys.*, **30**, L727 (1997).

IOP07 D. L. Hansen, J. Cotter, G. R. Fisher, K. T. Leung, R. Martin, P. Neill, R. C. C. Perera, M. Simon, Y. Uehara, B. Vanderford, S. B. Whitfield and D. W. Lindle, Multi-ion coincidence measurements of methyl chloride following photofragmentation near the chlorine K-edge, *J. Phys. B: At. Mol. Opt. Phys.*, **32**, 2629 (1999).

IOP08 G. Öhrwall, M. M. Sant'Anna, W. C. Stolte, I Dominguez-Lopez, L. T. N. Dang, A. S. Schlachter and D. W. Lindle, Anion and cation formation following core-level photoexcitation of CO_2, *J. Phys. B: At. Mol. Opt. Phys.*, **35**, 4543 (2002).

IOP09 W. C. Stolte, G. Öhrwall, M. M. Sant'Anna, I Dominguez Lopez, L. T. N. Dang, M. N. Piancastelli and D. W. Lindle, 100% site-selective fragmentation in core-hole-photoexcited methanol by anion-yield spectroscopy, *J. Phys. B: At. Mol. Opt. Phys.*, **35**, L253 (2002).

IOP10 D. L. Hansen, W. C. Stolte, O. Hemmers, R. Guillemin and D. W. Lindle, Anion formation moderated by post-collision interaction following core-level photoexcitation of CO, *J. Phys. B: At. Mol. Opt. Phys.*, **35**, L381 (2002).

IOP11 S-W. Yu, W. C. Stolte, G. Öhrwall, R. Guillemin, M. N. Piancastelli and D. W. Lindle, Anionic and cationic photofragmentation of core-excited N_2O, *J.*

IOP12 S-W. Yu, W. C. Stolte, R. Guillemin, G. Öhrwall, I. C. Tran, M. N. Piancastelli, R. Feng and D. W. Lindle, Photofragmentation study of core-excited NO, *J. Phys. B: At. Mol. Opt. Phys.*, **37**, 3583 (2004).

IOP13 Bongjin S. Mun, Guorong V. Zhuang, Philip N Ross, Zahid Hussain, Renaud Guillemin and Dennis Lindle, Resonant photoemission from the 4d→εf shape resonance in Sb(0001), *J. Phys.: Condens. Matter* **16**, L381 (2004).

IOP14 S. Matsuo, P. Nachimuthu, D. W. Lindle, R. C. C. Perera and H. Wakita, The electronic structures of crystalline and aqueous solutions of NaBr and $NaBrO_3$ using in-situ Na K and Br L edge x-ray absorption spectroscopy, *Physica Scripta.*, **Vol. T115**, 966 (2005).

IOP15 A. Wolska, A. Molak, K. Lawniczak-Jablonska, J Kachniarz, E Piskorska, I Demchenko, I Gruszka and D W Lindle, XANES Mn K edge in $NaNbO_3$ based ceramics doped with Mn and Bi ions, *Physica Scripta.*, **Vol. T115**, 989 (2005).

IOP16 P. C. Deshmukh, T. Banerjee, H. R. Varma, O. Hemmers, R. Guillemin, D. Rolles, A. Wolska, S. W. Yu, D. W. Lindle, W. R. Johnson and S. T. Manson, Theoretical and experimental demonstrations of the existence of quadrupole Cooper minima, *J. Phys. B: At. Mol. Opt. Phys.*, **41**, 021002 (2008).

IOP17 W. C. Stolte, R. Guillemin, S-W. Yu and D. W. Lindle, Photofragmentation of HCl near the chlorine $L_{2,3}$ ionization threshold: new evidence of a strong ultrafast dissociation channel, *J. Phys. B: At. Mol. Opt. Phys.*, **41**, 145102 (2008).

IOP18 Renaud Guillemin, Wayne C. Stolte and Dennis W. Lindle, Fragmentation of formic acid following photoexcitation around the carbon K edge, *J. Phys. B: At. Mol. Opt. Phys.*, **42**, 125101 (2009).

IOP19 I. Vurgaftman, C. L. Canedy, C. S. Kim, M. Kim, W. W. Bewley, J. R. Lindle, J. Abell and J. R. Meyer, Mid-infrared interband cascade lasers operating at ambient temperatures, *New J. Phys.*, **11**, 125015 (2009).

IOP20 G. Öhrwall, W. C. Stolte, R. Guillemin, S-W. Yu, M. N. Piancastelli and D. W. Lindle, Photofragmentation of cyanogen upon carbon and nitrogen K-shell excitation by partial ion yield experiments, *J. Phys. B: At. Mol. Opt. Phys.*, **43**, 095201 (2010).

IOP21 W. C. Stolte, R. Guillemin, I. N. Demchenko, G. Öhrwall, S-W. Yu, J. A. Young, M. Taupin, O. Hemmers, M. N. Piancastelli and D. W. Lindle, Inner-shell photofragmentation of Cl_2, *J. Phys. B: At. Mol. Opt. Phys.*, **43**, 155202 (2010).

IOP22 Renaud Guillemin, Wayne C. Stolte, Maria Novella Piancastelli and Dennis W. Lindle, Photofragmentation of BF_3 on B and F K-shell excitation by partial ion yield spectroscopy, *J. Phys. B: At. Mol. Opt. Phys.*, **43**, 215205 (2010).

IOP23 D. W. Lindle, R. Guillemint, S. Carniato, W. C. Stolte, L. Journel, R. Taïeb and M. Simon, Linear dichroism in molecular resonant inelastic x-ray scattering, *J. Phys.: Conf. Ser.*, **194**, 022013 (2009).

IOP24 M. M. Sant'Anna, A. S. Schlachter, G. Öhrwall, W. C. Stolte, D. W. Lindle and B. M. McLaughlin, K-shell X-ray spectroscopy of atomic nitrogen, *J. Phys.: Conf. Ser.*, **388**, 022007 (2012).

Review

Low Power Total Reflection X-Ray Fluorescence Spectrometry: A Review

Ying LIU

Department of Materials Science and Engineering, Kyoto University
Sakyo-ku, Kyoto 606-8501, Japan
E-mail: liu.ying.48r@st.kyoto-u.ac.jp

(Received 20 June 2014, Revised 30 July 2014, Accepted 11 August 2014)

Total reflection X-ray fluorescence (TXRF) analytical technique is reviewed with regard to the theory, application and history. TXRF applications between 2011 and mid-2014 is summarized. Special emphasis is given to the historical development and instrumentation. Low power TXRF technique with or without incident beam monochromatization is described in detail. A new low-power and non-monochromatic TXRF spectrometer modified from an X-ray diffractometer (XRD) is introduced.

[Key words] Total reflection X-ray fluorescence (TXRF) spectrometry, Low power, Non-monochromatic, Portable TXRF spectrometer, X-ray diffractometer (XRD)

Introduction

Total reflection X-ray fluorescence (TXRF) technique is a spectrometric method for micro and trace multi-elemental analysis. This technique has the ability to simultaneously detect almost all the elements (B-U) in the analyte within a few minutes. Detection limits of picogram range (relative concentration of ppb) can be easily achieved with laboratory TXRF spectrometers;[1-4] while using synchrotron radiation induced TXRF analysis (SR-TXRF) allows the absolute detection limits further reduce to the femtogram range for several transition metals in semiconductor industry, such as Ni, Co and Fe.[5-8] Except for the aforementioned features, TXRF analysis is also characteristic of simple quantification, small sample amount required (microliter) and easy sample preparation. These features make it a valuable tool in many research fields. TXRF technique was first widely used for the contamination examination of Si wafer surface in semiconductor industry. Currently, not only it is widely applied to thin film and surface analysis, but also it plays an important role in environment, biology, medicine, geology, and food science.

1. Basic principles of TXRF technique

TXRF technique is a variation of energy-dispersive X-ray fluorescence (EDXRF) technique with a significant difference in the excitation and detection geometry. Unlike EDXRF (Fig.1), the primary radiation excites the sample at an angle of about 40°, TXRF analysis uses the primary beam shaped like a strip of paper to strike the sample on a special sample carrier (e.g. a flat polished quartz plate) at grazing incidence (usually less than 0.1°). Because of the grazing incidence, the primary beam is totally reflected. This means a totally reflected beam having nearly the same intensity as the primary

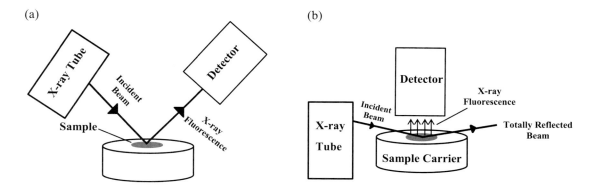

Fig.1 Schematic view of the instrumental arrangement for (a) conventional EDXRF and (b) TXRF.

beam is generated at the glancing angle smaller than the so-called critical angle. The critical angle α_{crit} of total reflection can be given by:

$$\alpha_{crit}(\text{rad}) \approx \sqrt{2\delta} \quad (1)$$

where δ is the real component of the complex index of X-ray refraction n given by

$$n = 1 - \delta + i\beta \quad (2)$$

here $i^2 = -1$, β is a measure of the absorption that can be expressed by

$$\beta = \frac{\mu\lambda}{\pi} \quad (3)$$

and μ is the linear mass absorption coefficient, λ is the wavelength of the primary radiation. δ, called the decrement, is a measure of the deviation of the real part of the refractive index from unity. For X-rays, its value is of the order of 10^{-6}. If the primary radiation's energy is higher than the absorption edges of the elements in the substrate, δ is given by the following equation:

$$\delta = \frac{N}{2\pi} r_e \rho \frac{Z}{A} \lambda^2 \quad (4)$$

here N is Avogadro's number = 6.022×10^{23} atoms/mol, r_e is the classical electron radius = 2.818×10^{-13} cm, ρ is the density of the substrate (in g/cm^3), Z is the atomic number, A is the atomic mass (in g/mol), λ is the wavelength of the primary radiation. Insertion of equation (4) in equation (1) gives the approximation

$$\alpha_{crit}(\text{degree}) \approx \frac{1.65}{E}\sqrt{\frac{Z}{A}\rho} \quad (5)$$

where E is the energy of the primary radiation (keV). Thus, the critical angle of total reflection is dependent on the incident beam energy and the substrate material. For example, if a quartz glass substrate is used as a sample carrier during analysis, the critical angles for X-rays of 17.44 keV and 35 keV energies are 0.10° and 0.050°, respectively. In the case of glassy carbon substrate, the critical angles for the same primary beams are 0.080° and 0.040°, respectively.[1,2]

Although the incoming beam is totally reflected at the flat and smooth surface, there is still a small amount of the primary radiation that penetrates the substrate. Penetration depth, which is defined as the depth at which the primary beam intensity reduces to 1/e (*ca.* 37%) of its initial value, is down to a few nanometers at the angle of incidence less than the critical angle. This is compared to the depth values on the order of micrometers without total reflection excitation. This indicates that in TXRF analysis, only a narrow zone in the substrate is penetrated by the incident X-rays and is interacted with the X-rays to contribute to the scattering background of the spectra. Therefore, a drastic reduction of spectral scattered background is observed in the XRF experiment with total reflection geometry. Except for the scattering background reduction, a second important advantage of TXRF is a thin sample on the substrate is excited twice, the first time by the incident and the second time by the totally reflected beam. The double excitation of the thin sample and the extremely low background resulted by the low penetration of the primary radiation into the substrate lead to a considerably improved signal-to-background ratio compared with conventional EDXRF, and allow the determination of elements in the picogram and even femtogram range.[1-3]

Except for the powerful detection capability, a further advantage of TXRF is the easy way of quantification. The special excitation geometry in TXRF analysis allows only very small quantities of sample volume to be investigated. Therefore, samples deposited on the optical flat as dry residues can be taken as thin films, which means the matrix effects during analysis is negligible and the measured fluorescence intensities are linear with concentrations. By adding an internal standard with known concentration in the sample (the internal standard should not include the elements of interest), a simple multi-element quantification can be carried out using the equation:

$$C_X = \frac{S_{std}}{S_X} \times \frac{I_X}{I_{std}} \times C_{std} \qquad (6)$$

where C indicates the concentration, I is the net intensity of the fluorescence radiation, S is the relative sensitivity, X represents the element to be determined, std represents the added element served as an internal standard. Relative sensitivity can be determined experimentally after recording simultaneously X-ray fluorescence signals of standard samples or calculated theoretically if all parameters are known.[1-4]

2. Applications

TXRF technique, as a powerful non-destructive analytical method, has been widely used in various research areas. Its applications can be generally divided into two areas: chemical analysis and surface analysis. With regard to the application of chemical analysis, four typical fields of application can be classified: environmental, medical, forensic and industrial. Environmental samples, such as water, soil, airborne particulate, can be analyzed by TXRF directly or after some pre-treatment, like separation of suspended matters and digestion in acidic. Biological tissue samples in medical applications can be cut in thin sections (around 15 μm thick) by a microtome and be analyzed directly. TXRF is highly suitable for forensic science because of its non-destructive and microanalytical capabilities. Typical use in this field is the trace element determination of pigments and textile fibers. Some applications of TXRF in industrial field are the element impurity investigation of highly concentrated acids like HNO_3, HCl, or HF and bases like NH_3 solution.[1, 9] The application of most importance in the use of TXRF for surface analysis is the contamination investigation of Si wafer surface. Two ISO standards were published for surface impurity examination of Si wafer using TXRF.[10] A special set-up, allowing TXRF measurement without any surface contact and with the possibility of an angle scan, is required. Commercial TXRF instruments for this purpose have been available since about 1989.[9] In 1999, more than 300 TXRF instruments were in use for Si wafer analysis all over the world.[11] Recently, Klockenkämper has made a survey for worldwide distribution of TXRF devices and the applications of

TXRF in different fields. According to the feedback from 38 users and 3 manufacturers, it is indicated that 283 working TXRF instruments (not include the big instruments in semiconductor industry) are mainly distributed in Germany (48), USA (26), Japan (18), Italy (13), Russia (12), Brazil (11), Austria (10), and Taiwan (10). The survey also represents about 200 applications of TXRF in 13 different fields, and the main application fields are environment, industry, chemical and biology.[12]

An overview of the applications of TXRF before the year 2007 was given by Wobrauschek.[3] The applications of TXRF covering four decades (until 2009) was summarized by Von Bohlen.[2] Kunimura and Kawai reviewed the applications of TXRF during the period 2006-2010.[13] The applications of TXRF between 2011 and mid 2014 is summarized in this review and listed in Table 1. The overview indicates that over the last three and a half years, TXRF was primarily used for (1) environmental pollution monitoring or control, e.g. airborne particles and surface water of sea, lake, creek, rainwater and river, (2) component analysis of pharmaceuticals, human cancer cells, tissues (e.g. human hair, skin, and prostate) and body fluids (e.g. serum, urine, and blood plasma), (3) thin film analysis and surface examination of wafers, (4) food quality control, and (5) elemental analysis of geological and archaeological samples.

3. Historical development of TXRF analysis and its instrumentation

In 1919, Stenströn in Lund University theoretically predicted X-ray refraction and reflection phenomena in his doctoral thesis.[118] Compton gave the first experimental evidence to prove the existence of total reflection of X-rays in 1923.[119] Nearly fifty years later in 1971, Yoneda and Horiuchi in Kyushu University, Japan found the possibility of using X-ray total reflection phenomenon on an optical flat for trace elemental analysis in a small amount of sample. The absolute detection limits of four transition metals Cr, Fe, Ni and Zn were estimated to be 1.9 ng, 1.7 ng, 1.5 ng and 5.1 ng, respectively.[120] This promising idea did not get any attention until the year 1974. In this year, Aiginger and

Table 1 Applications of TXRF technique during the period 2011-mid 2014.

Environment	Biology/medicine	Industry/technology
surface water,[14-18]	body fluids,[34-36] tissues,[37-40]	thin film,[58-70]
airborne particles,[19-26]	cells,[41-44] pharmacy,[45-49]	surface analysis,[71-82]
aerosols,[27,28]	exhaled breath condensate,[50,51]	nuclear materials,[83-85]
Soil,[29,30]	plants,[52,53] urine of rats,[54]	catalyst,[86,87]
groundwater,[17,31]	bacterium,[55] nematodes,[56]	petrochemical products,[88]
wastewater,[16,32]	bivalve digestive gland[57]	fertilizer,[89]
lake sediment,[18]		deionized water,[90]
laboratory hazards[33]		ionic liquids[91]
Food/drink	**Archaeology/geology**	**Astronomy**
seafood,[18,92-94] egg,[95]	rocks and minerals,[105-109]	Meteorite,[116]
rice,[96-98] drinks,[99,100]	figurines,[110] pigment,[111] bricks,[112]	solar wind[117]
honey,[101] milk,[102]	coastal sediments,[113]	
pineapple,[103] onion[104]	Pleistocene till,[114] volcanic ash[115]	

Wobrauschek in Austria performed an experiment in which 5 μL aqueous solutions (5 ng to 100 ng of Cr) of Cr salts deposited on a fused silica reflector were measured in X-ray total reflection geometry. The results well agree with the attainable sensitivity as evaluated by Yoneda and Horiuchi.[121] Experimental set-up, more detailed results dealing with theoretical estimation, quantification and linearity of TXRF technique were published in 1975.[122] In 1977, Knoth, Schwenke, Marten and Glauer published the analytical results of human blood serum utilizing a preliminary experimental setup with totally reflecting sample support. The detectable limit was about 1.5 mmol/L in 1000 s and the precision in the 20 mmol/L range of the metals was 3-5%.[123] Realizing the suitability of X-ray total reflection phenomenon for trace elemental analysis, the first spectrometer prototype for TXRF analysis was developed by Knoth and Schwenke at the same year, and the results were published in 1978.[124] This prototype apparatus consisted of a fine focus tube with a molybdenum target (30 kV, 60 mA), a special module for TXRF analysis and a Si(Li)-detector with an efficient detection area of 80 mm^2. The detection limits achieved by this apparatus were near or below 1 ppb (0.05 ng) for 13 elements when specimens with low matrix content were measured. At the same time, a second reflector used to reflect the incident radiation prior to sample excitation was considered to suppress the high energy fraction of the Bremsstrahlung. Technical realization of this idea was in 1979 when Knoth and Schwenke developed an X-ray fluorescence spectrometer consisting of a molybdenum anode X-ray tube (60 kV, 13 mA), an aligned arrangement of two reflectors, a sample support, three diaphragms, and a Si (Li)-detector.[125] In this spectrometer, the primary X-rays were reflected by quartz blocks twice before reaching the sample. The first reflector acting as a low-pass filter cuts off the higher energy part of primary radiation. The second reflector directs the X-ray beam towards the sample support, and then the incident beam was totally reflected on the quartz sample support. A further improvement of the sensitivity was achieved by this spectrometer; the detection limits below 10^{-11} g or 0.1 ppb were achieved for about 20 elements with atomic numbers between 26 to 38 (Fe-Sr) and 74 to 83 (W-Bi). These values were achieved by the basic setting of the instrument without optimization with regard to experimental parameters, such as excitation power and incident angle. Based on the compact module developed by Knoth and Schwenke, the first commercially available TXRF spectrometer "Extra II" was supplied by Rich. Seifert & Co., Ahrensburg, Germany in 1980.[2, 126, 127] This spectrometer equipped with two fine focus X-ray tubes with molybdenum and tungsten anode. Detection limits for most detectable elements were in the low picogram range.[128] With the molybdenum source operating at 50 kV and 5-30 mA or the tungsten source operating at 25 kV and 5-25 mA, a count rate of ∼ 5000 cps in the measured spectrum of the X-rays emitted from the X-ray tube was acquired.[129] A simple attachment module (WOBI-module) for TXRF analysis using existing high power X-ray tube and X-ray generator developed by Wobrauschek was available from Atominstitut, Vienna since 1986. This compact unit carrying all necessary components for high power TXRF analysis can be attached to standard X-ray diffraction tube housings. These modules have been distributed to about 50 countries through the cooperated program of the International Atomic Energy Agency (IAEA) by the year 2008.[130, 131] Except for Seifert Extra II and WOBI-module, other commercial high power TXRF instruments have also been available since 1980s, such as TX2000 of Italstructures (Italy), Model 3726 and TXRF 300 of Rigaku (Japan),

TREX 610 of Technos (Japan), and TXRF 8010 of Atomika (Germany). These instruments such as the Model 3726, TXRF 300, TREX 610 and TXRF 8010 are especially suited for Si wafer analysis.

In 1984, Iida and Gohshi found that the spectral background of TXRF analysis can be efficiently reduced by using monochromatic X-ray beam from a high power X-ray tube. At the same time they considered the monochromatic SR source (available in Japan around 1982) might be much more suitable for this purpose.[132] In the following year, the authors published a paper "Energy dispersive X-ray fluorescence analysis using synchrotron radiation". They reported an experimental arrangement at Photon Factory in Tsukuba, Japan. Using the monochromatic SR beam as a radiation source, the detection limit down to 0.5 ppb or 1 picogram was obtained in total reflection excitation geometry.[133] Since then, it has been believed that it is essential to use monochromatic incident radiation in order to improve detection limits. The lowest detection limits of TXRF analysis were obtained by Sakurai et al. using a SR induced wavelength-dispersive TXRF at SPring-8, Japan. The absolute and relative detection limit for Ni are 3.1×10^{-16} g and 3.1 ppt, respectively.[5] Although the detection limits were reduced to femtogram scale by SR-TXRF, these values were only achieved for several elements, such as Ni,[5-8] Co and Fe[5] in Si wafer analysis. In addition, limited access to SR facility makes it impractical for routine analysis.

4. Low power TXRF technique

Low power TXRF technique means air cooled X-ray tubes in a tube power range lower than 50 W.[134] Emergence of this technique leads to a general trend in TXRF instrumentation from large size to small-scale, from floor-standing type to benchtop and portable type. Compared to high power (kW) TXRF spectrometers that widely used in Si wafer analysis,[135-137] the compact low power desktop TXRF has been commonly used in the field of environmental analysis.[138-142] The low power TXRF can be classified into monochromic and non-monochromic type. A typical monochromic benchtop TXRF spectrometer is around 40 kg, and mainly consisted of a 40-50 W X-ray tube, a multilayer monochromator and a liquid nitrogen-free silicon drift detector.[138, 142] Elements in the picogram range can be detected using this type of spectrometer. The low-power and monochromic TXRF spectrometers have been commercially available since around 1995,[134] such as PicoTAX of Roentec (Germany), S2 PICOFOX of Bruker (Germany), and NANOHUNTER of Rigaku (Japan). While non-monochromic type is possible only by a 1-5 W X-ray tube, and the sensitivity is comparable. Kunimura and Kawai at Kyoto University developed the non-monochromatic and low-power TXRF spectrometer (commercialized by OURSTEX Corp., Neyagawa, Japan and named OURSTEX 200TX) (Figs.2 and 3), and pointed out that when a low power X-ray tube of a few watts was used, the non-monochromatic TXRF is more sensitive than monochromatic type.[143, 144]

The first non-monochromatic and low-power TXRF spectrometer mainly incorporated a 1.5 W X-ray tube with a tungsten target (Hamamatsu Photonics, Hamamatsu, Japan), a waveguide slit restricting the incident beam to a parallel beam of 10 mm in width and 50 μm in height, and a Si-PIN photodiode detector X-123 (Amptek, Bedford, USA). This detector was cooled by a Peltier device and contained a preamplifier and a digital signal processor. The waveguide slit used in this spectrometer was proposed by Egorov and Egorov.[145] It was formed by placing two 50 μm thick tungsten foils (at a distance of 10 mm) between two Si wafers. All the components of the spectrometer were

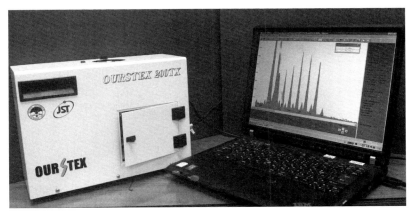

Fig.2 Low power portable TXRF spectrometer.

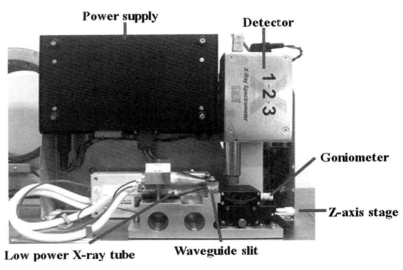

Fig.3 Set-up of the low power portable TXRF spectrometer.

included in a compact box made of Pb-containing acrylic slabs. The size of the box was 23 cm (height) ×30 cm (width) ×9 cm (length). Weight of the spectrometer was less than 5 kg. Although the weak white X-rays were used in the portable spectrometer, a detection limit of 1 ng for Cr was achieved.[143] A further work was undertaken by Kunimura et al. in the optimization of the glancing angle for this spectrometer. The optimum glancing angle was reported to be 0.13 degrees (critical angle for total reflection is 0.20 degrees when accelerated voltage was 9.5 kV), achieving detection limits of sub- to 10 ng for elements Ca, Cr, Fe, Mn, Ni, Sc, Ti and V.[146] The maximum energy of the incident X-rays in this spectrometer was 9.5 keV, which means toxic elements of interest in environmental filed, such as arsenic, cadmium, mercury and lead, could not be detected. In addition, the excitation efficiency of the 1.5 W X-ray tube for the transition metal elements of Ni and Cu was low, and Zn could not be detected. In order to overcome the shortcomings and to detect a wide range of elements, a 4 W X-ray tube with a rhodium target and a 5 W X-ray tube with a tungsten target (Moxtek, Orem, USA) were applied. A 10 picogram detection limit was achieved for Co by the portable TXRF with a 5 W "Magnum 50 kV" X-ray tube (tungsten target) under optimum excitation conditions.[147] This value is only four orders of magnitude higher than that of SR-TXRF. The portable TXRF has been demonstrated as a valuable tool for rapid determination of a wide range of elements with high sensitivity,[148] and it has been applied to analyze urine,[147] rain,[149] leaching solutions of toy,[150] metal materials[151] and soil,[151] wine,[152] laboratory hazards,[33] and *hijiki* seaweed.[92]

The non-monochromatic and low-power excitation technique in the portable TXRF spectrometer is based on a commercial low power X-ray tube. This indicates the realization of this analytical technique relies on an appropriate X-ray source — a specially designed X-ray tube for low power load (< 10 watts). However, this limitation might be overcome if a high power X-ray source existing in a widely used laboratory instrument can switch its use to low power TXRF analysis. The WOBI-module developed by Wobrauschek uses an existing X-ray diffraction tube for high power TXRF analysis.[130, 131] From the good hint brought up by this module, Liu *et al.* recently modified an X-ray diffractometer (XRD) to a low power TXRF by reducing the XRD tube power (3 kW) down to 10 watts by a Spellman power supply.[153] The spectrometer mainly consisted of an XRD tube (60 kV max. and 50 mA max.) (PW2275/20, Philips, Netherland), a power supply (30 kV max. and 10 mA max., Model: DXM30*300, Spellman, USA), an Egorovs' waveguide slit, a simple water cooling unit for the X-ray tube, a Peltier-cooled Si-PIN photodiode detector with an effective detection area of 7 mm^2 and silicon thickness of 300 μm (X-123, Amptek, USA), a goniometer and a Z-axis stage that were set on a diffractometer guide rail (Rigaku-Denki, Japan) (Fig.4). This unit was easy in assembly. The basic setting of this spectrometer (without the optimization of the geometry and the experimental conditions) allows the detection of Cr at the level of 10^{13} atoms/cm^2 or in the range of a few nanograms.

5. Conclusions

After more than 40 years' development, TXRF analytical technique has become a widespread method for chemical micro and trace analyses. High power TXRF with lab source is mainly applied to routine analysis of Si wafer. But the recent progress of semiconductor processing makes TXRF's sensitivity insufficient for the advanced semiconductor processing system. High power TXRF with SR as a brilliant excitation source achieves the lowest detection limit of femtogram; however, due to the selectivity of determining elements, SR-TXRF can only detect several transition metals at such

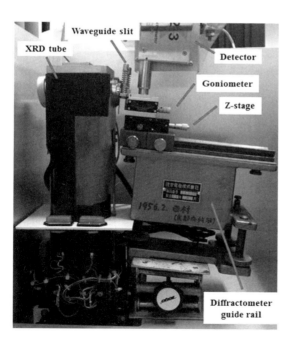

Fig.4 Low power TXRF spectrometer modified from an XRD (XRD tube was reduced its power down to 10 watts. Goniometer and Z-stage were set on a diffractometer guide rail).

low detection limits. Low power TXRF with air-cooled X-ray tube and liquid nitrogen-free detector is leading to a growing trend towards TXRF instrument miniaturization, and makes TXRF method more attractive and more versatile. Low power TXRF without monochromatizing the incident beam could achieve the sensitivity comparable to high power TXRF technique, and the sensitivity is enough for solving various questions in many research fields. Further improvements on the detection limits of this technique could be expected with the advances in X-ray technology, such as innovative detector technology.

Acknowledgements

I would like to thank my supervisor, Prof. Jun Kawai of Kyoto University, for his advice and suggestions in the preparation of this paper. I would like to give special thanks to Dr. Reinhold Klockenkämper for his kind permission of using his survey results with respect to the worldwide distribution of TXRF spectrometer and its applications.

References

1) R. Klockenkämper: "*Total-Reflection X-Ray Fluorescence Analysis*", (1997), (John Wiley and Sons, New York).
2) A. Von Bohlen: *Spectrochim. Acta, Part B*, **64**, 821 (2009).
3) P. Wobrauschek: *X-ray Spectrom.*, **36**, 289 (2007).
4) P. Wobrauschek, C. Streli: in "*Encyclopedia of Analytical Chemistry: Applications, Theory and Instrumentation*", ed. R. A. Meyers, Vol.15, p.13384 (2000), (John Wiley and Sons, Chichester).
5) K. Sakurai, H. Eba, K. Inoue, N. Yagi: *Anal. Chem.*, **74**, 4532 (2002).
6) P. Wobrauschek, R. Görgl, P. Kregsamer, C. Streli, S. Pahlke, L. Fabry, M. Haller, A. Knöchel, M. Radtke: *Spectrochim. Acta, Part B*, **52**, 901 (1997).
7) C. Streli, G. Pepponi, P. Wobrauschek, C. Jokubonis, G. Falkenberg, G. Záray, J. Broekaert, U. Fittschen, B. Peschel: *Spectrochim. Acta, Part B*, **61**, 1129 (2006).
8) P. Pianetta, K. Baur, A. Singh, S. Brennan, J. Kerner, D. Werho, J. Wang: *Thin Solid Films*, **373**, 222 (2000).
9) R. P. Pettersson, E. Selin-Lindgren: in "*Surface Characterization: A User's Sourcebook*", ed. D. Brune, R. Hellborg, H. J. Whitlow, O. Hunderi, p.145 (1997), (Wiley-VCH, Weinheim).
10) ISO 14706: 2000: Surface chemical analysis - Determination of surface elemental contamination on silicon wafers by total- reflection X-ray fluorescence (TXRF) spectroscopy; ISO 17331: 2004: Surface chemical analysis-Chemical methods for the collection of elements from the surface of silicon-wafer working reference materials and their determination by total-reflection X-ray fluorescence (TXRF) spectroscopy.
11) Y. Mori, K. Uemura: *X-ray Spectrom.*, **28**, 421 (1999).
12) R. Klockenkämper: "*Total-Reflection X-Ray Fluorescence Analysis*", (Second Edition), (to be published by Wiley in 2014).
13) S. Kunimura, J. Kawai: *Bunseki*, No.12, 667 (2010).
14) V. Yadav, S. Jha: *J. Radioanal. Nucl. Chem.*, **295**, 1759 (2013).
15) S. Dhara, N. L. Misra: *Pramana-J. Phys.*, **76**, 361 (2011).
16) K. Kocot, B. Zawisza, E. Marguí, I. Queralt, M. Hidalgo, R. Sitko: *J. Anal. At. Spectrom.*, **28**, 736 (2013).
17) G. V. Pashkova, A. G. Revenko, A. L. Finkelshtein: *X-Ray Spectrom.*, **42**, 524 (2013).
18) F. R. Espinoza-Quiñones, A. N. Módenes, S. M. Palácio, E. K. Lorenz, A. P. Oliveira: *Water Sci. Technol.*, **63**, 1506 (2011).
19) L. Borgese, M. Salmistraro, A. Gianoncelli, A. Zacco, R. Lucchini, N. Zimmerman, L. Pisani, G. Siviero, L. E. Depero, E. Bontempi: *Talanta*, **89**, 99 (2012).
20) I. Durukan, S. Bektas, M. Dogan, U. Fittschen: *Proceedings of the 16th international conference on*

21) M. Tahri, M. Bounakhla, M. Zghaïd, A. Benchrif, F. Zahry, Y. Noack, F. Benyaïch: *X-Ray Spectrom.*, **42**, 284 (2013).
22) L. Borgese, A. Zaccoa, S. Pal, E. Bontempi, R. Lucchini, N. Zimmerman, L. E. Depero: *Talanta*, **84**, 192 (2011).
23) F. B. Canteras, S. Moreira, B. F. de Faria: *X-Ray Spectrom.*, **42**, 290 (2012).
24) F. B. Canteras, S. Moreira: *Applications of Nuclear Techniques: Eleventh International Conference*, ed. M. E. Hamm, R. W. Hamm: AIP Conference Proceedings No. 1412 (2011).
25) A. A. Shaltout, J. Boman, B. Welz, I. N. B. Castilho, E. A. AlAshkar, S. M. Gaita: *Microchem. J.*, **113**, 4 (2014).
26) M. Menzel, U. E. A. Fittschen: *Anal. Chem.*, **86**, 3053 (2014).
27) K. W. Fomba, K. Mueller, D. van Pinxteren, H. Herrmann: *Atmos. Chem. Phys.*, **13**, 4801 (2013).
28) U. E. A. Fittschen, C. Streli, F. Meirer, M. Alfeld: *X-Ray Spectrom.*, **42**, 368 (2013).
29) I. De La Calle, N. Cabaleiro, I. Lavilla, C. Bendicho: *J. Hazard. Mater.*, **260**, 202 (2013).
30) E. K. Towett, K. D. Shepherd, G. Cadisch: *Sci. Total Environ.*, **463**, 374 (2013).
31) G. C. Justen, F. R. Espinoza-Quiñones, A. N. Módenes, R. Bergamasco: *Water Sci. Technol.*, **66**, 1029 (2012).
32) F. Cataldo: *J. Radioanal. Nucl. Chem.*, **293**, 119 (2012).
33) Y. Liu, S. Imashuku, N. Sasaki, L. Ze, J. Kawai, S. Takano, Y. Sohrin, H. Seki, H. Miyauchi: *J. Vac. Sci. Technol. A*, **32** (3), 031401-1 (2014).
34) A. Kubala-Kukuś, D. Banaś, J. Braziewicz, U. Majewska, M. Pajek, J. Wudarczyk-Moćko, G. Antczak, B. Borkowska, S. Góźdź, J. Smok-Kalwat: *Biol. Trace Elem. Res.*, **158**, 22 (2014).
35) M. I. Camejo, L. Abdala, G. Vivas-Acevedo, R. Lozano-Hernández, M. Angeli-Greaves, E. D. Greaves: *Biol. Trace Elem. Res.*, **143**, 1247 (2011).
36) L. Telgmann, M. Holtkamp, J. Künnemeyer, C. Gelhard, M. Hartmann, A. Klose, M. Sperling, U. Karst: *Metallomics*, **3**, 1035 (2011).
37) V. B. Yadav, R. H. Pillay, S. K. Jha: *J. Radioanal. Nucl. Chem.*, **300**, 57 (2014).
38) M. C. Rodriguez Castro, V. Andreano, G. Custo, C. Vázquez: *Microchem. J.*, **110**, 402 (2013).
39) R. G. Leitão, A. Palumbo Jr., P. A. V. R. Souza, G. R. Pereira, C. G. L. Canellas, M. J. Anjos, L. E. Nasciutti, R. T. Lopes: *Rad. Phys. Chem.*, **95**, 62 (2014).
40) J. C. A. C. R. Soares, C. G. L. Canellas, M. J. Anjos, R. T. Lopes: *Rad. Phys. Chem.*, **95**, 317 (2014).
41) Z. Polgári, Z. Ajtony, P. Kregsamer, C. Streli, V. G. Mihucz, A. Réti, B. Budai, J. Kralovánszky, N. Szoboszlai, G. Záray: *Talanta*, **85**, 1959 (2011).
42) A. Gaál, G. Orgován, Z. Polgári, A. Réti, V. G. Mihucz, S. Bösze, N. Szoboszlai, C. Streli: *J. Inorg. Biochem.*, **130**, 52 (2014).
43) Zs. Polgári, F. Meirer, S. Sasamori, D. Ingerle, G. Pepponi, C. Streli, K. Rickers, A. Réti, B. Budai, N. Szoboszlai, G. Záray: *Spectrochim. Acta, Part B*, **66**, 274 (2011).
44) A. Meyer, S. Grotefend, A. Gross, H. Wätzig, I. Ott: *J. Pharm. Biomed. Anal.*, **70**, 713 (2012).
45) F. J. Antosz, Y. Q. Xiang, A. R. Diaz, A. J. Jensen: *J. Pharm. Biomed. Anal.*, **62**, 17 (2012).
46) B. J. Shaw, D. J. Semin, M. E. Rider, M. R. Beebe: *J. Pharm. Biomed. Anal.*, **63**, 151 (2012).
47) E. Marguí, I. Queralt, M. Hidalgo: *Spectrochim. Acta, Part B*, **86**, 50 (2013).
48) W. Chen, X. F. Han, J. G. Lu, W. W. Liu, Y. H. Tian, X. R. Wu: *Spectrosc. Spectr. Anal.*, **32**, 2250 (2012).
49) M. Holtkamp, T. Elseberg, C. A. Wehe, M. Sperling, U. Karst: *J. Anal. At. Spectrom.*, **28**, 719 (2013).
50) P. M. Felix, C. Franco, M. A. Barreiros, B. Batista, S. Bernardes, S. M. Garcia, A. B. Almeida, S. M. Almeida, H. Th. Wolterbeek, T. Pinheiro: *Arch. Environ. Occup. Health*, **68**, 72 (2013).
51) M. A. Barreiros, T. Pinheiro, P. M. Félix, C. Franco, M. Santos, F. Araújo, M. C. Freitas, S. M. Almeida: *J. Radioanal. Nucl. Chem.*, **297**, 377 (2013).

52) G. Zarazúa-Ortega, J. Poblano-Bata, S. Tejeda-Vega, P. Ávila-Pérez, C. Zepeda-Gómez, H. Ortiz-Oliveros, G. Macedo-Miranda: The Scientific World J., **vol.2013**, Article ID 426492 (2013).

53) E. D. Wannaz, H. A. Carreras, G. A. Abril, M. L. Pignata: *Environ. Exper. Bot.*, **74**, 296 (2011).

54) D. Guimarães, M. L. Carvalho, M. Becker, A. von Bohlen, V. Geraldes, I. Rocha, J. P. Santos: *X-Ray Spectrom.*, **41**, 80 (2012).

55) R. Fernández-Ruiz, M. Malki, A. I. Morato, I. Marin: *J. Anal. At. Spectrom.*, **26**, 511 (2011).

56) Z. Sávoly, P. Nagy, K. Havancsák, G. Záray: *Microchem. J.*, **105**, 83 (2012).

57) S. E. Sabatini, I. Rocchetta, D. E. Nahabedian, C. M. Luquet, M. R. Eppis, L. Bianchi, M. del C. Ríos de Molina: *Comp. Biochem. Physiol. C*, **154**, 391 (2011).

58) S. Saito, Y. Hagimoto, H. Iwamoto: *Solid State Phenom.*, **195**, 265 (2013).

59) I. Holfelder, B. Beckhoff, R. Fliegauf, P. Hönicke, A. Nutsch, P. Petrik, G. Roederd, J. Wesera: *J. Anal. At. Spectrom.*, **28**, 549 (2013).

60) Q. Zheng, F. Dierre, V. Corregidor, R. Fernández-Ruiz, J. Crocco, H. Bensalah, E. Alves, E. Diéguez: *J. Cryst. Growth*, **358**, 89 (2012).

61) P. S. Hoffmann, O. Baake, M. L. Kosinova, B. Beckhoff, A. Klein, B. Pollakowski, V. A. Trunova, V. S. Sulyaeva, F. A. Kuznetsov, W. Ensinger: *X-Ray Spectrom.*, **41**, 240 (2012).

62) J. N. Davis, L. J. Miara, L. Saraf, T. C. Kaspar, S. Gopalan, U. B. Pal, J. C. Woicik, S. N. Basu, K. F. Ludwig: *ECS Trans.*, **41**, 19 (2012).

63) Q. Zheng, F. Dierre, M. Ayoub, J. Crocco, H. Bensalah, V. Corregidor, E. Alves, R. Fernandez-Ruiz, J. M. Perez, E. Dieguez: *Cryst. Res. Technol.*, **46**, 1131 (2011).

64) A. Delabie, S. Sioncke, J. Rip, S. Van Elshocht, M. Caymax, G. Pourtois, K. Pierloot: *J. Phys. Chem. C*, **115**, 17523 (2011).

65) V. S. Hatzistavros, N. G. Kallithrakas-Kontos: *Anal. Chem.*, **83**, 3386 (2011).

66) L. Groh, C. Hums, J. Bläsing, A. Krost, A. Dadgar: *Phys. Status Solidi B*, **248**, 622 (2011).

67) N. Waldron, N. D. Nguyen, D. Lin, G. Brammertz, B. Vincent, A. Firrincieli, G. Winderick, S. Sioncke, B. De Jaeger, G. Wang, J. Mitard, W. E. Wang, M. Heyns, M. Caymax, M. Meuris, P. Absil, T. Hoffmann: *ECS Trans.*, **35**, 299 (2011).

68) A. Delabie, S. Sioncke, J. Rip, S. Van Elshocht, G. Pourtois, M. Mueller, B. Beckhoff, K. Pierloot: *ECS Trans.*, **41**, 149 (2011).

69) A. Nutsch, M. Lemberger, P. Petrik: "*Frontiers of characterization and metrology for nanoelectronics*", ed. D. G. Seiler, A. C. Diebold, R. McDonald, A. Chabli, E. M. Secula: AIP Conference Proceedings No.1395 (2011).

70) P. Fuoss, K. C. Chang, H. You: *J. Electron. Spectrosc.*, **190**, 75 (2013).

71) B. W. Liou: *J. Comput. Theor. Nanosci.*, **10**, 1072 (2013).

72) K. Kimura, M. Takahashi, H. Kobayashi: *ECS J. Solid State Sci. technol.*, **3**, Q11 (2014).

73) H. Takahara, Y. Mori, H. Shibata, A. Shimazaki, M. B. Shabani, M. Yamagami, N. Yabumoto, K. Nishihagi, Y. Gohshi: *Spectrochim. Acta, Part B*, **90**, 72 (2013).

74) W. T. Tseng, V. Devarapalli, J. Steffes, A. Ticknor, M. Khojasteh, P. Poloju, C. Goyette, D. Steber, L. Tai, S. Molis, M. Zaitz, E. Rill, S. Mittal, M. Kennett, L. Economikos, G. Ouimet, C. Bunke, C. Truong, S. Grunow, M. Chudzik: *Advanced Semiconductor Manufacturing Conference (ASMC), 2013 24th Annual SEMI*, p.346 (2013).

75) H. Fontaine, T. Lardin: *ECS Trans.*, **58**, 327 (2013).

76) M. Kubo, M. Hidaka, M. Kageyama, T. Okano, H. Kobayashi: *Mater. Sci. Forum*, **877**, 717 (2012).

77) J. Rip, K. Wostyn, P. Mertens, S. De Gendt, M. Claes: *Proceedings of the 2nd international conference on crystalline silicon photovoltaics (SILICONPV 2012)*, ed. J. Poortmans, S. Glunz, A. Aberle, R. Brendel, A. Cuevas, G. Hahn, R. Sinton, and A. Weeber, **27**, 154 (2012).

78) R. Wang, G. F. Pan, J. Wang, R. X. Yang, Y. L. Liu: *Adv. Mater. Res.*, **321**, 463, (2012).

79) E. P. Ferlito, S. Alnabulsi, D. Mello: *Appl. Surf. Sci.*,

257, 9925 (2011).
80) M. Takahashi, Y. Higashi, S. Ozaki, H. Kobayashi: *J. Electrochem. Soc.*, **158**, H825 (2011).
81) T. Sakata, K. Yamaguchi, N. Nemoto, M. Usui, K. Ono, K. Takagahara, K. Kuwabara, Y. Jin: *ECS J. Solid State Sci. technol.*, **2**, Q211 (2013).
82) L. Sartore, M. Barbaglio, L. Borgese, E. Bontempi: *Sensor. Actuat. B-Chem.*, **155**, 538 (2011).
83) S. Dhara, N. L. Misra, U. K. Thakur, D. Shah, R. M. Sawant, K. L. Ramakumar, S. K. Aggarwal: *X-Ray Spectrom.*, **41**, 316 (2012).
84) N. L. Misra: *J. Radioanal. Nucl. Chem.*, **300**, 137 (2014).
85) N. L. Misra: *Pramana-J. Phys.*, **76**, 201 (2011).
86) J. H. Park, K. M. Choi, J. H. Choi, D. K. Lee, H. J. Jeon, H. Y. Jeong, J. K. Kang: *Chem. Commun.*, **48**, 11002 (2012).
87) M. Munoz, Z. M. de Pedro, N. Menendez, J. A. Casas, J. J. Rodriguez: *Appl. Catal. B-Environ.*, **136-137**, 218 (2013).
88) A. Cinosi, N. Andriollo, G. Pepponi, D. Monticelli: *Anal. Bioanal.Chem.*, **399**, 927 (2011).
89) N. L. Misra, S. Dhara, A. Das, G. S. Lodha, S. K. Aggarwal, I. Varga: *Pramana-J. Phys.*, **76**, 357 (2011).
90) G. Tavares, E. Almeida, J. Oliveira, J. Bendassolli, V. Nascimento Filho: *J. Radioanal, Nucl. Chem.*, **287**, 377 (2011).
91) T. Vander Hoogerstraete, S. Jamar, S. Wellens, K. Binnemans: *Anal. Chem.*, **86**, 3931 (2014).
92) Y. Liu, S. Imashuku, J. Kawai: *Adv. X-Ray. Chem. Anal., Japan*, **45**, 203 (2014).
93) V. Romero, I. Costas-Mora, I. Lavilla, C. Bendicho: *J. Anal. At. Spectrom.*, **29**, 696 (2014).
94) C. da Silva Carneiro, E. T. Mársico, E. F. O. de Jesus, R. de Oliveira Resende Ribeiro, R. de Faria Barbosa: *Chem. Ecol.*, **27**, 1 (2011).
95) Z. Vincevica-Gaile, M. Klavins, V. Rudovica, A. Viksna: *Environ. Geochem. Health.*, **35**, 693 (2013).
96) J. M. R. Antoine, L. A. Hoo Fung, C. N. Grant, H. T. Dennis, G. C. Lalor: *J. Food Compos. Anal.*, **26**, 111 (2012).
97) C. N. Grant, H. T. Dennis, J. M. R. Antoine, L. A. Hoo-Fung, G. C. Lalor: *J. Radioanal. Nucl. Chem.*, **297**, 233 (2013).
98) P. F. Boldrin, V. Faquin, S. J. Ramos, K. V. F. Boldrin, F. W. Ávila, L. R. G. Guilherme: *J. Food Compos. Anal.*, **31**, 238 (2013).
99) R. Georgieva, A. Detcheva, M. Karadjov, J. Juri, I. Elisaveta: *Int. J. Environ. An. Ch.*, **93**, 1043 (2013).
100) K. B. Bat, R. Vidrih, M. Nečemer, B. M. Vodopivec, I. Mulič, P. Kump, N. Ogrinc: *Food Technol. Biotechnol.*, **50**, 107 (2012).
101) R. de Oliveira Resende Ribeiro, E. T. Mársico, E. F. O. de Jesus, C. da Silva Carneiro, C. A. C. Júnior, E. de Almeida, V. F. do Nascimento Filho: *J. Food Sci.*, **79**, T738 (2014).
102) A. N. Smagunova, G. V. Pashkova: *X-Ray Spectrom.*, **42**, 546 (2013).
103) C. D. Patz, C. Cescutti, H. Dietrich, W. Andlauer: *Deutsche Lebensmittel Rundschau*, **109**, 315 (2013).
104) L. M. Marco-Parra: *J. Radioanal. Nucl. Chem.*, **287**, 479 (2011).
105) M. F. Mangler, M. A. W. Marks, Anatoly N. Zaitzev, G. Nelson Eby, Gregor Markl: *Chem. Geol.*, **365**, 43 (2014).
106) C. Ricardo, G. Eduardo, A. Lyzeth, B. Haydn: *Appl. Phys. B-Lasers Opt.*, **109**, 47 (2012).
107) M. A. W. Marks, T. Wenzel, M. J. Whitehouse, M. Loose, T. Zack, M. Barth, L. Worgard, V. Krasz, G. N. Eby, H. Stosnach, G. Markl: *Chem. Geol.*, **291**, 241 (2012).
108) D. Banaś, A. Kubala-Kukuś, J. Braziewicz, U. Majewska, M. Pajek, J. Wudarczyk-Moćko, K. Czech, M. Garnuszek, P. Słomkiewicz, B. Szczepanik: *Rad. Phys. Chem.*, **93**, 129 (2013).
109) T. Yu. Cherkashina, S. V. Panteeva, A. L. Finkelshtein, V. M. Makagon: *X-Ray Spectrom.*, **42**, 207 (2013).
110) P. Horcajada, C.Roldán, C. Vidal, I. Rodenas, J. Carballo, S. Murcia, D. Juanes: *Rad. Phys. Chem.*, **97**, 275 (2014).
111) I. Domingo, P. García-borja, C. Roldán: *Archaeometry*, **54**, 868 (2012).

112) L. Bonizzoni, A. Galli, M. Gondola, M. Martini: *X-Ray Spectrom.*, **42**, 262 (2012).
113) M. A. Alvarez-Vazquez, C. Bendicho, R. Prego: *Microchem. J.*, **112**, 172 (2014).
114) A. Kubala-Kukuś, M. Ludwikowska-Kędzia, D. Banaś, J. Braziewicz, U. Majewska, M. Pajek, J. Wudarczyk-Moćko: *Rad. Phys. Chem.*, **93**, 92 (2013).
115) G. H. Floor, E. Margui, M. Hidalgo, I. Queralt, P. Kregsamer, C. Streli, G. Román-Ross: *Chem. Geol.*, **352**, 19 (2013).
116) W. Zaki: *3rd International Advances in Applied Physics and Materials Science Ccongress*, ed. A. Y. Oral, Z. B. Bahsi, A. Sonmez: AIP Conference Proceedings No.1569, p.492 (2013).
117) M. Schmeling, D. S. Burnett, A. J. G. Jurewicz, I. V. Veryovkin: *Powder Diffr.*, **27**, 75 (2012).
118) W. Stenström: Doctoral Thesis, Lund University, Sweden (1919).
119) A. H. Compton: *Phil. Mag.*, **45**, 1121 (1923).
120) Y. Yoneda, T. Horiuchi: *Rev. Sci. Instrum.*, **42**, 1069 (1971).
121) H. Aiginger, P. Wobrauschek: *Nucl. Instrum. Methods*, **114**, 157 (1974).
122) P. Wobrauschek, H. Aiginger: *Anal. Chem.*, **47**, 852 (1975).
123) J. Knoth, H. Schwenke, R. Marten, J. Glauer: *J. Clin. Chem. Clin. Biochem.*, **15**, 557 (1977).
124) J. Knoth, H. Schwenke: *Fresenius' Z. Anal. Chem.*, **291**, 200 (1978).
125) J. Knoth, H. Schwenke: *Fresenius' Z. Anal. Chem.*, **301**, 7 (1980).
126) R. Klockenkämper, A. Von Bohlen: *J. Anal. At. Spectrom.*, **7**, 273 (1992).
127) H. Aiginger, P. Wobrauschek, C. Streli: *Anal. Sci.*, **11**, 471 (1995).
128) A. von Bohlen, R. Klockenkäimper, G. Tölg, B. Wiecken: *Fresenius' Z. Anal. Chem.*, **331**, 454 (1988).
129) R. Fernández-Ruiz, F. Cabello Galisteo, C. Larese, M. López Granados, R. Mariscal, J. L. G. Fierro: *Analyst*, **131**, 590 (2006).
130) P. Wobrauschek, P. Kregsamer: *Spectrochim. Acta, Part B*, **44**, 453 (1989).
131) P. Wobrauschek, C. Streli, P. Kregsamer, F. Meirer, C. Jokubonis, A. Markowicz, D. Wegrzynek, E. Chinea-Cano: *Spectrochim. Acta, Part B*, **63**, 1404 (2008).
132) A. Iida, Y. Gohshi: *Jpn. J. Appl. Phys.*, **23**, 1543 (1984).
133) A. Iida, Y. Gohshi: *Adv. X-Ray Anal.*, **28**, 61 (1985).
134) U. Waldschlaeger: *Spectrochim. Acta, Part B*, **61**, 1115 (2006).
135) M. A. Lavoie, E. D. Adams, G. L. Miles: *J. Vac. Sci. Technol. A*, **14**, 1924 (1996).
136) E. P. Ferlito, S. Alnabulsi, D. Mello: *Appl. Surf. Sci.*, **257**, 9925 (2011).
137) H. Takahara, H. Murakami, T. Kinashi, C. Sparks: *Spectrochim. Acta, Part B*, **63**, 1355 (2008).
138) M. Mages, S. Woelfl, M. Óvári, W. v. Tümplingjun: *Spectrochim. Acta, Part B*, **58**, 2129 (2003).
139) H. Stosnach: *Spectrochim. Acta, Part B*, **61**, 1141 (2006).
140) M. Schmeling: *Spectrochim. Acta, Part B*, **56**, 2127 (2001).
141) H. Stosnach: *Anal. Sci.*, **21**, 873 (2005).
142) E. K. Towett, K. D. Shepherd, G. Cadisch: *Sci. Total Environ.*, **463-464**, 374 (2013).
143) S. Kunimura, J. Kawai: *Anal. Chem.*, **79**, 2593 (2007).
144) S. Kunimura, J. Kawai: *Analyst [London]*, **135**, 1909 (2010).
145) V. K. Egorov, E. V. Egorov: *Spectrochim. Acta, Part B*, **59**, 1049 (2004).
146) S. Kunimura, D. Watanabe, J. Kawai: *Spectrochim. Acta, Part B*, **64**, 288 (2009).
147) S. Kunimura, J. Kawai: *Adv. X-Ray Chem. Anal., Jpn.*, **41**, 29 (2010).
148) Y. Liu, S. Imashuku, J. Kawai: *Anal. Sci.*, **29**, 793 (2013).
149) S. Kunimura, J. Kawai: *Powder Diff.*, **23**, 146 (2008).
150) S. Kunimura, D. Watanabe, J. Kawai: *Bunseki Kagaku*, **57**, 135 (2008).
151) S. Kunimura, S. Hatakeyama, N. Sasaki, T.

Yamamoto, J. Kawai: *X-Ray Optics and Microanalysis, Proceedings of the 20th International Congress*, ed. M.A.Denecke and C.T.Walker: AIP Conference Proceedings No.1221, p.24 (2007).

152) S. Kunimura, J. Kawai: *Bunseki Kagaku*, **58**, 1041 (2009).

153) Y. Liu, S. Imashuku, J. Kawai: *Powder Diff.*, (In press).

解説

X線発生装置の原理と設計

勝部祐一

The Elements and Design of X-Ray Generator

Yuichi KATSUBE

Kinki Roentgen Industrial Co.,Ltd.
Kamigyo-ku, Kyoto 602-8226, Japan

(Received 9 October 2014, Revised 9 January 2015, Accepted 13 January 2015)

　　Kinki Roentgen Industrial is a manufacturer of X-ray apparatus. Here I introduce the details of X-ray generator (core part of X-ray device), of which in-house development is one of the strongest points of our company. Insulation and heat-release techniques are important for designing the generators, because the high voltage (~100 kV) for generating X-rays and the low conversion efficiency (~1%) lead to considerable heat-load on an X-ray tube. This paper describes also the grounding method and recent developments in high-voltage power supply.
[Key words]　X-ray generator, High voltage power supply, Cockcroft-Walton generator

　当社，近畿レントゲン工業社はX線装置の専業メーカーである．当社の強みとして，装置のコア部品であるX線発生装置を自社開発していることから，今回はX線発生装置の設計手法について紹介する．X線の発生には100 kV前後の高電圧を印加する必要があり，かつX線の発生効率は1%程度と，エネルギーの大部分が熱に変換されることから，絶縁設計と放熱設計が重要となる．本稿では，これらを考慮した最適な接地方式の選び方について紹介するとともに，近年の半導体技術を利用した高電圧電源の構成についても紹介する．
[キーワード]　X線発生装置，高圧電源，コッククロフト回路

1.　当社の歴史

　X線発生装置とは，医療用や工業用といったあらゆるX線装置の心臓部である．近畿レントゲン工業社は1946年の創業以来，X線装置の専業メーカーとして事業に取り組んできた．医療用レントゲン装置の保守業務から始まり，現在は自社ブランドとして歯科用レントゲン装置の設計開発を行っている．また2000年代からは，医療用分野で培った技術をX線発生装置として工業用分野に展開し，主に食品や衣料品のX線異物検査装置に採用され，X線発生装置としての累計出荷台数は7,000台に迫っている．

　このように当社はX線を透視用として用いており，分析用としての開発経験はない．しかしながら，透視用および分析用X線発生装置には共通点が多いことから，X線発生装置の原理と設計方法について紹介することとした．

2. X線発生の原理

本稿では，X線発生原理の物理的な解説は省略し，実務上必要な点に絞って解説する．

一般的にX線を発生させるには，図1に示すX線管と呼ばれる真空管に電気を加える．X線管内部には陽極，陰極と呼ばれる2つの電極があり，図2のように陽極表面にあるターゲットに高速で電子を衝突させると，ターゲットからX線が発生する．言い換えれば，X線を発生させるためには，電子を発生させ，高速で移動させる必要があるということである．

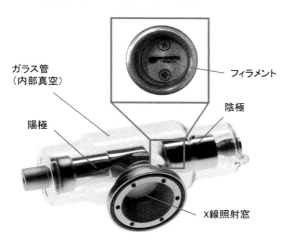

図1　X線管．

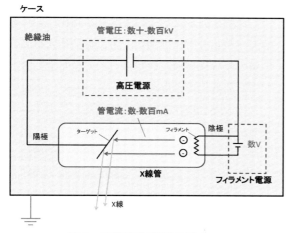

図2　X線発生装置の構成．

まず電子の発生源については，陰極に繋いだフィラメントがその役割を担う．フィラメントの両端に数Vの電位差を与えることで，フィラメントが約2000℃まで加熱されると，そのエネルギーにより電子がフィラメントから飛び出す．これはエジソンが白熱電球の研究で発見した熱電子放出の現象である．続いて，陰極側より発生した電子を高速で移動させるために，陰極と陽極の間に数kVから数百kVの電位差を加えて加速させる．

フィラメントを加熱する「フィラメント電源」と電子を加速する「高圧電源」，X線発生に必要なこれら2つの電源を制御することで，発生するX線を制御することができる．両極間にかける高圧電源の電圧（管電圧）を変えることで，X線のエネルギーが変化する．そして，フィラメント電源の電圧を調整することで，フィラメントから飛び出す電子量（管電流）が変化し，それに伴ってX線の量が変化する．つまり，管電圧・管電流をコントロールすることで，X線の透過像や分析結果を調整することができるということである．

これら2つの電源をX線管とともにケースに封入したものがX線発生装置である．しかし，数十kVの高圧電源を空気中で動作させるとすぐさま放電してしまい動作しなくなるため，一般的にケース内部は電気絶縁油で満たされているか，もしくは取り扱いの容易なエポキシ樹脂などでモールド処理されている．

3. X線発生装置の設計

3.1　接地方法の選択

X線発生装置の設計にあたって困難な点は，先述の通り数十kVオーダーの高電圧の印加に伴い，ケースとの電気絶縁を確保する必要があ

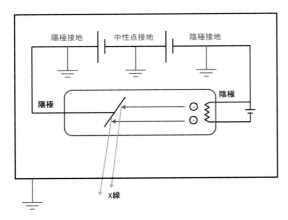

図 3 高電圧の接地方式.

ることである．さらに，ターゲットに入力されたエネルギーのうち X 線に変わるのはわずか 1% ほどで，残りの 99% は熱になってしまうことからターゲットが非常に高温になるため，陽極部の冷却も必要となる．このような背景から，まず電気絶縁と放熱を考慮して，図 3 に示すように次の 3 種類の接地方法のうちいずれが最適かを検討する．

(a) 陽極接地：陽極をアースに落とす．
　（例）陽極：0 V・陰極：−100 kV
　　長所：発熱部である陽極がアースに落ちているため，ダイレクトに冷却することが可能．
　　短所：陰極とケース間の絶縁設計が困難．陰極が高電圧になっている中でフィラメント電圧の数 V の制御をしなければならないため，特殊な絶縁設計が必要．
(b) 陰極接地：陰極をアースに落とす．
　（例）陽極：+100 kV・陰極：0 V
　　長所：フィラメント電圧の制御が容易．
　　短所：陽極とケース間の絶縁設計が困難．
(c) 中性点接地：両極の中間電圧をアースに落とし，陰極にマイナス，陽極にプラスを印加する．（例）陽極：+50 kV・陰極：−50 kV
　　長所：陰極・陽極とケース間の電位差を半分ずつに分担できるので絶縁設計が容易．
　　短所：その他の接地方式のメリットを活かすことができない．

透視用 X 線発生装置の場合，管電圧は 100 kV 前後のものが多いこともあり，絶縁設計が容易な中性点接地を用いるケースが多くみられる．分析用装置の場合，管電圧は 50 kV 前後までと比較的低いため，陽極の冷却性を考慮した陽極接地型が多く見られるが，絶縁性の高いイオン交換水を用いる手間をいとわなければ陰極接地型 X 線管も使われる．

3.2 高圧電源の設計

高圧電源は X 線発生に欠かせない部分であるが，近年の半導体の技術進歩により，その構造は大きく変化した．かつては図 4 のように，商用の AC 電源を高電圧トランスで kV オーダーまで一気に昇圧していたため，大型のトランスが必要となり，重量もかなりあった．しかし，1990 年代頃から大容量のトランジスタが普及するようになると電源の高周波化が進み，その結果としてトランスを小型化できるようになったことで，図 6 に比較するように高圧電源は小さく軽くなった．

近年の高圧電源の原理を図 5 に示す．商用電源を数十 kHz 前後まで高周波化するため，一旦商用電源を直流化し，再度高周波の交流に変換する．これをトランスで数 kV 程度に昇圧して高電圧の"種"を作り，その後，コッククロフトウォルトン回路と呼ばれる昇圧回路につなげ

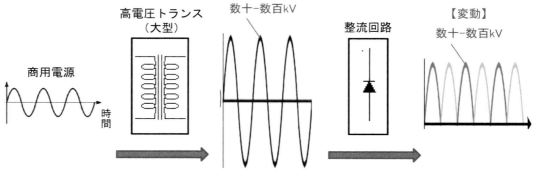

図4 高電圧トランス方式による高圧電源.

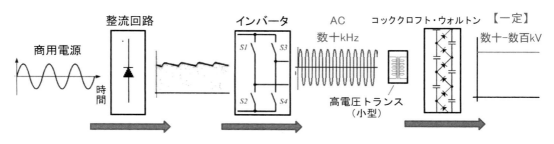

図5 コッククロフト方式による高圧電源.

る．この回路はコンデンサとダイオードだけで構成されるシンプルな回路でありながら，増やした段数に比例して出力電圧を増やせるため，バリエーションを持たせやすいという利点がある．

また，この方式の一番のメリットは，これまでの高電圧トランス方式では商用電源の周波数で変動していた管電圧を，一定の電圧に安定させることが可能になったことである．これにより医療用分野では，透視画像に寄与せず人体への無効被曝の原因となる，低管電圧領域のX線を低減できるようになった．また工業用の異物検査においても，X線の強度を一定に保つことができるため，画像取得にラインセンサーを用いた高速なインラインでの検査が可能になった．

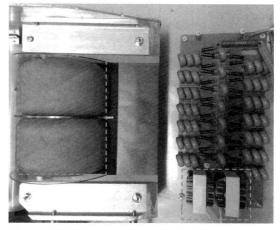

図6 高電圧トランス方式（写真左）とコッククロフト方式（写真右）の高圧電源の比較（赤枠内は高電圧トランス）．

分析用装置でもこのコッククロフト回路による定電圧方式が採用されているようだが，X線の変動が少ないことによるメリットが同様に存在するものと思われる．

3.3 放熱設計

先述の通り，X線発生には発熱が伴うため，高温によりターゲットが損傷しないよう，放熱に気を配る必要がある．接地方式にもよるが，陽極が高電圧になっている場合は直接冷却できないため，間接的に冷却する．ファンによってケース表面を強制冷却，絶縁油をポンプで循環冷却するなど各社工夫を凝らしている．

4. 当社のX線発生装置

当社では医療用ならびに工業用のX線発生装置について，管電圧20 kV-160 kV・管電流0.5 mA-10 mA・短時間から連続使用まで，幅広いラインナップの製品を自社京都工場にて設計・製造している．昨年には，X線をパルス状に照射することで人体への被曝低減が可能となる新しいX線発生装置（図7）を開発した．これは，最大約100 Hzの周波数でX線のON/OFFを切り替えることができる，国内歯科用X線装置メーカーで初となる技術である．

また，過去には歯科大学との共同開発や，宇宙関連ではロケット燃料の噴射状況の透視など，各種研究機関からのオーダーメイドにも対応してきた．今後も，様々なニーズに対応する高機能なX線発生装置の研究開発に邁進する所存である．

図7 パルス照射X線発生装置．

解説

和歌山カレーヒ素事件における頭髪ヒ素鑑定の問題点

河合 潤

Review on Hair Analysis in the Wakayama Arsenic Case

Jun KAWAI

Department of Materials Science and Engineering, Kyoto University
Sakyo-ku, Kyoto 606-8501, Japan

(Received 6 December 2014, Revised 29 December 2014, Accepted 31 December 2014)

I review the hair analysis of Wakayama arsenic poisoning case, and discuss problems in this forensic analysis. (i) It has been said that two pieces of hair were analyzed, but I conclude that only one piece was analyzed. (ii) High concentration arsenic was said to be attached on the hair, but I conclude that the arsenic concentration was same level as those of ordinary Japanese. (iii) It was said that the discrimination of exogenous and endogenous arsenic in hair was possible by the line analysis of hair, but I conclude that the testimony has already been known by the witness to be fault before the death sentence.

[Key words] Wakayama curry poisoning case, Hair, Arsenic

和歌山カレーヒ素事件の頭髪鑑定を解説し，問題点を論じた．高エネルギー研放射光蛍光X線分析では，林頭髪は2本分析されたと言われているが，実際には1本だけしか分析されていなかったのではないかと言う点，頭髪には高濃度のヒ素が付着していたとされたが健常者と変わらないヒ素量であったこと，外部付着と経口摂取が区別できるという証言は，地裁判決前に間違いであることが証言者にはわかっていたこと，の3点を結論した．

[キーワード] 和歌山カレーヒ素事件，毛髪，頭髪，ヒ素

1. 裁判の要点及びそれと矛盾する事実の存在

和歌山カレーヒ素事件のあらましは，2014年だけでもKimura[1]，石塚[2]の解説が出版されたので事件経過の詳細は省略する．和歌山ヒ素事件の和歌山地裁判決[3] p.895では，

以上の検討から，被告人は，ガレージで1人で鍋の見張り当番をしていた午後零時20分ころから午後1時ころまでの間に，Ⓐ緑色ドラム缶，ⒷMミルク缶，Ⓒ重記載缶，ⒹMタッパー，ⒺTミルク缶の5点の亜砒酸粉末若しくはⒻ本件プラスチック製小物入れに入っていた亜砒酸のいずれかの亜砒酸を，本件青色紙コップに入れて

ガレージに持ち込んだ上，東カレー鍋に混入したという事実が，合理的な疑いを入れる余地がないほど高度の蓋然性を持って認められるのである．

という「事実」を認定し，死刑判決が下された．亜ヒ酸濃度やデンプンが混入していたかどうかという混入物質を鑑定すべきであるにもかかわらず，重元素分析だけにたよった和歌山地裁における上述の事実認定は，因果関係が破たんしている[4-7]．Ⓐ，Ⓑ，Ⓒ，Ⓓ，Ⓔ，Ⓕのどの亜ヒ酸を「本件青色紙コップ」に入れても，表1に示すとおり，主成分ヒ素濃度の高純度化，デンプンと亜ヒ酸混合粉末からのデンプン全消失，バリウムの新たな出現などという，紙コップへ亜ヒ酸を入れただけではありえない元素組成に変化することになるからである．表1のⒶとⒷとは中国から輸入した純粋な亜ヒ酸，ⒸとⒺにはデンプンとセメントが混合され，Ⓓには砂は混ぜられていたがデンプンやセメントは混ぜられていなかった．Ⓕの亜ヒ酸濃度は不明であるが有意に低濃度である[2]．「本件青色紙コップ」には99％弱の亜ヒ酸と1％の砂かセメントが混入していたがデンプンは全く入っていなかった．和歌山事件のバリウムは砂かセメントに起因したが，紙コップから検出されたバリウムは，砂かセメントのどちらであるか現在まで分析されていない．SEM-EDX（走査型電子顕微鏡-エネルギー分散型Ｘ線分析）で分析すれば，Si が検出される（砂）か，Ca が検出される（セメント）かで判定は容易である．事件当時は半導体工業のピークで，このような分析に利用可能なSEM-EDX や SIMS（2次イオン質量分析）装置など数千万円から数億円の機器分析装置が高度に発達するとともに研究用として広く普及していた．しかし供用が始まったばかりの第3世代

表1 証拠Ⓐ〜Ⓕの亜ヒ酸の主要成分（ppm の不純物は除外する）およびⒶ〜Ⓕを「本件青色紙コップ」在中の亜ヒ酸の組成にするために必要な操作．

証拠記号	証拠亜ヒ酸の意味	主成分（重量％で表示）	「本件青色紙コップ」の亜ヒ酸組成にするために必要な操作
Ⓐ	緑色ドラム缶	中国から輸入した100％亜ヒ酸	Ba を含む砂かセメントを1％混ぜる．砂かセメントのどちらかは不明．
Ⓑ	Mミルク缶	中国から輸入した100％亜ヒ酸	同上．
Ⓒ	重記載缶	91％亜ヒ酸と9％の（デンプン＋セメント）の混合物	デンプンとセメントを合わせて9％混ざった亜ヒ酸から，デンプン粉を完全に取り除き，バリウムを含むセメントを1％残してほとんど取り除く．
Ⓓ	Mタッパー	87％亜ヒ酸と13％砂の混合物	バリウムを含む砂が13％混ざった亜ヒ酸から，砂を1％残してほとんど取り除く．
Ⓔ	Tミルク缶	64％亜ヒ酸と36％の（デンプン＋セメント）の混合物	デンプンとセメントを合わせて36％混ざった亜ヒ酸から，デンプン粉を完全に取り除き，バリウムを含むセメントを1％残してほとんど取り除く．
Ⓕ	本件プラスチック製小物入れ	詳細は不明であるが，亜ヒ酸は低濃度	低濃度亜ヒ酸を高純度化する．

シンクロトロン放射光施設 SPring-8 での蛍光 X 線分析へ証拠亜ヒ酸を回すため，SEM-EDX も SIMS 分析も行われなかった．国際会議でこの鑑定について報告すると，すぐに「なぜ SIMS を使わなかったんだ？」という質問が出る．紙コップ在中の亜ヒ酸はⒶ, Ⓑ, Ⓒ, Ⓓ, Ⓔ, Ⓕ以外の亜ヒ酸である．鑑定に SPring-8 を用いることを提案したのは，後述する中井鑑定人である．

最高裁の上告棄却理由[8]は3つあり，次のとおりである．

①上記カレーに混入されたものと組成上の特徴を同じくする亜砒酸が，被告人の自宅等から発見されていること，②被告人の頭髪からも高濃度の砒素が検出されており，その付着状況から被告人が亜砒酸等を取り扱っていたと推認できること，③上記夏祭り当日，被告人のみが上記カレーの入った鍋に亜砒酸をひそかに混入する機会を有しており，その際，被告人が調理済みのカレーの入った鍋のふたを開けるなどの不審な挙動をしていたことも目撃されていることなどを総合することによって，合理的な疑いを差し挟む余地のない程度に証明されていると認められる．

このうち「組成上の特徴を同じくする」という①は表1のごとく間違いである．②「被告人の頭髪からも高濃度の砒素が検出されて」いることに関して，頭髪から検出されたヒ素濃度を算出したところ通常の日本人と変わらない低濃度であることが判明した[7,9]．本稿では主に以下に列挙する点について述べることとする．

・SPring-8 で頭髪からヒ素が検出できなかったのでその測定データが破棄されていたこと．

検出できなかった頭髪のヒ素測定データをいつも破棄していたら，頭髪から常にヒ素が検出されたかのような誤った結論を導く．データの棄却は慎重にしすぎてもしすぎることはない．
・高エネルギー加速器研究機構（KEK）物質構造科学研究所フォトンファクトリー（PF）では約400時間のビームタイムを使って第2のヒ素付着頭髪を探した．2本という説もあるが，事件全体を通じてヒ素付着頭髪は1本しか見つかっていないこと．
・公判では，異なる2本の頭髪を測定したという証言があったこと．
・頭髪の軸方向の線分析では，外部付着ヒ素と経口摂取ヒ素との区別ができないことが，鑑定と並行して行われた厚生科学研究で判明していたにもかかわらず，公判では区別できると証言されたこと．
・被害者4人分の頭髪しか測定していない線分析と，被害者全員（63人）の尿中ヒ素分析とを取り違えた証言がなされ，それが頭髪ヒ素は経口摂取ではなく外部付着であったという死刑判決にとって決定的な証言となったこと．
・ヒ素を経口摂取した場合の頭髪の線分析は二山構造となり，尿とは異なる挙動であることが，公判の証言時には，厚生科学研究で既に分かっていたが，隠されたこと．
・最初のKEK-PFのビームタイム（1998年12月）の1本目の頭髪にヒ素付着が見つかった経緯が極めて不自然であること．

2. 頭髪鑑定書

和歌山ヒ素事件裁判に提出された頭髪分析の鑑定は5件ある[10-14]．科学警察研究所の鈴木・

丸茂による鑑定書[10]，聖マリアンナ医科大学山内博助教授（当時）による供述調書[11]と鑑定書[12]，東京理科大学中井泉教授の鑑定書[13, 14]である．これら5件の鑑定書を要約するとともに，山内が代表，中井が研究分担者となった厚生科学研究[15, 16]との矛盾点についても述べる．

2.1 鈴木康弘鑑定書

科警研 鈴木康弘鑑定書[10]は，保険金詐欺のため亜ヒ酸を経口摂取させられたI氏の頭髪を3 mm刻みでICP-MS（誘導結合プラズマ・質量）分析したものである．1998年10月20日に鈴木鑑定の中間報告が作成され（図1a），これを山内に見せて，その意味するところを解説させたものが山内供述調書[11]である．図1aに示すようにIの頭髪ヒ素濃度は3 mm刻みで最高11 ppmであった．山内[17]は頭髪の長さ方向のヒ素濃度は，経口摂取した特徴を有し，経口摂取した日にちを推定可能であると証言したが（2000年8月9日），厚生科学研究によれば，二山構造となるため経口摂取の日にちの推定は不可能である．1999－2001年度の厚生科学研究費補助金によって，「従来の砒素の分析法（河合註：鑑定書[12-14]にある毛髪軸方向の線分析のこと．本稿図1, 3の分析）においては，一本の毛髪を用いて毛髪中砒素を外部付着砒素と内部砒素とを区別することは不可能なことであった．この研究（河合註：毛髪断面の元素分布を面分析すること．本稿図2の分析）において，それらの問題に対して可能性が示された」と2002年に報告している[15]．1998年の山内供述調書と2000年8月の証人尋問[17]に先立って提出した鑑定書[12]は，「従来の砒素の分析法」であったため，ヒ素が外部付着か経口摂取かの判断は不可能であったことになる．1998年の山内供述調書[11]作成時には，外部付着と経口摂取が区別可能であると信じていた可能性は否定できないが，1999年に行われた実験によってそれは不可能であることは明確に認識されたはずである．外部付着と経口摂取の区別が不可能であることの認識時期を，一歩ゆずって厚生科学研究報告書の2002年4月，即ち地裁判決（2002年12月）の7か月前だったとしても，2000年8月（表2）の証言が間違っていたことを地裁判決前に認識していたことは明白である．証言が間違っていたことを訂正する機会はいくらでもあった．しかし，現在に至るまで，山内による証言の訂正はない．なお「線分析」とは毛髪の軸方向のヒ素濃度分布の分析のことであり（図1, 図3），「面分析」とは，毛髪断面のヒ素元素分布の分析のことである（図2）．

Iの頭髪の先端部においてヒ素濃度は11 ppm（µg/g）と高い（図1a）．「毛根部に向かって釣り鐘型（片側）の曲線を描きつつ減少している

表2 実験，鑑定書，厚生科学研究報告書の時系列

時　期	事　項
1998年12月	山内供述調書
1999年2月～6月	KEK-PF 98U004 ビームタイム
2000年4月	厚生科研費補助金（生活安全総合研究事業）分担研究報告書[16]
2000年8月	山内証言[17]
2000年10月	中井証言[24]
2002年4月	厚生労働省科学研究費補助金2001年度総括研究報告書[15]
2002年12月	地裁判決[3]

ものと認められる」[10]．山内供述調書[11]の解釈では，頭髪のヒ素濃度の分析値から，「食事以外のヒ素曝露が認められない人の毛髪中のヒ素濃度の平均値は0.08マイクログラム/グラム」(=80 ppb)と言われているので(p.19)，「毛髪1グラムあたり11マイクログラムのヒ素が検出されている」(=11 ppm)ことから(p.20)，「明らかに何らかのヒ素の曝露があったことが間違いない数値」であり，また「2～3カ月間排泄され続けた後，排泄されなくなるので，排泄が終わった時期を特定すれば，ヒ素を摂取した時期のだいたいの特定が可能となる」(p.21)ことから，「毛先に最高濃度が含まれるということは，その先にピークがあった可能性は残」(p.22)るが，「54ミリメートル付近から1 ppmを超えている」ので，「78ないし81ミリメートルのところまで既に2か月経過していることに加え，毛先付近の数値の上昇率が非常に大きいことから，11 ppmあたりのところがピークかあるいはピークから少し下がった程

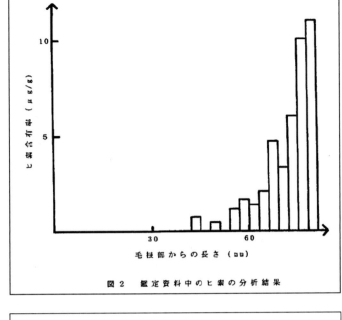

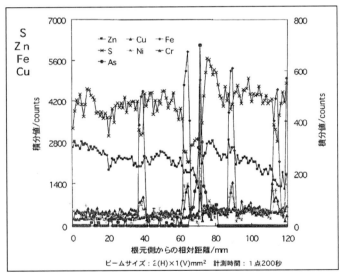

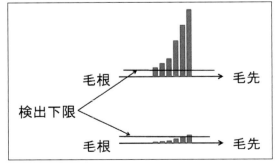

図 1 (a) I の頭髪中ヒ素濃度を 3 mm 刻みで ICP-MS 分析した結果[10]，(b) 和歌山ヒ素事件被害者の頭髪の線分析結果[16]，(c) 極端に低い濃度の「体内性の砒素」[3]を検出下限の悪い分析法で分析すれば，「付着部位に特異的に砒素が計測される」[3]かのような形状となることを模式的に説明するグラフ．

度の数値であると考えられ」(p.22) る.「毛根から 78 ミリメートルの部位は約 6 か月前の同年 4 月上旬ころに毛髪になった部位であるため, それよりも前にヒ素を摂取したといえ, 更にそこから数週間あるいは長くても 1 か月前までにヒ素を摂取したと思われることから, 同年 3 月上旬以降にヒ素を摂取したということができ」(p.23) ると結論した.

図 1a の I 頭髪ヒ素濃度は, 例えば毛根から 78-81 mm では, 上述のように 11 ppm である. 頭髪の線密度が 15 cm 当たり 1 mg であること[18]を用いてヒ素重量に換算すれば, 頭髪 3 mm の重量は, $18 [mg] \times \frac{3}{150} = 0.02 [mg]$ なので, この頭髪に含まれる 11 ppm のヒ素重量は, $0.02 [mg] \times (11 \times 10^{-6}) = 2.0 \times 10^{-10} [g]$ となる. したがって I 頭髪 1 本に含まれるヒ素全重量は, 図 1a の棒グラフの濃度の和を計算して 8.7×10^{-10} g と算出でき, I 頭髪の総本数を 10 万本と仮定すれば, 経口摂取し頭髪に残存したヒ素総量は, 8.7×10^{-10} g $\times 100{,}000 \fallingdotseq 10^{-4}$ g となる.

2.2 山内鑑定書

山内鑑定書[12] は 1998 年 12 月 16 日に中井が KEK-PF のビームライン 4A (BL-4A) で林真須美の頭髪を 4 mm 刻みで蛍光 X 線測定した結果, および山内が頭髪を「超低温捕集-還元気化-原子吸光」法で定量した分析結果からなる.

林真須美の左前頭部, 右前頭部, 右後頭部, 左後頭部 4 か所から各「2, 30 本」(第 37 回公判速記録[17] p.62) を平成 10 年 12 月 9 日に採取した頭髪のうちの「半分以下ぐらいの量を」(p.72) 同年 12 月 11 日に聖マリアンナ医科大学で山内が水酸化ナトリウム水溶液に溶解して「超低温捕集-還元気化-原子吸光」法で定量した[12]. 15 cm の頭髪は約 1 mg である[18]. 林の頭髪長さは後述の図 3 a, c の横軸の範囲が 10 cm であったこと, および,「頭髪は約 50 mg を耐熱性のプラスチック試験管に取り, これに 2N- 水酸化ナトリウム溶液 2 mL を加え, 100℃ で 3 時間加熱分解し, 測定試料とした」という山内鑑定書[12] の記述から, 山内が分析に使用した頭髪本数が,「2, 30 本」であったなら林の頭髪は 30 cm ほどであったことになるし, もし 15 cm の長さであったなら 50 本であったと算出

表 3 山内鑑定書[12] の林真須美の頭髪中ヒ素分析結果.

表 1 化学形態別の頭髪中砒素濃度

測定部位	頭髪中砒素濃度 μg As/g			
	iAs	As(III)	DMA	総砒素
左側—前頭部	0.090	−	0.026	0.116
右側—前頭部	0.122	0.090	0.037	0.159
右側—後頭部	0.029	−	0.031	0.060
左側—後頭部	0.036	−	0.029	0.065
正常値 (100 名)	0.060		0.020	0.080

iAs, 無機砒素 (無機の 3 価砒素+無機の 5 価砒素) ; As(III), 無機の 3 価砒素;
DMA, ジメチル化砒素 ; 総砒素, iAs+DMA
−, 不検出   当研究室における頭髪中砒素濃度の正常値は 100 名から求めた.

できる．山内鑑定結果を表3に示した．「この機械（河合註：超低温捕集－還元気化－原子吸光法のこと）の検出感度は，0.5から1 ppb」(p.33)と証言しているが，「その標準溶液なんですが，濃度はどの程度の濃度なんでしょうか」という証人尋問の文脈から，検出感度は溶液重量基準であって，頭髪重量基準ではない．頭髪重量基準に直したヒ素の検出感度は不明であり，表3の分析値の信頼性（すなわち有効数字の桁数）は不明である．

表3を詳しく見ると，林真須美の頭髪中のヒ素濃度は，最高159 ppbである．このうち海産物等の日常的な摂取によるバックグラウンドが69 ppb（3価でない無機ヒ素32 ppbとジメチル化ヒ素37 ppbの和），外部付着とされる3価ヒ素は90 ppbであった．

繰り返しになるが，林頭髪のヒ素濃度は60－159 ppbであり，Iの1/100の濃度である．一般人の頭髪ヒ素濃度の正常値は80 ppbなので，159 ppbは高濃度である印象を受けるが，正常値の範囲内である．1980年の山内の論文[19]では，コントロール（正常値）の頭髪濃度範囲は110－230 ppbと報告されているからである．加えて，1988年のYamatoの論文[20]では，聖マリアンナ医科大学教員100名の頭髪ヒ素を分析した結果が報告されており，140－340 ppbのヒ素が検出された教員が7名あったことと比べても林のヒ素濃度159 ppbは正常な範囲である．林の右側前頭部頭髪に3価ヒ素As（III）が出ていることが外部付着の根拠とされた．しかし同じ山内の論文[19]では，外部付着の可能性がないコントロールの頭髪からも30－70 ppbの3価ヒ素が検出されている．1980年から1998年までの間に山内の分析技術が向上したのかもしれないが，鑑定書や公判では不都合な文献[19,20]には一切触れられていない．いずれも山内の所属大学の論文，しかも文献[19]は山内自身の論文である．山内の「還元気化」法では，実験が下手な場合，5価のヒ素が3価に還元されて3価ヒ素が検出される．

夏祭りの時に亜ヒ酸が付着したとすれば，それから4か月以上経過後に，3価ヒ素が表3に示すように90 ppb残留しているのは不自然である．3価ヒ素は酸化されて5価となりやすいからである[21]．山内は上述の論文[19]でヒ素工場労働者の頭髪中の3価，5価ヒ素分析値を報告している．この論文の頭髪ヒ素濃度は，工場労働者6名について3価ヒ素濃度は900 ppb－53.2 ppm，5価ヒ素は200 ppb－124 ppmという極めて高濃度のものである．一方，健常者15名の頭髪をコントロールとして分析した平均は，3価ヒ素が50 ppb（範囲は30－70 ppb），5価ヒ素が120 ppb（範囲は80－200 ppb）であった．

外部付着した3価ヒ素は，As^{3+} attached to the hair through exogenous contamination remains so attached to be slowly oxidized into As^{5+} と述べて[19]，ゆっくり5価ヒ素へ酸化されてゆくとした．これは，工場の空気中の3価ヒ素粒子が5価ヒ素粒子の20倍多く含まれる環境中の労働者の頭髪には，3価ヒ素が11 ppm，5価ヒ素が39 ppm存在したことの説明である．

この論文で不可解なのは，コントロールの健常者頭髪にも3価ヒ素が30－70 ppb（15名）含まれていたことである．コントロールの15人平均5価ヒ素濃度は120 ppbと報告しているので，表3の林と比べても高濃度である．海産物の経口摂取によっては3価ヒ素が頭髪に出現しないという証言は，論文[19]と食い違う．還元気化法の微妙な実験条件の違いによって3価に還元されたヒ素が検出されたと考えるのが妥当

である.

　頭髪へのヒ素外部付着の山内の研究経験は，頭髪に数十 ppm ヒ素が検出されたという極めて高濃度ヒ素被曝に対するものであって，林のように，健常者に近い濃度の外部付着ヒ素に対する研究経験は無く，山内証言は林頭髪ヒ素濃度の 100 倍から 1000 倍高濃度な外部付着ヒ素に対する山内自身の研究と混同した証言である．その信憑性は低く，山内証言を採用する場合には，濃度が桁数で異なる点に十分注意すべきである．半導体工業労働者のような数百 ppm という高濃度ヒ素汚染頭髪なら誤差範囲内で問題とならない還元しすぎによる 3 価ヒ素の出現は，林頭髪のような低濃度では無視できなくなる．

　ヒジキには数十 ppm という濃度のヒ素が含まれており（乾燥ヒジキ重量基準），ハンドヘルド型蛍光 X 線分析装置[22]でもヒジキの商品包装の外側から数十秒測定するだけでヒ素濃度が分析できる．ヒジキ料理の煮汁にも数 ppm（煮汁重量基準）のヒ素が浸出している[23]．

　山内鑑定のヒ素濃度の精度について考察する．林真須美「の DMA は前頭部も後頭部も，右側も左側もほとんど近似した値が示されております．そして，一番下のこの正常値 100 名の値の 0.020 という値にも近似しております．すなわち，通常頭髪というのは，どこの部位を測っても大体近似した値が出るということが，この DMA の値からも言えるんじゃなかろうかと思います」（第 37 回公判速記録[17] p.76）と表 3[12]を指して証言している．0.020（100 名正常値），0.026，0.029，0.031，0.037 ppm という広がった範囲の濃度が，「大体近似した値」と山内が証言した事からもわかるように，頭髪という個人差のある試料を，精度があまり良くない「超低温捕集−還元気化−原子吸光」法で分析した精度は表 3 の有効数字として示された 1 ppb の桁（ppm で表した小数点以下 3 桁目）ではなく，10 ppb の桁がすでに怪しいことを意味している．この精度の見積もりは，先行研究[19, 20]と比較しても矛盾はない．表 3 の濃度は各 1 回だけしか分析していないので，水酸化ナトリウム水溶液への溶解操作と「超低温捕集−還元気化−原子吸光」法を合わせた分析操作全体のバラツキの大きさは判断できない．この粗い分析精度は，人間ドックの，例えば腫瘍マーカーの数値のセンスである．人間ドックなら，異常値が出た後は精密検査や経過観察するが，山内鑑定では精密検査なしで癌を宣告するようなものである．山内鑑定の林頭髪分析では繰り返し再現性はチェックされていない．強いて言えば，左前頭部，右前頭部，右後頭部，左後頭部 4 か所の DMA 値を再現性のチェックと考えることができるが，そうすると，分析値としての精度はせいぜい 10 ppb の桁である．たった 1 回の，それも右側前頭部 1 点だけの 3 価の異常値で外部付着を結論したことになり，死刑の根拠としては薄弱すぎる．しかも上述したようにコントロールからも 3 価ヒ素は検出されうる．林頭髪の長さ方向のヒ素分布がテールの無いピーク形状であること，3 価ヒ素の存在，という 2 つの理由によって，ヒ素外部付着が証明されたとしている．

　地裁判決[3] pp.395-396 で裁判官は，

　　毛髪から検出された砒素が，体内に摂取された砒素が毛髪内に残留しているもの（以下，「体内性の砒素」という）なのか，あるいは毛髪の外部に付着しているものなのかについては，一般人の毛髪からは無機砒素やジメチル化砒素（DMA）は検出されるが，無機の 3 価砒素は検出されないとい

う砒素の形態からの判別が可能であり，また，体内性の砒素は，どの部位の毛髪を分析しても，全体的に計測されるのに対し，<u>外部付着の砒素は，付着部位に特異的に砒素が計測される．さらに，1本の毛髪で見た場合には，体内性の砒素の場合はなだらかなピークとなるが，外部付着の場合は付着部位だけのシャープなピークとなる</u>．

と，外部付着と体内性のヒ素の区別が可能であることを述べている（アンダーラインは河合．以下同様）．このような比較が合理的な意味を持つのは，ヒ素の濃度が高く絶対量が同程度の場合である．Iの頭髪のヒ素濃度は林頭髪の100倍，後述する中井頭髪に付着させたヒ素濃度は10,000倍なので，このようにヒ素濃度が異なる頭髪の線分析の比較は意味がない．濃度が検出下限ぎりぎりなら，テールの部分は検出されず，「体内性の砒素」であっても，「シャープなピーク」となるからである（図1c）．

山内証言では，ヒ素の外部付着を示す最も重要な証言として次の証言がある．

> 髪の毛の部分に外部汚染した場合は，外部汚染した場所にのみ砒素が検出されます．それに対しまして体内性の砒素中毒の患者さんですね，急性の砒素中毒の患者さんですけども，その場合は，<u>和歌山の63人の人たちの検査を私は全部しておりますけれども，そうしますと，必ず一過性の一つのピークの山が出ることは決してございません．必ずなだらかなピークが出てまいります</u>．急性の砒素中毒の方ですと，体内に入って数日後からヒ素が毛髪に移行しだします．そうしますと，毛髪のヒ素濃度は上昇します．上昇した後，体からヒ素が抜けますと，今度は減衰をしていきます．そうしますと，ピークは当然なだらかなピークをしていきます．それに対してこのような<u>シャープなピークが一本だけ出た場合には</u>，これは外部付着と考えるべきだと思います．（37回公判速記録[17] p.83）

しかしながら，和歌山ヒ素事件被害者の生存者63人全員の頭髪の毛根から先端にかけてのヒ素分布の蛍光X線による線分析の事実はない．63人のカレーヒ素事件被害者の尿を山内が分析した事実を，頭髪分析と取り違えて証言したものである．尿と頭髪の分析を取り違えるという有り得ない証言によって，林頭髪の外部付着を決定づける証言となった（上記地裁判決「体内性の砒素の場合はなだらかなピークとなるが，外部付着の場合は付着部位だけのシャープなピークとなる」）．

林頭髪中のヒ素はSPring-8では検出できなかった．換言すれば，SPring-8で検出できないほどヒ素は低濃度であったことを意味している．「いや，それは実際に測定してみまして，砒素すら検出できなかったので，残っていません」（第43回中井泉証言公判速記録[24] p.29）と，ヒ素が検出できなかった測定データを廃棄したことを証言している．検出された分析結果だけを鑑定書に報告し，検出できなかった分析結果を廃棄するような報告書（鑑定書）を作成すれば，頭髪には常にヒ素が検出されるという誤った鑑定書になり，到底信頼することはできない．

2.3 厚生科研費補助金報告書

鑑定書[11-14]は1999年3月－2000年3月にわたって提出され，頭髪に関する山内証言は

2000年8月，中井証言は2000年10月であったが，これらの鑑定とほぼ同時期に和歌山ヒ素事件被害者の頭髪が，山内を研究代表者[15]，中井を研究分担者[16]とし，「急性砒素中毒の生体影響と発癌性リスク評価に関する研究」と題する厚生科学研究として行われた（書類上は和歌山ヒ素事件の翌年の1999年度から2001年度まで実施された）．この厚生科学研究に相当するシンクロトロン実験課題は，中井を代表とする課題番号98U004の「急性ヒ素中毒患者の生体試料の非破壊蛍光X線分析」であり，使用ビームラインはKEK-PF BL-4Aであった．Uは緊急課題を意味する．98U004は後述するように1999年2月－6月の3回のビームタイムで合計120時間実験が行われたが，その後98U004の実験は行われていない．山内は2001年度の研究成果を次のように報告した[15]．

> 放射光蛍光X線分析法を用いた砒素曝露の検査法に関して急性砒素中毒患者と職業性砒素曝露者の毛髪を用いて検討を試みた．毛髪中砒素の化学状態分析を行った結果，砒素は硫化物に近い形で蓄積していることが判明した．この結果は健常者の毛髪に蓄積する砒素とは化学形が異なっていた．半導体産業従事者の毛髪中砒素は外部汚染によるものと内部暴露によるものを起源とする砒素の存在が示唆された．<u>従来の砒素の分析法においては，一本の毛髪を用いて毛髪中砒素を外部付着砒素と内部砒素とを区別することは不可能なことであった．この研究において，それらの問題に対して可能性が示された</u>．放射光蛍光X線分析は極めて微量な試料により，形態学的知見や元素分布，さらに組織中での化学形との対応が明確になり，微量元素の組織中における役割の解明への貢献が期待できる手法であることが明らかになった．

一方，中井は2000年4月の分担報告書[16]で和歌山ヒ素事件の被害者4名の頭髪砒素分析に関して以下のように報告した．

> 急性患者の毛髪の一次元分析の結果を図5（河合註：本稿の図1b）に示す．急性中毒に特有な砒素の濃集部分に着目すると，砒素のピークは，時間の経過順で先に小さいピーク（河合註：75～80 mmの小さなヒ素ピーク）が，その後に大きなピーク（河合註：65～75 mmの強いヒ素ピーク）が見られる．ピークが分かれる理由の一つとして砒素の形態について考察する．体内に摂取された無機砒素はメチル化砒素（MA），ジメチル化砒素（DMA），トリメチル化砒素（TMA）の形態へ順次代謝されることが知られており，主としてDMAへ変化するといわれている．代謝された砒素も含め摂取した砒素全体としては大半は尿中から排泄され，無機砒素の多くはこの経路から排出される．その他の砒素の一部は毛髪へ蓄積されるが蓄積性は化学形態の差により異なる傾向があり，主に無機砒素とDMAが蓄積することが認められている．したがって時間の経過順及び量から考えて毛髪中の砒素ピークが分かれるのは化学形態の差によるものである可能性が示唆される．

ヒ素を大量に経口摂取した場合には，頭髪を線分析すると二山構造が観測されると報告されており，鈴木鑑定書のヒ素濃度が毛根側に向かっ

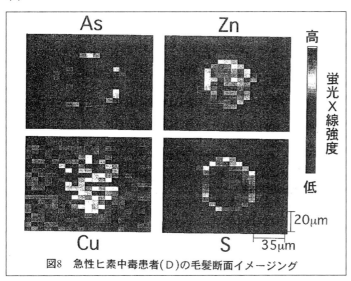

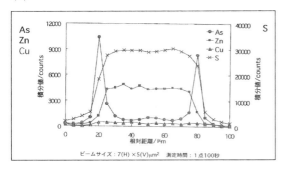

図2 和歌山ヒ素事件被害者のKEK-PF BL-4Aにおける頭髪の面分析結果（a）とそれから計算した断面分析結果（b）．厚生科研費補助金分担研究報告書[16]の図8と図9．

て単調減少する結果（図1a）とは明らかに異なる．図1aのI頭髪に出現すべき弱い方のピークは散髪によって失われたか，3 mm 刻みの分析では検出できなかったか，個人差と考えるのが妥当であろう．あるいは多数の頭髪を3 mm に切って分析したため，1本の頭髪なら二山になるところが，少しずつ切断位置の誤差が積算されて平均化された可能性もある．経口摂取した場合に二山構造が現れると言うのはいつわかったことなのか不明であるが，厚生科学研究を98U004のビームタイムだけで実験したなら，1999年6月までに二山構造がわかっていたはず

である．中井報告書[16]は1999年度の実験報告であり（2000年4月公表），和歌山地裁の山内・中井の証人尋問は2000年8月・10月であったので，証言時には経口摂取ならすでに二山構造となることがわかっており，外部付着と経口摂取とを区別するためには図2に示すような毛髪断面の面分析を行わなければ判断できないことも認識していたはずである．それにもかかわらず和歌山地裁では，図2の毛髪断面の面分析をすることなく，区別可能であると証言された．<u>このことは今回新たにわかった極めて重大な新事実である</u>．なお和歌山地裁判決[3]は2002年12月11日である．

2.4 中井鑑定書

KEK-PFが定期発行していたPhoton Factory Newsにはビームタイム配分結果一覧表が掲載されている．表4には和歌山ヒ素事件の頭髪鑑定期間のビームタイムを含む巻号を示した．例えば1999年8月発行のPhoton Factory News

Vol.17, No.2 には表5のような記載がある．こ こで98U004 や 97G172 などの課題番号の詳細 は Web [25] に掲載されており，中井ビームタイ ムを抜粋すると表6のとおりである．表5の記 録は，実験の日程変更などを反映したビームタ イム利用結果であって，予定ではない．なお表 5の BL-11B の行には私のビームタイム 98G120 が記録されている．

中井の BL-4A におけるビームタイムは，1998 年12月から1999年10月までの期間に表4に

表4　1998年12月－2000年12月の BL-4A 中井ビームタイム掲載号．

Photon Factory News	ビームタイム掲載期間	ビームタイム
Vol.16, No.4,　1999年2月発行	1998年10月～12月	(A)
Vol.17, No.1,　1999年6月発行	1999年1月～2月	(B)
Vol.17, No.2,　1999年8月発行	1999年4月～7月	(C), (D)
Vol.17, No.4,　2000年2月発行	1999年10月～12月	(E)
Vol.18, No.1,　2000年5月発行	2000年1月～2月	
Vol.18, No.2,　2000年8月発行	2000年4月～7月	
Vol.18, No.4,　2001年2月発行	2000年10月～12月	

表5　1999年5月13日午前9時－5月17日午前9時までの BL-4A 中井ビームタイム

表6 和歌山ヒ素事件の鑑定及び被害者頭髪分析に使われたと思われる中井泉を実験代表者とする 実験課題番号と実験課題名. (Web[25]) から抜粋).

課題番号	実験課題名
97G172	縞状鉄鉱層と宇宙塵の放射光X線分析による地球史解読
98U004	急性ヒ素中毒患者の生体試料の非破壊蛍光X線分析
98G187	カサガイやヒザラガイの歯舌の2次元イメージングと非破壊状態分析
98G391	ヒ素暴露患者の生検試料の蛍光X線イメージング
00G336	職業性, 急性および慢性ヒ素中毒患者のヒ素の生体内動態挙動についての研究

(A), (B), (C), (D), (E) で示す5回あった. その詳細と矛盾点は以下のとおりである.

(A) 山内鑑定書[12] によると, 1998年12月16日に林頭髪1本をKEK-PF BL-4Aで測定した. 山内が水酸化ナトリウムに加熱溶解して消費した頭髪の残り (採取量の半分) から頭部の「各場所について3本ずつを個々にサランラップに包んで, そこに毛根側, 毛先側ということをマジックで髪の毛を汚染しないように記載をして, 全体を一つの袋の中に入れ」(第37回公判速記録[17] p.80) てSPring-8 またはKEK-PFでの測定用として中井に渡した. 中井に渡された合計12本の林頭髪のうち, 3価ヒ素が検出された右前頭部頭髪1本を1998年12月のKEK-PFのビームタイムで測定した. 中井鑑定書[13] には「注4) 図2は, 1998年12月14日〜16日, 高エネルギー加速器研究機構物質構造科学研究所放射光研究施設, 蛍光X線ビームライン (BL-4A) において, 蛍光X線分析を行ったときに得られたスペクトル図である」と12月に得られたスペクトル (文献7に図4左として掲載) が5月のビームタイム (C) の鑑定書に掲載されている. 12月に測定した林頭髪の線分析結果は, 山内鑑定書[12] に掲載されており, 本稿図3aに示す. 図3aの横軸は0−10 cmの範囲である. 林真須美の頭髪がちょうど10 cmであったとは考えにくいので, 4 mm幅のX線ビームで毛根側の0 mmから測定を始め, 96 mmまで測定すると, 0−100 mmを線分析したことになる. ちょうどピークが測定範囲の中央になるので, ここで測定を打ち切ったのであろう. 山内から中井へ渡された右前頭部の他の2本は分析されていない. 図3aの頭髪の1点にヒ素が外部付着していたとするならば, 他の頭髪には2点以上に付着したり, 全く付着していなかった頭髪もあるはずである. 付着位置も外部付着なら, 52 mmに限ることなく様々な位置に付着したはずである. 通常, 未知試料と同程度の濃度のヒ素が確実に付着していることがわかっている頭髪などを使って, 蛍光X線検出のための計測機器のパラメータ (アンプゲイン, ディスクリミネータのULD・LLD, シェーピングタイム, 入射スリット幅, 1ステップの計数時間, 試料と検出器の距離, 検出器前のフィルター材質と厚さ, 入射X線エネルギー, 大気圧か真空かなど) を細かく設定する. ビームラインの測定パラメータの設定が甘い場合には, わずかに検出下限が悪くなるだけでも, せっかくヒ素が付着した頭髪を測定していても何も検出できないということは, 往々にしてあり得ることである. そういう事態を避けるために

も，林頭髪とほぼ同じ濃度でヒ素が確実に付着した頭髪を使ってキャリブレーションすることは必須である．未知試料（この場合，林頭髪）は1回ではなく複数回測定して再現性をチェックする．しかし山内鑑定書の記述は極めて簡単で，「測定条件」は「被験者の頭髪1本をプラスチック製ホルダーに直立させ，それをコンピューターによって制御可能なパルスモーター制御XYステージにのせ，高さ4 mm, 幅3 mmのX線を1本の頭髪に照射し，砒素の蛍光X線を200秒測定し，その後照射箇所を4 mmずつずらしていくという方法で分析した．分析はすべて非接触で遠隔操作で行った（放射光実験は全て，鋼鉄製のハッチという部屋の中で行った）」とあるのがすべてで，何も設定せずいきなり林真須美の頭髪を，0 mmから測定し始めて10 cmまで1ステップ200秒で計数したら，ちょうど頭髪の中央（5 cm）にヒ素のピークが1点だけ（図3a）出てきたという不自然な記述である．後に弁護団が生データの開示を求めて入手したエクセルデータをプロットしたものが図3cである．●はヒ素Kαの蛍光X線信号である．■は入射X線の強度が測定時間の経過につれ

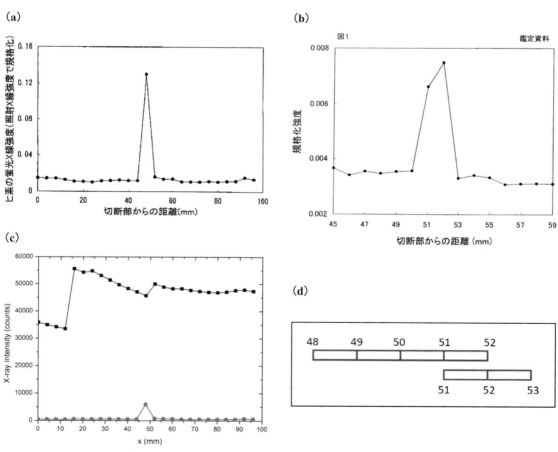

図3 (a) 山内鑑定書[12]の頭髪のヒ素濃度（4 mm刻み），(b) 左と同一の頭髪を中井鑑定書[13]で1 mm刻みで再測定した結果，(c) 山内鑑定書[12]の生データのプロット（図3aは●を■で割ったもの），(d) 山内鑑定書[12]と中井鑑定書[13]のヒ素付着範囲の比較．

て変動する様子である．図3cの入射X線の強度は12－16 mmで33495カウントが，16－20 mmで55612カウントに増大するなど大きく変動する入射光を用いて測定した微弱な蛍光X線信号を，変動する入射X線強度で割り算したものである．したがって図3aの細かな変動は信用できない．●の中央の1点だけが5947カウントで他は501～804カウントだったので，最大カウントの5947でさえも，入射光（■）の変動幅よりはるかに小さく，この1点だけのデータには信頼性がない．しかもこの時，割り算の分母の入射光強度も同時に極小となっているので，信頼性はさらに低下する．隣接ビームラインで発生した突発的な電気ノイズの可能性も考えられる．これが，中井鑑定書[13]でビームタイム（C）の時にもう一度同一の頭髪を測定した理由であろう（図3b）．図3bは1 mm刻みで測定されており，高いカウント値が2点だけ得られ，図3aと合わせて3点のヒ素信号が得られたため，ヒ素検出の信頼性は増した．ヒ素は最長2 mmの長さ，最短で52 mmの位置1点に付着していたと思われる（図3d参照）．図3abのどちらにしても，同一の頭髪なら，ヒ素の絶対量は不変なので，表3の濃度からヒ素の絶対量が計算可能である．ところで，図3aの頭髪は，測定を始めてから何本目の頭髪だったのであろうか？山内証言[17]によると中井には12本の林頭髪を渡したことになっている．もし1本目なら，なぜこの頭髪にヒ素が検出できることが測定前からわかったのであろうか？

(B) 1999年2月5日午前9時から2月11日の午前9時まで（2月8日月曜午前9時から火曜朝9時まではユーザーのビームタイムは休止で，加速器のマシンスタディMに割り当てられている），97G172と98U004を行っている（5日間，120時間）．この2月のビームタイムの実験は鑑定書に記載されていない．

(C) 5月13日朝9時から5月17日朝9時まで4日連続で98U004と97G172を行っている．この実験期間のうち，中井鑑定書[13]によると5月17日に1 mm幅のビームを用いて12.2 keVと12.9 keVの入射X線エネルギーで，1点50秒，1 mmステップで，林1本，中井1本の合計2本の頭髪の線分析が行われた．「注3）この毛髪1本は，本鑑定で使用した鑑定資料のうちの1本である」[13]と，前年12月に測定した頭髪と同一の頭髪だったのか，異なるのか，極めて不明瞭な記述である．同一頭髪かそうでないかを故意に不明瞭に記述したものと思われる．第43回公判速記録[24]では，

> 弁護人「いずれも被告人の毛髪が対象資料であることは間違いないですよね．」（p.40）
> 中井「はい．」（p.41）
> 弁護人「で，その資料は被告人の毛髪だけれども，同じものじゃないですよね．」
> 中井「はい，全く同じサンプルではありません．」
> 弁護人「要するに，被告人の毛髪二本がここに出ているわけですね．」
> 中井「そうですね．」

とビームタイム（A）で測定した頭髪とは別の頭髪であると証言している．それにしても「全く同じサンプルではありません」とは部分否定なのか全否定なのかはっきりしない奇妙な日本語である．一方，異なる位置では

ないか，と弁護団から意見書が出されたことに対して，和歌山地検福田あずみ検事は「甲63号鑑定と甲1232号鑑定の結果は一致しており，弁護人の指摘は正しくない」（文献26 p.2）と回答した．これは，山内鑑定書[12]と中井鑑定書[13]の頭髪のヒ素付着位置が同一であるという見解であり，頭髪が同一の1本であったと解釈できる．もしくは2本の頭髪であったなら経口摂取を支持する解釈となる．これも新しい事実である．

　図3bを見ると，45 mmの位置から測定を始めて，59 mmまで測定している．ビームタイム（A）と（C）の頭髪が別のものだったなら，なぜ45 mmから測定を始めればヒ素ピークの観測に都合がよいことがわかっていたのであろうか？1点50秒なら図3bの測定は，ステージ移動にかかる時間も含めて15分以内で終わったはずであるが，それほど短時間で測定できるなら，同一頭髪の複数回測定や，異なる頭髪の測定データが無いのはなぜであろうか？このデータはエクセルで与えられており，他の区間（例えば0～45 mmなど）のデータはない．表5の5月13日朝9時から5月16日24時までは何を実験したのであろうか．5月17日午前0時からビームタイム終了の午前9時までの最後の9時間で2本の頭髪を測定した以外の時間は何をしていたのであろうか．中井頭髪にヒ素を強制付着させたものは25 mmの長さを測定している[7]．この中井頭髪の最高強度の位置で，蛍光X線スペクトルも測定し鑑定書に掲載されている．しかし同じ鑑定書に前年12月のビームタイムで測定した林頭髪の蛍光X線スペクトルを掲載せねばならなかったことの意味は何であろうか？5月のビームタイムでは林頭髪の蛍光X線スペクトルが測定できなかったことを疑わせるものである．弱すぎて蛍光X線スペクトルは測定できなかったのではないか？これは即ちヒ素が低濃度すぎたことを意味するのではないか？

(D) 6月22日朝9時から6月26日午前9時まで4日連続で，98U004と98G187と98G391を行っている．この時の実験はどの鑑定書にも記載されていない．

(E) 10月10日午前9時から10月15日午前9時まで（月曜9時－火曜9時までの24時間を除いて）4日間，98G391，98G187を行っている．この時の実験は中井頭髪ヒ素強制付着5か月後1本だけの測定が，「鑑定書（鑑定内容の追加）」[14]として報告されている．「鑑定書（鑑定内容の追加）」[14]には，10月13日に1 mm幅のビームを用いて12.25 keVの入射X線エネルギーで，1点50秒，1 mmステップで，中井頭髪1本を測定したことが記載されている．

　ビームタイム（A）－（E）と図3からわかることとして，97G172「縞状鉄鉱層と宇宙塵の放射光X線分析による地球史解読」や98U004「急性ヒ素中毒患者の生体試料の非破壊蛍光X線分析」として林や中井頭髪の分析を行ったこと（C），98G187「カサガイやヒザラガイの歯舌の2次元イメージングと非破壊状態分析」という実験として中井自身の頭髪分析を行ったこと（E），というように，実験課題名と実験の内容は必ずしも一致しておらず，「急性ヒ素中毒患者」の頭髪を測定する実験課題を流用して，鑑定書に記載の林頭髪やヒ素外部付着中井頭髪を分析していたことがわかる．

　なお中井が代表となっている2000G336「職

業性，急性および慢性ヒ素中毒患者のヒ素の生体内動態挙動についての研究」（表6）のビームタイムが2000年11月21日9時〜22日21時と2000年12月8日9時〜11日9時に行われているが，表2からわかるように地裁証言後の実験であるためここでの議論からは除外した．

　ビームタイム（A）−（E）では，実際にはどのような実験を行いどのような結果が得られたかを確認する目的で，ビームタイム申請書・利用報告書やビームライン実験ノートの開示を高エネルギー研に対して請求した．高エネルギー研からはビームタイム申請書・利用報告書は廃棄して存在しない，ビームライン実験ノートは存在するが該当するビームタイムの記述はないという回答であった．ビームタイム申請書も利用報告書も存在せず，ビームタイム（A）−（E）でどんな実験が実行されたか一切の記録が残っていないならば，それはそれで放射線防護上でも，巨費を投じた実験の記録を廃棄したという意味でも大問題である．KEK-PFの実験費用は各ビームライン当たり4万円/時間の程度である．400時間のビームタイムは1600万円に相当する．

2.5　鑑定実験がどのようなものであったかの推測

　高エネルギー研の情報開示がないので，ビームタイム（A）−（E）がどのように使われたのかわからない．そこで，分析化学研究者の常識として頭髪鑑定実験がどのようなものであったのかを推測することにする．なお図1aと図3abは文献[7]にも掲載したが，蛍光X線スペクトルなどの図の重複掲載は避けたので，文献[7]（Webで公開）も合わせて参照してほしい．以下の（i）−（vi）は河合の推測であることをあらかじめ断っておく．

(i) 12月のビームタイムでは，紙コップなどを測定後，ほぼ同じ条件で続けて頭髪を測定したところ，最初の1本でヒ素が図3aの位置に検出できたのであろう．ただし紙コップなどは「ヒ素の蛍光X線で検出器が飽和して測定不能になるほど多量のヒ素がほぼ紙コップ全面に付着していることが判明した」（文献27のAppendix D）と別の中井鑑定書[30]にあるので，非常に強い蛍光X線で検出器が飽和するのを防ぐために，フィルターを用いた可能性もある．紙コップと頭髪とでは同じ条件での測定は不可能である．もしもSEMで像観察していれば，亜ヒ酸粒子が付着した頭髪は容易に見つけることができたはずである．しかも外部付着か経口摂取かをSEM像観察で判定可能である．あらかじめヒ素が確実に付着した頭髪も用意せず，SEM像もなしで，いきなり図3aが得られたとすれば，よほど運が良かったというほかない．

(ii) 事件のあった年の12月のビームタイム（A）で林頭髪1本を線分析し1点のヒ素ピークを発見しただけではデータの信頼性に乏しい．再実験，すなわち他の林頭髪でも同じ傾向があるかどうかを測定したり，同一の頭髪で同じ位置にヒ素が検出できるかという実験を行うのは研究者の常識である．翌1999年2月のビームタイム（B）では林の他の頭髪について，5日間，120時間のビームタイムの相当な時間をこれらの実験にあてたはずである．厚生科学研究費補助金はまだ交付が決まっていなくても，すでに入手したカレー事件被害者（4名うち1点は新生児）と半導体産業従事者（2名）の頭髪，中国内モンゴル

地方の慢性ヒ素中毒患者の皮膚2点，和歌山カレー事件被害者の出産後のへその緒，健常者の毛髪断面なども分析したはずである．ビームタイムは120時間でも不足したはずである．

(iii) 5月のビームタイム（C）では，同じ実験を繰り返してもビームタイム（B）の繰り返しで林の頭髪からは何ら新しいデータが得られない可能性があるので，4月20日に5月の実験準備のために，中井自身の頭髪に指で亜ヒ酸を付着させ，洗髪など通常の生活をした後，5月13日に毛根から5 mm付近を切断して林頭髪の対照試料とした．なお，頭髪における外部汚染のヒ素がどのような合成洗剤や蒸留水，あるいはアルコールでも完全に取り除くことができないことは，1988年のYamato[20]の論文に記載されており，洗髪などの通常の生活を1か月程度行ってもヒ素が残留することは織り込み済みであったはずである．この中井頭髪をビームタイム（C）で測定すると同時に，前年12月のビームタイム（A）でヒ素検出に成功した同一の林頭髪を，4 mm刻みから1 mm刻みへと細かくし，スキャン範囲を45-60 mmに狭めて5月のビームタイム（C）の96時間で再測定した．そうしたところ中井頭髪・林12月頭髪の2本ともにヒ素が検出されたので，中井鑑定書[13]として提出した．63人の被害者のうち，「和歌山の砒素混入カレー事件にて発生した急性砒素中毒患者4点（うち1点は新生児），半導体産業従事者の毛髪2点」[16]も厚生科学研究として測定したが，この分析はビームタイム（B）〜（E）（1999年）のどこで行ったかは不明である．また2000年にもビームタイムはあったので，そこで測定した可能性もある．厚生科学研究費補助金報告書[16]には「急性ヒ素中毒患者（A）」と「急性ヒ素中毒患者（D）」の2人分のデータだけが掲載されている．他の2名の被害者頭髪からはヒ素は検出されなかったのであろうか？

(iv) 5月と同じ実験条件のもとに6月のビームタイム（D）で再び96時間を使って，他の林頭髪にもヒ素を検出しようと測定したが，ヒ素は検出されず，鑑定書は書かなかった．

(v) 前年12月（A）と5月（C）の実験結果だけではデータ不足なので，10月（E）に96時間のビームタイムを使って，中井頭髪に5か月後でもなおヒ素が付着し続けていることを示した．この時のヒ素蛍光X線強度は弱く，測定にはビームタイム（C）よりも長時間を要したはずである．98U004として実験しないで，98G187を使ったということは，98U004のビームタイムを使いきったためと考えられる．ヒ素が付着した林の第2の頭髪が発見できなかったので98G187をやむなく流用して中井頭髪5か月後のデータを鑑定書とした．

(vi) 緊急実験課題98U004は2月9日9時から48時間，5月13日9時から36時間，6月22日9時から36時間の合計120時間のビームタイムが使われたので，6月まででビームタイムは使い切っている可能性が大きい．1998年12月から1999年10月までの実験で鑑定書に記載されているデータは，(a) ヒ素付着直後の中井頭髪の蛍光X線スペクトル，(b) その線分析結果，(c) 5か月後の中井頭髪の線分析結果という中井頭髪3つのデータが掲載されている．一方，林頭髪についても (d) 4 mm刻み，(e) その蛍光X線スペクトル，(f) 1 mm刻み，という3つのデータが掲載されているだけである．中井頭髪は異なる2本の測定データであるのに対して，林の (d), (e),

(f) はすべて同じ1本の頭髪の測定結果の可能性が高い.

3. ヒ素濃度の定量計算をすると比較に意味がないこと

中井鑑定書[13]ではヒ素濃度を算出していないため正確な濃度は不明であるが，頭髪中の平均的な硫黄濃度を5%として[28]，KEK-PFビームライン（BL）4Aで長年使われてきたファンダメンタル・パラメータ[29]から，13 keV入射X線に対するヒ素と硫黄の質量吸収係数・蛍光収率等をもとに計算すれば，真空中で測定した場合の，硫黄とヒ素の蛍光X線強度比は1.5：63になるので（重量濃度同一なら），中井鑑定書[13]の蛍光X線スペクトル（文献7に図4右として掲載）のヒ素Kαピーク（線分析の最強の位置でスペクトルを測定）と硫黄Kα線（2.3 keV）の強度比を基に，中井頭髪に強制付着させたヒ素濃度は，0.1%のオーダーと計算できた[7,9]．試料と検出器の距離は鑑定書には書かれていないので，空気に吸収されやすい硫黄の蛍光X線がどの程度減衰するかは不明であり，この濃度推定値の不確かさは大きい．厚生科学研究費補助金報告書には図4が実験配置として掲載されているので，5月のビームタイム（C）の中井頭髪は真空中での測定であったと考えられるが，一方で1998年12月のビームタイム（A）の実験は真空チャンバーの蓋が開いており（図5[30]），林頭髪の蛍光X線スペクトル（文献7に図4左として掲載）は硫黄Kα線が弱すぎるので，大気中での測定であったと考えられる．すなわち，林と中井頭髪は異なる条件の測定であって単純に比較することはできない．判決は桁数が何桁も違うヒ素濃度やヒ素絶対量を不用意に比較して結論を導いているが，何桁も桁数の違う濃度の比較に意味はない．

以上をまとめると，頭髪中のヒ素濃度は，

$$\text{林真須美}（\sim 100\text{ ppb}）<\text{I氏}（\sim 10\text{ ppm}）<\text{中井泉}（\sim 0.1\%） \quad (1)$$

という関係があり（「～」はオーダーの意），重量濃度は2桁（100倍）ずつ濃くなる．重量濃度でヒ素1 ppmとは頭髪の重量を基準としてその1,000,000分の1のヒ素を含む．1 ppbは同様に1,000,000,000分の1のヒ素を含む．

最高裁の上告棄却理由「②被告人の頭髪からも高濃度の砒素が検出されており，その付着状況から被告人が亜砒酸等を取り扱っていたと推認できること」は，山内鑑定書[12]，第37回公

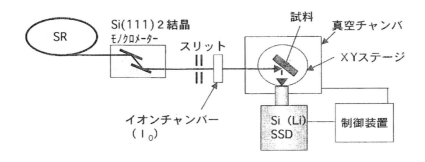

図4 厚生科研費補助金報告書の実験配置[16]．

図5 1998年12月16日撮影のKEK BL-4Aで紙コップ鑑定写真実験配置[30].

判速記録[17], 中井鑑定書[13], 中井鑑定追加[14]を根拠とするものであった.

中井頭髪のヒ素濃度は, I より2桁高濃度であった. 中井鑑定書[13]では, 林頭髪の一万倍のヒ素濃度の中井頭髪と比較をおこなうことによって, 林頭髪には指で刷り込むほどの高濃度ヒ素が付着していた印象を与えた. 一万分の一の濃度のヒ素は, たとえ一か所にヒ素が付着していても, もとの中井頭髪のヒ素濃度分布グラフの一万分の一の縦軸高さについて言及していることになり, その比較に意味がないのは明らかである.

4. 結論

本稿の結論は以下のように列挙できる.

① 山内証言は, 自身の行った63名のカレーヒ素事件被害者の尿分析と, 4名だけしか行っていない頭髪分析（しかも公表されているのは2名だけ）とを混同した証言であり, その混同した証言を基に, 林真須美の頭髪への高濃度亜ヒ酸の外部付着が裁判で認定された. 公判速記録の山内証言は, これ以外にも専門家にしか真偽が判定できない, 問題のある証言が多く（例えば頭髪重量基準濃度と水溶液重量基準濃度の取り違えなど）, その検証を行う必要がある.

② 林真須美, I 氏, 中井のヒ素頭髪濃度は, 概略, 100 ppb, 10 ppm, 0.1 % という100倍ずつ異なる濃度であった. したがってこれらの比較に意味はない.

③ 林真須美の頭髪付着とされた3価ヒ素量 10^{-10} g （Appendix 参照）は, 同じ2 mm の長

さの頭髪に含まれる海産物由来の経口摂取ヒ素量 10^{-12} g より 2 桁多い．10^{-10} g の林の頭髪付着 3 価ヒ素量を粒子径に換算すると，3 μm（すべての頭髪に平均 1 粒ずつ付着していた場合）－11 μm（50 本中の 1 本の頭髪に 1 粒付着していた場合）である．これは PM 2.5 から PM10 の粒子サイズであり，PM 2.5 はタバコの煙程度の大きさである．経口摂取した I 頭髪ヒ素量の 10^{-9} g より林頭髪ヒ素量は 1 桁少ない．ただし 10^{-10} g などのヒ素量は山内の得た 3 価ヒ素濃度が頭髪の 1 点に濃集したと仮定した場合であって，仮定が多すぎるため，また山内の分析操作中に還元されすぎた可能性もあるため，信頼性は低い．濃度の点では，林頭髪の総ヒ素濃度は 159 ppb であり，聖マリアンナ医科大学教員 100 名中 7 名の頭髪ヒ素濃度が 140－340 ppb [20] だったことと比較して，高濃度とは言えない．再分析が必要である．

④ 林真須美の頭髪には 3 価ヒ素が検出されたが，山内の論文[19]によると健常人（コントロール）でも林と同じオーダーの 3 価ヒ素が検出された結果が報告されている．この論文は 3 価ヒ素と付着ヒ素との相関を否定するものであるにもかかわらず，裁判では一切触れられなかった．3 価ヒ素と付着ヒ素との相関に関する追加鑑定が必要である．

⑤ 夏祭りの日から 4 か月後まで 3 価ヒ素が頭髪に付着して酸化されなかったとは考えにくい．頭髪付着亜ヒ酸の酸化反応速度に関する追加鑑定が必要である．

⑥ 中井鑑定では，ブランク（またはコントロール）の測定を行わずに，ヒ素蛍光 X 線スペクトルを報告しているが，分析化学ではブランク（またはコントロール）との差のみが意味を持ち，鑑定書に提示された X 線スペクトル測定結果だけからはヒ素の局所的な付着を結論することはできない．ブランク・スペクトルを開示すべきである．

⑦「いや，それは実際に測定してみまして，砒素すら検出できなかったので，残っていません」第 43 回公判速記録[22] p.29）という廃棄された SPring-8 の測定データは，ヒ素絶対量が少なかったことを示す重要な証拠である．付着ヒ素濃度が低すぎるか，ヒ素絶対量が少なすぎて検出できなかったことを意味する．実験データを廃棄することは研究者として有り得ないことである．何らかの不都合なデータだったため廃棄したと証言した可能性が高く，隠ぺいしたデータを開示すべきである．厚生科研費補助金報告書には和歌山ヒ素事件被害者の頭髪は 4 名測定したうちの 2 名分のデータしか掲載されていない．他の 2 名からヒ素は検出されなかったのではないか？シンクロトロン放射光による林頭髪鑑定は，同一の 1 本の頭髪を 3 回測定しただけである．2 回は KEK-PF，1 回は SPring-8 である．このうち，1 回の分析結果を「砒素すら検出できなかったので，残っていません」として開示しない事実の意味するところを重くとらえるべきである．

⑧ 中井頭髪の KEK-PF によるヒ素分布グラフの横軸の線の太さに入るほど，林頭髪のヒ素濃度は低かった．最高裁の上告棄却理由の②「高濃度」と言う記述は，間違いである．中井頭髪の横軸の太さに入るほど微弱な林のヒ素ピークを，何をもって高濃度と断じたのか？中井頭髪へ指ですり込んで強制付着させた亜ヒ酸と混同していることは明らかである．

⑨ 地裁判決では「体内性の砒素は，どの部位の

毛髪を分析しても，全体的に計測されるのに対し，外部付着の砒素は，付着部位に特異的に砒素が計測される」と言うが，厚生科研費補助金報告書によると，地裁判決時にはすでに経口摂取ヒ素と外部付着ヒ素の区別が鑑定書の実験だけではできないことが山内・中井にはわかっていた．経口摂取と外部付着が区別できるという証言は現在に至るまで訂正されていない．

⑩ 最高裁の上告棄却理由「②被告人の頭髪からも高濃度の砒素が検出されており，その付着状況から被告人が亜砒酸等を取り扱っていたと推認できること」において，ヒ素は高濃度とは言えないことを示した．また，1本の頭髪しか分析されておらず，複数の頭髪に対する再現性はチェックされていない．複数の頭髪の系統的な分析で同じ位置にヒ素が検出されたなら，Iに比べ十分低い濃度のヒ素（海産物や亜ヒ酸）を経口摂取した可能性が高く，むしろ無実の積極的な証拠となる．上告棄却理由「①上記カレーに混入されたものと組成上の特徴を同じくする亜砒酸が，被告人の自宅等から発見されていること」が否定された現在，1本の頭髪のヒ素濃度が健常者と同じであったという事実を，中井頭髪のごとく1万倍高濃度の亜ヒ酸が付着したものと取り違えた上告棄却理由②は，果たして意味を持つのか？

謝　辞

弁護士 小田幸児さん，ルイ・パストゥール医学研究センター 津久井淑子さん，龍谷大学 木村祐子さんには，厚生科研費補助金報告書入手，医学論文の翻訳，非公開厚生科研費補助金報告入手などで助けていただきました．KEK-PFのAさんにはBL-4Aの定量分析のファンダメンタルパラメータを教えていただきました．藤並喜徳郎さんにはウエラ化粧品の頭髪に関するデータを教えていただきました．中部大学 井上嘉則さんには，LC-ICP/MS等によるヒ素形態別分離について教えていただきました．弁護士 植田豊さんと大堀晃生さんには高エネルギー研に対して情報公開請求をしていただきました．ここに列挙して感謝いたします．

参考文献

1) Y. Kimura: Forensic analysis in the Wakayama Arsenic Case, *Forensic Sci. Rev.*, **26** (2), 145-152 (2014). www.forensicsciencereview.com

2) 石塚伸一：和歌山カレー毒物混入事件再審請求と科学鑑定－科学証拠への信用性の揺らぎ，法律時報，**86** (10), 96-103 (2014).

3) 小川育央，遠藤邦彦，藤本ちあき：和歌山地裁判決，平成14年12月11日 (2002)：判例タイムズ No.1122 (2003.8.30) 臨時増刊, 特報和歌山カレー毒物混入事件判決，pp.464 (1)-122 (343) (2003).

4) 河合 潤：和歌山カレーヒ素事件における卓上型蛍光X線分析の役割，X線分析の進歩，**45**, 71-85 (2014).

5) Anthony T. Tu, 河合 潤：和歌山カレーヒ素事件鑑定における赤外吸収分光の役割，X線分析の進歩，**45**, 87-98 (2014).

6) 河合 潤：直感的化学分析のすすめ6，木を見て森を見ない分析，現代化学，No.519（6月号），64-66 (2014).

7) 河合 潤：和歌山カレーヒ素事件鑑定の問題点，海洋化学研究，**27** (2), 111-123 (2014). http://www.oceanochemistry.org/publications/TRIOC/PDF/trioc_2014_27_113.pdf

8) 那須弘平，藤田宙靖，堀籠幸男，田原睦夫，近藤崇晴：最高裁判決 (2009). http//www.courts.go.jp/hanrei/pdf/20090422180047.pdf

9) 河合 潤：鑑定書補充書－頭髪鑑定, 弁第35号証,

10) 鈴木康弘，丸茂義輝：鑑定書，検甲第 627 号証，平成 11 年 2 月 9 日（1999）．
11) 山内博供述調書，検甲第 652 号証，平成 10 年 12 月 22 日（1998）．
12) 山内 博：鑑定報告書，検甲第 63 号証，平成 11 年 3 月 29 日（1999）．
13) 中井 泉：鑑定書，検甲第 1232 号証，平成 11 年 7 月 23 日（1999）．
14) 中井 泉：鑑定書（鑑定内容の追加），検甲第 1294 号証，平成 12 年 3 月 28 日（2000）．
15) 山内 博：急性砒素中毒の生体影響と発癌性リスク評価に関する研究，厚生労働省科学研究費補助金 2001 年度総括研究報告書（2002）．
http://research-er.jp/projects/view/127346
平成 11 年度（1999 年度）研究報告書（2000 年 4 月）の全文
http://mhlw-grants.niph.go.jp/niph/search/NIDD02.do?resrchNum=199900701A
と平成 12 年度（2000 年度）研究報告書（2001 年 4 月）の全文
http://mhlw-grants.niph.go.jp/niph/search/NIDD02.do?resrchNum=200000759A
は公開されているが，平成 13 年（2001 年度）総括研究（79.200100953A）報告書は概要版
http://mhlw-grants.niph.go.jp/niph/search/NIDD00.do?resrchNum=200100953A
のみしか公開されていない．
本文で引用した「従来の砒素の分析法においては，一本の毛髪を用いて毛髪中砒素を外部付着砒素と内部砒素とを区別することは不可能なことであった．この研究において，それらの問題に対して可能性が示された．」という記述は
http://mhlw-grants.niph.go.jp/niph/search/NIDD00.do?resrchNum=200100953A
にある．
16) 中井 泉：「放射光蛍光 X 線分析による砒素の生体挙動に関する研究」，厚生科研費補助金（生活安全総合研究事業）分担研究報告書「急性砒素中毒の生体影響と発癌性リスク評価に関する研究，平成 11 年度」，pp. 24-41（2000）．
17) 山内博証言：第 37 回公判速記録，平成 12 年 8 月 9 日（2000）．
18) ウエラ化粧品（ドイツ，現 P&G 社）資料．
http://oita-kaku.lolipop.jp/w_b_theory.htm
この文献は Web 掲載のものであるが，洙田明男：健康者の毛髪の比重について，日本皮膚科学会雑誌，**73** (2), 114-127 (1963) の毛髪の比重とも一致し，また 1 mg/15 cm という線密度は，毛髪比重値を使えば毛髪直径が 80 μm であると算出できるため，毛髪の直径に長さ方向にも変動があり，毛髪ごとにも変動することを考慮すれば，洙田明男の毛髪直径 70 μm ともほぼ一致するので，十分に信頼できる値が記載されていると判断できる．
19) Y. Yamaura, H. Yamauchi: Arsenic metabolites in hair, boloood and urine in workers exposed to arsenic trioxide, *Industrial Health*, **18**, 203-210 (1980).
20) N. Yamato: Concentrations and chemical species of arsenic in human urine and hair, *Bull. Environ. Contam. Toxicol.*, **40**, 633-640 (1988).
21) M. Bissen, F. H. Frimmel: Arsenic - a review. Part II: Oxidation of arsenic and its removal in water treatment, *Acta Hydrochim. Hydrobiol.*, **31** (2), 97-107 (2003).
22) 遠山惠夫，河合 潤：「ハンドヘルド蛍光 X 線分析の裏技」，(2014)，（アグネ技術センター）．
23) 劉 穎，今宿 晋，河合 潤：ハンディーサイズ全反射蛍光 X 線分析装置によるひじき浸出水中の微量元素分析，X 線分析の進歩，**45**, 203-209 (2014).
24) 中井 泉 証言：第 43 回公判速記録，平成 12 年 10 月 4 日（2000）．
25) PAC 採択課題一覧．
http://pfwww.kek.jp/users_info/pac_proposals/
26) 福田あずみ：鑑定請求に対する意見書，平成 24 年 3 月 23 日（2012）．
27) 河合 潤：和歌山カレー事件鑑定資料の軽元素組成の解析，X 線分析の進歩，**44**, 165-184 (2013).
28) 斉 文啓，河合 潤，福島 整，飯田厚夫，古谷圭一，合志陽一：高分解能蛍光 X 線分析法による毛髪中の硫黄の状態分析，分析化学，**36**, 301-305 (1987).
29) 表 7 のデータ，KEK-PE A 氏．

表7　13 keV X 線に対する
ファンダメンタル・パラメータ

Elements	Fluor. Y.	K/L excitation prob.	Kα emis. prob.	Mass abs. coef.	Product
S	0.08	0.91	0.94	22	1.53
As	0.57	0.86	0.87	149	63

30) 中井　泉：鑑定書，検甲第1170号証，平成11年2月19日（1999）．

Appendix

表3によると，右前頭部頭髪に付着した3価ヒ素は90 ppbである．図3でたまたま分析した1本の頭髪にヒ素が付着していたことから，山内が分析した50本のすべての頭髪の1か所に同量のヒ素が付着していた場合と，この1本だけにヒ素が付着していた場合について計算を行う．

全ての頭髪に図3abのようにヒ素が平均1か所に付着していた場合，山内鑑定の90 ppbの3価ヒ素は，図Aに示すように2 mmの範囲内に集中して付着していると考えることができる．頭髪の全長を15 cmと仮定して，頭髪1本当り，ヒ素は15 cm（= 1 mg）[18]の90 ppbなので，51-53 mmの位置には，

$$1[\mathrm{mg}] \times 90 \times 10^{-9} = 9 \times 10^{-11} [\mathrm{g}] \quad (A1)$$

の3価Asが集中して付着していたと計算できる．

この林頭髪1本への付着ヒ素量 9×10^{-11} g は，経口摂取したIの頭髪1本全体に含まれるヒ素量 8.7×10^{-10} g と比較して，1桁低いヒ素量である．I頭髪には二山構造のうちの1つしかピークが出ていない．日常の食生活で蓄積されるヒ素濃度80 ppbを15 cm長の頭髪1本あたりのヒ素重量に換算すると 8×10^{-11} g となる．ヒ素が外部付着している2 mmの区間の食生活由来ヒ素重量は，経口摂取によるヒ素のブランク濃度値80 ppbを2 mmの区間に換算すると，

$$8 \times 10^{-11} [\mathrm{g}] \times \frac{2}{150} = 0.11 \times 10^{-11} [\mathrm{g}] \quad (A2)$$

となる．この関係を図Aに示した．

Iの頭髪には，全頭髪に1本あたり 8.7×10^{-10} g だけヒ素が含まれているが，林の頭髪には，右前頭部だけに1本あたり 9×10^{-11} g の外部付着ヒ素が含まれていたと計算できた．右前頭部頭髪（10万本の1/4）に1本あたり 9×10^{-11} g のヒ素が外部付着していたと仮定すれば林全頭髪では，

$$9 \times 10^{-11} [\mathrm{g}] \times 100,000 \times \frac{1}{4} \sim 10^{-6} [\mathrm{g}] \quad (A3)$$

となるので，林頭髪の右前頭部のすべての頭髪にそれぞれ1か所ヒ素が付着していたと仮定した場合には，I頭髪の経口摂取ヒ素量 10^{-4} g より2桁低い．

次に，山内鑑定で分析した50本の中の1本の頭髪のみにヒ素が付着していたとすれば，式（A1）の50倍の量のヒ素量 4.5×10^{-9} g が50本中1本の頭髪の2 mmの区間だけに付着していたことになる．たまたまKEK-PFで分析した1本に図3aのごとくヒ素のピークが見つかる確率が1/50であるとは考えにくい．

外部付着した微小粒子は，風に乗って粒子と

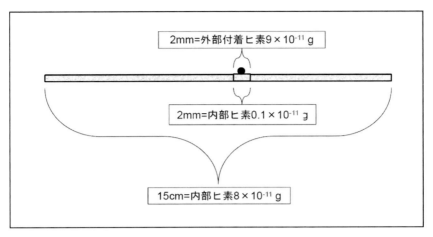

図 A 経口摂取したヒ素（内部ヒ素）と外部付着ヒ素の計算値.

して移動し，最終的に頭髪に付着したと考えられるが，それならば As_2O_3 の密度 $3.74\ g/cm^3$ を用いて頭髪上の付着長さに換算すれば，$\sqrt[3]{4/3}$ $= 1.10 ≒ 1$ と近似して（As 76% が As_2O_3 100% に相当するので，As と As_2O_3 とを同一視することに相当する），

$$\sqrt[3]{\frac{90\times10^{-12}\,[g]}{3.74\left[\frac{g}{cm^3}\right]}}$$
$$= 3\,[\mu m] \leq d \leq \sqrt[3]{\frac{4.5\times10^{-9}\,[g]}{3.74\left[\frac{g}{cm^3}\right]}} \quad (A4)$$
$$= 11\,[\mu m]$$

式（A4）の径 d の亜ヒ酸粒子が頭髪に付着したことになる．図 3a によると毛根端から 48〜52 mm にヒ素粒子が付着，図 3b によると，51〜53 mm にヒ素粒子が付着していることがわかるので，図 4 に示すように 52 mm 付近にスポット的に 1 点付着していたと考える．ただし，山内鑑定書[12]と中井鑑定書[13]との頭髪位置の再現精度は，頭髪を測定ステージへ固定した際の精度になるので，たいして良くはない．

文献[4]の図 4 左に示したスペクトルのブランク測定（すなわち Fig.3a の 48−52 mm の区間以外の位置で蛍光 X 線スペクトルを測定すること）はなされておらず，もしヒ素が外部付着していない部分の頭髪を測定したら，正常値 80 ppb 程度のヒ素に対応して，文献[4]の図 4 左の数分の一の強度のヒ素ピークが観測された可能性も否定できない．ブランク・スペクトルは必ず測定しているはずであり，これを開示すべきである．

2 回の鑑定で用いた KEK-PF の BL-4A ビームラインの検出下限（MDL）は sub-ppm（すなわち数百 ppb）と考えられるので，48 mm から 52 mm 以外の位置のヒ素ピークは検出できなかったかもしれないが，検出できないなら検出できないことを示すのが鑑定である．開示しなかったのは，何らかの不都合な理由があったからであろう．

（校正時の追加）本文では 2 本の頭髪の同じ位置に As が検出されたので，本当は 1 本だったとして論を進めた．しかし，もし 2 本だったならどういうことが言えるであろうか？健常者と同程度の As 濃度で，たまたま測定した 2 本の

頭髪の毛根側からほぼ同じ距離に As が検出されたことになる．写真 1 は林真須美宅台所流し引出し第 3 段目と 4 段目，写真 2 はその内容物を広げた写真である（和歌山東警察署が 1998 年 10 月 4 日に家宅捜索した時の写真，甲 20 号証）．ヒジキが異常に多い．ノリや海藻サラダも見える．要するに As を含む乾物が多い．本文中でヒジキには数十 ppm の As が含まれており，簡単に分析できることを述べた．これらの食品やカニなどを大量に食べる習慣が林家にあったなら，本文図 3a, b や表 3 に示した程度のヒ素が検出されても不思議はない．しかもたまたま測定した 2 本の頭髪の同じ位置であるから，これはもう半年前にヒジキのような海産物をたくさん食べたことを示すだけである．もし将来，任意の第 3 本目の頭髪を測定して，またもや同じ位置に As が出たら，これはもう単なるヒジキの食べ過ぎを KEK-PF を用いたためにヒ素の外部付着だと誤認してしまった分析だったことになる．

写真 1 （左）台所流し引出し 3 段目，（右）台所流し引出し 4 段目．

写真 2 （左）引出し 3 段目の内容物，（右）引出し 4 段目の内容物．

総 説

コメ中カドミウムの分析：原子吸光分析法と蛍光 X 線分析法

乾　哲朗[#], 中村利廣[*]

Analysis of Cadmium in Rice by Atomic Absorption Spectrometry and X-Ray Fluorescence Spectrometry: A Review

Tetsuo INUI [#] and Toshihiro NAKAMURA[*]

Organization for the Strategic Coordination of Research and Intellectual Properties, Meiji University
Kawasaki 214-8571, Japan
[*]Department of Applied Chemistry, Meiji University
Kawasaki 214-8571, Japan
[#] Corresponding author: tetsuo@meiji.ac.jp

(Received 9 December 2014, Accepted 23 December 2014)

　　Usually, cadmium (Cd) in rice has been analyzed using atomic absorption spectrometry (AAS). Cd in rice has been determined by AAS after sample decomposition with acid solutions. AAS is a very sensitive technique; however, the decomposition procedures are complicated and time-consuming. On the other hand, Cd in rice has been determined by X-ray fluorescence (XRF) spectrometry using pressed powder pellet and loose powder method after sample grinding. In addition, Cd in rice has often been analyzed directly using XRF spectrometry without a grinding step. Although the detection limit of XRF spectrometry (ppm levels) is generally three orders of magnitude higher than that of AAS (ppb levels), XRF spectrometry is suitable for screening analysis of Cd in rice because it can directly analyze solid samples without acid digestion. This review discusses AAS and XRF spectrometry for determining Cd content in rice. This discussion also includes rice reference materials for method validation and calibration.
[Key words] Cadmium, Rice, Atomic absorption spectrometry, X-ray fluorescence spectrometry, Reference materials

　　コメ中のカドミウム（Cd）は，原子吸光分析法や蛍光 X 線分析法を用いて定量することができる．原子吸光分析法では，コメを酸分解後溶液にしてから定量する．原子吸光分析法は，非常に高感度であるが，酸分解に時間がかかり，操作には熟練を要する．一方，蛍光 X 線分析法では，コメを粉砕してから粉末ペレット法やルースパウダー法で定量する．また，未粉砕のコメをそのまま蛍光 X 線分析することもある．蛍光 X 線分析法は，原子吸光分析法よりも検出下限は高いが，酸分解による溶液化が不要なので，コメ中 Cd のスクリーニング分析に適している．この総説では，原子吸光分析法と蛍光 X 線分析法を用いたコメ中 Cd の分析について概観する．また，分析値の妥当性評価や検量線の作成などに使用するコメ標準物質についても述べる．
[キーワード] カドミウム，コメ，原子吸光分析法，蛍光 X 線分析法，標準物質

1. はじめに

カドミウム（Cd）は，顔料や二次電池などに使用されている金属で，主に亜鉛鉱石中に不純物として含まれていて，鉱石採掘時や金属精錬時に環境中へ排出されてきた．富山県の神通川下流域では，神岡鉱山からの廃水に含まれていた Cd が河川を通じて水田土壌に蓄積し，Cd に汚染されたコメなどを長期的に摂取した人たちの間で，イタイイタイ病が発生した．イタイイタイ病は，Cd の慢性中毒により，まず腎機能障害が生じ，次に骨軟化症が起きるという症状上の特徴を持っている．

1968 年に厚生省は，イタイイタイ病を公害病と認定し，1970 年には食品衛生法で玄米中の Cd の基準値を 1 mg kg^{-1} と定め，1 mg kg^{-1} 以上の Cd を含む玄米の流通・販売が禁止され，焼却処分されてきた[1]．また，0.4 mg kg^{-1} 以上 1 mg kg^{-1} 未満の玄米は，非食用とされてきた．旧食糧庁は，1997〜1998 年にかけて，コメ中の Cd 濃度の全国実態調査を行い，玄米 37250 点のうち，1 mg kg^{-1} を超えたものは 1 点のみで，0.4 mg kg^{-1} を超えたものは 94 点，Cd 濃度の平均値は 0.06 mg kg^{-1} であったと報告した[2]．2006 年には，コーデックス委員会は，精米中の Cd の国際基準値を 0.4 mg kg^{-1} に設定した[3]．その後，2008 年に食品安全委員会は，Cd の耐容摂取量を 7 μg/kg/週（1 週間当たり体重 1 kg 当たり 7 μg）と評価した[4]．この評価を受け，厚生労働省は，2010 年に食品衛生法を改正し，玄米及び精米中の Cd の基準値を 0.4 mg kg^{-1} と定め，また有害試薬（クロロホルム等）を使用するジチゾン・クロロホルム抽出吸光光度法を削除した[5]．このような状況から，我が国では依然として，コメを出荷・流通させるにあたっては，コメ中の Cd 含有量を検査しなければならない．

コメ中の Cd は，コメを酸分解後溶液にしてから原子吸光分析法で定量する方法が一般的である．例えば，厚生省告示第 370 号[6]では，コメを硝酸と硫酸で分解して Cd をジエチルジチオカルバミン酸錯体にし，メチルイソブチルケトンで抽出したものを原子吸光分析に供する．しかし，酸分解に時間がかかり（例えば，コメ 1 g の大気圧下での開放系酸分解には 3〜5 時間程度の時間を要する），操作には熟練を要する．一方，蛍光 X 線分析法は，固体試料を直接分析するため，酸分解による溶液化が不要で，試料調製も比較的簡単であることから，コメ中 Cd の簡易迅速分析に適している．近年では，蛍光 X 線分析装置の励起源や光学系，検出器などの改良により，従来検出することが困難であったサブ mg kg^{-1}（ppm）レベルの Cd の定量が可能になってきている．

本総説では，原子吸光分析法と蛍光 X 線分析法を用いたコメ中 Cd の分析について概観する．また，分析値の妥当性評価や検量線の作成などに使用するコメ標準物質についても述べる．

2. 原子吸光分析法

原子吸光分析法は，単元素の破壊分析であるが，非常に高感度であることから，微量金属の定量に有効である．原子吸光分析の原子化法には，フレーム方式と電気加熱方式とがあり，フレーム原子吸光分析法が液体試料を炎中に噴霧して原子化する方法であるのに対し，電気加熱原子吸光分析法は液体試料を炉内に注入して原子化する方法である．また，電気加熱原子吸光分析法では，固体試料を炉内に直接導入して原子化することもできる．原子吸光分析法でコメ

中の Cd を定量する場合は，(1) 酸分解溶液の有機溶媒抽出，(2) 酸分解溶液の希釈，(3) 酸分解溶液の濃縮，(4) 無機酸や有機酸による抽出，(5) スラリー試料導入あるいは固体試料の直接導入のいずれかの前処理を行う (Fig.1)．酸分解では，使用する酸試薬からの汚染や加熱時の分析元素の揮散を防ぐために，高純度の酸を用いて適切な温度で分解しなければならない．抽出法は，操作が簡便である反面，粒状の試料と粉末状の試料では，比表面積が違うので，分析元素の溶出挙動が異なる恐れがある．また，溶出率は，抽出時間や温度，抽出剤の濃度・液量に依存するので，予め最適な抽出条件を求めておく必要がある．スラリー試料導入法と固体試料の直接導入法は，酸分解操作が不要なので，簡便である．前者の場合は，分散剤の種類や濃度，分散時間，粉末試料の粒径などを検討し，均一なスラリー試料を調製することが重要となる．後者の場合は，試薬からの汚染がなく，分析元素の損失を最小限に抑えることができる

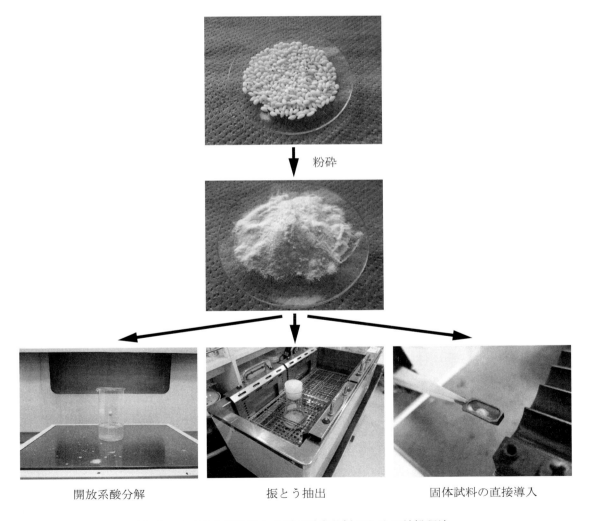

Fig.1 コメ中カドミウムの原子吸光分析のための前処理法．

が，試料量がサブ mg から数 mg と極めて少なく，分析精度があまり良くないので，試料を十分に粉砕・混合し，均質化しておく必要がある．固体試料の直接導入法で良好な結果を得るためには，加熱プログラムや化学修飾剤，試料採取量，検量方法などを検討し，最適化した条件で分析しなければならない．ここで，原子吸光分析法を用いてコメ中の Cd を定量した例[7]～[19]を Table 1 に示し，以下で詳述する．

高木ら[7]は，玄米 10 g を硝酸と硫酸で分解して Cd をジチゾン錯体にし，酢酸-n-ブチルで抽出したものをフレーム原子吸光分析に供した．本法を用いて玄米 5 点を分析したところ，Cd 濃度は 0.07～0.19 mg kg^{-1} であった．これらの玄米に 2 μg の Cd を添加して回収試験を行ったところ，回収率は 98% であった．また，彼らは，玄米 5 g を低温灰化（酸素流量 150 mL min^{-1}，4～5 時間）して得られた灰分を塩酸と硝酸で溶解し，この溶液中の Cd を (1) 直接噴霧，(2) ジチゾン-酢酸-n-ブチル抽出，(3) ジエチルジチオカルバミン酸-メチルイソブチルケトン抽出，(4) 酸分解/ジチゾン-酢酸-n-ブチル抽出してフレーム原子吸光分析する方法を比較検討し，実試料に 1 μg の Cd を添加して回収率 95～104% を得た[8]．Narasaki ら[9]は，白米 5 g を低温灰化（酸素流量 100 mL min^{-1}，10 時間）してから硫酸と過酸化水素水で分解し，Cd- ジエチルジチオカルバミン酸錯体のメチルイソブチルケトン抽出液をフレーム原子吸光分析に供した．実試料に 1 μg の Cd を添加した際の回収率は 96.2% であった．

札川ら[10]は，米粉を (1) 開放型湿式灰化法（硝酸－過塩素酸），(2) 密閉型湿式灰化法（塩酸－硝酸－過塩素酸），(3) 低温灰化法（酸素流量 100 mL min^{-1}，8 時間）+湿式灰化法（硝酸－過塩素酸）で溶液化し，この溶液中の Cd をタングステン炉原子吸光分析法で定量した．Cd 濃度は標準添加法で算出した．3 種類の灰化法で求めた Cd 濃度は，それぞれ良く一致した．同時に多くの試料を処理でき，処理時間が 60 分と短い開放型湿式灰化法が最も適した灰化法であることを明らかにした．天川ら[11]は，マイクロ波分解/黒鉛炉原子吸光分析法でコメ中の Cd を定量した．白米粉末及び玄米粉末 0.50 g を硝酸で予備分解（一夜放置）してから過酸化水素水を加えてマイクロ波分解（所要時間 21 分）した．Cd 濃度は検量線法で算出し，Cd の定量限界は 5 ng g^{-1} であった．コメ標準物質 SRM 1568a を分析したところ，分析値は認証値と良く一致した．また，白米 10 点及び玄米 7 点を分析したところ，白米中の Cd 濃度は 28～96 ng g^{-1} で，玄米中の Cd 濃度は 18～226 ng g^{-1} であった．

Ye ら[12]は，米粉 1 g の酸分解溶液にアンモニア水を添加して水酸化カドミウムの沈殿を生成させ，オンラインで沈殿物を捕集後，1 mol L^{-1} 硝酸で溶解してフレーム原子吸光分析に供した．酸分解溶液に過剰のアンモニア水を添加したところ，水酸化カドミウムの沈殿がアンミン錯体を形成して再溶解し，結果的に Cd の吸光度が低下したため，添加するアンモニア水の濃度を 0.5 mol L^{-1} にした．Cd 濃度は検量線法で求め，44 倍濃縮したときの Cd の検出下限は 2 ng g^{-1} であった．コメ標準物質 GBW08511 を分析したところ，分析値は認証値と良く一致した．本法を用いて市販のコメ 7 点を分析したところ，Cd 濃度は検出下限以下から 0.91 mg kg^{-1} であった．Wen ら[13]は，曇点抽出/タングステンコイル原子吸光分析法によるコメ中 Cd の超高感度定量法を開発した．米粉 0.2 g を硝酸と過酸化水

Table 1 原子吸光分析法によるコメ中のカドミウムの定量例．

測定試料	試料量 (g)	前処理方法	分析方法	検量標準	検出下限 (ng/g)	文献
玄米粉末	10	酸分解/有機溶媒抽出	FAAS	標準溶液	記載なし	7)
玄米粉末	5	酸分解/有機溶媒抽出	FAAS	標準溶液	記載なし	8)
白米粉末	5	酸分解/有機溶媒抽出	FAAS	標準溶液	記載なし	9)
米粉標準，白米粉末	50-500 mg	酸分解希釈	ETAAS	標準溶液	記載なし	10)
米粉標準，玄米粉末，白米粉末	0.50	酸分解希釈	ETAAS	標準溶液	5	11)
米粉標準，米粉（マトリックス不明）	1	酸分解濃縮	FAAS	標準溶液	2	12)
米粉標準	0.2	酸分解濃縮	ETAAS	標準溶液	3 pg/g	13)
玄米粉末，玄米（未粉砕）	20, 2	有機酸抽出	FAAS	標準溶液	記載なし	14)
米粉標準，玄米粉末	2.00	無機酸抽出	FAAS	標準溶液	記載なし	15)
米粉標準，米粉（マトリックス不明）	0.2500	無機酸抽出	ETAAS	標準溶液	1	16)
米粉標準	0.2-2.0	スラリー導入	ETAAS	標準溶液	0.5	17)
米粉標準	1 mg	直接導入	ETAAS	標準溶液	5.5	18)
米粉標準，玄米粉末，白米粉末	1 mg	直接導入	ETAAS	標準溶液	3.0	19)

FAAS, flame atomic absorption spectrometry（フレーム原子吸光分析法）．
ETAAS, electrothermal atomic absorption spectrometry（電気加熱原子吸光分析法）．

素水を用いてマイクロ波分解し，この溶液 10 mL にジチゾンと非イオン性界面活性剤（Triton X-114）を添加して 55℃の恒温槽中で 20 分間静置した．続いて，遠心分離機で相分離させ，氷水に 5 分間浸して上澄み液（水相）を取り除いた．その後，界面活性剤相にテトラヒドロフランを添加し，この溶液 20 μL をタングステンコイル上に注入保持した．Cd 濃度は検量線法で算出し，93 倍濃縮した際の Cd の検出下限は 0.6 pg（質量濃度で 3 pg g^{-1}）であった．コメ標準物質 GBW08510，GBW08511 を分析したところ，分析値は認証値と良く一致した．

皆川と滝沢[14]は，種々の溶出剤を用いてコメ中の Cd の溶出試験を行った．溶出液を硫酸－硝酸－過塩素酸で分解し，ジエチルジチオカルバミン酸－メチルイソブチルケトン抽出/フレーム原子吸光分析法で Cd を定量した．14～50 メッシュの玄米粉末の溶出試験（試料 20 g，溶出剤 100 mL，撹拌時間 20 分）では，0.1 mol L^{-1} 酒石酸（pH 1.0）を用いたときが，Cd の溶出率が 96.5% で最も高かった．また，0.1 mol L^{-1} EDTA 溶液（pH 10）でも高い溶出率（101%）を示した．一方，未粉砕の玄米の溶出試験（試料 2 g，溶出剤 0.1 mol L^{-1} 酒石酸 10 mL，恒温槽 37℃，浸漬時間 200 時間）では，25 時間で約 50% の Cd が溶出し，150 時間後には 98% 溶出した．なお，50℃以上での溶出は，コメのデンプンが変性して糊状になるため，溶出試験には不適当であった．中島[15]は，1 mol L^{-1} 塩酸を用いてコメ中の Cd を抽出し，フレーム原子吸光分析法で定量する方法を検討した．玄米粉末 2.00 g に 1 mol L^{-1} 塩酸を 20.0 g 添加し，室温（20～30℃）で約 1 時間（毎分約 50 回）振り混ぜて一昼夜静置した後，上澄み液をろ過して分析に供した．玄米粉末標準物質 NIES CRM No.10-a，10-b，10-c の分析値は，認証値より 1～1.7 倍高い値を示した．本法を用いて玄米 100 点を分析したところ，試料調製から定量分析までの所要時間は，分析者 1 名で約 10 日間（作業時間は 1 日あたり約 6 時間）で，分析精度は相対標準偏差（$n = 5$）で 2.8～8.9% であった．Guo ら[16]は，コメ中 Cd の加熱抽出/黒鉛炉原子吸光分析法を開発した．粒径が 150 μm 以下になるように粉砕した米粉 0.2500 g を 3% v/v 硝酸 10 mL に浸し，120℃で 10 分間加熱した．その後，遠心分離（5000 rpm，5 分間）を行い，上澄み液 1 mL を分取して，タングステン－パラジウムで熱処理した黒鉛炉に 20 μL 注入した．Cd 濃度は検量線法で求め，Cd の検出下限は 1 ng g^{-1} であった．本法の正確さを 4 種類のコメ標準物質（GBW08511，GBW08512，GBW10045 及び SRM 1568a）を用いて評価したところ，分析値は認証値と良く一致した．また，市販のコメ 184 点を分析したところ，Cd 濃度は 0.004～0.876 mg kg^{-1}（平均値は 0.076 mg kg^{-1}）で，そのうち，コメ 8 点は中国のコメ中 Cd の基準値（0.2 mg kg^{-1}）を超過していた．

Viñas ら[17]は，コメ中 Cd の定量にスラリー試料導入/黒鉛炉原子吸光分析法を提案した．スラリー試料は，0.2～2.0 g の米粉をエタノール－過酸化水素水－パラジウム－水の混合溶液 25 mL に 10 分間分散して調製した．この懸濁液 25 μL を黒鉛炉に注入し，検量線法で Cd の濃度を算出した．Cd の検出下限は 0.5 ng g^{-1} であった．コメ標準物質 NBS 1568a を分析したところ，分析値は認証値の不確かさの範囲内であった．著者[18]らは，固体試料の直接導入/タングステン炉原子吸光分析法でコメ中の Cd を定量する方法を検討した．米粉 1 mg をタングステン炉に導入し，有機物の分解促進剤として 1 mol L^{-1} 硫

酸を 10 μL 添加してから測定した．Cd 濃度は検量線法で求め，Cd の検出下限は 5.5 pg（質量濃度で 5.5 ng g^{-1}）であった．白米粉末標準物質 NMIJ CRM 7503-a を分析したところ，分析値は認証値と良く一致した．Silvestre と Nomura[19] は，固体試料の直接導入/黒鉛炉原子吸光分析法でコメ中の Cd を定量した．化学修飾剤には，パラジウム–マグネシウム–Triton X-100 の混合溶液を使用し，試料を 1 mg 用いたときの Cd の検出下限は 3.0 ng g^{-1} であった．玄米粉末標準物質 NIES CRM No.10-a を分析したところ，分析値は認証値と良く一致した．

以上のように，様々な方法でコメ中の ng g^{-1}（ppb）レベルの Cd の原子吸光分析ができるが，最もシンプルで確実な方法は，酸分解後の溶液を有機溶媒抽出や濃縮することなく，希釈して電気加熱原子吸光分析に供する方法であると考えられる．電気加熱原子吸光分析法では，乾燥・灰化・原子化の 3 段階の加熱プログラムを採用するので，分解液中の酸は乾燥段階で蒸発し，また未分解の有機物が残存していても，灰化段階で有機物は完全に分解され，原子化段階では酸や有機物の影響を受けることなく Cd を原子化できる．ただし，灰化温度を高くすると，灰化段階で Cd が揮散する恐れがあるので，そのような場合は，試料溶液に化学修飾剤としてリン酸溶液[11] やパラジウム溶液[17] を添加しておくと，Cd は加熱中に熱的に安定な化合物を形成するので，結果的に灰化段階での Cd の揮散を著しく抑制することができる．また，コメ中 Cd の酸分解/原子吸光分析法では，不均一な固体試料を溶液化して均一な液体試料に変換するので，信頼性の高い分析値を得ることができる．

3. 蛍光 X 線分析法

蛍光 X 線分析法は，固体試料を化学処理することなく直接分析できるという利点を有し，多元素を同時に定性・定量できる．蛍光 X 線の測定には，波長分散型あるいはエネルギー分散型の蛍光 X 線分析装置が使用されている．波長分散型蛍光 X 線分析法では，蛍光 X 線を分光結晶で分光して比例計数管やシンチレーション計数管で検出する．一方，エネルギー分散型蛍光 X 線分析法では，蛍光 X 線を半導体検出器で直接検出する．蛍光 X 線分析の試料調製は，多岐にわたるが，蛍光 X 線分析法でコメ中の Cd を定量する場合は，粉末ペレット法あるいはルースパウダー法で試料調製するのが一般的である（Fig.2）．粉末ペレット法は，粉末試料をプレス機で加圧成型してディスク状のペレットを作製する方法である．一方，ルースパウダー法は，粉末試料を容器に入れて高分子膜で覆う方法で，コメの場合は，米粒をそのまま容器に入れて高分子膜で覆い測定することもある．一般に，コメ中 Cd の蛍光 X 線分析では，感度の良い Kα 線を分析線とする．Cd Kα 線（Kα_1：23.174 keV，Kα_2：22.984 keV）[20] は，比較的エネルギーが高いので，高分子膜や空気（大気雰囲気で測定した場合）による吸収は無視できる．しかし，コメは主に炭水化物とタンパク質，すなわち質量吸収係数の小さい C, H, O, N などの軽元素で構成されており，試料深部からの Cd Kα 線も検出されるので，試料厚み（試料充填量）によって Cd Kα 線の強度は変化する．試料厚みに起因する誤差を防ぐためには，厚みを一定にするか，無限厚（X 線強度が一定となる厚み）にしなければならない．前述したように，軽元素マトリックスの場合に，Cd Kα 線の分析深さが非常に深

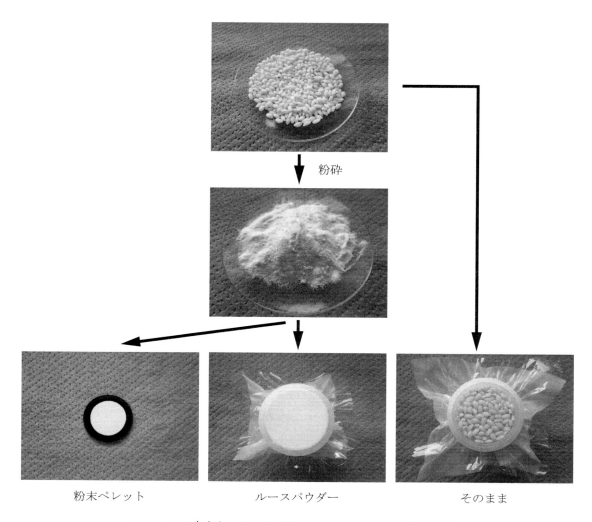

Fig.2 コメ中カドミウムの蛍光X線分析のための試料調製法.

くなるので，無限厚（例えば，米粒をポリエチレン製の容器に充填する場合は約65 mm）のコメ試料を試料室に供することが困難になる．そのため，コメ試料の厚みを一定にしてCd Kα線の測定を行ったほうがよい．また，たとえKα線を用いたとしても，サブppm～数ppmレベルのCdは，X線強度が非常に微弱なので，X線計測時の統計変動を小さくし，再現性の良い結果を得るためには，測定時間を長くするなどの工夫が必要となる．更に，コメの組成（玄米と白米）や形状（粒状と粉末状）の違いによりX線強度が変化する（吸収効果が起こる）恐れがあるので，測定試料の組成と形状に類似した標準試料を用いて検量線を作成したほうがよい．しかし，コメの組成や形状は，産地や品種によって若干異なるので，正確な分析値を得るためには，何らかの補正法を適用したほうがよい．しばしば散乱線内標準法を用いて吸収効果を補正することがある．ここで，蛍光X線分析法を用いてコメ中のCdを定量した例[21]～[30]をTable 2

に示し，以下で詳しく述べる．

永山ら[21]は，3次元偏光光学系と高エネルギーX線源を備えたエネルギー分散型蛍光X線分析装置（Gd管球，100 kV，6 mA）を用いてコメ中のCdを定量した．検量標準は，玄米粉末標準物質 NIES CRM No.10-a, 10-b, 10-c 及び標準物質同士の混合試料を0.25 gずつ分け取り，錠剤成型器で加圧成型して調製した．検量線は，2次ターゲットにAl_2O_3を用いた際のCd Kα線の強度を，2次ターゲットにCsIを用いた際のI Kα線のコンプトン散乱線の強度で割ることで補正した．Cdの検出下限は0.0076 mg kg^{-1}であった．Cdを添加して栽培した玄米を分析したところ，分析値は酸分解/誘導結合プラズマ質量分析法で得られた値と良く一致した．

俣野ら[22]は，高電圧印加小型X線管を備えたエネルギー分散型蛍光X線分析装置（W管球，75 kV，0.6 mA）を用いてコメ中のCdを定量する方法を検討した．Cd Kα線付近のバックグラウンドを低くするために，NiとSiを組み合わせた1次フィルターを用いた．NIES 玄米粉末標準物質で作成した検量線は，Cd Kα線の強度を，28〜60 keV間の散乱X線強度と34〜36 keV間の散乱X線強度との比で割って補正した．Cdの検出下限は0.19 mg kg^{-1}であった．Cd含有量が0.72 mg kg^{-1}（誘導結合プラズマ質量分析法による分析値）の玄米を分析したところ，分析値は 0.57 ± 0.02 mg kg^{-1}であった．

箭田ら[23]は，3次元偏光光学系と高エネルギーX線源を備えたエネルギー分散型蛍光X線分析装置（Gd管球，100 kV，6 mA）を用いてコメ中のCdを定量した．2次ターゲットにAl_2O_3を，1次フィルターにZrを用いて，Cd Kα線のピーク強度とバックグラウンド強度との比を向上させた．検量標準は，白米粉末にCd標準溶液を添加し，凍結・乾燥・混合した粉末試料3.0 gを油圧プレス機で加圧成型して調製した．Cdの検出下限は0.1 mg kg^{-1}であった．4種類のコメ標準物質（NIES CRM No.10-a, 10-b, 10-c 及び SRM 1568）と6種類の玄米粉末中のCdを分析したところ，検出下限以下のものを除き，分析値は認証値あるいは酸分解/誘導結合プラズマ質量分析法で求めた値と概ね一致した．また，(1) 未粉砕の玄米をそのまま容器に入れて測定，(2) 未粉砕の玄米をペレット化して測定，(3) 粉砕後の玄米をペレット化して測定した場合の分析値と，酸分解/誘導結合プラズマ質量分析法で求めた値とを比較した．玄米をそのまま測定した場合は，ペレット試料に比べて空隙が多くなるため，Cd Kα線の強度が低くなり，検量後のCd濃度は小さくなった．そのため，玄米を直接測定するには，検量線を別途作成する必要があるとした．一方，玄米の粉砕の有無で作製したペレット試料では，両者の分析値がほぼ一致したため，ペレットの作製にあたっては，予めコメを粉砕する必要がないことが明らかになった．

村岡ら[24]は，高感度なエネルギー分散型蛍光X線分析装置（W管球, 50 kV, 1 mA）を用いてコメ中のCdを定量する方法を検討した．Cd Kα線付近のバックグラウンドを低くして，Cd Kα線のピーク強度とバックグラウンド強度との比を良くするために，NiとAlを重ね合わせた1次フィルターを用いた．検量標準には，玄米粉末標準物質 NIES CRM No.10-a, 10-b, 10-c 及び白米粉末標準物質 NMIJ CRM 7501-a, 7502-a, 7503-a をそのまま容器に約7 gずつ入れたものを用いた．Cdの検出下限は0.0886 mg kg^{-1}であった．彼らは，まずCd濃度が0.20, 0.41 mg kg^{-1}（原子吸光分析法による分析値）の玄米の単純100回繰

Table 2 蛍光X線分析法によるコメ中のカドミウムの定量例.

測定試料	試料量 (g)	分析方法	検量標準	調製方法	検量範囲 (mg/kg)	検出下限 (mg/kg)	文献
玄米粉末	0.25	EDXRF	米粉標準 (3水準), 標準混合 (2水準)	粉末ペレット	0.023-1.82	0.0076	21)
玄米 (未粉砕)	記載なし	EDXRF	米粉標準 (3水準)	記載なし	0.023-1.82	0.19	22)
米粉標準, 玄米粉末, 玄米 (未粉砕)	3.0	EDXRF	米粉添加 (4水準)	粉末ペレット	0.2-2.0	0.1	23)
玄米 (未粉砕)	記載なし	EDXRF	米粉標準 (6水準)	ルースパウダー	0.023-1.82	0.0886	24)
米粉標準	記載なし	SRXRF	使用せず	―	―	0.34	25)
玄米粉末, 玄米 (未粉砕)	3.5	EDXRF	米粉標準 (6水準)	記載なし	0.023-1.82	0.09	26)
米粉標準	記載なし	EDXRF	米粉添加 (3水準)	ルースパウダー	0.0517-0.548	0.054	27)
米粉標準, 玄米粉末, 玄米 (未粉砕)	3.4	EDXRF	米粉標準 (3水準)	ルースパウダー	0.023-1.82	0.07	28)
使用せず	―	WDXRF	米粒添加 (5水準)	そのまま	0.50-9.8	0.13	29)
白米 (未粉砕)	7.0	WDXRF	米粒添加 (5水準)	そのまま	0.50-10	0.12-0.14	30)

EDXRF, energy dispersive X-ray fluorescence spectrometry (エネルギー分散型蛍光X線分析法).
SRXRF, synchrotron radiation X-ray fluorescence spectrometry (放射光蛍光X線分析法).
WDXRF, wavelength dispersive X-ray fluorescence spectrometry (波長分散型蛍光X線分析法).
標準混合：米粉標準同士の混合試料. 米粉添加：米粉にCd標準溶液を添加した試料. 米粒添加：米粒にCd標準溶液を添加した試料.

り返し測定を行い，異常値がないことを確認した後，スクリーニングの管理基準値を 0.2 mg kg^{-1} に設定した．次に，Cd 濃度が 0.12 mg kg^{-1}（原子吸光分析法による分析値）の玄米の単純 10 回繰り返し測定を行い，平均値と標準偏差の 3 倍との和が管理基準値の 0.2 mg kg^{-1} 未満であったため，Cd 濃度が 0.1 mg kg^{-1} レベルのコメにも対応できるとした．

杉原ら[25]は，軟 X 線放射光を用いて Cd Lα 線を選択励起し，コメ中の微量 Cd の蛍光 X 線分析を試みた．Cd Lα 線は，コメ中に多量に含まれる K の K 吸収端以下のエネルギー（3580 eV）で励起することで，K Kα 線の重なりの影響を受けなかった．玄米粉末標準物質 NIES CRM No.10-a, 10-c は，木工用ボンドでポリプロピレン膜上に固定して分析に供した．Cd の検出下限は 0.34 mg kg^{-1} であった．

前原ら[26]は，エネルギー分散型蛍光 X 線分析法によるコメ中 Cd のスクリーニング方法の検討を行った．検量線は，玄米粉末標準物質 NIES CRM No.10-a, 10-b, 10-c 及び白米粉末標準物質 NMIJ CRM 7501-a, 7502-a, 7503-a を用いて作成し，Cd の検出下限は 0.09 mg kg^{-1} であった．玄米の粉砕の有無で測定精度を調べたところ，粉砕試料の相対標準偏差が 15% 程度であったのに対し，未粉砕試料の相対標準偏差は 19〜34% と大きくばらついたが，閾値を 0.1 mg kg^{-1} に設定することで，スクリーニングは可能であるとした．

タンタラカーンら[27]は，高感度なエネルギー分散型蛍光 X 線分析装置（W 管球，65 kV，0.77 mA）を用いてコメ中の Cd を定量する方法を検討した．1 次フィルターに Ni と Al を用い，Cd Kα 線のピーク強度とバックグラウンド強度との比を最適化した．検量標準には，白米粉末標準物質 NMIJ CRM 7501-a, 7502-a, 7503-a をそのまま容器に 3 g ずつ入れたものを用いた．玄米粉末標準物質 NMIJ 7531-a を用いて計算した Cd の検出下限は 0.054 mg kg^{-1} であった．

本間ら[28]は，高感度なエネルギー分散型蛍光 X 線分析装置（W 管球，50 kV，1 mA）を用いてコメ中の Cd を定量した．検量標準には，玄米粉末標準物質 NIES CRM No.10-a, 10-b, 10-c をそのまま容器に約 3.4 g ずつ入れたものを用いた．検量線は，Cd Kα 線の強度をコンプトン散乱線の強度で除して補正し，Cd の検出下限は 0.07 mg kg^{-1} であった．また，Cd 濃度が 0.32，1.82 mg kg^{-1} のコメ試料では，蛍光 X 線のピークとバックグラウンドとを明確に分離することができた．玄米粉末標準物質 NMIJ 7531-a を測定して検量線の正確さを確認した後，玄米粉末中の Cd を定量したところ，分析値は酸分解/原子吸光分析法で求めた値と良く一致した．更に，試料の形状が分析値に及ぼす影響を調べるために，まず未粉砕の玄米を容器に詰めて測定し，次に同じ玄米を粉砕して同様に測定した．未粉砕試料の分析値と粉砕試料の分析値がほぼ一致したことから，粉砕試料を用いて作成した検量線は，未粉砕試料の迅速なスクリーニング分析に利用可能であるとした．

著者ら[29]は，波長分散型蛍光 X 線分析法でコメ中の Cd を定量する方法を検討した．Rh 管球は 50 kV，80 mA で動作し，1 次フィルターには Zr を用いた．検量標準は，未粉砕の白米を Cd 水溶液とメタノールの混合溶液中で加熱して溶媒を除去した後，白米をそのまま容器に 7.0 g 入れて調製した．Cd の検出下限は 0.13 mg kg^{-1} であった．作製した Cd 含有白米の耐 X 線性を調べるために，1 次 X 線を 400 秒間隔で 15 回（6000 秒）照射したところ，Cd Kα 線の強度は

X線計測時の理論的な標準偏差の3倍に収まっており,またX線管球からの強い放射熱により白米は茶色に変色したが,変形やひび割れは認められず,粒状を保っていたため,耐X線性は十分であると判断した.更に,Cd含有白米をシリカゲルデシケーター内(室温暗所)で保存した際,Cd Kα線の強度の相対標準偏差(1.6%)は,X線計測時の統計変動(1.7%)と同等であり,保存性も十分であった.また,Cd Kα線の強度測定時の再現性を調べるために,Cd含有白米について5回の詰め替え測定を行ったところ,Cd Kα線の強度の相対標準偏差(3.7%)は5%以下で良好であった.以上のことから,作製したCd含有白米は,蛍光X線分析用の標準試料として使用可能であるとした.

著者ら[30]は,波長分散型蛍光X線分析法(Rh管球,50 kV,80 mA)でコメ中のCdを定量した.管球由来のRh Kβ線は,Cd Kα線に重なり,またCd Kα線付近のバックグラウンドを高くするため,1次フィルターにZrを用いてRh Kβ線の重なりを抑制し,バックグラウンドを低くした.検量標準は,未粉砕の玄米あるいは白米(日本産)をCd水溶液とメタノールの混合溶液中で加熱して溶媒を除去した後,玄米と白米をそのまま容器に7.0 gずつ入れて調製した.Cdの検出下限は$0.12 \sim 0.14$ mg kg^{-1}であり,Cd濃度が0.5 mg kg^{-1}の白米は長時間(約1時間)走査することで,Cd Kα線を検出した.検量線の傾き(玄米:0.0171,白米:0.0180)は,組成差あるいは密度差による吸収効果の影響を受けて異なったが,Rh Kα線のコンプトン散乱線の強度を内標準に用いて補正を行ったところ,同じ傾き(玄米:0.0294,白米:0.0296)を与えた.補正した検量線を用いてCdを添加した未粉砕の白米(タイ産)を分析したところ,定量値(4.6 ~ 4.9 mg kg^{-1})と仕込み値(5 mg kg^{-1})が概ね一致したため,補正した検量線を用いることで,様々な品種のコメ中Cdを正確に蛍光X線分析できることが明らかになった.

Table 2に示したように,コメ中Cdの蛍光X線分析では,Cdを効率よく励起し,適切な1次フィルターを用いてバックグラウンドを低くすることで,基準値0.4 mg kg^{-1}を下回るサブmg kg^{-1}(ppm)レベルの検出下限($0.0076 \sim 0.34$ mg kg^{-1})が達成されている.なお,Cdの検出下限は,波長分散型とエネルギー分散型とで大差はなく,同程度であることが分かる.蛍光X線分析法は,酸分解による溶液化が不要で,試料調製も簡単であることから,コメ中Cdのスクリーニング分析に最適な方法であると考えられる.実際に,コメ中のCd濃度の全国実態調査[2]では,基準値0.4 mg kg^{-1}を超える検体は全体の0.2%と極めて少なかったため,全ての検体を酸分解後に原子吸光分析法で定量するのではなく,まず蛍光X線分析法でスクリーニング分析を行い,基準値以上あるいは基準値付近の検体のみを酸分解/原子吸光分析法で精密分析する方が,はるかに合理的である.また,蛍光X線分析装置は,オートサンプラーを用いて自動測定ができるので,短時間で多くの検体を効率よく分析でき,特にコメの収穫時期には十分に威力を発揮して分析者の負担を軽減することができる.しかし,コメ標準物質を用いてCdの検量線を作成する場合,プロット数が3点[22,27,28]と少ないときがある(言い換えると,蛍光X線分析の検量線作成に使用できるCd濃度が多段階のコメ標準物質がない)ので,分析値の信頼性を確保するためにも,Cd濃度が多段階のコメ標準物質(例えば,0.05,0.1,0.2,0.5,1,2 mg kg^{-1}の6水準を1セットとした標準物質)

が開発・頒布されることが望まれる．

4. コメ標準物質

標準物質は，(1) 装置・機器の校正，(2) 分析値あるいは分析法の妥当性評価（化学分析用），(3) 検量線の作成（検量線用）などに使用され，環境分析の分野でも極めて重要な物質である．特に，コメ中の Cd 含有量の検査では，分析値の信頼性を確保するために，標準物質が必要となる．現在頒布されている Cd を含むコメ標準物質[31)~41)] を Table 3 に示す．

NRCCRM（National Research Center for Certified Reference Materials（中国））からは，Cd を含むコメ標準物質 GBW(E)080684[31)]，GBW08510-08512[32)]，GBW10045[33)] が頒布されている．例えば，GBW08510 は Cd 汚染米を，GBW08511 は Cd 汚染米と Cd 非汚染米のブレンド米を，GBW08512 は Cd 非汚染米をそれぞれ粉砕・篩い分け・乾燥・混合（均質化）して作製しており，これらの米粉は 40 g ずつガラス瓶に詰められ，^{60}Co 照射（25 kGy）による滅菌処理が施されている．この GBW08510-08512 は，Cd 濃度が 3 段階になっているのが特徴である．IRMM（Institute for Reference Materials and Measurements（ベルギー））からは，Cd 汚染水で栽培したコメを原料とする標準物質 IRMM-804[34)]（粉末状，平均粒径 70 μm，最大粒径 500 μm 以下，化学分析用）が頒布されている．NMIJ（National Metrology Institute of Japan（日本））からは，白米及び玄米をマトリックスとするコメ標準物質 NMIJ CRM 7501-a[35)]，7502-a[36)]，7531-a[37)]，7532-a[38)] が頒布されている．KRISS（Korea Research Institute of Standards and Science（韓国））からは，低濃度と高濃度の Cd を含むコメ標準物質 KRISS CRM 108-01-001, 108-01-002, 108-01-003, 108-01-004 が頒布されている[39)]．NIES（National Institute for Environmental Studies（日本））からは，NIES CRM No.10 玄米粉末の更新物質として NIES CRM No.10-d 玄米粉末[40)] が，NIST（National Institute of Standards and Technology（米国））からは，SRM 1568a の更新物質として SRM 1568b[41)] がそれぞれ頒布されている．また，NIMT（National Institute of Metrology（Thailand）（タイ））は，糯米を原料とするコメ標準物質[42)]（粉末状，Cd 認証値 0.69 ± 0.06 mg kg^{-1}，認証成分 Cd, Cu, Mn, Zn，化学分析用）を開発した．

標準物質を使用する際は，認証書の注意事項を守ることが望ましい．通常，コメ標準物質の認証値は，乾燥質量を基準として決定されているので，使用の際には認証書に記載されている所定の温度・時間でコメを乾燥し，予め水分量を求めておく必要がある．コメの乾燥をおこたると，化学分析用として使用した場合は，定量値を低く見積もることになる一方，検量線用として使用した場合は，検量線の傾きが小さくなる恐れがある．また，標準物質には認証値を保証するための最小試料量が一般に定められているので，認証書に記載されている最小試料量以上を分析することが望ましい．例えば，NMIJ CRM 7501-a, 7502-a, 7531-a, 7532-a の最小試料量は 500 mg 以上であり，コメを数 mg[18, 19)] から数百 mg[13, 16, 21)] 分析するような場合は，認証値の正確さが保証されていないことに注意しなければならない．更に，標準物質同士を混合した場合[21)] は，認証値の信頼性が失われるので，この混合試料を "標準物質" として扱うことはできない．

コメは元来粒状であるが，Table 3 に示したように，現在頒布されている Cd を含むコメ標

Table 3 カドミウムを含むコメ標準物質.

認証機関	標準物質名	マトリックス	形状	内容量 (g)	Cd認証値 (mg/kg)	認証成分	文献
NRCCRM	GBW(E)080684	記載なし	粉末	30	0.009 ± 0.004	K, Mg, Ca, Mn, Fe, Zn, Na, Cu, N, As, Se, P, Cd, Pb	31)
	GBW08510	記載なし	粉末	40	2.602 ± 0.052	Cd	32)
	GBW08511	記載なし	粉末	40	0.504 ± 0.018	Cd	32)
	GBW08512	記載なし	粉末	40	0.0069 ± 0.0014	Cd	32)
	GBW10045	記載なし	粉末	35	0.19 ± 0.02	As, B, Ba, Be, Bi, Ca, Cd, Ce, Co, Cs, Cu, Dy, Er, Eu, Fe, Gd, Ge, Hg, Ho, K, Li, Mg, Mn, Mo, Ni, P, Pb, Rb, Se, Sm, Sr, Tl, Y, Zn, Yb, (Ag, Al, Br, Cl, Cr, I, La, N, Na, Nb, Nd, Pr, S, Sb, Sc, Si, Sn, Tb, Th, Ti, Tm, U, V)	33)
IRMM	IRMM-804	記載なし	粉末	15	1.61 ± 0.07	As, Cu, Mn, Pb, Cd, Zn, (Se)	34)
NMIJ	NMIJ CRM 7501-a	白米	粉末	20	0.0517 ± 0.0024	Mn, Fe, Cu, Zn, Mo, Cd, Na, Mg, P, K, Ca	35)
	NMIJ CRM 7502-a	白米	粉末	20	0.548 ± 0.020	Cr, Mn, Fe, Ni, Cu, Zn, As, Rb, Sr, Mo, Cd, Ba, Pb, Na, Mg, P, K, Ca	36)
	NMIJ CRM 7531-a	玄米	粉末	20	0.308 ± 0.007	Mn, Fe, Cu, Zn, As, Cd	37)
	NMIJ CRM 7532-a	玄米	粉末	20	0.429 ± 0.007	iAs, DMA, Mg, Ca, Mn, Fe, Cu, Zn, As, Cd	38)
KRISS	KRISS CRM 108-01-001	記載なし	粉末	30	0.031 ± 0.002	As, Ca, Cd, Cr, Cu, Fe, Mg, Mn, K, Na, Zn, (Pb, Hg, Mo, P, Se)	39)
	KRISS CRM 108-01-002	記載なし	粉末	30	1.32 ± 0.24	As, Ca, Cd, Cr, Cu, Fe, Mg, Mn, K, Na, Zn, (Pb, Hg, Mo, P)	39)
	KRISS CRM 108-01-003	記載なし	粉末	30	1.445 ± 0.027	Cd, Pb	39)
	KRISS CRM 108-01-004	記載なし	粉末	30	0.3592 ± 0.0067	Cd, Cu, Fe, Pb, Zn	39)
NIES	NIES CRM No.10-d	玄米	粉末	15	0.401 ± 0.034	Mg, K, Mn, Fe, Cu, Zn, Sr, Cd, (P, S, Na, Ca, Mo)	40)
NIST	SRM 1568b	記載なし	粉末	50	0.0224 ± 0.0013	Al, As, Br, Cd, Ca, Cl, Cu, Fe, Mg, Mn, Hg, Mo, P, K, Rb, Se, Na, S, Zn, DMA, MMA, iAs, (Co, Pb, Sn)	41)

NRCCRM, National Research Center for Certified Reference Materials（中国）.
IRMM, Institute for Reference Materials and Measurements（ベルギー）.
NMIJ, National Metrology Institute of Japan（日本）.
KRISS, Korea Research Institute of Standards and Science（韓国）.
NIES, National Institute for Environmental Studies（日本）.
NIST, National Institute of Standards and Technology（米国）.
（）：参考値．iAs：無機ヒ素．DMA：ジメチルアルシン酸．MMA：モノメチルアルソン酸．

準物質は，すべて粉末状のものである．これに対して，分析の現場からは，粒状のままコメ中のCdを測定したいという強い要望がある．そこで，著者らはCdを一定量含む粒状の白米[29]及び玄米[30]標準試料の作製方法を開発した．このコメ標準試料の作製方法を以下に示す．

(1)：200 mLあるいは300 mLのガラスビーカーにメタノールを100 mL加え，ここに1000 mg L^{-1}のCd標準溶液を所定量添加し，十分に撹拌して均一な混合溶液にする．

(2)：この混合溶液に100℃で24時間乾燥させた白米10 g（約550粒）あるいは玄米10 g（約480粒）を添加し，ホットプレート上で200℃で1〜2時間加熱して溶媒を完全に蒸発させる．

(3)：溶媒蒸発後，白米あるいは玄米は室温で放冷し，シリカゲルデシケーター内に入れて室温暗所で保存する．

なお，この方法で作製したコメ標準試料のX線回折分析の結果からは，メタノール中で加熱したコメは糊化（非晶質化）していないことが，酸分解/原子吸光分析の結果からは，コメにほぼ仕込み量どおりのCdが添加されることが分かった．また，コメ標準試料中のCdの均質性を分散分析で，安定性を6か月間のCd濃度の変動でそれぞれ評価したところ，均質性と安定性は十分に良好であった[43]．すなわち，本法の特長は，コメがガラスビーカーに付着することなく，任意濃度のCdを均一に含む安定な粒状のコメ標準試料を簡単に作製できる点にある．開発したコメ標準試料は，コメ中のCd含有量の検査において，例えば原子吸光分析の分析値の妥当性評価や蛍光X線分析の検量線の作成などに使用できる．

5. まとめ

コメ中Cdの原子吸光分析及び蛍光X線分析について述べ，現在頒布されているコメ標準物質を紹介した．通常，原子吸光分析法では，コメを酸分解・溶液化して均一な液体試料を調製するので，信頼性の高い分析値を得ることができ，またCdの検出下限はng g^{-1}（ppb）レベルであるため，コメ中Cdの高感度分析もできる．しかし，酸分解に時間がかかり，操作には熟練を要する．一方，蛍光X線分析法は，コメを酸分解・溶液化することなく，比較的簡単な試料調製後に分析するため，迅速で簡便であり，Cdの検出下限もサブmg kg^{-1}（ppm）レベルであることから，コメ中Cdのスクリーニング分析に利用できる．しかし，蛍光X線分析の検量線作成用のコメ標準物質はいまだにないので，今後はCd濃度が多段階のコメ標準物質が開発・頒布されることが望まれる．また，近年では，ハンドヘルド型の蛍光X線分析装置が普及してきており，据置型や可搬型の蛍光X線分析装置に比べると検出下限は高いが，今後ハンドヘルド型の高感度化が進めば，これを用いて現場（つまり，水田）で簡易にコメ中のCd含有量を検査することが可能になると考えられる．

参考文献

1) 農林水産省："(2) 食品中のカドミウムに関する国内基準値" <http://www.maff.go.jp/j/syouan/nouan/kome/k_cd/k.zyunti/country.html>，(2013/12/7 アクセス)．

2) 農林水産省："(2) 国内外のコメに含まれるカドミウム" <http://www.maff.go.jp/j/syouan/nouan/kome/k_cd/kaisetu/gaiyo2/index.html>，(2013/12/7 アクセ

3) Codex, Twenty-ninth Session, Joint FAO/WHO Food Standards Programme, International Conference Center, Geneva, Switzerland, 2006.
4) 農林水産省："(1) 食品由来のカドミウムの摂取量" <http://www.maff.go.jp/j/syouan/nouan/kome/k_cd/kaisetu/gaiyo1/index.html>,（2013/12/7 アクセス）.
5) 食品衛生法第 11 条第 1 項（昭和 22 年，法律第 233 号）.
6) 食品，添加物等の規格基準，"第 1 食品 D 各条 ○ 穀類，豆類及び野菜　2 穀類及び豆類の成分規格の試験法（2）カドミウム試験法"，厚生省告示第 370 号（昭和 34 年 12 月 28 日）.
7) 高木靖弘, 清谷寿雄, 佐竹正忠：日本化学会誌, **1972**, 1983.
8) 高木靖弘, 佐竹正忠：日本化学会誌, **1972**, 2207.
9) H. Narasaki: *Anal. Chim. Acta*, **104**, 393 (1979).
10) 札川紀子, 日置昭治, 久保田正明, 川瀬 晃：化学技術研究所報告, **82**, 371 (1987).
11) 天川映子, 荻原 勉, 大橋則雄, 鎌田国広, 鈴木助治：食品衛生学雑誌, **41**, 66 (2000).
12) Q.-Y. Ye, Y. Li, Y. Jiang, X.-P. Yan: *J. Agric. Food Chem.*, **51**, 2111 (2003).
13) X. Wen, P. Wu, L. Chen, X. Hou: *Anal. Chim. Acta*, **650**, 33 (2009).
14) 皆川興栄, 滝沢行雄：食品衛生学雑誌, **18**, 13 (1977).
15) 中島秀治：日本土壌肥料学雑誌, **73**, 449 (2002).
16) W. Guo, P. Zhang, L. Jin, S. Hu: *J. Anal. At. Spectrom.*, **29**, 1949 (2014).
17) P. Viñas, N. Campillo, I. L. García, M. H. Córdoba: *Fresenius' J. Anal. Chem.*, **349**, 306 (1994).
18) 乾 哲朗, 北野 大, 中村利廣：日本分析化学会第 60 年会講演要旨集, p.345 (2011).
19) D. M. Silvestre, C. S. Nomura: *J. Agric. Food Chem.*, **61**, 6299 (2013).
20) 寺田慎一："蛍光 X 線分析の実際"，付録 D, 中井 泉 編, p.235 (2005),（朝倉書店）.
21) 永山裕之, 小沼亮子, 保倉明子, 中井 泉, 松田賢士, 水平 学, 赤井孝夫：X 線分析の進歩, **36**, 235 (2005).
22) 俣野有美, 宇高 忠, 二宮利男, 野村惠章, 一瀬悠里, 沼子千弥, 谷口一雄：X 線分析の進歩, **37**, 109 (2006).
23) 箭田（蕪木）佐衣子, 川崎 晃, 松田賢士, 水平 学, 織田久男：日本土壌肥料学雑誌, **77**, 165 (2006).
24) 村岡弘一, 粟津正啓, 宇高 忠, 谷口一雄：X 線分析の進歩, **42**, 299 (2011).
25) 杉原優子, 早川慎二郎, 生天目博文, 廣川 健：分析化学（*Bunseki Kagaku*）, **60**, 613 (2011).
26) 前原峰雄, 金川沙夜, 川上晃司：第 72 回分析化学討論会講演要旨集, p.47 (2012).
27) K. タンタラカーン, 小林由季, 粟津正啓, 宇高 忠, 谷口一雄：第 48 回 X 線分析討論会講演要旨集, p.112 (2012).
28) 本間利光, 金子（門倉）綾子, 大峡広智, 深井隆行, 田村浩一：日本土壌肥料学雑誌, **84**, 375 (2013).
29) 乾 哲朗, 中峠沙希, 小池裕也, 北野 大, 中村利廣：分析化学（*Bunseki Kagaku*）, **62**, 925 (2013).
30) T. Inui, Y. Koike, T. Nakamura: *X-Ray Spectrom.*, **43**, 112 (2014).
31) National Research Center for Certified Reference Materials: "GBW(E)080684" <http://www.bzwz.com/p_24/p_324.html>,（2014/9/1 アクセス）.
32) M.-T. Zhao, J. Wang, B. Lu, H. Lu: *Rapid Commun. Mass Spectrom.*, **19**, 910 (2005).
33) National Research Center for Certified Reference Materials: "GBW10045" <http://www.bzwz.com/p_75/p_275.html>,（2014/9/1 アクセス）.
34) Institute for Reference Materials and Measurements: "IRMM-804 RICE FLOUR" <https://irmm.jrc.ec.europa.eu/html/reference_materials_catalogue/catalogue/attachements/IRMM-804_report.pdf>,（2013/12/17 アクセス）.
35) 独立行政法人 産業技術総合研究所："計量標準総合センター 標準物質認証書 認証標準物質 NMIJ CRM 7501-a 白米粉末（微量元素分析用 Cd 濃度レベル I）Trace Elements in White Rice Flour (Cd Level I)" <http://www.nmij.jp/service/C/crm/61/7501a_J.pdf>,（2013/2/16 アクセス）.
36) 独立行政法人 産業技術総合研究所："計量標準総合センター 標準物質認証書 認証標準物質 NMIJ CRM 7502-a 白米粉末（微量元素分析用 Cd 濃度レベル II）Trace Elements in White Rice Flour

(Cd Level II)" <http://www.nmij.jp/service/C/crm/61/7502a_J.pdf>,（2013/2/16 アクセス）.

37) S. Miyashita, K. Inagaki, T. Narukawa, Y. Zhu, T. Kuroiwa, A. Hioki, K. Chiba: *Anal. Sci*., **28**, 1171 (2012).

38) 独立行政法人 産業技術総合研究所："計量標準総合センター 標準物質認証書 認証標準物質 NMIJ CRM 7532-a 玄米粉末（ひ素化合物・微量元素分析用）Arsenic Compounds and Trace Elements in Brown Rice Flour" <https://www.nmij.jp/service/C/crm/61/7532a_J.pdf >,（2014/9/18 アクセス）.

39) Korea Research Institute of Standards and Science : "CRM Catalogue" <http://www.kriss.re.kr/eng/main/20120518crm.pdf>,（2013/12/17 アクセス）.

40) 独立行政法人 国立環境研究所："環境標準物質認証書 NIES CRM No.10-d 玄米粉末 (Rice Flour-Unpolished)" <http://www.nies.go.jp/labo/crm/crm_10-d.pdf>,（2013/2/16 アクセス）.

41) National Institute of Standards and Technology : "SRM 1568b" <https://www-s.nist.gov/srmors/certificates/156dFID=2892636&CFTOKEN=8799563b71b3042f-FF3400D9-B65A-F920-3A722553C32FA8D4&jsessionid=f03078b95ac1a612ce3f252f7c3a80266f5a>,（2013/12/17 アクセス）.

42) C. Yafa, S. Srithongtim, P. Phukphatthanachai, A. Thiparuk, N. Sudsiri, L. Rojanapantip, M. Uraroongroj, P. Kluengklangdon, P. Jaengkarnkit, K. Sirisuthanant, C. Thonglue, T. Pimma, P. Pengpreecha, T. J. Fortune, R. Zwicker. V. Permnamtip, S. Laoharojanaphnad, B. Suanmamuang, J. Shiowatana, W. Waiyawat, A. Siripinyanond, K. Judprasong, B. Boonsong, S. Talaluck, C. Cherdchu: *Accredit. Qual. Assur*., **15**, 223 (2010).

43) 乾 哲朗，中村利廣：第 50 回 X 線分析討論会講演要旨集，p.184 (2014).

解 説

蛍光 X 線分析の試料調製 —基本と実例—

市川慎太郎[#], 中村利廣[*]

Sample Preparation Approaches for X-Ray Fluorescence Analysis

Shintaro ICHIKAWA[#] and Toshihiro NAKAMURA[*]

Organization for the Strategic Coordination of Research and Intellectual Properties, Meiji University
Kanagawa 214-8571, Japan
[*] Department of Applied Chemistry, School of Science and Technology, Meiji University
Kanagawa 214-8571, Japan
[#] Corresponding author: sichi@meiji.ac.jp

(Received 22 December 2014, Accepted 25 December 2014)

X-ray fluorescence (XRF) spectrometry has been routinely employed for simple and convenient determination of major and minor elements in solid and powder samples because the analytical method does not require liquefaction of the samples. Additionally, the spectrometers have been downsized and automatized with development of instrumental components and analytical techniques. For the convenient and improved spectrometer, the XRF instruments are used by not only analysts but also non-professional persons in various field with little analytical knowledge and technique. Almost the non-analysts may not study reliability of the analytical results and sample preparation. However, the accuracy of XRF determination depends on the sample preparation processes. We reviewed the sample preparations: pretreatment such as pulverization and homogenization, and the XRF specimens, e.g., loose powder, powder pellet, and glass bead. The contents based on "Sample preparation and reference material for XRF, spoken by Toshihiro Nakamura, Meiji University" in "Instrumental Analysis — X-Ray Florescence (XRF) —" seminar in Japan Analytical and Scientific Instruments Show (JASIS) 2012-2014.

[Key words] X-ray fluorescence spectrometry, Solid sample, Powdery sample, Analytical depth, Homogeneity, Sample preparation.

蛍光 X 線法は，固体・粉末試料中の主成分および微量成分を定量することができる．分析に際して，試料の化学的前処理による溶液化が必要ないので，簡便な機器分析法として，分析の知識や経験がない分野でも広範に使われている．ここでは，2012－2014 年の Japan Analytical and Scientific Instruments Show (JASIS) で開講されたセミナー「これであなたも専門家－蛍光 X 線編」内の「蛍光 X 線分析の試料調製と標準物質（講演：明治大学・中村利廣）」に基づき，蛍光 X 線の原理や特徴を考慮して，試料の前処理や測定試料調製の重要性を概観した．また，各測定試料の特徴やそれらを使用した分析の実例を示した．

[キーワード] 蛍光 X 線分析，固体試料，粉末試料，脱出深さ，均質性，試料調製

明治大学研究・知財戦略機構　神奈川県川崎市多摩区東三田 1-1-1 〒 214-8571　[#]連絡著者：sichi@meiji.ac.jp
[*]明治大学理工学部応用化学科　神奈川県川崎市多摩区東三田 1-1-1 〒 214-8571

1. はじめに

近年の機器分析技術の進歩や発展により,「分析」はその知識や経験がない分野であってもごく当たり前に行われている.特に,蛍光X線分析は,簡便に元素組成を知ることができる方法として広範に普及している.この方法は,原理上 Be より原子番号の大きい元素を定性・定量することができ,主成分(数十%オーダー)から ppm レベルの微量成分までの分析が可能である.測定に際して,多くの場合,試料は固体のままあるいは粉体である.原子吸光光度分析(AAS)[1],誘導結合プラズマ発光分光分析(ICP-AES)[2],誘導結合プラズマ質量分析(ICP-MS)[3]のような試料の分解・溶液化を必要とせず,固体・粉末試料のまま測定可能である点は大きな長所である.機器中性子放射化分析(INAA)[4]や粒子線励起X線分析(PIXE)[5]も固体や粉末試料を測定することができるが,蛍光X線法はこれらと異なり原子炉や加速器が不要なので汎用性が高い機器分析法である.

機器分析では,試料の状態や特性に関わらず,分析結果を得ることは容易である.しかし,妥当性を欠く分析を行うと,誤った結果を得るだけでなく,誤った結論を導き出すことになりかねない.特に,蛍光X線分析では,上述の利便性のため,適切な試料の前処理に努力を払わない,分析結果の検証を怠ってしまうなどの問題が発生している.例えば,不均質な試料のサンプリングは分析結果の正確さの面で大きな問題であるが記載している文献はわずかで,縄文土器片のサンプリングスケールに関するもの[6]だけである.信頼性の高い分析結果を得るには,装置の原理や試料の特徴を十分に把握した上で,それらに基づく前処理および測定試料の調製が不可欠である.

ここでは,JASIS 2012-2014 が開講したセミナー「これであなたも専門家-蛍光X線編」内で取り扱った「蛍光X線分析の試料調製と標準物質(講演:明治大学・中村利廣)」に基づき,蛍光X線の原理や特徴を考慮した試料調製(試料の前処理や測定試料の調製)の重要性を概観する.その上で,ルースパウダー,粉末ペレットやガラスビードといった各測定試料の特徴や調製ついて,当研究室で開発した方法や分析例を中心に述べる.

2. 蛍光X線分析の試料調製とその重要性

2.1 試料の状態と調製

蛍光X線分析では,試料が均質な組成を持ち,測定面が平滑ならば何の処理もなしに測定に供することができる.しかし,こうした試料はむしろまれで,ほとんどの試料は何らかの試料調製を必要とする.各試料の状態に対する試料調製例を Table 1 に示す.試料調製法は,分析結果の正確さに見合ったレベルの方法を選べば良いが,その選択は難しく,経験を要する.例えば,固体・粉体試料を分析する場合,正確さの順は以下の通りで,(1)ガラスビード,(2)粉末ペレット,(3)ルースパウダー,(4)直接分析である.このうち,ガラスビードが最も均質で,共存元素の影響が少ない測定試料である.一般的に,簡単な試料調製法ほど分析結果の信頼性が低く,正確・精密な結果を望むのは難しい.Table 1 には当研究室での実例も記載した.各々の詳細は後に詳しく述べる.

2.2 試料表面の平滑さと粉末試料の粒径

蛍光X線法では,粉末試料の粒子径と試料表

Table 1 蛍光X線分析の試料調製.

試料		前処理	試料調製	研究室での実例 Ref.
固体	金属などの塊・板状試料	均質で平坦	研磨	
		不均一,再鋳造	研磨	
		粉末化	加圧成型：粉末ペレット	
		分解・溶液化 ⇒ 液体試料として取り扱う		
	セラミックス,岩石,土壌などの固体や粉体	均質化（粉砕・混合）	容器詰：ルースパウダー	7-9)
			加圧成型：粉末ペレット	7, 9-13)
			熔融・ガラス化：ガラスビード	6, 14-26)
		分解・溶液化 ⇒ 液体試料として取り扱う		
	粒状試料	未処理	容器詰：ルースパウダー	27, 28)
		均質化（粉砕・混合）	：上段と同様に取り扱う	
液体		未処理	容器に封入	
		固定	ろ紙上に点滴	29)
		濃縮	固相抽出	30, 31)

面の粗さが定量結果に大きな影響を及ぼす．試料に一次X線を照射すると，X線は試料に吸収されつつ試料内を進み，ある厚みに達すると完全に吸収される．この過程で，試料を構成する元素の内殻電子を励起して蛍光X線が発生する．発生した蛍光X線は，試料に吸収されながら，試料外に脱出し，検出器で電流に変換される．X線は，試料の平均原子番号が大きく，そのエネルギーが低い（波長が長い）ほど，試料に良く吸収される．このX線の脱出深さ（分析深さ）は，半減層（発生したX線の強度が1/2になる深さ）の3〜4倍として計算されることが多い．半減層の3倍は，発生したX線の強度が10％程度に，4倍はX線の強度が5％程度になる厚みを示す．半減層は，Lambert-Beerの法則による以下の式で示される．ここで，$(\mu/\rho)_\lambda$は波長λでの試料の平均質量吸収係数$(cm^2 g^{-1})$，ρは試料の平均密度$(g\ cm^{-3})$である[32)]．

$$t_{1/2}(\text{cm}) = \frac{\ln 2}{(\mu/\rho)_\lambda \rho} = \frac{0.693}{(\mu/\rho)_\lambda \rho} \quad (1)$$

Table 2に，蛍光X線のエネルギーおよび半減層の4倍として算出した脱出深さを示す．この脱出深さはケイ酸塩岩石を直接分析した場合を想定している．半減層の計算には，旧地質調査所が頒布した地球化学標準試料のうち岩石標準試料21点の推奨値[34, 35)]および岩石の平均密度2.7 g cm^{-3} [36)]を用いた．ケイ酸塩岩石試料をそのまま何の処理もせずに分析する場合，Na Kαは試料表面から3 μm以下，Fe Kαは表面から84 μm以下からしか発生しない．このように，エネルギーが低い蛍光X線ほど，ごく表層からしか発生しない．したがって，蛍光X線分析では，試料が均一な組成を持ち，測定面が平滑であることが理想である．

複数の元素を定量する場合，最も軽い元素の蛍光X線の脱出深さを参考にしなければならない．例えば，Table 2の22成分を定量するには，Naを基準にすればよい．すなわち，岩石をそのまま何の処理もせずに，直接分析する場合，(1) 測定面が3 μm以下の平滑さを持つ，(2)

Table 2 岩石の直接分析を想定した蛍光 X 線の脱出深さ．

スペクトル	エネルギー* / keV	脱出深さ** / μm
Na Kα	1.04	3.0
Mg Kα	1.25	5.0
Al Kα	1.49	7.5
Si Kα	1.74	9.2
P Kα	2.01	6.7
K Kα	3.31	27
Ca Kα	3.69	35
Ti Kα	4.51	53
V Kα	4.95	110
Cr Kα	5.41	130
Mn Kα	5.90	69
Fe Kα	6.40	84
Ni Kα	7.48	160
Cu Kα	8.05	190
Zn Kα	8.64	230
Rb Kα	13.40	800
Sr Kα	14.17	840
Y Kα	14.96	1100
Zr Kα	15.78	1200
Nb Kα	16.62	1400
Ba Kα	4.47	51
Pb Kβ	12.61	660

*，参考文献 33)
**，火成岩標準試料 21 種類の推奨値，岩石の平均密度 2.7 g cm^{-3} を使用し，半減層の 4 倍として算出．

岩石を構成する全鉱物の粒子径が 3 μm 以下である，(3) 表層 3 μm 以下の範囲が試料全体の化学組成を代表していることが必要となる．これらの条件を満たすことができれば，粒度効果や鉱物効果などの均質さに関わる X 線の影響[37]を避けることが可能である．

しかし，組成の異なるケイ酸塩鉱物の集合体である岩石試料は，そのままでは均質であるとは言い難い．また，その表面は平滑ではないため，直接分析には向いていない．他方，蛍光 X 線法による直接分析[38]は，サンプリングが難しい土器などの考古試料にもよく用いられている．土器の表面は，それ自体の形状や凹凸[39]，大きさの異なる含有鉱物[40]や混和材[41]に由来した粗さを持つ．さらに，その化学組成は，土器胎土自体が持つ不均質さ[6,42]や長期の埋蔵に伴う風化[43]のため均質ではない．このような均質性の低い試料の化学組成を正確に定量するには，適切なサンプリングや，混合・粉砕による試料の均質化が必須である．

粉末化した試料でルースパウダーやペレットを調製する場合も，試料の粒子径は，最も軽い元素の蛍光 X 線の脱出深さを目安にすれば良い．ただし，各測定試料での脱出深さを計算する際は，(1) 式の"試料密度"にルースパウダーや粉末ペレットの見かけ密度を使用しなければならない．他方，試料や粉砕条件によっては，目安の粒子径まで細かくできないこともある．この場合，当研究室では，試料を 10 μm 程度（モード径）となるまで粉砕・均質化している．いくつもの試料を取り扱う場合，それらの粒子径を統一することで，ルースパウダーや粉末ペレット調製の再現性を確保している．また，粒度効果[37]を避けるために，検量用標準粉末も実際の試料の粒子径に合わせている．このことは，5 章にも記述している．

その一方で，粒子の大きさを気にしなくて良い場合もある．すなわち，試料が軽元素で構成されており，高いエネルギーを持つ重元素由来のスペクトルを測定する場合は，その蛍光 X 線の脱出深さが深くなり，測定試料の厚みを上回ることがある．例えば，当研究室でコメ中の Cd を定量する際[27,28]は，全く粉砕していない"粒状"コメ試料でルースパウダーを調製し

て Cd Kα を分析している．このときの Cd Kα の脱出深さを，(1) 式で算出した半減層の 4 倍として推定すると，約 6.5 cm となる．この脱出深さは，コメ 1 粒よりもはるかに大きいので，試料の粉砕による粒度調整や均質化は不要である．測定に用いるルースパウダーは，7 g の粒状コメ試料を容器に最密充填することで調製しており，このときの試料の厚みは 1 cm 程度となる．したがって，発生する Cd Kα はこのルースパウダー全体を代表していると考えることができる．

2.3 試料の厚み

Table 2 からも明らかなように，蛍光 X 線の脱出深さは薄膜試料などを除いた実際の試料の厚さよりかなり小さいので，試料の厚さを配慮しなければならない場合は少ない．しかし，プラスチックのような軽元素からなる試料中の重元素を分析する場合は重大な影響を与えることもある．例えば，有害金属分析用のプラスチック（ポリエステル）標準物質[44] 中の Cr (Cr Kα)，Pb (Pb Lα) を定量する場合の脱出深さは Cr Kα が約 2 mm，Pb Lα が約 8 mm であるのに対して Cd Kα は約 40 mm にものぼる．Cd を含むポリエステルディスクの厚さ（質量）との関係を Fig.1 に示す．試料は約 5 mm 厚で直径 40 mm に成型しているので Cd Kα 強度は厚み（質量）の影響を強く受ける．このポリエステルディス

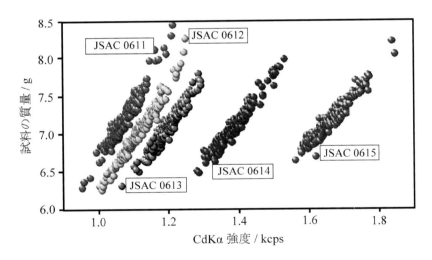

Fig.1 ポリエステルディスク（有害金属成分蛍光 X 線分析用プラスチック認証標準物質 JSAC 0611-0615）の質量と Cd Kα 強度との関係．

Table 3 補正前後の Cd Kα 強度．

	Cd Kα 強度 / kcps	Rh Kα コンプトン散乱線補正値*	質量補正値** / kcps g^{-1}
JSAC 0612	1.1144 (4.1)	0.0014 (1.2)	0.1582 (0.92)
JSAC 0613	1.1962 (3.1)	0.0015 (1.1)	0.1686 (0.99)
JSAC 0614	1.3817 (3.1)	0.0018 (1.0)	0.1953 (0.92)
JSAC 0615	1.6497 (3.0)	0.0021 (1.0)	0.2316 (0.94)

JSAC 0612-0615：有害金属成分蛍光 X 線分析用プラスチック認証標準物質（ポリエステル樹脂ディスク）．
( )：相対標準偏差 %，$n = 242$ (JSAC 0615, 0614)，$n = 232$ (JSAC 0613)，$n = 226$ (JSAC 0612)．
＊：Cd Kα 強度 / Rh Kα コンプトン散乱線強度．
＊＊：Cd Kα 強度 / 試料質量．

クの質量とCd Kα強度との関係は正の直線関係を示した．Table 3 にポリエステルディスク中のCd Kα強度をX線管球由来のRh Kα コンプトン散乱線強度および質量で補正したときの相対標準偏差を示す．補正前は 3-4 % 程度のばらつきであるが，散乱線補正後は 1 % 程度，質量補正後は約 0.9 % のばらつきであった．コンプトン散乱線強度の補正が質量補正と同様に効果的であったのは，試料が軽元素からなりCdとの原子番号差が大きいからである．実際の標準物質作製時は，4.0±0.1 mm の厚さにフライス研磨後，バフ研磨して表面を平滑化して，厚さ（質量）のばらつきの影響が出ないようにしている．

このように，試料の厚み（質量）が分析値の精度に大きな影響を与えることもある．すなわち，(1) 重元素に由来するK線のように，エネルギーが高い蛍光X線スペクトルを測定する，(2) 試料が軽元素で構成されている，(3) ルースパウダーなどの密度が小さい試料を分析する，(4) 厚みの薄い試料を取り扱う，などの場合は，蛍光X線の脱出深さが，試料の厚みを超えることがあるので注意が必要である．当研究室では，このいずれかに該当する場合，2.2 節で述べた方法で推定した脱出深さ，あるいは，試料の厚みと蛍光X線強度との関係から，厚み（質量）を統一する必要があるか否か判断している．例えば，二酸化ケイ素 SiO_2 が主成分である土壌[7]，でんぷん $(C_6H_{10}O_5)_n$ が主成分であるコメ（粒状）[28] 中の Cd (Cd Kα) をルースパウダーで定量する場合，厚さ 0.8 mm のルースパウダーで土器（SiO_2 が主成分）中の重元素を分析する場合[8]は，測定成分のスペクトル強度と厚みとの関係をあらかじめ調査している．

3. 試料の前処理

3.1 粉砕と混合

液体試料と異なり，固体試料はそのほとんどが不均質である．特に，岩石や土器のように組成が異なる鉱物粒子の集合体の場合，十二分に均質な粉末にしなければならない．Wilson[45]は，化学分析におけるケイ酸塩岩石粉末のサンプリング方法として，主成分元素の定量には，72 メッシュ（200 μm 程度の粒子径）の試料 1 g，微量成分元素の定量には，大きさの揃った粒子が $10^{5.5}$ 個あれば，誤差を抑制できるとしている．

粉砕装置には様々なものがあるが，試料の量や質に応じて適切な粉砕容器の容量や材質を選択しなければならない．粉砕容器の大きさに対して試料量が著しく少ない場合や，粉砕容器の材質が試料より十分硬くない場合は，上手く粉砕できないだけでなく，容器からの汚染が生じる．不十分な粉砕・混合，そして汚染は，定量値の精度に大きく影響するので，事前の検討を怠ってはならない．当研究室での岩石や土器の適切な粉砕・混合例を以下に紹介する．花崗岩や流紋岩[15]は 100 g をハンマーで粗粉砕後，めのう製粉砕容器（容量 250 mL）に入れて遊星式ボールミルで 60 分間粉砕している．黒曜石[25]は，その破片 20 g をアルミナ乳鉢と乳棒で粗粉砕（< 500 μm）後，めのう製粉砕容器（容量 80 mL）に入れて遊星式ボールミルで同様に精粉砕している．土器片[6] 2.5 g は，アルミナ乳鉢と乳棒で粗粉砕（< 500 μm）後，めのう製の乳鉢と乳棒とを備え付けた自動撹拌揖潰機で 80 分間粉砕している．いずれの試料も 10 μm 程度（ミード径）の粒子径を目安に粉砕している．このように粉砕・混合すると，概ね均質な粉末となる．

Fig.2 蛍光 X 線分析用試料.（左）ルースパウダー,（中央）粉末ペレット,（右）ガラスビード.

2.2 節で述べたように，粉砕後の粒子径の目安は，測定対象とする分析線のうち最も軽い元素の蛍光 X 線の脱出深さ以下である．試料の粒子径を知るには，粒度分布の測定や篩分けが有効だが，より簡単に見分ける方法もある．少量の粉末を指先につけて，指でこすり合わせたときに，粒子感が感じられなければ概ね 10-15 μm 以下のはずである．

著者らの研究室では，粉末試料の均質性を以下の方法で検証している．

①ルースパウダー容器に粉末試料を詰め，蛍光 X 線強度を測定する．5 回詰替え測定し，相対標準偏差を求める．この相対標準偏差が X 線測定の統計変動より小さかったら均質と判断する．

②粉末 X 線回折法で，結晶成分の回折強度を測定し，①と同様に判定する．

③20 mass ppm 以下の元素の均質性は，固体サンプリング黒鉛炉原子吸光光度法で吸光度を 5 回以上測定し，相対標準偏差を求める．5 % 以下ならば均質であると判断する．この方法は mg オーダーで均質性を判定するのに有効である．

このような方法で，均質性を確保した粉末試料を使って測定試料（溶液化，もしくは，Fig.2 に示すルースパウダー，粉末ペレットやガラスビード）を作製すれば，良好な結果が得られる．

3.2 乾 燥

試料の条件を常に一定にするには，前述のように粒子径を揃えるほか，測定試料を調製する前に試料を乾燥しておくことも有効である．試料の乾燥は，粉末ペレットやガラスビードを調製する場合特に重要である．水分が多く含まれている試料で調製した粉末ペレットは，測定時にひび割れや破損を起こす恐れがある．ガラスビードでは，熔融時の大幅な質量欠損，ガラスのひび割れや失透を招く原因となる．当研究室では，ルースパウダーや粉末ペレットを調製する際，粉砕した土壌[7]を 100℃で 2 時間，土器[8]を 110℃で 24 時間，都市ごみ焼却飛灰[11, 12]を 100±5℃で 24 時間，粒状の白米[27]や玄米[28]を 100℃で 24 時間乾燥している．ガラスビードの調製には 1000℃以上の熔融を伴うので，水分以外の低沸点成分（有機物など）も除去しておく必要がある．この場合，粉砕した岩石[15, 17]を 600℃で 1 時間，土器[6]を 700℃で 4 時間，汚泥灰[16]を 800℃で 1 時間，あらかじめ加熱している．

4. 測定試料の調製

4.1 直接分析

蛍光 X 線法では，固体試料を前処理なく直接分析することが可能だが，信頼性の高い結果を得るには，試料を粉砕・均質化した後，Fig.2 に示すようなルースパウダー，粉末ペレットやガラスビードを調製するべきである．他方，非破壊・直接分析が有効な場合もある．鉄鋼・合金分析では，蛍光 X 線法による非破壊的な直

接分析が工程管理や製品の格付に利用されており，標準物質の開発や評価[46]，分析法の開発[47,48]などが古くから行われてきた．鉄鋼・合金の前処理や分析法は，日本工業規格（JIS）でも規定されている[49,50]．この規格では，塊状または板状の試料を定形に加工し，測定面を研磨した後，蛍光 X 線分析に供することになっている．また，スクリーニング分析やオンサイト分析では，試料調製をせずに簡易的な分析をすることが多い．例えば，土壌[51]やプラスチック[52]に含まれている規制対象成分，電子部品[53]中の貴金属を分析する際は，試料を直接測定している．蛍光 X 線法による直接分析は，試料を破壊できない場合，特に有効である．破壊を伴うサンプリングができない貴重な考古遺物や美術品を取り扱う場合，出力の低いエネルギー分散型の蛍光 X 線装置（ハンドヘルドタイプを含む）で非破壊的に分析する．例えば，黒曜石[54]，土器[55]，ガラス玉[56]，彫刻[57]，仏像[58]，壁画[59]，絵画[60]など，使用例は多岐にわたる．

4.2 ルースパウダー

ルースパウダーは，粉末または粒状の試料を，高分子フィルムを貼った専用の容器に入れ，タッピングにより最密充填するだけで調製できる，非常に簡便な測定試料である（Fig.2 左）．しかし，"充填するだけ"というメリットは，試料調製の再現性が乏しいという欠点を内包している．例えば，充填密度の統一や測定面の平滑化が困難であり，定量値に大きなばらつきを引き起こす恐れがある．別の問題として，軽元素の定量分析に極めて不利であることも挙げられる．この方法では，測定面の保護に高分子フィルムを用いている．さらに，粉末試料の飛散防止のため，真空雰囲気ではなくヘリウムまたは大気雰囲気で測定せざるを得ない．したがって，ルースパウダーでは，それらに吸収される低エネルギーのスペクトル（例えば，Na Kα, Mg Kα）を分析することは難しい．

一般的なルースパウダーの調製には大量の粉末試料（数 g～数十 g）を要する．そのため，量の多い粉末・粒状試料のルーチン分析や，それらに含まれる重元素の定量分析に良く用いられる．例えば，土壌[61]や堆積物[62]のルーチン分析ほか，土壌中の有害金属[7]，白米[27]や玄米[28]中の Cd，電子基板灰化物中のレアメタル[9]の測定に利用されている．当研究室では，土壌[7]は，粉末試料 8.0 g をポリエチレン製の容器（内径 31 mm）に，白米[27]や玄米[28]は，粒状コメ試料 7.0 g をポリエチレン製の容器（内径 32 mm, 高さ 23 mm）に，電子基板灰化物[9]は，粉末試料をアクリル製容器（内径 12 mm, 高さ 5.0 mm）にそれぞれ充填し，測定面を厚さ 6 μm のポリプロピレンフィルムで覆ったものをルースパウダーとしている．その一方で，試料の調製や回収が容易なこの方法を土器のルーチン分析に活かすために，少量の粉末試料（300 mg[63]，100 mg[8]）用のルースパウダーを開発した例もある．特に，100 mg ルースパウダー[8]は，ステンレス製の試料板（直径 48 mm× 厚み 0.8 mm）に空けた 11 mm 径の穴に，土器粉末 100 mg を押し固めて充填することで，高分子フィルムで保護することなく測定することができる．このルースパウダーは，He 雰囲気下で主要 10 成分（Na_2O, MgO, Al_2O_3, SiO_2, P_2O_5, K_2O, CaO, TiO_2, MnO, Fe_2O_3）と微量 12 成分（V, Cr, Ni, Cu, Zn, Rb, Sr, Y, Zr, Nb, Ba, Pb）が定量可能であった．

4.3 粉末ペレット

粉末ペレットは，粉末状の試料を，ポリ塩化ビニルや Al 製リングに充填し，金属製のダイスに挟み込んで加圧圧縮して成型する（Fig.2 中央）．粉末試料をそのまま[64]加圧する場合のほか，成型性を向上させるために，ホウ酸[65]，セルロース[66]やポリビニルアルコール水溶液[67]などの成型用のバインダーを試料に混合してから加圧することもある．調製には，粉末単体では数 g，バインダーと混合して調製する場合は数百 mg の粉末試料を要する．試料の量が限られている場合，ホウ酸などで土台となるペレットを作り，その上に粉末試料を載せて再圧縮する[68]こともある．上記のルースパウダーと比較すると，加圧圧縮の工程を含むため，試料調製の再現性は向上している．また，粉末試料が圧縮・固定されているので，真空雰囲気下で，エネルギーの低い軽元素由来のスペクトルを分析することができる．ただし，粉末試料の粒子径や成分の偏りにより，蛍光 X 線強度が大きく変化する[37]ので，正確さや再現性を確保するには，粉末の均質性に細心の注意を払わなければならない．また，試料に水分が含まれていると，粉末ペレットの測定時に，ひび割れや破損する恐れがあるので注意する必要がある．

試料調製が簡単なだけでなく，目的に応じて試料の量をある程度調節できるので，岩石[69]，土壌[70]や粘土[71]をはじめとする地質試料のほか，土器[64-68]のルーチン分析に良く使用される．また，都市ごみ焼却飛灰[11,12]や都市ごみ焼却主灰[13]，スラグ[72]，電子基板灰化物[9]，ファンデーション[73]など，ガラスビードの調製が難しい試料を粉末ペレットに調製することも多い．このことは，4.4節で詳しく述べる．当研究室では，以下のように粉末ペレットを作製している．土壌[7,10]は，粉末試料 4.5 g を Al 製リング（内径 23 mm, 高さ 10 mm）に詰めた後，300 kgf cm^{-2} で圧縮している．都市ごみ焼却飛灰[11,12]は，粉末試料 1.1 g を塩化ビニル製のリング（内径 18 mm，高さ 7 mm）に，都市ごみ焼却主灰[13]は，粉末試料 1 g を ABS 樹脂製のリング（内径 17 mm，高さ 7 mm）にそれぞれ充填した後，200 kgf cm^{-2} で加圧している．電子基板灰化物は，粉末試料を Al 製のリング（内径 13 mm，高さ 10 mm）に充填し 50 kgf cm^{-2} で加圧してペレットとしている．

4.4 ガラスビード

ガラスビードは，粉末試料に，四ホウ酸リチウム[74]やメタホウ酸リチウム[75]など，またはそれらの混合物[76]をアルカリ融剤として任意の割合で混合した後，白金るつぼ中で熔融・急冷・ガラス化し，ディスク状に成型したもの[77]である（Fig.2 右）．加熱終了後，直ちに白金るつぼを空冷すると，熔融物がガラス化した後，このガラスが収縮し，ガラスビードは自然に白金るつぼから剥離する．るつぼに接していた面は，通常平滑となるので，こちらを測定面とする．ガラスビードを白金るつぼから剥がしやすくするために，熔融前にあらかじめ，ヨウ化リチウム[78]，臭化リチウム[79]や塩化リチウム[17]などのハロゲン化アルカリ試薬を剥離剤として添加する場合もある．この剥離のしやすさは，ガラスビードの希釈率や熔融前の試料の組成に依存する傾向がある．調製に必要な粉末試料の量は，希釈率によって異なるが，数百 mg から数 g である．

ガラスビードは，熔融過程を経ているので均質な測定試料を得ることができる．粒子径や成分の不均質さを除去できるので，ルースパウ

ダーや粉末ペレットと異なり，粉末試料の性状が定量値に影響を与えることはない．したがって，ガラスビード/蛍光X線分析では，ばらつきが少なく，再現性の良い定量値を得ることが可能である．通常，蛍光X線分析では，目的成分の蛍光X線を共存元素が吸収，あるいは，目的成分を共存元素由来の蛍光X線が励起することがあるので，含有量が同じであっても，試料の主成分ごとに蛍光X線強度が異なる（共存元素効果）．ガラスビード法では，軽元素で構成されているアルカリ融剤で希釈することにより，この共存元素効果を軽減できることも大きなメリットである．ただし，大幅な希釈は，蛍光X線強度を減衰させるので注意が必要である．さらに，高い保存性・耐久性を持つガラスビードは，長期間におよぶ繰返し測定や長時間の連続測定も可能である．粉末が飛散する心配もないので，真空雰囲気下で，低エネルギーの蛍光X線を容易に測定できる．当研究室での実例は，6章に詳しく記述する．

　他方，混合・熔融を伴うガラスビードの調製は，ルースパウダーや粉末ペレットよりやや複雑で経験を要する．例えば，試料とアルカリ融剤との混合が不十分だと，ガラスビード中に融け残りや気泡が生じる．この融け残りは，ガラスビード内の成分の偏析に他ならない．気泡が存在すると測定面の平滑さは失われる．したがって，これらの要因は定量値に大きな影響を及ぼす．この問題は，希釈率の低いガラスビードを調製するときに特に起こりやすい．また，熔融に適さない試料もある．例えば，金属，硫化物および有機物などの還元性物質を含む試料は，熔融時に白金るつぼを損傷するので，調製すべきでない．さらに，高温処理を伴うため，低沸点の成分（S, Cl, Hgなど）の分析には適さ

Fig.3 ガラスビードの失敗例．（左）融け残りと気泡が生じた1：2ガラスビード，（右）金属で調製したガラスビードの破片，白色の付着物は剥離した白金るつぼ．

ない．このような揮発性成分が試料に多く含まれている場合，熔融に伴う質量欠損が大きくなり，正しい定量値を得ることができない．Fig.3に調製に失敗したガラスビードの例を示す．図の左側は，花崗岩で1：2ガラスビード（試料と融剤との質量比が1：2）を調製した際に，粉末試料や気泡がガラス内に残留したものの写真である．融剤での希釈が少ないと熔融物の粘性が高くなるので，このガラスビードを再熔融しても融け残りや気泡を完全に除去することはできなかった．一方，右側は，金属を含有する試料で調製したガラスビードである．るつぼから剥離する際に，ガラスビードが割れただけでなく，るつぼの白金を抉り取ってしまった．この場合，白金るつぼを修理・鋳造し直さなければなうない．

4.5 液体試料

　蛍光X線法は固体・粉体試料の分析に良く用いられるが，試料が液体であっても適切な試料調製を施せば測定することができる．例えば，液体試料を，高分子フィルムを張った専用の容器に充填する方法，ろ紙などのフィルターに滴下・乾燥・固定する方法，イオン交換樹脂やキレート樹脂などに通液して目的成分を吸着・濃

縮する方法などがある．液体試料用の容器を使う場合，液体試料を固定するために測定面を高分子フィルムで覆っている．さらに，液漏れを防ぐために測定室を He もしくは大気で置換しなければならない．軽元素に由来する低エネルギーの蛍光 X 線はこれらに吸収されるので測定は難しい．一方，液体試料を点滴または濃縮する方法は，高分子フィルムを必要とせず，真空雰囲気での測定が可能なので，蛍光 X 線強度は減衰せず，軽元素の測定も容易である．

当研究室で液体を分析する際は，点滴ろ紙法[29]もしくは固相抽出法[30,31]を選択し，各試料に適した方法を開発している．例えば，温泉水中の Na, Mg, Al, S, Cl, K, Ca, Mn および Fe の定量分析には，点滴ろ紙/蛍光 X 線法[29]を用いている．点滴ろ紙（マイクロキャリー，リガク）に温泉試料 100 μL を滴下，乾燥したものを測定に供した．検量線は，試薬を溶解して調製した標準溶液を使って作成した．本法と他の分析法（AAS など）で実際の試料を測定したところ，それらの定量値は良く一致した．他方，固相抽出法では，雨水や河川水などの環境水に含まれる微量 9 金属（Mn, Fe, Co, Ni, Cu, Zn, Cd, Hg および Pb）をイミノ二酢酸キレート樹脂ディスクで濃縮し，蛍光 X 線法で定量する方法[30]を開発した．この方法では，(1) 水試料をろ過し浮遊懸濁物を除去，(2) 試料 1 L を pH 5.6（海水は pH 8.7）に調整，(3) キレート樹脂ディスクに 80-100 mL min^{-1} で通水，(4) 洗浄したディスクを 100℃で 25 分間乾燥，(5) 耐 X 線性を向上させるために，ディスクをラミネートコーティングしてから測定に供している．検量線の作成には，市販の標準溶液から調製した検量用溶液を通水したキレート樹脂ディスクを用い，添加回収試験で正確さを評価した．

また，環境水（水道水，河川水および飲料水）中の Cr(III) と Cr(VI) とを陽イオン交換ディスク（CED）と陰イオン交換ディスク（AED）とで分別し，蛍光 X 線法で定量する方法[31]も考案している．本法では，(1) 水試料をろ過し浮遊懸濁物を除去，(2) 試料 100 mL を pH 3 に調整，(3) AED（上面）と CED（下面）を重ね合わせた固相に 1 mL min^{-1} で通水，(4) 洗浄したディスクを 100℃で 30 分間乾燥，(5) 耐 X 線性を向上させるために，各ディスクをラミネートコーティングしてから測定に供している．この方法は，一度の通水で，上面の AED に陰イオン性の Cr(VI) を，下面の CED に陽イオン性の Cr(III) を選択的に捕集できるのが特長である．検量線は，標準溶液を通水して作製した標準 CED および AED を測定して作成した．正確さを検証するために，環境水を用いて添加回収試験を行ったところ，良好な回収率を示した．

5. 検量用標準試料の調製

蛍光 X 線法での定量方法は，ファンダメンタル・パラメーター法（FP 法）と検量線法とに大別される．著者らの研究室で定量分析する際は，理論計算に依らない検量線法を採用している．検量線を作成するための標準試料（検量用標準）は，分析する試料と物理的・化学的な特徴が類似したものを使用する．一般的には，頒布標準物質もしくは自身で合成した標準試料などを用いる．例えば，頒布標準物質を使って地質試料や二器を分析する際は，旧地質調査所（GSJ）頒布の地球化学標準試料[80]の他，アメリカ国立標準技術研究所（NIST）や国際原子力機関（IAEA）が頒布している岩石，土壌，粘土および湖底質標準物質[67,68]などを用いる．

他方，当研究室では，純度の高い試薬を混合したもの，もしくは，実際の試料などをベース材として定量成分を添加したものを検量用標準としている．上述のような頒布標準物質では，以下の理由から，実際の試料の組成に応じた検量線を作成できないことがある．すなわち，頒布標準物質の種類には限りがあるので，(1) 検量範囲に過不足が生じる，(2) 十分な数の標準物質を用意できない，(3) 検量線のプロットに偏りが生じる，(4) 実際の試料と物性が類似した標準物質が存在しない，といった危険性があるので使用していない．

試薬調合標準を粉末ペレットやルースパウダーで利用する場合，試薬の粒子径や安定性，混合粉末の均質性に十分な注意を払わなければならない．Table 4 は，都市ごみ焼却飛灰中の主要 13 成分（Na_2O, MgO, Al_2O_3, SiO_2, P_2O_5, SO_4, Cl, K_2O, CaO, TiO_2, MnO, Fe_2O_3, Br）および有害 5 金属（Cr, Ni, Cu, Zn, Pb）定量用の検量線を作成するために粒度調整した試薬である．いずれの試薬も安定な塩か酸化物である．試薬の粒子径は，粒度効果[37]を避けるため，可能な限り実際の試料のものと同程度となるようにしている．粒子径は，粒度分布測定装置で求めている．粒度分布の測定が難しい場合は，粒子径が規定されている試薬を使用しても良い．これらの試薬混合粉末を適宜，V 型混合機で混合・均質化したものを検量用標準としている．同様の方法で，試薬の粒度調整および均質化をした標準粉末を調製，検量線を作成し，以下の試料を測定している．すなわち，土器[8]中の主要 10 成分（Na_2O, MgO, Al_2O_3, SiO_2, P_2O_5, K_2O, CaO, TiO_2, MnO, Fe_2O_3）および微量 12 成分（V, Cr, Ni, Cu, Zn, Rb, Sr, Y, Zr, Nb, Ba, Pb），都市ごみ焼却主灰[13]中の有害 10 金属（Cr, Ni, Cu, Zn, Sr, Zr, Cd, Sn, Sb, Pb），電子基板灰化物[9]中のレアメタル（Co, Ni, Pd, Ag, Au）を定量するための検量用標準を調製し，粉末ペレットやルースパウダーで分析している．これらの検量線の正確さは，旧地質調査所の岩石標準試料や NIST の石炭焼却飛灰標準物質などを分析して評価している．電子基板灰化物には，適切な標準物質がないので，AAS での分析値と比較している．他方，試薬調合による検量用標準ガラスビード[81]は，調製のプロセスに熔融を伴うため，粒子径の調整は不要であり，均質性も確保しやすい．岩石[17]中の主要 10 成分（Na_2O, MgO, Al_2O_3, SiO_2, P_2O_5, K_2O, CaO, TiO_2, MnO, Fe_2O_3）と微量 32 成分（Sc, V, Cr, Co, Ni, Cu, Zn, Ga, As, Rb, Sr, Y, Zr, Nb, Sn, Cs, Ba, La, Ce, Pr, Nd, Sm, Gd, Dy, Er, Yb, Hf, Ta, W, Pb, Th, U），土器[18, 19, 21, 26]中の 22 成分（前述），汚泥灰[16]中の主要 10 成分（Na_2O, MgO, Al_2O_3,

Table 4 検量線用試薬の粒子径[11].

成分	試薬	粒子径／μm
Na, P	$Na_4P_2O_7$	ボールミルで粉砕
Mg	MgO	10–20
Al	Al_2O_3	3.6（ボールミルで粉砕）
Si	SiO_2	10.0
S	$CaSO_4$	ボールミルで粉砕
K, Cl	KCl	ボールミルで粉砕
Ca	$CaCO_3$	12.8
Ti	TiO_2	0.10–0.30
Mn	MnO_2	11.5
Fe	Fe_2O_3	0.30
Br	KBr	ボールミルで粉砕
Cr	Cr_2O_3	9.5
Ni	NiO	7
Cu	CuO	3.5
Zn	ZnO	5–10
Pb	PbO	12.6

SiO_2, P_2O_5, K_2O, CaO, TiO_2, MnO, Fe_2O_3) や微量 5 成分 (Zn, Cu, Cr, As, Pb) を定量するために, 検量標準ガラスビードを調製し, 検量線を作成している. これらの検量線は, 旧地質調査所や NIST の岩石標準物質などで正確さを評価している.

一方, ベース材に定量成分を添加・含有させた標準物質の開発例は以下の通りである. プラスチック中有害金属 (V, Cr, Co, Ni, Ge, Sb) の分析用に, 目的成分を含有したキシレン溶液をポリエステル樹脂に添加し, ディスク状に硬化させたものをプラスチック標準物質[44]とした. プラスチック中の Cr, Br, Cd, および Pb 分析用に, ポリエチレン粉末をシランカップリング剤とともにメタノールに分散, 目的成分を含む標準溶液を添加した後, エバポレーターで混合しながら溶媒を除去することで粉末状プラスチック標準物質[82]を調製した. 土壌中有害金属(Cr, As, Se, Cd, Hg, Pb) の分析[7, 10]には, 土壌粉末に各標準溶液を段階的に添加し, 乾燥, 混合したものを土壌標準物質とした. 白米[27]や玄米[28]中の Cd の分析には, Cd 標準溶液とメタノールとの混合溶液にコメを添加し, 加熱で溶媒を完全に除去, 冷却したものを Cd 含有粒状コメ標準物質としている. 以上の標準物質を測定して, それぞれの検量線を作成することができる. いずれの標準物質も, 耐 X 線性や保存性を試験し, 良好な結果を得ている. ディスク状プラスチックおよび土壌の検量線は, 模擬試料を分析して, 正確さを評価している. 粉末状プラスチック標準物質は, ICP-AES で仕込み量を確認し, 市販のポリエチレン標準物質を測定することで, 正確さを検証している. 粒状コメ標準物質は, 仕込み量を AAS での定量値と比較している.

6. ガラスビードの実例

6.1 1 : 10 ガラスビード

ガラスビードの最大の特長は, 熔融により均質なガラスを形成できることにある. そのため, 様々な鉱物の混合物である地質試料や土器試料中の主成分や微量成分を定量する際に良く調製される. 当研究室では, 固体や粉末中の主成分や一部の微量成分元素を定量する際に, 1 : 10 ガラスビード (粉末試料と融剤との質量比が 1 : 10 のガラスビード) を良く利用する. 1 : 10 ガラスビードの調製には, 前処理後の粉末試料 0.400 g と融剤として無水四ホウ酸リチウム ($Li_2B_4O_7$) 4.000 g を用いている. これらの混合物を白金るつぼ (金 5 % 含有, 底面内径 35 mm) に移した後, 高周波誘導加熱装置を用いて 800℃, 120 秒間の予備加熱, 1200℃, 120 秒間の本加熱, 1200℃, 120 秒間の揺動加熱で熔融し, 熔融物を急冷することで, 直径 35 mm の 1 : 10 ガラスビードとしている. この希釈率のガラスビードを用いているのは, (1) 粉末試料を融剤に混合しやすい比率なので, 融け残りが生じにくく, 比較的調製しやすい, (2) 試料を 11 倍に薄めてはいるが, 主成分だけでなく一部の微量成分を無理なく定量可能である, (3) 調製に用いる試料は 0.4 g であり, それほど多量の試料を必要としない, (4) 4.4 節で述べた共存元素効果の軽減が期待できる希釈率なので, 幅広い化学組成を持つ試料の分析に有効である, などが理由である. この方法で, 岩石[15, 17], 土壌[7, 10], 土器[6, 18, 19, 21, 26], 汚泥灰[16], クリソタイル含有建材[83]の 1 : 10 ガラスビードを調製し, それぞれの元素組成分析に利用している.

6.2 低希釈ガラスビード

地質試料中の希土類元素は，希土類元素パターン[84]のように，地球化学的な議論をする上で非常に有用なパラメーターとなり得る．しかし，これらの元素は含有量が極微量であるため，ICP-AES[2]，ICP-MS[3]やINAA[4]のような高感度な機器で分析するのが一般的である．他方，Nakayamaら[17]は，低希釈（融剤の割合が低く，希釈の程度が低い）ガラスビードを調製し，蛍光X線法で，希土類元素を含む下記の42成分を正確に定量することに成功した．主成分（Na_2O, MgO, Al_2O_3, SiO_2, P_2O_5, K_2O, CaO, TiO_2, MnO, Fe_2O_3）および Rb, Sr, Y, Zr の定量には1:10ガラスビード（粉末試料0.4 g）を，V, Cr, Co, Ni, Cu, Zn, Ga, As, Nb, Ba, W, Pb, Th, U の定量には1:2ガラスビード（粉末試料1.5 g）を，Sc, Sn, Cs, La, Ce, Pr, Nd, Sm, Gd, Dy, Er, Yb, Hf, Ta の定量には1:1ガラスビード（粉末試料2.2 g）を調製している．1:2ガラスビードは，試料と融剤との混合粉末を800℃，120秒間の予備加熱，1200℃，120秒間の本加熱，1200℃，300秒間の搖動加熱で熔融後，急冷してガラス化している．1:1ガラスビードは，混合粉末を1:10ガラスビードと同様の条件で熔融・ガラス化したものを，1200℃，120秒間の再熔融および1200℃，300秒間の搖動加熱後，冷却して調製している．低希釈ガラスビードは，熔融物の粘性が上昇するので，撹拌により十分に均質化することは難しい．一度生じた融け残りや気泡を取り除くのは困難なので，試料と融剤は，熔融前に十分に混合しておく必要がある．検量線は，各希釈率に則して試薬を調合した検量用標準ガラスビードで作成している．旧地質調査所頒布の岩石標準試料 JG-1a（花崗閃緑岩），JG-3（花崗閃緑岩），JR-2（流紋岩）およびJR-3（流紋岩）を本法で分析したところ，その定量値は推奨値と良く一致した．本法を，花崗岩，流紋岩および黒曜石を構成している42成分の元素組成分析に応用している．

6.3 少量の試料によるガラスビード

蛍光X線法は，簡便に多くの成分を定量できるが，測定試料の調製には比較的多くの粉末試料（数百〜数千 mg）を要する．1章で述べた他の機器分析法（AAS，ICP-AES，ICP-MS，INAAおよびPIXE）では，数十〜数百 mgの粉末試料しか使用しない．一般に，破壊を伴う試料前処理が許されるのなら，より信頼性の高い結果が期待できるが，考古遺物などの貴重な試料を分析する際は，試料の破壊が許されないこと，試料の消費量が制限されることがほとんどである．そこで，当研究室では，サンプリング量を少なくしなければならない土器や地質試料の分析を念頭に置き，(1) 高希釈ガラスビード[22,23]（粉末試料 11 mg，試料：融剤 = 1:300，直径 35 mm），(2) 小型ガラスビード[24]（粉末試料 11 mg，試料：融剤 = 1:36，直径 12.5 mm），(3) マイクロガラスビード[25]（粉末試料 1.1 mg，試料：融剤 = 1:10，直径 3.5 mm 程度）を用いた蛍光X線法をこれまでに開発している．いずれも土器や地質試料の主要10成分（Na_2O, MgO, Al_2O_3, SiO_2, P_2O_5, K_2O, CaO, TiO_2, MnO, Fe_2O_3）を定量対象としている．以下にこれらの概要を述べる．

高希釈ガラスビード[22,23]は，希釈率を通常の1:10から1:300へと大幅に上げることで，少量の粉末試料 11 mg を使ったガラスビードを既製品の白金るつぼ（金5%含有，底面直径 35 mm）で調製している．直径 35 mm の1:300ガラスビードは，(1) 粉末試料 11.0±0.5

mg，融剤に用いた無水四ホウ酸リチウム 3289.0 ± 0.5 mg とを混合し，剥離剤として塩化リチウム水溶液（18.42 mass%）を 100 μL 添加，(2) 800℃，120 秒間の予備加熱，1050℃，120 秒間の本加熱，1050℃，120 秒間の揺動加熱を伴う高周波誘導加熱で熔融，(3) 熔融物を急冷・ガラス化することで調製する．このガラスビードは，融剤の割合が極端に高いので，4.4 節に記述した共存元素効果をほぼ打ち消すことが可能である．試薬調合標準で検量線を作成し，本法で黒曜石，花崗岩，玄武岩，土器それぞれ 2 種類の主成分濃度を定量したところ，分析値は 1：10 ガラスビードのものと良く一致した．

小型ガラスビード[24]は，特注の白金るつぼ（金 5% 含有，底面内径 12.5 mm）を用いて調製する．ガラスビードの直径を 35 mm から 12.5 mm にすることで，試料の量を 400 mg から 11 mg へ，融剤の量を 4000 mg から 396 mg へと大幅に減らすことができる．小型化に伴い，るつぼの鋳造に使用する白金の量を 80 g から 12.5 g へと削減可能である．Fig.4 に通常サイズと小型サイズのるつぼとガラスビードを示す．この 12.5 mm 径ガラスビード（希釈率 1：36）は，粉末試料 11.0 ± 0.5 mg と無水四ホウ酸リチウム

Fig.4 白金るつぼとガラスビード[24]．（左）通常サイズ（直径 35 mm），（右）小型（直径 12.5 mm）．

396.0 ± 0.5 mg とを良く混合した後，(1) 小型白金るつぼに移し，18.42 mass% の塩化リチウム水溶液を剥離剤として 20 μL 添加，(2) 900℃ で 60 秒間の予備加熱後，1250℃ で 60 秒間の加熱で混合粉末を熔融，さらに 1200℃ で 120 秒間の搖動加熱で均質化，(3) 急冷・ガラス化して，調製している．検量線の作成には，試薬を混合して調製した 12.5 mm 径の検量用標準ガラスビードを用いた．通常サイズ（直径 35 mm）の標準ガラスビードで作成した検量線であっても，希釈率および測定径を統一すれば，12.5 mm 径の標準ガラスビードで作成したものと有意な差はなかった．すなわち，検量用標準ガラスビードは，通常サイズのもので代用可能である．黒曜石，花崗岩，玄武岩および土器それぞれ 2 種類を本法で分析したところ，主成分濃度の定量値は，小型ガラスビードを通常サイズの標準ガラスビードで検量したもの，および本法と同様に 11 mg の粉末試料を要する 1：300 ガラスビード法で定量したものと概ね一致した．

マイクロガラスビード[25]は，サイズを極端に小さくすることで，極少量の粉末試料 1.1 mg で，1：10 ガラスビードの調製を可能としている．その調製法は，前述した他のガラスビードと異なっており，(1) 市販の白金るつぼの中央に，剥離剤として，1.842 mass% の塩化リチウム水溶液を 10 μL 滴下，(2) この液滴中に，粉末試料 1.10 ± 0.05 mg と無水四ホウ酸リチウム 11.00 ± 0.05 mg との混合粉末を添加，(3) 110℃ で 5 分間乾燥，(4) 高周波誘導加熱装置による 800℃，60 秒間の予備加熱および 1000℃，60 秒間の加熱で混合粉末を熔融，(5) 手動で揺動し，熔融物の形を半球状に整える，(6) 急冷・ガラス化することで，マイクロガラスビード（直径 3.5 mm 程度，厚み 0.8 mm 程度）を調製してい

る．ただし，白金るつぼから自然に剥離しないので，スパチュラで剥がす必要がある．このガラスビードは，非常に小さいので，既存のサンプルホルダーに固定できない．そこで，融剤のみで調製した直径35 mmのブランクガラスビードの中央に接着して測定に供している．本法で，旧地質調査所頒布の地球化学標準試料6種類（玄武岩 JB-1a, 安山岩 JA-1, 流紋岩 JR-3, 河川堆積物 JSd-1, 河川堆積物 JSd-2, 河川堆積物 JSd-3）中の主成分濃度を定量したところ，推奨値と有意な差は見られなかった．極少量の粉末試料（1.1 mg）を使った極めて小さなガラスビード（直径3.5 mm程度）であっても，広範な組成の試料を正確に分析することができた．

以上のガラスビードは，通常の1：10ガラスビードと比較すると，粉末試料の量を大幅に削減できる（Fig.5）．したがって，これらの方法を用いれば，試料が確保しにくく半定量的な分析しか行うことのできなかった考古試料などを定量的に分析することが可能となり，分析結果を用いた考察を進めることができる．さらに，これらの方法は，土器に限らず，材質・組成が土器や岩石と類似している試料全般（例えば，土壌，粘土，ケイ酸塩ガラスなど）の分析も念頭に置いており，様々な分野に存在する量の限られた試料（貴重・希少なもの，入手・収集が困難なもの）への利用を考慮している．例えば，考古学では，土器だけでなく黒曜石製の石器やガラス片などの貴重な考古学遺物の分析や起源推定に，地球化学では，岩石から採取した個別鉱物の固溶組成[85]の算出に，環境化学では，大気粉塵の化学組成のモニタリング[86]に，法科学では，犯罪捜査における砂や土壌といった鑑識試料[87]の異同識別に，応用できるはずである．

7. まとめ

蛍光X線分析では，固体試料中の主成分・微量成分元素を，化学的前処理をせずに測定することができる．この簡便性に加えて，装置の小型化・自動化に伴い，分析の知識や経験がない分野にも広く普及している．誰でも容易に定量値を得ることができる反面，詳細な検証をせずに，その数値を正しいものだと認識してしまう危険性がある．本法で信頼性の高い定量値を得るには，定量成分に由来する蛍光X線，分析対象とする試料の特徴を十分に把握した上で，適切な試料調製を施す必要がある．固体・粉末試

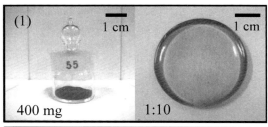

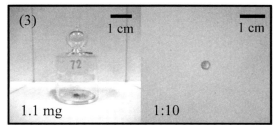

Fig.5 粉末試料とガラスビードとの比較[25]：
(1) 通常サイズ（直径 35 mm，希釈率 1：10）；
(2) 小型ガラスビード（直径 12.5 mm，1：36）；
(3) マイクロガラスビード（直径 3.5 mm程度，1：10）．

料の蛍光 X 線分析の場合，定量値を使った議論を考えているならば，十分な粉砕や混合をした後，粉末ペレットやガラスビードを調製するべきである．特に，熔融のプロセスを伴うガラスビードは，含有成分や粒子径などに由来する不均質な要因を全て除去できるので，信頼性の高い結果を得ることができる．最近では，試料の消費量を大幅に削減したガラスビード / 蛍光 X 線法も開発されており，今後の研究次第では，様々な分野への更なる応用が期待できる．

謝　辞

　この内容は，JASIS 2012-2014 で行われたセミナー「これであなたも専門家－蛍光 X 線編」内で発表した「蛍光 X 線分析の試料調製と標準物質」の一部を編集・加筆したものである．研究の一部は，科学研究費若手研究（B）「蛍光 X 線法による極微量（1.1 mg）考古遺物試料の元素組成分析」（平成 26～27 年度，課題番号 26750099）の助成を受けた．

参考文献

1) T. Rotunno, L. Sabbatini, M. Corrente: *Archaeometry*, **39**, 343 (1997).
2) C. J. Doherty, A. L. Maske: *Archaeometry*, **40**, 71 (1998).
3) C. Tschegg, T. Ntaflos, I. Hein: *J. Archaeol. Sci.*, **36**, 1103 (2009).
4) K. Kumar, E. Saion, M. K. Halimah, Yap CK, M. S. Hamzah: *J. Radioanal. Nucl. Chem.*, **301**, 667 (2014).
5) O. Bolormaa, J. Baasansuren, K. Kawasaki, M. Watanabe, T. Hattroi: *Nucl. Instrum. Methods Phys. Res. B*, **262**, 385 (2007).
6) S. Ichikawa, K. Nakayama, T. Nakamura: *X-Ray Spectrom.*, **41**, 22 (2012).
7) Y. Shibata, J. Suyama, M. Kitano, T. Nakamura: *X-Ray Spectrom.*, **38**, 410 (2009).
8) S. Ichikawa, K. Nakayama, T. Nakamura: *X-Ray Spectrom.*, **41**, 288 (2012).
9) Y. Hirokawa, Y. Shibata, T. Konya, Y. Koike, T. Nakamura: *X-Ray Spectrom.*, **42**, 134 (2012).
10) 柴田康博, 巣山潤之介, 濱本亜希, 吉原 昇, 鶴田 暁, 中野和彦, 中村利廣：分析化学, **57**, 477 (2008).
11) A. Ohbuchi, M. Kitano, T. Nakamura: *X-Ray Spectrom.*, **37**, 237 (2008).
12) 大渕敦司, 北野 大, 中村利廣：分析化学, **58**, 249 (2009).
13) 佐藤嗣人, 廣川悠哉, 岩鼻雄基, 市川慎太郎, 乾 哲朗, 小池裕也, 中村利廣：分析化学, **63**, 421 (2014).
14) 中村利廣, 万寿 優, 佐藤 純, 高橋春男：火山, **31**, 253 (1986).
15) K. Nakayama, T. Nakamura: *Anal. Sci.*, **21**, 815 (2005).
16) A. Ohbuchi, J. Sakamoto, M. Kitano, T. Nakamura: *X-Ray Spectrom.*, **37**, 544 (2008).
17) K. Nakayama, Y. Shibata, T. Nakamura: *X-Ray Spectrom.*, **36**, 130 (2007).
18) 松本建速, 市川慎太郎, 中村利廣：青森県埋蔵文化財調査報告書, **474**, 41 (2009).
19) 松本建速, 市川慎太郎, 中村利廣：松戸市文化財調査報告, **50**, 55 (2011).
20) T. Asahi, S. Kobayashi, K. Nakayama, T. Konya, G. Fujinawa, T. Nakamura: *Anal. Sci.*, **27**, 1217 (2011).
21) 松本建速, 市川慎太郎, 中村利廣：環境史と人類, **5**, 129 (2011).
22) K. Nakayama, S. Ichikawa, T. Nakamura: *X-Ray Spectrom.*, **41**, 16 (2012).
23) 中山健一, 市川慎太郎, 中村利廣：X 線分析の進歩, **43**, 201 (2012).
24) K. Nakayama, T. Nakamura: *X-Ray Spectrom.*, **41**, 225 (2012).
25) S. Ichikawa, T. Nakamura: *Spectrochim. Acta B*, **96**, 40 (2014).
26) 河西 学, 松本建速, 市川慎太郎, 中村利廣, 小林謙一, 塚本師也：公益財団法人とちぎ未来づくり財団文化財センター研究紀要, **22**, 7 (2014).
27) 乾 哲朗, 中峠沙希, 小池裕也, 北野 大, 中村利廣：分析化学, **62**, 925 (2013).

28) T. Inui, Y. Koike, T. Nakamura: *X-Ray Spectrom.*, **43**, 112 (2014).
29) 中村利廣, 早川哲司, 目崎浩司, 佐藤 純：温泉工学会, **22**, 1 (1988).
30) W. Abe, S. Isaka, Y. Koike, K. Nakano, K. Fujita, T. Nakamura: *X-Ray Spectrom.*, **35**, 184 (2006).
31) T. Inui, W. Abe, M. Kitano, T. Nakamura: *X-Ray Spectrom.*, **40**, 301 (2011).
32) 中井 泉 編："蛍光 X 線分析の実際", pp.62-77 (2005), (朝倉書店).
33) G. Zschornack: "Handbook of X-Ray Data", (2007), (Springer-Verlag, Berlin).
34) N. Imai, S. Terashima, S. Itoh, A Ando: *Geostand. Newslett.*, **19**, 135 (1995).
35) N. Imai, S. Terashima, S. Itoh, A Ando: *Geostand. Newslett.*, **23**, 223 (1999).
36) 巖谷敏光, 鹿野和彦：地質学雑誌, **111**, 434 (2005).
37) Z. Mzyk, I. Baranowska, J. Mzyk: *X-Ray Spectrom.*, **31**, 39 (2002).
38) E. T. Hall: *Archaeometry*, **3**, 29 (1960).
39) 長友恒人：考古学と自然科学, **11**, 11 (1978).
40) O. S. Rye: *Archaeometry*, **19**, 205 (1977).
41) 佐原 真：考古学と自然科学, **5**, 101 (1972).
42) S. Ichikawa, T. Nakamura: "New Developments in Archaeology Research", Edited by M. Adaslteinn and T. Olander, p.1 (2013), (Nova Science Publishers, New York).
43) A. Schwedt, H. Mommsen, N. Zacharias: *Archaeometry*, **46**, 85 (2004).
44) K. Nakano, T. Nakamura: *X-Ray Spectrom.*, **32**, 452 (2003).
45) A. D. Wilson: *Analyst*, **89**, 18 (1964).
46) 安田 浩：鉄と鋼, **68**, 65 (1982).
47) 桃木弘三：分析化学, **10**, 34 (1961).
48) 秋吉孝則, 塚田鋼二, 杉本和巨, 松丸直人, 辻 猛志：鉄と鋼, **77**, 1830 (1991).
49) JIS G 1256, 鉄及び鋼－蛍光 X 線分析方法 (1997).
50) JIS H 1292, 銅合金の蛍光 X 線分析方法 (2005).
51) T. Fujimorri, H. Takigami: *Environ. Geochem. Health*, **36**, 159 (2014).
52) 梶原夏子, 貴田晶子, 滝上英孝：環境化学, **21**, 13 (2011).
53) E. Hidayanto, 山本 孝, 河合 潤：*J. MMIJ*, **124**, 594 (2008).
54) P. J. Sheppard, G. J. Irwin, S. C. Lin, C. P. McCaffrey: *J. Archaeol. Sci.*, **38**, 45 (2011).
55) G. Barone, V. Crupi, F. Longo, D. Majolino, P. Mazzoleni, G. Spagnolo, V. Venuti, E. Aquilia: *X-Ray Spectrom.*, **40**, 333 (2011).
56) S. Liu, Q. H. Li, Q. Fu, F. X. Gan, Z. M. Xiong: *X-Ray Spectrom.*, **42**, 470 (2013).
57) M. F. Alberghina, R. Barraco, M. Brai, L. Pellegrino, F. Prestileo, S. Schiavone, L. Tranchina: *X-Ray Spectrom.*, **42**, 68 (2013).
58) T. Nakae, H. Mifune: *ISIJ Int.*, **54**, 1117 (2014).
59) K. F. Gebremariam, L. Kvittingen, F.-G. Banica: *X-Ray Spectrom.*, **42**, 462 (2013).
60) E. Rebollo, L. Nodari, U. Russo, R. Bertoncello, C. Scardellato, F. Romano, F. Ratti, L. Poletto: *J. Cult. Herit.*, **14**, 153 (2013).
61) F. L. Melquiades, L. F. S. Andreoni, E. L. Thomaz: *Appl. Radiat. Isotopes*, **77**, 27 (2013).
62) R. K. Gauss, J. Bátora, E.Nowaczinski, K.Rassmann, G.Schukraft: *J. Archaeol. Sci.*, **40**, 2942 (2013).
63) F. D. Vleeschouwer, V. Renson, P. Claeys, K. Nys, R. Bindler: *Geoarchaeology*, **26**, 440 (2011).
64) G. Cultrone, E. Molina, C. Grifa, E. Sebastián: *Archaeometry*, **53**, 340 (2011).
65) A. Hein, A. Tsolakidou, I. Iliopoulos, H. Mommsen, J. Buxeda i Garrigós, G. Montana, V. Kilikoglou: *Analyst*, **127**, 542 (2002).
66) C. Papachristodoulou, A. Oikonomou, K. Ioannides, K. Gravani: *Anal. Chim. Acta*, **573-574**, 347 (2006).
67) D. Barilaro, G. Barone, V. Crupi, D. Majolino, P. Mazzoleni, M. Triscari, V. Venuti: *Vib. Spectrosc.*, **42**, 381 (2006).
68) C. Ricci, I Borgia, B. G. Brunetti, A. Scamellotti, B. Fabbri, M. C. Burla, G. Polidori: *Archaeometry*, **47**, 557 (2005).
59) N. K. Saini, P. K. Mukherjee, M. S. Rathi, P. P. Khanna: *X-Ray Spectrom.*, **29**, 166 (2000).
70) H. Matsunami, K. Matsuda, S. Yamasaki, K. Kimura, Y. Ogawa, Y. Miura, I. Yamaji, N. Tsuchiya: *Soil Sci.*

71) B. Moroni, C. Conti: *Appl. Clay Sci.*, **33**, 230 (2006).
72) S.-M. Jung, I. Sohn, D.-J. Min: *X-Ray Spectrom.*, **39**, 311 (2010).
73) E. Kulikov, K. Latham, M. J. Adams: *X-Ray Spectrom.*, **41**, 410 (2012).
74) A. Polvorinos Del Rio, J. Castaing: *Archaeometry*, **52**, 83 (2010).
75) A. Hein, P.M. Day, M.A. Cau Ontiveros, V. Kilikoglou: *Appl. Clay Sci.*, **24**, 245 (2004).
76) Z. Yu, M. D. Norman, P. Robinson: *Geostand. Newslett.*, **27**, 67 (2007).
77) 中山健一, 中村利廣：X線分析の進歩, **38**, 35 (2007).
78) M. F. Gazulla, S. Vicente, M. Orduña, M. J. Ventura: *X-Ray Spectrom.*, **41**, 176 (2012).
79) S. S. Ramos, M. D. J. Cubillos, J. V. G. Adelantado, D. J. Y. Marco: *X-Ray Spectrom.*, **35**, 243 (2006).
80) 直原伸二, 亀田修一, 白石 順：蒜山研究所研究報告, **19**, 99 (1993).
81) K. Nakayama, T. Nakamura: *X-Ray Spectrom.*, **37**, 204 (2008).
82) 木村匡志, 中野和彦, 中村利廣：分析化学, **57**, 411 (2008).
83) T. Asahi, S. Kobayashi, K. Nakayama, T. Konya, G. Fujinawa, T. Nakamura: *Anal. Sci.*, **27**, 1217 (2011).
84) 芳川雅子, 中村栄三：地質学論集, **47**, 231 (1997).
85) K. Zong, Y. Liu, C. Gao, Z. Hua, S. Gao: *J. Asian Earth Sci.*, **42**, 704 (2011).
86) B. Onat, U.A. Sahin, T. Akyuz：*Atmos. Pollut. Res.*, **4**, 101 (2013).
87) S.C. Jantz, J.R. Almirall: *Anal. Bioanaly. Chem.*, **400**, 3341 (2011).

[新刊紹介]

Worked Examples in X-Ray Analysis

R. Jenkins, J. L. de Vries

ヨコ 140 mm ×タテ 216 mm, 132 ページ, Springer (2014)

ISBN 978-1489926494

定価：85.59 ユーロ（ペーパーバック，ハードカバー），67.82 ユーロ（eBook）

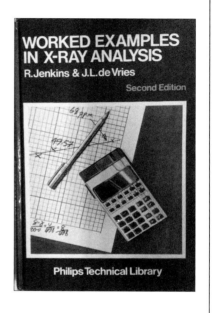

蛍光 X 線分析と X 線回折による定量分析の初心者にとって待望の書が Springer から出版された．この Springer の本はアマゾンのホームページによると 1983 年版の再版のようである．私は 1978 年の 2nd edition（Philips 社が出版したもの）を神田明倫館書店で 3,000 円で購入して持っている（写真）．本文 135 ページ＋問題を解くための波長表がついている．初版は 1970 年．Springer の本はまだ見ていないので，1970, 1978 年版とどのように違うかはわからないが，1978 年版では，一般，分光，回折の 3 つに分類した 49 の問題とその解答が与えられている．例えば回折の問題の例を挙げると，(Q14) 試料からの蛍光の除去，(Q15) スプリアス・ピーク，(Q36) アナターゼとルチルの回折定量など重要な問題が網羅されている．分光では，(Q20) 時間固定か強度固定か，(Q22) 分析時間による検出下限の変化，(Q25) 油中の微量鉛分析，(Q33) α 補正係数，などである．一般では，(Q18) バックグラウンドを無視することによるエラーの評価，(Q40) 不感時間の決定，などがある．どの問題も具体的な測定値（カウント数）などが与えられて，表紙の絵のように自分で電卓で計算してみるような問題が多い．

例えば (Q11) 検出器の選択では，シンチレーションカウンターと比例計数管で同じ波長，同じ強度の回折線を測定すると，シンチレーション計数管ではピークが 1600 cps，バックグラウンドが 40 cps であったのに対して，比例計数管ではピークが 400 cps，バックグラウンドが 4 cps であったとき，(A) どちらのカウンターを選ぶべきか？ (B) 分析時間が合計 148 秒の時，A で選んだカウンターでは，バックグラウンドは何秒計数すべきか？ (C) 分析誤差は何％か？という問題が出ている．X 線分析の専門家でも即答は難しいが，実際の分析ではこういう選択を迫られることはよくある．(B) の正解はピーク 128 秒，バックグラウンド 20 秒である（シンチレーションカウンターを選択）．

［京都大学大学院工学研究科 材料工学専攻　河合 潤］

解 説

尾形光琳作 国宝《紅白梅図屏風》の蛍光X線分析による解析の問題点と制作技法の解明

野口　康

Review on the X-Ray Fluorescence Analysis on the Figure of "Red and White Plum Blossoms" Screens, a National Treasure, by Korin OGATA

Yasushi NOGUCHI

4th Master of the Studio of the Gold Leaf
546 Motomyorenjicho, Kamigyo-ku, Kyoto 602-8443, Japan

(Received 27 December 2014, Revised 4 February 2015, Accepted 4 February 2015)

　　"Red and White Plum Blossoms" Screens, a national treasure, painted by Korin OGATA ca. 300 years ago, has recently been analyzed using X-ray fluorescence by Yasuhiro Hayakawa (National Research Institute for Cultural Properties, Tokyo) and by Izumi Nakai (Tokyo University of Science). Gold powder hypothesis was proposed by Hayakawa but Gold leaf hypothesis was proposed by Nakai for gold parts. For the central river part, Hayakawa could not find silver but Nakai found silver and concluded it to be silver. Although how-to-draw-the-river-of-the-center mystery is said to be solved, the two conclusions whether Ag was detected or not, are completely different. In this paper, I explain the two hypotheses in detail, and propose a third hypothesis based on various experiments as a craftsman treating gold leaf, 4th Master of the Studio of the Gold Leaf in Kyoto for 130 years. The gold part is gold leaf and river is sumi.

[Key words] Korin OGATA, "Red and White Plum Blossoms" Screens, Gold foil, Gold powder, Silver sulfide

　　尾形光琳作の国宝《紅白梅図屏風》(紅白梅図)は東京文化財研究所(東文研)の早川泰弘氏，東京理科大学の中井泉教授によって独立に蛍光X線などによる分析がなされ，その制作技法が解析されている．金地について，東文研は金泥説，東京理科大は金箔説である．水流は東文研は銀が検出されないと言うのみでその技法については言及していない．東京理科大は水流から銀を検出し銀箔(硫化銀)であるとしている．東京理科大学の結論をもとに復元紅白梅図が絵師 森山知己氏によって制作された．中井・森山両氏による復元紅白梅図は，300年前の制作当時を復元したと言われている．しかし光琳の本作とは別物のような印象を受ける．東文研と東京理科大の説を詳細に解説し，筆者野口自身による様々な実験を通して，中井・森山復元紅白梅図は本作の重要な多くの要素の復元を放棄したもので，今後300年を経ても現在の紅白梅図にはなり得ないであろうことを，本稿で指摘し，水流部分は硫化銀ではなく，あたかも銀箔が存在するような技法による墨による染め，金地部分は金泥ではなく室町，江戸時代特有の金箔からなることを結論した．なお，筆者は，

箔屋野口4代目当主　京都市上京区元妙蓮寺町546　〒602-8443

京都西陣織の帯に織り込まれる平金糸を作る職人である.

[キーワード] 尾形光琳, 紅白梅図屏風, 金箔, 金泥, 硫化銀

1. はじめに

尾形光琳作の国宝《紅白梅図屏風》(以下, 光琳の紅白梅図, 図1)[1] の中央を占める水流部分の描き方については明治以来, 硫化銀箔説をはじめ諸説があり謎とされてきた. その謎を解明するため科学調査を依頼された東京文化財研究所(以下, 東文研)早川泰弘氏は, 2004年にその調査結果を発表した. それによれば, 蛍光X線分析により, 水流部分に銀箔は存在せず, 金地部分についても金箔かどうか再考の余地があるという衝撃的なものであった. 第二次調査の依頼を受けた東京理科大 中井泉教授は2010年と2011年の2度にわたり解析結果を発表した. 結果は東文研の解析結果を全否定し, 水流部分は銀箔の硫化によるものであり, 金地は金箔であると断定するものであった. 中井説に基づいて絵師森山知己氏[2] によって制作された復元紅白梅図は, 光琳の紅白梅図本作とは全く異なる印象を受ける. 東文研の説については, 既に筆者野口が問題点を公表している[3]. 本稿では過去の諸説を含め, 両者の解析結果を検証し, 筆者による水流, 金地の独自技法を提示する. なお, 東文研の解析結果は詳細な情報が出版されているが, 東京理科大の実験データは金地部分についての報告[4] があるのみで, 水流部分に関しては簡単なものしか発表されていない[5].

2. 東文研の解析結果(2005年[6])

水 流

東文研による紅白梅図のX線透過画像の金地部分には金箔の重なり部分(箔足)が写っているが, 中央の水流部分には箔足はいっさい写っていない. 写っているのは屏風の桟と紙継ぎの線である. これは水流の部分からは金, 銀, 銅などの金属元素も, 無機顔料に由来する元素も検出されないという早川の蛍光X線分析の結果

図1 MOA美術館所蔵, 尾形光琳作, 国宝, 紅白梅図屏風. (MOA美術館の許諾を得て掲載)

と整合している．銀黒色を呈している数箇所から少量の銀 Ag（0.2 cps～3.5 cps）が検出されたが，いずれも数センチ程度の範囲内で，それ以外の部分で Au, Ag, Cu は一切検出せず，即ち水流部分に金箔，銀箔は存在しないとした．東文研による透過 X 線調査と蛍光 X 線分析により，明治時代から水流の中を躍動する「光琳波」と言われる黄色（茶色，金色などと言われる）の波は，銀箔の硫化の度合の差により表現されているとする「水流硫化銀説」は，その根拠を失うこととなった．

なお，東文研は通常使われる 0.4 μm 厚の銀箔（銀 99.9% 以上）を用いて箔足を作り透過・蛍光 X 線を測定した．X 線透過画像では銀箔の箔足をはっきり認識することができ，蛍光 X 線分析では箔地部分の銀検出量に比べ，箔足部では箔が二重になっているため，その 2 倍，箔足の重なり部分では約 4 倍の検出量が得られている．

この結果に基づき，2004 年当時は紙型を使った染めによる水流の復元が試みられた．

金　地

早川は基準とした現代の金箔について「参考までに，現在入手できる最も薄い 0.1 μm 厚の金箔（箔一製，本金箔伍（五）毛色，Au 98.9%, Ag 0.5%, Cu 0.6%）1 枚および 2 枚に対して，（蛍光 X 線分析で）紅白梅図屏風を測定したときと同じ条件で測定したときの結果」として，金箔 1 枚で Au 7.5 cps，2 枚で 18 cps 程度が得られ，厚みに対してほぼ比例的に Au 強度 cps が増大していくこを確認している．そのうえで紅白梅図では，現代の金箔に比べ，Au 強度が弱いこと，箔足とその他の部分で Au 強度が比例する部分と，しない部分があることから，検出量の多少に有意性が認められないとし，これまで誰も疑うことなく金箔とされてきた金地について，再考の余地があると結論づけた[7]．この結果に基づき，2004 年当時は金箔を金泥で描くという復元が試みられた．東文研が検証に使用した機器は，次の通りである．装置：セイコーインスツルメンツ（株）SEA200，X 線管球：Rh（ロジウム），管電圧・管電流：50 kV・100 μA，X 線照射径：2 mmφ，測定時間：1 ポイント 100 秒，装置先端から資料までの距離：約 10 mm．

3.　東京理科大の解析結果

3.1　2010 年 2 月 14 日発表[8]

紅白梅図の制作技法に関する二次調査の解析結果が MOA 美術館で中井教授により報告された．以下に簡単にまとめる．なお使用した機器は次のように記されている：デジタル顕微鏡 KEYENCE VHX-200（25 倍～1000 倍率の性能），ポータブル蛍光 X 線分析装置 OURSTEX 100FA-V（同種の可搬型装置としては世界最高感度），ポータブル粉末 X 線回折計 X-tec PT-APXR．

水　流

水流部分について「流水部は白梅図の銀色 3 点・茶色 2 点・黒色 4 点について，蛍光 X 線分析を実施した．その結果，金の検出はなく，3 箇所の流水部の全てに僅かながら銀を検出した．つまり流水部全体に銀が存在している．さらに黒色箇所は，茶色箇所よりも銀の蛍光 X 線強度が大きい」[9]と報告された．

金　地

金地部分については，デジタル顕微鏡，蛍光 X 線分析，粉末 X 線回折などによる検証の結果，金箔であることを示すとしている．

3.2 2011年12月16日発表[10]

2010年の調査結果をもとに再度調査が行われ，その結果が発表された．東京理科大の調査結果を要約すると以下のとおりである．

水 流

・2010年までの調査では水流部分一面に銀が存在することが確認されたが，今回はさらに白い部分[11]で銀が銀箔の状態で残っていることが粉末X線回折法から明らかになった．

・黒い箇所は，硫化銀（Ag_2S：鉱物名針銀鉱）であることが粉末X線回折から確定できた．

・銀の定量分析から，用いられた銀箔の厚みを推定したところ，黒の部分で0.2 μm，銀白色の部分で多いところは0.4〜0.8 μm 相当残存していた（参照試料として用いた金沢の現代の銀箔の厚みは0.248 μmである）．

・黒い格子模様は，銀箔の重なった箔足であることが明らかになった．

・川の部分全面から硫黄も検出され，硫化されていない茶色の水流にも硫黄があること，川の部分全面に黒色粒子が確認された．黒色粒子の硫黄はマスキング剤（ドーサ[12]）に由来し，黒色粒子は長い年月の間に明礬の硫黄分と反応してできた硫化銀である可能性が推定される．したがって，現在茶色の水流は，もとは銀色で長い年月とともに，黒色粒子が析出し，銀の酸化もあわさって茶色になったものと考えられる．と，報告されている．なお，0.248 μmの銀箔は，筆者野口は知らない特別に薄い銀箔である．

この結果に基づき，2011年の中井・森山復元では，水流部分は銀箔の硫化により制作された．

金 地

・今回の調査により，金地は金箔であることが確定，用いられていた金箔の厚みが0.12 μm程度（0.1 μmは1万分の1 mm）であることがわかった．参照試料として用いた金沢の現代の金箔の厚みは，0.188 μmである．なお，これらの分析には2010年と同じ機器が使用された．

この結果に基づいた2011年の中井・森山復元では，金地は現代の金箔を使っている．

4. 水流についての過去の推定

(1) 明治36年，田島志一は自ら刊行した「光琳派画集」[13]において「注意すべきは水流に於ける描法なり，其地は銀箔を押したる上に直ちに明礬を多量に混じたる膠水（こうすい）を以て水紋を描き，然る後硫黄を以て他の部分を酸化して鑞色（さびいろ）を呈せしめ」と硫黄による燻蒸説を披瀝している．

(2) 昭和8年，東京美術学校（現，東京芸術大学）の元校長であった正木直彦は，「水流は地に銀箔を置き，渦文を麩糊，膠，或いは礬水（どうさ）の如き類を以て描き，後硫黄によって地の銀を燻したものかと想像せられるが」と硫黄燻蒸を想定し，制作当初は銀色と黒であった可能性に言及したうえで，「但し今日では渦紋の部分は何等銀色を認めず，黄褐色を呈し，極小部分には銀泥かと思はるる輝きをもつものが残存してゐるやうに見える」と述べている[14]．

(3) 昭和31年，後に京都国立博物館の館長となる松下隆章は，「しかも墨で色付けした地の部分にも銀らしい底光りのする地色はみとめられず，更に金箔地の部分とこの流れの部分は同じ高さの平面でなく，指先で触れてみると流れの部分はわずかながら低くなっている．つまり紅白梅の画かれた金箔地の部分は箔の厚さだけ

流れの部分より高くなっているわけである．以上の諸点からみて流れの部分には銀箔は押してないようである．」として，銀箔を使わない型紙説を想定した．
(4) 昭和47年，中村溪男は光琳波は肉筆であると判断し，銀箔の硫化を実際に試みている．「火をともせば，硫黄はくさい亜硫酸ガスの煙をたてて燃えだした．すると煙は上にものぼるが，下の銀箔地の上にもはい，見る見るうちに茶褐色から焼けた黒色に変化した．しかしさきの礬水をほどこした部分だけは銀色燦然として残り，「紅白梅図屏風」中央の光琳波さながら，美しい流れが湧現した．」と記している[16]．

以上のように，過去の推定では硫化説が主流であった．

正徳2年（1712年）に出版された「和漢三才図会」には，銀箔の硫化について次のように記されている．「銀鉑は白色を以つて金に亜ぐ，緒器を飾るべし．数十年を経れば，黒に変ず．唐鉑贋金薄なり．銀薄（一両）松脂（七銭）硫黄（三銭）を用ゐて，これを薫じて金色に変ず．薫陸（少し許り）を加ふれば青色を帯ぶ．」と銀箔を硫黄の煙で燻べて硫化させる技法が記されている．銀箔が硫黄の燻蒸により硫化し，金属光沢を伴う黄色（金色），赤（赤貝），青（玉虫箔），紫などに変化することは光琳の生きた時代には既に知られていたのである．この燻蒸技法は，箔産地の金沢や筆者のような西陣の箔屋には今なお継承されている．

5. 東文研の金地分析結果に対する筆者の見解

下出積與は「加賀金沢の金箔」[17]において，金箔の組成と厚みの関係は「もっとも普通に作られる金合金は純金四号色で，伸びもよく製品の用途も広い．純金五毛～三号は伸びも悪く，製品も厚手のものとなり高価につく．したがって用途も，化粧廻しや緞帳などの特殊なものや上質の美術工芸品に向けられ，別途注文に応じて作られる」と記している．金箔の種類と合金率の関係を表1に示した．金箔は金の含有率が高くなると金合金は柔らかくなり，箔打機で打ち続けると箔打ち紙（雁皮紙）と金箔が離れにくく，打上がり箔の破れ率が増加する．商品としては，傷の無い正方形の金箔が上等とされるため，職人の技術力にもよるが，概ね早めの打ち止めとなり，金の含有比率が高くなるに従い，より分厚い金箔になる．箔押し職人などは箔押しの際，金箔に傷穴などがないか金箔を明かりにかざして透過光で確認するので，号数と厚みの関係も自ずと知ることになる．東文研は金箔のなかでは金の含有比率が最も高く，最も分厚い箔である五毛色（表1）を最も薄いと誤認し，これを基準に紅白梅図の金地と比較したために，金箔であることを疑う結果になったと思われる．

なお，現在の金箔は20世紀初頭に開発された動力による箔打ち機で制作されたもので，五毛金箔は下出積與の記述通り最も分厚いが，後

表1 金箔の種類と合金の組成（石川県箔商工業協同組合で規定した合金の割合）

	純金五毛色	純金一号色	純金二号色	純金三号色	純金四号色	三歩色	定色
金	98.912%	97.666%	96.721%	95.795%	94.438%	75.534%	58.824%
銀	0.495%	1.357%	2.602%	3.535%	4.901%	24.466%	41.176%
銅	0.593%	0.977%	0.677%	0.670%	0.661%		

述するように江戸時代の人の力による手打ちの金箔は，箔作りの考え方や制作方法が現在とは異なり，この限りではない．

6. 水流における銀箔の使用についての東京理科大の分析結果に対する筆者の見解

前出の通り，2010年には全体に極微量の銀があるが，箔足にあたる一番黒く見える部分の方がより多く残っていると認められたとした．しかし，2011年の発表の際には水流の黒い部分は全て銀箔の硫化で出来ていると変更されている[5]．なお，計測箇所は15点から25点に増やされ，またX線強度の単位は当初cps/mAであったものを，2011年には銀箔の厚さを計算したとしてμmに変更されている．

東京理科大は，流水部については川全体に銀箔が用いられており，黒色部は，硫黄の粉を用いて銀と硫黄を黒化させ，硫化銀をつくり表現していると結論付けている．また具体的な方法として，硫黄の粉を撒く前に，銀色に残したい部分，「光琳波」には礬砂（どうさ）液を銀箔の上に塗布しておき，その上から川全体に硫黄の粉を撒く．即ち，礬砂液が銀箔をマスキングし，マスキングされた部分は硫化銀が生成しないため銀色のまま残る，という方法を取ったのではないかと考察している．

木下修一氏らの「銀箔の発色に見られる興味深い現象」[17]という研究によれば，銀箔が硫化することで金色（中金・赤貝箔ともいう）や青色（玉虫箔ともいう）に変化することは，銀箔表面の20〜30 nm程度の硫化物層を通過した光が，その下の硫化されない銀に反射して起こる薄膜干渉現象で，金属光沢をもつ金色や青い色の変化は硫化銀膜の厚さの違いによるもので

あり，中金箔と言われる金色は約20 nm，玉虫箔などと言われる青い硫化銀箔は約30 nmの硫化銀層を持つ．即ち，光琳波の金色（黄色）部分がもし銀箔の硫化によるものであれば中心部に純銀層をもっていると言える．中井らによって計測された0.248 μmの厚みの銀箔が黄色（茶色）であるということは，約20 nmの硫化層が表面に存在し，その下には0.228 μmの純銀層が存在していることとなる．筆者は漆で箔押しした硫化銀箔が汚れた場合，濡れた布などで拭くことがあるが，その際，硫化銀膜が擦れ落ち，色が薄くなって慌てた経験をもつ．

2011年発表では「白い部分で銀が銀箔の状態で残っていることが粉末X線回折法から明らかになった」と，銀箔が存在するのは白い部分と限定されているが，本作の水流の黒が，もし0.248 μmの厚みの硫化銀箔であるならば，箔足部分はその倍の厚みの銀とそれに相当する硫黄，箔足の交差部分は更に多量の銀が，水流部分の全体にわたり存在しなければならない．

東文研では，国宝などへのX線照射による影響が零とは証明できないことから，照射X線強度，照射時間を必要最小限にするため，極微量元素などの追求を試みないことは周知のこととは言え，水流全体から数ヵ所を除き銀を全く検出していない．中井が述べているような状態で銀箔が存在しているのであれば，東文研が，これほどの量の銀を検出し得ないことは，あり得ないと思われる．

中井によれば，本作の水流の現在最も黒く見える格子模様の部分は2枚の銀箔が重なった箔足であるとしているが，黒く見えるのは純銀層を残さないほどの深さまで銀の硫化が進行していることを意味しているのか，あるいは上部の1枚が硫化しているのかには触れず，銀箔が2

枚重なった箔足部分だけの硫化が他の部分より なぜ進行したのかも説明されていない.

更に本作の水流全体は光琳波の黄色,箔足の最も黒い黒,それ以外の箔足より薄い黒の部分の概ね3色である.東京理科大の解析結果を基に制作された復元は,光琳波の銀色とそれ以外の部分の黒色の現在2色である.その現在銀色の光琳波が300年経て黒色粒子と酸化により黄色(茶色)に変化した状態で安定し,銀箔が2枚重なった箔足は,光琳波を貫く部分も含め,銀箔1枚の部分より更に硫化が進行し最も黒くなり3色になっていくと言うのであろうか,その科学的根拠が示されていない.

金地について

金地は金箔であるとした中井解析は,肯定できるが,後述するように当時の金箔の重要な特徴が,見過ごされている.

7. 筆者による復元制作

水 流

東文研解析により水流に銀箔は存在しないとする結果に基づいて,2004年の復元では型染めが採用されたが,筆者は光琳波は肉筆であることを条件とし,東文研解析を満足させる技法を提示する.和紙に墨で書かれた文字などは,乾けば水に浸けても滲まない.この墨の特性を活かし,写真技術のフォトグラムの考え方を応用することとする.筆者野口が写真技術を学んだ経験から写真用語を流用して説明を試みる.フォトグラムとは印画紙の上に物体,この場合,銀箔を置いて露光(すなわち墨を塗ること)した後,銀箔を取り除き,印画紙を現像液(すなわち温水)にいれると,銀箔以外の光のあたった部分は黒くなるという写真技法に似た方法である.復元方法を順に解説する.

図2 台紙に銀箔を一枚ずつ隙間を空けて水性糊で貼る.

図3 全面に墨(墨汁は不可)を塗る.この作業は,フォトグラムでは露光にあたる.

図4 温水に浸すと糊が膨潤し銀箔は剥離する.フォトグラムでは現像にあたる.光琳本作は紙継ぎがなされているため水中には入れず,板の上に置いて濡らした布,和紙などを当てがい,糊を膨潤させ,銀箔を取り除いたと思われる.

図5 銀箔が剥がれ墨が残った箇所が箔足のように見える.剥離した銀箔は,全て回収できる.

図6 光琳波を防染糊としての濃い膠液で筆描する.なお,東文研画像の光琳波には,起筆,送筆時の筆の穂先の割れやかすれた墨線が何カ所にも見られることから,肉筆であることは明白である.膠液で筆描した光琳波が乾燥した後,再び全面に墨を塗り,その後,再度温水に浸す.

図7 防染膠が膨潤し,墨と共に水中に溶解.白い水流(台紙の色)が現れる.箔足に当たる部分は結果的に墨を2度引いたことになるので,さらに黒色が濃くなる.

図8 水流部分に黄色透明染料のクチナシを煮だした溶液を塗る.東文研は,水流部分は「川の黒色地,金色水流文様,銀色部分全てが有機染料によって構成されている」可能性を示しているので,それに従い,全面にクチナシ溶液を塗布したので,光琳波は黄色となり,他の墨色部分も,やや黄味を帯びる.

金 地

箔打ちを終えた「打ち上がり金箔」は図9に示すように,正方形の各辺が膨れ上がった形に

図2 台紙に防染の型としての銀箔を一枚いちまい隙間をとり,水性糊で貼る.

図3 全面に墨を塗る

図4 温水に浸すと水性糊は膨潤し,銀箔は剥がれる.所々に数ミリ角程度の銀箔片が剥がれずに残る.中井第1次報告で水流全体に僅かながら検出したとされる銀は,更に微細な残留銀と思われる.型としての役割を終えた銀箔は,すべて回収できる.

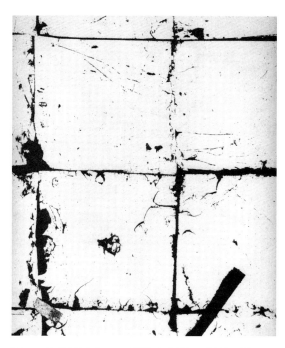

図5 防染型としての銀箔と銀箔の隙間が墨による黒い箔足となり,銀箔の傷穴,破れなど細部に至るまで,フォトグラムのように台紙に残される.

図6 墨の箔足の上に光琳波を膠液で描き，更に全面に二度目の墨を塗り，乾燥後，温水に浸す．

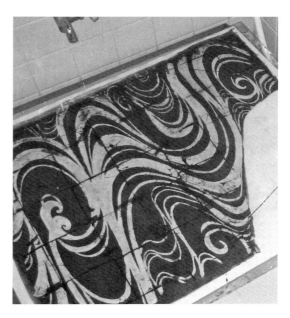

図7 膠の光琳波は墨とともに溶解し，白い光琳波が現れる．

図8 水流全面にクチナシの煮だし液を塗る．金地部分にも下塗りとして塗ると金箔の傷などが目立たなくなる．野口試作．

なる．透過光で見ると（図10），1万分の数ミリと言われる金箔の厚みは，均一でないことが分かる．箔の中心部から上下の編み目は，箔打ちに使われる雁皮紙の跡である．中心から対角線状に広がる放射状の脈は金箔が箔打ちにより拡大した様子を伺わせる．このように一枚の金箔には，肉眼では見え難い無数の傷穴，雁皮紙の痕跡，放射状脈など各部分で厚みに変化があり，箔を扱う職人は，箔打ち師の個性まで，これで見極める．なお，網目状の厚みの変化は，雁皮紙の紙漉の時に使われる麻の紗の痕跡である．この打ちあがり金箔の四辺を，平行に調節された竹刀（ちくとう）で切り落とし（図11），傷の無い正方形の金箔を得る．切り落とされた部分は，切り抜かれた正方形と同程度の面積がある．

ところが，人の手で打たれた江戸時代の金箔は，打ち終えてからの作業が全く違ってい

図9 打ち上がり金箔.

図10 打ち上がり金箔を透過光で見る．本金三号縁付け箔．

図11 打ち上がり金箔から正方形を切り抜く．

た（1995年 筆者野口発表）．当時の打ち上がり金箔は，目的の金箔と同程度の大きさとし，それを切り分け，できた金箔片をパッチワークのように組み合わせて正方形にしていたのである（図12）．正方形の中を垂直に走る線AB（図13）とそれに接触する左上の線，下側の黒い部分は，打ち上がった金箔を切り分け重ね合わせて生まれる部分で，金箔が二重になっている．そのため他の部分より光は通りにくい．小さな正方形は打上がり箔の傷穴を塞ぐ金箔片である．白い線は箔の破れである．箔と箔の接着は，上に薄紙をおき指で撫でるだけでよい．加熱も再度の箔打ちによる打撃も必要ない．これは極薄い金が持つ物理特性で，銀箔でも試みたが接着しない．

このように打ち上がった金箔を切り分けてパッチワークの要領で再構成することを筆者は「継ぎ重ね」と名付け，正面光線で箔足と同じ輝きをすることから筆者は「継ぎ重ね輝線」と名付けた．継ぎ重ね輝線は幾何学的な合理性と金箔の持つ物理的特性を活かした作業の結果である．なお，継ぎ重ねには，数種類の基本形が認められる．また箔足と継ぎ重ね部分の厚みは，理論上は同じになる．

このように当時の金箔は，ほぼ全て継ぎ重ね金箔で，紅白梅図も例外ではない．

筆者は「民族芸術」[3]に記したが，尾形光琳筆《燕子花図屏風》では「継ぎ重ね跡は，明らかに垂直方向に統一されている．左隻と右隻あわせて1000枚以上の金箔の継ぎ重ね部分A，Bが水平の箔は1枚もない．すべての継ぎ重ね輝線は垂直に上昇しつつ左右に揺らぎ，水面から湧き上がるような初夏の空気を感じさせている．1000枚以上の箔の継ぎ重ね方向を，1枚も間違えず箔押しすることは，箔職人にとっては

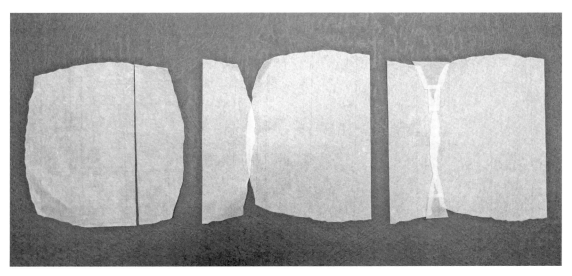

図 12 継ぎ重ねの一例.

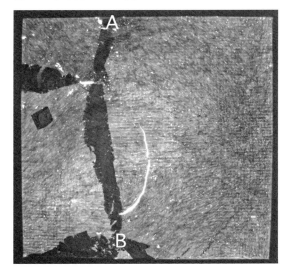

図 13 継ぎ重ね金箔を透過光で見る．継ぎ重ね部分と箔足は，蛍光 X 線分析ではほぼ同じ cps 強度となる．野口試作．

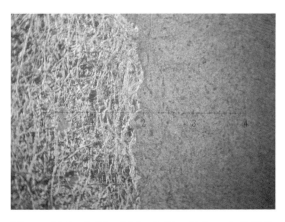

図 14 （左）金箔，（右）金泥．スケールの単位は mm．金泥は金箔をすり潰したもので，極微細な鱗片状の金箔である．野口箔押し．

大変な作業であるが，それを成し得たのは，光琳が継ぎ重ね輝線を重要な表現手段として認識し，指示していたことに他ならない．現代の金箔は，このような秩序ある複雑さを持たず趣が出ない．紅白梅図においても，継ぎ重ね輝線は，梅の枝を彷彿とさせる表現の一環であった．

20 世紀になり箔打ちが人力から解放されると，継ぎ重ねは一挙に忘れ去られた．東文研解析により，金の検出量が少ない事実から想定された金泥による復元金地は，箔足と継ぎ重ねらしい形が描かれたが，金箔の継ぎ重ね，破れ，雁皮紙の跡など，謂わば幾何的，物理的な「解」を認識せず適当に描いたものであった．また，金箔と同面積を金泥で描くと，金箔の 5〜10 倍

程度の質量の金が必要となる．東京理科大は機器による解析結果で，紅白梅図の金地は金箔と判断したが，継ぎ重ねについての言及は無い．なお，箔の職人は金箔と金泥（図14）を，分析機器に頼るまでもなく，光の当たる角度，または見る角度を変えると，明るさが変わるのが金箔，どの角度から見ても，ほぼ一定の柔らかい見え方をするのが金泥であろうと判断している．金泥を磨いたものでも職人なら見分けることができる．金碧画には，金箔の上にさらに金泥を塗ったと思われるものもある．

その他のさまざまな特徴

・栞のあと（図15）

　水流には，光琳波とは全く異質の細い紙切れのようなもの，また，それが折れ曲がったような影がいくつも散見できる．これは箔を数えやすくするため挟まれている栞（図16）を水流を制作する際に貼った銀箔の下などに職人が落としてしまったものであろう．接着した銀箔が乾いてから，綿で浮いている銀箔を撫でて落とすと栞も剥がれるが，そこに墨を塗ると栞の形が現れ，このようになったと思われる．

・「臍」（図17）

　「臍」（へそ）などと言われる部分が左隻の右下方にある．これは水流を女体ととらえたものと言われ，箔打ちで生まれる形ではない．破れより小さい箔片を中に置くなど，箔押し職人か光琳が楽しんで残したものではないかと想像する．中井・森山復元では，栞，臍などが300年後に現れる根拠が示されていない．

　筆者の水流部分の復元制作では，防染型とし

図15　栞のような痕跡，野口試作．

図16　数えやすいよう，金箔に10枚ごとに挟まれている栞．「へだて」とも呼ばれる．

図17　臍，野口試作

ての銀箔の隙間の部分，すなわち黒い箔足となる部分から，2010年，第1回目の中井報告では，微量の銀が検出されている．これは東文研では検出に至らなかった程の極微量の銀であると思われるが，その原因は職人の所作に起因する．銀箔などを貼り（図2），乾燥後に接着せず表面に残る銀箔，銀粉を除去するため真綿で表面を擦るように拭う．この時，銀粉が箔足にあたる紙の繊維にのめり込む．更に上から墨液を刷毛で塗る時に，再び微量の銀粉がこの部分にのめり込む．次の工程では水で湿らせ銀箔を遊離させるが，銀箔は下の膠が膨潤すると面として容易に遊離する．一方，箔足部分の紙の繊維にのめり込んだ銀粉は，容易に遊離できず残留する．その結果，墨液で黒くなった箔足状の部分の残留銀が他の部分よりやや多く検出されたと理解した．前述の通り，翌年の再解析で，この部分は銀箔2枚の箔足と変更された．

8. まとめ

以上のように，筆者は実際に復元作業を試みた結果，結論は，一言で言えば，水流は墨による染めである．紅白梅図は幾度か修復されていると伝えられ，また戦時中の空襲で水を被ったにもかかわらず，光琳波に膨潤による剥離の跡が見られないのは，水流全面に銀箔が存在しないからである．金地は当時の「継ぎ重ね」による金箔が押されている．筆者の復元は，金地・水流とも東文研のX線分析結果とは矛盾しない．

紅白梅図屏風制作当時，金箔の箔押しは工房の職人の仕事であった．紅白梅図の金地，水流の銀箔に思いをはせると，一枚また一枚と箔を押す職人の静かな息遣いが伝わってくる．引かれた膠が紙の繊維に染み込む前に箔は既に置かれ，吸い込まれるように台紙と一体となる．洗練された動作に無駄はなく合理的である．ところが，栞を落としていたり，箔の破れを楽しんでいるとも見受けられる．完璧とは対極の非合理である．光琳は，この両極を見事に昇華させているといえる．描かれた光琳の紅梅と白梅は何かを語り合い，金地と水流の箔足は響き合う．そして穏やかな時の流れを伝えてくれるのである．

謝 辞

貴重なコメントを頂いた査読者に感謝します．文献[4]の存在や，解釈のあいまいな点をご指摘いただきましたが，なかでも，銀箔が江戸時代高価だったので剥がすことは不合理であるとするコメントや（銀箔は再利用可能だと回答したいと思います），複数の技法を併用した可能性，過去の修復における様々な材料での補彩などが部分的に行われている可能性の指摘は重要だと思います．更に，赤貝，玉虫箔などと呼ばれる銀箔の発色について教示いただいた木下修一氏に感謝申し上げます．

参考文献

1) MOA美術館，東京文化財研究所："国宝紅白梅図屏風"，(2005)，(中央公論美術出版)．
2) 森山知己：尾形光琳国宝「紅白梅図」描法再現の記録，http://plus.harenet.ne.jp/~tomoki/newcon/news/2012/012401/ (2015年1月21日最終確認)．
3) 野口 康：金碧障壁画の金箔の研究，尾形光琳「紅白梅図屏風」の金地と水流部分について，民族芸術，第23号(4月号), (2007), (醍醐書房)．野口 康：尾形光琳筆「紅白梅図屏風」の「金地」を巡って，美術フォーラム21，第13号, (2006), (醍醐書房)．野口 康：尾形光琳筆「紅白梅図屏風」の流水部分を再現する，美術フォーラム21, 第14号, (2006),

（醍醐書房）．

4) 阿部善也，権代紘志，竹内翔吾，白瀧絢子，内田篤呉，中井 泉：可搬型 X 線分析装置を用いる「国宝紅白梅図屏風」の金地製法解明，分析化学，**60** (6), 477-487（2011）．

5) 中井 泉，内田篤呉：「紅白梅図屏風」の科学的調査による新知見，http://www.rs.tus.ac.jp/management/exam/opencampus/pdf/mshp_oc_201211_profnakaiposter.pdf（2015 年 1 月 21 日最終確認）．

6) 東文研：尾形光琳筆紅白梅図屏風の蛍光 X 線分析．http://www.tobunken.go.jp/~ccr/pdf/44/04401.pdf（2015 年 1 月 21 日最終確認）．

7) 1), p.176.

8) 「鹿島美術研究」，年報第 27 号別冊，2010 年 11 月 15 日発行，(2010)，（鹿島美術財団）．

9) 8), p.38.

10) 中井 泉，阿部善也，権代紘志，白瀧絢子，内田篤呉：平成 23（2011）年 12 月 16 日 MOA 美術館において開催された研究会の概要（発表者である東京理科大学理学部中井泉教授の配布資料からの抜粋），MOA 美術館ホームページ，2011 年 12 月 23 日ダウンロード，現在は該当頁なし．

11) この「白い部分」はどの箇所を指し示しているかは不明．

12) ドーサ（礬水・礬砂・どうさ）は，膠液に少量の明礬（みょうばん）を溶かしたもので，和紙に浸み込んだ膠の耐水性を高め，墨の滲み量を調節する．

13) 田島志一：光琳派画集，明治 36 年（1903），（審美書院）．

14) 正木直彦：美術研究，昭和 8 年（1933）．

15) 松下隆章：光琳の波，MUSEUM，58 号，昭和 31 年（1956）．

16) 中村渓男：琳派の技法について，MUSEUM，261 号，昭和 47 年（1972）．

17) 下出積與："加賀金沢の金箔", p.49，昭和 51 年（1976），（北国出版社）．

18) 木下修一，江畑 芳，吉岡真也：「銀箔の発色に見られる興味深い現象」，第 37 回光学シンポジウム，2012 年 6 月 15 日．

解説

超伝導直列接合検出器の開発

倉門雅彦[#], 谷口一雄

Superconducting Series-Junction Detectors

Masahiko KURAKADO[#] and Kazuo TANIGUCHI

Techno X Co., Ltd.
5-18-20, Higashinakajima, HigashiYodogawa-ku, Osaka 533-0033, Japan
[#]Corresponding author: kurakado@techno-x.co.jp

(Received 8 January 2015, Revised 18 January 2015, Accepted 24 January 2015)

　　For many practical applications of X-ray analysis, not only a high energy resolution but also high detection efficiencies and high count rates are important. We are developing high resolution superconducting series-junction detectors that can have high detection efficiency and capability of high count rate. In this paper, the principles and characteristics of the detectors are introduced.

[Key words] Superconducting series-junction detector, Superconducting tunnel junction, X-ray detector, High resolution, EDX

　X線を利用した分析技術ではSiやGeを用いた半導体検出器が広く用いられているが，そのエネルギー分解能は十分ではない．しかも実際に得られているエネルギー分解能は既にそれらの材料でのエネルギー分解能の理論限界に近いため，更なる大幅な改善の余地は小さい．最近では，超伝導遷移端センサー（TES）などのマイクロカロリメーターでは半導体検出器の10倍以上も優れたエネルギー分解能が実現されている．しかしながら，検出効率や計数率は半導体検出器よりはるかに劣っており，実用性に関しては問題も多い．我々は検出効率と計数率も優れた高分解能検出器を目指して超伝導直列接合検出器の研究開発を行なってきており，半導体検出器より優れたエネルギー分解能も得られている．本解説では超伝導トンネル接合検出器の原理も含めて超伝導直列接合検出器の開発について紹介する．

[キーワード] 超伝導直列接合検出器，超伝導トンネル接合，X線検出器，高分解能，エネルギー分散型X線分光法

1. はじめに

　蛍光X線分析装置などの特性X線を利用して試料の構成元素を調べる分析手法ではエネルギー分解能の優れた半導体検出器が広く用いられている．しかしながら，半導体検出器でもエネルギー分解能が充分ではなく，エネルギーの近い特性X線を識別できないことが頻繁に生じる．優れたエネルギー分解能が必要なのは，それによって特性X線のエネルギーが近い元素を

識別することが可能になるためである．そのほかにも高エネルギー分解能での計測が可能な検出器を用いれば検出下限の改善なども期待できる．

例えば，X線管からの一次X線を試料に照射あるいは電子線を試料に照射すると，試料に含有される元素の特性X線が観測される．特性X線は元素に固有のエネルギーを持っているため元素の種類を同定する定性分析ができ，また，その強度から元素の含有量を測定する定量分析ができる．元素を同定する定性分析のためにはエネルギー分解能が重要であるが，一方，定量分析のためには対象元素の特性X線の信号数を十分多くして統計精度を上げるために検出効率と計数率が高いことが重要である．エネルギー分解能が高いことは必ずしも定量分析の精度が高いことを意味しないことに注意が必要である．分析への応用においては，多くの場合，エネルギー分解能，検出効率および計数率の全てにおいて優れていることがX線検出器に求められる．

2. 超伝導体を用いた放射線検出器でのエネルギー高分解能の可能性

2.1 半導体での ε 値

放射線によって半導体中で電子を1個励起するのに必要な平均のエネルギーを ε とするとエネルギーが E の X 線で励起される電子の数 N の平均値 $<N>$ は E/ε，N の統計的変動 $\varDelta N$ は $\pm(FE/\varepsilon)^{1/2}$ 程度となる．ここで，F はファノファクターであり，$0 \leq F \leq 1$．エネルギー分解能を eV の単位で表す場合の統計的揺らぎによる分解能の限界は $E(\varDelta N/<N>)$ となり，波高スペクトルでのピークの半値幅（full width at half maximum, FWHM）は $2.35(E\varepsilon F)^{1/2}$ となる．ε

と F が小さいほど半値幅が小さくなり，エネルギー分解能が良くなり得る．

半導体にはエネルギーギャップがあり，例えば Si の場合にはその大きさ E_g は 1 eV 程度であることは良く知られている．従来の金属超伝導体にもエネルギーギャップがあり，その大きさ $E_g (= 2\Delta)$ は 1 meV 程度である．金属超伝導体では2つの電子の間にフォノンを介して引力が働いて超伝導電子対（クーパー対）が形成される．この場合のエネルギーギャップの大きさは超伝導電子対の結合エネルギーに相当する．2Δ は超伝導電子対を1個壊して2つの電子をエネルギーギャップの上に励起するのに必要な最小エネルギーである．なお，電子1個あたりのエネルギー Δ がエネルギーギャップの大きさと呼ばれることもある．2Δ の大きさは半導体の E_g の 1/1000 程度と小さいため，励起される電子の数が大きくなり，そのため統計的揺らぎの割合は小さくなる．原理的には超伝導体を用いた検出器のエネルギー分解能は半導体検出器のそれよりはるかに良くなり得る．

一方，種々の半導体でのエネルギーギャップの大きさ E_g と ε との間には

$$\varepsilon = 2.8E_g + (0.5 \sim 1)\text{eV}$$

という関係があることが経験的に知られている[1]．仮にこの式に超伝導体の $E_g = 0.001$ eV という値を代入すると，右辺第1項は殆ど無視できて

$$\varepsilon \fallingdotseq (0.5 \sim 1)\text{eV}$$

となって，ε は半導体と比べてそれほど大幅には小さくならないことになる．本稿 2.3「超伝導体での ε 値（非平衡状態でのカスケード励起モデル）」で示されるように，この経験式は超

伝導体に対しては正しくない．

2.2 超伝導体でのε値（熱平衡状態モデル）

超伝導体の帯状の薄膜にα粒子などの放射線を照射して超伝導状態を壊せば抵抗が発生する．そのことを利用して放射線の検出を行なう実験は今から60年以上も前から行なわれていた[2-4]．超伝導状態が壊れて常伝導状態になり易いように超伝導転移温度に近い温度で測定されることが多かった．それらの実験では信号は観測されたが，エネルギー分解能は得られていなかった．

超伝導トンネル接合（STJ）を用いた放射線検出器は，1969年にカナダのWoodとWhiteによって初めて報告された[5,6]．1.2 Kに冷却した0.07 mm^2×200 nmのSn-SnO$_2$-Sn超伝導トンネル接合（Fig.1参照）に5.1 MeVのα粒子が照射されて信号が観測された．なお，α粒子が使われたのは単にエネルギーが大きくて信号を観測するのに便利だったからであると考えられる．

しかし，波高スペクトルには明確なピークは現れず，エネルギー分解能は得られなかった．

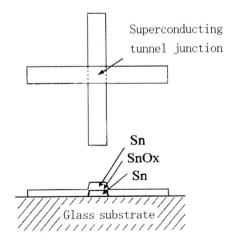

Fig.1 Schematic figure of the Sn superconducting tunnel junction used by Wood and White.

信号発生の原理としては，放射線の入射による温度上昇の結果としての電子の励起とそれによるトンネル電流の増加と考えられた．最近では，放射線の入射による検出器の温度上昇から放射線のエネルギーを測定するマイクロカロリメーターの研究開発が盛んであるが，超伝導トンネル接合検出器も最初は温度変化から放射線のエネルギーを測定するカロリメーターと考えられたのである[6]．

放射線が超伝導体に吸収された場合，そのエネルギーに超伝導体中で電子系と格子の振動であるフォノン系に分配されるはずである．超伝導体中の電子系とフォノン系の比熱をそれぞれC_e，C_pとすると，熱平衡状態における昇温ΔTによるそれぞれの系でのエネルギー増加は$C_e \Delta T$と$C_p \Delta T$であるから，放射線のエネルギーEはそれぞれの系の比熱に比例して分配されることになるので，電子系に分配されるエネルギーは$E(C_e/(C_p+C_e))$になるはずである．熱励起電子のエネルギーはエネルギーギャップの大きさΔ程度となるはずであるから，エネルギーEによってエネルギーギャップの上に励起される電子の数は$(E/\Delta)(C_e/(C_p+C_e))$程度となる．$C_p \propto T^3$，$C_e \propto \exp(-\Delta/k_B T)$であるから，励起される電子の数は温度$T$に極めて大きく依存する．ここで，$k_B$はボルツマン定数である．特に超伝導転移温度$T_c$より遥かに低い温度（$T/T_c \ll 1$）では$C_p \gg C_e$となるため，エネルギーはフォノン系に殆ど全て分配されてしまい，電子は殆ど励起されないことになる．言い換えると，$2\Delta \fallingdotseq 3.5\,k_B T_c$であるから，$T/T_c \ll 1$である低温では，放射線によって温度が少し上昇しても熱エネルギーはエネルギーギャップよりもはるかに小さい（$k_B T \ll 2\Delta$）ために電子はエネルギーギャップの上に殆ど励起されない．一

方，フォノンにはエネルギーギャップは無いためにフォノンは生成されることができる．その結果，温度変化で考えるとそのような低温では放射線のエネルギーは大部分がフォノンになってしまい，電子は殆ど励起されないことになる．$T/T_c \ll 1$ である低温では ε 値は温度低下とともに急激に増加し，絶対零度では無限大になってしまう．もっと高い温度では放射線による熱エネルギーで電子が励起できるが，放射線が入射しなくても熱励起電子がたくさんあるために大きな電流が流れてノイズが大きくなり，高分解能を得るのは困難になる．このような結果になるのは，放射線によって励起される電子の数を熱平衡状態での温度上昇と比熱を使って求めようとするからである．高分解能の超伝導トンネル接合検出器はカロリメーターではない．

2.3 超伝導体での ε 値（非平衡状態でのカスケード励起モデル）

Fig.2 には超伝導体中で放射線によって惹き起こされる電子のカスケード励起過程が示されている[7]．（詳細は補足1参照．）励起電子（準粒子）のエネルギーはフェルミエネルギーを基準とされている．放射線によって超伝導体中で誘起されるフォノンと電子のカスケード励起過程が計算機でシミュレーションされた[8]．励起

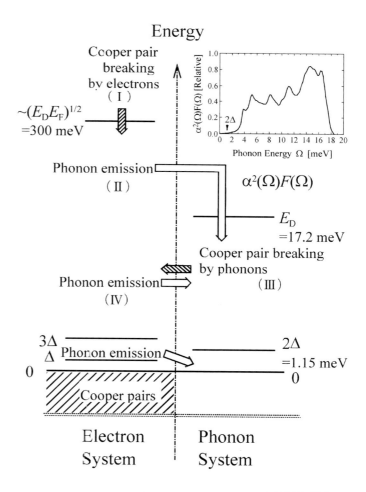

Fig.2 Cascade excitation processes of quasiparticles, *i.e.* excited electrons, and phonons initiated by a radiation in a bulk superconducting Sn at 0 K.

電子数の統計的揺らぎも求めるためにモンテカルロ法が用いられ，超伝導体としては絶対零度に冷却された大きな Sn (2Δ = 1.15 meV) が考えられた．

エネルギーが $10,000\Delta$ = 5.75 eV の 1 個の放射線による電子の励起で開始され，励起電子からのフォノンの放出とフォノンによるクーパー対の破壊とそれに伴う電子の励起との繰返しを通じて最終的にエネルギーギャップの上に励起される電子の数が，3,000 個の放射線に対して計算された．その結果が Fig.3 に示されている．励起される電子の数の平均値は約 5930 個，統計的揺らぎは半値幅で約 1.2% (= 78 meV) となっている．言い換えれば，$\varepsilon \simeq 1.7\Delta$ ($\simeq$ 1 meV)，Fano 因子 $F \simeq 0.2$ となる．$\varepsilon \simeq 1.7\Delta$ は，放射線のエネルギーの約 60% が電子系に分配されることを意味している．この ε と F の値を用いて 5.9 keV の X 線に対する信号電荷量の統計的揺らぎによるエネルギー分解能の理論限界を計算すると，Sn の場合には約 2.5 eV となる．この値は半導体検出器の 100 eV 程度と比べて数 10 分の 1 と小さい．この計算結果は，半導体検出器よりも優れたエネルギー分解能をもつ検出器の可能性を初めて理論的に示したものである．

なお，非平衡状態でエネルギーギャップの上に溜まった励起電子は，仮にその超伝導体が熱的に周囲から完全に絶縁されていたとしても，$T/T_c \ll 1$ の温度であれば充分長い時間の後では殆ど再結合してしまい，放射線のエネルギーはエネルギーの小さい熱フォノンに殆ど全て変換されてしまうはずである．熱平衡状態での比熱で ε 値を求めようとすることは，充分長い時間が経った後の励起電子の数を考えることに相当するため，$T/T_c \ll 1$ での ε 値は極めて大きくなってしまうのである．

超伝導体中ではフォノンによっても電子がエネルギーギャップの上に励起されることを利用すれば，従来の放射線検出器ではできなかった測定も出来るようになる可能性がある．超伝導体の場合，エネルギーが Ω のフォノン 1 個によって励起される電子の数 N の平均値を $<N>$ とすれば，$\varepsilon(\Omega) \equiv \Omega/<N>$ という式で，Ω の関数としての ε 値を定義できる．エネルギー Ω のフォノンによって誘起されるフォノンと電子のカスケード増幅過程を計算機でシミュレーションして，Ω の値ごとに $<N>$ が計算されて，$\varepsilon(\Omega)$ が求められている[3]．この場合にはモンテカルロ法は用いられず，期待値 $<N>$ が直接に計算されている．Fig.4 にその計算結果が示されている．$\Omega < 2\Delta$ のフォノンではクーパー対を破壊して電子を励起することができない．$2\Delta < \Omega < 4\Delta$ のフォノンに対しては，1 個のフォノンが 1 個のクーパー対を壊して 2 個の電子を励起するので，$\varepsilon = \Omega/2$ となる．$4\Delta < \Omega < 6\Delta$ のフォノンは 2 個以上のクーパー対を壊して 4 個の電子を励起することも可能であるため，ε は小さくなる．

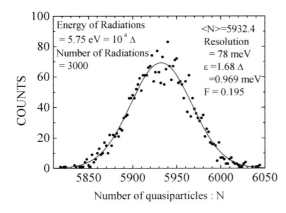

Fig.3 Result of computer simulations of the excitation of quasiparticles in a bulk superconducting Sn at 0 K: a spectrum of the number N of excited quash-particles for 3000 radiations of energy 5.75 eV.

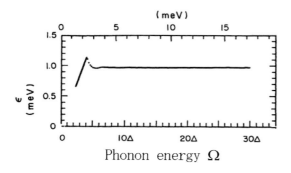

Fig.4 Result of computer simulations of the excitation of quasiparticles in a bulk superconducting Sn at 0 K: ε value obtained as a function of the energy Ω of an incident phonon.

$\Omega>6\Delta$ では，Fig.3 の放射線に対する計算結果と殆ど同じ $\varepsilon(\Omega) \fallingdotseq 1.7\Delta$ ($\fallingdotseq$ 1 meV) となっている．

Fig.4 から，例えば放射線のエネルギーをフォノンに変換し，そのフォノンを超伝導体検出器で検出することによっても放射線が検出できることが分る．例えば，半導体検出器で重粒子を検出する場合，エネルギーは大きくても速度が小さければそのエネルギーの一部が直接にフォノンの生成に費やされて電子を励起する効率が低くなるため，エネルギーに比べて信号の波高が小さくなること（波高欠損）が知られている．Fig.4 の結果から，超伝導体を用いた検出器ではフォノンも効率良く電子を励起できるために，超伝導トンネル接合検出器は重い粒子に対しても高分解能になる可能性が指摘された[8]．飛行時間質量分析法で超伝導トンネル接合を検出器として用いれば，衝突による 2 次電子の発生を利用するマイクロチャンネルプレートでは困難な超高分子の測定も可能であることが実証されている[9]．また，Fig.4 の結果は後述のフォノンを媒介として放射線を検出する超伝導直列接合検出器の基本原理にもなっている．

3. 超伝導トンネル接合と超伝導単接合検出器

本解説では，超伝導直列接合検出器と区別するために，超伝導トンネル接合で直接に放射線を吸収してそのエネルギーを測定するタイプの超伝導トンネル接合検出器のことを超伝導単接合検出器と呼ぶ．

3.1 超伝導トンネル接合とトンネル効果

Fig.5 には超伝導トンネル接合として代表的な Nb 系超伝導トンネル接合（Nb/Al-AlO$_x$/Al/Nb）の構造の例を示す．シリコンやサファイアなどの基板の上の全面に 100-150 nm 程度の厚さの Nb 膜を成膜し，その上に数 nm～数 10 nm 程度の厚さの Al を成膜した後，成膜装置内に酸素ガスを導入して Al の表面を酸化させる．AlO$_x$ 層がトンネル障壁になる．その後，Al と Nb を下部電極と同じように更に成膜する．その後に微細加工技術によるエッチングや層間絶縁膜の成膜および上部配線膜の成膜などによって接合の構造が作製される．

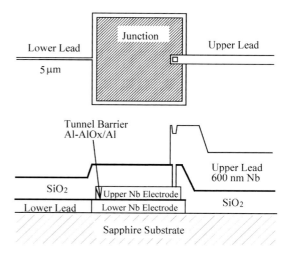

Fig.5 A structure of a Nb-based superconducting tunnel junction.

Fig.6 には超伝導トンネル接合におけるトンネル効果が模式的に示されている．縦軸はエネルギーを表している．ここに書かれているのは金属の伝導体のフェルミエネルギーの近傍の meV のオーダーの領域である．超伝導体では，フェルミエネルギーの近傍に電子が入れないエネルギーギャップが生じる．左右の超伝導体のフェルミエネルギーがずれているのは 2 つの超伝導体の間に外からバイアス電圧を印加しているためである．バイアス電圧がエネルギーギャップの大きさに相当する電圧よりも小さく，かつ十分に温度が低くて電子がエネルギーギャップの上に励起されていないときは，エネルギーギャップがあるためにバイアス電圧が印加されていても電流は殆ど流れない．放射線などによって左の超伝導体電極で電子が励起されると，励起電子はトンネル効果で右側の電極に移動することができる．電子が右側の電極で励起された場合は，右側の電極中の空孔が右側の電極から左側の電極に移動できる．この場合も電子は左側から右側に流れることになり，どちらの電極で放射線が吸収された場合も信号の極性は同じである．ただし，超伝導層の厚さや特性は電極ごとに異なるため，信号の大きさは放射線がどちらの電極で吸収されたかで異なってくる（2 重ピーク）．

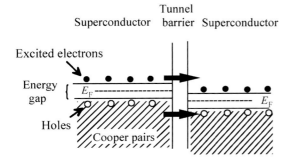

Fig.6 Quantum tunnel effect in a superconducting tunnel junction.

3.2 超伝導単接合検出器

Wood と White はエネルギー分解能を示し得る検出器として超伝導トンネル接合検出器を提案した[5, 5)]．なお，超伝導トンネル接合自体は Giaever によって発明されたものである[10)]．Wood 達は，1.2 K に冷却した Sn の超伝導トンネル接合（Fig.1 参照）に α 粒子を照射したときの個々の α 粒子による信号を観測することに成功したが，前述のように，エネルギー分解能は得られなかった．波高分布にピークが得られなかった原因は接合内のトンネル障壁の厚さの微視的非一様性であると考えられた[6)]．

その後，$T/T_c \ll 1$ の低温でも信号は発生するはずであるという Fig.3 の結果に基づいて，Sn の超伝導トンネル接合が放射線検出器としては恐らく初めて 1 K 以下の温度（0.32 K）にヘリウム 3 冷凍機を用いて冷却された．超伝導トンネル接合の構造は Fig.1 に示されものと殆ど同じであったため，接合に入射した α 粒子によって励起された電子が配線に拡散し易く，また逆に接合の近くの配線に入射した α 粒子によって励起された電子が接合内に拡散して信号を発生させることも考えられた．そのため，コリメーターを用いて接合の中心部にのみ α 粒子を照射された．その結果，冷却によって感度が向上するとともに低温検出器として初めてエネルギー分解能が得られた[11)]．また，その数年後には同じように冷却された Sn の超伝導トンネル接合検出器で，X 線に対して半導体検出器を上回るエネルギー分解能が初めて実現された[12-14)]．ただし，Sn の超伝導トンネル接合には室温と低温の間の熱サイクルや室温での保存に弱いという問題があり，最近では殆ど使用されていない．その後は，微細加工技術を用いるなどして配線を細くした超伝導トンネル接合が検出器と

して用いられるようになった．なお，1980年代中頃からはマイクロカロリメーターの研究開発が始まった．超伝導単接合検出器はエネルギー高分解能検出器の先駆けとなった検出器であり，量子型検出器であって高速であり，現在でも低エネルギーのX線や赤外光や可視光，紫外光などのエネルギー分析あるいは飛行時間質量分析法における超重分子の検出とエネルギー計測などへの応用を目指して研究開発が行なわれている．Table 1には幾つかの超伝導単接合検出器の特性の例が示されている[15-21]．半導体検出器と比べて数倍から10倍程度優れたエネルギー分解能が得られている．有効面積を大きくするためにアレイ化も行なわれている．一つのチップの上に独立に作動する多数の超伝導トンネル接合を形成して接合ごとに信号を処理することによって，有効面積を大きくできるだけでなく，接合の数に比例した高計数率の計測が可能になると考えられる[20, 22]．

超伝導単接合検出器は薄膜検出器であるため，エネルギーの高いX線に対しては，面積が小さいことの他にも信号対波高の直線性の悪さ，吸収効率の低さ，ピーク/バックグラウンド比が小さいこと，2重ピークの出現などの問題もある．そのため，最近ではX線検出器としてはエネルギーが1〜2 keV程度以下の低エネルギーのX線専用に使われることが多い．

4. 超伝導トンネル接合検出器における信号電荷増幅

超伝導単接合検出器でTable 1に示されているような優れたエネルギー分解能が得られている原因の1つは，超伝導トンネル接合自体が信号電荷増幅機能を有しており，それによって信号電荷が増幅されて信号対雑音比が大きくなっていることである．Nb系接合あるいはNb系接合のNbをTaで置換えた構造のTa系接合では，Al層を厚くした場合には，励起電子がエネルギーギャップが小さくてトンネル障壁に接しているAl層にトラップされ（Fig.7参照），多重トンネル効果（あるいは，Gray効果とも言われる）によって信号電荷が増幅されることが知られている[23]．Fig.8に多重トンネル効果を示す．多重トンネル効果はもともとは超伝導トランジ

Table 1 Characteristics of single junction detectors.

Main super-conductor	Area [μm²]	Thickness of super-conductor [μm]	Temp. [mK]	Time constant [μs]	Photon energy [eV]	Energy Resolution [eV]	Remarks	Ref
Al	100×100	0.29	70	—	5,894	12	E_g(Al) = 0.34 meV	15
Al	90×90	0.29	70	80	5,894	12.4	1.3 μm Pb absorber	15
Ta	100×100	0.11	300	20	5,894	15.7	E_g(Ta) = 1.4 meV	16
Ta	208×208	0.165	100	63	525	10.6		17
Ta	138×138	0.165	100	—	1,486	8		17
Ta	50×50	—	—	—	5	0.2	ultraviolet	18
Nb	100×100	0.2	200	—	5,894	29	E_g(Nb) = 3.05 meV	19
Nb	100×100	0.3	300	—	183	10		20
Nb	141×141	0.165	50〜500	4〜5	277	5.9	375 cps	21
Nb	141×141	0.165	50〜500	4〜5	277	13	23,300 cps	21

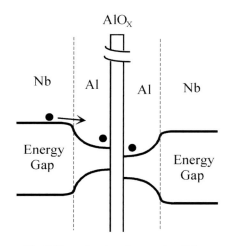

Fig.7 Trap structure for quasiparticles.

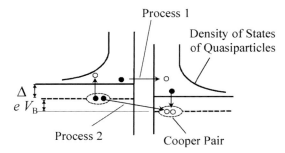

Fig.8 Multi-tunneling effect of quasiparticles in a superconducting tunnel junction.

側の電極に生じた励起電子はトンネル効果で右の電極に移動することができる．プロセス1とプロセス2を繰り返すことによって，励起されている電子の数は増えないが，電子が左から右に移動するたびに信号電荷は増加する．その信号電荷の増幅は，励起電子が接合から出て行った場合あるいは励起電子同士が同じ電極内で再結合した場合などに終了する．

多重トンネル効果は信号電荷を増幅して信号対雑音比（S/N）を改善するが，信号電荷量の増幅も統計的揺らぎを伴うために，信号電荷量の統計的揺らぎによるエネルギー分解能の理論限界を劣化させる．多重トンネル効果による信号電荷の増幅とそれによるエネルギー分解能の理論限界の劣化が理論的に解析され，励起過程のファノファクターが $F = 0.2$ の場合，信号電荷の増幅が大きい場合のエネルギー分解能の理論限界は信号電荷の増幅が無い場合の約2.45倍に大きくなってしまうことが示されている[24]．すなわち，例えばNbの場合，5.9 keVのX線によって励起される電子の数の統計的揺らぎによるエネルギー分解能の理論限界は約4 eVであるが，多重トンネル効果で信号電荷が数十倍以上に増幅された場合にはエネルギー分解能の理論限界は約10 eVになる．それでも，少なくともこれまでのところS/Nを改善するために多重トンネル効果による信号電荷の増幅が積極的に行われ，X線に対しては数10倍の信号電荷増幅が得られている．エネルギーが小さい可視光などに対しては，励起される電子の密度が小さくなって励起電子の再結合が起こり難いため，100倍以上の電荷増幅効果も得られている．

スタでの信号の増幅のための作用としてGrayによって議論された．プロセス1では左側の電極中の励起電子がトンネル効果で右側の電極のエネルギーギャップの上に移動する．プロセス2では，その右側電極の励起電子と左側の電極のクーパー対の1つの電子とが再結合して右側の電極でクーパー対を形成する．そのとき左側の電極のクーパー対のもう1つの電子はエネルギーギャップの上に励起される．一見，プロセス2では右側の励起電子が左側の電極に移動したようにも見えるが，実際にはプロセス1とプロセス2でそれぞれ電子が左の電極から右の電極に移動している．プロセス2の結果として左

5. 超伝導直列接合検出器

5.1 静電容量と実効静電容量

X線用の超伝導単接合検出器では，これまでのところその接合の面積 S は大きくても 200 μm×200 μm 程度である．S を小さくせざるを得ないのは，単接合素子では素子の静電容量 C が S に比例して大きくなってしまうためである．信号電圧 $V = Q/C$ を考えると，超伝導トンネル接合検出器では信号電荷増幅も含めれば信号電荷 Q は半導体検出器のそれの数千倍から数万倍大きくなることができるが，静電容量 C は $C \propto S/d$ であり，電極間の距離 d に反比例する．半導体検出器の場合，空乏層の厚さが d に相当し，その厚さは例えば 300 μm といった値であるが，超伝導トンネル接合の場合，d はトンネル障壁の厚さであり，1 nm 程度である．すなわち，超伝導トンネル接合の単位面積当たりの静電容量は半導体検出器のそれよりも数 10 万倍あるいはそれ以上も大きくなり，数 μF/cm^2 という大きな値になる．C が大きくなると V が小さくなる．その結果，接合面積が大きいと，信号増幅器の発生するノイズによって S/N が劣化し，高分解能を得るのは難しくなる．そのため，単接合検出器では面積を小さくして静電容量を小さくし，その結果としてノイズの影響を小さくして高分解能が得られている．その結果，超伝導単接合検出器 1 個では低エネルギー X 線に対しても検出効率が極めて低い．

この欠点を克服するために提案されたのが，Fig.9 に示すような超伝導直列接合検出器である[25]．基板上に多数の接合を直列に接続してフォノンセンサーとして利用する超伝導直列接合検出器では，基板で放射線を吸収してそのエネルギーをフォノンに変換すればよく，また直

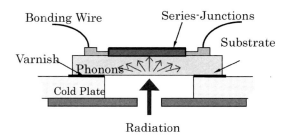

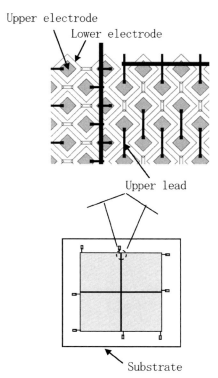

Fig.9 Example of a superconducting series-junction (STJ) detector. The detector consists of 4 series junctions. In a series junction, 16 STJ are connected in series, and 32 array of the 16 STJs are connected in parallel.

列に接続する接合の数 n を接合の総面積に応じて最適化した直列接合では実効静電容量 C_{eff} (≡ 信号電荷 / 信号電圧) $\propto S^{1/2}$ とできるために検出器の厚さと面積を大きくすることが可能になる[25, 26]．大面積化が可能になった結果，放射線によって基板で発生したフォノンを超伝導直列接合で効率良く吸収させることができるよう

になっている．（C_{eff}の詳細については補足2を参照．）その結果，超伝導単接合検出器が薄膜検出器であるためにもっていた短所は超伝導直列接合検出器では解消されている．

5.2 位置分解能

しかし，超伝導直列接合検出器では，放射線によって基板で発生したフォノンの一部は基板からその外に逃げることができ，外に逃げるフォノンの割合は放射線の入射位置に依存する．そのため，超伝導直列接合検出器には信号波高が放射線の入射位置に依存するという問題があり，そのままでは高エネルギー分解能を得るのは困難である．一方，信号波高が入射位置に依存することを利用すれば，放射線の入射位置の情報を得ることができる．

例えば，長方形の基板の両端に超伝導直列接合を形成し（Fig.10），それぞれから別々に信号を取り出せるようにしておけば，信号の発生時間の差あるいは信号の大きさから放射線の入射位置の情報を得ることができる．Fig.11には，(a) 2つの直列接合からの信号の到達の時間差，と (b) 片方の直列接合からの信号波高，によって1次元の位置分解能を得た例が示されている[26]．

Fig.12には4つの直列接合を利用して2次元の位置情報が得られた超伝導直列検出器の構造が示されている[27]．α粒子がコリメーターの5つの穴を通して直列接合検出器に照射された．α線源から放出されるα粒子の強度が弱かったためにα線源はコリメーターに近接して置か

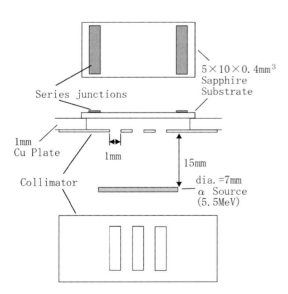

Fig.10 Two series junctions of one chip for measurement of incident position of α particles. Each series junction consists of 304 junctions of 100×100 μm^2: 8 STJs in parallel and 38 STJs in series. The α source is 30 nCi ^{241}Am.

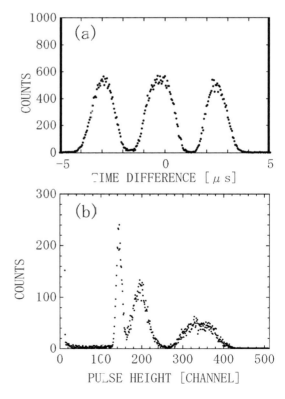

Fig.11 Spectrum obtained with the detector of Fig.10. (a) Time difference of signals between the two series junctions, and (b) pulse height spectrum obtained with one of the series junctions.

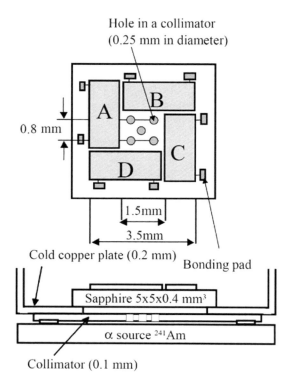

Fig.12 Schematic drawing of the set up for the measurement of α particles.

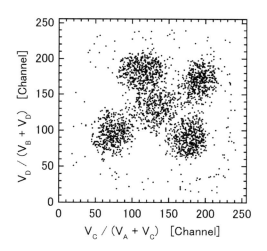

Fig.13 Two-dimensional position spectrum. V_A, V_B, V_C and V_D are signal heights from each series-junction. The rotated image is caused by the rotated distribution of the series junctions on the chip (see Fig.12).

れ,そのためα粒子はコリメーターの穴(直径0.25 mm)よりも広がって照射されている.4つの直列接合 A, B, C, D からの信号の大きさ V_A, V_B, V_C, V_D の互いに向かい合った直列接合からの信号の大きさの比を利用して2次元の位置の情報 ($X \equiv V_C/(V_A+V_C)$ および $Y \equiv V_D/(V_B+V_D)$) が得られている.Fig.13 に示されているように,直列接合検出器に2次元のイメージング能力があることが分かる.

5.3 信号波高の位置依存性補正

4つの直列接合を設けた超伝導直列接合検出器では,その位置分解能を利用して信号波高の入射位置依存性を補正することができる.その補正は次のようにして行われる.まず,放射線が測定され,放射線の入射毎に V_A, V_B, V_C, V_D が計測される.それらを用いて放射線毎に位置情報である (X, Y) および信号波高 $Z \equiv V_A+V_B+V_C+V_D$ が計算される.次に位置情報の領域である $0 \leq X \leq 1$, $0 \leq Y \leq 1$ が,例えば 50×50 のサブ領域に等分される.それぞれのサブ領域で Z のスペクトル(Z 対カウント数)が作成され,それらのスペクトルのメインのピークの波高を比較することによって,各サブ領域の相対的感度が算出され,各サブ領域の補正係数として記録される.その後の測定では放射線1個毎にその入射位置情報 (X, Y) に応じて補正係数を用いて Z が補正され,補正された信号波高のスペクトルが求められる[28].(より詳細は補足3参照.)

補正に長時間を要するようでは,実用性は低くなる.補正に要する時間は,補正係数算出用のデータ測定後の補正係数の計算が1~2分程度,補正係数算出後の実際のデータの補正は数万個/秒と高速であり,測定中に同時に補正さ

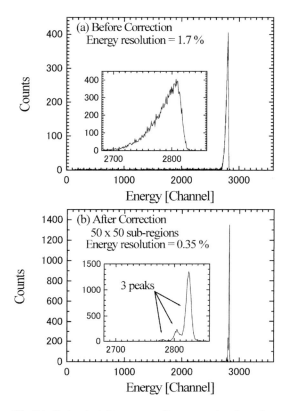

Fig.14 Pulse-height spectra from a series-junction detector which was irradiated by α particles from ^{241}Am: (a) before and (b) after correction of position dependency.

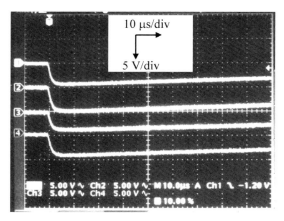

Fig.15 Pulse shapes of outputs from 4 charge-sensitive preamplifiers connected to a series-junction detector.

れ，測定中にほぼリアルタイムで補正後のスペクトルを見ることが可能である．

Fig.14 には，^{241}Am からの α 粒子に対して得られた補正前の波高スペクトルと補正後のスペクトルが示されている[29]．また，電荷有感型前置増幅器からの出力波形が Fig.15 に示されている．約 5.5 MeV とエネルギーの大きい α 粒子に対しても信号電荷の収集時間に相当する時定数は約 2 μs と短く，信号は比較的高速である．補正前の分解能の約 93 keV（1.7%）が補正によって約 19 keV（0.35%）に向上している．5.388 MeV（1.6%），5.443 MeV（13.0%）および 5.486 MeV（84.5%）の 3 種類のエネルギーの異なる α 粒子が識別されている．これらのエネルギーでも信号は飽和しておらず，この検出器はエネルギーに対して広いダイナミックレンジを持っていることが分る．この場合に使われた ^{241}Am 線源は特に高精度エネルギー用の線源ではないため，検出器自体のエネルギー分解能は 0.35% よりも優れている可能性もある．なお，0.35% のエネルギー分解能は 5.9 keV の X 線に換算すると 21 eV に相当する．α 粒子の場合にはエネルギーが大きいためにスペクトルへのノイズの影響が無視できるほど小さくなり，かつ補正係数計算の精度へのノイズの影響も小さくなるために補正後に高い分解能が可能になっていると考えられる．

5.4 X 線の測定と特性 X 線の分離能

Fig.16 には，Fig.9 の構造の超伝導直列接合検出器で得られた ^{55}Fe からの Mn-Kα と Mn-Kβ 特性 X 線の位置依存性補正後の波高スペクトルが示されている．なお，以前の論文では 5.9 keV で 70 eV の分解能が得られていた[30]．5.9 keV でのエネルギー分解能は 63.5 eV であり，半導体検出器より約 2 倍優れている．この場合に

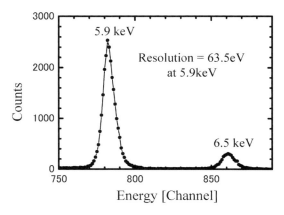

Fig.16 Pulse-height spectrum from a series-junction detector which was irradiated by X rays from ^{55}Fe.

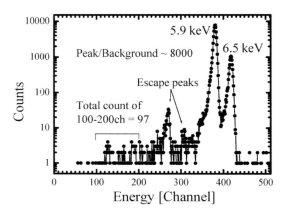

Fig.18 Pulse-height spectrum from a series-junction detector which was irradiated by X rays from ^{55}Fe.

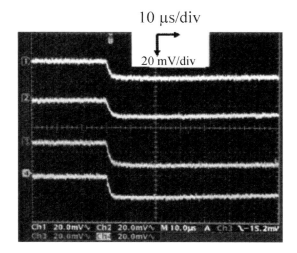

Fig.17 Pulse shapes of outputs from 4 charge-sensitive preamplifiers.

は，ノイズが 45.5 eV であり，そのノイズが補正係数の計算の精度を劣化させている可能性がある．ノイズを低減することができれば，ノイズが直接にスペクトルを広げている影響が小さくなるだけでなく，補正係数の精度が上がることによっても分解能が向上することも期待される．Fig.17 には電荷有感型前置増幅器からの出力波形が示されている．X 線に対する信号も α 粒子に対するのと殆ど同じ約 2 μs の時定数であ

り，量子型検出器であるために信号の時定数はエネルギーに殆ど依存しない．また，Fig.9 には面積が 3 mm×3 mm の基板の上に 2048 個の超伝導トンネル接合を設けた超伝導直列接合検出器が示されているが，6 mm×6 mm の基板の上に 8192 個の超伝導トンネル接合を設けた超伝導直列接合検出器でも X 線に対する信号の時定数として約 2 μs が得られており[30]，Fig.9 に示された方式の検出器では信号の時定数は検出器の面積にも殆ど依存しないことが分る．なお，カロリメーターでは放射線のエネルギーが大きかったり，検出器素子が大きくなると放射線に対する信号の時定数は一般的に長くなる．

Fig.18 には，ピーク/バックグラウンドを測定するために，Fig.9 に示された構造の他の超伝導直列接合検出器で得られたスペクトルが示されている．5.9 keV のピークと 1.5 keV から 3 keV の間での平均のバックグラウンドとの比（P/B）として 8,000 という良好な値が得られている[30]．

短い測定時間で高い精度の定量分析が求められることの多い分析装置では，一般的にエネルギー分解能，検出効率，計数率の 3 つとも優れ

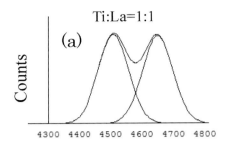
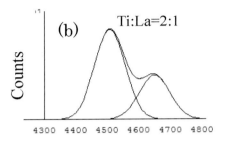
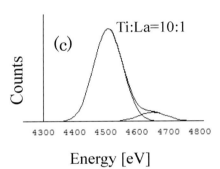

Fig.19 Calculated pulse-height spectrum for Ti-Kα:La-Lα = 1:1, 2:1 or 10:1, respectively. The energy resolution and the noise are assumed to be 128 eV at 5.9 keV and 35 eV, respectively, which correspond to semiconductor detectors.

ていることが要求される．これらの特性のうちどれか1つでも非常に悪ければ，実用性は低い．現在，蛍光X線分析などに広く用いられているシリコンドリフト型検出器（SDD）は，これらの検出器特性においてかなり優れている．しかし，そのエネルギー分解能は，既にシリコンでの理論限界に近いと考えられており，今後の大幅な向上は期待できない．

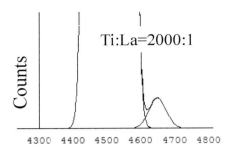

Fig.20 Calculated pulse-height spectrum for Ti-Kα:La-Lα = 2000:1. The energy resolution and the noise are assumed to be 63.5 eV at 5.9 keV and 45.5 eV, respectively, which correspond to a superconducting series-junction detector.

Fig.19にTi-Kα(4.508 keV)とLa-Lα(4.650 keV)特性X線が共存する場合のSDD（5.9 keVでのエネルギー分解能は128 eV，ノイズは35 eV）に相当する計算で求めたスペクトルを示す．Ti:La = 2:1ではピークが分離できているが，Ti:La = 10:1ではLaのピークがTiのピークから分離できなくなることが分かる．一方，Fig.20にはFig.16に相当するエネルギー分解能（63.5 eV@5.9 keV）とノイズ（45.5 eV）でのTi:La = 2,000:1の場合の計算によるスペクトルを示す．この場合には，Ti:La = 2,000:1でもLaのピークがTiのピークから識別されている．すなわち，この特性X線の組合せの場合には，エネルギー分解能が2倍向上することによって特性X線の分離能は1,000倍程度も向上することになる．エネルギー分解能改善の特性X線分離能への影響は大きい．

6. まとめ

超伝導トンネル接合を用いた放射線検出器の原理も含めて超伝導直列接合検出器について解説した．超伝導遷移端センサー（TES）などの

マイクロカロリメーターと較べると超伝導トンネル接合を用いた検出器はエネルギー分解能は劣るものの，定量分析精度の高いデーターを取得するために必要な計数率を高くできる．超伝導直列接合検出器は半導体検出器に相当する高検出効率も可能になると期待できるため，初めての実用性の高い高分解能検出器になる可能性が高いと考えられる．

参考文献

1) C. A. Klein: *J. Appl. Phys.*, **39**, 2029 (1968).
2) D. H. Andrews, R. D. Fowler, M.C. Williams: *Phys. Rev.*, **76**, 154 (1949).
3) N. K. Sherman: *Phys. Rev. Letters*, **8**, 438 (1962).
4) D. E. Spiel, R. W. Boom: *Appl. Phys. Letters*, **7**, 292 (1965).
5) G. H. Wood, B. L White: *Appl. Phys. Letters*, **15**, 237 (1969).
6) G. H. Wood, B. L White: *Can. J. Phys.*, **51**, 2032 (1973).
7) M. Kurakado, H. Mazaki: *Nucl. Instrum. and Meth.*, **185**, 141 (1981).
8) M. Kurakado: *Nucl. Instrum. and Meth.*, **196**, 275 (1982).
9) M. Ohkubo, M. Ukibe, Y. Chen, S. Shiki, Y. Sato, S. Tomita, S. Hayakawa: *J. Low Temp. Phys.*, **151**, 760 (2008).
10) I. Giaever: *Phys. Rev. Letters*, **5**, 147 (1960).
11) M. Kurakado: *J. Appl. Phys.*, **55**, 3185 (1984).
12) H. Kraus, Th. Peterreins, F. Pröbst, F. V. Feilitzsch, R. L. Mössbauer, V. Zacek, E. Umlauf: *Europhys. Letters*, **1**, 161 (1986).
13) D. Twerenbold: *Europhys. Letters*, **1**, 209 (1986).
14) D. Twerenbold: *Phys. Rev.*, **B 34**, 7748 (1986).
15) G. Angloher, P. Hettl, M. Huber, J. Jochum, F.v Feilitzsch, R.L. Mössbauer: *J. Appl. Phys.*, **89**, 1425 (2001).
16) P. Verhoeve, N. Rando, A. Peacock, A. van Dordrecht, B.G. Taylor, D.J. Gordie: *Appl. Phys. Letters*, **72**, 3359 (1998).
17) S. Friedrich, M.H. Carpenter, O.B. Drury, W.K. Warburton, J. Harris, J. Hall, R. Cantor: *J. Low Temp. Phys.*, **167**, 741 (2012).
18) P. Verhoeve: *Nucl. Instrum. and Meth.*, **A 444**, 435 (2000).
19) A. Mears, S.E. Labov, M. Frank, M.A. Lindeman, L.J. Hiller, H. Netel, A.T. Barfknecht: *Nucl. Instrum. and Meth.*, **A 370**, 53 (1997).
20) M. Ukibe, S. Shiki, Y. Kitajima, M. Ohkubo: *Jpn. J. Appl. Phys.*, **51**, 010115 (2012).
21) M. Frank, L.J. Hiller, J.B. le Grand, C.A. Mears, S.E. Labov, M.A. Lindeman, H. Netel, D. Chow, A.T. Barfknecht: *Rev. Sci. Instrum.*, **69**, 25 (1998).
22) S. Friedrich, O.B. Drury, S.P. Cramer, P.G. Green: *Nucl. Instrum. and Meth.*, **A 559**, 776 (2006).
23) K. E. Gray: *Appl. Phys. Letters*, **32**, 392 (1978).
24) D.J. Goldie, P.L. Brink, C. Patel, N.E. Booth, G.L. Salmon: *Appl. Phys. Letters*, **64**, 3169 (1994).
25) M. Kurakado, A. Matsumura, T. Takahashi, S. Ito, R. Katano, Y. Isozumi: *Rev. Sci. Instrum.*, **62**, 156 (1991).
26) M. Kurakado, D. Ohsawa, R. Katano, S. Ito, Y. Isozumi: *Rev. Sci. Instrum.*, **68**, 3685 (1997).
27) M. Kurakado, S. Kamihirata, A. Kagamihata, H. Hashimoto, H. Sato, H. Hotchi, H.M. Shimizu, K. Taniguchi: *Nucl. Instrum. and Meth.*, **A 506**, 134 (2003).
28) M. Kurakado, H. Sato, Y. Takizawa, S. Shiki, H.M. Shimizu: *Appl. Phys. Letters*, **86**, 083503 (2005).
29) M. Kurakado, E.C. Kirk, H. Sato, I. Jerjen, S. Shiki, H.M. Shimizu, A. Zehnder, K. Taniguchi: *Nucl. Instrum. and Meth.*, **A 559**, 480 (2006).
30) M. Kurakado, E.C. Kirk, S. Shiki, H. Sato, K. Mishima, C. Otani, K. Taniguchi: *Nucl. Instrum. and Meth.*, **A 621**, 431 (2010).
31) M. Kurakado: *X-Ray Spectrum.*, **29**, 137 (2000).

補足1 超伝導体でのカスケード励起過程

Fig.2には超伝導体(Sn)中で放射線によって惹き起こされる電子のカスケード励起過程が示されている[7]．電子のエネルギーはフェルミエネルギーから測られている．（Ⅰ）超伝導体中で放射線によって直接に励起される電子は殆どがフェルミエネルギー E_F よりも数eV以上高いエネルギー状態に励起されると考えられる．そのようなエネルギーの大きい電子は主に電子-電子相互作用でクーパー対を壊し，その結果として電子を励起して励起電子の数を増加させ，その分自分のエネルギーを低下させる．（Ⅱ）エネルギーが $(E_F E_D)^{1/2}$ 程度（数百meV程度）以下になった電子は主に電子-フォノン相互作用によってフォノンを放出してエネルギーを低下させる．なお，ここで E_D はデバイエネルギーであり，その物質中でのフォノンの最大エネルギーに相当する．そのエネルギーは物質に依存するが，典型的には数10 meVである．この過程でエネルギーが E の電子から放出されるフォノンの分布は

$$\alpha^2(\Omega) F(\Omega) \left[\frac{E-\Omega}{\left[(E-\Omega)^2-\Delta^2\right]^{1/2}}\right]\left[1-\frac{\Delta^2}{E(E-\Omega)}\right]$$

に比例する．ここで，Ω，$\alpha^2(\Omega)$，$F(\Omega)$は，それぞれ，フォノンのエネルギー，電子-フォノン実効結合関数，フォノンの状態密度である．大きな $E(\gg E_D)$ に対しては，放出されるフォノンの分布は近似的に $\alpha^2(\Omega) F(\Omega)$ に比例する．その分布はFig.2の中に表示されている．（Ⅲ）超伝導体の場合にはエネルギー Ω が 2Δ より大きいフォノンはクーパー対を壊して2個の電子をエネルギーギャップの上に励起することができる．エネルギーが Ω のフォノンがクーパー対を壊す結果として励起される電子（エネルギーが E と $\Omega-E$ ）の分布は

$$\frac{\alpha^2(\Omega)\left[E(\Omega-E)+\Delta^2\right]}{(E^2-\Delta^2)^{1/2}\left[(\Omega-E)^2-\Delta^2\right]^{1/2}}$$

に比例する．（Ⅳ）それらの励起電子のなかでエネルギー E が 3Δ より大きい電子はエネルギー Ω が 2Δ より大きいフォノンを放出することができる．

上記の（Ⅲ）フォノンによるクーパー対の破壊を通じた電子の励起と（Ⅳ）励起電子からのフォノンの放出を全てのフォノンと電子のエネルギーがそれぞれ $\Omega<2\Delta$ および $E<3\Delta$ になるまで繰り返すことによって励起電子の数が増加することになる．

なお，もし半導体検出器の場合のように電子系のエネルギーギャップ E_g が E_D よりも大きければ，（Ⅱ）においてフォノンとして放出されたエネルギーはもはや電子を励起するのに寄与することはできない．その場合，$(E_F E_D)^{1/2}$ 程度よりエネルギーの低くなった電子はフォノンを放出するだけで他の電子を励起できず，励起電子の数はそれ以上増えない．そのため，E_g が E_D より大きければ，小さい E_g に対しても ε 値は $(E_F E_D)^{1/2}$ 程度よりも大きくなる．これが半導体検出器の場合の ε の経験式の右辺第2項のフォノンロス項の原因だと考えられる．

Fig.21には，カスケード励起過程で（a）フォノンによるクーパー対の破壊の結果として励起される電子の分布の例，（b）励起電子から放出されるフォノンの分布の例，および（c）フォノンを放出した後の励起電子の分布の例が示されている[31]．

（a）においては，Fig.8に示されているようにエネルギーギャップの直上の電子の状態密度が大きいために，$E \simeq \Delta$ の励起電子が生成され

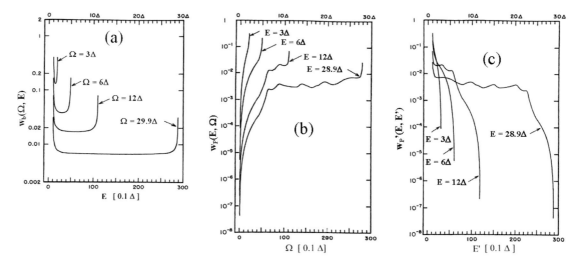

Fig.21 Normalized probabilities in Sn at 0 K: (a) $W_b(\Omega, E)$ that a phonon of energy Ω produces two quasiparticles of energy E and $\Omega - E$; (b) $W_p(E, \Omega)$ that a quasiparticle of energy E emits a phonon of energy Ω and reduces its energy to $E-\Omega$; and (C) $W_p'(E, E')$ that a quasiparticle of energy E emits a phonon of energy $E-E'$ and reduces its energy to E'. In the calculations, each Δ in E, Ω or E' was divided into 10 groups.

易くなっている．それに伴い同時に励起される $E \cong \Omega - \Delta$ の励起電子も生成され易くなっている．式でいえば，

$$\frac{\alpha^2(\Omega)\left[E(\Omega-E)+\Delta^2\right]}{(E^2-\Delta^2)^{1/2}\left[(\Omega-E)^2-\Delta^2\right]^{1/2}}$$

の分母がそのことに対応している．

(b) においては，Fig.2 に示されているように $\alpha^2(\Omega)F(\Omega)$ は大きい Ω に対して大きいことと，フォノンを放出した後の電子が取れるエネルギー $E'=E-\Omega$ に対する電子の状態密度が $E' \cong \Delta$ で大きいことを反映した分布となっている．(c) は，$E'=E-\Omega$ の分布であるから，(b) に対応した分布になっている．

なお，Fig.21 では，4 つの Ω と 4 つの E の場合について分布が示されているが，Fig.3 と Fig.4 の結果を得るための計算では，Ω も E も 0.1Δ 刻みの値に対して分布が計算され，それらの分布を用いてカスケード励起過程が計算機でシミュレーションされた[8]．

Fig.3 の結果を得るための計算では，先ず初めに $\alpha^2(\Omega)F(\Omega)$ の分布に従うフォノンをフォノンの総エネルギーが放射線のエネルギーに等しくなるまで乱数を利用して生成し，その後にⅢとⅣのプロセスでこれらもそれぞれの分布に従うように乱数を用いて励起電子とフォノンを生成と消滅させ，$E>3\Delta$ の電子と $\Omega>2\Delta$ のフォノンが無くなるまでプロセスⅢとⅣの計算が繰り返された．最終的に $\Delta<E<3\Delta$ のエネルギー領域に生成された電子の数がその放射線による励起電子の数 N とされた．3,000 個の放射線に対する N の分布から ε 値とファノファクタ F が求められた．

Fig.4 の結果を得るための計算では，先ずエネルギーが Ω のフォノンが 1 個生成され，その後は乱数は使わずにプロセスⅢとⅣの計算を繰り返し，N の期待値 $<N>$ を計算して $\varepsilon(\Omega)(=\Omega/<N>)$ が求められた．

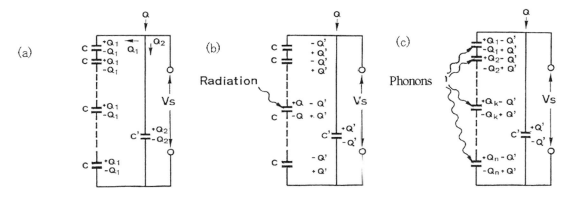

Fig.22 The charge up of superconducting series junctions with the parallel capacitance C'. C is the electric capacitance of a junction, and C' is the input capacitance of the preamplifier and stray capacitances of the lead between the detector and the preamplifier. V_s is the voltage induced by an external charge Q or signal charges. n is the number of junctions connected in series. (a) an external charge Q is added from outside to the circuit. (b) Q_i is the signal charge induced from a junction. (c) Q_i ($i = 1, 2, \cdots, n$) are the signal charges simultaneously induced from the junctions.

補足2 超伝導直列接合検出器の実効静電容量

超伝導直列接合検出器は，大面積化に伴う静電容量の増加を抑制するために考案された．Fig.22では，1個当たりの静電容量がCの超伝導トンネル接合がn個直列に接続され，それに並列に前置増幅器の入力静電容量C'が接続されている．この場合の全体としての静電容量が$(C/n)+C'$であることは良く知られている．しかし，この静電容量は信号電荷Qが発生したときにどれだけの信号電圧V_sが発生するかを求めるのには使用できない．なぜならば，この静電容量$(C/n)+C'$は，その系の外から電荷Qが与えられたときにその系に発生する電圧V_sから求められるものだからである（Fig. 22(a)参照）．そのときは$V_s = Q/((C/n)+C')$となる．超伝導直列接合検出器では信号電荷は外部から与えられるのではなく，接合の中から発生するため，信号電荷Qと信号電圧V_sの関係はそれとは異なってくる．なお，検出器が単接合検出器，すなわち接合1個だけからなる場合は，外部から電荷Qが与えられた場合も，接合から電荷Qが発生した場合も，電圧$V = Q/(C+C')$となる．

Fig.22では，(a)には外部から電荷が付与された場合と(b)と(c)には接合から信号電荷が発生した場合の電荷の分布が示されている．

(a)の場合は，

$$Q = Q_1 + Q_2$$
$$V_s = Q_2/C' = n Q_1/C$$

となり，これらの式から，

$$V_s = Q/((C/n) + C')$$

が導出される．

(b)や(c)の場合は，信号電圧が発生するには前置増幅器の入力には電荷が発生しているはずであり，その電荷をQ'とすると，

$$V_s = Q'/C' = (Q_1-Q')/C+(Q_2-Q')/C$$
$$+ \cdots +(Q_n-Q')/C$$

となり（(b)の場合は1つのQ_i以外は0），

$$V_s = Q/(C + nC')$$

が導出される．

ここで，$Q = Q_1 + Q_2 + \cdots + Q_n$であり，$Q$は全ての接合から発生する総信号電荷量である．

$$V_s = Q/C_{\text{eff}}$$

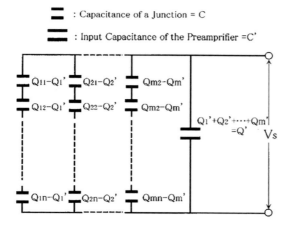

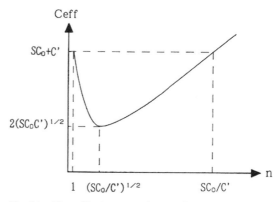

Fig.23 Electric capacitances and charges induced in a series-junction detector. The detector consisting of m parallel connections of n STJs in series and a parallel capacitance C'. C is the capacitance of each STJ, V_S is the signal voltage, and Q_{ij} ($i = 1, 2, ..., m; j = 1, 2, ..., n$) are signal charges simultaneously induced from the STJs.

Fig.24 The effective capacitance C_{eff} as a function of n for the constant total tunnel area S of tunnel junctions.

で実効静電容量 C_{eff} を定義すると,

$$C_{eff} = C + nC'$$

となる.

超伝導直列接合検出器のトンネル接合部の総面積を S とし,トンネル接合部の単位面積当りの静電容量を C_0 とすると,$C = SC_0/n$ となる.

$$C_{eff} = SC_0/n + nC'$$

であり,一定の S に対しては,右辺第1項は n に反比例し,第2項は n に比例する.

Fig.23 には静電容量が C の超伝導トンネル接合を n 個直列にならべたものを更に並列に m 個ならべた超伝導直列接合検出器の場合が示されている.(なお,この場合は Fig.22 の(b)と(c)の場合を含んでいる.)

この場合には,

$$C_{eff} = mC + nC'$$

となる.$C = SC_0/mn$ であるから,この場合も,

$$C_{eff} = SC_0/n + nC'$$

であり,一定の S に対しては,右辺第1項は n に反比例し,第2項は n に比例する.

一定の S のときの n の関数としての C_{eff} を Fig.24 に示す.$n = 1$ のときは,C_{eff} は面積が S の単接合の静電容量と前置増幅器の入力静電容量の和に等しい.$n > SC_0/C'$ では直列接合検出器の C_{eff} は単接合検出器の C_{eff} よりも大きくなってしまう.$n = (SC_0/C')^{1/2}$ のときに C_{eff} は最小値 $2(SC_0C')^{1/2}$ になる.

なお,C_{eff} が最小になる条件である $n = (SC_0/C')^{1/2}$ では,超伝導直列接合自体の通常の静電容量は mC/n であり,$C = SC_0/mn$ であるから,

$$mC/n = SC_0/n^2 = C'$$

となる.すなわち,C_{eff} が最小になる条件は,超伝導直列接合検出器の通常の意味での静電容量が前置増幅器の入力静電容量 C' に等しいことになる.この条件は,$n = 1$ に相当する半導体放射線検出器などで知られている条件と一致している.

Fig.25 には $C_0 = 6\ \mu F/cm^2$, $C' = 20\ pF$ のときの単接合検出器の静電容量 $SC_0 + C'$ と C_{eff} の最小値 $2(SC_0C')^{1/2}$ が面積 S の関数として示されている.

超伝導トンネル接合検出器では半導体検出器

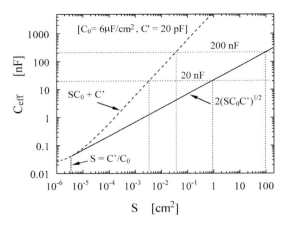

Fig.25 Capacitance of single junction detectors, SC_0+C', and optimized capacitance of series-junction detectors, $2(SC_0C')^{1/2}$, for the case that $C_0 = 6$ μF/cm^2 and $C' = 20$ pF.

の1万倍以上の信号電荷も期待できるため，仮に $C_{\text{eff}} = 20$ nF でも高性能が可能だとすると，その C_{eff} に相当するのは超伝導単接合検出器では $S = 0.3$ mm^2 であるが，超伝導直列接合検出器では $S = 1$ cm^2 である．高エネルギー用の放射線検出器であってノイズの影響が小さければ，更に大きな C_{eff} でも許容できるようになり，高エネルギー用の超伝導直列接合検出器では更なる大面積化の可能性もある．

補足3　位置依存性の補正

補正係数を求めた後のデータの補正では，データが属するサブ領域の補正係数で単純に補正するだけでは，補正の精度が低い．あるサブ領域の補正係数はそのサブ領域の中心位置での補正係数であると考え，それらの補正計数を用いて新しいデータ毎にそのデータの座標に応じて新しい補正係数を算出して補正する方法が開発された．

Table 2 から分るように，サブ領域内で更に位置に応じた補正がある場合はそれがない場合に比べて補正後の分解能が大分優れている．また，サブ領域内での位置に応じた補正がある場合はサブ領域の数を余り大きくしなくても良い分解能が得られている．サブ領域の数が大きいところで分解能が悪くなっているのは，データ数が5,000程度と少ないために，サブ領域毎のデータ数が少なくなって補正係数の精度が悪くなったためだと考えられる．サブ領域数が60×60のときでも更にその内部の位置に応じた補正の方が分解能が良いということから，データ自体の位置分解能はサブ領域数の60×60よりも良いと推測される．この測定で使用されコリメーターの穴の直径は1 mm であるから，この場合の位置分解能は10 μm 程度だと推測される．

また，この補正方法の利点の1つは，補正後のデータにに補正後の波高だけでなく，位置情報も含まれていることである．そのため，超伝導直列接合検出器はエネルギー高分解能のイメージング素子としての応用も可能性があると考えられる．

Tabel 2　Energy resolutions after corrections.

Number of subregions	10×10	20×20	30×30	40×40	45×45	50×50	60×60
Correction only for sub-regions							
Resolution（%）	1.35	0.94	0.77	0.73	0.66	0.63	0.67
Correction for each position							
Resolution（%）	0.75	0.44	0.46	0.46	0.42	0.46	0.46

解 説

走査型蛍光エックス線顕微鏡による細胞内元素局在
―細胞生物・医学への応用―

志村まり#，松山智至*

Visualization of Intracellular Elements by Scanning X-Ray Fluorescence Microscopy -Application for Cell Biology and Medicine-

Mari SHIMURA# and Satoshi MATSUYAMA*

Laboratory of Intractable Diseases, Department of Intractable Diseases, Research Institute,
National Center of Global Health and Medicine
1-21-1 Toyama, Shinjyuku-ku, Tokyo 162-8655, Japan
*Department of Precision Science & Technology, Graduate School of Engineering, Osaka University
2-1 Yamadaoka, Suita-shi, Osaka 565-0871, Japan
Corresponding author: mshimura@ri.ncgm.go.jp

(Received 15 January 2015, Revised 30 January 2015, Accepted 31 January 2015)

Recent technological advances have made it possible to analyze the elements in the body precisely using an attogram scale. These elements are derived from those in the universe around us, suggesting that our body is part of that universe. Thus, it is natural that elements (*i.e.*, minerals and metals) are essential for a healthy body. On the other hand, the intracellular distribution of elements and its function are not well understood, although many studies related to proteins and nucleic acids have been conducted at the molecular level. In this review, we describe the development of a scanning X-ray fluorescence microscope system that can reliably determine the cellular distribution of multiple elements with high spatial resolution. Visualizing intracellular elements and understanding their kinetics may provide great insight into the behaviors of elements at the molecular level in biology and medicine.

[Key words] Scanning X-ray fluorescence microscopy, Intracellular element, Localization, Biology, Medical application

アトグラム単位での元素分析が可能となった現在，宇宙に存在する多くの元素が，人の身体や細胞を構成していることが明らかになりつつある．私たちの身体も宇宙の分子である．これらの元素は，身体機能や健康に関わっていることは周知である．蛋白質や核酸の研究は，細胞や分子レベルでの研究が展開している一方，微量元素が細胞内（小器官）にどのくらい，どのように存在，機能しているか，不明な点は多い．私たちは，細胞1個内の元素イメージングが可能な走査型蛍光エックス線顕微鏡システム（SXFM）の開発を行い，細胞生物・医学応用のための研究開発を開始している．本稿では，SXFMによる細胞内元素イメージングを紹介し，

国立国際医療研究センター・研究所・難治性疾患研究部難治性疾患研究室　東京都新宿区戸山1-21-1　〒162-8655
*大阪大学大学院工学研究科精密科学・応用物理学専攻　大阪府吹田市山田丘2-1　〒565-0871

現時点での問題点を明らかにし，細胞生物，医学応用への可能性を議論する．

[キーワード] 走査型蛍光エックス線顕微鏡，細胞内元素，細胞内分布，細胞生物，医学応用

1. はじめに

本稿では，著者の一人（志村）が従事してきた細胞生物学，医学を基に，現在進行している走査型蛍光エックス線顕微鏡（SXFM）の可能性を考察してみた．未だ多くの議論が必要な階層ではあるが，生物，医学分野では，発展が望める分野である．

DNAの網羅的解析としてゲノミクス，タンパク質のプロテオミクスは，解析技術の発展と共に発展してきた概念である．現在，メタボロミクスなど更なるオミックスが提唱されている．生体内元素の網羅的解析：メタロミクスも確立され，分類は，メタボロミクスに含まれるという[1,2]．オミックス分類は，概念に派生した分類であり，各網羅的な視点から研究を進めることは意義深い．しかし，本来，元素は生体内で単独で存在していることを意味するわけではない．事実，蛋白質や核酸などの細胞内分子に作用し機能することを示唆する報告は多い．同様に，蛋白質（アミノ酸）や脂肪酸，核酸，糖質などの細胞内分子においても，それぞれ単独で機能しているわけではない．つまり，元素を含めた生体分子は，それぞれ相互関連しつつ，生命機能の多様性を生み出している．一方，複数種の分子関連を明らかにすることは，容易なことではない．細分化し専門職の増える傾向の中で，多くの専門的な知識と経験が必要であるからである．

私たちの研究グループは，10年程前より細胞内元素イメージング法開発とその応用に従事してきた．これには，生物学・医学，工学，物理学などの専門家の協力が不可欠であった．当初は共通概念を持つことも困難であったことを記

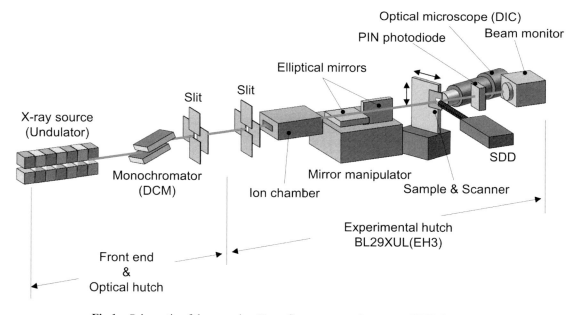

Fig.1 Schematic of the scanning X-ray fluorescence microscope (SXFM) system.

憶している．しかし，幸運にも，複数の問題を持続的に取り組めたことで，細胞内元素イメージング，さらに，生物医学応用へ発展することが可能となった．元素イメージングを介して，生命機能の巧み，病気の機序を，明らかにすることを目的としている．

2. 走査型蛍光エックス線顕微鏡 （Scanning X-ray Fluorescence Microscopy：SXFM）

国立国際医療研究センター，理化学研究所播磨研究所，大阪大学大学院工学研究科の共同研究で細胞観察用走査型蛍光エックス線顕微鏡システム（以下，SXFM，Fig.1）を開発した．本顕微鏡は，硬エックス線集光技術（高精度全反射集光ミラー）と蛍光エックス線分析を組み合わせた走査型の顕微鏡である．SXFM では，約 2 nm の形状誤差（設計形状と実際の形状の差）（Fig.2A）を達成した全反射集光ミラーを搭載することで，回折限界である約 40 nm から 1000 nm までサイズ可変の集光が可能であり，世界最高レベルの分解能を有している（Figs.2B, 2C）．現在では，細胞一個レベルの元素マッピングからミトコンドリアレベルの元素マッピングまでが可能になっている．言うまでもなく，複数の元素を同時に高分解能かつ高感度に測定できる点で，画期的である[3-7]．

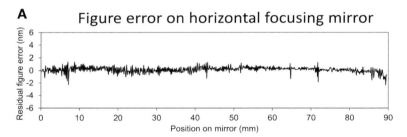

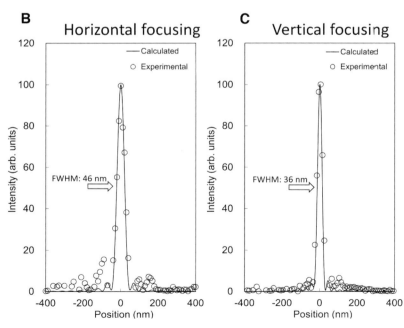

Fig.2 (A) Residual figure error of the remove elliptical mirror, (B, C) Intensity profiles of the focused beam.

3. 細胞レベルでのSXFM：バックグラウンド

細胞内微量元素イメージングは，バックグラウンドとの戦いであった．バックグラウンドを限りなくゼロに近づけることで，目的の細胞イメージングの検出感度は抜群に良くなることが期待される．その際，バックグラウンドで，最も大きな影響を与えるのは，細胞試料を支持する基板である．現在では，市販のSiN基板，自作の高分子膜基板を使用している．SiN基板の利点は，薄膜（200 nm～），すなわち，弾性散乱線を抑えながら，不純物が少ない，低バックグラウンドという点である．そして，親水性で，細胞増殖可能である．基板は平坦であることから，細胞の微分干渉像は大変クリアである．一般の細胞観察では染色を行うこともあるが，元素分析では，不純物の混入を避けるために，無染色の微分干渉像を選択することが多い．さらに，SiNは高熱高圧滅菌にも耐え得る利点がある．細胞培養には，細菌増殖や混入を防ぐために滅菌処置が不可欠である．一方，SiN基板は，Siのピークが高いために，近傍の，細胞機能に大変重要な，P, Sなどの元素検出が難しくなる欠点がある（Fig.3，矢印）．また，試料準備中に割れてしまうことが，しばしばである．さらに，高価である．これらの問題点を補ったものが，自作の高分子膜である．高分子膜は，C, H, Oからなるために，硬エックス線による検出では，バックグラウンドの低い基板となる．また，強度や操作性を向上させるために，アクリル板を支持体としている．高分子膜には，親水性，細胞親和性（細胞付着）が低い素材があるため，カーボン蒸着（PCAD）を行った．細胞は，良好に付着増殖している（Fig.4B）．また，Pのシグナルもクリアに得られている（Fig.4A）．自前の高分子膜は安価で丈夫であることから，今後改良を加えて，発展させることを考えている．

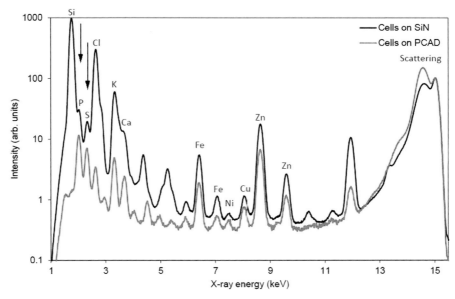

Fig.3 Typical X-ray fluorescence spectra of cells on a SiN membrane and a polymer film with carbon deposition (PCAD).

4. 細胞イメージング

これまでの研究結果より，細胞内元素の分布や量は，細胞毎に異なることが示唆される．培養細胞は，遺伝子背景が同一であっても，同じ様相を示さない集団から成っている．例えば，増殖するために，DNA合成期，染色体の分裂期，細胞質分裂期が挙げられるが，どの時期に細胞があるか，通常は同調されていない．一方，私たちの生体を構成している細胞は，培養細胞のようなクローン集団ではない．例えば血液細胞には，白血球，赤血球，血小板，リンパ球など複数の種類の細胞が参加し，生体機能を支えている．つまり，個々がもつ様相に加えて，複数種類の細胞が生体機能に参加していると考える．生体機能を理解する上では，これらの個々の細胞の細胞内元素量，局在の解析が必要である．

Fig.4A に白血病細胞の細胞核内の元素分布を示す．がん細胞は正常細胞と比較して，よりクローン集団である．増殖も早く，転移能を有している．このがん細胞の核内を観察してみたところ，少なくとも P, Zn, Fe の局在と様相は異なっていた．P が多い箇所は，RNA がたくさん集まっている核小体と推測される．多くの RNA が準備され，その後の過程でタンパク質合成，つまり細胞の活発な代謝や増殖を図っていることが推測される．興味深いことは，Zn と Fe は異なる箇所に局在している．さらに，Fe はドット状に，Zn は一様に局在していること

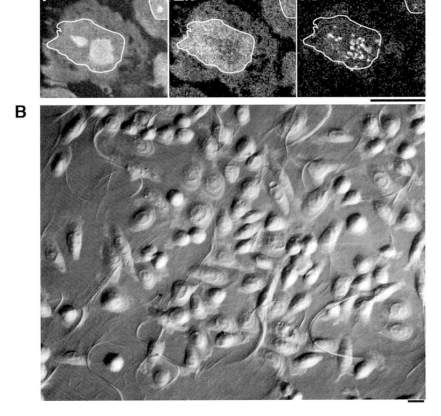

Fig.4 (A) SXFM images of cells over the polymer film with carbon deposition (PCAD). Phosphorus (P) distribution as well as zinc (Zn) and iron (Fe) at cellular nuclei (outlined in white) were clearly observed. Cells, human multiple myeloma cells. (B) Cellular adhesion on a PCAD. PC9 cells were plated on the film and differential interference contrast (DIC) images were measured after 36 h. Bar, 10 μm. Figure is cited from Shimura M and Matusyama S, vol.23(4), JSR 2010 via the copyright agreement.

とから，それぞれの元素の結合分子が異なることが示唆される．これらは，何らかの機能的意味があると考える．これらの結合分子が何であるか，総合的に解析研究を進めることが，細胞機能やがん細胞を理解する上でも興味深い．

5. 細胞レベルの元素アレイ

抗がん剤である白金製剤（Pt）での蛍光エックス線での解析報告は，比較的多い．白金製剤を直接可視化する方法として適している点，Ptが生体内に多く存在しないためバックグラウンドも低く検出感度が高く，さらに，医学的意義が高いためである．これらの意義から，私たちも，白金製剤（Pt）と薬剤耐性（次第に薬が効かなくなる現象）について論文をまとめた[6]．ただし，焦点を絞ったのは亜鉛である．Fig.5は，薬剤耐性を獲得する前（Sen）と獲得後（Res）の元素アレイを示している．複数の元素の増減や局在変化を明らかにする解析を，元素アレイと命名している．元素アレイでは，Pt(+)に反応し，細胞内亜鉛が増大した．さらなる解析で，元素アレイで見られる亜鉛の増加は，異物を除去するためのポンプ機能をしているタンパク質（GSH）の増加を概ね反映していることが示唆された．つまり，GSH（Zn結合蛋白質）がPtを異物として，細胞外へ排除しようとする現象であった．しかし，この亜鉛の現象は非常事態であり，通常の亜鉛分布とは異なることを言及しておきたい．さらに，Pt薬剤耐性（Res）を獲得した細胞株では，通常から亜鉛（GSH）が高く維持され，排除機能が高いために，薬剤効果が減少していることが示唆された．これらの現象を証明するために，亜鉛のキレーター（PTEN）を作用させたところ，薬剤耐性は解除され，非耐性細胞と同等の薬剤効果を得た．複数の元素の様相を総合的に判断する元素アレイは，これまでのタンパク質や核酸に焦点を置く解析では判断できない細胞機能を，明らかにしていると考える．

以上は，培養細胞株で示された現象である．臨床の現状では，薬剤耐性の機序は排除機構のみでなく，変異遺伝子に依るアポトーシス耐性なども含め，さらに複雑である．白金製剤は広域のがん治療に有効であるが，Pt薬剤耐性獲得

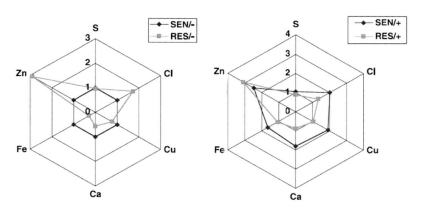

Fig.5 Element array by SXFM. PC9/SEN and PC9/RES cells treated with (+) or without (−) 1 μM CDDP, a platinum anticancer drug. Notably, cellular Zn levels appeared to increase with Pt uptake (red-framed). PC9/SEN: CDDP sensitive cells; PC9/RES: CDDP resistant cells. S, sulfa signal; Zn, zinc signal; Fe, iron signal; Ca, calcium signal; Cu, copper signal; Cl, chlorine signal. Figure is cited from Shimura M, et al., Cancer Res 2005 via the copyright agreement[7].

は，副作用と共に，今日でも，医療上の大きな問題である．現在，当センター病院と連携し，薬剤耐性，副作用の影響を明らかにするための研究が進行している．SXFM での元素イメージングからのアプローチでの貢献を試みている．

6. 電気泳動ゲルでの蛍光エックス線解析（SPAX）

元素アレイ，細胞内元素局在の情報は，タンパク質や核酸，脂肪酸，糖質などの研究と共に解明すべき分野である．それらの分野をつなぐ，生化学的解析，ICP MS などの質量分析は要である[7]．生物分野において，タンパク質などの細胞イメージングとその生化学的解析は車の両輪であるように，細胞内元素イメージングとその結合分子解明のための各種解析は，相互不可欠と考える．その一つの手段として，あったら便利と考えていた解析法，Scanning protein analysis using synchrotron radiation excited X-ray fluorescence（SPAX）の開発を行った[8]．SXFM で得られた元素シグナルの多くは，細胞内分子に結合していると考える．SPAX は，目的の元素に結合しているタンパク質を明らかにする手段として有用と考えている．例えば，前述したように，細胞内で観察された白金シグナルは，タンパク質に結合している白金製剤の可能性が高い．SPAX で得られる白金シグナルを有するバンドを確認し（Fig.6，矢印），バンドを回収後，質量分析を行うことで，蛋白質の同定までが可能となる[8]．電気泳動法は既に普及されている方法であるが，エックス線分析に応用するには，意外と大変である．以下の点が問題となった．ゲル中に含まれる水分，担体，ゲルの厚み・大きさ，そして，電気泳動緩衝液に含まれる元素である．水の存在はエックス線測定の障害となるため，電気泳動後，ゲルの凍結乾燥を行った．市販のゲル，市販の凍結乾燥装置では，凍結乾燥のスピードが揃わず，ゲル（厚み）の歪みを生じ，蛍光エックス線測定の障害となった．そこで，自作のゲルを準備し，凍結乾燥は大型の装置による乾燥によって歪みのない凍結乾燥ゲルを得ることができた．等電点電気泳動法（電

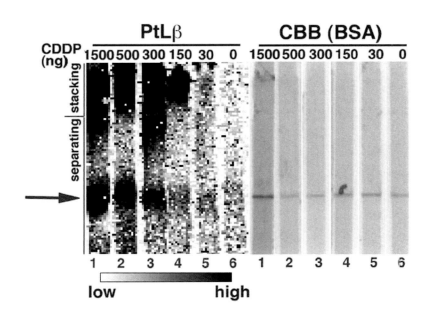

Fig.6 2-D mapping data using SPAX．BSA treated with CDDP was loaded onto the native-gel films. After electrophoresis, freeze-dried native-gel films were subjected to SPAX. CBB staining of the gel, indicated BSA; PtLβ, Pt signal of the gel, the arrow indicates the Pt signals at BSA. Figure is cited from Matsuyama S, et al., Metallomics 2013 via the copyright agreement[8].

荷に依るタンパク質分離法）では，緩衝液中に存在するアミノ酸結合元素が，泳動と共にゲルを移動し，本来バンド位置に重なることがある．泳動時間の調整によりこの問題が回避できるが，タンパク質の電荷によっては，分離が不十分となる可能性が懸念される．一方，分子量で分ける電気泳動法では界面活性剤（SDS）を含まない Native gel を使用することにした．共有結合以外の比較的弱い結合の元素は，SDS により除去される可能性を回避するためである．Native-gel の緩衝液は元素の混入は無視できる程度であった．また，Native-gel では，比較的薄いゲル（<0.2 mm）を凍結乾燥により作製することができ，弾性散乱線を抑えるには好都合であった．一方，等電点ゲルには担体が存在するために，Native-gel の 4 倍の厚さに至ったため，高感度な蛍光 X 線分析は難しい．最終的に，Native-gel では，3 mm 幅 ×0.5 mm 厚の短冊状の自作ゲルを準備し，電気泳動，凍結乾燥，蛍光エックス線測定の検討を進めた．市販の電気泳動マーカータンパク質のいくつかは，Cu, Zn, Mn, Fe を含むために，蛍光エックス線でも検出可能な基準マーカーとなり便利であるので，お勧めしたい．現システムでの検出感度は LA-ICP MS（Laser ablation inductively coupled plasma mass spectrometry）とほぼ同様であるが，SPAX は非破壊的で繰り返し解析可能である点で有利である．また，将来的にはエックス線集光システムを導入することで，より少量試料からの小領域のシグナルであっても高感度に検出可能となるなど，改善の余地が残されている．臨床検体など稀少試料の解析には適していると考えており，医学応用に貢献できる測定システムへの改善を進めている．

7. ユーザーフレンドリー化

放射光施設の利用者であれば，誰でもご存知のように，放射光施設のマシンタイムには限りがある．しかし，これまでのユーザーフレンドリー化のための工学専門者の努力により，測定スピード・効率は大幅に改善されてきた．開発当初，SXFM 装置は集光ビームのキャラクタリゼーションや簡単なデモ実験のために構築されたものであった．細胞を効率よく測定するために，①細胞を直接確認できるシステム，②一度に多数の試料を測定できるシステム，③使いやすいソフトウエア，④恒温化システムを導入した．①では，真空チャンバ内の試料後方に反射型微分干渉顕微鏡を設置した（Fig.7）．真空チャンバ内に微分干渉計顕微鏡を入れることは通常難しいが，CCD だけを小型チャンバで覆うことで，真空中でも問題なく動作できるようした．意外にもレンズなどはそのまま真空中に置いて

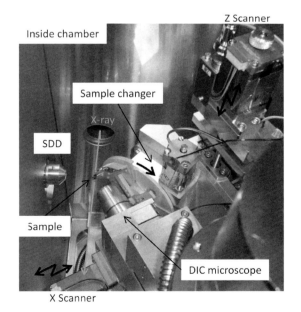

Fig.7 Photograph of the interior of the vacuum chamber.

も問題ないようである．本システムによってX線観察中でも細胞をクリアに観察することができるようになった．②では，試料換装の手間を最小とするために最大12個の試料を取り付けられる試料ホルダを開発した．このホルダは回転ステージ上に設置されているので，ホルダを回転させることで，試料交換もできる．③では，ビームライン研究者以外でも容易に顕微鏡を扱えるようにソフトウエアを改良した．ソフトウエア上の微分干渉顕微鏡像に，測定したい領域を囲むだけで簡単に測定ができるようになった．④KBミラーで形成したナノビームは室温の変化によって容易に劣化する．限られたマシンタイム中には，なるべくなら頻繁には調整したくないものである．そのために，JASRI光源光学部門の協力のもと，実験ハッチの高精度恒温化を行った．大型フィルムヒーターと白金測温体によって構成された温調システムを開発することで，無振動で室温を0.1℃以下で安定化させることに成功した．500 nmの集光ビームを1週間程度維持することが可能となった．以上のような改良によって，限られたビームタイム中に測定したい細胞のみを選別しながら，効率よく測定できる顕微鏡システムが実現している．

8. 細胞内元素情報の将来性

元素アレイ，細胞内元素局在の情報は，各種生体分子の研究と共に解明すべき分野である．これらの相互解析は，無論，技術的に可能であるが，重要な問題点が潜在している．それぞれの細胞調製法が異なっている点である．例えば，生きている細胞での解析は，シンクロトロンで不可能である．細胞の多くが水から成り立っているために，ラジカルが発生し，生細胞への障害を生じるためである．生物活性を失っている細胞においても，水成分は測定上の障害を導く．水成分を除くためには，事前に生細胞の状態を温存するための，パラホルムアルデヒドなどによる固定処置が施される．この処置で失われる可能性があるのが，細胞内分子とあまり結合の強くない元素である．さらに，脱水処置のために有機溶媒を使用した場合は，脂溶性分子に結合している細胞内元素が失われる．細胞内環境は等張溶液で維持されるが，脱水の際には塩が析出する問題もある．元素イメージングは，これらの困難を超えて達成される必要がある．現時点で，私たちは，固定法に加えて，凍結乾燥，瞬間凍結法を推奨している[9]．電顕など他のイメージング準備法と方向性は同じである[10]．「自然の状態」を観察することは，誰もが望んでいるからである．生細胞以外の観察は，何らかの自然状態を犠牲にする可能性を含んでいる．細胞機能知るためには，異なる調製法による複数の解析から得られるデータを正しく理解し，相互解析を進めることが肝要である．

9. 将来の高分解能化への試み

生体分子との関連を明らかにするために，さらなる高分解画像を得ることも重要課題である．高分解能化のためには，集光光学系の開口数を向上させる必要がある．しかし，現在使用している全反射ミラーは，ほぼ臨界角（全反射できる限界の斜入射角）付近で使用しているため，開口数の大幅な改善は不可能である．一般的に全反射ミラーで得られる集光径の下限は臨界角の制約から15 nm前後と言われている．さらなる大開口数を実現するためには，多層膜集光ミラーの利用が必要不可欠である．多層膜集光ミラーでは，ミラー基板上に重元素とを軽元

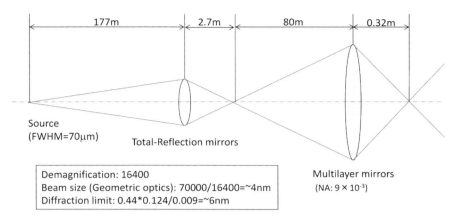

Fig.8 Schematic view of a two-stage reflective focusing system. Only the horizontal focusing system is shown. The system is under development in the SACLA.

素とを交互に積層させたコーティングを用いる．多数の反射面からのすべての反射光が干渉することで大きな反射率を得ることができる．現在のところ 10 nm を切る集光径が実現できている[11]．実用化への課題は少なくない（ミラーの加工精度，多層膜の精度，振動・温度変化によるビームの劣化，アライメントの難しさ…）が，筆者らが危惧する点として集光ビームの強度が挙げられる．得られるビームサイズ d は，$d = s/M$（s は光源サイズ，M は縮小倍率．ただし，d は回折限界が下限）で得られる．M をそれほど大きくできないため，s を小さくしなくてはならない．通常，スリットなどで仮想光源を形成して s を小さくするが，この場合，多くのフラックスロスが生じる．このようなロスが最終的に著しく弱い集光ビームを生むわけである．ロスなく集光させるためには，光源の低エミッタンス化（光源サイズと発散角の微小化）だけでなく 2 段集光光学系の採用が必要不可欠であると考える．現在，X 線自由電子レーザー施設である SACLA において，Fig.8 に示す 2 段集光光学系が構築中である（50 nm 集光光学系は稼働中[12]）．本光学系では，光源より発せられたほぼすべての X 線を約 10 nm 内に集めることができるように設計されている．これらの技術を使えば，放射光施設において 10 nm 以下の分解能で，かつ，高感度で元素マッピングを行うことも近い将来可能になると考える．

10. チームアプローチ

この研究分野の発展には，他分野の専門家の協力は不可欠である．何よりも，良い仲間に恵まれることが，分野の発展には重要と考える（研究チーム，Fig.9）．これまで解明できていない

Fig.9 Our project team at BL29XU, SPring-8 (Nov., 2013).

生命現象，病気の原因は実に多い．さらに，グローバル化は，感染症など急速な拡大を生んでいる．現代社会は，病気解明や治療法の開発を，これまで以上のスピードで要求されるようになった．細胞内元素機能解明が，これらに貢献できることを，チーム一同，切に望んでいる．

謝　辞

本研究は，東レリサーチ 飯田豊博士，白瀧絢子氏，故中山明弘博士，DRC 坂本慎一氏，大阪大学大学院工学研究科 齋藤彰博士，山内和人博士，東京大学工学部 三村秀和博士，理化学研究所播磨研究所/SPring-8 玉作賢治博士，矢橋牧名博士，石川哲也博士，高輝度光科学研究センター光源・光学系部門光学系グループ 湯本博勝博士，大橋治彦博士，北海道大学電子工学 西野吉則博士，木村隆博士，国立国際医療研究センター 石坂幸人博士，松永章弘博士，国立遺伝学研究所生体高分子 前島一博博士，国立フランス科学研究所（CNRS）Łukasz M. Szyrwiel 博士よりなる研究グループで行った．本研究開発は，主として，厚生労働科学研究費補助金医療機器開発推進研究事業（ナノメディシン分野）および内藤記念科学奨励金，文部科学省科学研究費補助金（特別推進研究）「硬 X 線 Sub-10 nm ビーム形成と顕微鏡システムの構築」（18002009），グローバル COE プログラム「高機能化原子制御製造プロセス教育研究拠点」，独立行政法人科学技術振興機構，CREST 研究により行った．

参考文献

1) J. Szpunar: Metallomics: a new frontier in analytical chemistry, *Analy. Bioanal. Chem.*, **378**, 54-56 (2004).

2) H. Haraguchi: Metallomics as integrated biometal science, *J. Anal. Atom. Spectrom.*, **19**, 5 (2004).

3) S. Matsuyama, H. Mimura, H. Yumoto, Y. Sano, K. Yamamura, M. Yabashi, Y. Nishino, K. Tamasaku T. Ishikawa: Development of scanning x-ray fluorescence microscope with spatial resolution of 30 nm using Kirkpatrick-Baez mirror optics, *Rev. Sci. Instrum.*, **77**, 103-102 (2006).

4) S. Matsuyama, M. Shimura, H. Mimura, M. Fujii, H. Yumoto, Y. Sano, M. Yabashi, Y. Nishino, K. Tamasaku, T. Ishikawa, K. Yamauchi: Trace element mapping of a single cell using a hard x-ray nanobeam focused by a Kirkpatrick-Baez mirror system, *X-Ray Spectrom.*, **38**, 89-94 (2008).

5) S. Matsuyama, H Mimura, K. Katagishi, H. Yumoto, S. Handa, M. Fujii, Y. Sano, M. Shimura, M. Yabashi, Y. Nishino, K. Tamasaku, T. Ishikawa, K. Yamauchi: Trace element mapping using a high-resolution scanning X-ray fluorescence microscope equipped with a Kirkpatrick-Baez mirror system., *Surf. Interface Anal.*, **40**, 1042-1045 (2008).

6) M. Shimura, A. Saito, S. Matsuyama, T. Sakuma, Y. Terui, K. Ueno, H. Yumoto, K. Yamauchi, K. Yamamura, H. Mimura, Y. Sano, M. Yabashi, K. Tamasaku, K. Nishio, Y. Nishino, K. Endo, K. Hatake, Y. Mori, Y. Ishizaka, T. Ishikawa: Element array by scanning X-ray fluorescence microscopy after cis-diamminedichloro- platinum (II) treatment., *Cancer Res.*, **65**, 4998-5002, (2005).

7) H. Takata, T. Hanafusa, T. Mori, M. Shimura, Y. Iida, K. Ishikawa, K. Yoshikawa, Y. Yoshikawa, K. Maeshima: Chromatin compaction protects genomic DNA from radiation damage., Proc. One, (10): e75622 (2013).

8) S. Matsuyama, A. Matsunaga, S. Sakamoto, Y. Iida, Y. Suzuki, Y. Ishizaka, K. Yamauchi, T. Ishikawa, M. Shimura: Metallomics Scanning protein analysis of electrofocusing gels using X-ray fluorescence., *Metallomics*, **5**, 492-500 (2013).

9) S. Matsuyama, M. Shimura, M. Fujii, K. Maeshima, H. Yumoto, H. Mimura, Y. Sano, M. Yabashi, Y. Nishino, K. Tamasaku, Y. Ishizaka, T. Ishikawa, K. Yamauchi: Elemental mapping of frozen hydrated cells with cryo-scanning X-ray fluorescence microscopy.,

X-Ray Spectrom., **39**, 260-266 (2010).

10) P. Walther, D. Studer, K. McDonald: High Pressure Freezing Tutorial., *Microsc. Microanal.*, **13** (Suppl 2) (2007).

11) H. Mimura, S. Handa, T. Kimura, H. Yumoto, D. Yamakawa, H. Yokoyama, S. Matsuyama, K. Inagaki, K. Yamamura, Y. Sano, K. Tamasaku, Y. Nishino, M. Yabash, T. Ishikawa, K. Yamauch: Breaking the 10 nm barrier in hard-X-ray focusing., *Nature Physics*, **6**, 122-125 (2010).

12) H. Mimura, H. Yumoto, S. Matsuyama, T. Koyama, K. Tono, Y. Inubushi, T. Togashi, T. Sato, J. Kim, et al.: Generation of 10(20) W cm^{-2} hard X-ray laser pulses with two-stage reflective focusing system., *Nature Communications*, **5**, 3539 (2014).

解説

ハンドヘルド XRF の機能向上と
産業，環境，学術研究分野における役割の拡大

野上太郎，牟田史仁

Improvement of Handheld XRF and its Expanded Role in Industry, Environment and Academia

Taro NOGAMI and Fumihito MUTA

Portable Analyzer Division, Rigaku Corporation
4-14-4 Sendagaya, Shibuya-ku, Tokyo 151-0051, Japan

(Received 15 January 2015, Accepted 22 January 2015)

　　Technological advances of miniature X-ray components, electronics and software in the past 5 to 6 years improved performance and function of handheld XRF analyzers. There are many new applications in the fields of material quality control, environmental assessment, material recycling and some part of academia. This article introduces new applications of handheld XRF analyzer based on its recent performance and newly developed functions. New roles of handheld XRF analyzer in each field are also discussed.

[Key words] Handheld, XRF, Industrial materials, Environment, Recycling, Cultural assets, SDD, RoHS, PMI, ISO 13196, Quality control

　過去5〜6年間のミニチュアX線デバイス[1]，エレクトロニクス，ソフトウェアの技術進歩は，ハンドヘルドXRFの性能と機能を向上させた．多くの新しいアプリケーションが，品質管理，環境アセスメント，リサイクル，一部の学術研究の各分野で見られる．本解説では，ハンドヘルドXRFの最近の性能・機能に基づく各分野の新しいアプリケーションを紹介する．また，各分野におけるハンドヘルドXRFアナライザーの新しい役割についても記載する．

[キーワード] ハンドヘルド，XRF，工業材料，環境，リサイクル，文化財，SDD，RoHS，PMI，ISO 13196，品質管理

1. はじめに

　ミニチュアX線管[1]を用いたハンドヘルドXRFの原型は2000年代初めに完成し，その後10年間に急速な進歩を遂げたが，いろいろな面で今なお進化を続けている．過去5〜6年間の性能・機能向上としては，X線管，SDD[1,2]の改良による分解能向上および軽元素領域での感度向上，定量対象元素数の増加，Pseudo Elements機能による目的別計算値表示，メッキ

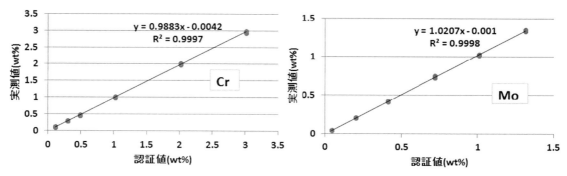

図1 再現性および認証値と測定値の相関. 試料：(社)日本鉄鋼連盟 JSS150~155 低合金鋼シリーズ, 測定時間：10秒, 繰り返し測定回数：各試料10回.

厚迅速分析，Type Standardization による定量正確さ向上，内蔵 GPS 機能などがある．その他，特定共存元素の存在に関する各種自動補正も進歩している．最近の性能・機能を有効に活用するアプリケーションの代表例として，金属材料・セメントなどの品質管理，構造物検査，メッキ厚検査，各種有害元素規制対応，金属廃材の合金種判別，リサイクル材の検査，廃棄物中有価元素の分析，文化財の調査などがある．従来は，設置型 XRF の役割とされていた分野にもハンドヘルド XRF が使用されるようになった．一部の分野においては，ハンドヘルド XRF を用いたスクリーニングに関する国際規格が発行され，その分野での価値認識がさらに高まった．

本解説では，ハンドヘルド XRF の各分野での最近の有効活用事例と分野別の今後の役割に焦点をあてる．

2. 金属材料の品質管理

2.1 低合金鋼中添加元素の迅速定量分析

低合金鋼には，使用目的に応じて，耐熱鋼，低温度用鋼，耐候性鋼，高引張高降伏強度鋼など多くの種類がある．いずれにおいても，使用目的に合う特性が得られるか否かは，Cr, Mo, Ni, Cu, P などの中から適切な元素が適切な量添加されているかどうかにより決まる．元素の含有量を確認することは，金属材料メーカのみならず使用する側でも必要である．

一例として，耐熱低合金鋼について記載すると，一般には 0.5%～9% の Cr と 0.5%～1% の Mo を含んでおり，これらの元素により，耐腐食性と高温での硬度を両立[3]させている．

図1に，最新のSDD搭載機を用いて鋼中の Cr, Mo を分析した際の定量値再現性および認証値と測定値の相関を示す．測定時間10秒であるが，各濃度10回の繰り返し測定において高い再現性を示し，認証値と実測値の相関においても優れていることがわかる．低合金鋼の迅速検査に十分な性能を有していることが確認できた．

2.2 アルミ材中不純物の分析

市販の工業用アルミ材は，Fe, Si を主要な不純物として含む場合が多い．そしてこれらの不純物が耐食性などに影響を与えるために，これらの含有量の管理が必要とされる．

図2に，SDDを搭載した軽元素対応機を用いて市販のアルミ材の Fe, Si 含有量を測定した際の測定結果表示画面を示す．対象元素の一つが軽元素の Si であるため，フィルターなどの

図2 アルミ材中不純物の測定.

図3 配管のフランジ部検査.

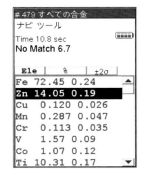
図4 検査結果.

重元素用設定,軽元素用設定の自動切換えにより測定した.

2.3 構造物の検査

ハンドヘルド XRF による金属材料の検査は,素材だけでなく,構造物や最終構造物になる前のユニット対しても可能である.このような検査は,PMI（Positive Material Identification）と呼ばれる.最も多いのは,プラントにおいて配管の劣化の可能性を事前に把握する目的で行う PMI である.配管自身のほか,配管の溶接部やフランジ部の検査をハンドヘルド XRF で行う.ハンドヘルドタイプでのみ可能な金属材料品質管理の代表例と言える.

一例として,図3および図4に,配管のフランジ部の検査の写真および検査結果表示画面を示す.この例においては,配管のフランジ部が低合金鋼に亜鉛メッキを施したものであることが確認できた.

配管の溶接部など,狭い範囲を測定する場合には,X線ビーム径を通常の 8 mm から 3 mm に切り替えてカメラ像で位置を確認しながら測定するスモールスポットモード[4]を使用する.図5に溶接部測定の写真と直径 3 mm の測定部のカメラ像を示す.

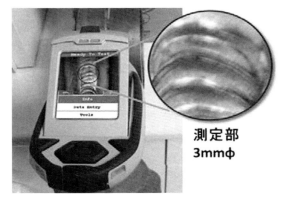
図5 溶接部の測定.

2.4 メッキ厚分析

メッキ厚さは,各種産業分野において,金属材料の耐食性などに関する重要な品質管理項目である.XRF による方法は,顕微鏡断面試験法や電解式試験法と異なり,非破壊でメッキ厚を測定することができる.また,磁力式試験法と異なり,素地の材質やメッキの材質によって制限を受けることが少ない.特に自動車,航空機,建築材料などにおける大型材料に関しては,材料を裁断する必要がなく常に非破壊でメッキ厚分析ができるハンドヘルド XRF が重要なメッキ厚管理のツールとなる.

以前より一般に行われている方法は,検量線法である.表面層の厚さが既知である複数の標準試料を用いて厚さの検量線を作成し,未知試

料の表面層厚さを算出する．しかし，最近では，FP 法をベースとするメッキ厚の演算アルゴリズムにも進歩が見られ，メッキ厚既知の標準物質 1 個である程度の厚さ範囲分析をすることも可能になっている．ここでは，このような簡便法について，以下に例を上げて説明する．

代表例として，素地が Fe，表面層が Cu の場合について記載する．手順は見かけ上一点検量線法に類似していて，標準試料を 1 個のみ用いる．

図 6 に示すように，実際には表面層厚さと X 線強度の関係は，曲線状になっている．そのため，装置内部では，素地の元素と表面層の元素の X 線特性に基づく補正演算[5] が行なわれる．

準備段階で，素地の元素 Fe と表面層の元素 Cu を指定した後，図 7 に示したように，標準試料の Cu の厚さ（30 μm）を入力する．次に，装置内で補正演算パラメータの設定を完了させるため，Cu 層厚さ（30 μm）の標準試料の測定を行う．これによりメッキ厚分析の準備は完了する．

準備完了後，5 種類の試料について，Cu 層厚さの実測を行った．Cu 層厚さの理論値と実測値の一致度を確認した結果を図 8 に示す．標準試料の厚さと同じ 30 μm の近辺のみならず，広い厚さ範囲において，良好な一致が見られる．

以上は表面層が一層の例であるが，最近の装置では，二層の試料においても良好な結果が得られる．

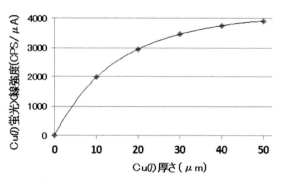

図 6　表面層厚さと表面層蛍光 X 線強度の関係．

図 7　表面層物質の厚さ入力．

理論値	5.0	15.0	25.0	35.0	45.0
実測値	5.3	15.1	25.2	35.4	45.6

単位：μm

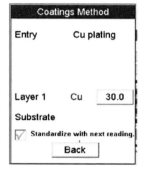

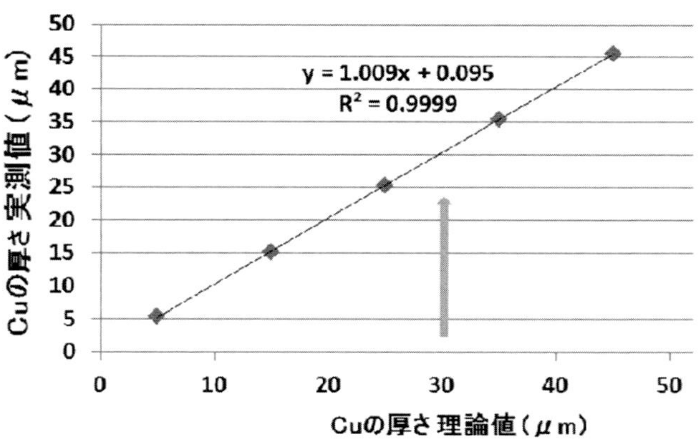

図 8　表面層厚さの理論値と実測値の相関．

3. 各種工業材料の品質管理

3.1 User Cal Factor, Type Standardization による定量正確さ向上

セラミックス，セメント，ガラスなどの工業材料およびその原料の中には，通常のシリカ系材料とはマトリクスが大きく異なるものも多く，シリカ系材料を対象にしたFP法では誤差が避けられない場合がある．このような場合のために，User Cal Factorと呼ばれる方法が用いられてきた．類似マトリクスの標準物質を測定して，その結果により補正係数を入力してFP法の定量演算に補正を加えるものである．多くの標準物質を必要としないこととFP法による各種の自動補正はそのまま生きる利点がある．最近では，種々の特殊マトリクス材料に対応可能なように，保存できる補正係数のセットの数が大幅に増えている．この定量演算補正は，マトリクスの特殊性に基づく誤差のみならず，粉末試料を入れる試料セルやバッグのX線透過部のX線吸収による誤差を補正する目的にも使用することができる．

Type Standardization は，上記の補正をさらに進化させたもので，検量線法と同様一定の手順に添って標準物質の測定を行えば，FP法の結果に修正が加えられる．最近では，セメント，ガラス，セラミックスに関する各種の標準物質が市販されるようになったため，今後各種工業材料分野での活用度が高まるものと考えられる．代表例として，Type Standardization によるセメント中のアルミニウムの定量分析について，次節に記載する．

3.2 Type Standardization によるセメント中アルミニウムの定量

アルミニウムは，セメントの重要成分の一つであり，アルミネートまたはフェライトの形態でセメント中に存在する．通常はFP法に基づく鉱物モードで測定するが，セメントのマトリクスが通常の鉱物と異なるため，若干の定量誤差を生ずる．定量正確さを重視しなければならない状況で，標準物質が得られる場合は，Type Standardization を用いる．

最も簡単な例として，標準物質二点によりFP法の結果を補正した例を示す．図9，図10は，標準物質の認証値と標準物質の実測値の対比を表す画面である．図9は，Alの認証値が3.00%である標準物質を測定した結果が2.79%である

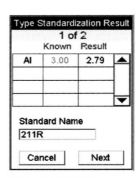

図9 対比画面1.　　図10 対比画面2.
Alの認証値3.00%.　Alの認証値2.75%.

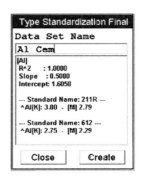
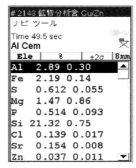

図11 補正式の勾配，y切片など．

図12 補正後の標準物質測定結果．Alの認証値2.86%.

ことを意味する.

図10は，Alの認証値が2.75%である標準物質を測定した結果が2.29%であることを意味する．これらにより，自動的に定量演算に対する補正式が設定される．

図11は，補正式の勾配，y切片と補正式の元になった標準物質の認証値および実測値を表示した画面である．

図12は，補正のかかった状態で，Alの認証値2.86%の標準物質を測定した結果である．定量正確さが向上していることがわかる．

4. 環境関連におけるスクリーニング分析

4.1 土壌・岩片中の有害元素分析[6)]

2010年4月の土壌汚染対策法の改正により，3,000 m^{2}以上の土地の形質変更を行う場合は有害物質の調査対象になり，また工場・事業場にて生じた汚染土壌のみならず，自然由来の有害物質を含有する土壌も規制の対象となる．そのため，有害物質の調査が必要とされるケースは格段に増えている．特に，鉛や砒素の有害重元素は，自然由来[7)]のものがきわめて多い．最近のハンドヘルドXRFは，これらの元素の含有量規制値より低いレベルの含有量を数十秒で測定することを可能にする．トンネル工事をはじめとする各種土木工事現場で生ずる土砂や掘削ズリの分析をその場で行い，それらの搬送先を即座に決定することは，ハンドヘルドXRFの重要な役割となりつつある．

図13は，含有量規制値（150 ppm）より低い含有量のカドミウム，鉛，ヒ素と含有量規制値（15 ppm）付近の含有量の水銀を30秒間で一斉に分析した例である．測定モードは，土壌モード（後述の内蔵検量線法）である．

以下に，現地でのハンドヘルドXRFによる土壌中有害元素分析の実例を示す．

図14，図15に，地面上の三点A, B, C（各々距離20 cm）について，装置先端を押し当てて地表付近の土壌の鉛の含有量を測定した例を示す．図16は，三点の付近の土壌をほぼ均等に集めて採取して，ビニール袋に入れて振って攪拌した後測定している写真である．表1は，地面直接測定結果および採取・攪拌しての測定結果を一覧にしたものである．地面に直接装置を押し当てて測定する方法は，特定の地域における元素の偏在の程度の確認，最適サンプリング場所の特定，汚染のホットスポットの特定など

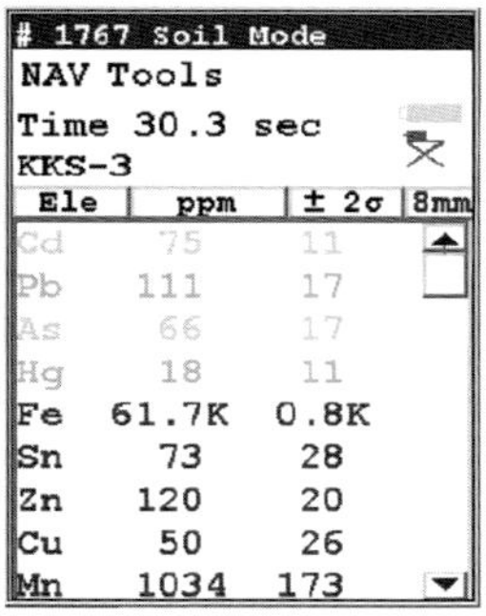

図13 有害元素の短時間分析.
認証値：Cd 80±4 ppm, Pb 104±6 ppm, As 61±4 ppm,（参考値：Hg 15 ppm）.

図14 地面直接測定.

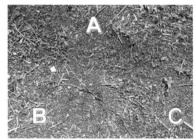

図15 測定箇所，測定位置間距離20 cm.

図16 採取・攪拌後測定.

表1 直接測定および採取・攪拌後測定の測定結果.

測定時間 約45秒

測定箇所，測定法	鉛含有量 (ppm)	誤差範囲 ($\pm 2\sigma$)
A点，直接測定	206	17
B点，直接測定	155	15
C点，直接測定	161	17
ほぼ均等に採取し，攪拌後測定	173	16

図17 山間部での有害元素分析. 図18 山間部での有害元素分析結果.

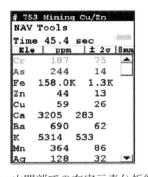

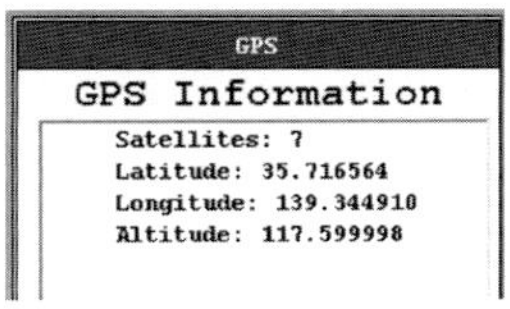

図19 位置情報表示例.

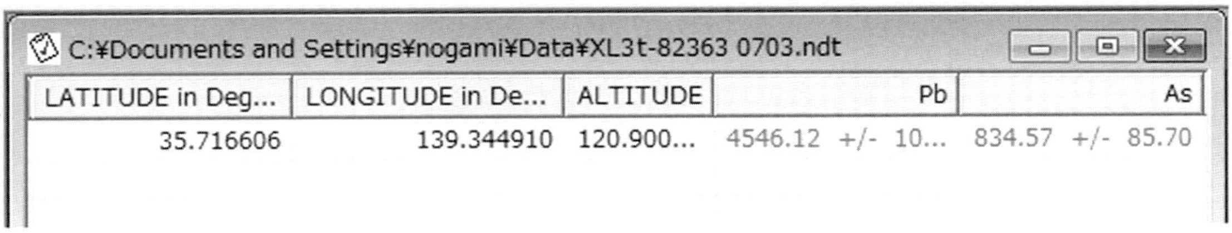

図20 位置情報と測定結果を同時にPCにダウンロードした例.

の目的には有効であるが，鉛の含有量には，元素の偏在による若干の違いが見られる．

他方，採取・攪拌後測定の測定結果は，三点の直接測定結果の平均値に近い値を示しており，この事例に関する限りこの三点付近の表面土壌の平均的鉛含有量と位置づけることができる．

次に，明らかに自然由来と思われる有害元素の分析例を示す．図17，図18は，工場や人家とは無縁な山間部で，地表の有害元素を分析した例である．近くには，江戸時代初期の鉱山跡があり，産業上重要な金属元素とともに自然由来の有害重元素の多い地域と考えられる．

図19は，ハンドヘルドXRFの本体に内蔵されているGPSを活用して，本体画面に位置情報を表示した例であり，図20は，位置情報と測定結果を一緒にPCにダウンロードした例である．これにより，Google Earthと連動させたり自然由来有害元素の分布マップを作成することも容易となる．

4.2 土壌中有害元素スクリーニングに関する ISO 規格

過去においては XRF による現地での土壌中有害元素スクリーニングは，分析法に関する各国の規格においても取りあげられることが少なかった．しかし，最近ではハンドヘルド型を中心とする装置の進歩と試薬の持参や廃液の持ち帰りを必要としない便利さが認められるようになり，2013 年 3 月にハンドヘルド型および携帯型（箱型だが現地に携帯可能）の XRF による土壌中有害元素のスクリーニング法が，ISO 13196 として公布された．図 21 に表紙を示す．これにより，日本，海外ともに現地用 XRF による土壌中有害元素分析は，より普及するものと予測される．

ISO 13196 においては，現地での土壌中有害元素のスクリーニングには，スタンダードレスの定量演算が推奨されている．ハンドヘルド XRF においても，装置メーカにより内蔵された検量線をそのまま使用する内蔵検量線法と FP 法の両方が搭載されている．一般には，マトリクスに特殊性の少ない土壌の場合は内蔵検量線が用いられ，特定の元素を大量に含む鉱山ズリや土壌に準じて扱われる産業生成物については，FP 法が用いられる．このような特殊マトリクスの試料については，同じマトリクスの標準物質を入手し，3.1 節に示した User Cal Factor また Type Standardization を用いて，標準試料測定の結果に基づく補正を加える方法が，定量正確さの点で最も優れているが，現地スクリーニングにおいてそこまでの正確さが必要とされるケースは，それほど多くない．

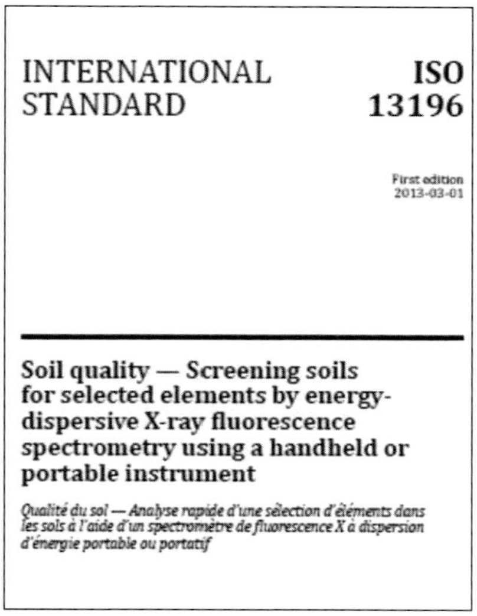
INTERNATIONAL STANDARD

ISO 13196

First edition
2013-03-01

Soil quality — Screening soils for selected elements by energy-dispersive X-ray fluorescence spectrometry using a handheld or portable instrument

Qualité du sol — Analyse rapide d'une sélection d'éléments dans les sols à l'aide d'un spectromètre de fluorescence X à dispersion d'énergie portable ou portatif

図 21　ISO 13196.

現在のハンドヘルド XRF においては，各種誤差要因を自動補正することにより，極力試料前処理を省略することを基本思想としている．しかし ISO 13196 には，このような装置を使用する場合においても試料の状態に関する最低限の注意と試料状態によっては必要となる簡単な前処理が記載されている．この内容は，今後ハンドヘルド XRF をはじめとする携帯可能な XRF がさらに進歩しても，注意を必要とするものであり，以下に取り上げる．

一つは，水分の影響である．通常，土壌中有害元素の規制値は，水分を無視しうる状態を前提に定められるため，多量の水分を含んだ状態で測定することは好ましくない．そのため，水分濃度の高い土壌の現地スクリーニング分析においては，携帯型乾燥機の使用が推奨されている．また，異物や 2 mm 以上の粒子を除去するよう記載されている．

ISO 13196 には，ハンドヘルド XRF の先端を直接地面や地中の土壌に押し当てて測定する方法と採取した土壌を十分に攪拌してから測定する方法の両方が記載されているが，これは前節で述べたように各々に重要な役割があることが理由である．

4.3 世界の有害元素規制への対応

世界の有害元素規制は，電気製品を対象にした欧州のRoHS規制をはじめとし，各種消費者製品を対象にした米国のCPSC，玩具を対象にした欧州のEN71-Part3など多くのものがある．また最近では，世界各国でハロゲンフリーの動きも活発化している．最近のハンドヘルドXRFにおいては，各種母材中の100 ppm前後のカドミウム，各種母材中の数百 ppmの塩素を短時間で分析できるため，上記の規制のいずれに関しても活用することができる．

RoHS規制対応の例として，図22にプラスチック部品中の規制元素の分析例を，図23に黄銅部品中の規制元素分析の例を示す．図22の例においては，規制値が100 ppmと厳しいカドミウムにおいても，規制値付近の濃度のカドミウムを15秒で定量可能である．他方，図23における黄銅中の規制値付近の濃度のカドミウムの定量には，約25秒要しているが，それでも他の分析手段に比べればきわめて迅速であると言える．

図24は，スモールスポット機能のRoHS対応への活用例である．RoHS規制は，基本的に単一の部材に対して有害元素の含有量を規制するものである．従来の考え方からすると，複合部材は分解して単一部材にしてから分析しなければならなかった．しかし，スモールスポット機能の活用により，多くの場合，特定の部分を非破壊で分析することが可能となった．図24は，スモールスポット機能によるICのピンのみの分析である．

図25は，CPSC対応の例である．ネックレスのチェーンのリングの一つだけが大量のCdを含んでいることをスモールスポット設定により確認した．

図26は，最近多くなっているハロゲンフリー対応用の測定結果表示画面である．電子機器のハロゲンフリーに関する世界標準はまだ無いが，国内・海外の多くの規格において，Cl：

図22 プラスチック中微量Cdの迅速分析．　　図23 黄銅中微量Cdの迅速分析．

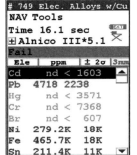
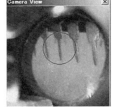

図24 スモールスポット機能によるICのピンの分析．

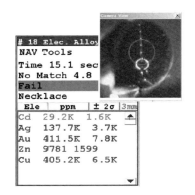

図25 スモールスポット機能によるCPSC対応の例．

図26 ハロゲンフリー対応用画面. 図27 RPF の分析. 図28 RPF の分析結果の例.

900 ppm 以下，Br：900 ppm 以下，Cl+Br：1500 ppm 以下と定められている．ハロゲンフリー画面は，これに対応した表示形態になっている．図26 においては Cl+Br が 1500 ppm を越えているため，この項目が赤色表示されている．

図 27, 28 に，リサイクル燃料 RPF（Refuse Paper & Plastic Fuel）の分析例を示す．塩素の量が多いと燃焼炉の寿命に影響を及ぼすのみならず，燃焼時ダイオキシンを発生させる可能性もあるため，塩素が最重要の管理項目である．10 秒前後の短時間で合否判定や，暫定基準値の 3000 ppm より大幅に低いレベルの塩素を分析するには，塩素の感度が高い軽元素対応機を用いることが好ましい．

以上に記載した塩素の分析においては，検出器が SDD であり，また軽元素用のフィルタを有する軽元素対応機を用いた．しかし，プラスチック分別において塩素系樹脂（PVC）か非塩素系樹脂を判別する目的であれば，軽元素対応機でない機種でも 3～10 秒で判別結果が得られる．る．XRF は，NIR や IR などを用いた分光分析と異なり，黒色プラスチックにも簡単に適用できる利点がある．

5. 金属廃材合金種判別

5.1 金属廃材合金種判定の重要性

日本の産業界は，天然資源の多くを海外に依存しているので，国内で生じる金属廃材は，貴重な国内資源と言える．しかし，金属廃材を集めただけでは価値は低く，合金種を判定することにより，リサイクル材料として価値が高まる．ハンドヘルド XRF の役割の中でも，金属廃材合金種判別は，社会的に重要な位置を占めるものの一つである．

5.2 金属廃材合金種判定の動向と実例

図 29 は，軽元素対応機を用いて類似した組成の二種類の鋼材の判定を行った例である．

鋼材 A は，S が観測され，合金種は，SUS303

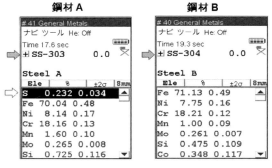

図29 軽元素対応機を用いた二種類の鋼材の判別.

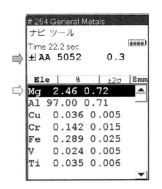

図30 アルミニウム合金廃材の合金種判定.

を意味するSS-303と表示された．鋼材Bは，Sが観測されず，合金種は，SUS304を意味するSS-304と表示された．この例のように，軽元素により合金種が異なる場合には，軽元素対応機が不可欠となる．

図30は，アルミニウム合金の廃材の合金種判別の例である．アルミニウム合金において注意を要するのは，Mgなどの軽元素の含有量により合金種が異なる場合が多いことである．そのため，通常は，軽合金対応機を必要とする．今回の測定においても測定時間約22秒の多くの部分を軽元素用フィルタによる測定に費やしている．

ハンドヘルドXRFの軽元素対応機の進歩は，金属廃材の分野で大きな意義があるが，性能至上主義がこの分野に貢献するとは限らない．コストを抑えた普及機に対し軽元素測定の機能を付加することも最近の重要な動向である．

6. 金属廃材以外のリサイクル分野への応用

6.1 リサイクル分野におけるハンドヘルドXRFの現状と今後

ハンドヘルドXRFのリサイクル分野での活用は，現在金属廃材関連が圧倒的に先行しており，その他に関しては，まだ十分軌道に乗っているとは言いがたい．特に廃棄物中有価元素のリサイクルについては，分析技術と回収技術の連携が大きな課題となっている．しかし，ハンドヘルドXRFの性能・機能の進歩は著しく，最近では微量の貴金属元素や希土類元素の分析も容易になっている．将来は，金属廃棄物以外のリサイクルに関しても広く使用されるものと思われる．

次節においては，すでに注目度が高く，近い将来本格化すると思われる応用例について記載する．

6.2 廃棄物・廃棄物中有価元素のリサイクル

図31に焼却灰の分析結果を示す．焼却灰は，セメント製造のための代替原料として使用されるが，成分が受け入れ基準を満たさなければな

図31 焼却灰の分析例．　　図32 スラグの分析．　　図33 スラグの分析結果．

らない．有害重金属も規制されるが，特定の軽元素についても規制があるため，軽元素対応機が必要となる．図 31 において，P は元素としての含有量のほか酸化物としての含有量も表示されている．セメント製造会社の多くは，特定の元素について，酸化物の形で受け入基準を定めているため，Pseudo Elements（計算値表示）機能を生かして酸化物含有量に換算した例として，表示項目に入れた．

図 32, 33 は，スラグ中の Ni などの有価金属元素を分析した例である．スラグは，不定形のブロック状である場合も多く，元素によっては偏在が著しい．ハンドヘルド XRF で有価金属元素の量を確認することは，スラグの利用法の決定や有価金属元素の回収工程の効率向上などに有効である．

7. 文化財調査への応用

7.1 ハンドヘルド XRF と文化財調査

歴史遺産や文化財の調査に従事する研究者数は多くないが，この分野でのハンドヘルド XRF の活用頻度は最近増加している．これは明らかにハンドヘルド XRF が非破壊・非損傷の分析に適していることを意味する．中には，非損傷に止まらず，非接触が必要な場合も存在するが，このような場合は，装置を図 34 に示す拡張アームと三脚に取り付け，装置の先端を測定対象物から数 mm 離して固定し，測定する．

7.2 文化財調査への応用例

図 35 と図 36 に江戸前期の小柄の分析例を示す．伊賀国 伴入道風一作 とされている．

図 35 は，軽元素対応機の合金モードを用い

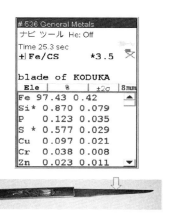

図 35 小柄の刃の分析．

図 34 拡張アーム・三脚．

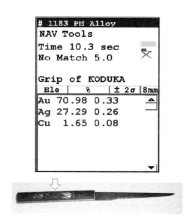

図 36 小柄の柄の分析．

図37 木魚の塗りの分析.

て，刃の部分を測定した結果である．表面のサビは除去せず，紙で付着した汚れを除去した状態で測定したものである．

図36は，同じ小柄の柄の部分を貴金属モードで分析した結果である．

図37は，木魚（年代不明）の表面塗装について，ハンドヘルドの利点を生かして測定した結果である．測定箇所1は，測定結果より朱を主体とすることは明らかであるが，測定箇所2，測定箇所3については，詳しい解析は行なっていない．

8. おわりに

以上において記載したハンドヘルドXRFの各機能は，すでに国内でも有効活用されているものが主体であるが，その他にも最近のハードウエア・ソフトウェア改良で可能になった機能がある．例えば，希土類モードである．希土類モードが本来の希土類鉱物の鉱床の探査などに使用されることは国内では少ないと考えられるが，今後都市鉱山に関して大きな役割を担う可能性がある．また，類似のことが自動車触媒モードについても言える．自動車の触媒コンバータからプラチナ，パラジウム，ロジウムを回収するための分析計として，今後ハンドヘルドXRFは重要な役割を果たすようになることが予測される．

他方，過去においては民間企業で使用されることが圧倒的に多かったハンドヘルドXRFが，学術研究分野や政府機関においても使用されるようになっている．今後は環境アセスメントや文化財関連の調査のみならず，地学や地球科学関連の研究にも本格的に使用されるようになるものと思われる．

その他の役割拡大の方向として構造物の検査がある．PMIと呼ばれる構造物の金属の検査はすでに一般に行われており，本解説の中でも報告したが，今後はコンクリート中の塩素の分析

などにも拡大されると考えられる．その際にも，軽元素領域の感度向上などが生かされることになる．

　今後も，産業界，学術研究分野の動向を注視するとともに，ハンドヘルド分析計に対する各分野からの要望に耳を傾け，機能の向上と応用開発の継続に努力したい．

参考文献

1)　遠山恵夫，河合 潤："ハンドヘルド蛍光X線分析の裏技"，「金属」2014/9 臨時増刊号, 38-42 (2014).
2)　野上太郎：産業と環境, **38**, No.4, 49 (2009).
3)　乙黒靖男：高温装置用鋼と経年損傷, 圧力技術, **36**, 67-79 (1998).
4)　遠口恵夫, S. Piorek：ハンドヘルド蛍光X線分析装置の進歩と新しい分析事例, X線分析の進歩, **40**, 1-20 (2009).
5)　中井 泉 編集, 日本分析化学会X線分析研究懇談会監修：「蛍光X線分析の実際」, p.154 (2005), (朝倉書店).
6)　野上太郎：産業と環境, **39**, No.4, 77 (2010).
7)　丸茂克美：産業と環境, **39**, No.4, 29 (2010).

総 説

多層膜回折格子の放射光への応用
— keV領域回折格子分光器ビームラインにおける新展開 —

小池雅人, 今園孝志, 石野雅彦

Applications of Multilayered Gratings to Synchrotron Light Sources
— New Horizon of Diffraction Grating Monochromators in the keV Region —

Masato KOIKE, Takashi IMAZONO and Masahiko ISHINO

Quantum Beam Science Center, Japan Atomic Energy Agency
8-1-7 Umemidai, Kizugawa, Kyoto 619-0215, Japan

(Received 16 January 2015, Revised 23 January 2015, Accepted 24 January 2015)

To promote the advanced material research using high brightness light sources such as low emittance synchrotron radiation or soft X-ray laser beam it is required to develop soft X-ray high efficiency and resolution diffraction grating spectrometers suitable for absorption, emission, and fluorescence analysis of light elements in the 1-8 keV region. To overcome the limitations of practical energy region about up to 2 keV of grating monochromators due to the reduction of efficiency of the conventional surface materials, e.g., gold, we have developed three types of laminar-type multilayer gratings having high diffraction efficiency in this region: Mo/SiO_2 multilayer grating having a high groove density (7600 lines/mm) designed for the region of 1-2 keV, W/B_4C wide-band multilayer grating optimized for a spectrograph used at a constant incidence angle of 88.65° in the region of 2-4 keV, and $CoSiO_2$ multilayer grating which showed the best diffraction efficiency in the region of 4-8 keV. In this paper we describe the design, fabrication, and evaluation of these gratings. Also the discussion is extended to the promissive result obtained by the numerical simulation that the grating of the W/B_4C wide-band multilayer grating would show higher diffraction efficiencies, e.g., 1.6 times at 2.03 keV and 12.8 times at 3.75 keV, compared with a conventional Au coated grating when it is used in a practical constant deviation monochromator having a deviation angle of 176° which is desired for soft X-ray spectrometric research in a region of 2-4 keV by use of the new synchrotron light source to be constructed in Tohoku area in Japan in the near future.

[Key words] Diffraction grating, Soft X-ray multilayer, Grating monochromator, Synchrotron Radiation beamline

高輝度放射光やXFELなどの軟X線レーザー光を利用した先端的な物性研究を推進するうえで，1～8 keV領域に現れる軽元素の吸収・発光・蛍光分析に適した高効率軟X線回折格子分光器の開発が必要とされている。そこで著者らは，従来金等の表面物質の反射率の低下のため2 keV程度までに限られていた回折格子分光器

のエネルギー領域の上限を打破すべく，1～8 keV の領域で高効率をもつ軟 X 線多層膜ラミナー型回折格子の開発を行ってきた．本論文では，1～2 keV における高刻線密度（7600 本/mm）Mo/SiO$_2$ 多層膜回折格子，2～4 keV における定入射角分光器用広帯域 W/B4C 多層膜回折格子，4～8 keV において従来にない高回折効率をもつ Co/SiO$_2$ 多層膜回折格子の設計，製作，及び評価について述べる．さらに，広帯域 W/B4C 多層膜回折格子を想定したシミュレーション計算の結果，2～4 keV をカバーする単色計（モノクロメータ）への応用に適した 176°の定偏角条件において，従来の金単層膜の回折格子の場合に比較し，2.03 keV での 1.6 倍から，3.75 keV での 12.8 倍までの高い回折効率を得た．この特性は，現在東北地方で建設が検討されている新放射光源における軟 X 線分光ビームラインへの応用に適している．

[キーワード] 回折格子，軟 X 線多層膜，回折格子分光器，放射光分光ビームライン

1. はじめに

放射光や XFEL 等の軟 X 線レーザー光等の高輝度光源を利用した物性研究が進展してきている．こうした研究を推進するうえで，1～8 keV 領域に現れる軽元素の吸収・発光・蛍光分析に適した高効率軟 X 線分光器の開発が必要とされている．従来からこの領域では格子定数が比較的大きな分光結晶が用いられているが，熱的な脆弱性，潮解性などをもつ場合が多く高輝度光源への応用に適さない．また，分光結晶の格子定数は数ナノメータ以下であり，分解能の点では申し分ないが，回折条件が厳しくなりすぎ，分光器としての効率（スループット）は小さい．一方，金等の単層膜を成膜した在来の回折格子をこの領域で使用する場合，回折効率を確保するため極端な斜入射が必要[1]となり，このため，入射光側から見た回折格子の受光角が狭くなる，収差も増大するなどの理由から実用的な分光器を構成できなかった．そのため，熱負荷の大きい高輝度光源においては，結晶分光器では耐熱性に優れるシリコン結晶を用いた場合の低エネルギー側の使用限界が約 2 keV であり，一方，回折格子分光器においては，金等の一般的な表面物質を用いた回折格子の場合の高エネルギーの限界もまた約 2 keV と，一つのタイプの分光器で 1～8 keV を通じて使用できる分光器が存在しなかった．

最近，単層膜の代わりに軟 X 線多層膜を積層することで，89°以下の入射角により，見込み角を確保し，入射光量そのものを増やすのみならず，その入射角においても回折効率が高いラミナー型回折格子[2]が開発され，これを搭載した分光器の一部は既に電子顕微鏡に装着され研究現場で稼働している[3,4]．ここでは，軟 X 線多層膜回折格子を用いて回折格子分光器の高エネルギー側の限界を 8 keV まで延長することを目指して行ってきた研究について紹介する．

2. 多層膜ラミナー型回折格子の基礎理論

多層膜回折格子の様式には溝形状，多層膜の構成，用途などにより様々なものがあるが，以下では多層膜ラミナー型回折格子の設計に必要な基本的な事柄について簡略に述べる．回折格子の格子定数（溝間隔）を σ，また，軽元素（または軽化合物）層と重元素（または重化合物）層からなる層の組を多数回積層して生成する軟 X 線多層膜の周期長を d とする（Fig.1 参照）．

回折効率を波長 λ の入射光に対して極大にする条件[5,6]は

1) 多層膜回折格子の回折条件

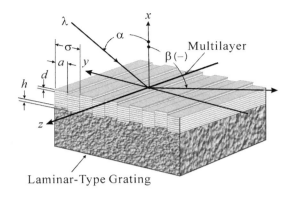

Fig.1 Schematic diagram of multilayer laminar-type grating.

$$m\lambda = \sigma(\sin\alpha + \sin\beta), \quad (1)$$

2) 多層膜回折格子の Bragg 条件

$$p\lambda = d(R_\alpha \cos\alpha + R_\beta \cos\beta), \quad (2)$$

を満たす必要がある. 式 (2) は拡張 Bragg 条件と呼ばれる場合もある. ここで, α, β は光の回折格子表面の垂線から計った入射光の入射角, 回折光の回折角で, 左廻りを正の角度とする (Fig.1). また R_α, R_β はそれぞれ

$$R_\alpha = \sqrt{1-(2\delta-\delta^2)/\cos^2\alpha}, \quad (3)$$

$$R_\beta = \sqrt{1-(2\delta-\delta^2)/\cos^2\beta}, \quad (4)$$

であり, n を多層膜の平均屈折率 (多層膜に使用される二つの物質の複素屈折率の実部の膜厚に基づく加重平均値) とすると $\delta = 1-n$ である. Warburton は溝深さ h が十分に深い ($h \gg d$) の場合において式(1)〜(4)を導いたが[5], 最近石野が $h \sim d$ の場合にも成立することを証明した[6]. さらに, m, p はそれぞれ回折格子の回折次数, 多層膜の干渉 (Bragg 反射) 次数であり, 一般に $p = +1$ の条件が用いられる. さらに, 最適

溝深さ h_{opt} は, 単層膜の場合と同じく入射波長 λ に対して

$$h_{\text{opt}} \cong \lambda / [2(\cos\alpha + \cos\beta)] \quad (5)$$

で表され, 波長, 入射角, 回折角の関数となる. なお, 溝が浅い (アスペクト比が小さい, $h \leq \sigma$) 金属単層膜表面の回折格子の場合回折効率が極大となる最適 Duty 比 (D_{opt}) は 0.2〜0.3 程度, 同じく多層膜回折格子の場合は

$$D_{\text{opt}} = a/\sigma \leq 0.5 \quad (6)$$

と表される.

なお, 以下の例で紹介する回折格子は, 第 3 節で述べる高刻線密度タイプを除いて (株) 島津製作所でホログラフィック法とイオンビームエッチング法により作製し, 全てのタイプでラミナー型である. 軟 X 線多層膜は全て原子力機構関西光科学研究所においてイオンビームスパッタリング法により積層し, 4 節で述べる広帯域タイプを除いて等周期である.

3. 多層膜ラミナー型回折格子の例1 (1〜2 keV 域)

keV 領域において回折格子の実用化を図る際, 避けて通れない課題に分解能の確保がある. これには ①格子定数を小さくする (刻線密度を高める), ②高次回折光を用いる, の二通りの方法がある. ここでは, 近接場光リソグラフィ法[7]を用い, 高刻線密度 (σ: 132 nm, 刻線密度 ($1/\sigma$): 7600 本/mm) の格子溝を, Si ウエハ上に刻線した例について述べる[8]. 1〜2 keV 領域で高回折効率が得られるように決定した緒元は, h: 3 nm, D: 0.4, 表面物質: Mo/SiO$_2$ 多層膜, d: 5.33 nm, 総膜数(N): 60, 刻線面積: 5×5 mm^2 である. 回折効率測定は立命館大学 SR セ

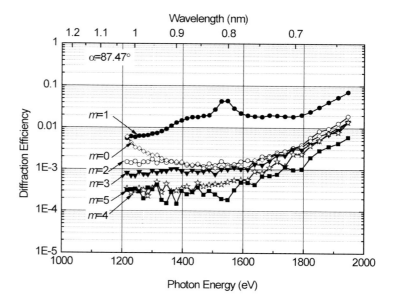

Fig. 2 Measured diffraction efficiency of Mo/SiO$_2$ multilayered laminar-type grating at an incidence angle (α) of 87.47° (From Ref. 8, with permission of Wiley-VCH Verlag GmbH & Co.).

ンター BL-11 に設置された軟 X 線光学素子評価装置[9] の Surface Normal Rotation (SNR) 型分光器[10] を用いて行った．その結果，〜1550 eV（〜0.8 nm）において，比較的小さな入射角（α）：87.47°と回折角（β）：-83.19°で約 4% と高い回折効率が得られた（Fig.2 参照）．また零次光, 2 次以上の高次光の効率は 1 次光に比較して一桁以上低く，偶数次の回折光が抑制されるラミナー型回折格子の特性をよく示している．なお，ラミナー型回折格子の実際の h は零次光強度が極小となる λ と α の関係式

$$\lambda = 4h\cos\alpha \qquad (7)$$

から求めることが出来る．そこで，α = 80.7°〜88.5°で零次光強度を測定して，溝深さを評価した結果，設計値の 3.0 nm とほぼ一致する 3.0〜3.1 nm であることが分かった．また，この多層膜回折格子を用いてエネルギー走査型の分光器を構成する場合，結晶分光器と同等の配置で用いることが考えられる．ここで行った研究は，近接場光リソグラフィによる高刻線密度，ナノメートルスケールでの溝深さを持つ回折格子溝の作製と，それに対する多層膜の付加による低入射角化の実証に重きを置き，各種分光器へ実装しての分解能の評価実験まで至っていないが，早期の実現が待たれる．

4. 多層膜ラミナー型回折格子の例2 （2〜4 keV域）

この節では，一定入射角で 2〜4 keV 領域を一様に高効率化することを目的とした広帯域多層膜回折格子[2-4, 11] について述べる．入射角一定の条件下で使用する分光器の場合，Fig.3(a) に示すような等周期多層膜を積層した回折格子の場合，一般に高効率化できるのは拡張 Bragg 条件を満足する特定のエネルギー近傍のみであるため，2〜4 keV 領域で実用的な回折効率を得るのは困難である．この問題を解決するための工夫として，Fig.3(b) に示すように，W と B$_4$C から構成される不等周期の多層膜構造を考案し，これを多層膜回折格子として応用することで広帯域化を図った．

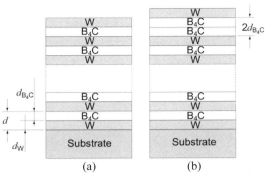

Fig.3 Schematic of a multilayered mirror with a conventional (a) and novel (b) layer structures to uniformly enhance the reflectivity in the 2-4 keV at a fixed angle of incidence.

ホログラフィック・イオンビームエッチング法で製作した回折格子と多層膜の設計諸元はσ：1/2400 mm，h：2.8 nm，D：0.5，曲率半径（R）：11200 mm，表面物質：広帯域 W/B$_4$C 多層膜，d：5.6 nm，WとB$_4$Cの膜厚比：1（d_W：d_{B_4C} = 1:1），N：41 である．この広帯域多層膜の特徴は，最上層の直下のB$_4$C層が他のB$_4$C層の2倍になっており，この部分だけがFig.3(a)に示した標準的な多層膜構造と異なる．この多層膜を上部の三層膜とそれ以外の多層膜として考えると，三層膜の膜周期（WとB$_4$Cの1対の膜厚）が他に比べ1.5倍になる．この場合，α：88.65°のとき，下部の多層膜が3.6 keVで一次（p = +1）の拡張Bragg条件を満足し，三層膜は2.4 keVの軟X線に対して高い反射率を示す．その一方で，負の干渉効果によって3.6 keVの軟X線は三層膜で反射されずに透過し，下部の多層膜で反射される．つまり，Fig.3(b)では，多層膜の長周期部分（上部）で低エネルギーを，短周期部分（下部）で高エネルギーのX線を反射させるX線スーパーミラー[12]と同様な機能を示し，入射角が一定でも広いエネルギー帯域を実現できる．

Fig.4は高エネルギー加速器研究機構物質構造科学研究所放射光科学実験施設（KEK-PF）

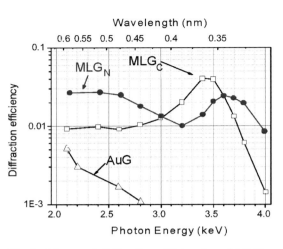

Fig.4 Measured diffraction efficiencies of MLG$_N$, MLG$_C$, and Au-coated grating (AuG) at a fixed angle of incidence cf 88.65° in the 2.1-4.0 keV range (From Ref. 2, with permission of American Institute of Physics).

BL-11B 軟X線2結晶（Si）分光ステーションで評価した2.1～4.0 keV領域における広帯域多層膜回折格子（MLG$_N$）の回折効率の測定結果である．比較のために，Fig.3(a)に示した標準的な膜構造の多層膜回折格子（MLG$_C$），及び金表面の回折格子（AuG）の回折効率も示している．MLG$_N$は，実用となる1%以上の一様な回折効率を全測定エネルギー域に渡って示すと共に，2.2 keV付近のM吸収端より高エネルギー側で回折効率が著しく低下して実用とならないAuGに比して，著しく回折効率が向上（5倍（2.1 keV）から1200倍（3.8 keV））しているのが分かる．

5. 多層膜ラミナー型回折格子の例3（4～8 keV域）

4 keVを超える高エネルギー領域の多層膜回折格子を作製するため，ホログラフィック法とイオンビームエッチング法で製作した回折格子を基板として，その表面にCo/SiO$_2$多層膜を成膜した[6,13]．基板として用いた回折格子の諸元

は，σ：1/1200 mm, h：4.0 nm, D：0.50 である．また，原子間力顕微鏡による表面測定から評価した表面粗さの標準偏差（σ_{rms}）は 0.45 nm であった．Co/SiO$_2$ 多層膜の N は 60 で，Bragg ピーク位置から導出した周期長 d は 6.62 nm であった．

作製した Co/SiO$_2$ 多層膜回折格子の光学特性を評価するために，汎用 X 線回折装置（光源：Cu-Kα（8.04 keV））と米国 Lawrence Berkeley 国立研究所 Advanced Light Source の軟 X 線 2 結晶（Si）分光ステーション BL-5.3.1[14] において回折効率測定を行った．入射角は入射光のエネルギー（波長）に基づき式（1），（2）を連立方程式として解き求めた値を用いた．その結果，2，4，8 keV のとき入射角はそれぞれ 87.5，88.9，89.6° となる．Fig.5 に Co/SiO$_2$ 多層膜回折格子の回折効率測定値を示す．Co/SiO$_2$ 多層膜回折格子の $m = +1$ 次の回折効率は，2 keV 以上の広いエネルギー領域で 10% 以上の回折効率を示している．特に 4～6 keV においては 40% 以上の回折効率を実現しており，6 keV での回折効率は 47% である．しかし，成膜材料である Co の K 殻吸収端（7.71 keV）の影響により，8 keV での回折効率は減少する．多層膜回折格子の回折効率の測定値が理論計算値から低減する原因が総合的な粗さであるとし，Debye-Waller 因子[15]で表現できると仮定した場合，粗さの標準偏差（σ_{rms}）は～1.0 nm となった．この結果は，基板として用いた回折格子の表面粗さ σ_{rms} が 0.45 nm であることから，妥当な値である．Fig.6 に透過電子顕微鏡（TEM）で観察した別の Co/SiO$_2$ 多層膜回折格子の断面写真を示す[16]．なお，この試料では回折格子基板の緒元はσ：1/1200 mm, h：3.5 nm, D：0.34，及び多層膜は d：6.56 nm, N：60 であった．なお，この多層膜回折格子を用いてエネルギー走査型の分光器を構

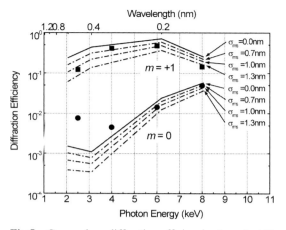

Fig.5 Comparison diffraction efficiencies ($m = 0, +1$) between measured and calculated values including the effect of roughness of Co/SiO$_2$ multilayered laminar-type grating (From Ref. 13, with permission of Optical Society of America).

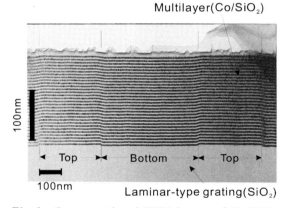

Fig.6 Cross-sectional TEM image of Co/SiO$_2$ multilayered laminar-type grating ($h = 3.5$ nm, $\alpha/\sigma = 0.34$. The number of layers is 60, $d = 6.56$ nm, and total thickness of multilayer is 196.8 nm (From Ref. 16, with permission of American Institute of Physics).

成する場合，結晶分光器と同等の配置で用いることが考えられる．

6. 多層膜ラミナー型回折格子の高輝度放射光分光ビームラインへの応用

東北放射光施設計画案[17]においては，先行

ビームラインの内 2 本（BL-02, -04）に回折格子分光器を用いるとされている．応用分野としては①吸収分光・電子分光分析（BL-02），②顕微光学系と組み合わせた 0.1 μm オーダーの空間分解で材料分析（BL-04），で双方ともエネルギー範囲は 0.1～3 keV とされている．現在，国内における放射光回折格子ビームラインの公称最高到達エネルギーは SPring-8 BL27SU の 2.3 keV[18] である．前述したが，これは一般的な反射材料である金の M 端（2.2 keV 付近）より高エネルギー側で実用的な回折効率が得られないことによる．一方，例えば入射角を 89.5°とすれば数％の回折効率が実験的には得られているが[1]，垂直面での取り込み発散角を 100 μrad，光源から回折格子までの距離を 20 m とした場合，必要な回折格子幅が 200 mm 以上となり，実用性に乏しい．また，可変偏角分光器[19] の場合の分解能と回折効率のシミュレーションにおいても，金または標準的な構造を持つ多層膜を表面に用いた場合，1 keV 以上の領域でそれらの両立が困難であった[20]．

そこで，第 4 節で述べた広帯域多層膜回折格子（MLG_N）の回折格子，多層膜の仕様の多層膜回折格子を定偏角分光器に応用する場合の回折効率を計算した例を Fig.7 に示す．偏角（$2K$）はこれまでも各地の放射光施設で実績のある 176°とした[9, 18]．比較として従来型の短周期長多層膜回折格子（MLG_C），金表面の回折格子（AuG）を示した．MLG_N の回折効率は 1.6 keV では AuG とほぼ同等であるが，それより高エネルギー領域では回折効率が上昇し，数％の回折効率が確保できている．さらに，多層膜の材質，構造の最適化は行っていないので，これらを最適化することにより，更なる回折効率の向上が得られる可能性がある．なお，特記す

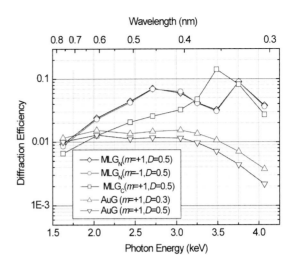

Fig.7 Calculated diffraction efficiencies of MLG_N and MLG_C of W/B_4C multilayered and Au-coated (AuG) gratings at a constant deviation angle condition ($2K$) of 176.0° in the 1.6-4.2 keV range.

べきこととしては reciprocal theorem[21] により回折次数 $m = \pm 1$ で回折効率は等しいことである．したがって光源からの同じ発散角の光を分光器に取り込む場合，マイナス次数を用いた方が必要とする回折格子の幅が小さくて済むため，結果的に収差も小さくなり分解能も高くなる．

なお，第 3, 5 節で取り上げたエネルギー領域において多層膜回折格子を定偏角分光器に応用する場合，まず第 4 節であるように広帯域で単一膜周期長でも回折効率が確保する方針で物質対を膜材料として選択した上で，さらに膜周期の非周期化により広帯域化を図る必要があると考えられる．

7. おわりに

定偏角分光器の一つである Monk-Gillison 型不等間隔溝平面回折格子分光器[9, 18] は構造が簡単で実用性が高く，軟 X 線領域では少なくとも国内の放射光施設においては最も一般的に使

用されているが，2 keV 以上への拡張が困難とみられていた．しかしこの課題は，多層膜回折格子を用いることにより解決され，これと共にこれまで既に一般に行われている方式[9, 18]であるが，複数の回折格子と偏角を用いることにより，一台の分光器で 0.1～4 keV のエネルギー領域をカバーすることが可能であると考えられる．本稿では keV 領域における多層膜回折格子の回折効率についての実験的な研究，及びそれらに基づく放射光ビームライン用分光器への応用を目指した理論的な検討についてのみ述べ，幾何光学的な光学設計及び分解能については触れなかった．これについては最近進歩が著しい放射光源の特性を考慮する必要があり，普遍的な最適設計案は存在しない．そのため，これらについての考察は別の機会に譲りたい．

謝 辞

本研究の一部は，文部科学省「経済活性化のための研究開発プロジェクト」（リーディング・プロジェクト）「ナノスケール電子状態分析技術の実用化開発」（平成 16～18 年度）及び（独）科学技術振興機構 産学共同シーズイノベーション化事業（育成ステージ）「ナノスケール軟 X 線発光分析システムの開発」（平成 20～23 年度）として実施された．

参考文献

1) P. A. Heimann, M. Koike, H. A. Padmore: *Rev. Sci. Instrum.*, **776**, 063102 (2005).
2) T. Imazono et al.: *AIP Conf. Proc.*, **1437**, 24 (2012).
3) M. Terauchi et al.: *Microscopy*, **62**, 391 (2013), (Tokyo).
4) M. Terauchi: "Transmission electron microscopy characterization of nanomaterials", Edited by C.S.S.R.M. Kumar, Chap.7, p.287 (2014), (Springer-Verlag, Berlin, Heidelberg).
5) W. K. Warburton: *Nucl. Instr. Meth.*, **A 291**, 278 (1990).
6) 石野雅彦：東北大学大学院工学研究科学位論文，工，**2212**, p.106 (2010).
7) Y. Inao, S. Nakazato, R. Kuroda, M. Ohtsu: *Microelectronic Eng.*, **84**, 705 (2007).
8) M. Koike, S. Miyauchi, K. Sano, T. Imazono: "Nanophotonics and nanofabrication", Edited by M. Ohtsu, Chap.9, p.179 (2009), (Wiley-VCH Verlag GmbH & Co. KGaA, Weinheim).
9) M. Koike et al.: *Rev. Sci. Instrum.*, **73**, 1541 (2002).
10) M. Koike et al.: *Proc. SPIE*, **4782**, 300 (2002).
11) 今園孝志：応用物理，**83**, 288 (2014).
12) M. Yanagihara, K. Yamashita: "X-ray spectrometry: Recent technological advances", Edited by K. Tsuji, J. Injuk, R.V. Grieken, Chap. 3, p.63 (2004), (John Wiley & Sons, Ltd, Chichester).
13) M. Ishino, P. A. Heimann, H. Sasai, M. Hatakeyama, H. Takenaka, K. Sano, E. M. Gullikson, M. Koike: *Appl. Opt.*, **45**, 6741 (2006).
14) P. A. Heimann, A. M. Lindenberg, I. Kang, S. Johnson, T. Missalla, Z. Chang, R.W. Falcone, R.W. Schoenlein, T.E. Glover, H. A. Padmore: *Nucl. Instrum. Methods*, **A 467-468**, 986 (2001).
15) E. Spiller: "Soft X-ray Optics", Chap. 7, p.101 (1994), (SPIE Press, Bellingham).
16) M. Ishino, M. Koike, M. Kanehira, F. Satou, M. Terauchi: *J.Appl. Phys.*, **102**, 023513 (2007).
17) 早稲田嘉夫：東北放射光施設 3GeV 蓄積リング・光源性能先行ビームライン計画（案），(2012).
18) H. Ohashi et al.: *Nucl. Instrum. Methods*, **A 467-468**, 533 (2001).
19) M. Koike, T. Namioka: *Rev. Sci. Instrum.*, **66**, 2144 (1995).
20) M. Koike, M. Ishino, H. Sasai: *Rev. Sci Instrum.*, **77**, 023101 (2006).
21) R. C. McPhedran, G. H. Derrick, L.C. Botton: "Electromagnetic Theory of Gratings", Edited by R. Petit, Chap.7, p.236 (1980), (Springer-Verlag, Berlin, Heidelberg).

総説

3 GeV 高輝度東北放射光計画の概要と光源性能

濱　広幸

Project of a 3 GeV High Brilliant Tohoku Light Source and Expected Performance

Hiroyuki HAMA

Research Center for Electron Photon Science, Tohoku University
1-2-1 Mikamine, Taihaku-ku, Sendai 982-0826, Japan

(Received 31 January 2015, Revised 3 February 2015, Accepted 3 February 2015)

A project of Synchrotron Light in Tohoku, Japan (SLiT-J) proposed by the seven national universities in Tohoku area is being progressed toward construction of a third generation light source for high brilliant soft X rays employing Japanese advanced accelerator technology in time. The proposed light source will provide photons at an energy region of 1~5 keV with a brilliance of 10^{21} photons/mm^2/mrad^2/s/0.1%bandwidth or more, which is mostly equivalent to performances of the forefront light sources in the world. In addition SLiT-J covers a wide energy range from VUV to hard X-rays. Gathering every community related to synchrotron radiation science including industries in Japan, SLiT-J may implement, and push the progress of Japanese science, technology and innovation.

[Key words] Synchrotron radiation, Third generation light source, Beam emittance, Soft X-ray

東北地区 7 国立大学が 2011 年に共同提案した東北放射光施設計画（SLiT-J; Synchrotron Light in Tohoku, Japan）は日本に欠如している軟 X 線領域の第三世代高輝度光源を，本邦の優れた加速器技術を駆使して出来るだけ早期に実現することを目指している．提案している周長 340 m のコンパクトな中型放射光リングは，1～5 keV 付近の光子エネルギー領域で 10^{21} photons/mm^2/mrad^2/s/0.1%bandwidth 以上の世界の最先端光源に肩を並べる輝度を持ち，また VUV から硬 X 線までの広いエネルギー領域をカバーすることができる．SLiT-J は関連研究機関やあらゆる分野の放射光研究者および産業界が一体となった全国的な支援によって，放射光科学研究の一層の前進とともに，東北地域が持つ高い産業ポテンシャルを最大限引き出すのみならず，我が国のものづくりの国際優位性維持とあらたなイノベーションに貢献することを目標している．

[キーワード] 放射光，第三世代放射光源，ビームエミッタンス，軟 X 線

1. はじめに

東北地区 7 国立大学（弘前大学，秋田大学，岩手大学，山形大学，東北大学，宮城教育大学，福島大学）が 2011 年に共同提案した東北放射光施設計画（SLiT-J; Synchrotron Light in

Tohoku, Japan) が進められている．基礎科学研究の一層の前進とともに東北地域が持つ高い産業ポテンシャルを最大限引き出し，高付加価値製品を開発するとともに新産業を創生するのみならず，更に全国展開を促して我が国のものづくりの国際優位性維持とあらたなイノベーションに貢献することを目標とする，第三世代中型高輝度放射光リングを中心とした研究施設計画である．世界各国がこぞって建設してきた軟X線領域の3 GeVクラス放射光源リングは極めて高輝度化されてきており，SLiT-Jは1～5 keV付近の軟X線領域で10^{21} photons/mm^2/mrad^2/s/0.1%bandwidth以上の世界の先端光源に肩を並べる輝度を目指している．この輝度は従来に比べ2桁以上高く，硬X線光源であるSPring-8と相補的に本邦の放射光科学を大きく前進させると考えられる．東北放射光計画は，国内の最先端加速器科学技術を駆使して東北地方に世界最高水準の3 GeV軟X線光源リングを出来る限り早期に建設することを提案した．

2. 世界の高輝度放射光源の動向

1990年代，それまでの偏向磁石からの放射光利用を中心にしてきた第二世代放射光リングに替わって，アンジュレータ放射を最大限に利用するために最適化された第三世代リングが建設されるようになった．とりわけ硬X線（HX）源として米国（APS），欧州（ESRF）および日本（SPring-8）で建設された，6～8 GeVの高エネルギー電子ビームを用いる大型放射光施設は，レントゲン撮影に使われてきたX線管（クーリッジ管）の10兆倍という非常に高い輝度のX線の供給を開始して多くの科学分野に放射光が大きく貢献することを鮮明に示した．これら大型放射光施設はあまりに巨大であるた

め世界の各地域に一台というような認識であったが，一方では米国ALSを始めVUV-軟X線（SX）光源として1～2 GeVの比較的低エネルギーの放射光リングを多くの国が建設した．日本国内でも東京大学と東北大学が1.5 GeV程度のVUV-SX域の第三世代光源計画をそれぞれ立案したが，残念ながらどちらも実現に至らなかった．

2000年代になると，蓄積リングのビーム光学の進展によって更に高輝度な3 GeVクラスの第三世代光源を世界各国が競うように建設した．3 GeVという電子ビームエネルギーが選択されるようになったのは非常に意義深い．本邦のオリジナル技術である真空封じアンジュレータが開発され，低エネルギー電子ビームでも10 keV程度のHXが作り出せるようになったことは大きな理由の一つである．また，VUV領域でも従来の1～2 GeVクラスリングと同程度あるいはそれ以上の輝度の放射光を供給することができ，汎用性に極めて優れている．そのため，それまで放射光施設を保有していなかったオーストラリア，カナダあるいはスペインといった国では，最初に建設する放射光施設として効果的であることも見逃せない．また英国やフランスのように放射光先進国でも高輝度3 GeVリングを建設したことは，いかに放射光が科学研究に有用であるかを示している．また，これらの3 GeVクラス施設は放射光の産業利用を大きく謳っていることも放射光科学の新時代の到来を感じさせる．

3 GeV放射光リングの進化は2010年代でも留まらない．現在建設中の米国NSLS-II，台湾TPSおよびスウェーデンMAX-IVはSX域の輝度を更に1桁あげることを目指している（2015年1月時点でNSLS-IIとTPSはビーム立ち上

げ期にある).また,初期の第三世代リングのアップグレードも進んでいる.一方,国内には現在9つの放射光リングが稼働しているが,世界最高レベルの硬X線光源のSPring-8を除くと全てが小規模でしかも高輝度リングと呼べるものはない.日本の3 GeVクラス放射光リングはKEK-PFのみである.PFリングは1982年建設で非常に長く活躍して来た放射光施設であり,何度かのアップグレードによって光源性能は初期に比べ大きく向上している.しかしながら,リングを構成するラティス構造は根本的に替わっていないため,最新のビーム光学で設計された第三世代3 GeVマシンに比べると古さは否めず,放射光輝度は世界のレベルに及ばない.HX域では世界に誇るSPring-8であるが,電子ビームエネルギーが高すぎることもあり,SX域の輝度はNSLS-II等の最先端3 GeV放射光リングに比べて2桁程度低い.国内に3 GeVクラスの高輝度リングがないことは,かねてから問題とされていた.軽元素の特性X線領域(すなわち軟X線領域)に競争力のある光源を保有していない状況は,科学技術政策である元素戦略が進められる中,国外からは如何にも間が抜けた話のように見える.本邦の放射光リングは数多いものの,それぞれの施設での役割分担や光源性能の階層構造を戦略的に考えて来たとは言

表1 世界の第三世代放射光リング.

年	リング	エネルギー (GeV)	エミッタンス (nmrad)	国
1992	ESRF	6	4	フランス/グルノーブル
	ALS	1.5 → 1.9	6.3	アメリカ/バークレー
1993	TLS	1.5	19	台湾/新竹
1994	ELETTRA	2 → 2.4	9.7	イタリア/トリエステ
	PLS	2 → 2.5	18.9	韓国/浦項
	MAX-II	1.5	8.7	スウェーデン/ルント
1996	APS	7	3	アメリカ/アルゴンヌ
1997	SPring-8	8	3.4	日本/西播磨
1998	BESSY-II	1.7	4	ドイツ/ベルリン
2000	ANKA	2.5	46	ドイツ/エッゲンシュタイン
	SLS	2.4	5	スイス/ヴィリゲン
2004	SPEAR-3	3 (upgraded)	9.8	アメリカ/スタンフォード
	CLS	2.9	22	カナダ/サスカチワン
2006	SOLEIL	2.75	3.7	フランス/サックレー
	DIAMOND	3	2.7	イギリス/オックスフォード
	ASP	3	10	オーストラリア/メルボルン
	MAX-III	0.7	13	スウェーデン/ルント
2008	SSRF	3.4	3.9	中国/上海
2009	PETRA-III	6	1	ドイツ/ハンブルグ
2011	ALBA	3	4.3	スペイン/
2012	PLS-II	3 (upgraded)	5.6	韓国/浦項
立ち上げ中	NSLS-II	3	2.1 (0.55*)	アメリカ/ブルックヘブン
立ち上げ中	TPS	3	4.9 (1.6*)	台湾/新竹
建設中	MAX-IV	3	0.33 (0.26*)	スウェーデン/ルント

*最終到達目標エミッタンス

いがたい．SLiT-J 計画はこのような本邦の放射光をめぐる状況に鑑みて立案された 3 GeV 高輝度光源計画であり，決して東日本大震災からの復興を目的としたものではなく，結果的に復興のシンボル的なものになることがあって良いという姿勢を崩してはいない．

1990 年以降に建設された世界の第三世代放射光リングを，放射光輝度の指標になる電子ビームエミッタンスの大きさとともに，表 1 に掲げた．欧州に数多くの放射光施設が建設されていることがよく分かるが，同時に放射光科学のグローバル化も見て取れる．表には掲載しなかったが，ブラジル，トルコ，イランやアルメニア等諸国でも 3 GeV クラス第三世代光源計画が進められている．

3. 電子ビームエミッタンスと放射光輝度

単位立体角辺りの光束，即ち光束密度を光源の面積で割った単位投影面積あたりの光子数を光源の明るさ，即ち輝度（brilliance または brightness）と呼ぶ．輝度が高いほど光束を損なわずに小さな面積に光を集光することができる．単一電子が放つアンジュレータ放射の光源サイズ σ_r と発散角 $\sigma_{r'}$ は，波長 λ とアンジュレータ全長 L を用いてそれぞれ

$$\sigma_r = \frac{1}{4\pi}\sqrt{\lambda L}, \quad \sigma_{r'} = \sqrt{\frac{\lambda}{L}} \tag{1}$$

と書かれる．電子ビームは水平方向と垂直方向に異なる有限のビームサイズ（$\sigma_x, \sigma_{x'}$）と発散（$\sigma_y, \sigma_{y'}$）持つので，実効的な光源サイズと発散角は両者の重畳になり，

$$\Sigma_x = \sqrt{\sigma_x^2 + \sigma_r^2}, \quad \Sigma_{x'} = \sqrt{\sigma_{x'}^2 + \sigma_{r'}^2}$$
$$\Sigma_y = \sqrt{\sigma_y^2 + \sigma_r^2}, \quad \Sigma_{y'} = \sqrt{\sigma_{y'}^2 + \sigma_{r'}^2} \tag{2}$$

従って輝度は

$$Brilliance = \frac{Flux\,Density}{4\pi^2 \Sigma_x \Sigma_y} = \frac{Flux}{4\pi^2 \Sigma_x \Sigma_{x'} \Sigma_y \Sigma_{y'}} \tag{3}$$

と表される．電子ビームサイズとその発散角は所謂電子ビームのエミッタンスで決まる量である．もちろん直線部でのビームの絞り方によって多少輝度は変わるが，ビームエミッタンスが輝度をほぼ支配する．電子ビームの水平方向エミッタンス ε_x は，ビームの位相空間面積を π で割った値で $\varepsilon_x = \sigma_x \sigma_{x'}$ であり，リング固有の物理量である．垂直方向のエミッタンスは原理的には 0 であるが，水平方向と垂直方向のビーム運動の結合によって水平エミッタンスが垂直方向に分配されて有限な値を持つ．第二世代放射光リングの時代の結合度は 10% と言われたが，電磁石の磁場や据え付け精度が飛躍的に向上したため，1% あるいはそれ以下が実現されている．従って垂直方向のエミッタンスは水平方向のそれに比べるとかなり小さい．いずれにせよ，放射光輝度はエミッタンスの二乗に反比例して高くなることが（3）式から分かる．

かつて素粒子実験のためのシンクロトロンに寄生していた第一世代と呼ばれる時代のエミッタンスは典型的に 500 nmrad 程度であったが，放射光専用の電子蓄積リングが建設されるようになって 100 nmrad 程度になった．アンジュレータを最大活用するために第三世代リングの初期には 10 nmrad までにエミッタンスは小さくなり放射光輝度は大きく向上した．その後リングの低エミッタンス化によって増大するビームの不安定性を抑制するためにビーム運動の非線形性が詳細に研究された結果，2000 年以降の高度第三世代と呼ぶべき時代では数 nmrad まで小さくなり，放射光輝度は 10^{20} にもなった．2010

年代に入り，現在建設あるいは立ち上げ段階にある最新 3 GeV クラスのリングのエミッタンスは 1 nmrad あるいはそれ以下のサブナノ域を目指すまでになった．

　電子蓄積リングが到達し得る最小水平エミッタンスが理論的に導出されている．偏向磁石内でのベータ関数やエネルギー分散関数に大きく依存するが，最も支配的な因子は一つの偏向磁石で曲げる角度であり，水平エミッタンスはこれの 3 乗に比例する．即ちできるだけ数多くの偏向磁石で一周 360°を分割すればするほど，エミッタンスは小さくなる．もちろん偏向磁石間には収束用の電磁石を挿入してビームを強く絞ることが本質である．理論的には 3 GeV の放射光リングで 1 nmrad の水平エミッタンスを達成する偏向磁石の数は 32〜52 となるが，現実的な設計ではこの 1.5 倍程度の偏向磁石数が必要である．従来良く採用されてきた偏向磁石 2 つでセルを組む DBA (double-bend achromat) ラティスの場合，セル数は 40 近くの超巨大なリングになる．現在立ち上げ中である DBA ラティスの NSLS-II は 30 セルで水平の自然エミッタンスは 2.1 nmrad と 1 nmrad に届いていないが，強力なダンピングウィグラーを挿入して放射減衰効果を増大することによりサブナノ領域を目指している．放射光リングとして世界初のマルチベンドセルを採用した MAX-IV では，20 セルでリングを構成しており偏向磁石数は 140 にもなり，計算の上でエミッタンスは 0.33 nmrad という値になる．MAX-IV はユニークな独自技術による極めてコンパクトな電磁石を用いて周長を約 520 m に止めているが，低エミッタンスリングは数多い偏向磁石のために巨大化することは必定である．もちろん巨大リングを一意的に造ることが高輝度リングの全てを満たす訳ではなく，また限定的な建設経費あるいは運転経費をどのように設定するかがトレードオフになり，放射光施設計画の実現性を左右することは言うまでもない．

4. SLiT-J 計画の概要

　設計中の周長 340 m の蓄積リングの水平エミッタンスは約 1.1 nmrad であり，40 eV から 60 keV までの広い波長領域で高輝度放射光を供給することが可能である[1]．最新の 3 GeV クラスリングの中で最もコンパクトであるが，放射光輝度は MAX-IV や NSLS-II と肩を並べる．最大 26 本の真空紫外-軟 X 線ビームラインを装備することができ，偏向磁石からの光に比べて 1 桁以上の光子数が得られる連続硬 X 線光源である多極ウィグラー (MPW) も挿入できる設計になっている．偏向磁石からの放射光は利用しないことを原則として設計しているが，もちろん不可能ではない．加えて，日本のオリジナル技術である C バンド加速構造を用いたフルエネルギー入射器を用い低エミッタンス入射ビームによるトップアップ運転のみならず，今後世界の放射光施設において注目される「放射光リングと X 線自由電子レーザー (XFEL) の併用」も視野に入れた施設設計としている．後発の 3 GeV リングであるからには，世界最高の光源性能を目指すのは当然ではあるが，冒険的な設計で開発要素が多いリングや極めて大きな周長の超低エミッタンスリングの早期実現は容易ではないと判断した．最近は回折限界リングという呼称で超エミッタンスを追求する設計コンセプトが話題であるが，先端的な放射光リングの垂直方向エミッタンスはすでに数 keV 領域の光固有の回折限界エミッタンスにかなり近づいているので，軟 X 線領域に限って言えば，放射光輝

度がエミッタンスの二乗に反比例しない域に達してしまっている．従ってここからは低エミッタンス設計を追求しても，機器開発，建設経費や運転経費から見ると放射光輝度への利得はあまり大きくない．また, 10 keV の光の固有エミッタンスが 10 pmrad 程度であるので，回折限界リングと称している設計案の水平エミッタンスは回折限界にまだかなり遠いことを考えると，例えば MAX-IV を越える低エミッタンスリング案をどうにかするよりも，早期に高輝度 3 GeV 光源施設を完成させる方が重大な局面にあると言える．

　MAX-IV のマルチベンド構造のラティス設計が世界のリングデザイナーに与えた影響は大きく，既存の 3 GeV クラスリングのアップグレード構想の多くがマルチベンド化を検討されている．SLiT-J はマルチベンドラティスではあるが MAX-IV とは異なって，よりシンプルで DBA 構造を2つ連結して4つの偏向磁石でユニットセルを構成した DDB（Double Double-Bend）と呼ぶラティスである．DDB ラティスの大きな利点は，これまで研究し尽くされた DB 構造のためパッキングファクターが大きいコンパクトな磁石配列であり，またセルの中央に短直線部を容易に設ける事ができる．現在提案している SLiT-J は 14 セルであるが，これとラティス構造を全く変えず，偏向磁石の偏向角だけを小さくした 16 セルバージョンでは周長が約 390 m と伸びるが，エミッタンスは 0.78 nmrad になる．当然ながら機器点数の増加や建屋サイズの拡張，ユーティリティの増強で建設費用は2割近く上昇する．図1に建屋フロアプランを示した．

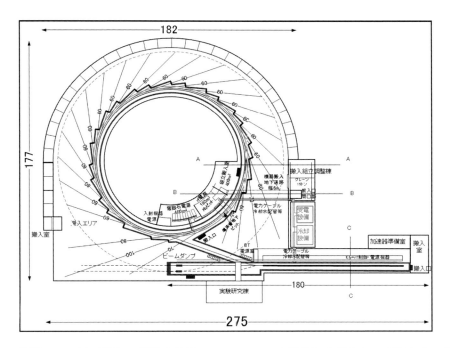

図1　SLiT-J 建屋のフロアプラン．施設全体は 300 m × 200 m の敷地に余裕をもって納まり，入射器も含め加速器が定常時に要する電力は 3.5 MW で，これにビームライン等が消費する電力も含めて約 4 MW で運転が可能である．SXFEL が稼働した際には，放射光とのポンププローブ実験が可能なようなビームライン配置も考慮している．

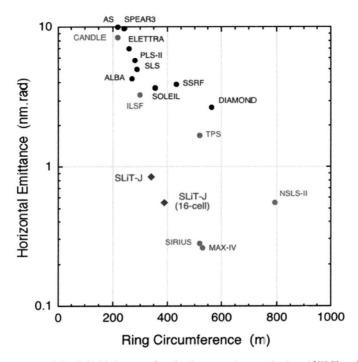

図2 世界の 3 GeV クラス高輝度放射光リングの水平エミッタンスとリング周長．（●）は稼働中リングで（●）は建設中または計画中のリング．SLiT-J がもっともコンパクトでトップレベルの低エミッタンスリングであることが良く分かる．なお，SOLEIL（仏）と DIAMOND（英）のアップグレード計画では約 0.3 nmrad のエミッタンスを目標にしている．

また，図 2 では世界の 3 GeV クラス放射光リングと周長とエミッタンスについて比較した．

5. SLiT-Jの光源性能

挿入光源の特性は用途によってカスタマイズされるべきものであるが，ここでは波長領域によって典型的なパラメータの挿入光源を提案した．1〜10 keV の軟 X 線高エネルギー領域では真空封じ型の周期長 19 mm / 周期数 248 のプラナーアンジュレータ（HXU），0.2〜2 keV の低エネルギー域は周期長 42 mm / 周期数 110 の偏光可変アップル型アンジュレータもしくは Figure8 と呼ばれる 8 の字アンジュレータ（SXU1），また 40 eV 程度の VUV から軟 X 線までの領域をカバーする周期長 128 mm / 周期数 36 の偏光可変長周期アンジュレータ（SXU2）を考えた．硬 X 線領域では偏向磁石に代えて周期長 80 mm / 周期数 11 あるいは周期長 40 mm / 周期数 22 の多極ウィグラー（MPW）からの白色光を利用することとする．図 3 にこれらの挿入光源からの放射光輝度およびフラックス密度を示した．最大輝度は 1〜3 keV 付近で 10^{21} に届き，NSLS-II や MAX-IV と遜色ない．低ベータ関数の直線部を設けていないため，MPW の効果で 0.85 nmrad までエミッタンスが減少した場合の HXU の輝度増加は僅かである．10〜100 keV 程度までの白色硬 X 線のフラックス密度は偏向磁石からの放射光 2 桁程度高く，3 GeV リングでありながらもこの波長域での先端的な利用実験が期待できる．

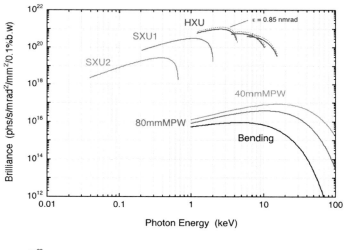

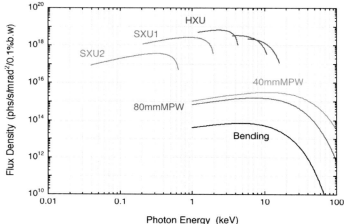

図3 SLiT-Jの挿入光源性能.（上）輝度,（下）光束密度. MPWでエミッタンスを0.85 nmradまで下げた場合のHXUの輝度を破線で示した. X-Y結合係数は1%, ビーム電流は400 mA.

グラフではHXUアンジュレータの5次光までしかプロットしてないが, 9次光程度までは利用可能で, この場合の最大光子エネルギーは約30 keVである. SLiT-Jは, SPring-8がカバーできない10 keV以下の軟X線領域の放射光を高い輝度で供給できるのみならず, 低エネルギー側の放射光も既存の施設にくらべ遥かに強力である.

6. 3 GeV入射器

放射光リングの入射器は, これまで小型のブースターシンクロトロンを用いる施設が殆どであったが蓄積リングの低エミッタンス化によってリングの力学的口径（dynamic aperture）が縮小するため, 従来のビームサイズ（あるいはエミッタンス）の大きいブースターリングのビームでは入射時の損失が大きく, ことさらトップアップ運転には都合が悪い. そのためスイスのSLSでは, ブースターリングを蓄積リングの収納室に置いて周長を蓄積リングとほぼ同じにすることによって, ブースターリングのビームエミッタンスを低減している. 建設中のTPSもこれと同様の考え方で, ブースターリングを蓄積リングの収納室内の内側の壁に設置し

ている．ブースターリングは放射光を取り出す必要もなく，またビーム寿命も短くて構わないため，蓄積リングに比べるとかなりシンプルな機器構成で性能を確保できる．しかしながら，このようなブースターは単純にビームを加速してリングに放り込むだけの役割以外を担うことができない．また電磁石等を小型化できるがビーム加速に要する電力消費は無視できず，ランニングコストはさほど低くない．SLiT-J 計画ではブースターリングを採用せずに，SACLAで成功を収めた高加速電界の C-バンド加速構造を用いたコンパクトで高品位ビームを加速できる全長 120 m 程度のフルエネルギー線形入射器を導入することにした．MAX-IV も同様に線形加速器を入射器としているが，S-バンド線形加速器を用いるため入射器長は 300 m にもなる．電子銃からのビームの規格化エミッタンスを 5 mrad とすれば，3 GeV まで加速して 1 nmrad 以下になるため，100% の入射効率が期待できる．このエミッタンスは SACLA で用いている 500 kV 熱陰極電子銃で容易に達成できる値であり，将来 FEL を開発するために必要な規格化エミッタンス 1 mmrad も可能である．しかしながら FEL 発振のためにはバンチ圧縮などのビームの位相空間操作をするために，あらかじめ加速器の数カ所にシケインを挿入しなくてはならず，入射器については更に詳細な検討を行うこととしている．

7. まとめ

高輝度軟 X 光源 SLiT-J の実現には，東北地区 7 国立大学のみならず関係研究機関やあらゆる分野の放射光研究者が一体となった全国的な支援が必須であると考えている．とりわけ放射光の産業利用は世界的にも重要とされるようになった今日，産業界や自治体等とともに強い協力関係を築く必要がある．東北放射光施設の実現によって硬 X 光源である SPring-8 と相補的な関係を力強く築き上げて，より一層の放射光科学の推進そして失いつつある国際競争力も回復されることを期待している．

参考文献

1) 東北放射光施設計画推進室編「3 GeV 高輝度光源加速器システム提案書 v1.0」2014 年 7 月．
   URL; http://www.lns.tohoku.ac.jp/slitj

放射光 XRF および XAFS を用いた
超硬合金肺病理標本中の元素分析

宇尾基弘, 和田敬広, 杉山知子*,
中野郁夫**, 木村清延**, 谷口菜津子***,
猪又崇志***, 今野 哲***, 西村正治***

Elemental Analysis of Histopathological Specimens of Tungsten Carbide Lung Disease Using Synchrotron Radiation XRF and XAFS

Motohiro UO, Takahiro WADA, Tomoko SUGIYAMA[*],
Ikuo NAKANO[**], Kiyonobu KIMURA[**], Natsuko TANIGUCHI[***], Takashi INOMATA[***],
Satoshi KONNO[***] and Masaharu NISHIMURA[***]

(Received 22 April 2014, Revised 13 May 2014, Accepted 20 May 2014)

Advanced Biomaterials Section, Graduate School of Medical and Dental Sciences,
Tokyo Medical and Dental University
1-5-45, Yushima, Bunkyo-ku, Tokyo 113-8549, Japan
* Department of Dentistry, Oral and Maxillofacial Surgery, Jichi Medical University
3311-1, Yakushiji, Shimotsuke-shi, Tochigi 329-0498, Japan
** Hokkaido Chuo Rosai Hospital
East 16-5, 4-jo, Iwamizawa-shi, Hokkaido 068-0004, Japan
*** First Department of Medicine, Graduate School of Medicine, Hokkaido University
North 15, West 7, Kita-ku, Sapporo 060-8638, Japan

  There is an occupational lung disease caused by the inhalation of the fine particles of the cemented carbide called as "hard metal lung disease (HMLD)". For the definite diagnosis of this disease, the detection of the major component of the cemented carbide from the lung biopsy specimens. However, excess biopsy for elemental analysis should be avoided because the biopsy is invasive and involves pain and risk to the patient. In this study, we applied the synchrotron radiation X-ray fluorescence (SR-XRF) for the diagnosis of HMLD and the cemented carbide components were clearly detected from the ordinary thin sectioned paraffin embedded specimens. In addition, the chemical state informations of the detected elements with XAFS analysis provided more aculate diagnosis of the causal materials of the disease.

[Key words] Tungsten carbide lung disease, Histopathological specimen, Trace element analysis, Synchrotron radiation X-ray fluorescence, XAFS

東京医科歯科大学医歯学総合研究科先端材料評価学分野　東京都文京区湯島 1-5-45　〒113-8549
*自治医科大学大学院医学研究科歯科口腔外科学講座　栃木県下野市薬師寺 3311-1　〒329-0498
**北海道中央労災病院　北海道岩見沢市 4 条東 16-5　〒068-0004
***北海道大学大学院医学研究科呼吸器内科学分野　北海道札幌市北区北 15 条西 7 丁目　〒060-8638

超硬合金の製造作業等において作業従事者がその粉塵を吸入することによる「超硬合金肺」と呼ばれる職業性肺疾患がある．その確定診断には肺生検試料からの超硬合金成分の検出が必要であるが，患者への侵襲を少なくするためには分析用の余剰の試料採取は避ける必要がある．本研究では汎用の病理組織診断用のパラフィン薄切標本から放射光蛍光X線分析（SR-XRF）を用いて超硬合金成分の検出に成功した．またXAFSによる原因物質の状態情報を併用することで，より正確な原因物質の特定が可能となった．

[キーワード] 超硬合金肺，病理組織標本，微量分析，放射光XRF（SR-XRF），XAFS

1. はじめに

超硬合金は炭化タングステン（タングステンカーバイド：WC）を主とする金属炭化物を少量のCo, Niなどの鉄系金属を結合材として焼結したもので，極めて硬度が高いため切削工具や金型などに広く利用されている．現在，市販されている超硬合金では，WCにTiC, TaCなどの炭化物を添加して硬度や耐熱性を向上させたり，Crを添加して耐食性を向上させたものが多い．

超硬合金は焼結後に切削工具などの所定形状に研削・研磨により加工されるが，粉末取り扱い時や研削・研磨工程で生じる粉塵を作業者が吸引することにより，超硬合金肺と呼ばれる職業性肺疾患を生じる．珪肺のような鉱物を原因とする塵肺症は吸入量依存的に発症するため，長期間の作業従事後に発症するのに対し，超硬合金肺は数年以内（短い場合には1年以内）の短期間で発症し，個人の感受性に依存するところが多いのが特徴である．超硬合金肺の診断は①職業歴（超硬合金吸入歴），②臨床症状（咳，息切れ，呼吸困難など），③胸部X線画像（網状，すりガラス状の陰影），④病理所見（多核巨細胞浸潤），⑤超硬合金成分の検出，の要件が挙げられている[1~3]．

病理検査や成分分析などの生検組織は胸腔鏡下切除術（VATS：video-assisted thoracoscopic surgery）により外科的に採取される場合が多い．VATSは1～2 cm程度のポートを複数開けて胸腔鏡と器具を挿入する方法で，開胸手術に比べて患者への侵襲が少ない方法である．しかしVATSは呼吸器外科との連携が必要とされ，また患者の病状により適応困難となることもある．気管支内視鏡を用いた経気管支肺生検（TBLB：transbronchial lung biopsy）は患者への侵襲が少ないが，採取できる組織は約1～2 mmと小さい．また気管支肺胞洗浄（BAL：bronchoalveolar lavage）は気管支内視鏡から生理食塩水を注入し，吸引回収して浮遊細胞などを検査する手法であり，TBLBより更に低侵襲な検査法である．

超硬合金肺の組織からの超硬合金成分の検出については，VATSやTBLBによる生検試料についてEPMA（SEM/WDS）[4,5]やSEM/EDS[6,7]を用いた元素分析が多く用いられており，これ以外にも中性子放射化分析[8]などが適用された例もある．

本来，生検試料は病理組織検査を目的として採取されたものであり，元素分析を目的として余剰の試料を採取することは患者の負担を増やすことになるため，可能な限り少量の試料で元素分析を行う必要がある．病理組織試料を流用したり，より低侵襲のBAL液による元素分析

が可能になれば，患者への侵襲を少なくした超硬合金肺の診断が可能になる．

著者らはこれまで病理組織検査用のパラフィン包埋試料や BAL 液沈殿物を蛍光 X 線分析（XRF）や X 線吸収微細構造解析（XAFS）を用いた，超硬合金成分検出を試みてきた[9]．

本研究では生検組織内での超硬合金成分の詳細な分布や組成を調査し，超硬合金肺の確定診断に寄与するため，またより低侵襲な検査である BAL 液を用いたセルブロック標本による希薄試料による元素分析を行うため，放射光 XRF（SR-XRF）を用いた元素分析を行った．さらに一部試料については XAFS 測定により組織中異物の化学状態から超硬合金成分か否かの判定を試みた．

2. 実験方法

2.1 試料

[SR-XRF 分析]

試料 A：患者は 40 歳代男性．超硬合金原料粉末を計量・混合する作業に従事．胸部レントゲン，CT にて両上中肺を中心とした微細粒状影，すりガラス状陰影を認め，呼吸機能障害を有していることと作業環境から超硬合金肺が疑われた．VATS により左肺上葉および左肺下葉の 2 カ所から生検試料を採取した．以下，上葉，下葉からの試料をそれぞれ試料 A-1, A-2 と記す．試料は通法に従って固定・脱水しパラフィン包埋標本とした．これをミクロトームで約 8 μm に薄切し，カプトンフィルム（12.5 μmt）上に採取し，60℃で融着したものを XRF 分析に供した．

試料 B：患者は 25 歳と若年であるが，呼吸機能の低下が著しく，原因不明の発熱があり VATS 適応困難であったため，気管支内視鏡を用いて BAL 液を採取した．BAL 液を遠心分離し，細胞成分を含む沈殿部を固化し，パラフィン包埋した標本（セルブロック標本）を作製し，病理組織検査を行ったところ，超硬合金肺に特徴的な巨細胞が確認されたため，当該セルブロックを試料 A と同様に薄切して XRF 分析に供した．

試料 A, B とも連続する薄切切片を通法に従って Hematoxylin-Eosin（HE）染色を施し，病理組織像を得て，XRF による元素分布像と対比し，元素集積部位の特定を行った．

[XAFS 分析]

試料 C：患者は 40 歳代女性．超硬工具の研磨作業に従事しており，作業従事 5 年程度で咳嗽，喀痰，労作時息切れが出現．胸部 X 線写真にて両側下肺野優位にスリガラス影を認めた．VATS 肺生検を試行し，そのパラフィン包埋病理標本を約 20 μm に薄切したものを蛍光 XAFS 測定に供した．

試料 D：詳細な患者情報は不明であるが，溶接作業に従事した可能性が有り，超硬合金肺様の症状を示した患者の肺生検組織標本を試料 C と同様に処理し，蛍光 XAFS 測定に供した．

試料 C, D については薄切後のパラフィン残部ブロックを蛍光 X 線分析装置（XGT-2000V，堀場製作所，Rh ターゲット，管電圧・電流 = 50 kV, 1 mA）にて元素分析を行い，試料 C では W と Ti，試料 D で Ti を検出した．

2.2 SR-XRF 分析

SR-XRF 分析は高エネルギー加速器研究機構放射光科学研究施設（KEK-PF）の BL-4A で行った．入射 X 線はポリキャピラリーにより約 20 μmφ に集光し，試料を 100 μm（部分分析では 20 μm）ステップで X-Y 駆動（測定時間：

4秒/点)しつつ,蛍光X線をSDD型検出器(Vortex-EX, セイコー EG&G) で計測することにより,各点でのXRFスペクトルを得た.スペクトル解析および元素分布像構築は European Synchrotron Radiation Facility (ESRF) のソフトウェアグループが開発したXRF解析ソフトウェアである PyMCA (Version4. 7. 3.)[10,11] を使用した.

2.3 蛍光 XAFS 測定

蛍光 XAFS 測定は高エネルギー加速器研究機構放射光科学研究施設(KEK-PF)の BL-9A で行った.Ti K端,W L_1 および L_3 端ともに 19 素子 SSD を用いた蛍光法により XANES (X-ray absorption near edge structure) スペクトルを測定した.Ti K 端については高次回折光の影響を避けるため,高次光除去ミラーを用いた.

3. 結果

3.1 生検薄切試料の SR-XRF 分析

試料 A-1 の同一視野の HE 染色像,分析用切片の実体顕微鏡像,XRF による W, Ti, Ni, Co, Cr 分布像を Fig.1 に示す.分析用切片には 1 mm 程度の黒色の異物が複数観察され (HE 染

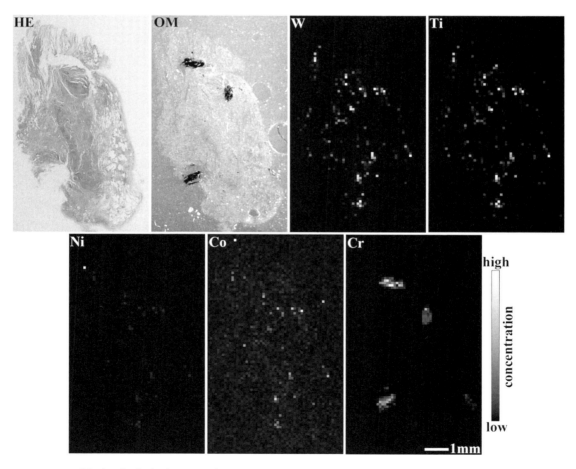

Fig.1 Optical microscope images and elemental distribution images of specimen A-1.

色標本では薄切時にこの異物は脱落している），Crの分布と一致している．WとTiは組織全体に点在しており，概ね同様の分布を示している．また濃度は低いもののNiも点在しており，W, TiやCrとは異なる分布を示している．

試料A-2のHE染色像および元素分布像をFig.2に示す．A-2では試料A-1（Fig.1）のようなCrの高濃度集積部位は見当たらず，W, Tiについては同様に試料全体に分布していた．

組織中のより詳細な超硬合金成分の分布を見るため，Fig.2中央部（図中の□部）を20 μmステップでXRF分析を行った結果をFig.3に示す．HE染色像と対比すると，連続切片とはいえ同一ではないので僅かなずれはあるものの，肺胞の空洞部周囲にW, Ti, Crなどが点在しており，肺胞表面に吸着していることが分かる．

Figs.1, 2で見られる各元素集積部位でのXRFスペクトルをFig.4に示す．超硬合金はWCを主成分とし，TiCやTaCを添加していることが多い．Tiの局在は確認できているが，TaはWと蛍光X線のエネルギーが隣接しているため，検出が困難である．またバインダーには一般にCoが用いられているが，生体中に多く含まれるFeのKβがCoのKαと近接しているため，

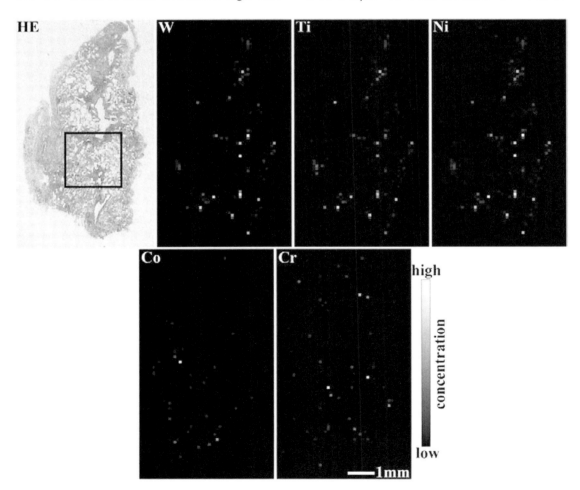

Fig.2　Optical microscope images and elemental distribution images of specimen A-2.

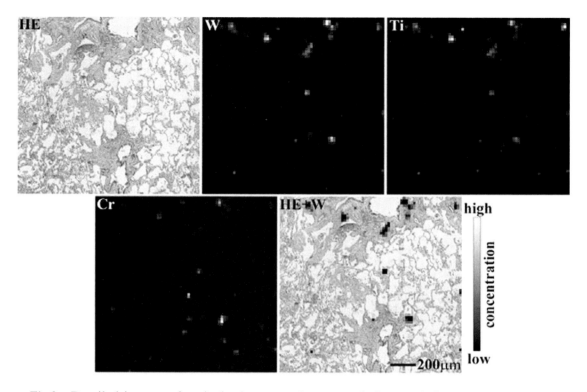

Fig.3 Detailed images of optical microscope images and elemental distribution images of specimen A-2 (□ marked area in Fig.2).

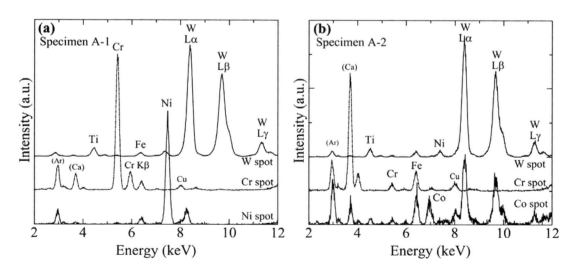

Fig.4 XRF spectra at the localized points of W, Cr, Ni and Co of (a) specimens A-1 and (b) A-2.

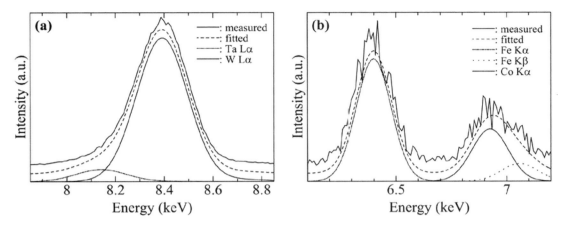

Fig.5 XRF spectrum deconvolution analysis. (a) W localized point fit with W and Ta, (b) Co localized point fit with Fe and Co.

Co の存在を確定するにはスペクトルの精査が必要である．Fig.5 は W 濃縮部位（Fig.4（a））および Co 濃縮と推定される部位（Fig.4（b））の XRF スペクトルのフィッティング結果である．Fig.5（a）では Ta の存在を仮定することで，W Lα 線の低エネルギー側が良く再現され，Fig.5（b）では Fe Kα, Kβ と Co Kα の複合によりスペクトルが再現された．以上より，当該組織中には Ta および Co の存在も確認され，超硬合金の成分とされている W, Ti, Ta, Co, Ni, Cr が全て検出された．

3.2 BAL 液セルブロック標本の SR-XRF 分析

試料 B は BAL 液の細胞成分を含む固形成分を用いたセルブロック標本であり，内視鏡で採取することが可能で，組織切除を伴わないため患者への侵襲が少ない方法である．しかしながら得られる試料は極めて希薄であり，通常の元素分析法では超硬合金成分の検出が困難である．Fig.6 は当該標本の XRF による元素分布像であり，W, Ti および Ni の点在が認められる．当該元素の高濃度部位の XRF スペクトルは Fig.7 の通りであり，明瞭な W のピークと明らかな Ti と Ni のピークが見られたことから，当

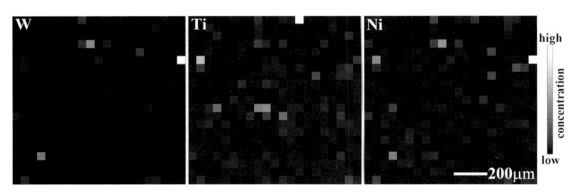

Fig.6 Elemental distribution images of specimen B.

放射光 XRF および XAFS を用いた超硬合金肺病理標本中の元素分析

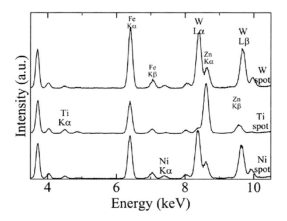

Fig.7 XRF spectra at the localized points of W, Ti and Ni of specimen B.

該標本中に超硬合金成分が含まれていると判断された.

3.3 肺生検標本中の Ti, W の XAFS 測定

事前の卓上型 XRF による分析で W と Ti が検出され，超硬合金肺の疑いとされた試料 C の Ti K 端および W L_3 端の XANES スペクトルを Fig.8 に示す．Ti (Fig.8 (a)) および W (Fig.8 (b)) は TiC および WC のそれと一致し，組織中の異物が超硬合金成分であることが確定した．W については L_3 端ではスペクトル形状に大きな変化が無く，吸収端エネルギーでの判定となるが，L_1 端では化合物によるスペクトル形状の差が

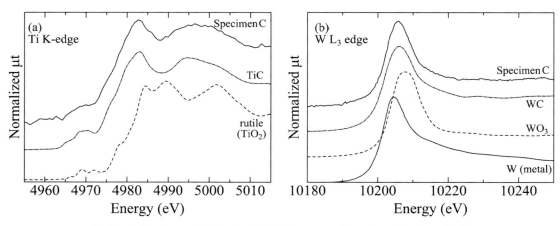

Fig.8 Ti K-edge and W L_3-edge XANES spectra of specimen C and standards.

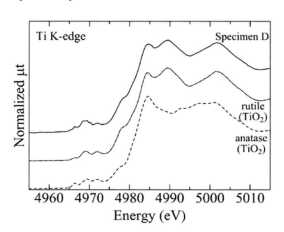

Fig.9 Ti K-edge XANES spectra of specimen D and standards.

大きく，より明確な判定が可能となることが分かっている[9]．比較のため，XRF により Ti の集積を認め，W の集積が見られなかった試料 D について Ti K 端の XANES スペクトルを蛍光法により測定した結果を，標準試料のそれと合わせて Fig.9 に示す．当該試料中の Ti の XANES スペクトルは rutile 型 TiO_2 のそれに類似し，超硬合金成分である TiC とは異なっている．XRF スペクトルで W が検出されていないこともあり，当該組織中に含まれるのは超硬合金ではないと判断される．rutile 型 TiO_2 は白色顔料として多く用いられているが，この患者は溶接作業に従事していることから，検出された Ti は主として溶接作業によって発生したフュームに由来すると推測され，超硬合金肺ではないと判断された．

4. 考察

超硬合金肺の診断には肺生検標本などからの超硬合金成分の検出が必要とされる．これまでの例は EPMA による分析例が多く報告されているが，EPMA ではエネルギー分解能は高いものの，パラフィン薄切標本での試料作成にはスキルが必要であり，広範囲での多元素同時分析には長時間の分析が必要な上に，電子線照射による試料損傷が避けられない．

本方法では試料観察領域各点での XRF スペクトルを収集し，測定後に任意のエネルギーに ROI（region of interest）を設定して元素分布像を構築できるため，元素の有無や局在部位での XRF スペクトルを容易に精査できる．そのため，分析後に新たな成分について元素分布像を再構築したり，Fig.5 のように主成分と分離困難な元素について，元素濃縮部位の XRF スペクトルフィッティングから推定することも可能である．当該試料については分解能の高い良質の元素分布像を得るために，比較的細かいステップで長時間の測定を行っているが，超硬合金成分の有無を評価するだけであれば，より短時間の測定でも十分対応できると推定される．

試料 A では W と Ti がほぼ同一の分布を示し，Cr, Ni はそれらと異なる分布を示していた．焼結後の研磨作業での粉塵吸入であれば，各成分は同一の分布を示すはずであり，当該患者は原料粉末取り扱い過程で粉塵を吸入したものと推定され，患者申告の作業環境と一致した．組織中の元素の総量分析では無く，元素ごとの元素分布を調査することで，暴露環境をある程度，推定することが可能であると示された．また XRF による元素分布分析を通常の病理組織検査で用いる HE 染色標本の隣接切片で行うことにより，検出元素の集積箇所を明らかにすることが可能で有り，生体組織内での異物などの動態解析に寄与し得ることが示された．

加えて SR-XRF は XAFS と親和性の高い手法で有り，試料 C のように元素分析から疑義のある場合には XAFS 測定による対象元素の化学状態の情報を追加することで，より確実な判定につなげられる．

超硬合金肺組織からは W が単独で検出され Co が検出されないことがあるとの報告が有り[7]，本研究でも試料 A では Co 濃縮部に注目して XRF スペクトルを分析すると明瞭な Co Kα 線が検出されたものの，試料全域平均のスペクトルでは W などの主要元素に比べて Co のシグナルは極めて微弱で有り，組織密度の希薄な試料 B（セルブロック標本）では Co は検出されなかった．Co は WC や Cr などの主要成分に比べてイオン化して溶出しやすいことが他の材料で明らかになっており[12]，固定・脱水・

包埋の標本作成過程で組織中に溶出していたCoイオンが流出したことが，Coが検出されない一因と考えられる．

このような希薄元素の検出を行う上でも，SR-XRFによる試料全域での元素分布分析が有用と考えられた．

5. まとめ

本研究では超硬合金肺の確定診断を目的として，生検組織やBAL液を用いたセルブロック標本に含まれる超硬合金成分の検出をSR-XRFを用いた元素分析によって行い，生検標本のパラフィン薄切試料を用いて，組織中の超硬合金の主成分の全てを検出可能で有り，その分布を病理組織像と対比可能であること，また低侵襲のBAL液セルブロック標本でも主成分であるWは検出可能であることを明らかにした．さらに一部試料についてはXAFS測定により組織中異物の化学状態から超硬合金成分か否かの追加判定が可能であることも示され，SR-XRFおよびXAFS測定が超硬合金肺の確定診断に極めて有用であることが明らかになった．

謝　辞

SR-XRF分析およびXAFS測定はKEK-PF共同利用（課題番号2012G011, 2013P002 および2014G017）にて行った．本研究はJSPS科研費23390438の助成により遂行した．

参考文献

1) 森山寛史，鈴木栄一：日本胸部臨床，**68**, S95 (2009).
2) 森山寛史，鈴木栄一：日本胸部臨床，**70**, 1206 (2011).
3) 岡本賢三：日本胸部臨床，**70**, 1238 (2011).
4) H. Moriyama, M. Kobayashi, T. Takada, T. Shimizu, M. Terada, J. Narita, M. Maruyama, K. Watanabe, E. Suzuki, F. Gejyo: *Am. J. Respir. Crit. Care. Med.*, **176**, 70 (2007).
5) Y. Nakamura, Y. Nishizaka, R. Ariyasu, N. Okamoto M. Yoshida, M. Taki, H. Nagano, K. Hanaoka, K. Nakagawa, C. Yoshimura, T. Wakayama, R. Amitani: *Intern. Med.*, **53**, 139 (2014).
6) 古賀俊彦，野瀬育宏，冨松久信，平野恭子，入江康司，広瀬宜之，内山伸二，佐藤　隆，堀田圭一，山根完二，町田憲晶，栗田幸男：気管支学，**10**, 102 (1988).
7) J.L. Abraham, B.R. Burnett, A. Hunt: *Scanning Microscopy*, **5**, 95 (1991).
8) G. Rizzato, P. Fraioli, E. Sabbioni, R. Pietra, M. Barberis: *Sarcoidosis*, **9**, 104 (1992).
9) M. Uo, K. Asakura, K. Watanabe, F. Watari: *Chem. Lett.*, **39**, 852 (2010).
10) http://pymca.sourceforge.net/index.html
11) V.A. Solé, E. Papillon, M. Cotte, Ph. Walter, J. Susini: *Spectrochim. Acta Part B*, **62**, 63 (2007).
12) M. Uo, F. Watari, K. Asakura, N. Katayama, S. Onodera, H. Tohyama, K. Hamada, S. Ohnuki: *Nano Biomedicine*, **1**, 133 (2009).

実験室用・1 結晶型・高分解能 X 線分光器による
Cr と Fe 化合物の化学状態分析

林　久史

Chemical State Analysis of Cr and Fe Compounds by a Laboratory-use High-Resolution X-Ray Spectrometer with Spherically-bent Crystal Analyzers

Hisashi HAYASHI

Department of Chemical and Biological Sciences, Faculty of Science, Japan Women's University
2-8-1, Mejirodai, Bunkyo, Tokyo 112-8681, Japan
E-mail: hayashih@fc.jwu.ac.jp

(Received 6 November 2014, Revised 26 December 2014, Accepted 27 December 2014)

A laboratory-use high-resolution X-ray spectrometer, where spherically-bent crystal analyzers are employed around 80° of Bragg angles, was constructed to measure $K\beta_{1,3}$ emission spectra of Cr and Fe compounds. Spectral changes, including chemical shifts of ~1 eV, were clearly observed on several standard materials. These results show that the developed spectrometer is usable to preliminary measurements for chemical analyses at synchrotron radiation facilities, and even can be partially alternative to them for samples with Cr/Fe concentration as low as a few mol%. As examples, chemical states of Cr in $Cr(OH)_3$ gels dried and calcined and the states of Fe in Fe compounds formed in water glass were examined by using the laboratory-use spectrometer.

[Key words] Laboratory-use high-resolution X-ray spectrometer, Spherically-bent crystal analyzer, Chemical effects of $K\beta_{1,3}$ emissions, Chemical state analysis of Cr and Fe compounds.

球面湾曲結晶を 80°近いブラッグ角で用いる，実験室用の 1 結晶型・高分解能 X 線分光器を製作し，Cr と Fe の化合物について $K\beta_{1,3}$ スペクトルを測定した．約 1 eV の化学シフトを伴うプロファイル変化が明瞭に観測された．ここから，製作した分光器が放射光実験の予備測定に十分な性能をもっており，濃度が数 % 程度の試料なら，放射光実験を一部代替できる可能性があることがわかった．試験的な応用として，乾燥・焼成した $Cr(OH)_3$ ゲルと水ガラス中の Fe 化合物の化学状態を検討した．

[キーワード］ 実験室用・1 結晶型・高分解能 X 線分光器，球面湾曲結晶，$K\beta_{1,3}$ 発光の化学効果，Cr と Fe 化合物の化学状態分析

1. はじめに

X線吸収微細構造（XAFS）法を中心とする，シンクロトロン放射光を利用した化学状態分析は，近年，高度化が進んでいる．たとえば，挿入光源と組み合わせた高輝度XAFSビームラインが世界中で建設されているし，既存のビームラインでは，KBミラーなどの最新光学素子や，高速時間分解法などの高度な計測技術の導入がさかんである[1]．こうした高度化と並行して，その汎用化も着実に進んできたが，一方で，特に日本では，従来設備の老朽化や，大学の研究環境の変化による放射光実験の難化[2]，若手研究者の放射光離れ[3]などが懸念されるようにもなった．そうした危機感は，最近のXAFS分光の将来展望に関する提言[1]にも表われている．

放射光を利用した状態分析（ひいては放射光科学全般）におけるこうした懸念や不安を払拭し，優れた成果を産み出し続けるには，将来展望に関する議論の活発化[1]や若手教育の充実[2,3]はもちろん，放射光を利用した分析と実験室における試料の合成・調製の間にある，実験室での予備的な分析に目を向け，これを強化することも重要である．こうした予備的な分析は，地味ではあるが，放射光実験の目的を明確にし，放射光実験前に試料の化学状態を大まかに理解させる効能がある．これは，特に放射光科学を専門としないユーザーにとっては，本実験の成否を左右する重要性があると思う．また，予備的・中間的な分析の強化は，オンサイト分析への要求にも応えるものであるし，エネルギー問題や装置の故障などで，一定期間，放射光が利用できなくなった場合のリスク軽減にも役立つ．実際，試料によっては，放射光を利用しなくても，この分析で十分なこともしばしばある．

予備的分析に使う方法には，滴定法から生物学的分析法まで様々なものがありうるが[4]，本誌の性格上，ここでは特に，「放射光XAFSを念頭においた，実験室でのX線分析」に話を限りたい．放射光XAFSの主な測定対象が，触媒など，溶液を含むバルクの非晶質であることを考慮すると，具体的な手法としては，実験室XAFS分光法と実験室高分解能蛍光X線分光法が考えられる．本稿では，このうち，実験室高分解能蛍光X線分光法に着目する．実験室XAFS分光法については，東北大学・宇田川康夫名誉教授の本[5]がなお有用である．このほか，光電子分光法[6,7]もX線を用いた状態分析法として実験室で広く使われているが，表面に敏感な上，試料を高真空中に置くという制限があるため，液体やバルクの測定をにらんでいる本稿では扱わない．

元素の酸化数や配位子の違いによる蛍光X線スペクトルの変化—蛍光X線の化学効果—は，昔からよく知られている[8,9]．しかしながら，(放射光利用の)XAFS法に比べると，蛍光X線の化学状態分析への応用例は少ない．その大きな理由は，XAFSスペクトルと比べると，蛍光X線スペクトルの化学効果が一般に小さい[8,9]ことにある．たとえば，蛍光X線の化学シフトはXAFSより，およそ1桁小さい．こうした事実に鑑み，河合は「電子状態の計測に蛍光X線スペクトルを用いるのは，不得意な方法を無理に使っている感が否めない」とコメントしている[10]．

ただし，実験室での利用においては，蛍光X線分析法がXAFS法に勝る点がある．それは，連続スペクトルを与える強いX線源が不要とい

うことである．蛍光X線スペクトル測定には，白色X線を分光せずにそのまま照射してもいいし，特異的に強い波長のX線（特性X線）を励起に利用することもできる．このため，実験室XAFS法よりは，高分解能測定を行いやすい．こうして，XAFSスペクトルがもともともっている化学効果の大きさは，実験室レベルでの光源強度の不十分さによって効力が減ぜられ，化学効果の小さな蛍光X線スペクトルの高分解能測定が，これと競合できるという関係になっている．

伝統的な実験室用の高分解能蛍光X線分光器は，2枚の平板結晶を使った2結晶分光器[8,10,11]である．2結晶分光器は，高分解能で測定できるエネルギー範囲が広いため，同じセットアップで様々な元素の状態分析ができるという，大きな利点がある．その反面，2枚の非集光型の分光結晶を使うため，信号強度は弱い．また，2結晶を厳密に角度制御する必要があるため，光学系にかなりの精密性が必要である．ギヤなしの機構にするなどの改良[12]は続いているが，なお費用面も含めて，ユーザーが簡単に製作できるものではない[13]．

本稿で紹介するのは，実験室仕様の，1結晶の高分解能分光器である．この分光器では，集光型の分光結晶を1枚だけ使うので，2結晶分光器より信号強度をかせげる．その結果，より低濃度の試料を状態分析できる．一方，弱点は，カバーできるエネルギー範囲がせまく，汎用性にやや欠けることである．このタイプの分光器は，主に放射光実験施設で発達し[8]，著者の知るかぎり，汎用的な市販品はない．実験室で利用するには自作する必要があるが，後述のように，あまり大がかりな加工は必要とせず，既製品とうまく組み合わせれば1000万円以下で立ち上げられ，制御も比較的簡単である．これなら，X線分析を行っている中規模の研究室ならニーズはあろうと思い，本稿の執筆に至った．

測定する蛍光X線としては，CrとFeの$K\beta_{1,3}$線を選んだ．3d金属の$K\beta_{1,3}$線の化学効果は，$K\alpha$線の化学効果よりかなり大きいため，以前から関心をもたれてきた[8]．本誌でも，$K\beta$線研究の草分けのひとりである塘等によるレビュー[14,15]をはじめとして，3d金属の$K\beta_{1,3}$線の化学効果に関する論文やレビューがごく最近まで掲載されている[16-24]．3d金属の$K\beta_{1,3}$線（ならびに，その低エネルギーサテライトである$K\beta'$線）は金属元素の酸化状態だけでなく，スピン状態にも敏感なことから[14,15,25,26]，「スピンやサイトに敏感なXAFS」[25-30]を測定するためのプローブとしても注目されている．なお，$K\beta_{1,3}$線の高エネルギー側には，化学状態により敏感な$K\beta''$サテライトと$K\beta_{2,5}$線があるが[8,25,26]，ともに$K\beta_{1,3}$線の1/1000程度の強度しかないので[31]，実験室での高分解能分光は難しいと判断し，今回は使わなかった．

本稿ではまず，我々が製作した実験室用の2系列・1結晶・高分解能X線分光器について，詳細を述べる．続いて，この分光器を用いて測定した，いくつかのCrとFeの標準物質の$K\beta_{1,3}$スペクトルを示す．さらに，応用例として，乾燥・焼成した$Cr(OH)_3$ゲルと，水ガラス中に生成したFe化合物に関する，試験的な化学状態分析についても報告する．最後に，装置自作の意義について触れながら，全体をまとめる．

2. 実　験

2.1　2系列・1結晶・高分解能X線発光分光器

実験に用いた1結晶・高分解能分光器は，放射光施設でのX線発光分光実験で標準的に使わ

実験室用・1結晶型・高分解能X線分光器によるCrとFe化合物の化学状態分析

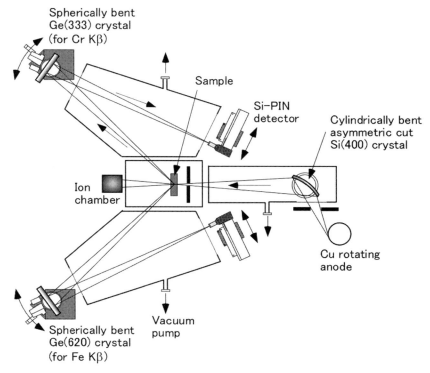

Fig.1 Schematic layout of the laboratory-use high-resolution X-ray spectrometer.

れている[8,32] 集光光学系[33] を採用した．測定対象の元素を変える時の，分光器調整の手間を軽減するため，2系列の1結晶分光器をタンデムに配置している．分光器全体のレイアウトをFig.1に示す．

X線源として，銅回転対陰極を組み込んだX線発生装置（リガク RU-300）を用い，200 mA，40 kVで運転した．RU-300は，外付けモーターでターゲットを回すタイプの，伝統的な回転対陰極型X線発生装置であるが，長い技術的蓄積[34] がある分，頑強である（1987年の購入以来，27年間現役）．RU-300は最大18 kW = 300 mA×60 kVで運転できるが，現有装置のフルパワー時のフィラメントの寿命は3ヶ月程度とやや短い．上記の200 mA，40 kVという運転条件は，入射ビームの強度とフィラメントの寿命の妥協点として見いだしたもので，この条件下なら，フィラメントは1〜1.5年もつ．

RU-300の銅ターゲットから発生したCu$K\alpha$線を，非対称カットしたヨハンソン型の湾曲Si(400)結晶（$2d$ = 2.715 Å）で単色化し，励起に用いた．このモノクロメーター結晶の曲率半径は450 mm（ローランド半径225 mm）で非対称角は10°，サイズは25 mm×75 mm×厚さ0.2 mmであった．Cu$K\alpha_1$線（波長1.5406 Å）に対する，このモノクロメーターの集光位置に，X線源と試料を置いた．その結果，X線源からモノクロメーター間の距離は187 mm，試料からモノクロメーター間の距離は316 mmとなった．このモノクロメーター結晶や，後述のアナライザー結晶はサンゴバン社（https://www.saint-gobain.co.jp）から購入した．価格は結晶の種類

やサイズ，結晶面，加工条件に依存するが，Si単結晶でおよそ60〜150万円，Ge単結晶で230万円であった．

モノクロメーターやモノクロメーターを入れたチェンバーからの寄生的な発光や散乱を軽減するため，Huber社の可変X-Yスリット（3013）をガードスリットとして用いた．このスリットを試料手前，約100 mmの位置に設置し，水平方向に5 mm，垂直方向に7 mm開口した．モノクロメーター結晶の角度は，試料チェンバーの後方に設置したイオンチェンバー（ガスには空気を利用）の出力が最大になるようにして決めた．上記の条件で最適化したときの試料上での光子数は，同じイオンチェンバーを放射光施設で用いたときの測定から，〜$5×10^9$カウント/秒（cps）と推測される．リナグラフで撮影した，最適化時の試料上でのビームサイズは，0.5 mm（水平方向＝ビームの集光方向）×8 mm（垂直方向＝ビームの発散方向）であった．

こうして調整した（水平方向の）集光位置に試料表面がくるように，手製の試料ホルダーに試料をセットし，そのホルダーをサンプルチェンバー内の「とりつけ溝（＝試料ホルダーの下面サイズにあわせて彫った溝穴）」にはめ込んだ．試料ホルダーには，直径25 mm，厚さ5 mmまでのペレットや金属円板を組み込めるようにした．また，3.3に示したような，高さ10 mm，幅75 mmまでの棒状（筒状）試料を測定するためのオプションも準備した．これは，ホルダーの基盤部分は通常のホルダーと共通にして，その上部を平らにし，棒状試料を両面テープで貼り付けるものである．どちらの試料ホルダーを使っても，今のところは試料上の照射位置を再現性よく変えることはできない．将来的には，適切な2軸ステージをとりつけて，蛍光X線の場所依存性も測定できるようにしたい．なお，Fig.1では，「CrもFeも同じように測定できる」ことを強調するため，透過型の配置で描いたが，実際の測定は，試料表面近傍で発生した蛍光X線を検出する反射型の配置で行った．

試料から〜40°方向に放出された蛍光X線のスペクトルを，ヨハン型の球面湾曲結晶アナライザーで分光かつ集光させた．試料の下流側にスリットは設置していない．Cr$K\beta_{1,3}$スペクトルの測定にはGe(333)結晶を，Fe$K\beta_{1,3}$スペクトルの測定にはGe(620)結晶をそれぞれ用いた．今回の実験では用いていないが，他に，Si(333)とSi(440)の球面湾曲結晶も利用できる．これらのアナライザー結晶の曲率半径は820 mm（ローランド半径410 mm）で，サイズは直径75 mm×厚さ0.2 mmである．これらのアナライザー結晶を神津精機の自動スイベルステージ（SA07-RB）上に設置し，その下に自動回転ステージ（RA07A-W）を置いて回転制御できるようにした．

アナライザー結晶で集光・分光された蛍光X線を，自動Xステージ（神津精機XA05A-L2）上に設置したシリコンPIN型半導体検出器（AMPTEC XR-100CR）で検出した．後述のように，本分光器では，高いブラッグ角で反射されたX線を検出するので，アナライザーから検出器までの距離（焦点距離）は，アナライザーの曲率半径と大差ない．たとえば，ブラッグ角75°と80°で反射されたX線に対する焦点距離はそれぞれ，792 mmと808 mmである．アナライザー結晶の曲率半径が大きいため，狭い範囲ならローランド円の円弧を直線で近似できることに着目し，検出器を直線駆動のステージ（Xステージ）上に置いた．この方式を採用したこ

Table 1 Experimental parameters of available analyzer crystals.

Analyzer crystal	2d [Å]	Measurable energy range [keV]	Covered X-ray emission lines
Ge(333)	2.18	5.74-6.05	Mn $K\alpha$, Cr $K\beta$
Si(333)	2.09	5.99-6.31	Sm $L\beta$
Si(440)	1.92	6.52-6.87	Ho $L\alpha$, Gd $L\beta$
Ge(620)	1.79	6.99-7.37	Fe $K\beta$, Tm $L\alpha$

とによって，分光器製作の手間とコストが大幅に軽減され，アナライザー結晶ぬきの製作費を約500万円まで圧縮できた．結晶の購入費を含めても，総製作費を1000万円以下に抑制できた．

検出器からの信号は，シングルチャンネルアナライザー（セイコー EG&G ORTEC SCA 550A）を通してノイズカットした後，4連カウンター（セイコー EG&G ORTEC 974）で計数した．インターロックシステムをとりつけなかったので，この分光器は，鉛（厚さ 0.5 mm）入りの壁で囲んだ管理区域内に設置した．

1結晶で高分解能を達成するには，できるだけ高いブラッグ角で蛍光X線を分光する必要がある．また，球面湾曲結晶を点集光の光学素子として使う最適条件も高ブラッグ角である[33]．この分光器では，アナライザー結晶のブラッグ角にして70°から82°の範囲をカバーできるようにした．それぞれのアナライザー結晶がカバーできるエネルギー範囲と，測定可能な蛍光X線をTable 1にまとめた．放射光施設（SPring-8 BL39XU）において行った，この分光器と同じ光学系での弾性散乱測定より，装置分解能（$\Delta E/E$）は約 1/18000 と見積もった：8 keVのX線に対して約 0.4 eV[32]．これは，我々が以前用いていた[21,24,35] Pattison-Bleif-Schneider（PBS）型の分光器[8,36]より，およそ1桁高い分解能である．

大気による散乱や吸収を防ぐために，モノクロメーター部と，試料－アナライザー－検出器間のビームパスをロータリーポンプで排気した．アナライザー部と検出部は，パルスモーターつきの自動ステージが付随しているため，大気中に置いた．試料はチェンバーの中に入れ，必要に応じて真空排気や He 置換ができるようにした．こうした措置により，蛍光X線スペクトルにおけるバックグラウンドを，1測定点あたり 0.01 cps 以下に抑えられた．

蛍光X線スペクトルの測定は，10～15 eVのエネルギー範囲を 0.2 eV 刻みで掃引して行った．ひとつの測定点あたりの積算時間は 100 秒を基本とした．その結果，1スペクトルの取得時間は 1.5～2 時間となった．X線源の強度変化ができるだけスペクトルに影響しないよう，1点1点で長時間積算するのを避け，これらの「1点・100秒スペクトル」を繰り返し測定し，それらをたしあわせて積算した．これまでの測定で得られた個々の「1点・100秒スペクトル」を見るかぎり，X線源の変動の効果は，より大きな統計誤差に埋もれたためか，有意な量としては観測されなかった．

以上の設定における標準物質のスペクトルの積算時間は，4～10万秒（測定反復回数 7～18 回）であった．スペクトルのエネルギー（横軸）は，蛍光X線のピークエネルギーに関する文献値（Cr $K\beta_{1,3}$: 5.9467 keV; Fe $K\beta_{1,3}$: 7.0580 keV）[37]

2.2 試料調製

2.2.1 標準試料

金属 Cr の測定には，ニラコから購入した円板（直径 10.0 mm × 厚さ 5 mm，99.9%）を用いた．金属 Fe と α-Fe$_2$O$_3$，Cr$_2$O$_3$，ならびに Cr(NO$_3$)$_3$·9H$_2$O の測定には，高純度化学研究所から粉末試料（Fe：99.9%，α-Fe$_2$O$_3$：99.9%，Cr$_2$O$_3$：99.9%，Cr(NO$_3$)$_3$·9H$_2$O：99%）を購入し，精製せずにペレットにしたものを用いた．その他の標準試料―CrCl$_3$，K$_2$CrO$_4$，FeCl$_3$·6H$_2$O，K$_4$[Fe(CN)$_6$]·3H$_2$O，K$_3$[Fe(CN)$_6$]―の測定には，和光純薬工業から粉末試料（CrCl$_3$：99.9%，K$_2$CrO$_4$：99%，FeCl$_3$·6H$_2$O：99%，K$_4$[Fe(CN)$_6$]·3H$_2$O：99.5%，K$_3$[Fe(CN)$_6$]：99%）を購入し，精製せずにペレットにしたものを用いた．

2.2.2 Cr(OH)$_3$ ゲル試料

Cr(OH)$_3$ ゲルの調製には，Cr(NO$_3$)$_3$·9H$_2$O 粉末と NaOH 水溶液を用いた．Cr(NO$_3$)$_3$·9H$_2$O の 125 mM 水溶液に，1 mol/L NaOH 標準溶液（ファクター 1.002，和光純薬工業）を滴下して，pH を約 8 とすると，Cr(OH)$_3$ ゲルが沈殿した．沈殿したゲルを 383 K で 24 時間乾燥した後，電気炉で約 2 時間焼成した．焼成は 230 K と 600 K で行った．乾燥した試料や焼成した試料は，すべてペレットにしてから測定に用いた．

2.2.3 水ガラス中の Fe 化合物

FeCl$_3$ と K$_4$[Fe(CN)$_6$] を含んだゲルの調製は，以下のように行った．まず，幅 10 mm × 長さ 70 mm × 奥行 7 mm の「コの字」型アクリルパイプに，厚さ 25 μm のカプトンをアラルダイトではりつけて試料セルとした．次に，50 mL のビーカーを用いて，2.0 g の水ガラスを水 10 mL で希釈した．この希釈液に，0.60 M 酢酸溶液 16 mL と 0.025 M の K$_4$[Fe(CN)$_6$] 水溶液 5 mL の混合溶液を加えて，マグネチックスターラーで数十秒攪拌し，水ガラスゾルを作成した．

このゾルを試料ホルダーの 2/3～3/4 程度まで流し込み，室温下でゾルが固まるのを待った．固化には 5～10 分かかった．この間に FeCl$_3$ を含んだアガロースゾルを以下のように調製した．0.25 M の FeCl$_3$ 溶液 20 mL をホットプレートで加熱し沸騰させた後，0.40 g のアガロースを加えて数分間攪拌し，アガロースゾルを作製した．このアガロースゾルを，固化した水ガラスゲルの上にパスツールピペットで加え，280 K の保冷庫中で約 10 分冷やし，アガロースゾルも固化させた．最後に，アガロースゾルの上側に油粘土をつめてふたをし，これを棒状試料用ホルダーに両面テープで貼り付けて，測定に用いた．

比較のため，0.025 M の K$_4$[Fe(CN)$_6$] 水溶液 5 mL と 0.25 M の FeCl$_3$ 溶液 20 mL とを直接混合して，群青色の沈殿 = プルシアン青（Fe$_4$[Fe(CN)$_6$]$_3$）も調製した．このプルシアン青は 383 K で乾燥させた後，ペレットにして測定に用いた．

3. 結果と考察

3.1 Cr と Fe の標準物質の $K\beta_{1,3}$ スペクトル

2.1 で詳述した 1 結晶分光器を用い，0.5～2 日の積算で得られた，いくつかの Cr 標準試料の $K\beta_{1,3}$ スペクトルを Fig.2 に示す．Fig.2 の横軸は発光エネルギー，縦軸はカウントレート（cps）である．他より弱い K$_2$CrO$_4$ を含めて，ピークシフトやスペクトル形状の違いが議論

できるレベルのデータが得られたのがわかる．Fig.2 に示した試料の元素濃度とスペクトルのカウントレートから推定すると，Cr 濃度がおよそ数 mol% 以上あれば，1 週間程度の積算で，状態分析可能なスペクトルが得られると期待される．なお，Fig.2 では複数のスペクトルを表示する都合上，どの点がどのスペクトルに属するかを明示するために，点と点とを線で結んだ．本来は，理論曲線などと比較するため，ス

ムージング等により，より明確な物理的な意味を「線」にもたせるべきであるが，装置の開発報告が主である本稿においては，統計的ばらつきのある生データをあえて掲示した方がよいと考えて，こうした変則的な表示をした．これ以降の図でも同様の処理をしているので，注意されたい．

スペクトルの化学効果が見やすいように，ピーク強度で規格化したスペクトルを Fig.3 に

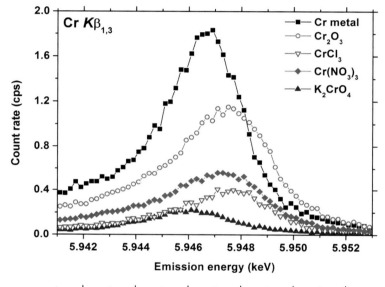

Fig.2 Cr $K\beta_{1,3}$ spectra of Cr metal, Cr_2O_3, $CrCl_3$, $Cr(NO_3)_3 \cdot 9H_2O$, and K_2CrO_4, which were measured by the spectrometer shown in Fig.1.

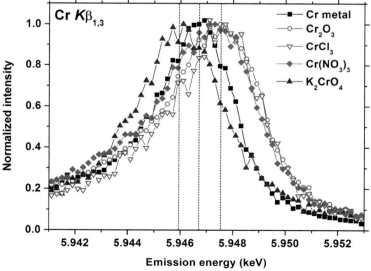

Fig.3 The normalized Cr $K\beta_{1,3}$ spectra of several Cr compounds. The broken lines serve as a guide to the eye.

Table 2 The chemical shifts of Cr $K\beta_{1,3}$ and Fe $K\beta_{1,3}$ lines.

Compounds	Measured chemical shifts [eV]	Literature data (ref.8) [eV]
Cr		
Cr_2O_3	0.8 ± 0.1	0.8
K_2CrO_4	-0.85 ± 0.25	-1.0
Fe		
Fe_2O_3	0.9 ± 0.25	0.7
$K_4[Fe(CN)_6]\cdot 3H_2O$	-1.2 ± 0.25	-1.4
$K_3[Fe(CN)_6]$	-0.7 ± 0.3	-1.0

示す．Fig.3 のスペクトルには，Cr の酸化数に応じた，Cr$K\beta_{1,3}$ 線の化学シフトが明確に見られる：金属 Cr に対して，Cr の 3 価化合物は全て高エネルギー側に，Cr の 6 価化合物は低エネルギー側にピークがシフトした．Cr の酸化数が 3 価で，配位子が異なる Cr_2O_3，$CrCl_3$，$Cr(NO_3)_3\cdot 9H_2O$ のスペクトルを比べてみると，スペクトル形状は完全に一致していないものの，ピーク位置はほぼ同じであった．このことは，Cr$K\beta_{1,3}$ 線の化学シフトが，今回測定した試料の配位子には比較的鈍感なことを示唆している．

一方，酸化数の変化に対する化学シフトはかなり大きい．Table 2 に，Cr_2O_3 と K_2CrO_4 の化学シフトの値を文献値[8]とともに示す．両者は，測定誤差の範囲内で一致した．Cr_2O_3 と K_2CrO_4 の Cr$K\beta_{1,3}$ スペクトルは，最近 Espinoza-Quiñones 等が放射光で測定している[38]．Fig.3 の結果は，ピークシフトだけでなく，全体的なプロファイルについても，彼らの放射光測定の結果（ここには示していない）とよく一致した．Cr の酸化状態は，近年，水生植物の Cr の吸収・蓄積の点からも注目されている[38,39]．Fig.3 の結果は，今回製作した分光器が，そのような環境生物学を指向した放射光実験の予備測定（標準物質のスペクトルチェックなど）にも有用なことを示唆している．

Fig.4 に，Cr 化合物と同様にして測定した，いくつかの Fe 標準試料の $K\beta_{1,3}$ スペクトルを示す．カウントノートは Cr$K\beta$ スペクトルと同程度であり，Fe 試料についても，Fe 濃度がおよそ数 mol% 以上あれば，1 週間程度の積算で状態分析可能と推定できる．分解能が向上したおかげで，PBS 型の分光器を用いた以前の測定[24]では識別しにくかった Fe$K\beta_{1,3}$ 線の化学シフトが，はっきりと観測されている．

$FeCl_3\cdot 6H_2O$ と $K_3[Fe(CN)_6]$ のスペクトルで顕著なように，今回測定した Fe 標準試料では，Fe の酸化数だけでなく，配位子の違いによる化学シフトが明白であった．Table 2 に，Fe_2O_3 と $K_3[Fe(CN)_6]$，$K_4[Fe(CN)_6]\cdot 3H_2O$ の化学シフトの値を文献値[8]とともに示す．全体として，測定値と文献値の一致は良い．これは，観測された化学シフトへの配位子の効果が，実験誤差によるものでないことを裏付けている．こうした化学シフトの配位子敏感性は以前から報告されており[8,17,20,22]，Fe$K\beta_{1,3}$ 線の化学シフトから酸化数を機械的に求めることの危険性をあらためて警告している．$K\beta_{1,3}$ 線を使った状態分析（特に Fe 化合物）では，化学シフトだけに頼るより，スペクトル全体を標準試料と比較する方が信頼できそうである．

試みに，Fig.5 で 2 価 Fe と 3 価 Fe の混合原

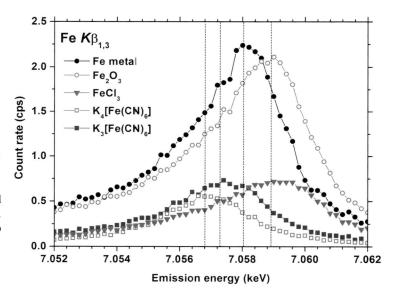

Fig.4 Fe$K\beta_{1,3}$ spectra of Fe metal, Fe$_2$O$_3$, FeCl$_3\cdot$6H$_2$O, K$_4$[Fe(CN)$_6$]$\cdot$3H$_2$O, and K$_3$[Fe(CN)$_6$], which were measured by the spectrometer shown in Fig.1. The broken lines serve as a guide to the eye.

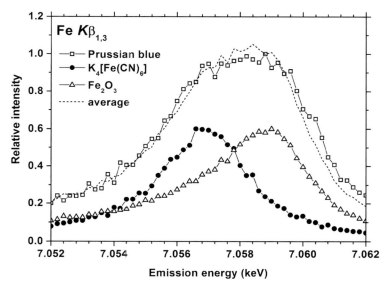

Fig.5 Fe$K\beta_{1,3}$ spectra of Prussian blue (Fe$_4$[Fe(CN)$_6$]$_3$), Fe$_2$O$_3$, and K$_4$[Fe(CN)$_6$]$\cdot$3H$_2$O, which were measured by the spectrometer shown in Fig.1. The averaged Fe$_2$O$_3$ and K$_4$[Fe(CN)$_6$] spectra (dashed line) were also shown for comparison.

子価化合物であるプルシアン青（Fe(III)$_4$[Fe(II)(CN)$_6$]$_3$）[30] の $K\beta_{1,3}$ スペクトルを，2価Feからなる K$_4$[Fe(CN)$_6$]$\cdot$3H$_2$O と3価Feからなる Fe$_2$O$_3$ のスペクトルを平均したスペクトルと比較してみた．Glatzel と Bergmann が放射光で得たスペクトルの結果[26,30] 同様，プルシアン青のスペクトルは，平均スペクトルで全体によく再現された．このように，「標準物質の平均スペクトル」と比較して，混合原子価化合物の価数を求めるやり方は，最近ランタノイドの $L\gamma_4$ 線にも適用され，かなり成功している[40,41]．この線に沿った「3d 金属の混合原子価化合物の価数決定」は，まだ本分光器では実施していないが，特異な物性を示す混合原子価化合物の元素濃度はかなり高いので（多くは10 mol%以上），今後の研究課題として考えたい．

以下，3.2 と 3.3 のケーススタディでは，ゲルに関連したいくつかの系について，試料ピーク値で規格化した $K\beta_{1,3}$ スペクトルの形状を比べることで，試験的な状態分析を試みた．

3.2 乾燥・焼成した $Cr(OH)_3$ ゲルへの応用

3価の Cr イオンを含む水溶液は，塩基性にすると，ゲル状の $Cr(OH)_3$ が沈殿する[42,43]．この沈殿反応は，Cr イオンを含む廃液の処理で用いられており，反応で生成した汚泥（スラッジ）は，水分を飛ばして廃棄物を減量するため，しばしば加熱処理される[43]．こうした加熱処理の問題点は，$Cr(OH)_3$ が加熱温度や pH によって様々に変化し，場合によっては有害な6価 Cr が発生することである．たとえば，柏原等[42]は，一定量の Na^+ を含む $Cr(OH)_3$ を焼成すると，必ず6価 Cr が生成することや，6価 Cr の生成量は pH とともに増加し，処理温度 573 K で最大になると報告している．こうしたことから，熱処理した $Cr(OH)_3$ の酸化状態を「その場」で知ることは廃棄物処理，ひいては環境科学における重要なテーマとなりうる（本誌にも，RoHS 規制をにらんで光電子分光法で Cr 化合物中の6価 Cr の状態を調べた報告例がある[44]）．そこで，高分解能1結晶分光器での $CrK\beta_{1,3}$ 測定によって，$Cr(OH)_3$ の加熱に伴う酸化状態の変化を追えるかどうかを検討してみた．

Fig.6 に，様々に処理した $Cr(OH)_3$ ゲルからの $CrK\beta_{1,3}$ スペクトルを示す．1スペクトルの測定時間は2〜5日であった．Fig.6 には，3価 Cr の標準試料 Cr_2O_3 と6価 Cr の標準試料 K_2CrO_4 のスペクトルもあわせて載せた．得られた $CrK\beta_{1,3}$ スペクトルは，処理条件に応じた顕著な変化を見せ，本分光器を用いて，この系の化学状態（酸化状態）の変化を追跡できることを示している．

Fig.6 の■は，383 K で24時間乾燥したゲル試料の規格化した $CrK\beta_{1,3}$ スペクトルである．乾燥ゲルのスペクトルは Cr_2O_3 のスペクトルと良く似ており，乾燥したゲルでは，Cr の酸化数は3価からあまり変化していないことがわかる．この乾燥ゲルを 503 K で2時間焼成した試料からのスペクトル（十字入りの□）は，3価と6価の中間のような形状を示した．これは，503

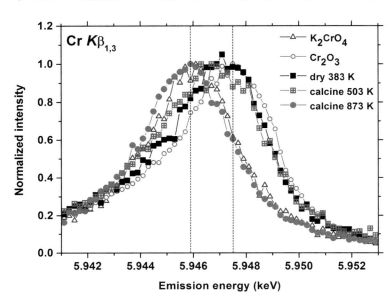

Fig.6 The normalized $CrK\beta_{1,3}$ spectra of the $Cr(OH)_3$ gels dried and calcined. For comparison, the spectra of K_2CrO_4 and Cr_2O_3 are also shown. The broken lines serve as a guide to the eye.

Kの焼成により一部の3価Crが6価Crに酸化されたことを示唆している.

Fig.6の●は, 乾燥ゲルを873 Kで2時間焼成した試料からのスペクトルである. 503 Kで焼成した試料のスペクトルより, K_2CrO_4のスペクトルに近くなり, 酸化が進んだことを示している. 今回の測定では, 柏原等[42]が示した, 高温での6価Crの減少は確認できなかった. $Cr(OH)_3$の高温でのふるまいは, 処理条件にかなり依存するようである.

3.3 水ガラス中に生成したFe化合物への応用

ゲル中に難溶性の電解質を分散させると, 電解質の種類や濃度, ゲルの種類, さらには容器の形状に応じて, ゲル中で不均一に分布しながら, 微結晶が析出する[45,46]. 条件によっては, リーゼガングバンド[45]と呼ばれる, 微結晶の離散的なバンドが観測されることもある. ゲル中での難溶性塩の析出については, リーゼガングバンドを中心に1世紀以上研究されてきたが[45], その詳細, 特に結晶化していないゲル中の化学種については, なお

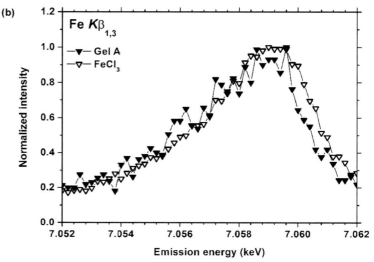

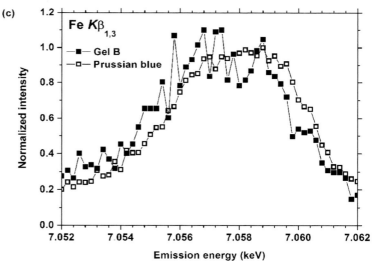

Fig.7 (a) The measured areas on the sample holder, A and B. (b) A comparison of Fe $K\beta_{1,3}$ spectra between the gel at the area A and $FeCl_3 \cdot 6H_2O$. (c) A comparison of Fe $K\beta_{1,3}$ spectra between the gel at the area B and the Prussian blue.

不明な点が多い．そこで，本分光器による $K\beta_{1,3}$ 分光が，ゲル中に生成する化学種の状態分析に応用できるかどうか，Fe 系について検討してみた．

2.2.3 で説明した試料ホルダー中に調製したゲル（Fig.7(a)）について，A と B と記した 2 つの領域で測定した Fe $K\beta_{1,3}$ スペクトルをそれぞれ，Fig.7(b) と 7(c) に示す．1 スペクトルの測定時間は 4〜7 日であった．領域 A はアガロースと水ガラスの接触面に近い部分であり，領域 B は濃い青色が目立つ部分である．統計精度はまだ十分ではないが，領域 A と領域 B で得られたスペクトル（Gel A と Gel B）の違いは明らかであり，これらの領域に生成した Fe 化合物の化学状態が異なっていることがわかる．

Fig.7(b) と 7(c) で，ゲルからのスペクトルを，それぞれ標準物質と比較してみた．領域 A と B での Fe の化学状態は，完全に同一ではないものの，それぞれ $FeCl_3 \cdot 6H_2O$ とプルシアン青に近いことが伺える．まだ予備的ではあるが，こうした結果は，リーゼガング現象を含む，ゲル中に存在する無機イオンの局所的な化学状態の分析に，実験室での高分解能 $K\beta_{1,3}$ 線分光法が有用であることを示唆している．

4. おわりに

放射光 XAFS 実験を視野に入れて，実験室で高分解能蛍光 X 線スペクトルを測定するための 2 系列の 1 結晶・高分解能 X 線発光分光器を組み立てた．光学系として，放射光での X 線発光分光実験で標準利用されている集中光学系を採用した結果，制御が簡単で，放射光実験の予備測定に十分使える分光器を 1000 万円以下のコストで製作できた．

分光器の性能を確認するため，標準的な Cr と Fe の化合物について，$K\beta_{1,3}$ スペクトルを測定した．Cr と Fe，どちらの化合物のスペクトルにおいても，金属イオンの化学状態の違いに応じたピークシフトやプロファイル変化が観測された．こうした変化は，放射光で得られた結果と概してよく一致した．このことは，今回製作した分光器の性能が，放射光での発光分光実験の予備測定に十分なだけでなく，高濃度の試料なら，放射光実験を一部代替できるレベルにあることを示している．まだ確言はできないが，ターゲットを Mo に変えれば，Ta や W[47]，あるいは Pb や Bi の標準試料の高分解能 L スペクトル[48]等も実験室で測れるかもしれない．今後，検討したい．

分光器の応用を検討するケーススタディとして，対象とする元素濃度が 10 mol% 程度の系—加熱温度を変えた $Cr(OH)_3$ ゲルと，水ガラスゲル中に分散させた Fe 化合物—の測定も行った．どちらのスペクトルでも，実験条件（加熱温度やゲル上の測定点）に応じたプロファイル変化が観測でき，実験室での高分解能蛍光 X 線分光がこうした系の研究に有用なことを立証できた．

最後に，装置自作の効用についてひとこと述べたい．「実験装置といえば，使用者のアイデアに基づいて作られるもの」という考えが根強かった半世紀余り前[49]と比べると，実験室レベルで，分光器を自作することはあまり行われなくなった（X 線分析の分野では，必ずしもそうではないが）．しかしながら，波岡が呟いているように[49]，「新しい成果をあげようとすれば，それに相応しい独自の装置の開発が不可欠なことは自明」である．本稿で述べたような比較的シンプルな装置を自作することは，装置—ひいては方法論—の本質的な理解に直結してい

るだけでなく，装置開発の基礎訓練にもなり，「独創的な装置による独創的な研究」[50]を育む教育的な意義もあると思う．装置の自作に興味をもつ若い研究者が増えることを望みたい．

謝　辞

本研究の一部は，科学研究費補助金基盤研究（B）23350036，基盤研究（C）26410163 による支援を受けました．実験に協力してくれた，日本女子大学大学院理学研究科の金井典子さん，日本女子大学理学部物質生物科学科の神戸理沙さん，佐々木優理恵さん，安富友梨亜さん，関美涼さん，栖原有里さんに感謝します．

参考文献

1) 日本 XAFS 研究会："X 線吸収微細構造（XAFS）分光の将来展望", (2014), http://pfwww.kek.jp/jxs/File/XAFS_proposal.pdf.
2) 岩崎 博：放射光, **24**, 231 (2011).
3) 水木純一郎：放射光, **25**, 1 (2012).
4) 蟻川芳子, 小熊幸一, 角田欣一 編："ベーシックマスター　分析化学", (2013), (オーム社).
5) 宇田川康夫 編："X 線吸収微細構造　XAFS の測定と解析", (1982), (学会出版センター).
6) 染野 壇, 安盛岩雄 編："表面分析", (1990), (講談社サイエンティフィク).
7) 桑原裕司："固体・表面の X 線分光", in "分光測定入門シリーズ第 7 巻　X 線・放射線の分光", 日本分光学会 編, p.59 (2009), (講談社).
8) H. Hayashi: "Chemical Effects in Hard X-ray Photon-In Photon-Out Spectra" in "Encyclopedia of Analytical Chemistry", R. A. Meyers 編, (2013) (Wiley, Chichester), DOI: 10.1002/9780470027318.a9389.
9) R. Jenkins: "An introduction to X-ray spectrometry", (1976), (Heyden, London).
10) 河合 潤："X 線分光概論", in "分光測定入門シリーズ第 7 巻　X 線・放射線の分光", 日本分光学会 編, p.17 (2009), (講談社).
11) 合志陽一, 堀 光平, 深尾良郎：X 線分析の進歩, **2**, 57 (1971).
12) T. Konishi, K. Nishihagi, K. Taniguchi: *Rev. Sci. Instrum.*, **62**, 2588 (1991).
13) 石塚貴司, V. Aurel-Mihai, 枂尾達紀, 伊藤嘉昭, 向山 毅, 早川慎二郎, 合志陽一, 河合 進, 元山宗之, 庄司 孝：X 線分析の進歩, **30**, 21 (1999).
14) 塘賢二郎, 富田彰宏, 中井俊一, 中森広雄：X 線分析の進歩, **3**, 1 (1972).
15) 塘賢二郎：X 線分析の進歩, **5**, 1 (1973).
16) 作花済夫：X 線分析の進歩, **4**, 37 (1972).
17) 金沢純悦, 前川 尚, 横川敏雄：X 線分析の進歩, **13**, 9 (1981).
18) 河合 潤：X 線分析の進歩, **19**, 1 (1989).
19) 秋山弘行, 前川 尚, 横川敏雄：X 線分析の進歩, **19**, 45 (1989).
20) 玉木洋一：X 線分析の進歩, **25**, 9 (1994).
21) 林 久史, 小野寺修, 宇田川康夫, 大北博宣, 角田範義：X 線分析の進歩, **30**, 11 (1999).
22) 菅原健久, 玉木洋一：X 線分析の進歩, **33**, 261 (2002).
23) 江場宏美, 桜井健次：X 線分析の進歩, **38**, 109 (2007).
24) 林 久史, 青木敏美, 小川敦子, 小村紗世, 金井典子, 片桐美奈子：X 線分析の進歩, **42**, 197 (2011).
25) F. de Groot: *Chem. Rev.*, **101**, 1779 (2001).
26) P. Glatzel, U. Bergmann: *Coord. Chem. Rev.*, **249**, 65 (2005).
27) H. Hayashi: *Anal. Sci.*, **24**, 15 (2008).
28) G. Peng, X. Wang, C. R. Randall, J. A. Moore, S. P. Cramer: *Appl. Phys. Lett.*, **65**, 2527 (1994).
29) M. M. Grush, G. Christou, K. Hämäläinen, S. P. Cramer: *J. Am. Chem. Soc.*, **117**, 5895 (1995).
30) P. Glatzel, L. Jacquamet, U. Bergmann, F. M. F. de Groot, S. P. Cramer: *Inorg. Chem.*, **41**, 3121 (2002).
31) G. Zschornack: "Handbook of X-Ray Data", (2007), (Springer-Verlag, Berlin).
32) 林 久史：X 線分析の進歩, **45**, 11 (2014).
33) 林 久史："単色器・分光器・質量分析器（1）波長による分散", in "マイクロビームアナリシス・ハンドブック", 日本学術振興会　マイクロビームアナリシス第 141 委員会 編, p.92 (2014), (オー

34) 志村義博, 吉松 満, 水沼 守, 上松英明：X 線分析の進歩, **2**, 1 (1971).
35) 林 久史, 金井典子, 竹原由貴, 大平香奈, 山下結里：X 線分析の進歩, **43**, 249 (2012).
36) P. Pattison, H.-J. Bleif, J. R. Schneider: *J. Phys. E: Sci. Instrum.*, **14**, 95 (1981).
37) J. A. Bearden: in "INTERNATIONAL TABLES FOR X-RAY CRYSTALLOGRAPHY Vol. IV", (1989), (Kluwer Academic Publishers, London).
38) F. R. Espinoza-Quiñones, N. Martin, G. Stutz, G. Tirao, S. M. Palácio, M. A. Rizzutto, A. N. Módenes, F. G. Silva Jr., N. Szymanski, A. D. Kroumov: *Wat. Res.*, **43**, 4159 (2009).
39) H. Hayashi: *X-ray Spectrom.*, **43**, 292 (2014).
40) H. Hayashi, N. Kanai, N. Kawamura, M. Mizumaki, K. Imura, N. K. Sato, H. S. Suzuki, F. Iga: *J. Anal. At. Spectrom.*, **28**, 373 (2013).
41) H. Hayashi, N. Kanai, N. Kawamura, Y. H. Matsuda, K. Kuga, S. Nakatsuji, T. Yamashita, S. Ohara: *X-Ray Spectrom.*, **42**, 450 (2013).
42) 柏原太郎, 加藤敏春, 有馬純治：金属表面技術, **24**, 3 (1973).
43) 眞保良吉, 星野重夫：表面技術, **57**, 57 (2006).
44) 飯島善時, 岡部 康, 大濱敏之, 高橋秀之：X 線分析の進歩, **39**, 137 (2008).
45) H. K. Henisch: "Crystal in Gels and Liesegang Rings", (1988). (Cambridge University Press, Cambridge).
46) H. K. Henisch: "結晶成長とゲル法", (中田一郎, 中田公子 訳), (1972), (コロナ社).
47) 上原 康, 河瀬和雅：X 線分析の進歩, **38**, 99 (2007).
48) 上原 康, 河瀬和雅：X 線分析の進歩, **40**, 163 (2009).
49) 波岡 武：放射光, **25**, 267 (2012).
50) 『化学』編集部 編："別冊化学 化学のブレークスルー【機器分析編】―革新論文から見たこの 10 年の進歩と未来", (2011), (化学同人).

新刊紹介

ベーシックマスター　分析化学

蟻川芳子，小熊幸一，角田欣一 共編
ヨコ 148 mm × 210 mm，450 ページ，オーム社（2013）
ISBN 978-4-274-21425-7
定価：本体価格 4,200 円＋税

　本書は，2013 年に編集された，分析化学の基礎的な教科書・参考書である．前半では，分析化学の基礎である滴定法や沈殿法，電気化学分析法について，後半では，分光分析法や原子スペクトル分析法，質量分析やクロマトグラフィー，回折法による構造分析など，様々な機器分析法について，それぞれ説明されている．さらに，近年，内外の分析化学の専門誌を賑わしている生物学的分析法についても 1 章がさかれている．編者の蟻川先生を含めて，本書の著者には知人が多いが，学力のばらつきが大きい最近の大学 1～2 年生に対して，工夫を凝らした講義を実践されている方が多い．そうした講義経験が，本書のいたるところに反映されており，非常に読みやすく仕上がっている．大学生向けの基礎的な教科書といっても，学部 4 年生や院生，さらにはポスドクやプロの研究者にも得るところは多いと思う．たとえば，第 1 章の「分析化学の目的」は，分析化学の初心を思い出させてくれるし，第 22 章の「分析値の評価」は，わかったつもりでもつい忘れがちな，実験値の扱い方の基本を再認識させてくれる．また，学会などで，「面白そうな発表だが，使われている方法がよくわからない．でも，みんな知っていそうなので，人に聞くのははずかしい」と感じることが，しばしばあるが，本書は，そのような（専門外の）分析法に関する基礎知識を得る上でも有用である．
　本書は，「たくさんの分析法のうち，現在，何が重要で，何が主流と思われているか」についての見取図としても読める．そうした見方をすると，X 線の研究者のひとりとして，やや落ちつかなくなる．もちろん，本書にも X 線に関する記述はあるが，分析法としてまとまって書かれているのは X 線回折（河合共同編集長・担当）だけだからである．本書のページ数などから判断すると（笑），現代の機器分析の「主流」は質量分析とクロマトグラフィー，「要注目」が生物学的分析法となる．本誌読者の多くが関心をもっている蛍光 X 線分析法や放射光分析は，日本の分析化学全体から見るとマイナーな手法ということになる．こうした事実に向かい合うことは，愉快ではないが，我々の研究のタコツボ化（ガラパゴス化）を抑止する効能があるし，X 線分光法や X 線分析研究懇談会の今後を考える上でも良いヒントとなろう．
　色々な読み方ができる好著として，本誌の読者にお勧めしたい．

［日本女子大学理学部物質生物科学科　林　久史］

焦電結晶を用いた投影型電子顕微鏡

大谷一誓, 今宿　晋, 河合　潤

Projection Type Electron Microscope Using Pyroelectric Crystal

Issei OHTANI, Susumu IMASHUKU and Jun KAWAI

Department of Materials Science and Engineering, Kyoto University
Sakyo-ku, Kyoto 606-8501, Japan

(Received 24 December 2014, Revised 26 January 2015, Accepted 29 January 2015)

　　Applying an electron beam generated extensively from the tip of the needle stood on pyroelectric crystal, we developed a projection type electron microscope. By electron beam bombardment to a copper mesh and TEM grids, we acquired enlarged projection images on a fluorescent screen set behind the mesh and TEM grids.

[Key words] Pyroelectric crystal, Projection type electron microscope, Portable electron microscope

　焦電結晶上に立てたタングステン製の針の先端から発生する電子線を試料に照射し，試料後方に設置した蛍光板に試料の拡大像を投影する小型装置を製作した．銅製の金網とTEM観察用グリッドを試料として用いて実験を行ったところ，試料の拡大投影像を得ることができた．

[キーワード] 焦電結晶, 投影型電子顕微鏡, 小型電子顕微鏡

　焦電結晶とは，キュリー温度以下で結晶内部の正負の電荷の重心が一致しておらず，自発分極を有する強誘電体結晶である．分極は加熱時に減少，冷却時に増加し，この分極の変化によって結晶表面が帯電するが，大気中では気体分子によって結晶表面の電荷が持ち去られ，帯電は直ちに解消される．一方，数Pa以下の真空中では気体分子が減少するため，帯電が数分間維持される．この帯電によって生じた電場によって，浮遊電子が加速される．加速された浮遊電子が気体分子などに衝突すると二次電子が生じ，この二次電子も電場によって加速され，再び気体分子などに衝突すると，新たに二次電子が発生する．この過程が繰り返されることで電子なだれが生じ，電子線が発生する．この現象を利用して，Brownridgeは焦電結晶である硝酸セシウム（$CsNO_3$）単結晶を真空中で温度変化させ，生じた電子線を金箔に照射することで，X線が発生することを報告した[1]．Geutherらはz軸方向の長さが10 mmである2つのタンタル酸リチウム（$LiTaO_3$）単結晶を対向配置し，真空中で温度変化させることで200 keV以上のX線を発生させることに成功した[2]．X線発生装置だけでなく，イオンビーム発生装置[3]や，小型カソードルミネッセンス装置[4]，小型電子線プローブマイクロアナライザ（EPMA）[4-8]に

ついての研究などにも焦電結晶が利用されている．当研究室では過去に，対向配置した2つの焦電結晶の一方に真鍮板を貼り付け，真空中で2つの焦電結晶を温度変化させることで，真鍮由来の高強度の Cu と Zn の特性 X 線を得られる，手のひらサイズの X 線管を製作した[9]．このX線管の原理が，電子線を試料に照射し，得られた特性X線から試料の構成元素を分析するEPMAと同様であることに注目して，焦電結晶を電子線源として用いた持ち運び可能な小型EPMAを製作した[5,6]．角柱状の焦電結晶を用いると，焦電結晶の帯電面から電子線が発生するため，試料以外の場所，例えば，ステンレス製真空容器の内壁や，真鍮製の試料台などにも電子線が照射され，ステンレスや真鍮由来のFe, Cr, Ni, Cu および Zn などが検出されていた．そこで，焦電結晶の帯電面に導電性の針を立て，針を固定する金属製の台の表面に絶縁性の真空グリースを塗布して針の先端のみを帯電させ，針の先端を試料に近づけることで，電子線のスポットサイズを300 μm にすることに成功した[6,7]．この改良によって，試料の元素のみを検出することが可能になった．焦電結晶上に導電性の針を立てた際に発生する電子線は，針の先端から広がるように発生していると考えられる．真空中での焦電結晶の温度変化に伴って発生する電子線を，一部分が銅板で覆われたフィルムに照射し，銅板の像をフィルム上に焼き付ける，といった報告は既にされているが，この像は銅板とほぼ同じ大きさであった[10]．我々は，導電性の針の先端から発生する電子線を試料に照射し，その後方に蛍光板を設置すれば，試料の拡大像が蛍光板に投影されると考えた．本研究では，試料の拡大投影像を取得するための持ち運び可能な小型装置を製作したので報告する．

Fig.1 に本研究に用いた装置の模式図を示す．焦電結晶として 6×6×5 mm の LiTaO$_3$ 単結晶を，導電性の針として先端を電解研磨した長さ 5 mm のタングステン製の針を用いた．6×6×3 mm の針固定台（銅製）の側面にネジ穴を開け，上面に開けた直径 1 mm の穴にタングステン針を立て，ネジで横から固定した．銀ペーストを用いて，この針固定台を LiTaO$_3$ 単結晶の −z 面に貼り付けた．針固定台の表面には真空用グリースを塗布し，台表面の帯電を防止した．LiTaO$_3$ 単結晶の +z 面にはペルチェ素子を接着した．本研究の試料には，銅製の金網（ピッチ 250 μm，ホール幅 150 μm，バー幅 100 μm）および二種類の銅製の TEM 観察用グリッド（G1000HS, 1000 メッシュ，ピッチ 25 μm，ホー

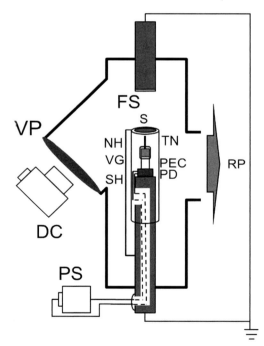

Fig.1 Schematic view of the projection type electron microscope: (FS) fluorescent screen, (S) sample, (TN) tungsten needle, (PEC) pyroelectric crystal, (PD) Peltier device, (NH) needle holder, (VG) vacuum grease, (SH) sample holder, (VP) view port, (DC) digital camera, (PS) power supply, and (RP) rotary pump.

焦電結晶を用いた投影型電子顕微鏡

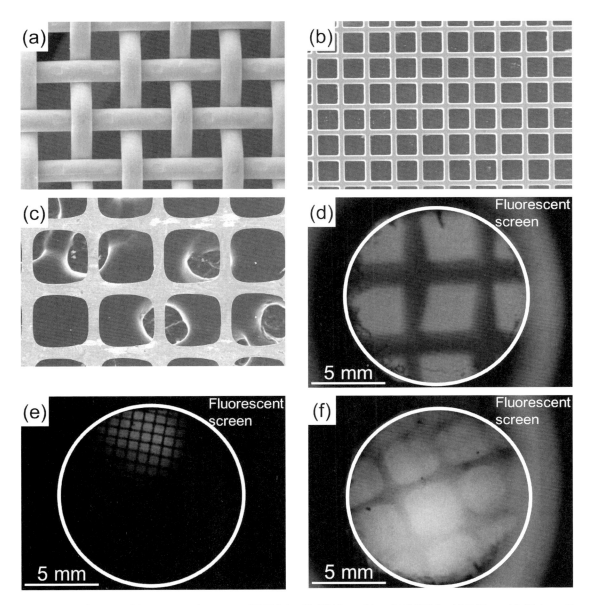

Fig.2 SEM images of (a) copper wire gauge, (b) TEM grid (1000 mesh) and (c) TEM grid (100 mesh) (Enlarged) and projection images of (d) copper wire gauge, (e) TEM grid (1000 mesh) and (f) TEM grid (100 mesh) measured by the device shown in Fig.1.

ル幅 19 μm, バー幅 6 μm, Gilder 社と 75/100 ダブルメッシュの 100 メッシュ部分, ピッチ 230 μm, ホール幅 200 μm, バー幅 30 μm, 日新 EM 社) を用いた. Cu, Al を添加した ZnS を Ti 板上に塗布して製作した蛍光板と, 焦電結晶を接着した

ペルチェ素子を, 直径 12.5 mm の 2 本の銅製の棒の底面に銀ペーストを用いて接着し, 真空継手を溶接したフランジを用いて試料と蛍光板が対向するように NW25 クイックカップリングに取り付け, 試料室として利用した. 真空度は 1

Paとした．試料および2本の銅製の棒は接地した．銅製の金網を試料に用いた際のタングステン針の先端と試料の距離は3 mm，タングステン針の先端と蛍光板の距離は55 mm，TEM観察用グリッド（1000メッシュ）を試料に用いた際のタングステン針の先端と試料の距離は1 mm，タングステン針の先端と蛍光板の距離は40 mm，TEM観察用グリッド（100メッシュ）を試料に用いた際のタングステン針の先端と試料の距離は1 mm，タングステン針の先端と蛍光板の距離は30 mmとした．$LiTaO_3$単結晶をペルチェ素子を用いて100 ℃で2分間加熱した後，1分間かけて−10℃まで冷却し，冷却中に発生した電子線が試料および試料後方に設置された蛍光板に照射された際の蛍光板の発光の様子を，ガラス製のビューポートを通じてデジタルカメラで撮影した．

Fig.2(a)(b)(c)に銅製の金網と2種類のTEM観察用グリッドのSEM像を，(d)(e)(f)に本装置を用いて得られた拡大投影像を示す．本装置を用いて試料の拡大投影像が得られた．拡大投影像は蛍光板上の像の縦横比が1:1になるように補正をかけてある．Fig.2(d)(f)において，蛍光板がない位置で発光が見られるのは，蛍光板での発光がクイックカップリングの内壁で反射しているためである．銅製の金網の拡大投影像の倍率は約16倍，TEM観察用グリッド（1000メッシュ）の拡大投影像の倍率は約24倍，TEM観察用グリッド（100メッシュ）の拡大投影像の倍率は約15倍であった．また，タングステン針と試料の距離，タングステン針と蛍光板の距離を変えて実験を行ったところ，タングステン針と試料の距離を短くするほど，タングステン針と蛍光板の距離を長くするほど，拡大投影像の倍率は高くなった．今回の研究に用いた装置で得られた拡大投影像の最大倍率は約50倍であり，この時のタングステン針の先端と試料の距離は1 mm，タングステン針の先端と蛍光板の距離は55 mmであった．導電性の針，試料および蛍光板の幾何配置を最適化や電子レンズの導入により拡大投影像の倍率は向上すると考えられる．さらに，よりz軸長の長い焦電結晶を用いることで，薄膜試料の透過電子像の取得も期待できる．また，本装置は当研究室で過去に開発した小型EPMAとほぼ同様の構造をもつ[4-8]．そのため，簡単な装置の組み換えで本装置を用いた試料の形状観察と小型EPMAを用いた試料の元素分析を行うことができる．焦電結晶上に針を立てずに同様の実験をしたところ，投影像は得られないため，針は必須であることは確認した．

参考文献

1) J.D. Brownridge: *Nature*, **358**, 287 (1992).
2) J.A. Geuther, Y. Danon: *J. Appl. Phys.*, **97**, 104916 (2005).
3) J.D. Brownridge, S.M. Shafroth: *J. Appl. Phys.*, **79**, 3364 (2001).
4) 今宿 晋，大谷一誓，河合 潤：鉄と鋼，**100**, 905 (2014).
5) S. Imashuku, A. Imanishi, J. Kawai: *Anal. Chem.*, **83**, 8363 (2011).
6) 今西 朗，今宿 晋，河合 潤：X線分析の進歩，**44**, 155 (2013).
7) S. Imashuku, A. Imanishi, J.Kawai: *Rev. Sci. Instrum.*, **84**, 073111 (2013).
8) 大谷一誓，今宿 晋，河合 潤：X線分析の進歩，**45**, 191 (2014).
9) 弘 栄介，山本 孝，河合 潤：X線分析の進歩，**41**, 195 (2010).
10) N. V. Kukhtarev, T. V. Kukhtareva, G. Stargell, J. C.Wang: *J. Appl. Phys.*, **106**, 014111 (2009).

蛍光X線分析法による寒天中のイオンの拡散過程の観察

原田雅章

X-Ray Fluorescence Observation of Diffusing Ions in Agar

Masaaki HARADA

Fukuoka University of Education
1-1 Akamabunkyo-machi, Munakata City, Fukuoka 811-4192, Japan

(Received 28 December 2014, Revised 21 January 2015, Accepted 28 January 2015)

Diffusion is one of the basic physical phenomena, and plays a very important role in chemical reactions. Diffusion of metal ions in the agar has been investigated by X-ray fluorescence. In this report, using concentrated solutions of CsBr and $CuBr_2$, diffusion of both cation and anion was simultaneously observed, and the results were discussed.

[Key words] X-ray fluorescence, Cations and anions, Agar, Diffusion

拡散は最も基礎的な物理現象の一つであり,化学反応においても重要な役割を果たしている.我々はこれまでに様々な金属イオンの寒天中での拡散を蛍光X線により観察し,その拡散係数などについて検討してきた.今回は臭化セシウムと臭化銅(Ⅱ)の濃厚溶液を寒天中で拡散させ,カチオンとアニオンの拡散過程を同時に観察した.

[キーワード] 蛍光X線,カチオンとアニオン,寒天,拡散

1. はじめに

拡散は一般に物質や熱[1]の分布に勾配がある場合に観察される基礎的な物理現象の一つで,化学反応においても重要な役割を果たしている[2]. 我々はこれまでに寒天媒質中での金属イオンの拡散を蛍光X線分析法により分析し,その拡散係数等について検討している[3]. 寒天は,X線の吸収が少なく調製が容易であるばかりでなく,拡散速度の調整や人体模擬試料としての目的から拡散媒質として有用である[4,5].

今回は,金属イオンの拡散に加えて,臭化セシウム(CsBr)と臭化銅(Ⅱ)($CuBr_2$)の濃厚溶液を使用してカチオンとアニオンの拡散過程を同時に観察したので,その結果について報告する.

2. 実 験

2.1 寒天媒質の作製

寒天粉末(和光純薬工業,特級)に蒸留水を加えて100 gとし,これをホットスターラー(LMS社,HPS-2002)で85℃付近まで加熱・攪拌し,寒天を完全に溶解した.その後シャー

蛍光 X 線分析法による寒天中のイオンの拡散過程の観察

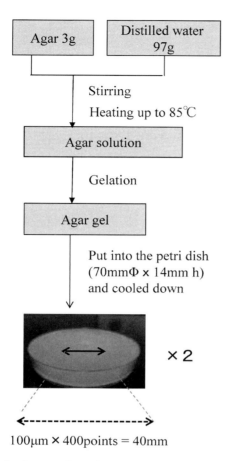

Fig.1 Preparation of agar medium for diffusion experiments.

レ（直径 70 mm× 深さ 14 mm）2 個に移し替え，室温になるまで放冷した．今回は，寒天量 3 g（質量濃度 3％）で作製した（Fig.1）．

2.2 拡散過程の観察

作製した寒天媒質の中心に直径 7 mm の穴を開け，そこに臭化セシウム CsBr（ワコーケミカル，98＋％）の濃厚溶液（3 mol/L），臭化銅（Ⅱ）CuBr₂（和光純薬工業，一級，97％）の濃厚溶液（〜2.5 mol/L）をそれぞれ約 400 μL 滴下した（Fig.1）．時間の経過とともに拡散により溶液が減少するので，一定時間（30 分）ごとに溶液を

追加した．

蛍光 X 線による拡散過程の観察には，エネルギー分散型微小部蛍光 X 線分析装置（島津製作所，μEDX-1300）を使用した．本装置の X 線源は Rh 管球，検出器は Si(Li) 半導体検出器である．測定条件は，電圧 50 kV，電流 100 μA とした．溶液滴下箇所を中心として，ライン状に目的元素のイメージングを行った．測定範囲は 40 mm（ステップ間隔 100 μm で 400 点）で（Fig.1），測定は約 1 分で可能であった（高速マッピングモード）．測定は 1 時間毎に行った．有色溶液の場合には，拡散の様子は USB カメラ（BUFFALO 社，BSW-3K-04H，30 万画素）でもインターバル撮影によりモニタリングした[3]．

3. 結果と考察

3.1 CsBr 溶液

測定される蛍光 X 線スペクトルの一例として，拡散開始から 1 時間後に測定したスペクトルを Fig.2 に示す．Cs Lα, Lβ 線と Br Kα, Kβ 線が確認できる．Cs Lα 線と Br Kα 線の強度分布を拡散時間の経過（0〜5 h）とともにプロット

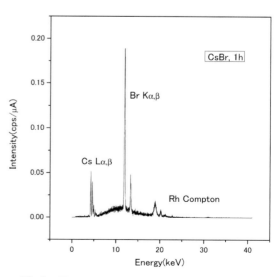

Fig.2 XRF spectrum of CsBr after 1h diffusion.

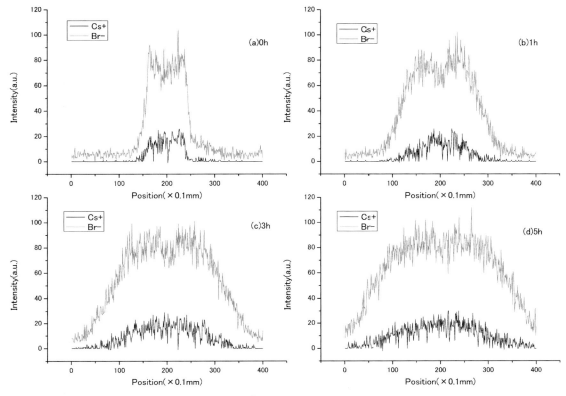

Fig.3 XRF intensity profiles of Cs$^+$ and Br$^-$ after (a) 0 h, (b) 1 h, (c) 3 h, and (d) 5 h.

したのが Fig.3 である．溶液滴下部分を中心に左右対称に Cs$^+$ と Br$^-$ の両イオンが拡散している様子が分かる．さらに Cs$^+$ と Br$^-$ はほぼ同じ速度で拡散しているようにみえる．

この結果から，一次元拡散方程式(1)を使って両イオンの拡散係数を見積もった．

$$\frac{\partial C(x,t)}{\partial t} = D\frac{\partial^2 C(x,t)}{\partial^2 x} \qquad (1)$$

式（1）を適当な条件

初期条件：$C(x \leq r, t=0) = C_0$，
$C(x \geq r, t=0) = 0 \qquad (2)$

境界条件：$C(x \leq r, t) = C_0$, $C(x = \infty, t) = 0 \quad (3)$

のもとで解くと，次の解 (4) が得られる[1]．

$$C(x,t) = C_0 erfc\left(\frac{x}{\sqrt{4Dt}}\right) \qquad (4)$$

$$erfc(z) = \frac{2}{\sqrt{\pi}} \int_z^\infty e^{-y^2} dy$$

$$erfc^{-1}\left(\frac{C}{C_0}\right) = \frac{x}{\sqrt{4Dt}} \qquad (4)'$$

ここで，$D(\mathrm{mm^2/s})$ が求める拡散係数である．式(4)'から，横軸に x，縦軸に $erfc^{-1}\left(\frac{C}{C_0}\right)$ をプロットすると，その直線の傾き $\frac{1}{\sqrt{4Dt}}$ から拡散係数 D を求めることができる．Fig.3(b) からこのプロットを作成すると，Fig.4 となる．この図から，中心の穴の両側で直線近似を行い，拡散係数 D を求めた．拡散開始5 h 後までの結果をまとめたのが Fig.5 である．Br$^-$ の拡散係数は時間とともに減少し，自己拡散係数の値 D_0 (2.08

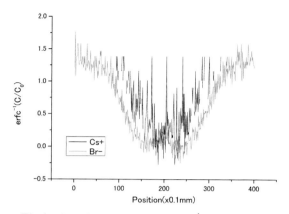

Fig.4 Experimental plots of Eq. (4)' for Fig.3 (b).

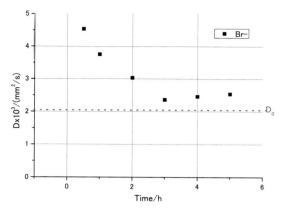

Fig.5 Diffusion coefficients of Br^- for the respective diffusion times.

$\times 10^{-3}$ mm^2/s)[6] に漸近するという結果となった．Cs^+ についても Br^- とほぼ同じ値になると思われたが，蛍光 X 線強度が低いためにデータ解析時の任意性が避けられなかったのでデータは省略した．Cs^+ の自己拡散係数の値 D_0 (2.06×10^{-3} mm^2/s)[6] も Br^- とほぼ同じなので，以上の結果は，両イオンが同じ速度で速やかに拡散し，拡散が進むにつれて拡散速度が低下，最終的には自己拡散領域に近づくものと考えると定性的には理解できる．

3.2 CuBr$_2$ 溶液

次に上記の検討をカチオンの拡散係数も含めて議論できるように，CuBr$_2$ 溶液を使用して同様の拡散実験を行った．さらに Cu^{2+} の自己拡散係数の値は (0.8×10^{-3} mm^2/s)[6] で，Br^- (2.08×10^{-3} mm^2/s) と比べてかなり小さいという点で，CsBr の場合とは異なる．

蛍光 X 線スペクトルの一例として，拡散開始 5 h 後のスペクトルを Fig.6 に示す．Cu Kα, Kβ 線と Br Kα, Kβ 線がほぼ同強度で確認できる．Cu Kα 線と Br Kα 線の強度分布を拡散時間の経過（0〜10 h）とともにプロットしたのが Fig.7 である．CsBr の場合と同様に，溶液滴下

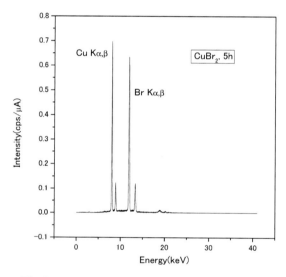

Fig.6 XRF spectrum of CuBr$_2$ after 5 h diffusion.

部分を中心に左右対称に Cu^{2+} と Br^- がほぼ同じ速度で拡散していることがわかる．CuBr$_2$ 溶液の場合は有色なので USB カメラによる観察も行った．拡散開始 10 h 後および 27 h 後の写真を Fig.8 に示す．

Fig.7 の結果から CsBr 溶液の場合と同様の計算により，Cu^{2+} と Br^- の拡散係数を計算した (Fig.9)．Cu^{2+} と Br^- の拡散係数は，その自己拡散係数は大きく異なるにも関わらず全ての時間

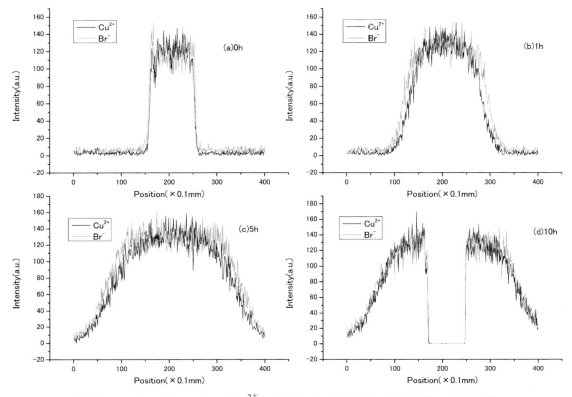

Fig.7 XRF intensity profiles of Cu^{2+} and Br^- after (a) 0 h, (b) 1 h, (c) 5 h, and (d) 10 h.

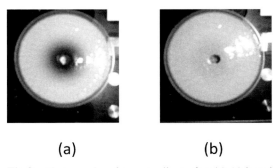

Fig.8 Photographs of agar medium after (a) 10 h and (b) 27 h.

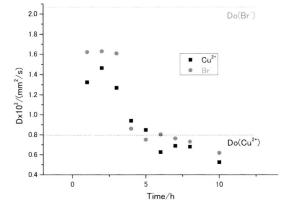

Fig.9 Diffusion coefficients of Cu^{2+} and Br^- for the respective diffusion times.

においてほぼ同じ挙動をとり，拡散開始直後は大きな値をとるが時間の経過とともに減少し，Cu^{2+} の自己拡散係数に漸近するという結果となった．以上の結果も CsBr 溶液の場合と同様に考えると定性的には理解することができる．

4. まとめ

以上の考察は全て，蛍光 X 線強度が測定化学種の濃度に比例するという仮定の下で行った．蛍光 X 線強度に影響を与える要因としてマトリックス効果があり，ここでは特に銅イオンによる臭素 K 線の吸収の効果などを見積もる必要がある．今後，拡散過程をより定量的に評価するために，これらの影響を考慮した検討を行い，さらに他の系についても適用を図っていきたい．

参考文献

1) H. S. Carslaw, J. C. Jaeger: "Conduction of heat in solids", (1986), (Clarendon Press, Oxford).
2) R. A. Robinson, R. H. Stokes: "Electrolyte solutions", (2002), (Dover Publications, INC., NY).
3) 服部英喜，原田雅章：X 線分析の進歩，**43**, 303 (2012).
4) N. S. Rajurkar, N. A. Gokarn: *J. Mol. Li.*, **122**, 49 (2005).
5) A.-J. Xie, et al.: *Colloids Surf.*, **A332**, 192 (2009).
6) R.Mills, V.M.M.Lobo: "self-diffusion in electrolyte solutions", (1989), (ELSEVIER).

微小部蛍光X線分析装置による
海底熱水鉱床産硫化物の化学分析

丸茂克美[#]，中嶋友哉[*]，渡邊祐二

Micro XRF Chemical Analysis of Sulfide Minerals from Seafloor Hydrothermal Deposits

Katsumi MARUMO, Tomoya NAKASHIMA[*] and Yuji WATANABE

University of Toyama, Graduate School Division of Sciences and Engineering
Gofuku 3190, Toyama 930-8555, Japan
[*]Sanwa Petrochemical Co. Ltd
Fukada 15, Ichiriyamachou, Kariya, Aichi 448-0002, Japan
[#]Corresponding author: marumo@sci.u-toyama.ac.jp

(Received 9 January 2015, Revised 21 January 2015, Accepted 23 January 2015)

We used the Shimadzu μEDX 1300, an energy-dispersive X-ray fluorescence (EDXRF) analytical system with a polycapillary X-ray lens and a PC-controlled sample stage in the X and Y directions, to determine sulfide minerals from seafloor hydrothermal deposits in the Okinawa Trough and Izu-Ogasawara Arc.

The polycapillaries are an X-ray focusing system that exploits the phenomenon of total internal reflection in glass fibers. X-rays generated by the Rh target X-ray tube pass through the polycapillaries and are converged within a spot of 50 μm diameter on the sample surface. We can map the X-ray intensities of Kα of the elements Fe, Cu and Mo, by scanning the 50 μm diameter X-ray beam. However, total reflection is impossible for Ag Kα (22.105 keV), therefore spot-size XRF analysis and chemical mapping of Ag must be performed using Ag Lα (2.984 keV).

Converged X-ray beams can penetrate 0.02 mm-thick zirconium film at a tube voltage of 50 kV, however, most of the X-ray beams cannot penetrate 0.04 mm-thick zirconium film. Therefore, the converged X-ray beams excite only the surface areas of minerals having a density similar to that of zirconium.

X-ray intensity is greatly affected by sample height, in other words by the distance between the sample and X-ray detector. Chemical analysis at 50 μm diameter and chemical mapping data for polished sulfide samples are possible, however, it is difficult to perform chemical analysis and obtain a chemical map of sulfide grains having different grain sizes in sediments.

Positioning of these sulfide minerals in sediments may be possible by mapping the X-ray intensities of Kα of the elements Fe and Cu. These sulfide minerals can be identified by obtaining the X-ray intensity ratios, such as $I_{FeK\alpha}/I_{CuK\alpha}$ and $I_{SK\alpha}/I_{CuK\alpha}$. These intensity ratios of sulfide minerals such as chalcopyrite, pyrite and bornite are indigenous, even if the sizes of sulfide grains are different and X-ray intensities are greatly affected by sample size.

 [Key words] Polycapillary X-ray lens, Total reflection, Energy dispersive X-ray fluorescence analytical method, X-ray focusing system, Sulfide mineral, Seafloor hydrothermal deposit.

　ポリキャピラリー X 線レンズと PC 制御で試料ステージを駆動できるエネルギー分散型蛍光 X 線分析装置（島津製作所製μEDX1300）を用いて，沖縄トラフ及び伊豆・小笠原弧の海底熱水鉱床産の硫化鉱物の同定を行った．

　ポリキャピラリー X 線レンズのグラスファイバーによる X 線の集光現象を活用してロジウム管球で発生する X 線を 50 μm の大きさに集光して試料表面に照射することにより，鉄や銅，モリブデンの Kα 線の強度マッピングを行うことができる．しかし銀の Kα 線（22.105 keV）は全反射させることができないため，銀の元素濃度マッピングは Lα 線（2.984 keV）を用いなくてはならない．

　X 線管球電圧を 50 kV に設定した場合，集光された X 線は 0.02 mm の厚さのジルコニウム箔を透過できるものの，0.04 mm の厚さのジルコニウム箔をほとんど透過することができない．従って，集光された X 線はジルコニウム箔と同程度の密度を有する鉱物の表面付近の分析をすることになる．

　X 線検出器で検出される X 線強度は試料と検出器の距離の影響を大きく受ける．そのため，硫化鉱物の研磨片試料の場合には 50 μm の微小域分析や元素濃度マッピングが可能であるが，堆積物中に含まれる粒子径の異なる硫化物の化学分析や元素濃度マッピングは容易でない．

　堆積物中の硫化物の存在位置を決定するためには，鉄や銅などの X 線強度マッピングを行うことが有効であり，また，これらの硫化物の同定を行うためには鉄と銅の Kα の X 線強度比（$I_{FeK\alpha}/I_{CuK\alpha}$）や硫黄と銅の Kα の X 線強度比（$I_{SK\alpha}/I_{CuK\alpha}$）を調べることが有効である．黄銅鉱や黄鉄鉱，斑銅鉱などの硫化物の鉄や銅，硫黄の X 線強度は粒子径によって著しく変化するものの，これらの元素の X 線強度比は黄銅鉱や黄鉄鉱，斑銅鉱ごとに固有の値である．

[キーワード]ポリキャピラリーX線レンズ, 全反射, エネルギー分散型蛍光X線分析法, X線集光系, 硫化鉱物, 海底熱水鉱床

1. はじめに

　我が国の経済水域に分布する海底熱水鉱床の資源評価で熱水鉱床周辺の海底堆積物や硫化物鉱石に含まれる 0.1 mm 以下の粒子径の硫化鉱物を同定する場合には，真空中でカーボンや金粒子を試料表面に蒸着した後に，走査型分析電子顕微鏡や波長分散型電子線マイクロアナライザーの試料室に設置し，真空中で電子線を照射し，試料を構成する元素の特性 X 線が調べられる[1]．

　しかし，海底堆積物を真空中でカーボンや金でコーティングする場合，粘土鉱物などが脱水するため，カーボンや金蒸着に必要な真空度を維持するのが容易でない．また，走査型分析電子顕微鏡や波長分散型電子線マイクロアナライザーで電子線を照射する際にも脱水が起き，二次電子像が乱れてしまうため，数時間かけて実施される特性 X 線強度マッピングに支障が生じる場合もある．さらに，海底熱水鉱床産の硫化物試料は多孔質であるため，レジンで固めて研磨片を作成しても，試料内部からの脱ガスを回避することができず，堆積物の場合と同様にカーボンや金で表面をコーティングする過程

や，真空中で電子線を照射する際に問題が発生してしまう場合が多い．

また，走査型分析電子顕微鏡や波長分散型電子線マイクロアナライザーで電子線を照射する場合には，電子銃の加速電圧を 15 kV～25 kV 程度に設定するため，原子番号の大きな元素の K 線を用いて分析することができず，L 線を使わなくてはならない．

一方，ポリキャピラリーチューブを用いて X 線を 50 μm の径に絞ることができる蛍光 X 線分析装置を用いることにより，大気圧下で海底堆積物や硫化物鉱石中の 0.1 mm 程度の粒子径の鉱物の微小部蛍光 X 線分析を行うことが可能である．また，蛍光 X 線分析装置は X 線管球電圧を 50 kV 程度に設定できるため，原子番号の大きな元素も Kα 線を用いて蛍光 X 線分析できる可能性がある．ただしこの場合，50 μm の径に絞られた X 線が鉱物粒子の内部にどの程度到達し，どの程度の深度の元素を励起して蛍光 X 線を発生しているかを把握する必要がある[2]．

また，ポリキャピラリーチューブを用いて X 線を 50 μm の径に絞りながら，試料ステージを X 軸，Y 軸に駆動させることにより，硫化物などの研磨片に含まれる鉱物粒子の蛍光 X 線強度マッピングを行うことが可能である．ただしその場合，ポリキャピラリーチューブがどの程度のエネルギーの X 線を全反射し，X 線を 50 μm の径に絞っているかを把握する必要がある．また，大気中では空気による X 線の減衰がどの程度起きるかも把握しなくてはならない．

空気による X 線の減衰率は，試料と X 線検出器との距離が短いほど軽減できるため，鉱物粒子表面との距離が蛍光 X 線強度にどの程度影響を与えるかを把握することにより，海底堆積物のように平坦でない試料の元素濃度マッピング画像の有効活用を図ることが可能となる．

2. 試験方法及び試験結果

2.1 使用した装置のポリキャピラリーチューブの特性評価

ポリキャピラリーチューブを装備した島津製作所製微小部 X 線分析装置である μEDX1300 を用い，Rh ターゲットの X 線管球の管電圧を 50 kV に設定して実験を行った．μEDX1300 はポリキャピラリーチューブを用いて X 線を 50 μm の径に絞りながら，試料ステージを X 軸，Y 軸に駆動させる構造になっている（Fig.1）．試料ステージに置かれた試料は CCD カメラで観察・

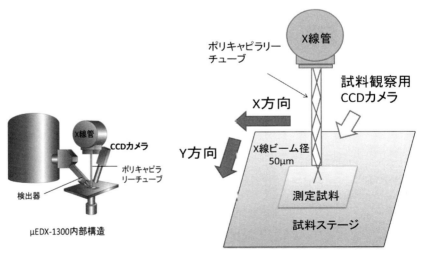

Fig.1　μEDX1300 のポリキャピラリー X 線レンズを用いた，X 線集光システムの概念図．

撮影することができるが，ポリキャピラリーチューブが試料ステージに対して垂直に設置されているため，CCD カメラが斜めに取りつけられている．そのため，試料ステージに置かれた試料を斜めから観察しなくてはならず，反射顕微鏡や実体顕微鏡で観察された試料像と μEDX1300 の CCD カメラで観察された試料像を対応させるのが容易ではない．そのため，点分析箇所を決定したり，元素濃度マッピングすべき領域を決めるのが難しい．

ポリキャピラリーチューブがどのような元素の特性 X 線を全反射し，50 μm の径に X 線を絞っているかを把握するため，モリブデンを含む輝水鉛鉱（MoS_2）や，銀とアンチモン，鉛を含むアンドル鉱（$AgPbSb_3S_6$）の鉱物粒子を試料ステージに置き，X 軸および Y 軸に沿って駆動しながら X 線を鉱物粒子表面に照射し，モリブデン，銀，アンチモンの各特性 X 線強度のマッピングを実施した．

その結果，輝水鉛鉱粒子のモリブデンの $K\alpha$ 線強度マップは輝水鉛鉱粒子に対応するものの，アンドル鉱粒子の銀やアンチモンの $K\alpha$ 線強度マップはアンドル鉱粒子に対応しておらず，ぼやけた鉱物粒子像になってしまうことが判明した．また，銀やアンチモンの $L\alpha$ 線強度マップは明瞭な鉱物粒子像になることが判明した（Fig.2）．従って，μEDX1300 のポリキャピラリーチューブはモリブデンの $K\alpha$ 線や，銀やアンチモンの $L\alpha$ 線に対しては全反射条件を満たして X 線を絞り込むことができるものの，銀やアンチモンの $K\alpha$ 線に対しては全反射条件を満たすことができないため X 線を絞り込めず，

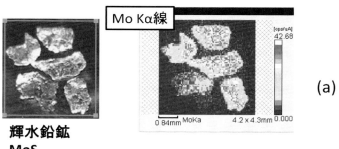

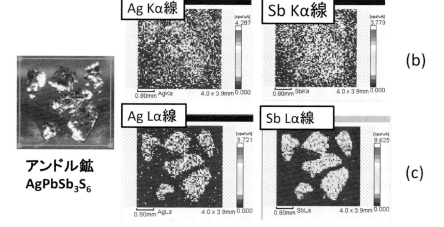

Fig.2 輝水鉛鉱（MoS_2）粒子のモリブデンの $K\alpha$ 線強度マッピング(a)と，アンドル鉱（$AgPbSb_3S_6$）粒子の銀とアンチモンの $K\alpha$ 線強度マッピング(b)，及びアンドル鉱（$AgPbSb_3S_6$）粒子の銀とアンチモンの $L\alpha$ 線強度マッピング（c）．

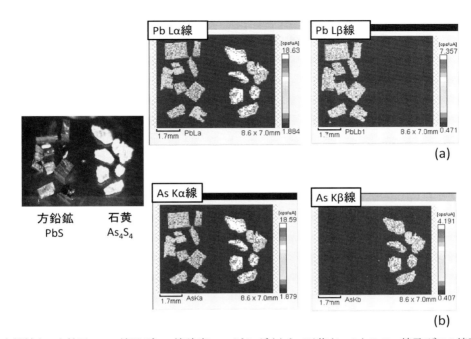

Fig.3 方鉛鉱(PbS)粒子のLα線及びLβ線強度マッピング(a)と,石黄(As₄S₄)のKα線及びKβ線強度マッピング (b).

Kα線強度マッピングができないことが確認された.

なお,海底熱水鉱床の硫化物鉱石には鉛やヒ素が多く含まれるため[3],硫化物鉱石の研磨片の鉛とヒ素の元素濃度マッピングを行う必要がある.この時に課題となることは鉛のLα線とヒ素のKα線のエネルギー値がほとんど同じである点である[4].実際,鉛のLα線とヒ素のKα線を用いて方鉛鉱(PbS)粒子と石黄(As₄S₄)粒子をマッピングすると,方鉛鉱粒子と石黄粒子の識別は困難である(Fig.3).しかし,鉛のLβ線とヒ素のKβ線を用いると方鉛鉱粒子と石黄粒子は識別可能となる(Fig.3).

2.2 X線透過深度測定

μEDX1300の試料ステージの上に銅板を置き,この銅板の上に 0.02 mm の厚さのジルコニウム箔(密度 6.52 g/cm³)を設置し(Fig.4),ジルコニウム箔の上面をレーザー測量してX線の集光点をジルコニウム箔の上面に合わせた後,ポリキャピラリーチューブを通して,ジルコニウム箔にX線を照射した.その結果,X線がジルコニウム箔を透過して銅板に達し,銅のKα

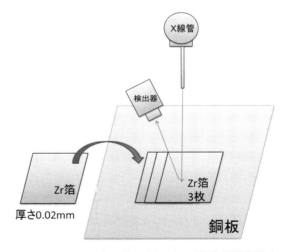

Fig.4 ジルコニウム箔を用いたX線透過深度測定法の概念図.

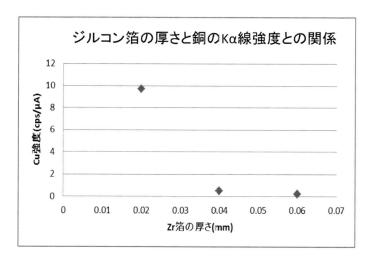

Fig.5 ジルコニウム箔に覆われた銅板からの銅のKα線強度とジルコニウム箔の厚さの関係図.

線が検出された（Fig.5）.

次に銅板の上に 0.02 mm の厚さのジルコニウム箔を2数枚置き，2枚目のジルコニウム箔の上面をレーザー測量してX線の集光点に合わせた後，ジルコニウム箔にX線を照射した．その結果，2枚のジルコニウム箔を透過して銅板に達したX線はジルコニウム箔が1枚の時に比べて少ないため，銅のKα線強度は1枚のときの1/20以下に減衰したことが確認された（Fig.5）. さらにジルコニウム箔を3枚置いた場合には銅のKα線の強度がほとんど検出されなくなる. 従って，X線は 0.04 mm の厚さのジルコニウム箔を通過する間に 1/20 以下に減衰し，さらに 0.06 mm 程度の厚さのジルコニウム箔はほとんど透過できないと考えられる.

閃亜鉛鉱（ZnS）や方鉛鉱（PbS）のような硫化鉱物とジルコニウム箔とは密度や構成元素は異なるためX線透過量も異なるものの，こうした硫化鉱物でも 0.06 mm 程度の深度までしかX線は透過できない可能性がある．実際，X線CCDカメラを用いて方鉛鉱粒子をX線が透過しているかを調べた結果，0.1 mm の粒子径の方鉛鉱をX線が透過できないことが確認されている[2].

2.3　X線の減衰に影響を与える要素

μEDX1300は蛍光X線取り出し角度が45°で，試料ステージとX線検出器の距離が 1.5 mm であるため，試料ステージ上の試料と検出器までの距離は 2.121 mm と計算される（Fig.6）. 試料と検出器との距離がX線強度に与える影響を評価するため，試料ステージの上に 0.3 mm の厚さの銅板を5枚置き，レーザー測量により最上面の銅板の上面にX線の集光点に合わせた後，ポリキャピラリーチューブを通して，銅板にX線を照射して銅のKα線強度を測定した（Fig.6）.

試料ステージをX軸に沿って移動させて4枚目，3枚目，2枚目，1枚目の銅板にX線を照射することにより，銅板とX線検出器までの距離を 2.121 mm から 2.190 mm，2.516 mm，2.601 mm，2.928 mm と段階的に増加させ，銅のKα線強度を測定することができる（Fig.6）. その結果，銅のKα線の強度は銅板が5枚のとき

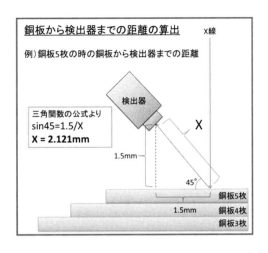 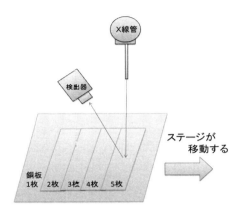

Fig.6 銅板とX線検出器との距離が，銅のKα線強度に与える影響を評価するための実験の概念図．

には137.33 cps/μAだったのに対し，4枚では129.62 cps/μA，3枚では100.33 cps/μA，2枚では92.08 cps/μA，1枚では77.05 cps/μAと次第に減衰していくことが確認された（Table 1）．この実測値と，X線が距離の二乗に半比例して減衰するとして，銅のKα線の強度は銅板が5枚のときには137.33 cps/μAだったことに基づいて，銅板が4枚，3枚，2枚，1枚となって銅板から検出器までの距離が2.190 mmから2.928 mmに変化したした場合の計算値を求めて比較した(Table 1)．こうした計算値は実測値に近く，Table 1 の実測値はX線が距離の二乗に半比例して減衰することが確認された．

なお，この実験では銅板チップを切る際に銅板が若干歪んでしまったため，銅板と検出器までの距離は0.3 mmの整数倍では増加していないことと，銅板が若干歪んでいるため，銅板と検出器までの距離も厳密でないことに留意しなくてはならない．

また，X線強度の減衰を評価する際には，試料と検出器との距離だけではなく，空気による減衰も考慮しなくてはならない．X線強度がI_0のX線が厚さx，吸収係数μ，密度ρの空気層を通過すると，X線強度は以下の式に従ってIに減衰する[5]．

$$I/I_0 = \exp[-(\mu/\rho)\rho x]$$

ここで吸収係数μを密度ρで割ったμ/ρは質量吸収係数であり，空気の主成分である窒素の質量吸収係数は，X線のエネルギー値が1.0

Table 1 銅板とX線検出器の距離を変えた場合の，銅のKα線強度の実測値と，計算で得られた銅のKα線強度との比較．

銅板枚数	検出器までの距離 (mm)	実測されたCuKα強度 (cps/μA)	計算されたCuKα強度 (cps/μA)
4	2.190	129.62	128.82
3	2.516	100.33	97.64
2	2.601	92.08	91.32
1	2.928	77.05	72.10

keV では $3.311*10^3$ (cm²/g), 1.5 keV では $1.083*10^3$ (cm²/g), 2.0 keV では $4.769*10^2$ (cm²/g), 3.0 keV では $1.456*10^2$ (cm²/g), 4.0 keV では $6.166*10^1$ (cm²/g), 5.0 keV では $3.144*10^1$ (cm²/g), 6.0 keV では $1.809*10^1$ (cm²/g), 8.0 keV では 7.562 (cm²/g) である.

μEDX1300 では試料ステージ上の試料と X 線検出器までの距離は 0.2121 cm であるので, 銅の Kα 線 (8.042 keV) の減衰率 $(1-I/I_0)*100$ はおよそ 0.19% と計算される. また硫黄の Kα 線 (2.308 keV) 減衰率は約 7.73% となる. 一方, ナトリウムの Kα 線 (1.041 keV) の減衰率は約 57.10% になってしまい, 燐の Kα 線 (2.013 keV) の減衰率は約 11.48% となる.

μEDX1300 では試料ステージ上の試料と検出器までの距離が 0.2928 cm の場合には, 銅の Kα 線の減衰率はおよそ 0.26%, 硫黄の Kα 線の減衰率は約 10.52% となる. 一方, ナトリウムの Kα 線の減衰率は約 68.91%, 燐の Kα 線の減衰率は約 15.49% となる.

従って, 試料と X 線検出器との距離が 0.2121 cm から 0.2928 cm に増加することによる空気による減衰は, ナトリウムの Kα 線では深刻であるものの, 燐や硫黄の Kα 線の空気による減衰は, X 線強度が距離の二乗に半比例するために半減してしまうことに比べれば小さなものである. 銅のような元素の Kα 線に至っては, 空気による減衰はほとんど無視できる.

3. 試料の分析結果

3.1 点分析による硫化鉱物中の微量元素の検出

海洋研究開発機構の"かいよう-ハイパードルフィン 3000 による KY14-02 航海"で鳩間海丘の海底熱水鉱床から採取した硫化物の研磨

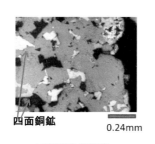
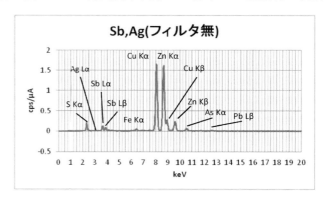
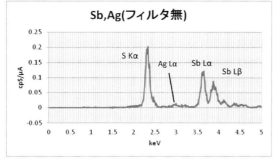
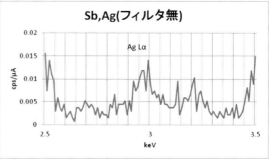

Fig.7 沖縄トラフの鳩間海丘の海底熱水鉱床から採取された砒安四面銅鉱の反射顕微鏡写真と点分析で得られた蛍光 X 線スペクトル.

片を作成し，μEDX1300 のポリキャピラリーチューブで 50 μm に絞られた X 線（管球電圧 50 kV）を砒安四面銅鉱（$(Cu,Fe,Zn)_{12}(As,Sb)_4S_{13}$，密度 4.6 g/cm^3 程度）に照射して点分析を実施した．その結果，硫黄，鉄，銅，亜鉛，砒素の各元素の Kα 線，および銀とアンチモンの Lα 線が検出された（Fig.7）．この砒安四面銅鉱粒子の厚さは不明であるが，砒安四面銅鉱が等軸晶系であることと，反射顕微鏡で観察される砒安四面銅鉱粒子が 0.2 mm 以上の長さの粒子径を有することから，厚みも 0.1 mm 以上である可能性がある．

ジルコニウム箔を用いた実験や，X 線 CCD カメラを用いて鉱物粒子を X 線が透過しているかを調べた実験[2])により，X 線は 0.1mm 以上の厚さの砒安四面銅鉱を透過することができないと考えられる．砒安四面銅鉱粒子の厚みが 0.1 mm 以上である場合には，砒安四面銅鉱に照射された 50 μm の径の X 線により励起される蛍光 X 線は，砒安四面銅鉱に起因することになり，砒安四面銅鉱粒子から検出された銀の Lα 線の存在は，砒安四面銅鉱が銀含有鉱物であることを示唆している．

こうした結論は先行研究の結果[6])と調和する．沖縄トラフの鳩間海丘の海底熱水鉱床では，銀の含有量がアンチモン含有量と相関していることが知られており，銀が砒安四面銅鉱（$(Cu,Fe,Zn)_{12}(As,Sb)_4S_{13}$，密度 4.6 g/cm^3 程度）中のアンチモンの一部を置換して産するとされている．

3.2 銅の Kα 線強度マッピングによる鉱物判定

海洋研究開発機構の"かいよう‐ハイパードルフィン 3000 による NT12-10 航海"で伊豆・小笠原弧の明神海丘の海底熱水鉱床から採取した黄銅鉱や斑銅鉱を含む硫化物の研磨片を μEDX1300 の試料ステージに置き，試料ステージを X 軸と Y 軸に駆動させながら，縦 1.5 mm，幅 1.8 mm の領域の銅の Kα 線強度マッピングを行った．その結果，反射顕微鏡で斑銅鉱と同定される箇所の銅の Kα 線強度が著しく高いことが判明した（Fig.8）．

こうした銅の Kα 線強度が著しく高い部分（Fig.8 の強度マップの赤色の部分）を対象に，50 μm に絞られた X 線（管球電圧 50 kV）を照射して点分析を実施した結果，鉄の Kα 線と銅の Kα 線の強度比（$I_{FeK\alpha}/I_{CuK\alpha}$）が 0.13～0.15 程度，硫黄の Kα 線と銅の Kα 線の強度比（$I_{SK\alpha}/I_{CuK\alpha}$）が 0.02 程度になり，銅の Kα 線強度が高くない部分（Fig.8 の強度マップの緑色の部分）の鉄の Kα 線と銅の Kα 線の強度比（$I_{FeK\alpha}/I_{CuK\alpha}$，0.5 程度）や，硫黄の Kα 線と銅の Kα 線の強度比（$I_{SK\alpha}/I_{CuK\alpha}$，0.065 程度）と異なることが判明した．

次に，鉱物標本の斑銅鉱の研磨片を対象に，鉄の Kα 線と銅の Kα の強度比（$I_{FeK\alpha}/I_{CuK\alpha}$）と硫黄の Kα 線と銅の Kα 線の強度比（$I_{SK\alpha}/I_{CuK\alpha}$）を測定すると，それぞれ 0.1 と 0.02 となり，Fig.8 の銅の Kα 線強度マップの赤色の部分と同じような値となった．また，黄銅鉱標本の研磨片を対象に，鉄の Kα 線と銅の Kα 線の強度比（$I_{FeK\alpha}/I_{CuK\alpha}$）と硫黄の Kα 線と銅の Kα 線の強度比（$I_{SK\alpha}/I_{CuK\alpha}$）を測定すると，それぞれ 0.5 と 0.065 となり，Fig.8 の銅の Kα 線強度マップの緑色の部分と同じような値となった．

Fig.8 の銅の Kα 線強度マップの黄色の部分の鉄の Kα 線と銅の Kα 線の強度比（$I_{FeK\alpha}/I_{CuK\alpha}$）と硫黄の Kα 線と銅の Kα 線の強度比（$I_{SK\alpha}/I_{CuK\alpha}$）は，それぞれ 0.3～0.4，0.038～0.044 であり，黄銅鉱と斑銅鉱の中間の値であり，50 μm に絞られ

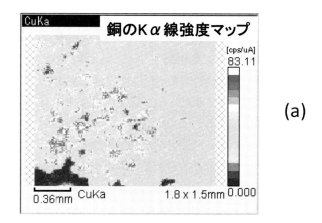

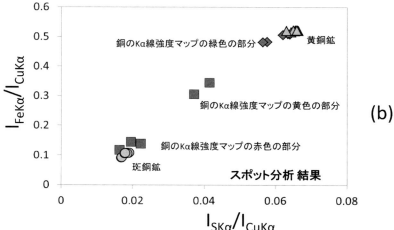

Fig.8 明神海丘の海底熱水鉱床から採取された黄銅鉱と斑銅鉱から成る研磨試料の銅の Kα 線強度マッピング (a),点分析で得られた黄銅鉱と斑銅鉱から成る研磨試料の鉄の Kα 線と銅の Kα 線の強度比と,硫黄の Kα 線と銅の Kα 線の強度比 (b).

た X 線が黄銅鉱と斑銅鉱の両方に照射されたか,あるいは黄銅鉱が斑銅鉱化する中間過程の鉱物粒子に照射されたと考えられる.

3.3 堆積物中の鉱物判定

伊豆・小笠原弧の明神海丘の海底熱水鉱床周辺から採取した堆積物に含まれる鉱物粒子を μEDX1300 で同定するため,堆積物粒子を試料ステージの上に置き,一番大きな鉱物粒子の頂部に X 線の集光点を合わせ,試料ステージを X 軸,Y 軸に駆動させながら,縦 12.6 mm,横 12.5 mm の領域の硫黄,鉄,銅の Kα 線強度マッピングを行った (Fig.9).その結果,硫黄,鉄,銅の Kα 線強度がいずれも高い値を有する 0.1 mm 大の粒子が多数見つかった.こうした粒子の X 軸,Y 軸座標を読み取り,これらの点に試料ステージを移動させて点分析を行った結果,Fig.10 のように硫黄,鉄,銅の Kα 線強度の間に相関があることが判明した.こうした相関性は堆積物中の粒子径の大きさの違いに起因しており,大きな粒子では点分析箇所と X 線検出器との距離が短く,小さな粒子では点分析箇所と X 線検出器との距離が長くなるため,それに対応して硫黄,鉄,銅の Kα 線強度が変化するためであると考えられる.例えば,空気による減衰がほとんどない銅の Kα 線強度の場合,X

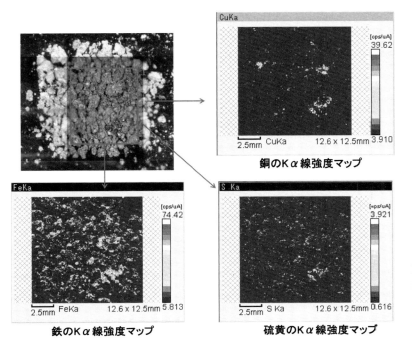

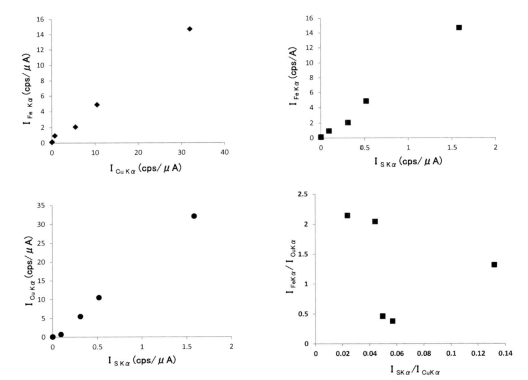

Fig.9 明神海丘の海底熱水鉱床から採取された堆積物の銅, 鉄, 硫黄のKα線強度マッピング結果.

Fig.10 明神海丘の海底熱水鉱床から採取された堆積物中の硫化物にX線ビームを照射して得られた, 鉄と銅, 及びと硫黄のKα線強度の相関.

Table 2 明神海丘の海底熱水鉱床の堆積物に含まれる硫化物にX線ビームを照射して得られた，銅と鉄と硫黄のKα線の強度の相関.

粒子番号	Cu Kα （cps/μA）	Fe Kα （cps/μA）	S Kα （cps/μA）
1	0.712	0.936	0.094
2	5.461	2.053	0.311
3	10.475	4.847	0.519
4	0.068	0.139	0.003
5	32.047	14.669	1.588
6	0.042	0.090	0.001

線照射点とX線検出器との距離が0.8 mm長くなると，X線強度は半減することが明らかにされている（Table 1）．硫黄のKα線強度の場合には空気による減衰は無視できないものの，X線照射点とX線検出器との距離が0.8 mm長くなって空気層の厚さが増加する場合でも空気による減衰は3%程度増加するだけであり，X線強度が距離の2乗に半比例して減少することに比べれば空気層の影響は極めて小さい．

各点分析箇所の鉄と銅のKα線強度比（$I_{FeKα}/I_{CuKα}$）と硫黄と銅のKα線強度比（$I_{SKα}/I_{CuKα}$）はそれぞれ0.37～2.14, 0.024～0.132であり（Table 2），Fig.8の黄銅鉱－斑銅鉱研磨片の$I_{FeKα}/I_{CuKα}$, $I_{SKα}/I_{CuKα}$の値と異なる場合があることが判明した．この原因としては堆積物には黄銅鉱や斑銅鉱とともに，黄鉄鉱（FeS_2）が多く含まれ，X線が黄鉄鉱中の硫黄や鉄を励起してしまったためであると考えられる．ただし，鉄のKα線強度の弱い，すなわち黄鉄鉱粒子の励起の少ない分析箇所（Table 2の2, 3, 5）の$I_{FeKα}/I_{CuKα}$, $I_{SKα}/I_{CuKα}$の値は，Fig.8の銅のKα線強度マップの黄色の部分の$I_{FeKα}/I_{CuKα}$と$I_{SKα}/I_{CuKα}$に類似していることが判明した．従ってこうした銅含有鉱物は，X線が黄銅鉱と斑銅鉱の両方に照射されたか，あるいは黄銅鉱が斑銅鉱に変質する中間過程の鉱物粒子に照射されたと考えられる．

4. 考察とまとめ

ポリキャピラリーチューブを用いてX線を50 μmの径に絞ることができるμEDX1300はX線管球電圧を50 kVに設定できるため，分析対象元素のKα線を励起した蛍光X線分析ができるという点で，走査型分析電子顕微鏡や波長分散型電子線マイクロアナライザー（電子銃の加速電圧は通常15～25 kV）に比べて有利であると考えられた．しかし，μEDX1300で用いられているポリキャピラリーチューブはモリブデンのKα線（17.446 keV）を全反射できるものの，銀のKα線（22.105 keV）は全反射できないことが判明した．従って銀やアンチモンの蛍光X線分析に関してはL線を用いなくてはならず，走査型分析電子顕微鏡や波長分散型電子線マイクロアナライザーに対する優位性はあまりない．

しかし，ポリキャピラリーチューブを用いてX線を集光させ，微小域分析を行う方法は大気中で使用できるため，試料調整が容易であり，走査型分析電子顕微鏡や波長分散型電子線マイクロアナライザーに対して利便性の点で優位である．μEDX1300の場合，ナトリウムのような元素のKα線の空気による減衰は無視できない

ものの，燐より大きな原子番号の元素の場合には空気による減衰は深刻でなく，試料とX線検出器との距離がX線強度に最も大きな影響を与える．

μEDX1300を用いて半導体チップや鉱石試料の研磨片などの平板試料の元素濃度マッピングや点分析を行うことは容易であるが．試料の高さが一定でない粒子状試料の場合には，試料とX線検出器との距離を一定に保つことが困難なため，元素濃度マッピングや点分析を行う際には留意が必要である．

粒子状試料の蛍光X線分析の場合には，X線の透過深度も考慮しなくてはならない．X線管球電圧が50 kVの場合には，銅のKα線の場合，0.04 mmの厚さのジルコニウム箔を透過できる量は0.02 mmのジルコニウム箔を透過する量の1/20まで減少してしまう．

μEDX1300を用いて0.1 mm以下の径の粒子状試料の元素濃度マッピングや点分析を行う場合には，X線検出器と各粒子の距離はあまり異ならないため，距離の影響は少ないものの，X線の透過深度は考慮する必要がある．こうした微粒子状試料の分析の場合には，試料の密度や構成元素の種類を考慮し，分析対象となる微粒子をX線が透過し，他の粒子内部までX線が到達してしまうかを把握する必要がある．

謝 辞

本研究は文部科学省受託研究費「水銀同位体を用いた海底熱水鉱床探査技術の開発」で実施された．本研究を進めるにあたり，株式会社エックスレイプレシジョンの細川好則氏にはX線の大気中での減衰に関して助言をいただいた．

参考文献

1) S. Watanabe, Hayashi Ken-ichiro: *Resource Geology*, **64**, 77-90 (2014).
2) 丸茂克美, 小野木有佳, 野々口 稔：X線分析の進歩, **43**, 181 (2012).
3) R.Suzuki, J. Ishibashi, M.Nakaseama, U.Kanno, U.Tsunogai, K.Gena, H.Chiba: *Resource Geology*, **58**, 267-288 (2008).
4) 丸茂克美, 氏家 亨, 江橋俊臣：X線分析の進歩, **36**, 17 (2005).
5) http://physics.nist.gov/PhysRefData/XrayMassCoef/tab2.html
6) 石橋純一郎, 野崎達生, 渋谷岳造, 高井 研：Blue Earth, p.172 (2013).

[新刊紹介]

マイクロビームアナリシス・ハンドブック

日本学術振興会マイクロビームアナリシス第141委員会 編
ヨコ 190 mm ×タテ 266 mm，708 ページ，オーム社（2014）
ISBN 978-4-274-50496-9
定価：本体価格 20,000 円＋税

本書は日本学術振興会マイクロビームアナリシス第141委員会が編集した微小部分析法に関するハンドブックである．同委員会は昭和49年に発足して以来，電子・イオン，X線を含めたフォトン等を用いた固体表面の局所分析に関連して，産学が連携して活動している．この分野を網羅する多岐にわたる内容となっているが，X線分析に関連するところを中心にして，本書の内容と構成を紹介する．

第Ⅰ編　基礎編
　第1章　分析機器の主要構成（電子源，X線集光，X線検出器などの原理・特徴の解説）
　第2章　各種分析法（SEM, TEM, LEEM, PEEM, UHV-SEM, SPM, EPMA, SIMS, RBS, PIXE, XPS, UPS, XRF, XRD, XRR などの紹介）
第Ⅱ編　応用編
　第3章　マイクロビームアナリシス概説（各手法の特徴と比較）
　第4章　各種材料の分析（金属，半導体，誘電体・絶縁材料，磁性材料，ナノカーボン，有機材料などの分析事例）
　第5章　生命科学関連試料の分析（SEM, TEM, SPM, X線イメージング, TOF-SIMS, MALDI-TOF などによる分析事例）
　第6章　環境・エネルギー関連試料の分析（2次電池，燃料電池，太陽電池，環境浄化触媒，大気微粒子の分析事例）
　第7章　宇宙惑星科学関連試料の分析（SEM, TEM, ラマン分光, XRF, XRD, 中性子分析, 質量分析などによる分析事例）
　第8章　国際標準の進捗（表面化学分析法を扱う ISO/TC201，マイクロビーム分析法を扱う ISO/TC202，および，ナノテクノロジーに関する ISO/TC229 の組織と活動の紹介）
第Ⅲ編　資料編（物理定数，結合エネルギー，特性X線エネルギー，電子の非弾性平均自由行程など）

このように本書は微小部分析法に利用される要素技術の説明から応用例に至るまで幅広くカバーしており，X線分析法の位置づけを知るためにも有効である．是非，手元においておきたい一冊である．

［大阪市立大学大学院工学研究科　辻　幸一］

ルースパウダー蛍光 X 線分析法による
CO_2 貯留対象層のコア試料の迅速定量化への適用

中野和彦, 伊藤拓馬, 高原晃里[*],
森山孝男[*], 薛 自求

Application to Rapid Quantitative Analysis Using Loose Powder X-Ray Fluorescence Analysis for Sediment Cores from Geological CO_2 Sequestration Site

Kazuhiko NAKANO, Takuma ITO, Hikari TAKAHARA[*],
Takao MORIYAMA[*] and Ziqiu XUE

Research Institute of Innovative Technology for the Earth (RITE)
9-2 Kizugawadai, Kizugawa-shi, Kyoto 619-0292, Japan
[*]Rigaku Corporation, Osaka application laboratory
14-8 Akaoji-cho, Takatsuki, Osaka 569-1146, Japan

(Received 9 January 2015, Revised 16 January 2015, Accepted 20 January 2015)

We investigated the rapid determination of 18 components (Na_2O, MgO, Al_2O_3, SiO_2, P_2O_5, K_2O, CaO, TiO_2, MnO, Fe_2O_3, S, Cr, Ni, Rb, Sr, Zr, Pb and Th) in sediment cores from geological CO_2 sequestration site by a loose powder XRF analysis. The rapid preparation to the loose powder specimen is to simply add 8.0 g of powdered rock sample into a sample cup and tapping the cup in order to pack it to a more consistent density. The XRF measurement was performed by the benchtop-type wavelength dispersive XRF spectrometer. Fundamental parameter (FP) quantitative method using geochemical standard materials for quantification of the loose powder specimen were investigated. The sediment core powders ground to less than 50 μm of mean particle size showed excellent reproducibility less than 5% in the relative standard deviation for the XRF intensities of analyte. The quantitative results of two geochemical standard materials (JSd-2 and JSl-2) by the loose powder XRF analysis showed adequate accuracies for the rapid analysis. In particular, the results of trace elements calculated by FP method were more accurate in comparison with them calculated by Scan Quant X (SQX) method. The lower limits of detection of the 8 trace elements estimated by the theoretical equation were 7.8 ppm for S, 3.2 ppm for Cr, 2.4 ppm for Ni, 4.2 ppm for Rb, 2.9 ppm for Sr, 2.7 ppm for Zr, 4.9 ppm for Pb, and 7.8 ppm for Th.

[Key words] CO_2 geological sequestration, Sedimentary rock, X-ray fluorescence analysis (XRF), Loose powder methods, Fundamental parameter method, Rapid analysis

ルースパウダー蛍光 X 線分析（XRF）法による CO_2 地中貯留サイトの堆積岩の主成分元素及び微量成分元

公益財団法人 地球環境産業技術研究機構 CO_2 貯留研究グループ　京都府木津川市木津川台 9-2　〒619-0292
＊株式会社リガク 大阪分析センター　大阪府高槻市赤大路町 14-8　〒569-1146

素，計 18 成分の迅速定量化を検討した．ルースパウダーの試料調製は簡便であり，粉末試料 8.0 g を試料カップに入れ，数回タッピングするのみである．分析は，卓上型の波長分散型 XRF 装置で行い，定量分析は，検量用の標準物質を必要とせず，マトリックス効果の影響も考慮したファンダメンタルパラメーター法（FP 法）を検討した．CO_2 地中貯留サイトの堆積岩を用いて粒度効果の検討を行った結果，粒径 50 μm 以下であれば，再現性の良い分析が行えることを確認した．岩石標準物質の定量分析を行ったところ，ルースパウダー法が迅速分析法として十分利用可能なことがわかった．微量元素（8 元素）では，半定量法である SQX 分析法と比較して FP 法を用いた定量分析結果の方がより正確な値を示した．微量 8 元素の検出下限を算出した結果，S で 7.8 ppm，Cr で 3.2 ppm，Ni で 2.4 ppm，Rb で 4.2 ppm，Sr で 2.9 ppm，Zr で 2.7 ppm，Pb で 4.9 ppm，Th で 7.8 ppm となり，いずれの元素も ppm オーダーの検出下限値を得た．

[キーワード] CO_2 地中貯留，堆積岩，蛍光 X 線分析，ルースパウダー法，FP 法，迅速分析

1. はじめに

火力発電所や製鉄所等から大量に排出される化石燃料起源の CO_2 を削減する方法として，地下深部の地層に CO_2 を隔離する手法，すなわち CO_2 地中貯留が有効な対策技術の一つとして重要視されている[1]．CO_2 を貯留するための地質構造としては，Fig.1 に示すような CO_2 貯留層（帯水層等の浸透性の高い多孔質砂岩層）の上部にキャップロック層（難浸透性の泥質岩等）が存在することが必要となる．また，地表より温度・圧力の高い地下深部では，CO_2 は超臨界状態（臨界点 31.1 ℃，7.4 MPa）となり，標準状態と比べて約 300 倍に圧縮されることで貯留効率が向上する．このような条件を満たすために，800 m 以深の地層に CO_2 を貯留することが望ましい．わが国では 2003 年から 2005 年にかけて，新潟県長岡市で 1 万トン規模の CO_2 地中貯留実証試験[2,3]が行われているほか，2016 年には北海道苫小牧市で年間 10 万トン規模の実証試験[4,5]も計画されているなど，現在，CO_2 地中貯留は実用化されつつある．一方で，CO_2 地中貯留を実施する際は，CO_2 圧入中に生じる短期の物理プロセスとともに，数年～数千年以上の長期スケールで生じる化学プロセスについても CO_2 挙動予測に基づいた安全性を評価する必要がある．貯留層に圧入された CO_2 の一部は，地層水に溶解して炭酸イオンや炭酸水素イオンとなり，やがて地層中の鉱物と反応して炭酸塩化して地中に固定される．とりわけ，カンラン石・蛇紋石等の超苦鉄質岩，あるいは灰長石等は，Mg, Ca, Fe 等の 2 価の陽イオンを多量に含んでおり，これらの陽イオンを含む岩石と CO_2 とが以下の反応式のように炭酸塩化あるいは鉱物化することで，安定的に地中に固定されると考えられている[6-8]．

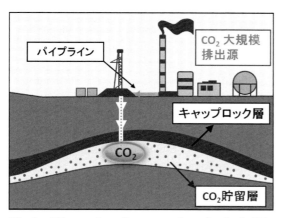

Fig.1 Illustration diagram of geological CO_2 sequestration.

$2(Mg,Fe)_3Si_2O_5(OH)_4$（蛇紋石）$+6CO_2+4H_2O$
　$\rightarrow 3MgCO_3$（マグネサイト）
　　$+3FeCO_3$（シデライト）$+4H_4SiO_4$

$(Mg,Fe)_2SiO_4$（カンラン石）$+2CO_2$
　$\rightarrow MgCO_3$（マグネサイト）
　　$+FeCO_3$（シデライト）$+SiO_2$

$CaAl_2Si_2O_8$（灰長石）$+CO_2+2H_2O$
　$\rightarrow CaCO_3$（カルサイト）
　　$+Al_2Si_2O_5(OH)_4$（カオリナイト）

　このため，CO_2貯留における長期的な安定性を評価するうえで，貯留層やキャップロック層の元素組成を正確に把握することが重要となる．

　蛍光X線分析法は，岩石や土壌，堆積物等の化学組成を簡便・迅速に分析する方法として広く利用されている．これら試料の試料調製法は，ガラスビード法が一般的であるが，貯留層の厚さは，地層の堆積環境によっては数10mから100m以上となる場合もあり，試料点数が膨大になること，また，堆積物の中には炭素や硫化物等を多量に含む場合もあり，このような試料ではガラスビード作成の手順が煩雑になることも予想される．

　本研究では，CO_2貯留サイトの堆積物の迅速定量法として，ルースパウダー法が適用可能か否かの検討を行った．ルースパウダー法は，粉末試料の簡易・迅速調製法として，近年では鉛やヒ素等の有害金属に汚染された土壌の分析[9, 10]に利用されているが，ガラスビード法や粉末プレス法と比べて定量性が劣るとされている[11]．このため，ルースパウダー法は，精密分析法としては積極的に活用されていなかった．本研究では，実際のCO_2貯留サイトから採取したコア試料を用いて，ルースパウダー法における粒径効果及び有効厚さ（試料採取量）等の条件検討を行った．また，定量分析においては，検量線法のように多数の検量用標準を使用しない，ファンダメンタルパラメーター法（Fundamental parameter method：FP法）による定量性の評価を行った．

2. 実　験

2.1 測定試料，試料調製方法

　ルースパウダー法の測定条件検討用の試料として，新潟県長岡市のCO_2地中貯留実証試験サイト[2]から採取した貯留層（砂質堆積岩，採取深度：1101m）及びキャップロック層（泥質堆積岩，採取深度：1090m）のコア試料を用いた．Fig.2に

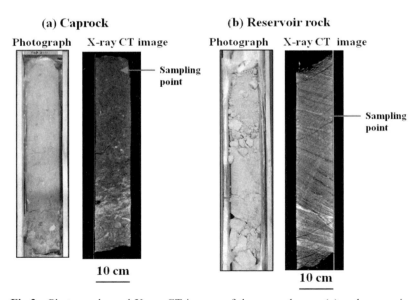

Fig.2 Photographs and X-ray CT images of the caprock core (a) and reservoir rock core (b) at Nagaoka pilot-scale CO_2 injection site.

貯留層及びキャップロック層のコア試料写真とX線CT像を示す．貯留層及びキャップロック層の平均粒径はそれぞれ，71 μm 及び 23 μm であった．定量性評価用の試料には，産業技術総合研究所の堆積岩標準物質 JSd-2 及び JSl-2 を用いた．

ルースパウダー法の試料調製方法は以下のとおりである．

(i) 堆積岩試料をメノウ乳鉢にて 15 分間粉砕する．
(ii) ルースパウダー用試料カップ（内径 31 mm, ポリエチレン製）の底面に高分子フィルム（Chemplex 社製 プロレンフィルム，4 μm 厚）を張り，そこに粉砕した試料 8.0 g を入れ，試料カップを数回タッピングして底面の形状を整える．
(iii) 真空排気による試料の散逸及び装置内の汚染を防ぐため，試料カップの上面に多孔質メッシュフィルムを張り，蛍光X線分析に供する．

2.2 装置・測定条件

蛍光X線分析装置には，（株）リガク製の卓上型の波長分散型XRF装置 Supermini200（下面照射型）を用いた．X線管は，空冷型 200W Pd管球を用い，50 kV-4 mA で動作させた．分光結晶は，LiF(200)，PET(002) 及び RX25 をそれぞれ使用した．X線検出器は，ガスフロー型プロポーショナル検出器及び NaI(Tl) シンチレーション検出器を用いた．試料測定径は

Table 1 Instrumental conditions of X-ray fluorescence analysis for sediment cores of geological CO_2 sequestration (Rigaku Sequential benchtop WDXRF spectrometer Supermini200).

Element	Analytical line	Crystal	Detector	Peak angle (degree)	Counting time (s)	Background angle (degree)	Counting time (s)
Na	Kα	RX25	PC	46.57	40	45.00-48.00	20-20
Mg	Kα	RX25	PC	38.34	40	37.00-39.50	20-20
Al	Kα	PET(002)	PC	144.61	20	147.00	10
Si	Kα	PET(002)	PC	109.05	20	111.50	10
P	Kα	PET(002)	PC	89.47	40	91.00	20
S	Kα	PET(002)	PC	75.78	40	77.30	20
K	Kα	PET(002)	PC	50.66	20	49.00	10
Ca	Kα	PET(002)	PC	45.17	20	43.80	10
Ti	Kα	LiF(200)	SC	86.11	20	85.55	10
Cr	Kα	LiF(200)	SC	69.33	40	70.00	20
Mn	Kα	LiF(200)	SC	62.95	20	63.50	10
Fe	Kα	LiF(200)	SC	57.50	20	58.50	10
Ni	Kα	LiF(200)	SC	48.65	80	49.10	40
Rb	Kα	LiF(200)	SC	26.60	20	27.00	10
Sr	Kα	LiF(200)	SC	25.13	20	24.79-25.49	10-10
Zr	Kα	LiF(200)	SC	22.54	20	22.06-22.90	10-10
Pb	Lβ$_1$	LiF(200)	SC	28.24	80	28.66	40
Th	Lα	LiF(200)	SC	27.45	100	27.04-27.98	50-50

X-ray tube was 200W Pd anode
XRF measurement was operated with 50 kV, 4 mA
PC: Gas flow proportional counter, SC: NaI(Tl) scintillation counter

30 mm とし，試料室内を数 Pa 程度の真空雰囲気にして測定を行った．定量分析の対象としたのは，主成分元素 10 元素（Si, Al, Na, Mg, K, Ca, P, Ti, Mn, Fe）及び微量成分元素 8 元素（S, Cr, Ni, Rb, Sr, Zr, Pb, Th）の計 18 元素であり，主成分元素については酸化物形態で定量値を算出した．分析元素のピーク強度（ネット強度）は，ピークの低角度側または高角度側の 1 点，若しくは低角度側と高角度側の 2 点を直線近似して求めたバックグラウンド強度を，分析成分の X 線強度から差し引いて求めた．各元素の詳細な分析条件を Table 1 に示す．堆積岩試料の粒径測定は，島津製作所社製レーザー回折式粒子径分布測定装置 SALD-3100 で行った．

2.3　定量分析手法

蛍光 X 線分析における定量分析では，分析試料のマトリックスに合わせた複数の検量用の標準物質を用意し，検量線を作成して定量する方法が一般的である．しかしながら，地層の堆積環境が異なる堆積物では，それぞれの地層の粒度・元素組成が一様でなく，試料マトリックスが異なる場合が想定される．このため，マトリックス効果を考慮せずに単一の検量線を用いて定量を行うと，定量誤差を生じる可能性がある[10]．このため本研究では，多水準の検量用標準物質必要とせず，マトリックス効果の補正計算も考慮した FP 法による定量を検討した．FP 法の理論計算は，装置付属のソフトウェアを用いて行った．また，FP 定量法の感度校正用の標準物質として，産業技術総合研究所の堆積岩標準物質 JSd-1 及び JLk-1 を用いて定量分析を行った．

3.　結果と考察

3.1　粒径効果の検討

蛍光 X 線分析で粉末試料を定量する場合，粒径の違いにより試料が不均質となり，分析結果に影響を及ぼすことがある（粒径効果）．このため，貯留層及びキャップロック層の試料をメノウ乳鉢にて 0 分，15 分及び 30 分粉砕を行い，粒径の異なるルースパウダー試料を作成して蛍

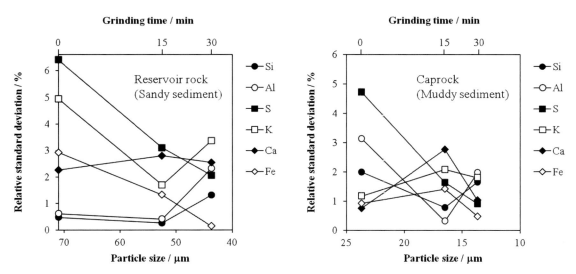

Fig.3 Variations in the rerative standard deviations of XRF intensities of SiKα, AlKα, SKα, KKα, CaKα, and FeKα in the reservoir rock and caprock with the particle size.

光X線強度測定を行った．測定は，（株）リガク製の偏光光学系エネルギー分散型XRF装置NEX CGを用い，1試料につき3回ずつ分析を行った．また，粉砕時間が0分，15分及び30分での貯留層，キャップロック層試料の平均粒径は，貯留層の試料で，71 μm，52 μm，33 μm，キャップロック層の試料で，24 μm，16 μm，14 μmである．Fig.3に横軸に試料粒径（試料粉砕時間），縦軸に測定により得られたAl，Si，S，K，Ca，Feの蛍光X線強度の相対標準偏差をプロットしたものを示す．この結果，貯留層，キャップロック層の試料ともに，粉砕時間が増すにつれて各元素の蛍光X線強度の変動係数は抑制される傾向を示しており，試料粒径が50 μm以下では，全ての測定元素の相対標準偏差が5%以内に収まった．

3.2 試料採取量の検討

蛍光X線分析で正確な定量値を得るためには，試料採取量（試料厚さ）を有効厚よりも大きくする必要がある．貯留層及びキャップロック層に含まれるSr(SrKα：14.1 keV)について，試料量を0.5 g～6.0 gまで段階的に変化させたときの蛍光X線強度を測定し，横軸に試料採取量，縦軸にSrの蛍光X線強度をプロットしたものをFig.4に示す．また，貯留層の代表的な元素組成からSrKα線に対する質量吸収係数を求め，Lambert-Beer則から算出したSrの理論X線強度曲線もFig.4に併せて示す．SrKα線に対する質量吸収係数の値は，National Institute of Standard and Technology（NIST）が提供するデータベース"XCOM"[12]から算出した．実測強度と理論X線強度との結果はよく一致し，貯留層・キャップロック層の試料ともに試料量4 g（厚さ約5 mm）でX線強度がほぼ一定となる有効

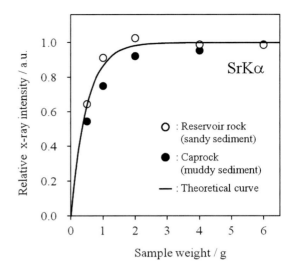

Fig.4 Variations in the XRF intensities of SrKα in reservoir rock (white circle) and caprock (black circle) with sample weight of loose powder.

厚に達していることが分かった．Srは，分析対象元素のなかでも最も蛍光X線のエネルギーの高い元素の1つであるため，Srよりもエネルギーが低い他の分析元素も4 g以上の試料量で蛍光X線分析に充分な厚さが確保されている．本測定における試料採取量は，有効厚の2倍量となる8 gとした．

3.3 ルースパウダー蛍光X線法の定量性評価

ルースパウダー蛍光X線法の定量性を評価するため，堆積岩標準物質JSd-2及びJSl-2中の岩石中の主成分（Na_2O，MgO，Al_2O_3，SiO_2，P_2O_5，K_2O，CaO，TiO_2，MnO，Fe_2O_3）及び微量成分元素（S，Cr，Ni，Rb，Sr，Zr，Pb，Th）の計18成分をFP法により定量分析を行った結果をTable 2に示す．また，FP法による定量分析とともに半定量分析法であるSQX（Scan Quant X）分析法[13]で得られた分析値も併せて示す．測定回数は，FP法で4回，SQX法で1回である．主成分元素については，FP法，SQX法の

Table 2 Quantitative results of major and minor element in JSd-2 and JSl-2 by FP method and SQX semi quantitative method.

Content	JSd-2			Content	JSl-2		
	Found value by Loose powder XRF method		Recommended value		Found value by Loose powder XRF method		Recommended value
	SQX method	FP method			SQX method	FP method	
			Unit in mass%				Unit in mass%
SiO_2	58.9	63.4 (0.6)	60.78	SiO_2	59.7	61.3 (0.2)	59.45
TiO_2	0.67	0.62 (2.2)	0.614	TiO_2	0.85	0.83 (1.6)	0.754
Al_2O_3	15.7	13.5 (0.5)	12.31	Al_2O_3	21.6	19.8 (0.3)	18.17
MnO	0.15	0.13 (2.0)	0.12	MnO	0.11	0.10 (2.6)	0.0818
MgO	2.91	2.82 (0.7)	2.731	MgO	2.36	2.67 (0.8)	2.385
CaO	3.64	3.83 (1.2)	3.658	CaO	2.29	2.37 (0.8)	1.885
Na_2O	2.63	2.57 (0.5)	2.438	Na_2O	1.18	1.47 (1.3)	1.344
K_2O	1.37	1.25 (1.7)	1.145	K_2O	3.58	3.39 (1.2)	3.008
P_2O_5	0.14	0.11 (0.5)	0.105	P_2O_5	0.15	0.17 (2.6)	0.164
Fe_2O_3	11.5	11.2 (2.4)	11.65	Fe_2O_3	7.86	7.71 (1.5)	6.65
S	0.67	0.52 (1.7)	1.31	S	0.052	0.049 (1.7)	0.0579
			Unit in ppm				Unit in ppm
Cr	209	117 (7.5)	108	Cr	142	81 (4.1)	64.7
Ni	121	100 (2.5)	92.8	Ni	53	47 (6.3)	40.6
Rb	33	31 (7.9)	26.9	Rb	159	151 (2.9)	118
Sr	246	220 (4.2)	202	Sr	320	282 (2.9)	230
Zr	109	109 (6.7)	111	Zr	244	254 (1.7)	191
Pb	128	143 (3.5)	146	Pb	N.D	28 (11)	19.7
Th	N.D	N.D	2.33	Th	N.D	19 (32)	11.5

SQX method: Scan Quant X method (semi quantitative method)
FP method: Fundamental parameter method (quantitative method)
Values in parenthesis are relative standard deviations: $n = 4$

いずれの定量結果も標準物質の参照値[14]とよく一致したが，JSd-2のSの定量値については，参照値と大きく異なる結果となった．この理由として，FP法の感度校正に用いた標準物質（JSd-1, JLk-1）のS濃度が68 ppm（JSd-1）と1052 ppm（JLk-1）であるのに対し，JSd-2のS濃度は13100 ppmと10倍量以上であるため，FP法の感度校正が範囲外となり，不十分であったことが推測される．また，Fig.5のXRDパターンに示すように，JSd-2のSの鉱物形態はpyrite（FeS_2）であることから，鉱物効果の影響も示唆される．微量元素（8元素）については，SQX分析法と比較して，標準試料を用いて定時計数を行っているFP法による定量分析の方がより正確な値を示した．SQX分析法では幾つかの元素について定量誤差が大きい結果を示したが，スキャン速度を長く設定するか，目的元素のピークとバックグランド角度で定時計測する

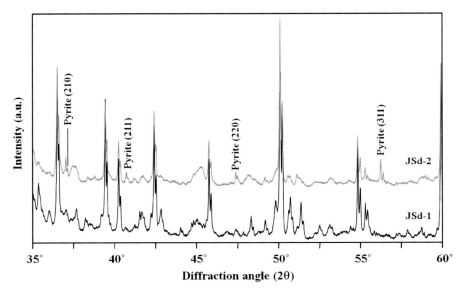

Fig.5 XRD patterns of geochemical reference samples of JSd-2 (above) and JSd-1 (bottom).

ことによって，これら定量誤差を改善できると考えられる．また，JLk-1 の蛍光 X 線強度を測定し，式（1）を用いて微量成分元素 8 元素の検出下限（Lower limit of detection: LLD）(ppm) を算出した．

$$LLD = 3\frac{C}{I_{net}}\sqrt{\frac{I_{BG}}{t}} \quad (1)$$

C：参照値 (ppm)，I_{net}：ネット強度 (cps)，I_{BG}：バックグラウンド強度 (cps)，t：測定時間 (s)

その結果，8 元素の検出下限値はそれぞれ，S で 7.8 ppm，Cr で 3.2 ppm，Ni で 2.4 ppm，Rb で 4.2 ppm，Sr で 2.9 ppm，Zr で 2.7 ppm，Pb で 4.9 ppm，Th で 7.8 ppm となり，卓上型の蛍光 X 線分析装置であっても ppm オーダーの感度で分析が可能であることを確認した．

4. まとめ

本研究では，ルースパウダー蛍光 X 線分析法による，堆積岩中の主成分元素及び微量成分元素の簡易・迅速定量法の検討を行った．ルースパウダー法は，ガラスビード法と比べて試料調製が簡便であることから，試料点数が多いコア試料の分析等には非常に有効な方法といえる．これまでルースパウダー法は，ガラスビード法や粉末プレス法と比べて定量精度が劣るとされていたため，土壌や岩石試料の定量には積極的に活用されていなかった．しかし，本研究結果から，主成分元素，微量元素ともにルースパウダー法でも CO_2 貯留サイトの迅速分析方法として十分利用可能であることが示された．今後は，CO_2 貯留サイトのコア試料の全岩分析を実施していくと同時に，コア試料中の蛇紋石や灰長石等の鉱物組成分析も実施していく．

謝 辞

本研究は，平成 26 年度経済産業省の委託事業「二酸化炭素回収・貯蔵安全性評価技術開発事業」の成果の一部として行った．また，蛍光 X 線分析を実施するにあたり，(株)リガク 佐藤真一氏，樋川藤人氏に尽力頂いたことに深謝する．

参考文献

1) IPCC, in "IPCC Special Report on Carbon Dioxide Capture and Storage.", Prepared by Working Group III of the Omtergovermental Panel on Climate Change, ed. B. Metz, O. Davidson, H. de Coninck, M. Loos, L. Mayer, (2005), (Cambridge University Press).

2) Z. Xue, D. Tanase, J. Watanabe: *Explor. Geophys.*, **37**, 19 (2006).

3) 棚瀬大爾，薛 自求，嘉納康二：*Journal of MMIJ*, **124**, 50 (2008).

4) 棚瀬大爾：第44回 石油・石油化学討論会 講演要旨集，p.122（2014）.

5) 経済産業省，苫小牧地点における実証試験計画（2012）.

6) S. Bachu, W.D. Gunter, E.H. Perkins: "Carbon dioxide disposal", ed. B. Hitchon, Aquifer Disposal of Carbon Dioxide, (1996), (Geoscience Publishing Ltd., Alberta, Canada).

7) 徂徠正夫，佐々木宗建，奥山康子：岩石鉱物科学，**38**, 101 (2009).

8) 徂徠正夫：地質学雑誌，**119**, 139 (2013).

9) 丸茂克美，氏家 亨，小野木有佳：X線分析の進歩，**38**, 235 (2007).

10) Y. Shibata, J. Suyama, M. Kitano, T. Nakamura: *X-Ray Spectrom.*, **38**, 410 (2009).

11) 本間 寿："試料調製法"，p.71，中井 泉 編，蛍光X線分析の実際，(2005),（朝倉書店）.

12) M.J. Berger, J.H. Hubbell, S.M. Seltzer, J. Chang, J.S. Coursey, R. Sukumar, D.S. Zucker, K. Olsen, NIST Standard Reference Database 8 (XGAM) "XCOM: Photon Cross Sections Database", (1998). http://www.nist.gov/pml/data/xcom, 2014年6月2日引用.

13) リガクアプリケーションレポート，XRF**179**, (2006).

14) N. Imai, S. Terahara, S. Itoh, A. Ando: *Geostand. Newslett.*, **20**, 165 (1996).

新刊紹介

Laboratory Micro-X-Ray Fluorescence Spectroscopy, Instrumentation and Applications

Michael Haschke
ヨコ 162 mm × タテ 239 mm，356 ページ，Springer (2014)
ISBN 978-3-319-04864-2（e-Book），978-3-319-04863-5（ハードカバー）
定価：83.29 ユーロ（e-Book），99.99 ユーロ（ハードカバー）

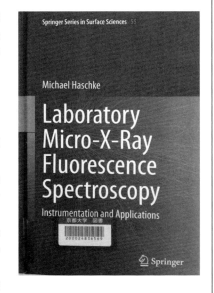

Janssens, Adams, Rindby が編集し 10 人以上の著者で分担執筆して約 15 年前に出版した Microscopic X-ray Fluorescence Analysis (Wiley) と似た分野の本で，Haschke が単独で執筆した新しい内容の本である．X 線源が Janssens の本との違いである．Janssens らの本はシンクロトロン中心であったが，Haschke の本は X 線管を用いた装置で，したがって定量性もシンクロトロンに比べて向上している．2014 年 6 月 25 日に亡くなった Kumakhov が発明し発展させたポリキャピラリーを用いた蛍光 X 線顕微鏡の基礎と応用に関する初めての成書である．

著者のミハエル・ハシュケは約 35 年間エネルギー分散型蛍光 X 線装置の開発を行ってきた研究者で，昔の Röntec 社（現在の Bruker Nano）の創設者の一人でもある．Röntec から Spectro に移って最初の偏光蛍光 X 線装置（X-Lab）を開発した．Röntgenanalytik 社では EDAX と共同で最初のポリキャピラリー装置である Eagle を立ち上げたり，コーティング分析装置や宝石用装置（Maxxi, ComPact）なども立ち上げている．IfG 社では SEM 用の μ-XRF 装置（iMOX）を開発し，数年前には Bruker Nano にまた戻って M1 Ora, M1 Mistral, M4 Tornad などの新 μ-XRF 装置の開発責任者であったそうである．ヨーロッパの X 線分析国際会議の常連である．

本書には 539 報が参考文献としてリストされているが，日本人の論文で引用されたのは，早川慎二郎，福本夏生，河原（リガク），白岩，Senda（大阪医大）各 1 報，辻幸一，細川好則各 4 報が引用されている．辻以外の論文は，本書の主題のポリキャピラリー蛍光 X 線顕微鏡の主題とは異なる文献の引用である．意外なのは福本と細川で，細川は堀場製作所でシングルキャピラリー蛍光 X 線分析装置（XGT）を開発し実用化した立役者，福本はそれを最初に応用研究に用いた研究者である．この引用数からわかることは，ドイツを中心とした共焦点蛍光 X 線分析法の爆発的な応用を整理した本だということである．白岩の FP 法の論文が引用されていることからもわかるように，μ-XRF では，不均一系試料（面方向・深さ方向）の定量分析の際には，標準試料がないため，リファレンス・フリーで定量分析を行うことが重要であることが論じられている．

第 2 章は装置の構成要素の詳しい説明であるが，半導体検出器の tail や shelf についても詳しい解説がある．第 7 章は 100 ページ以上にわたって様々な応用例が網羅されている．Springer の本は章ごとに独立して購入が可能であり，まず第 2 章を読んでみると，μ-XRF 以外の分野にも大いに役に立つことは確実である．

［京都大学大学院工学研究科材料工学専攻　河合　潤］

フォトンカウンティング法を利用した
実験室系結像型蛍光 X 線顕微鏡

青木貞雄, 鬼木　崇, 今井裕介,
橋爪惇起, 渡辺紀生

A Laboratory-scale Full-field X-Ray Fluorescence Imaging Microscope Using Photon-counting Technique

Sadao AOKI, Takashi ONIKI, Yuusuke IMAI, Junki HASHIZUME and Norio WATANABE

Graduate School of Pure and Applied Sciences, University of Tsukuba
Tsukuba, Ibaraki 305-8573, Japan

(Received 10 January 2015, Revised 12 January 2015, Accepted 14 January 2015)

　　A laboratory-scale full-field X-ray fluorescence imaging microscope was constructed using a rotating anode X-ray tube. X-ray fluorescence was imaged by using a platinum-coated Wolter type-I mirror. Element analyzed images were obtained by a CCD photon-counting technique. Three-dimensional element mapping was carried out using the computed tomography (CT) reconstruction algorithm. X-rays up to 12 keV could be imaged. An energy resolution of 220 eV at the Ni Kα line was obtained from the X-ray fluorescence spectrum.

[Key words] X-ray fluorescence, Photon-counting, X-ray microscope, Computed tomography, Wolter mirror, Element analysis, Three-dimensional image

　実験室系の回転対陰極型 X 線管（Cr ターゲット）を蛍光 X 線励起源として用いた結像型蛍光 X 線顕微鏡光学系を構築し，CCD のフォトンカウンティング法と CT（Computed tomography）アルゴリズムを利用して3次元元素マッピングを行った．蛍光 X 線の結像には白金コートの倍率 10 倍ウオルター I 型ミラーを用いた．結像可能 X 線のエネルギーは 12 keV，エネルギー分解能は Ni Kα で約 220 eV を得た．

［キーワード］蛍光 X 線, フォトンカウンティング, X 線顕微鏡, コンピュータートモグラフィー, ウオルターミラー, 元素分析, 3次元像

1. はじめに

　蛍光 X 線を用いた元素分析は非破壊・非接触の分析法として広く用いられて来た．特に，最近では，放射光を用いた2次元の元素マッピングが盛んに行われるようになっている．放射光は指向性の良いビームなので，ゾーンプレート[1])やカークパトリック・バエズミラーのような開口数の小さな素子とのマッチングも良く，これらを用いた走査型蛍光 X 線顕微鏡では，空間分

筑波大学数理物質系　茨城県つくば市天王台 1-1-1　〒305-8573

解能も 100 nm を超えるようになって来た．しかしながら，走査型では走査と計測データの取り込みを多数繰り返すため，画像取得にかなりの時間を要する．そのため，3 次元的なデータの取得をためらう傾向が見られる．この問題を解決するひとつの手段として，ウオルターミラーを用いた結像型の蛍光 X 線顕微鏡の開発が進められて来た[2]．この方法では，フォトンカウンティング法（Photon counting）を利用して，2 次元の元素分析画像を直接 CCD カメラで取得する．3 次元画像は数 10 枚の蛍光 X 線画像から CT（Computed tomography）のアルゴリズムを用いて再構成でき，撮影時間の大幅な縮小が可能になる[3]．

本報告では，実験室系 X 線源の利用による結像型蛍光 X 線顕微鏡の試みを紹介する．結像素子にはウオルターミラーを用い，フォトンカウンティングには X 線 CCD カメラを利用する．加えて CT アルゴリズムを利用した 3 次元元素分析画像再構成を試みる．

2. フォトンカウンティング

CCD は半導体検出器の一種であり，X 線が CCD に入射すると，空乏層内で光電吸収を起こして入射 X 線のエネルギー E に比例した数の電子・正孔対を生成する．電子・正孔対の生成エネルギーを ε とすれば，その数は E/ε となる．Si 半導体の電子・正孔の対生成エネルギー ε は 3.65 eV なので，例えば，Cr Kα 線（5414 eV）が入射した場合，発生する電子・正孔対の数は 1483 個となる．このことから，発生した電子・正孔対の数から入射 X 線のエネルギーを計算することができる．短い時間だけ露光を行い，CCD の 1 ピクセルあたりにフォトンが 1 個だけ入射した場合，原理的に入射フォトンのエネルギーを逆算することができる．このように CCD の 1 ピクセルあたり 1 個以下のフォトンしか入射しない露光条件をフォトンカウンティング条件と呼ぶ．フォトンカウンティング条件下で露光を行い，X 線のエネルギーを分析する検出法がフォトンカウンティング法である．X 線フォトンが CCD に入射して吸収されると，光電変換によっていくらかの広がりを持った電子雲が発生する．その電子雲がピクセルの電極により検出されることをイベントと呼び，その検出の仕方によって分類されている．Fig.1 はそれぞれのイベントの模式図である．以下にそれぞれのイベントついて説明する．

(1) シングルイベント：Single Event（Fig.1(a)）

シングルイベントは，CCD に入射したフォトンにより発生した電子雲が CCD の 1 画素に完全に収まった状態で検出されるイベントである．このイベントでは全ての電子が入射した 1 ピクセルの電極にもれなく検出されるため，入射フォトンのエネルギーを容易に求めることができる．

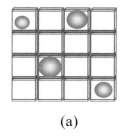 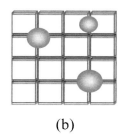 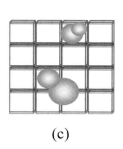

Fig.1 Events of photon-counting. (a) Single event. (b) Split event. (c) Multiple event.

(a) (b) (c)

(2) スプリットイベント：Split Event（Fig.1(b)）

スプリットイベントはCCDに入射したフォトンにより発生した電子雲が周囲の2〜4ピクセルにまたがった状態で検出されるイベントである．1個のフォトンの入射に対し，電子雲は複数のピクセルに分散されて検出されるため，単純にフォトンのエネルギーを計算することが出来なくなる．一般的にピクセル境界付近の空乏層でフォトンが吸収された場合，スプリットイベントとなり，入射フォトンのエネルギーは電子雲が分散したピクセルの値の総和から計算することができるが，ノイズとの区別が難しくエネルギー分析に用いることが難しい．

(3) マルチプルイベント：Multiple Event（Fig.1(c)）

マルチプルイベントは複数のフォトンの入射により，発生した電子雲が重なりあった状態で検出されるイベントである．この場合，入射フォトンのエネルギーを算出することはできない．

得られた画像データからこれらのイベントを区別し，エネルギー分析を行う演算の手順を以下に示す．

【手順1】

フォトンの入射を判定する閾値 Si とイベントの種類を判定する閾値 Sp を設定する．ここで，$Si > Sp$ である．

【手順2】

各画素に格納されているデータと閾値 Si を比較し，上回れば「真」として次の手順に進む．

【手順3】

手順2において，閾値 Si を上回る画素値が検出された場合，その画素の周囲8画素のデータと閾値 Sp を比較し，Sp を上回る画素値が検出されなかった場合はシングルイベントとして数え，Sp を上回る画素が検出された場合はスプリットイベントとする．

【手順4】

手順3において，シングルイベントとされたピクセルの画素値を集計するヒストグラムを作成する．

3. フォトンカウンティングX線光学系

3.1 光学系

本研究では励起X線源として，リガク社製回転対陰極型X線発生装置（UltraX 18），ターゲットには Cr を用いた．蛍光X線像撮像用CCD検出器には Princeton Instruments 社製 PI-LCX1300B を用いた．このCCDは空乏層が50 μmと厚く，硬X線領域の検出感度が良い（FeKαで65%，NiKαで53%）．ピクセルサイズは 20×20 μm^2，ピクセル数は 1340（H：横）×1300（V：縦）である．CCDの前面は可視光の遮断と真空の保持のために 250 μm 厚の Be 板でカバーした．CCD素子の冷却は空冷式ペルチェ素子を用い，およそ −40.0℃ まで冷却して実験を行った．また，CCD検出器直前にプランジャーシャッター（コパル，DC494）を用いることにより，読み出し時間中の露光を防いだ．シャッターの透過率は 6.4 keV に対しておよそ 4% である．励起X線源である UltraX 18 の管電圧および管電流はそれぞれ 30 kV，300 mA に設定した．フォトンカウンティング法によるエネルギー分析を行うため，画素値から蛍光X線のエネルギーへのキャリブレーションを行う変換係数を求める必要があり，Cr特性X線（Kα：5.414 keV）による画素値を基準にすることにした．

3.2 アルゴリズムの検証

Fig.2 に示すピンホールカメラ光学系を用いてフォトンカウンティング演算の検証を行っ

た．ピンホールカメラは，厚さ 1 mm の鉛板に開けられた直径 0.2 mm のピンホールを利用して作製した．試料には，厚さ 20 μm の Co, Ni, Cu の金属箔と厚さ 25 μm の Zn の金属箔を短冊状に切断したものを用いた．Fig.3(a) に試料の可視光像を示す．これを露光時間 0.5 sec，撮像範囲 512(H)×512(V) pixels で 1000 枚撮像した．Fig.3(b) に露光時間 0.5 sec の蛍光 X 線像を，Fig.3(c) に 1000 枚の積算画像をそれぞれ示す．これらの画像に対して，Single Event の閾値を 300，Split Event の閾値を 250 としてフォトンカウンティング演算を行った．X 線のエネルギー

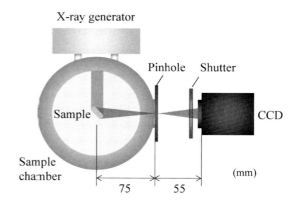

Fig.2 Pinhole camera system.

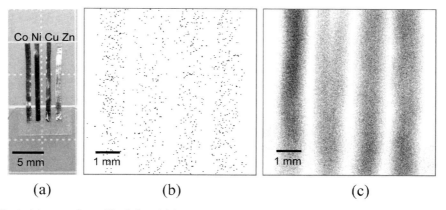

Fig.3 (a) Optical image of metallic foils. Thickness: Co, Ni, Cu: 20 μm, Zn: 25 μm. (b) X-ray fluorescence image of metallic foils. Exposure: 0.5 sec. (c) Integrating image. Exposure: 0.5 sec × 1000 images.

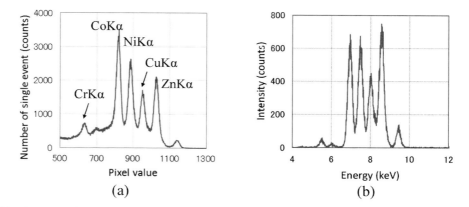

Fig.4 (a) Histogram obtained by photon-counting calculation. (b) X-ray fluorescence energy spectrum measured by SSD. Exposure: 1000 sec.

に変換すると，これらの閾値は 2.5 keV と 2.1 keV となり，変換係数として 8.4 eV/pixel が求まる．その結果得られたヒストグラムをFig.4(a)に示す．それぞれの金属から発生した蛍光 X 線（Kα 線）のピークが確認できる．最も低エネルギー側にあるピークは，光源の Cr の特性 X 線が試料で散乱したものである．エネルギー分解能はカウント数に依存するが NiKα 付近で約 220 eV が得られた．このように，原子番号順で隣り合う元素からの蛍光 X 線でも分離して測定することも可能である．参考として同じ試料の SSD（Canberra, GUL0055P）を用いたエネルギー分析結果を Fig.4(b)に示す．

尚，Split Event の閾値の選び方であるが，実験ではいくつかの値についてエネルギー分析を行い，SSD の分析結果と比較しながら最適値を探った．

4. フォトンカウンティング結像型蛍光X線顕微鏡

4.1 X線結像光学系

広い波長域の蛍光 X 線を結像するために，結像素子として全反射を利用したウオルターⅠ型ミラー（Fig.5）を用いた．このウオルターミラー

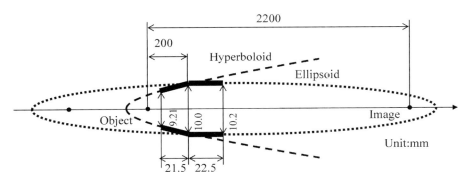

Fig.5 Geometrical parameters of the Wolter type-I mirror.

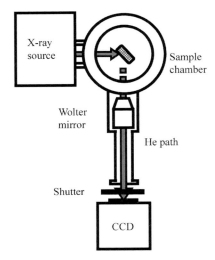

Fig.6 Schematic diagram of a full-field X-ray fluorescence imaging microscope.

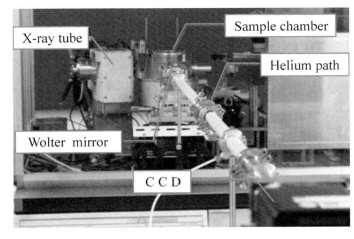

Fig.7 Photograph of a full-field X-ray fluorescence imaging microscope.

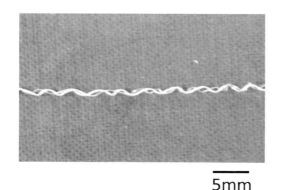

Fig.8 Sample for three-dimensional element mapping.

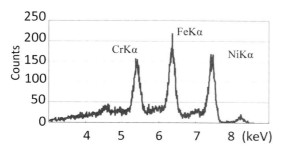

Fig.9 X-ray fluorescence energy spectrum obtained by photon counting.

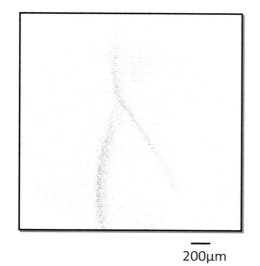

Fig.10 X-ray fluorescence image of a double helix coil of Fe and Ni wires.

は硬X線反射用に設計されたものであり,倍率10倍,平均斜入射角7 mradとなっている.また,硬X線領域(～12 keV)での反射率を高めるために,反射面に白金をコーティングしてある.このミラーは,放射光を利用したNiグリッド(400 line/inch)の蛍光X線結像実験で,およそ10 μmの空間分解能を示した[4].光学系の変更に伴い,結像素子－検出器間の距離を大幅に延長したため,Fig.6に示すようにサンプルチャンバーからシャッターの直前までをヘリウムガスで置換した.光学系全景をFig.7に示す.試料は直径0.2 mmの鉄とニッケルのワイヤーを絡ませ,らせん状にしたものを用いた(Fig.8).3次元元素マッピングを行うために,試料を回転させてX線を照射し,励起された蛍光X線をウオルターミラーで拡大結像し,フォトンカウンティング像を得た.全周にわたる数10枚の拡大像からCT法によって3次元再構成像を得た.

はじめに,結像系を用いてフォトンカウンティングによるエネルギー分析とシングルイベントマッピングを行った.CCDカメラの有効画素は1340×1300であるが,読み出し時間を短縮するためROI (region of interest)設定で中心部の1024×1024のみ使用し,さらに,2×2のビニングを行った.そのため,有効画素は512×512,物体面上でのピクセルサイズは2 μm/pixelとなっている.また,シングルイベントとスプリットイベントの閾値はそれぞれSi:400,Sp:200とし,1回の露光時間0.4秒,撮影枚数は1000枚で行った.フォトンカウンティングによるヒストグラムをFig.9に,画像をFig.10に示す.

4.2 3次元元素マッピング

3次元画像を得るために,回転角度7.2度毎

にフォトンカウンティング像を撮影し，50 枚の像から CT アルゴリズムを利用して 3 次元再構成を行った．CT 再構成にはフィルター補正逆投影法を用いた[5]．3 次元画像の処理時間を短縮するため，512×512 の投影画像に対し 2×2 ピクセル毎に積算して 256×256 の画像に変換した．Fig.11 は変換後の 2 次元再構成画像を重ね，異なる角度から見た 3 次元画像である．次に，投影像から Fe と Ni のマッピング画像を作成し，その画像を投影データとして元素別に再構成を行った．マッピングに使用したエネルギー領域は Fe：6241～6473 eV，Ni：7339～7340 eV とした．Fig.12(a), (b)は投影データとして利用したそれぞれ Fe と Ni の 3 次元マッピ

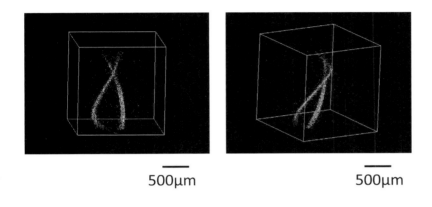

Fig.11 Three-dimensional X-ray fluorescence images viewed from different angle.

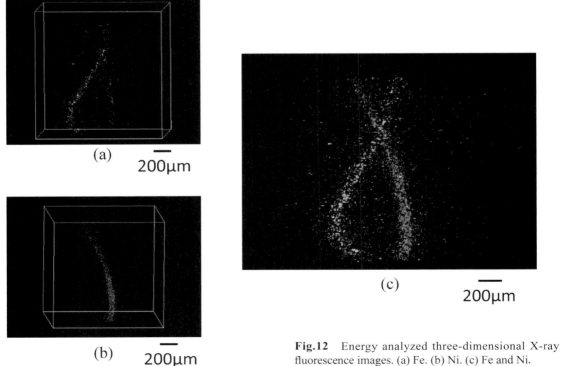

Fig.12 Energy analyzed three-dimensional X-ray fluorescence images. (a) Fe. (b) Ni. (c) Fe and Ni.

ング画像である．その画像を積み重ねて 3 次元化した画像を Fig.12(c) に示す．

5. 考察

本報告では 3 次元元素マッピングを行うために総画像数 $1,000 \times 50 = 50,000$ 枚，総撮像時間 $0.4 \times 1,000 \times 50 = 20,000$ 秒でフォトンカウンティング画像を 50 枚を取得した．また，実際にこれらの画像取得にかかった時間は，この撮像時間のほかに画像読み出し時間 $0.53 \times 1,000 \times 50 = 26,500$ 秒，フォトンカウンティング画像をハードディスクに保存する時間 $200 \times 50 = 10,000$ 秒などが加わり，総計測時間は約 16 時間となった．このように，今回は実際に撮像している時間よりもそれ以外の処理にかかる時間の割合が多いので，実用化のためにはこれらの時間を短縮する必要がある．まず，読み出し時間についてであるが，これは読み出す画像のピクセル数に比例して長くなるため，工夫次第でかなり短縮することができる．今回はサンプルステージを回転させた際にサンプルも回転してしまい，その振れ幅を考慮すると CCD の視野（26.8×26 mm）程度必要であったため，1024×1024 pixel に 2×2 ビニングを行い，画像のサイズを 512×512 pixel とした．ステージを回転させたときのサンプルの振れ幅が小さければ，その分 ROI を設定して領域を狭めることができるので読み出し時間を抑えることができる．今回利用した CCD では撮像する際にハード側でビニングすることができるため，そうした機能を使用すれば解像度を犠牲にして時間を短縮することもできる．次に，画像の保存時間についてはフォトンカウンティング画像の 1 枚当たり約 500 kB とデータのサイズが大きかったことと，コンピュータに内蔵されているハードディスクでは 50 枚全てのデータが収まりきらなかったため，USB2.0 経由で外付けハードディスクに保存したことが主な原因であると考えられる．これについても ROI 設定やビニングを行ったり，露光時間を延ばしてその分撮像枚数を減らすなど工夫の余地が残されている．こうしたダウンサイジングはデータ転送の時間短縮にもつながるため，結果としてこのような時間を大幅に短縮できる可能性がある．尚，ビニングによってスプリットイベントがどのように変化するかなどは今後の課題である．

参考文献

1) 竹中久貴：放射光, **23**, 164 (2010).
2) S. Aoki, A. Takeuchi, M. Ando: *J. Synchrotron Rad.*, **5**, 1117 (1998).
3) M. Hoshino, T. Ishino, T. Namiki, N. Yamada, N. Watanabe, S. Aoki: *Rev. Sci. Instrum.*, **78**, 073706 (2007).
4) A. Takeuchi, S. Aoki, K. Yamamoto, H. Takano, N. Watanabe, M. Ando: *Rev.Sci. Instrum.*, **71**, 1279 (2000).
5) 橋本雄幸，篠原広行：「C 言語による画像再構成の基礎」，(2006), (医療科学社).

結晶子形状に強い異方性を持つ
硫酸カルシウム二水和物の X 線回折分析

大渕敦司, 紺谷貴之, 藤縄　剛

X-Ray Diffractometry for Calcium Sulfate Hydrate of Powder Having an Anisotropic Shape

Atsushi OHBUCHI, Takayuki KONYA and Go FUJINAWA

Rigaku Corporation
3-9-12 Matsubara-cho, Akishima-shi, Tokyo 197-8666, Japan

(Received 14 January 2015, Accepted 19 January 2015)

Calcium sulfate hydrate (Gypsum: $CaSO_4 \cdot 2H_2O$) was analyzed by X-ray diffractometry with the Rietveld refinement. There were residuals between observed and calculated diffraction patterns on (010) in spite of correction of preferred orientation. Crystallite shape of calcium sulfate hydrate showed elongated ellipsoidal shape by the Fundamental Parameter method. Calcium sulfate hydrated was analyzed using a Gandolfi attachment, and then with the Rietveld refinement. Residuals between observed and calculated diffraction pattern were sufficiently small. A Gandolfi attachment is an effective method for samples having an anisotropic crystallite shape.

[Key words] X-ray diffraction, Calcium sulfate hydrate, Crystallite shape, Rietveld refinement, Gandolfi attachment

硫酸カルシウム二水和物を X 線回折法により分析した．硫酸カルシウム二水和物を反射法により測定し Rietveld 法により解析したところ，特に (020), (040) の回折ピークに残差が認められた．そこで FP (Fundamental Parameter) 法により解析を行ったところ，硫酸カルシウム二水和物の結晶子形状は一つの主軸が極端に長い楕円体のような形状であり，強い異方性を示すことが確認された．このために，形状の異方性を考慮して解析を行っても，充分に収束した解析結果が得られなかったと考えられる．そこで，硫酸カルシウム二水和物をガンドルフィアタッチメントにより測定し，得られた測定データに対して Rietveld 解析を行ったところ，反射法の Rietveld 解析結果と比較して，著しく残差が少ない結果が得られた．ガンドルフィアタッチメントが，結晶子形状に異方性を示す試料に対して，非常に有効な測定手法であることが確認された．

[キーワード] X 線回折，硫酸カルシウム二水和物，結晶子形状，Rietveld 法，ガンドルフィアタッチメント

1. はじめに

セメントは建築物[1,2]などに用いられる機能性材料の一つとして知られている．セメントには原料であるクリンカーと石膏（硫酸カルシウム二水和物），骨材，添加剤などが含まれており，セメントが水と混合すると，クリンカーの主要成分である alite (C3S)，belite (C2S)，ferrite (C4AF)，aluminate (C3A) が水和反応により硬化する．この中でも alite と aluminate は反応が速く，特に aluminate は僅か数分で固まる性質を持っている．硬化の過程では，セメント中に含まれる硫酸カルシウム二水和物（gypsum ($CaSO_4 \cdot 2H_2O$)）が水和反応の速度を遅らせる役割を持ち，硬化開始時間を数分から数時間遅らせることが可能である[3]．セメントに添加される硫酸カルシウム二水和物量は JIS 規格[4]により規定されており，普通ポルトランドセメントであれば，セメント中の濃度は 3.0～3.5 mass% 以下である．この添加される硫酸カルシウム二水和物の含有量の把握には，試料調製や測定の容易さから，元素分析法の一つである蛍光 X 線分析法により測定した硫黄量が用いられてきた．しかし，クリンカーの原料である石灰岩中に硫黄が含まれていると，クリンカーを生成する焼成過程において，硫酸塩を形成する可能性がある．この焼成過程により生成した硫酸塩と，硫酸カルシウム二水和物中の硫黄を区別することは，蛍光 X 線分析では不可能である．X 線回折法は結晶を対象とした分析法であるため，セメント中の硫酸カルシウム二水和物とその他の硫酸塩とを区別した測定が可能である．しかし，試料調製時に (010) に配向性を示すことから，試料調製毎に回折ピーク強度は変動し，検量線法で定量分析するのは困難であった．一方，プロファイルフィッティング法の一つである Rietveld 法[5]であれば，配向性を補正した解析が可能である．Rietveld 解析には高強度の測定データ（最強線で 10,000 counts 程度）が必要であることから，従来のシンチレーションカウンターでは数時間～数十時間の測定時間を要していた．近年，X 線回折装置の進歩，特に高速 1 次元検出器の登場により，Rietveld 解析用の測定データを僅か数十分で取得できるようになってきた[6]．

ここでは，硫酸カルシウム二水和物について，配向性を示す原因を解明し，さらに Rietveld 法により解析することを検討した．

2. 実験

2.1 装置・測定条件

X 線回折装置 SmartLab[7]に高速 1 次元 X 線検出器 D/teX Ultra 250[8]を搭載した．X 線出力は 45 kV-200 mA，測定範囲は 10-90°/2θ，サンプリング幅は 0.01°，スキャンスピードは反射法では 20°/min とした．透過法による測定では，スキャンスピードは 1°/min として 10 回積算を行った．Bragg-Brentano の擬似集中法を用いた反射法による測定時には，試料を 120 rpm で回転させ測定に供した．ガンドルフィアタッチメントを用いた透過法による測定時には，試料の回転軸を 129 rpm，試料を中心とした回転軸を 30 rpm とした．Rietveld 解析には，統合粉末 X 線解析ソフトウェア PDXL を用いた．

試料として関東化学製の硫酸カルシウム二水和物を用いた．試料の粉砕には Fritsch 製遊星型ボールミル P-7 を用いた．

2.2 Rietveld 解析

パターンフィッティング法の一種である

Rietveld 解析は，結晶構造情報から計算パターンを作り，その計算パターンをバックグラウンド，ピークシフト，尺度因子，格子定数，半値幅，非対称因子，減衰因子，原子座標，温度因子といった数種類のパラメーターを精密化し，実測の回折図形に対して最小二乗法によりフィッティングを行う手法である．この時，各結晶相の尺度因子から，次に示す式を用いて定量分析を行うことが可能である．

$$C_i = \frac{(s_i Z_i M_i V_i)}{\left(\sum s_j Z_j M_j V_j\right)} \quad (1)$$

ここで C_i は分析成分 i の質量分率, s は尺度因子, Z は単位胞中に含まれる化学式数, M は化学式単位の質量, V は単位胞の体積, Σ_j は全相についての和を表す．この式（1）を用いて各結晶相の定量値を算出することが可能である．

3. 結果と考察

3.1 硫酸カルシウム二水和物の結晶子形状の解析

硫酸カルシウム二水和物を反射法により測定し，得られた測定データに対して Rietveld 解析を行った．硫酸カルシウム二水和物は (010) に配向性を示すため，Rietveld 解析において March-Dollase 関数[9]により配向補正を行った．結果を Fig.1 に示す．この時の解析の尺度を表す R_{wp} は 11.64%，S は 3.83 であった．配向補正を行った場合でも，測定データと計算データの間に残差が認められた．特に残差が大きかった回折ピークは（020）（2θ ≒ 11.6°），（040）（2θ ≒ 23.4°），（041）（2θ ≒ 29.1°）である．この原因を検討するために，結晶子形状を考慮した解析

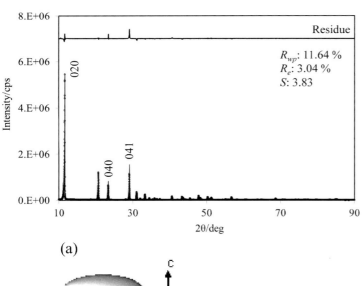

Fig.1 Observed (solid line) and calculated (dotted line) diffraction patterns and the difference curve with the Rietveld refinement for calcium sulfate hydrate by reflection method.

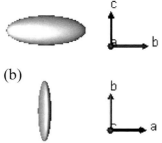

Fig.2 Crystallite shape of calcium sulfate hydrate viewed in (a) "a" axis direction and, (b) "c" axis direction.

が可能である FP 法（Fundamental Parameter 法）により解析を行った．結果を Fig.2 に示す．解析結果より，硫酸カルシウム二水和物の結晶子形状は楕円体のような形状であり，強い異方性を持つことが確認された．このために，FP 法により異方性を考慮して解析を行っても，充分に収束した解析結果が得られなかったと考えられる．

3.2 粉砕処理による配向性の変化

硫酸カルシウム二水和物の配向を緩和させるために，粉砕処理を行い，配向性，結晶子形状の異方性の変化を確認した．硫酸カルシウム二水和物を遊星型ボールミルにより粉砕処理し，各粉砕時間において X 線回折測定，Rietveld 解析を行い，粉砕処理における(020)，(041)の積分強度と March-Dollase 係数の変化を確認した．結果を Table 1 に示す．粉砕時間が長くなると，(020)，(041)の両積分強度比が小さくなり，反対に March-Dollase 係数は大きくなっていることがわかる．March-Dollase 係数は，1 が無配向を表しており，1 以下であれば板状結晶，反対に 1 以上であれば針状結晶であることを意味している．また，板状結晶で強配向性を有するものであれば，弱配向性を有するものよりも March-Dollase 係数は小さくなる．Table 1 の結果では，粉砕処理に連れて March-Dollase 係数が大きくなっていることから，粉砕処理により結晶子形状の異方性が弱くなり，それにより配向が緩和されたと考えられる．

3.3 ガンドルフィアタッチメントを用いた硫酸カルシウム二水和物の分析

3.2 において，粉砕処理を行うことで，配向を緩和させて測定できることが示された．しかし，粉砕処理には少なからず時間を要すること，さらに Table 1 から，60 分間粉砕処理を行っても March-Dollase 係数は 1 以下であり，完全に配向を緩和させることはできなかった．そこで粉砕処理することなく，配向を緩和させた状態で硫酸カルシウム二水和物の分析を行うために，ガンドルフィアタッチメントを用いた測定法を検討した．ガンドルフィアタッチメントは粒子 1 粒での測定が可能であることから，従来単結晶や微少量試料の測定に用いられてきた[10,11]．このアタッチメントは試料を支持する軸を中心として回転する φ 軸（最大 129 rpm で回転）と，試料を頂点とした円錐に沿って回

Table 1 Integrated intensity ratio and March-Dollase cofficient at each grinding time.

Grinding time /min.	020 ($2\theta \fallingdotseq 11.6°$)		041 ($2\theta \fallingdotseq 29.1°$)		March-Dollase cofficient
	Integrated intensity (cps·deg)	Integrated intensity ratio	Integrated intensity (cps·deg)	Integrated intensity ratio	
0	14888 (76)	1	4986 (26)	1	0.643
5	15340 (86)	1.03	4943 (23)	0.99	0.643
10	11274 (57)	0.76	4408 (14)	0.88	0.714
15	11517 (58)	0.77	4112 (21)	0.82	0.712
30	11283 (50)	0.76	4099 (19)	0.82	0.717
45	8187 (27)	0.55	3713 (20)	0.74	0.791
60	7400 (35)	0.50	3709 (11)	0.74	0.817

Number in parenthesis means standard deviation, 14888 (76) represent 14888 ± 76

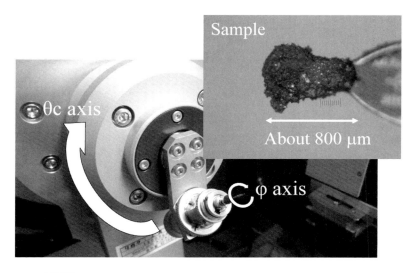

Fig.3 Photograph in SmartLab optical system combined with a Gandolfi attachment.

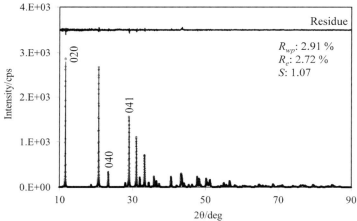

Fig.4 Observed (solid line) and calculated (dotted line) diffraction patterns and the difference curve with the Rietveld refinement for calcium sulfate hydrate using a Gandolfi attachment.

転する θ_c 軸 (最大 30 rpm で回転) を有している. ガンドルフィアタッチメントと試料の様子を Fig.3 に示す. ガンドルフィアタッチメントは, 2 つの回転軸で試料を回転させながら測定することで, 粉末試料と同様のランダムパターンを得ることができる.

まず初めに, 硫酸カルシウム二水和物のみをガンドルフィアタッチメントにより測定し, 得られた測定データに対して Rietveld 解析を行った. 結果を Fig.4 に示す. 反射法による Rietveld 解析では, (020), (041), (040) において測定データと計算データ間に残差が確認されたが, ガンドルフィアタッチメントにより測定を行うと, これら指数にも残差はほとんど認められなかった. さらにこの時の R_{wp} は 2.91%, S は 1.07 と非常に小さい値が得られ, 良好な解析結果が得られた. これより, ガンドルフィアタッチメントが, 結晶子形状に異方性を示す試料に対して, 非常に有効な測定手法であることが確認された.

次にガンドルフィアタッチメントを用いた定量分析法について検討した. 酸化アルミニウム, シリコン, 硫酸カルシウム二水和物を適当量秤取り, 乳鉢を用いて混合した粉末試料を反

Table 2 Analytical results of mixture powder contained calcium sulfate hydrate.

Components	Quantitative values (mass%)		Preparation values (mass%)
	Reflection method	Gandolfi attachment	
Aluminum oxide (α-Al_2O_3)	43.59 (11)	41.59 (14)	40.96
Silicon (Si)	41.57 (6)	41.19 (8)	40.93
Calcium sulfate hydrate ($CaSO_4 \cdot 2H_2O$)	14.84 (9)	17.23 (15)	18.11

Number in parenthesis means standard deviation, 43.59 (11) represent 43.59 ± 0.11

射法とガンドルフィアタッチメントにより測定した．得られた測定データに対してRietveld解析を行い，定量分析を行った．結果をTable 2に示す．反射法による解析結果では，調製値と解析値が合っていないことがわかる．特に硫酸カルシウム二水和物の調製値18.1 mass%に対して解析値は14.8 mass%であり，約4 mass%も差があった．これは結晶子形状の異方性によるものであり，反射法ではこの異方性の影響を強く受けることがわかる．一方ガンドルフィアタッチメントによる解析結果では，全ての結晶相の解析値は調製値と良好に一致した．これより，ガンドルフィアタッチメントが，結晶子形状に異方性を示す試料の定量分析法としても使用可能であると示唆された．

4. 結 言

結晶子形状に強い異方性を示す硫酸カルシウム二水和物に対して，Rietveld法により解析を行った．Rietveld解析では結晶子形状の異方性を考慮した解析が可能であるが，硫酸カルシウム二水和物のように強い異方性を示す試料については，反射法による測定では必ずしも充分な解析結果を得ることができない．このような試料の場合，粉砕処理を行うことで，異方性が弱くなり配向が緩和されていくことが確認された．結晶子形状に異方性を示す試料に対して，粉砕処理せずに測定を行う手法として，ガンドルフィアタッチメントを適用した．ガンドルフィアタッチメントによる硫酸カルシウム二水和物の測定データに対してRietveld解析を行ったところ，充分に収束した結果が得られた．さらに，任意に調製した硫酸カルシウム二水和物を含む試料に対して定量分析を行ったところ，解析値は調製値と良好に一致した．これより，ガンドルフィアタッチメントが結晶子形状に異方性を示す試料に対して有効な測定手法であることが確認された．

参考文献

1) R. M. Pulselli, E. Simoncini, R. Ridolfi, S. Bastianoni: *Ecol. Indicators*, **8**, 647-656 (2008).
2) M. F. Ba, C. X. Qian, Y. Zhuang: *Constr. Build. Mater.*, **29**, 438-443 (2012).
3) 社団法人セメント協会編集：セメントの常識 (2009).
4) JIS R 5210, ポルトランドセメント (2009).
5) H. M. Rietveld: *J. Appl. Cryst.*, **2**, 65 (1969).
6) A. Ohbuchi, T. Konya, G. Fujinawa: *Powder Diffr.*, **28**, 233 (2013).
7) リガクジャーナル, **41** (1), 35 (2010). https://www.rigaku.co.jp/members/index.html
8) リガクジャーナル, **44** (2), 47 (2013). https://www.rigaku.co.jp/members/index.html
9) W. A. Dollase: *J. Appl. Cryst.*, **19**, 267 (1986).
10) 中牟田 義博：鉱物学雑誌, **28** (3), 117-121 (1998).
11) Y. Nakamuta, Y. Motomura: *Meteoritics and Planetary Science*, **34**, 763-772 (1999).

偏光光学系 EDXRF を用いた FP 法による PM2.5 の成分分析

森川敦史, 池田 智, 森山孝男, 堂井 真

PM2.5 Elemental Analysis with FP Method Using Polarized Optics EDXRF

Atsushi MORIKAWA, Satoshi IKEDA, Takao MORIYAMA and Makoto DOI

Rigaku Corporation
14-8 Akaojicho, Takatsuki, Osaka 569-1146, Japan

(Received 14 January 2015, Accepted 20 January 2015)

　　PM2.5 inorganic elemental analyses were carried out using the polarized optics EDXRF spectrometer with the software which includes FP method for thin film analysis. It was confirmed that the analyzed results from the aerosol standard filter samples were in good agreement with standard values without the use of special thin film standard samples. It was also found that, from the continuously collected actual atmospheric PM2.5 filter samples, the concentration variations of several inorganic elements in one day could be observed. Those results indicate that the polarized optics EDXRF spectrometer is very useful as the rapid and easy method for PM2.5 inorganic elemental analysis.

[Key words] EDXRF, Polarized optics, PM2.5, Atmospheric aerosol, Elemental analysis

　　薄膜 FP 法の計算が可能なソフトウェアを搭載した偏光光学系のエネルギー分散型蛍光 X 線分析装置 (EDXRF) を用いて, PM2.5 の無機元素成分の測定および検討を行った. その結果, エアロゾルフィルター標準試料について, 特別な薄膜標準試料を利用することなく適切な分析結果が得られることが分かった. また, 実大気中の PM2.5 に対して短時間連続捕集した試料を測定した結果, 短時間における複数の無機元素成分の濃度変動を確認することができた. これらの結果から, この偏光光学系の EDXRF は, 煩雑な試料処理を行うことなく, 簡便かつ迅速に PM2.5 の無機元素成分分析を行うことができる手法として非常に有益であることが示唆された.

[キーワード] EDXRF, 偏光光学系, PM2.5, 大気エアロゾル, 元素分析

1. はじめに

1.1 PM2.5 の成分分析

大気中を浮遊するエアロゾル粒子は，各種大気汚染問題，人体への健康影響，さらには地球規模での気候変動への影響も懸念されており，その発生から沈降に至るまでの挙動を把握し，対策を講じることが急務である．特に昨今，中国で非常に高い PM2.5 濃度が観測されたことがたびたび取り上げられるなど，世界的にも関心を集めている．

PM2.5 とは大気中に浮遊している 2.5 μm 以下の小さな粒子のことで，従来から環境基準を定めて対策を進めてきた浮遊粒子状物質（SPM：Suspended Particle Matters，10 μm 以下の粒子）よりも小さな粒子であり，非常に小さいため，肺の奥深くまで入りやすく，呼吸器系への影響に加え循環器系への影響が懸念されている[1]．

PM2.5 を含めた大気エアロゾル中に含まれる成分分析は，汚染物質の発生源推定や環境影響評価を行うための情報として非常に重要である．PM2.5 の無機元素成分分析に関しては，わが国では酸分解/誘導結合プラズマ質量分析（ICP-MS）法による分析が用いられてきたが，試料処理等が非常に煩雑で，分析値の誤差についても分析者の技術に因るところが大きくなる．また，試料処理時に酸分解による溶液化を行うため，試料を失ってしまうという問題もある．一方で，非破壊で誰でも簡便に分析が可能な無機元素分析手法として，平成 19 年に環境省により定められた暫定マニュアルにおいて，蛍光 X 線分析法が推奨された．さらに，平成 25 年 6 月に"PM2.5 の成分分析マニュアル"が一部改訂され，蛍光 X 線分析法を用いた PM2.5 の成分分析について，その手順がより具体的に提示されることとなった[2]．

1.2 蛍光 X 線分析法を用いた PM2.5 の成分分析

フィルターに捕集された PM2.5 などの大気エアロゾル中の無機成分は，蛍光 X 線分析法を用いることで簡便かつ非破壊に分析することができる．蛍光 X 線分析法は，大量のフィルター試料を迅速に分析する必要がある場合に有効な分析手法である．また，ICP/酸分解では，土壌由来成分として主要な割合を占める Si の分析が困難であったが，蛍光 X 線分析法では Si の分析が可能である．

蛍光 X 線分析装置には，大別するとエネルギー分散型の蛍光 X 線分析装置（EDXRF）と，波長分散型の蛍光 X 線分析装置（WDXRF）があり，どちらもフィルター試料の分析には有効である[3,4]．分析精度は，波長分散型の方が良いが，装置が小型であるエネルギー分散型の方が多く利用されている[5]．特に，X 線管と試料の間に 2 次ターゲットを設置した偏光光学系のエネルギー分散型装置の場合，一般のエネルギー分散型装置と比べ，スペクトルの PB 比（ピークとバックグラウンドの強度比）が優れており，高感度な分析を行うことができる．また，構造上，試料に照射される X 線照射量が少ないため，X 線による試料のダメージを極力抑えた状態で分析を行うことができるので，フィルター試料の分析に有効である．PM2.5 成分分析マニュアルにおいても，2 次ターゲットや偏光光学系の構造について言及されている[2]．

蛍光 X 線分析により，フィルター捕集試料の成分分析を行うことで，例えば PM2.5 の注意喚起発令の目安となる可能性がある．現在，PM2.5 の注意喚起は，当日の午前中における全

PM2.5 濃度の一時間値から発令の判断を行っているが,各成分の挙動についても把握することで,精度向上に寄与できることが考えられる.

本研究では,エアロゾルフィルター試料の分析に関して,偏光光学系 EDXRF の薄膜 FP 法による定量計算結果について評価を行った.また,実大気中の PM2.5 の短時間捕集試料を作成し分析を行うことで,迅速性が求められる PM2.5 成分分析への適用可能性について検討した.

2. 実験概要

2.1 分析装置の概要

測定には,株式会社リガク製の偏光光学系エネルギー分散型蛍光 X 線分析装置 NEX CG を用いた[6].X 線管は Pd ターゲットのエンドウィンドウ型で,出力は 50 W である.また,検出器には電子冷却のシリコン・ドリフト・ディテクターを用いている.測定元素範囲は,Na から U までとし,分析径は 20 mm(直径),真空雰囲気下で測定を行った.各ターゲットの測定元素範囲を Table 1 に示す.測定時間について,奥田らは,微量成分のピークが安定して検出できる条件として,3 つの 2 次ターゲットについて,RX9 ターゲット 100 秒,Cu,Mo ターゲット 400 秒という測定時間を採用している[5].こ

れを参考として,本研究では 5 つの 2 次ターゲットについて,RX9 ターゲット 100 秒,その他のターゲット 400 秒として,1 試料あたりの測定時間を約 30 分とした.なお,主成分のみを測定対象とするならば,1 試料あたり 5 分で測定することも可能である.

2.2 捕集実験概要

実大気中の PM2.5 試料は,2014 年 10 月 20 日に東京都昭島市の株式会社リガク東京工場屋上において,下記の通り捕集してフィルター試料とした.捕集装置にはローボリュームエアサンプラーを用い,PTFE フィルター(WHATMAN 製,PM2.5 Air Monitoring Membrane, PTFE, 46.2 mm with support ring, pore size 2 μm)上に捕集した.吸引流量は 20 L/min,1 試料あたりの捕集時間を 2 時間とした(吸引量:2.4 m^3).PM2.5 の分級には,インパクター(東京ダイレック社製,NL-20-2.5A)を用いた.また,日内における短時間での濃度変動を調査するため,7:00 から 21:00 まで,2 時間おきにフィルターを交換して捕集を行い,計 7 試料作成した.

2.3 実試料の蛍光 X 線分析手順

NEX CG によるフィルター試料の分析手順を以下に示す.PM2.5 などのエアロゾルを捕集し

Table 1 Measurable element range for each secondary target.

Secondary target	Light element target	RX9 (monochromizing crystal)	Cu	Mo	Al
Excitation X-ray	Monochromatic X-ray	Monochromatic X-ray (Pd-L)	Monochromatic X-ray (Cu-K)	Monochromatic X-ray (Mo-K)	Polarized white X-ray
Measurable element	$_{11}$Na, $_{12}$Mg	$_{11}$Na~$_{17}$Cl (K-Line) $_{30}$Zn~$_{42}$Mo (L-Line) $_{78}$Pt~$_{83}$Bi (M-Line)	$_{19}$K~$_{24}$Cr (K-Line) $_{47}$Ag~$_{56}$Dy (L-Line)	$_{25}$Mn~$_{39}$Y (K-Line) $_{60}$Nd~$_{92}$U (L-Line)	$_{40}$Zr~$_{60}$Nd (K-Line)

た試料は，デシケーター内で1時間ほど静置し乾燥させた後，捕集面を下向きとなるようにそのまま試料カップに設置した．その後，アルミカップを被せることで試料を固定し，オートサンプルチェンジャー上に設置した．次に，ソフトウェア上で測定アプリケーションを設定し，測定を開始した．FP法を用いる場合，検量線の作成は不要なので，すぐに測定が可能である．測定終了後，ソフトウェアによるスペクトル同定及び半定量分析が自動で行われ，スタンダードレス分析結果が得られる．このように蛍光X線分析法では，煩雑な試料処理を行うことなく，非常に手軽に分析結果を求めることができる．

2.4 定量分析方法

定量分析方法について，"PM2.5成分分析マニュアル"では検量線法とFP法（ファンダメンタル・パラメーター法）の2通りが規定されている[2]．NEX CGでは，どちらの手法を用いても定量分析が可能である．

検量線法の場合，標準試料で検量線を作成し，精度が高い分析が可能であるが，PM2.5試料のような測定対象成分が多い場合，大量の標準試料を用意する必要がある[2]．また，他の成分由来のスペクトルが重なる場合や，捕集された試料量が大きく異なる場合などにおいて，各種補正が必要になり，分析値に対する信頼性の低下が懸念される．実際，多様な成分で構成されるエアロゾル試料は，ピークが複雑に重なり合ったスペクトルとなることが多い．

一方，装置に登録された感度を用いて半定量分析を行うFP法の場合，分析試料と同一品種の標準試料は不要で，あらかじめ装置に登録された各成分の感度を用いて定量分析を行う．いわゆるスタンダードレスの分析法である．FP法による定量分析であれば，共存する成分の吸収励起効果を加味して含有量（または付着量）を算出するため，多様な成分で構成される試料に対しても，特に複雑な補正等を設定する必要なく正確な分析値が得られる[5,7]．また，NEX CGでは，後述のような薄膜試料にも正確な定量計算が可能なFP法計算プログラムを装備している[8]．

本研究では，NEX CGに内蔵しているRPF-SQX（Rigaku Profile Fitting-Spectra Quant X）と呼ばれるFP法計算プログラムを用いて定量計算を行った[9]．RPF-SQX分析法は，全領域プロファイルフィッティングを用いてFP法に基づいたスタンダードレスの分析を行う手法であり，複数のピークが複雑に重なっている場合においても正確な定量分析結果を得ることが可能である．RPF-SQX分析法は，特にフィルター試料のような厚みが異なる試料においても正確な分析値を得ることが可能である．また，マッチングライブラリ機能を適用して感度を較正することで，より正確な分析値を求めることも可能である[5]．RPF-SQXを用いた分析値に関する妥当性について，奥田らは，実試料を捕集したフィルター試料に対し，EDXL300（NEX CGの旧名称）を用いてFP法による定量分析を行った結果と，ICP/酸分解による定量分析値との相関を求め，Al, K, Ca, V, Fe, Znなどの無機成分の定量分析が十分適用可能であることを確認している[5,7]．

2.5 薄膜試料に対するRPF-SQX分析

フィルター試料の分析では，試料厚みを考慮した薄膜FP法を使用する必要がある[10]．すなわち，厚み（付着量）が変化すると，発生する蛍光X線の線種間の強度比も変化する．Fig.1に，

Pb薄膜の厚みとPb-Lβ線とPb-Lα線の強度比の関係を示している．Fig.1より，強度比Pb-Lβ/Pb-Lαは，試料厚みが薄くなるにつれ，PbのX線の自己吸収の影響により小さくなることがわかる．このことから，正確なスペクトルフィッティングを行うためには，この自己吸収効果を反映した薄膜FP法を用いる必要がある．

Fig.2は，組成が同じで厚みの異なる2種類のポリエチレン標準試料に対して，RPF-SQX分析法を用いてスペクトルフィッティング，定量分析を行った結果である．このポリエチレン試料はPbだけでなくAsを含有しており，これらの蛍光X線であるPb-Lα線とAs-Kα線は重なり合っている．Fig.2(b)のように，RPF-SQXにおけるフィッティングでは，両者の分析線はそれぞれ重なり合ったピークを分離してスペクトルが合成されていることがわかる．また，厚みにより強度比Pb-Lβ/Pb-Lαが変化することも考慮してPbのスペクトルを構築していることも確認できる．このように，構築されたスペクトルが正確に測定スペクトルに合っているので，試料の厚みが異なっていても得られる分析結果はほぼ同等となる．これらの結果から，RPF-SQX分析法は，スペクトルが複雑に重なっている場合や，厚みが異なる場合においても正確な分析値が得られることを示している．

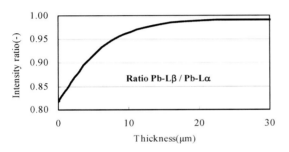

Fig.1 Relationship between intensity ratios of Pb-Lβ to Pb-Lα and sample thickness.

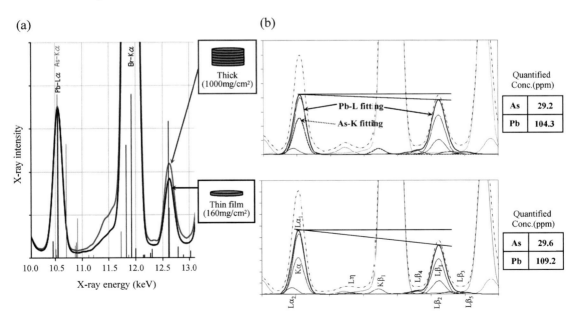

Fig.2 Spectra of polymer samples (BCR680: As 30.6 ppm, Pb 107.6 ppm) of different thickness. (a) Measured spectra (b) Individual fitted spectra using RPF-SQX with quantified values.

2.6 検出下限

MicroMatter社製の薄膜標準試料を用いて，大気中濃度換算時の検出下限（LLD：ブランク試料の3σ）を計算した結果をFig.3に示す．これらの値は，実効径20 mmのフィルターに流量を16.7 L/min，捕集時間24時間で大気エアロゾル粒子を捕集し，測定時間を各ターゲット1000秒としたときの計算結果である．Fig.3より，検出下限値は概ね1 ng/m^{3}以下となっており，広範囲の元素に渡って高感度な分析が可能である．

3. フィルター試料の分析結果

3.1 エアロゾルフィルター標準試料の測定結果

NEX CGによるエアロゾルフィルター標準試料NIST SRM 2783の定性分析チャートをFig.4に示す．Fig.4では，2次ターゲットごとに最適感度が得られるエネルギー領域を示している．このとき，16 keV以上のエネルギー領域に最適感度が得られるAlターゲットでは，検出された元素がなかったため，表示していない．Fig.4

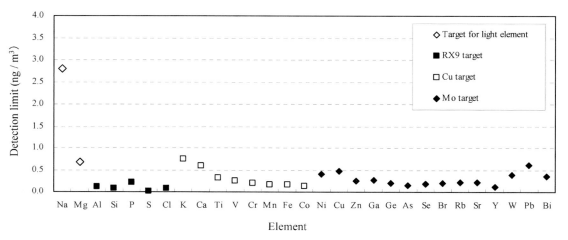

Fig.3 Detection limits for each element.

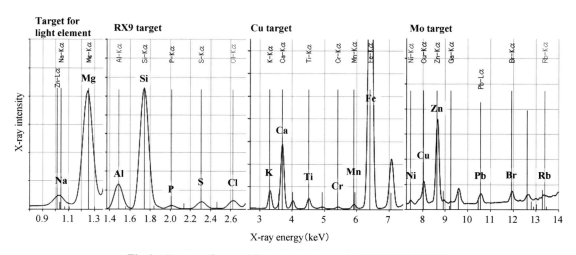

Fig.4 Spectra of aerosol filter standard sample (NIST SRM 2783).

Table 2 Analysis results of aerosol filter standard sample (NIST SRM 2783) obtained using RPF-SQX analysis.

Unit: ng/cm²

Element	Certifcated Value	error	RPF-SQX result #1806	#1807
Na	187	10	94.7	76.6
Mg	865	52	614	582
Al	2330	53	2220	2050
Si	(5880)*	(160)*	6400	5890
P	—	—	98.6	90.5
S	(105)*	(26)*	206	197
Cl	—	—	46.2	28
K	530	52	537	534
Ca	1325	170	1490	1390
Ti	150	24	178	180
Cr	13.5	2.5	16.6	14.6
Mn	32.1	1.2	30.6	28
Fe	2660	160	2760	2610
Ni	6.83	1.2	8.3	6.7
Cu	40.7	4.2	48.4	88.5
Zn	180	13	208	196
Pb	31.8	5.4	38.9	54.1

* Reference value
#1806 and #1807 are serial numbers

より, Na, Mg 等の軽元素から重元素領域まで, 幅広い元素範囲に渡って PB 比の良好なスペクトルが得られた. Na-Kα 線についても, エネルギーの近接した Zn-Lα 線, Zn-Lβ 線の重なりは避けることが出来ないが, 明確なピークが検出できている. Fig.4 の測定スペクトルに対して, RPF-SQX 分析を行った結果を Table 2 に示す. Table 2 は FP 法を用いたスタンダードレスでの定量分析結果であるが, いずれも標準値に近い分析値が得られた.

3.2 実大気中 PM2.5 を捕集したフィルター試料の分析結果

実大気中 PM2.5 を捕集した試料の定性分析チャートとして, 2014 年 10 月 20 日 7:00～9:00 に捕集した試料のチャートを Fig.5 に示す. ハイボリュームサンプラーのような吸引量の大きな捕集装置ではないにも関わらず, 2 時間という短時間の捕集で, 多くのピークを検出することができた. Si, Al, S, Fe 等の主成分に限らず, Mn, Zn などの微量成分や, 検出感度が良くない Na, Mg といった軽元素も含め, 10 成分以上

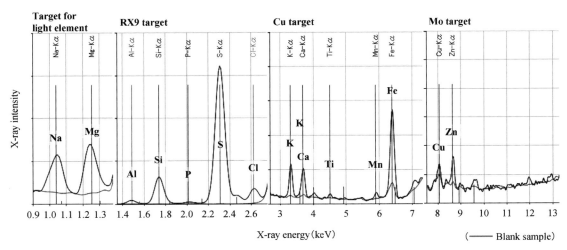

Fig.5 Spectra of PM2.5 filter sample. Samples were collected on PTFE filter on October 20, 2014 from 7:00 to 9:00.

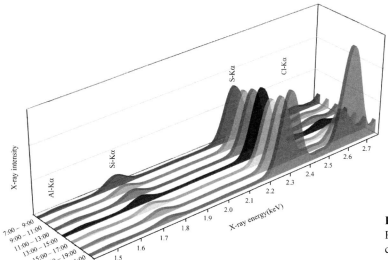

Fig. 6 Time series spectra of PM2.5 filter samples. Samples were collected on October 20, 2014.

Table 3 Analysis results of PM2.5 filter samples obtained using RPF-SQX analysis. Samples were collected on October 20, 2014.

Unit: ng/m^3

Element	Sample						
	7:00~9:00	9:00~11:00	11:00~13:00	13:00~15:00	15:00~17:00	17:00~19:00	19:00~21:00
Na	147	153	171	220	143	77	58
Si	417	238	274	257	215	201	140
S	920	928	1035	1144	1038	1170	1367
Cl	58	38	56	75	83	301	1032
Ca	121	116	130	174	89	99	171
Mn	14	12	9	10	18	15	15
Fe	99	113	111	106	123	148	137
Zn	34	34	31	25	32	47	38

のピークを確認できる．

2時間毎に連続捕集した試料7点について，RX9ターゲットによる測定データを時系列に並べた結果をFig.6に示す．RX9ターゲットは，おおよそ1.3～2.8 keVのエネルギー領域において最適感度が得られる2次ターゲットである．Fig.6より，S, Clとも夜間に濃度が高くなり，一方でSiは時間と共に濃度が減少する傾向が得られた．このように，日内における濃度変動が成分によって異なることが，簡便に確認可能であることがわかった．また，連続捕集した試料7点について，RPF-SQX分析を行った結果をTable 3に示す．Table 3からも，各成分の日内における濃度変動が確認できる．

以上より，NEX CGを用いることで，ICP/酸分解法では時間的，費用的に困難な，複数の無機元素成分の短時間における濃度変動を，当日中に迅速に把握することができた．NEX CGは，例えばPM2.5注意喚起の目安としてのスクリーニング分析に十分利用可能と考えられる．

4. まとめ

偏光光学系エネルギー分散型蛍光X線分析装置NEX CGは，PM2.5などの大気エアロゾル捕集フィルター試料に対して，広い元素範囲に渡って感度良好な分析を簡便，迅速，かつ非破壊で行えることがわかった．試料厚みの影響を考慮したFP法であるRPF-SQX分析法を適用することによって，多くの元素を含有し，ピークが複雑に重なり合ったスペクトルに対しても正確な分析を行うことができた．また，実フィルター試料の測定を行い，幅広い成分のPM2.5無機元素成分の日内変動を簡便・迅速に調査可能であることを確認できた．これらの結果から，NEX CGは，例えばPM2.5注意喚起の目安としてのスクリーニング分析に十分利用可能といえる．

謝　辞

本研究を遂行するにあたり，慶應義塾大学理工学部の奥田知明講師，および明治大学大学院理工学研究科の小池裕也講師にPM2.5の捕集装置を提供していただいた．また，奥田先生には，試料の捕集・測定に関し多くのご助言をいただいた．ここに記して感謝の意を表します．

参考文献

1) 環境省HP http://www.env.go.jp/air/osen/pm/info.html
2) 環境省，大気中微小粒子状物質（PM2.5）成分測定マニュアル（2013）．
3) 松本光弘, 山田康治郎, 殷 恵民, 全浩：環境化学, **8**, 267-274（1998）．
4) U.S. Environmental Protection Agency: Compendium Method IO-3.3 Determination of metals in ambient particulate matter using X-ray fluorescence (XRF) spectroscopy (1999).
5) 奥田知明, 鳩谷和希：エアロゾル研究, **28**, 214-221（2013）．
6) リガクジャーナル, **39**(1), 39-40（2008）． https://www.rigaku.co.jp/members/index.html
7) T. Okuda, E. Fujimori, K. Hatoya, H. Takada, H. Kumata, F. Nakajima, S. Hatakeyama, M. Uchida, S. Tanaka, K. He, Y. Ma, H. Haraguchi: *Aerosol and Air Quality Research*, **13**, 1864-1876 (2013).
8) T. Moriyama, A. Morikawa, M. Doi, S. Fess: *Advances in X-ray Analysis*, **57**, 219-226 (2014).
9) S. Hara, N. Kawahara, T. Matsuo, M. Doi: DXC2010, Denver (2010).
10) Y. Kataoka, T. Arai: *Advances in X-ray Analysis*, **33**, 213-223 (1990).

ポータブル全反射蛍光 X 線分析装置を用いた
野菜中微量ひ素および鉛分析法の検討

国村伸祐，横山達哉

Study of an Analytical Method to Determine Trace Amounts of As and Pb in Vegetables Using a Portable Total Reflection X-Ray Fluorescence Spectrometer

Shinsuke KUNIMURA and Tatsuya YOKOYAMA

Department of Industrial Chemistry, Faculty of Engineering, Tokyo University of Science
1-3 Kagurazaka, Shinjuku, Tokyo 162-8601, Japan

(Received 15 January 2015, Revised 4 February 2015, Accepted 4 February 2015)

Microwave digestion was carried out as pre-treatment prior to trace elemental analysis of potato, tomato, and cucumber using a portable total reflection X-ray fluorescence spectrometer. Using microwave makes it possible to easily digest these vegetables. We found that sub-mg/kg concentrations of As and Pb in these vegetables can be simultaneously detected using the portable spectrometer on condition that microwave digestion is performed as pre-treatment. The variation of the net intensities of the As Kα line, the Pb Lα line, and the Pb Lβ line in the spectra of these vegetables containing trace amounts of As and Pb is also discussed.

[Key words] Total reflection X-ray fluorescence, Microwave, Potato, Tomato, Cucumber, Trace elemental analysis

ポータブル全反射蛍光 X 線分析装置を用いてばれいしょ，トマト，きゅうりの微量元素分析を行うための前処理としてマイクロ波酸分解を行った．マイクロ波を用いることにより，これらを容易に酸分解し溶液化することができ，これら野菜中にサブ mg/kg 濃度含まれる As や Pb が検出可能になることを明らかにした．また，微量の As，Pb 両元素を含むこれら野菜を測定する場合における，これら元素からの蛍光 X 線強度のばらつきについても考察した．

[キーワード] 全反射蛍光 X 線分析，マイクロ波，ばれいしょ，トマト，きゅうり，微量元素分析

1. はじめに

全反射蛍光 X 線分析法[1]では，シンクロトロン放射光の利用により 10^{-16} g レベルの検出限界が達成された[2]．X 線管を用いる全反射蛍光 X 線分析装置においては，空冷式で低出力の X 線管を利用することで小型化が実現されているが，これら小型装置を用いる場合でも微

量元素分析を行うことができる．数十ワットのX線管を使用する卓上型装置では 1 pg の検出限界が得られた[3]．また，Kunimura ら[4] により開発されてきた数ワットのX線管を用いるポータブル装置では，8 pg の検出限界[5] が現在までに達成されている．このポータブル装置は，オンサイトで微量元素分析を行うことを可能とする．また，誘導結合プラズマ発光分析装置（ICP-AES）や原子吸光分析装置と同様に希薄溶液試料に μg/L 濃度含まれる元素を検出でき，さらにはこれら装置と比較して低消費電力かつ低ランニングコストであることから，これらの代わりに実験室で使用する微量元素分析装置として利用することも可能と考えられる．さらに，全反射蛍光X線分析法は多元素同時分析を可能とすることから，複数元素の分析が必要となる場合には測定時間を短縮することができる．ポータブル全反射蛍光X線分析装置を実験室で使用する場合には，測定に際して前処理（すなわち溶液化）が必要となる固体試料の微量元素分析にも応用できるようになる．湿式分解法では熟練が必要であり，試料の分解に要する時間も長くなるが，マイクロ波を利用することで固体試料を容易，かつ比較的短時間で酸分解することが可能になる．Koopmann ら[6] は海洋堆積物の全反射蛍光X線分析の前処理として濃硝酸を用いたマイクロ波分解を行い，この前処理法により粒径 20 μm 未満の堆積物の迅速で正確な元素分析が行えるようになると報告した．マイクロ波分解は全反射蛍光X線分析による食品分析に際しての試料前処理としても有効であり，比較的最近の報告としては，Galani-Nikolakaki ら[7] によるワインおよびその沈殿物，Martinez ら[8] によるキャンディーの微量元素分析に関するものがある．

本研究では，ポータブル全反射蛍光X線分析装置を用いた野菜の微量有害元素分析を可能とするための前処理としてマイクロ波分解を行った．たとえば，食品衛生法に基づいて定められているばれいしょ，トマト，きゅうり中の As の基準値（残留農薬基準）は As_2O_3 換算で 1.0 mg/kg，Pb は 1.0 mg/kg である．国内において As や Pb を含む農薬の農薬登録は現在失効しているが，文献[9] で示された過去の事例のように，このような農薬が不正に使用されている可能性は否定できない．また，以前に用いられた農薬が土壌に残留していたり，その他の要因で環境が汚染されることにより，As, Pb が野菜に含まれてしまう可能性もあるため，これら元素の微量分析を行うことはわれわれが安全な食生活をおくるために重要である．しかし，As, Pb の両元素を含む野菜の全反射蛍光X線分析を行う場合，AsKα 線(10.54 keV) が PbLα 線 (10.55 keV) と重なり合うため，これらの分析線を用いて両元素を定量することができない．このような場合には，PbLβ 線強度から Pb の定量が行われる．また，測定試料のスペクトルにおける PbLβ 線強度に Pb 標準液など Pb を含む試料を測定しあらかじめ求めておいた PbLα 線の PbLβ 線に対する強度比を乗じたものを PbLα 線と AsKα 線の重なり合ったピークの強度から差し引くことにより，AsKα 線強度を算出し As を定量する必要がある．一方，PbLβ 線が検出されない場合には，試料に As のみしか含まれていないのか，実際には Pb も微量含まれているのか，あるいは Pb のみしか含まれていないのか判断することができない．以前にわれわれは，ポータブル全反射蛍光X線分析装置を用いてそれぞれ 0.5 mg/L の As, Pb を含む標準液 5 μL の乾燥残渣を測定し，ナノグラム量の As,

Pbが含まれる試料中の両元素が検出できたことを示した[10]．しかし，マイクロ波分解により野菜を溶液化した試料の乾燥残渣は標準液よりもぶ厚くなり，スペクトルのバックグラウンドが上昇するため，PbLβ線強度から得られるPbの検出限界は悪くなると考えられる．本研究では，野菜としてばれいしょ，トマト，きゅうりを測定対象とし，これらにAs，Pbの両元素がどの程度微量含まれていても分析可能であるか検討した．

2. 実　験

マイクロ波試料前処理装置ETHOS D（マイルストーンゼネラル社製）を用いてばれいしょ，トマト，きゅうりの酸分解を行った．マイクロ波出力および照射時間の異なる五つのステップを経て，各野菜を酸分解した．ステップ1, 2, 3, 4, 5におけるマイクロ波出力はそれぞれ250 W, 0 W（すなわち，マイクロ波の照射なし），250 W, 400 W, 500 Wと設定した．また，ステップ1, 2, 3, 4, 5におけるマイクロ波照射時間はそれぞれ2分間，3分間，5分間，5分間，10分間とした．なお，各ステップにおいて試料温度が200℃を越えればマイクロ波の照射が止まり，200℃よりも低くなるとマイクロ波出力が設定値に戻る設定とした．各野菜，または各野菜とAs（またはPb）標準液を60%硝酸7 mL，30%過酸化水素水1 mLとともにテフロン製容器に入れ密封しマイクロ波分解を行い，以下のような方法で測定試料A-Gを作製した．

試料A：0.5 gのばれいしょを酸分解した後，蒸留水5 mLを加えた試料溶液1 μLを試料台に滴下乾燥したもの

試料B：試料A作製時に調製した試料溶液を800 μLとり，これに50 mg/L As標準液200 μLを加えAs濃度を10 mg/Lとした試料溶液1 μLを滴下乾燥したもの

試料C：試料A作製時において調製した試料溶液800 μLに50 mg/L Pb標準液200 μLを加え，Pb濃度を10 mg/Lとした試料溶液1 μLを滴下乾燥したもの

試料D：0.5 gのばれいしょに1 mg/L As標準液500 μLを添加したものを酸分解し，5 mLの蒸留水を追加した試料溶液5 μLの滴下乾燥を計6回行ったもの

試料E：0.5 gのばれいしょに1 mg/L Pb標準液500 μLを加えたものを酸分解し，蒸留水を5 mL加えた試料溶液5 μLの滴下乾燥を計6回行ったもの

試料F：0.5 gのトマトに1 mg/L Pb標準液500 μLを加えたものを酸分解し，5 mLの蒸留水を追加した試料溶液5 μLの滴下乾燥を計6回行ったの

試料G：0.5 gのきゅうりに1 mg/L Pb標準液500 μLを添加したものを酸分解し，蒸留水5 mLを追加した試料溶液5 μLの滴下乾燥を計6回行ったもの

試料A-Cの作製時には，試料台として反射波面精度λ/20（λ = 632.8 nm）で直径30 mm，厚さ5 mmの石英ガラス基板（シグマ光機）を使用した．試料D-Gでは滴下量が多く試料台上での試料溶液の広がりを防ぐ必要があると考えられたため，フッ素系コーティング剤エスエフコート SFE-X008（AGCセイミケミカル）10 μLを試料台に滴下乾燥し，その後各試料溶液の滴下乾燥を行った．ポータブル全反射蛍光X線分析装置[4]を用いて，各試料の測定を行った．Moxtek社のX線管50 kV Magnum（ターゲット：タングステン）の管電圧，管電流をそれぞ

れ 25 kV, 200 μA とし, X 線導波路を用いて X 線管からの白色 X 線（特性 X 線および連続 X 線）を平行化して試料に照射した．手動のゴニオメータステージを用いて試料台を傾けることにより，入射 X 線の試料台表面に対する視射角を 0.04°とした．25 keV の X 線の石英ガラス上での全反射臨界角は 0.07°であるため，視射角 0.04°の条件では 25 keV 以下の X 線は全反射するが，実際には入射 X 線の角度発散[5]のため一部の入射ビームは全反射臨界角を超える角度で入射していたと考えられる．検出器として Amptek 社製の Si-PIN 検出器 X-123 を使用しスペクトルを測定した．各試料の測定は空気中で 600 秒間行った．

3. 結果と考察

60% 硝酸 7 mL と 30% 過酸化水素水 1 mL を混ぜた溶液中のばれいしょとマイクロ波を利用してばれいしょの酸分解を行った後の写真を Fig.1 に示す．Fig.1 に示すように，酸分解を行うことでばれいしょを溶液化できたことがわかる．何も滴下していない石英ガラス試料台および試料 A の全反射蛍光 X 線スペクトルを Fig.2 に示す．Fig.2 に示すように，石英ガラス基板からの Si Kα 線，空気中に 0.9% 含まれる Ar に由来する Ar Kα 線，および X 線管ターゲット由来の W L 線が検出された．Fig.2b に示すように，試料 A のスペクトルでは S Kα 線，K K 線，Fe Kα 線が検出された．これらの蛍光 X 線はばれいしょに含まれていた成分に由来するものと考えられる．Ni Kα 線も検出されたが，何も滴下してない試料台からも検出されていたことから，これは装置構成要素に由来するものと考えられる．試料 B および C の全反射蛍光 X 線スペクトルを Fig.3 に示す．試料 B に含まれる As，試料 C に含まれる Pb はともに 10 ng と求める

Fig.1 Photograph of cuts of potato in a mixed solution of 7 mL of 60%HNO$_3$ and 1 mL of 30%H$_2$O$_2$ (left) and that after microwave digestion (right).

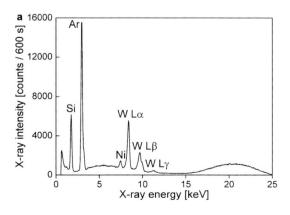
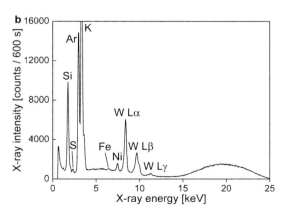

Fig.2 Total reflection X-ray fluorescence spectra of (a) blank quartz glass sample holder and (b) sample A.

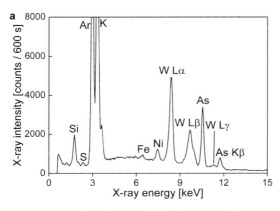
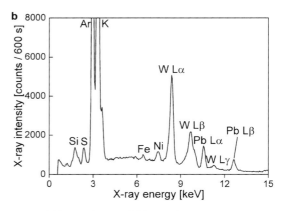

Fig.3 Total reflection X-ray fluorescence spectra of (a) sample B and (b) sample C.

ことができるが，Fig.3a から As K 線，Fig.3b から Pb L 線を検出することができた．Fig.3a において，As Kα 線強度は 12390 counts/600 s であった．Fig.3b において，Pb Lα 線強度，Pb Lβ 線強度はそれぞれ 5164 counts/600 s, 2876 counts/600 s であり，Pb Lα 線の Pb Lβ 線に対する強度比は 1.8 であった．試料 D の全反射蛍光 X 線スペクトルを Fig.4 に示す．試料 D は 1.0 mg/kg の As を含むばれいしょを酸分解した場合に相当し，Fig.4 に示すように As Kα 線を検出することができた．試料 D が 1.0 mg/kg の As を含むばれいしょを酸分解したものとして，Fig.4 からばれいしょ中に換算した As の検出限界を求めると，0.4 mg/kg となった．Fig.4 においては，Fig.2b や Fig.3 と比較してスペクトルのバックグラウンドおよび W L 線強度が上昇した．試料 D 作製時における試料溶液の総滴下量は試料 A-C の 30 倍であったため乾燥残渣が厚くなり，試料自体による入射 X 線の散乱が強くなったことが原因と考えられる．しかし，滴下量を増やすことで，Fig.2b や Fig.3 では検出されなかった P Kα 線や Mn Kα 線を検出することができた．また，Fig.2b や Fig.3 において検出された元素からの蛍光 X 線強度も増大した．より低濃度の

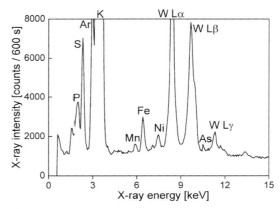

Fig.4 Total reflection X-ray fluorescence spectrum of sample D.

元素を分析するためには，滴下量を増やすことが有効であった．ただし，試料量が増加するにつれてスペクトルのバックグラウンドが上昇することから[11]，滴下量を増やしすぎると検出限界は悪くなると考えられる．試料 E-G の全反射蛍光 X 線スペクトルを Fig.5 に示す．試料 E, F, G はそれぞれ 1.0 mg/kg の Pb を含むばれいしょ，トマト，きゅうりを酸分解した場合に相当するが，いずれの試料のスペクトルにおいても Pb Lα 線，Pb Lβ 線を検出することができた．また，これら試料が 1.0 mg/kg の Pb を含むものを酸分解したものとして，Pb Lβ 線強度から得られたばれいしょ，トマト，きゅうり中に換

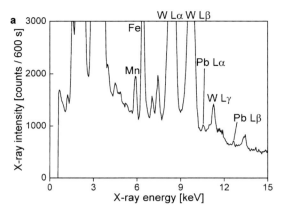
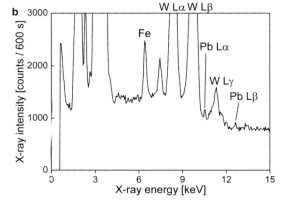
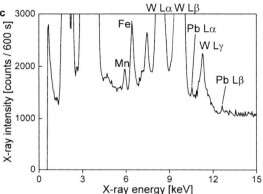

Fig.5 Total reflection X-ray fluorescence spectra of (a) sample E, (b) sample F, and (c) sample G.

算した Pb の検出限界を計算すると，それぞれ 0.7 mg/kg，0.7 mg/kg，0.9 mg/kg となった．したがって，これら野菜に As と Pb の両元素が含まれていたとしても，Pb 濃度が上述の検出限界よりも高ければ，PbLβ 線強度とあらかじめ求めておいた PbLα 線と Lβ 線の強度比から，As 濃度を求めることが可能と考えられる．しかし，Fig.5 における PbLα 線の PbLβ 線に対する強度比は，Fig.3b で得られたものから 10-24% ずれていた．例えば，Fig.5c における PbLα 線の Lβ 線に対する強度比は 1.4 であり，Fig.3b における強度比よりも小さかった．試料量の増加により，WLβ 線強度および WLγ 線強度が強くなり，これら分析線の裾野に AsKα 線や PbLα 線が一部埋もれてしまうこと，およびスペクトルのバックグラウンドが上昇することが，微量の As, Pb からの蛍光 X 線強度のばらつきを大きくすると考えられる．

4. おわりに

マイクロ波を利用してばれいしょ，トマト，きゅうりの酸分解を行い，タングステンターゲット X 線管を用いたポータブル全反射蛍光 X 線分析装置で酸分解した試料の測定を行った．マイクロ波分解法は，湿式分解法と比較して短時間かつ容易に行うことができることから，本装置による野菜の微量元素分析のための簡便迅速な前処理法として有効であった．本研究では，より低濃度の As および Pb を検出するためには，試料滴下量を増やすことが有効であることを示

し，野菜中にサブ mg/kg 濃度含まれる As および Pb が検出可能であることを明らかにした．劉ら[12] は，本装置を用いてひじき浸出水中の As を分析し，その定量値が ICP-AES で得られたものと有意差がなかったことを報告した．一方，本研究のように試料量を増やしてその中に含まれる微量 As および Pb を分析する場合，スペクトルのバックグラウンドやタングステン X 線管に由来する WLβ 線および WLγ 線強度の上昇が定量値の正確さや精度を悪くすると考えられる．しかし，本装置により野菜中のサブ mg/kg の As および Pb が同時に検出可能であることから，As や Pb の濃度が食品衛生法で定められた基準値付近の野菜を迅速にスクリーニングする目的で利用可能と考えられる．

謝　辞

本研究は，JSPS 科研費 25810088 の助成を受けて行ったものである．

参考文献

1) Y. Yoneda, T. Horiuchi: *Rev. Sci. Instrum.*, **42**, 1069 (1971).
2) K. Sakurai, H. Eba, K. Inoue, N. Yagi: *Anal. Chem.*, **74**, 4532 (2002).
3) U. Waldschlaeger: *Spectrochim. Acta, Part B*, **61**, 1115 (2004).
4) S. Kunimura, J. Kawai: *Analyst*, **135**, 1909 (2010).
5) S. Kunimura, S. Kudo, H. Nagai, Y. Nakajima, H. Ohmori: *Rev. Sci. Instrum.*, **84**, 046108 (2013).
6) C. Koopmann, A. Prange: *Spectrochim. Acta, Part B*, **46**, 1395 (1991).
7) S. Galani-Nikolakaki, N. Kallithrakas-Kontos, A. A. Katsanos: *Sci. Total Environ.*, **285**, 155 (2002).
8) T. Martinez, J. Lartigue, G. Zarazua, P. Avila-Perez, M. Navarrete, S. Tejeda: *Spectrochim. Acta, Part B*, **65**, 499 (2010)
9) 久保倉宏一，橋本喬，古野善久，小田隆弘，権藤勝善：福岡市衛試報，**9**, 86 (1984).
10) S. Kunimura, J. Kawai: *X-Ray Spectrom.*, **42**, 171 (2013).
11) 国村伸祐，井田博之，河合潤：X 線分析の進歩，**40**, 243 (2009).
12) 劉穎，今宿晋，河合潤：X 線分析の進歩，**45**, 203 (2014).

[新刊紹介]

Total-Reflection X-Ray Fluorescence Analysis and Related Methods

Reinhold Klockenkämper, Alex von Bohlen
552 ページ，Wiley(2015)，ISBN: 978-1-118-46027-6

Kindle 版 13077 円，ハードカバー 17569 円（アマゾン調べ）

1996 年に出版された Reinhold Klockenkämper 著 Total-Reflection X-Ray Fluorescence Analysis の第 2 版である．アマゾンでは Kindle 版が購入可能であるが，http://as.wiley.com/WileyCDA/WileyTitle/productCd-1118460278.html では書籍は 2015 年 1 月発売になっており，この新刊紹介執筆時（2015 年 1 月中旬）では，まだ入手できない．旧版が 245 ページだったことに比べ，第 2 版では 552 ページと 2 倍以上に増えている．全目次も上述の Wiley アドレスに出ている．

注目すべき節のタイトルからキーワードを抜粋すると，New Variant TXRF, Polarization, Black-Body, Reflection and Refraction, Refraction and Dispersion, Buried Layers, Low-Power X-Ray Sources, Silicon Drift Detector, Cleaning Procedures, Preparation of Samples, Microliter, Nanoliter, Picoliter, Shortcomings of Spectra, Sum Peak, Escape Peaks, Micro- and Trace Analyses, Prerequisites for Quantification, Net Intensities, Relative Sensitivity, Internal Standardization, Coherence Length, Surface Roughness などの項目が並ぶ．

応用に関しても，Environmental, Geological, Natural Water, Airborne Particulates, Biomonitoring, Geological, Biological and Biochemical, Beverages (Water, Tea, Coffee, Must, Wine), Vegetable, Essential Oil, Plant Materials and Extracts, Biomolecules, Medical, Clinical, Pharmaceutical, Blood, Plasma, Serum, Urine, Cerebrospinal, Amniotic Fluid, Tissue, Freeze-Cutting of Organs by a Microtome, Cancerous Tissue, Medicines and Remedies, Industrial, Ultrapure Reagents, Wafers Controlled by Direct TXRF, VPD-TXRF, Art, Historical, Forensic, Drug Abuse, Poisoning などが列挙されている．

6 章はこういう本としては従来なかった内容で，General Costs of Installation, Upkeep, Reliability, Round-Robin Test, Commercially Available Instruments, International Atomic Energy Agency, Worldwide Distribution, ISO and DIN, International Cooperation and Activity などについて述べられている．また 7 章は New Variants of X-Ray Source, Capillaries and Waveguides, New Types of X-Ray Detectors, Light Elements, Reference-Free Quantification, Time-Resolved In Situ Analysis, Future Prospects by Combinations, X-Ray Reflectometry, EXAFS, XANES, NEXAFS, X-Ray Diffractometry at Total Reflection, Total Reflection and X-Ray Photoelectron Spectrometry などの関連方法についても述べられている．

2013 年の全反射蛍光 X 線国際会議後，様々なアンケートが著者から来て，例えば表のような集計結果が参加者に送られてきたが，これらのデータも本書に含まれているはずである．

[京都大学大学院工学研究科材料工学専攻　河合　潤]

表　TXRF の応用分野

環境	31%
産業	18
化学	11
生物	11
医学	10
基礎研究・開発	6
薄膜	6
美術・歴史遺産	3
ウェハー	2
地質	2
ナノテク	1.5
薬品	0.5
犯罪捜査	0.5

共焦点型蛍光 X 線分析法による置換めっきプロセスのモニタリング

北戸雄大, 平野新太郎, 米谷紀嗣, 辻 幸一

Confocal Micro XRF Monitoring of Displacement Plating Process

Yuta KITADO, Shintaro HIRANO, Noritsugu KOMETANI and Kouichi TSUJI

Department of Applied Chemistry & Bioengineering,
Graduate School of Engineering, Osaka City University
3-3-138 Sugimoto, Sumiyoshi-ku, Osaka 558-8585, Japan

(Received 15 January 2015, Revised 20 January 2015, Accepted 2 February 2015)

　　X-ray fluorescence analysis (XRF) is a non-destructive method. There is a lot of applications like analysis of industrial material. By assembling the polycapillary X-ray lens (PCXL) in the point part of X ray tube and a detector, the micro-area analysis has been possible. The depth resolution of the confocal micro XRF instrument which had been developed in our laboratory is about 44 μm at the confocal point at AuLβ (11.4 keV). The confocal micro XRF instrument was applied to in situ analysis of displacement plating process. Time dependent profiles were acquired by repeated point analysis on the surface of the steel sheet and repeated line scan near a solid-liquid interface. Inhomogeneous nature of displacement plating was observed by 2D mapping of the steel sheet after the chemical reaction.

[Key words] Displacement plating, Confocal XRF, Micro analysis, Elemental imaging

　　蛍光 X 線分析法（XRF）は非破壊的に試料の分析が可能な手法であり，工業材料の分析など多くの応用例がある．共焦点型蛍光 X 線分析装置では X 線管および検出器の先端部にポリキャピラリー X 線レンズを取り付けることで，特定の微小領域の蛍光 X 線のみを検出することができる．本研究室で作製した共焦点型蛍光 X 線分析装置の焦点位置における空間分解能は AuLβ 線（11.4 keV）で約 44 μm である．この共焦点型蛍光 X 線分析装置を用いて，置換めっきプロセスのモニタリングを試みた．鋼板表面での繰り返し点分析，固液界面近傍の繰り返し線分析を行うことで蛍光 X 線強度分布の時間変化を追うことができた．また，反応後の鋼板の 2 次元マッピングを取得することで，置換めっきの不均質性を確認することができた．

[キーワード] 置換めっき，共焦点型蛍光 X 線分析，微小部分析，元素イメージング

大阪市立大学大学院工学研究科　大阪府大阪市住吉区杉本 3-3-138　〒558-8585

1. はじめに

置換めっき反応とは溶液中において元素のイオン化傾向の差を利用して行うめっき反応である。例えば、Cu と Fe の組み合わせでは Fe の方が Cu よりもイオン化傾向が大きいために、Fe の方がイオンになりやすい。したがって、$CuSO_4$ 水溶液に Fe 板や鋼板を浸すことで Fe の溶出と Cu の析出が起こり、鋼板表面に Cu がめっきされる。基本的には試薬を必要としない単純なめっき技術であるが、工業的には溶解した金属が再析出しないように錯化させるための試薬や密着性向上のための試薬が添加される。この置換めっき反応の膜成長に関する機構には不明な点が多いと言われている。

一方、近年ポリキャピラリー X 線レンズなどの X 線集光素子の発達により、実験室レベルでも簡便に微小部領域の蛍光 X 線分析を行うことが可能となった。今日、より詳細な情報を得るために、試料内部の 3 次元分析の有効性が論議されてきた。従来型の微小部蛍光 X 線分析法ではプローブである X 線は透過力が高いために、試料内部まで侵入する。したがって、試料表面から発生する蛍光 X 線と、試料内部から発生する蛍光 X 線のどちらも検出してしまい、試料が層構造を有していたとしてもその層構造を特定することは困難である。そこで、蛍光 X 線分析で 3 次元元素分析を行うためには、試料内部の微小空間で発生した蛍光 X 線のみを選択的に検出しなければならない。近年、微小部蛍光 X 線分析法の一種として注目されているのが共焦点型蛍光 X 線分析法である。共焦点型配置の蛍光 X 線分析法は 1992 年に Gibson と Kumakhov[1, 2] らによってその原理が提案され、それから 8 年後の 2000 年に Ding[3] らが初めて共焦点型配置の蛍光 X 線分析装置を報告し、装置の開発や応用が行われるようになった[4-6]。これまでの共焦点型蛍光 X 線分析は、放射光施設において実施された例が多く、実験室における共焦点型蛍光 X 線分析の報告例は少ない[5-10]。我々の研究室では、今までポリキャピラリー X 線レンズを組み合わせた共焦点型蛍光 X 線分析装置の開発を行い、生体試料[9]、植物試料[11-13]、固液界面[14, 15]、文化財[16]、法科学試料[17] などの事例に応用してきた。そこで本研究では、これまでの研究をふまえ、共焦点型蛍光 X 線分析法の固液界面近傍分析への応用として置換めっき反応プロセスのその場モニタリングを行った。

2. 実 験

2.1 装置構成

実験に用いた共焦点型蛍光 X 線分析装置の写真を Fig.1 に示す。X 線管は微小焦点型小型セラミックス X 線管（MCBM 65B-50, rtw, Germany, 50 W, Mo アノード、焦点サイズ：50 μm × 50 μm）を用い、管電圧 50 kV、管電流 0.5 mA で動作させた。X 線照射側のポリキャピラリー X 線フルレンズでは、焦点位置でのビーム径は 38 μm（at 17.44 keV）、ポリキャピラリー

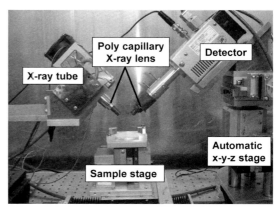

Fig.1 A photograph of side view of the confocal micro XRF instrument.

X線レンズの出口から焦点位置までの距離は16.2 mmである．X線検出側のポリキャピラリーX線ハーフレンズでは，焦点位置からポリキャピラリーX線レンズの入り口までの距離が15.5 mmであり，焦点位置でのX線スポットサイズは約 30 μm（at 17.44 keV）である．X線検出器は，シリコンドリフト検出器（TXD2050S-L90, Techno X, Japan, 素子面積：50 mm^2, エネルギー分解能 < 175 eV at 5.89 keV）を用いた．本装置の深さ分解能はCuKα線（8.05 keV）で約 70 μm，AuLβ線（11.4 keV）で約 44 μm である．深さ分解能の測定は，厚さ 500 nm の金属薄膜試料を垂直方向に走査し，取得した蛍光X線強度分布をGauss関数でフィッティングを行い，半値幅を解析することで求めた[18]．X線照射側および検出側のポリキャピラリーX線レンズは，検出器側の試料ステージに対してそれぞれ 45°の角度，すなわち両者の為す角度が 90°になるように配置してある．共焦点型配置にするために，検出器側のポリキャピラリーX線ハーフレンズは検出器ごと自動X-Y-Zステージで動かせるようになっている．

2.2 試料準備

本研究室で作製した共焦点型蛍光X線分析装置を固液界面近傍の分析に応用するために，独自に作成したサンプルホルダーの写真をFig.2に示す．サンプルホルダーはテフロンで作成し，直径 6 cm の円形の本体と蓋の2つの部品からなり，O-ring（厚さ 3.5 mm）で一体化している．ねじ込み式の蓋には二か所の空気口と一つの窓穴が作られている．また，蓋の窓穴にはカプトン膜を窓材として貼り付けて観察を行う．実験中の液体の蒸発を抑えるために，蓋のねじの部分をテフロンテープでシールした．鋼板試料

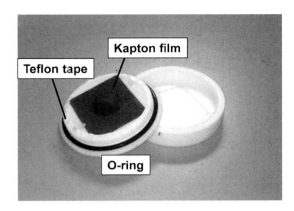

Fig.2 A photograph of sample vessel.

は，新日鐵住金株式会社から提供していただいたCr：0.97 mass%，Mn：1.34 mass%の低炭素鋼である．めっき溶液は硫酸銅（II）五水和物（和光純薬工業株式会社）をイオン交換水で規定濃度に希釈して使用した．試料は，サンプルホルダーの本体の下部に取り付け，めっき溶液をサンプルホルダーに注入し，X線窓付きの蓋で封じた．鋼板を溶液に浸してから測定開始までの時間がなるべく短くなるように試料の取り付け作業は迅速に行った．

3. 結果と考察

3.1 めっき反応中の蛍光X線強度の時間変化

置換めっき反応をモニタリングするために，比較的イオン化傾向の離れているFeとCuの組み合わせで実験を行った．置換めっき反応におけるCuめっき層の成長過程を観察するために，置換めっき反応中の鋼板表面におけるFeKα，CuKα強度の時間変化をモニタリングした．サンプルホルダーに 0.3 mass%のCuSO$_4$水溶液を注入し，その中に鋼板を浸漬し置換めっきを開始した．鋼板試料表面は 600 番の耐水研磨紙で研磨した後，1500 番の耐水研磨紙で仕上げた．また，サンプルホルダーの窓材であるカプトン

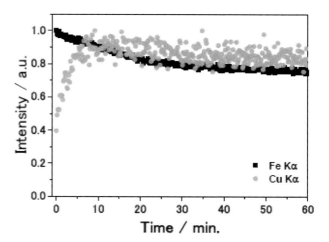

Fig.3 Time dependent profiles of FeKα intensity and CuKα intensity at the surface of steel sheet.

膜にスペーサーとして厚さ 620 μm のシリコンウエハ片を取り付け，カプトン膜表面と鋼板表面までの距離が常に 620 μm になるようにして実験を行った．この際に，Fe と Cu の組み合わせの置換めっき反応は非常に早く進行するために $CuSO_4$ 水溶液に鉄鋼を入れてからモニタリングするまでの作業を 2 分以内で完了させるようにした．

　測定箇所を鋼板試料表面直上に固定して，一回の測定時間 10 秒，360 回（1 時間）の繰り返し点分析を行った．その結果を Fig.3 に示す．赤（●）のプロファイルが CuKα 強度，黒（■）が FeKα 強度の時間変化である．CuKα 強度は初めの約 10 分まで増加し続け，その後はほぼ一定になった．FeKα 強度は一定とはならず，徐々に減少している．FeKα 強度が減少するのは，鋼板表面から発生した FeKα が Cu めっき層によって吸収されたためと考えられる．この結果より，鋼板表面の大部分を極短時間に Cu によるめっき層が覆い，その後残った表面部分を徐々に覆っていったと考えられる．反応速度は遅くなるが，めっきが少しずつ進行しているために FeKα 強度は減少していき，CuKα 強度はカウント数が少ないため，大きな変化が見られず一定と観測されたと考えられる．

　続いて，置換めっき反応中における Cu めっき層の成長の様子を可視化するために，Fig.1 の試料ステージを上下方向に繰り返し走査させ，固液界面近傍の繰り返し線分析を行った．この間平面内での位置は固定している．鋼板表面層からその上方の溶液中の FeKα，CuKα の強度分布の時間変化を観測した．測定条件は，一点当たりの測定時間は 20 秒，走査距離は 80 μm，ステップサイズは 20 μm，一回の線分析に有する時間は 100 秒，繰り返し線分析を行う箇所は固液界面近傍とした．得られた結果を Fig.4 (a), (b) に示す．Fig.3 の結果では，めっき進行過程において急激な元素濃度の変化は見られず，緩やかに変化していた．そこで，Fig.4 (a), (b) では，各測定データ間を線形補間して，元素分布の時間変化をわかりやすく示した．縦軸は走査距離，横軸は測定時間，すなわちめっき進行時間である．縦軸 0〜40 μm の範囲は鋼板内部を，縦軸 40 μm あたりは鋼板表面を縦軸 40〜80 μm の範囲は溶液層を示している．Fig.4 で得られた結果は，Fig.3 の繰り返し点分析の結果とも一致しており，FeKα 強度は測定開始直後に鋼板表面（縦軸 40 μm あたり）で高いが，

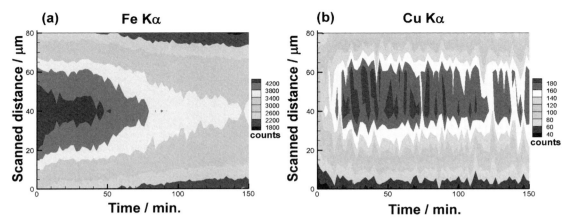

Fig.4 Time dependent profiles of FeKα (a) and CuKα (b) near solid-liquid interface. The concentration of CuSO₄ is 0.3 mass%. The acquisition time was 20 s per pixel and the minimum step size was 20 μm. Scanned distance was 80 μm, therefore the time for a single scan was approximately 100 sec.

時間の経過とともに強度が減少している．CuKα強度は，Fig.4(b)に示すように，初めは強度が低いが測定開始から約10分の間に強度が上昇し，それ以降はほぼ一定であった．CuKα強度が一定となってもめっきは終了していないためにFeKα強度は，わずかに減少していく結果であった．以上のように，時間経過にしたがって鋼板表面にCuがめっきされる様子の可視化に成功した．

3.2 めっき反応後試料の2次元マッピング

置換めっきの反応を終えた鋼板表面にはCuがめっきされていることが確認できた．しかし，Cuのめっきは目視でも均一ではなかった．そこで，鋼板試料をサンプルホルダーから取出し，イオン交換水で洗浄後，同じ共焦点型蛍光X線分析装置を用いて2次元マッピングを鋼板表面，鋼板内部20 μm，鋼板内部40 μmの各深さ位置で3枚取得した．測定条件は，マッピング領域は1000 μm×1000 μm，ステップサイズは40 μm，一点当たりの測定時間は5秒である．得られた結果をFig.5に示す．Fig.5(a)～(c)はそれぞれ鋼板表面，鋼板内部20 μm，鋼板内部40 μmにおけるCuKαの2次元マッピングである．また，Fig.5(d)～(f)はそれぞれ鋼板表面，鋼板内部20 μm，鋼板内部40 μmのFeKαにおける2次元マッピングである．Fig.5(a)，(b)に示すように，CuKαの2次元マッピングにおいてはマッピング像の両端に比較的CuKα強度が高い箇所が見られた．また，Fig.5(a)～(f)に示すように，CuKα，FeKαともに横軸750 μm，縦軸100 μmの位置において特徴的な蛍光X線強度分布が確認できた．これらの結果から，Cuめっきの不均質性を強度分布図によって確認することができた．

置換めっき反応開始前の鋼板表面での2次元マッピングを確認したところ鋼板表面のいたるところに蛍光X線強度の弱い箇所が確認された．また，光学顕微鏡でも鋼板を観測したところ，鋼板表面が平坦ではなくくぼみがある様子が確認された．この結果から，鋼板表面に多数の数十μmから数μm程度のくぼみが存在していたと考えられる．Fig.5での横軸750 μm，縦軸100 μmの点における特徴的な分布は鋼板表面

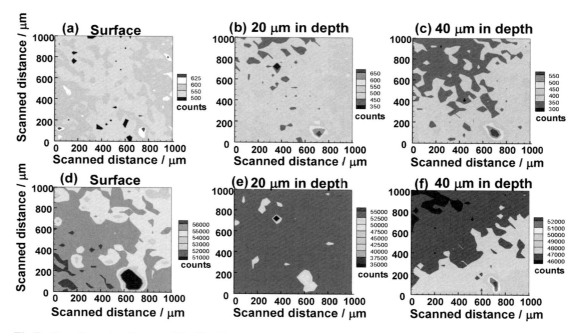

Fig.5 Two dimensional maps of Cu Kα (a) 〜 (c) and Fe Kα (d) 〜 (f) in the vicinity of the surface of steel sheet. Mapping area was 1000 μm×1000 μm, step size was 40 μm, acquisition time was 5 s / pixel, and distance between slice maps was 20 μm. These elemental maps were nondestructively obtained by confocal micro XRF.

に存在していた微小なくぼみによるものと推測できる．分析面が鋼板表面，鋼板内部 20 μm の時，鋼板表面に存在するくぼみでは鋼板の表面に達していないために FeKα 強度は他の部分より低く検出される．分析面が鋼板内部 40 μm の時，鋼板に存在するくぼみでは鋼板表面となり，X 線の吸収が起こらないために FeKα 強度は他の部分より高く検出される．また，CuKα 強度に関しては，くぼみでは鋼板内部にめっきが進行していると考えられるために，他の部分に比べて高く検出されている．このような理由により，Fig.5 の横軸 750 μm，縦軸 100 μm に示すような特徴的な分布が確認されたと考えられる．

3.3 溶液濃度の蛍光 X 線強度変化に及ぼす影響

置換めっきの濃度依存性を分析するために硫酸銅水溶液の濃度を変えて繰り返し線分析を行い，FeKα, CuKα の強度分布を取得した．測定条件としては，一点当たりの測定時間は 10 秒，走査距離は 120 μm，ステップサイズは 20 μm，一回の線分析に有する時間は 70 秒，上下方向の繰り返し線分析を行う箇所は面内で固定した鋼板表面層からその上方の溶液中である．

0.15 mass% の硫酸銅水溶液で行った置換めっきの結果を Fig.6 に示す．縦軸は上下走査距離，横軸は測定時間である．縦軸 0〜60 μm の範囲は鋼板内部を縦軸 60 μm は鋼板表面を，縦軸 60〜120 μm の範囲は溶液層を示している．Fig 6(a) は FeKα の強度分布，Fig.6(b) は CuKα の強度分布を示している．Fig.6(a) に示すように FeKα 強度は，測定開始直後は鋼板表面（縦軸 60 μm あたり）で高いのに対して，時間が経過していくにつれて強度が減少し，60 分後あたりからはほぼ一定であった．CuKα 強度に関し

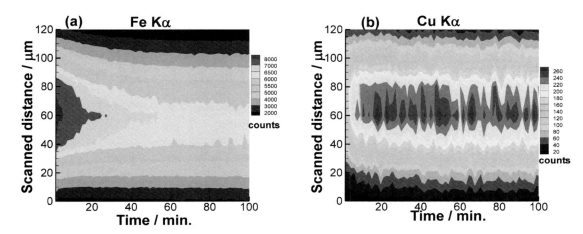

Fig.6 Time dependent profile of Fe Kα (a) and Cu Kα (b) near solid-liquid interface. The concentration of CuSO$_4$ is 0.15 mass%. The acquisition time was 10 s per pixel and the minimum step size was 10 μm. Scanned distance was 120 μm, therefore the time for a single scan was approximately 70 sec.

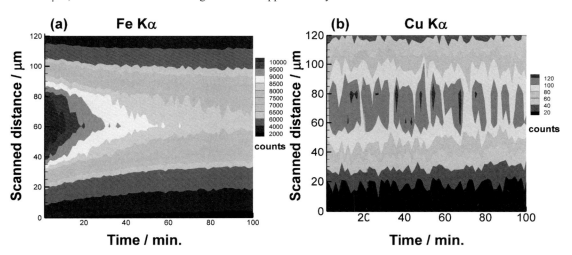

Fig.7 Time dependent profiles of Fe Kα (a) and Cu Kα (b) near solid-liquid interface. The concentration of CuSO$_4$ is 0.05 mass%. The acquisition time was 10 s per pixel and the minimum step size was 10 μm. Scanned distance was 120 μm, therefore the time for a single scan was approximately 70 sec.

てはFig.6(b)に示すように，めっき進行時間が0分の時点で120〜140カウントまで上昇しており，その後も約10分の間に240〜260カウントまで上昇し，それ以降はほぼ一定であった．

0.05 mass%の硫酸銅水溶液で行った置換めっきの結果をFig.7に示す．Fig.7(a)に示すように，Fe Kα強度は同様に強度が減少していき，60分後あたりから一定となった．Cu Kα強度はFig.7(b)に示すように，測定開始直後に100〜120カウントまで上昇し，その後は一定となった．濃度を薄めると置換めっきはゆっくり進行すると予想していたが，Figs.6,7の結果より，鋼板表面を大方覆うまでの時間は，今回調べた濃度範囲においてはめっき溶液の濃度に依存しなかった．つまり，極短時間で鋼板表面をCuのめっき層が覆ったものと考えられる．その後のめっ

き層の成長は濃度に依存しており，濃度が薄いとめっきの成長がほとんど進行しなくなることが確認された．測定終了後の鋼板を確認すると，濃度の薄い条件で置換めっきを行ったほうが，めっき層も薄かったことからも上記の現象が起こっていることが裏付けられる．

4. おわりに

共焦点型蛍光X線分析法による鋼板上での硫酸銅中の置換めっきの反応過程のその場モニタリングを行った．鋼板表面での繰り返し点分析と固液界面における繰り返し線分析を行い，実際に鋼板表面にCuのめっき層が成長していく様子をその場観察できた．また，鋼板の2次元マッピングを行うことで，置換めっきの不均質性を確認できた．この不均質性は鋼板に存在する多数のくぼみによって生じたと考えられる．今後はより広範囲の溶液中での元素分布を取得し，様々な化学反応のプロセス解明に役立たせていきたい．

共焦点型蛍光X線分析法は，固液界面の反応のその場分析に有効であることが実証された．この方法は水溶液中の金属元素をモニタリングすることができるユニークな手法である[14]．電池材料などの工業製品で起きる様々な界面反応のプロセスの解明やモニタリングにも有効であると考えられる．

謝　辞

本研究で用いた鋼板は新日鐵住金株式会社から提供していただいた．本論文をまとめるにあたり，新日鐵住金株式会社の秋岡幸司氏，荒井正浩氏，土井教史氏に御助言をいただきましたこと，感謝致します．また，本研究の一部は，日本学術振興会科学研究費補助金（基盤研究B）により行った．

参考文献

1) W. M. Gibson, M. A. Kumakhov: *Proc. SPIE*, **1736**, 172 (1992).
2) M. A. Kumakhov: *X-Ray Spectrom.*, **29**, 343 (2000).
3) X. Ding, N. Gao, G. Havrilla: *Proc. SPIE*, **4144**, 174 (2000).
4) B. Kanngießer, W. Malzer, I. Reiche: *Nucl. Instr. and Meth. B*, **211**, 259 (2003).
5) G. J. Havrilla, T. Miller: *Powder Diffr.*, **19**, 119 (2004).
6) B. Kanngießer, W. Malzer, A. Fuentes Rodriguez, I. Reiche: *Spectrochim. Acta B*, **60**, 41 (2005).
7) I. Mantouvalou, K. Lange, T. Wolff, D. Grötzsch, L. Lühl, M. Haschke, O. Hahn, B. Kanngießer: *J. Anal. At. Spectrom.*, **25**, 554 (2010).
8) X. Lin, Z. Wang, T. Sun, Q. Pan, X. Ding: *Nucl. Instrum. Methods Phys. Res. B*, **266**, 2638 (2008).
9) K. Nakano, K. Tsuji: *J. Anal. At. Spectrom.*, **25**, 562 (2010).
10) D. Wegrzynek, R. Mroczka, A. Markowicz, E. Chinea-Cano, S. Bamford: *X-Ray Spectrom.*, **37**, 635 (2008).
11) 中野和彦，辻　幸一：分析化学, **55**, 427 (2006).
12) K. Tsuji, K. Nakano: *Spectrochim. Acta B*, **62**, 549 (2007).
13) K. Tsuji, K. Nakano: *X-Ray Spectrom.*, **36**, 145 (2007).
14) K. Tsuji, T. Yonehara, K. Nakano: *Anal. Sci.*, **24**, 99 (2008).
15) S. Hirano, K. Akioka, T. Doi, M. Arai, K.Tsuji: *X-Ray Spectrom.*, **43**, 216 (2014).
16) K. Nakano, K. Tsuji: *X-Ray Spectrom.*, **38**, 446 (2009).
17) K. Nakano, C. Nishi, K. Otsuki, Y. Nishiwaki, K. Tsuji: *Anal. Chem.*, **83**, 3477 (2011).
18) T. Nakazawa, K. Tsuji: *X-Ray Spectrom.*, **42**, 374 (2013).

放射光 X 線分析を用いた
東北地方の法科学土砂データベースの構築と
土砂試料の起源推定法の開発

今　直誓，古谷俊輔，前田一誠，岩井桃子，
阿部善也，大坂恵一 *，伊藤真義 *，中井　泉

Construction of Forensic Soil Database of the Tohoku Region in Japan by Using Synchrotron Radiation X-Ray Analysis and Development of a Provenance Estimation Method of the Soil Samples

Naochika KON, Shunsuke FURUYA, Issei MAEDA, Momoko IWAI,
Yoshinari ABE, Keiichi OSAKA *, Masayoshi ITOU * and Izumi NAKAI

Department of Applied Chemistry, Tokyo University of Science
1-3 Kagurazaka, Shinjuku-ku, Tokyo 162-8601, Japan
* SPring-8/JASRI
1-1-1 Kouto, Sayo-cho, Sayo-gun, Hyogo 679-5198, Japan

(Received 19 January 2015, Revised 20 January 2015, Accepted 28 January 2015)

　　The authors have been constructing a forensic soil database based on the heavy mineral and trace heavy element compositions of stream sediments collected at 3024 points all over Japan. A high-resolution synchrotron X-ray powder diffraction (SR-XRD) and a high-energy synchrotron X-ray fluorescence analysis (HE-SR-XRF) utilizing SR source of SPring-8 were carried out to obtain heavy mineral and trace heavy element compositions of the samples. The heavy mineral composition was semi-quantitatively evaluated using the intensity of characteristic diffraction peaks of heavy minerals identified in the XRD patterns. The trace heavy element composition was calculated for 16 elements including rare earth elements by the calibration curve method. In the present study, we first carried out regional characterization of the soils from the Tohoku region in Japan. Both heavy mineral concentration map and heavy element concentration map were prepared and compared with the geological map of the Tohoku region. The distributions of Ce and hornblende show good correspondence with three granite distributions in the region. Hierarchical cluster analysis was conducted using the semi-quantitative concentrations of heavy minerals and allowed us to classify them into six groups. Based on multiple comparison methods, we found significant differences in both heavy mineral and heavy element compositions among these six groups. In addition, to verify the usability of the database developed, we collected test samples in the Shizuoka region in Japan and carried out the provenance estimation of these samples as an imaginary one by comparison with the database. Based on the statistical analysis, we could estimate the provenance of these samples with an accuracy of 30×30 km area. In this way, we could demonstrate a practical procedure for the provenance estimation of the soil sample based on both heavy mineral and heavy element composition data.

[Key words] Soil, X-ray Powder Diffraction, High-energy X-ray Fluorescence Analysis, Synchrotron Radiation, Forensic Science.

著者らは日本全国の 3024 箇所から採取された河川堆積物の重鉱物組成および重元素組成に基づいた法科学土砂データベースの構築を行っている．測定は，大型放射光施設 SPring-8 にて放射光粉末 X 線回折 (SR-XRD) および高エネルギー放射光蛍光 X 線分析 (HE-SR-XRF) を行い，各試料の重鉱物組成，重元素組成のデータを取得した．重鉱物組成は同定された鉱物の特徴的な回折 X 線ピークの強度比から半定量した．重元素組成は希土類元素を含む 16 元素について検量線法による定量を行った．本研究では，まず東北地方を対象とした地域特性化を行った．重鉱物分布図および重元素分布図を作成し地質図と比較すると，Ce と角閃石の分布図は，東北地方に存在する 3 つの花崗岩体の分布と良く対応していることが分かった．また，東北地方に主に存在する重鉱物の半定量値を用いて，階層クラスター分析を行ったところ，6 つのグループに分類された．これらのグループ間の有意差を多重比較法により検定すると，重鉱物により分類された 6 グループ間には，重元素の有意差があることが分かった．続いて作成した土砂データベースの有用性を検証するため，静岡地域で仮想的な未知試料を採取し，データベース構築試料を用いた起源推定を試みた．統計的な手法を用いて検証用試料の採取地を推定した結果，30×30 km の精度での推定に成功した．以上より，重鉱物と重元素の両データを用いて解析を行うことで，より詳細で客観的な特性化および土砂の詳細な起源推定が可能となることがわかった．

[キーワード] 土砂，粉末 X 線回折，高エネルギー蛍光 X 線分析，放射光，鑑識科学

1. 緒 言

土砂は地表に広く分布しており，地域的特徴を持つため，場所と人との関連を証明する重要証拠資料として科学捜査において重要視されている[1]．実際にこれまで，誘拐や殺人といった事件が土砂の地質学的証拠に基づいて解決するケースが多数存在している．例えば，川での殺人事件において，殺人現場の土砂と容疑者の靴に付着していた土砂の異同識別を行うことにより，犯行を立証したケースがある[2]．

近年，科学的知識の普及に伴い，犯罪が悪質・巧妙化している．さらに交通手段の多様化・広域化により捜査をきわめて困難にしている．このような状況を克服し，安心安全な社会を実現するには，最先端の科学技術を駆使した新しい捜査技術の開発が急務である．そのため，DNA や塗料などの様々な証拠物件を対象とした法科学目的のデータベースが世界各国で作成されている[3]．土砂においても例外ではなく，英国では法科学利用を目的とした主成分および微量元素に着目したデータベースが作成された[4,5]．日本では，土砂を用いたデータベースとして，全国規模の元素分布図である地球化学図[6] が存在するが，法科学応用を目的としたものではなく，元素組成の情報のみであるため，地域特性化には不十分である．そこで我々は，2009 年より大型放射光施設 SPring-8 を利用した非破壊

の放射光 X 線分析を用いて，日本全国 3024 ヶ所の土砂試料による法科学のための土砂データベースの開発に着手した[7]．本プロジェクトでは，土砂に含まれる成分の中でも特に地質的特徴を強く反映する重鉱物および重元素に着目した．そこで，放射光粉末 X 線回折法（SR-XRD）と高エネルギー放射光蛍光 X 線分析法（HE-SR-XRF）の 2 つの分析法により，土砂中の重鉱物・重元素組成を明らかにし，データベースの構築を進めている．SR-XRD は，自動化が進み実験室系よりも短時間で高分解能な多数のデータの取得が可能で，法科学応用に適していることが示されている[7,8]．また，重鉱物半定量法を開発することで，鉱物の定量的な議論を可能にしている．一方，HE-SR-XRF は中井らが科学捜査に応用するために開発した手法であり[9,10]，非破壊での分析が可能という利点から近年では文化財の起源分析にも応用されている[11]．

先行研究[7,8]により，分析手法の基礎検討および定量方法が確立され，関東地方（千葉地域および甲府地域）・東海地方（静岡地域）・四国地方の特性化が行われ，放射光 X 線分析による土砂の起源分析への有用性が示された．また，2014 年度に両手法による全試料の測定が終了した．そのため，本プロジェクトは分析手法の基礎検討や本研究の有用性を検証する段階から，科学捜査での実用化に向けた解析・特性化を確立する段階に移行すべきだと考える．そこで本研究では，まず解析範囲を東北地方として，現在までに検討された分析・解析技術をさらに発展させ，地質と関連付けた重鉱物と重元素の両データを用いた特性化を行うことで，広範囲での特性化における指標を確立する．また，膨大な試料のデータを扱うために多変量解析などの統計的な解析手法を導入することで，より客観的かつ迅速な解析を目指す．さらに，実際のデータベース利用を想定し，その有用性および精度を検証するために，先行研究[12]で特性化が確立されていて，火山活動等の影響により非常に狭域で異なる特徴を持った土砂が分布している静岡地域において土砂試料を採取し，仮想的な未知試料として位置づけ，開発中のデータベースからどこまで採取地（起源）を推定できるか検証した．

2. 実　験

2.1 試　料
2.1.1 データベース構築試料

データベース構築試料として，産業技術総合研究所地質調査総合センターの元素の地球化学図作成[6]に用いられた日本全国 3024 ヶ所の土砂試料を用いた．本試料は主に河川の河床に堆積している細粒の川砂である河川堆積物であり，試料採取密度は約 10×10 km^2 に 1 試料となるように採取されている．河川堆積物は上流岩体の砕屑された鉱物の集合体であるため，河川流域の広域な地質情報を反映していると考えられる．そのため，本プロジェクトでは河川堆積物をデータベース構築試料として用いている．本研究ではまず東北地方（541 点）の土砂試料を解析対象として特性化を行った．さらに先行研究[12]で特性化が行われた静岡地域（49 点）の土砂試料についても，未知試料の起源推定の際に比較に用いた．

2.1.2 検証用試料

データベース構築試料を用いた起源推定法の有用性の検証を行うために，データベース構築試料とは別に静岡地域内で河川堆積物試料 2 点を採取し，仮想的な未知試料として用

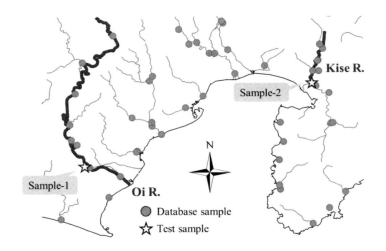

Fig.1 A map of the sampling points of the test samples (n = 2) and the database samples (n = 49) that were taken from the Shizuoka region in Japan.

いた．これらは，大井川，黄瀬川から採取した Sample-1, 2 で，採取する河川堆積物は地面表層から 5 cm 以内とした．Sample-1, 2 と静岡地域のデータベース構築試料（49点）の採取地点を Fig.1 に示した．

2.1.3 標準試料

SR-XRD では，日本の土砂中に存在する主要な重鉱物[13]の内，22種類（鋭錐石，角閃石，カンラン石，楔石，黒雲母，珪線石，柘榴石，ジルコン，頑火輝石（斜方輝石），白雲母，スピネル，赤鉄鉱，透輝石（単斜輝石），チタン鉄鉱，電気石，モナズ石，藍晶石，菱鉄鉱，緑泥石，緑簾石，燐灰石，ルチル）を参照試料として測定し利用した．

HE-SR-XRF では，検量線作成に用いるための認証標準物質として，産業技術総合研究所地質調査総合センターの岩石標準物質 15 点（JA-2, JB-1, JB-2, JB-3, JF-1, JG-1, JG-1a, JG-3, JGb-1, JLk-1, JLs-1, JR-1, JR-2, JSd-1, JSd-3）と米国標準技術局 NIST（National Institute of Standards and Technology）のガラス標準物質 2 点（SRM611, SRM613）を用いた．さらに，重元素の定量上限が実試料の濃度範囲をカバーするように試薬の Na_2CO_3, Al_2O_3, SiO_2, $CaCO_3$ と原子吸光用の金属標準溶液を用いて自作ガラス標準試料[8]を作製した．検量線は，HE-SR-XRF により得られた強度と認証値もしくは ICP-MS により得られた濃度から，16元素（Rb, Sr, Y, Zr, Cs, Ba, La, Ce, Nd, Sm, Gd, Dy, Er, Yb, Hf, W）について作成した．

2.2 分析装置・分析条件[8]

2.2.1 SR-XRD

試料の前処理として，まず水で洗浄し比重が 1 より小さい部分を取り除いた．その後，乾燥し密度を 2.85 g/cm^3 に調整した重液により重液分離を行った．重液にはテトラブロモエタンを N, N- ジメチルホルムアミドで希釈して使用した．ここで分離された重鉱物をめのう乳鉢で粉砕し，0.3 mm 径のガラスキャピラリに充填したものを SR-XRD の測定試料とした．充填具合は顕微鏡で観察し，密に充填されていることを確認した．また，測定には他のガラスキャピラリよりも測定ブランクが低いリンデマンガラス製キャピラリを用いた．

SR-XRD の測定は SPring-8 の BL19B2 にて行った．装置はデバイシェラー光学系で，カメラ長 286.5 mm の大型デバイシェラーカメラを用い，X 線回折データはイメージングプレート（IP, BAS-MS2040：50 μm/pixel）に記録した．また，ロボットアームにより試料交換・センタリングが全自動でできる全自動放射光粉末 X 線回折システム[14]を利用することで，24 時間で 130 試料の迅速測定を可能としている．全ての SR-XRD の測定は大気下で行い，入射 X 線波長は 1.0 Å，露光時間は 1 試料につき 600 秒で行った．

2.2.2 HE-SR-XRF

SR-XRD とは異なり，洗浄・重液分離は行わず土砂試料数 mg をめのう乳鉢で粉砕し，厚さ 6 μm のポリプロピレン膜に封入した後，アクリルホルダーに両面テープで固定したものを測定に用いた．

HE-SR-XRF の測定は SPring-8 の BL08W にて行った．楕円ウィグラーからの光を二重湾曲結晶 Si(400) のモノクロメータを用いて 116 keV の X 線を取り出し，励起 X 線として用いている．ビームサイズは四象限スリットで 500 μm (H)×500 μm(V) に成形した．検出器は Ge-SSD (CANBERRA：GUL0055p) を用いた．散乱によるバックグラウンドを低減するためのコリメーターには鉛製のものを使用した．また，試料は可動式 XY ステージにセットすることで，24 時間で 120 試料の迅速測定を可能としている．全ての測定は大気下で行い，測定時間は 1 試料につき 600 秒（Live Time）で行った．

重元素の蛍光 X 線強度を得るため，スペクトルからのバックグラウンド除去，ピーク分離および平滑化等の解析を自作の計算アルゴリズム IDEv23 により行った．詳細は先行研究[8]に記した．

2.3 解析方法
2.3.1 重鉱物半定量法[8]

土砂中の重鉱物組成を定量的に評価するために，同定された鉱物の特徴的な回折 X 線ピークの強度を用いて半定量を行った．手順としては，まず各鉱物の代表するピークを取得する．その際，基本的には最強回折線を用いたが，共存鉱物のピークと重複してしまう場合は他の回折線を用いている．次に，実測した重鉱物の回折強度に基づいて算出した補正係数により補正強度を算出する．最終的に得られた補正強度から各鉱物強度割合を各鉱物の存在割合として算出する．これにより算出される鉱物の半定量値は土砂中に占める存在量を表す値により近づけることができる．

2.3.2 重鉱物・重元素分布図の作成

得られた重鉱物・重元素組成情報とそれぞれの土砂試料が持つ個々の位置情報を併せて示すツールとして重鉱物・重元素分布図を作成した．分布図の作成には地図作成ソフト Arc Map 10（Environmental Systems Research Institute, Inc.）を用いて文献[8]の方法で行った．分布図を作成することにより，重鉱物・重元素の挙動が直感的に把握でき，またその背景地質との対応も容易に行えるため，膨大な量の分析データに対して非常に有用な表現方法であると考えられる．

2.3.3 統計解析

膨大な試料の重鉱物・重元素組成データに対して，体系的な評価を行うために統計解析を用いた．解析の手段として，階層クラスター分析，多重比較検定，スミルノフ・グラブス検定，主成分分析，ユークリッド距離を用いた．ま

た，解析に際してフリーソフト College Analysis Ver.5.1[15] を使用した．階層クラスター分析では，個体間の非類似度は平方ユークリッド距離で評価し，クラスター構成法はウォード法とした．変数には東北地方において特徴的な濃度分布を示す8種の鉱物（角閃石，黒雲母，斜方輝石，赤鉄鉱，単斜輝石，チタン鉄鉱，緑泥石，緑簾石）を用い，変量値を標準化して用いた．多重比較検定では，2種類の方法を用いた．重鉱物組成は正規分布を取らないため，多重比較検定の中でもノンパラメトリックな方法であるスティール・ドゥワス法を採用した．一方，重元素組成は重鉱物組成とは反対に，元素濃度分布もしくは対数変換濃度分布が正規分布に従うことが確認できたため，多重比較検定の中でもパラメトリックな方法であるボンフェローニ法を採用した．スミルノフ・グラブス検定，主成分分析では，変量値を標準化して用い，定量した全ての元素種を変数とした．ユークリッド距離は，主成分分析により得られた主成分得点から算出した．起源推定において，類似試料の検索は値が完全に一致することが困難であるため，類似試料であるかどうかの判断には，±20% の幅を持たせた．これは，分析の不確実性と試料採取の誤差を考慮したためである．

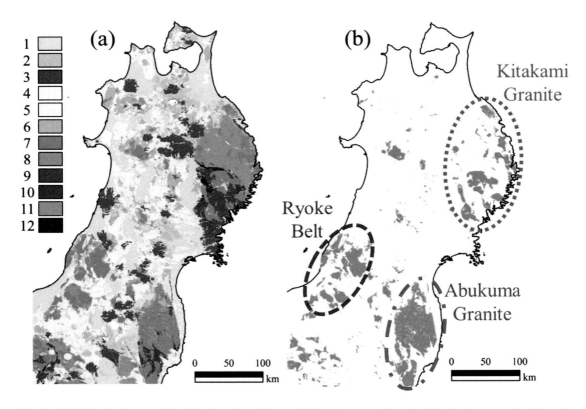

Fig.2 (a) Geological map of the Tohoku region in Japan. 1: Quaternary sediments, 2,3: Quaternary volcanic rocks (2: felsic, 3: mafic), 4: Tertiary sedimentary rocks, 5,6: Tertiary volcanic rocks (5: felsic, 6: mafic), 7: granitic rocks, 8: Cretaceous volcanic rocks, 9: Mesozoic sedimentary rocks, 10: Paleozoic sedimentary rocks with small amounts of metamorphic rocks, 11: accretionary complex, 12: ultramafic rocks. Volcanic rocks include pyroclastic rocks. Mafic volcanic rocks include basalt and andesite. (b) Granite geological map for the Tohoku region, Japan.

3. 結果・考察

3.1 重鉱物・重元素分布図による特性化

解析対象地域である東北地方の地質図と花崗岩の分布図をFig.2(a), (b)に示した．また，SR-XRDおよびHE-SR-XRFによって得られた重鉱物・重元素組成から作成した重鉱物・重元素分布図の例をFig.3(a)～(h)にいくつか示した．Fig.2(b)より東北地方には，3つの大きな花崗岩体（北上花崗岩，阿武隈花崗岩，領家帯）が存在していることが分かる．これらの分布は，Fig.3(b), (e)より角閃石（Hornblende）とCeが高濃度に分布している地域と良く対応することが分かる．花崗岩にはCeのリン酸塩鉱物であるモナズ石が存在するため，花崗岩由来のモナズ石がCeの挙動を支配していると考えられる．つまり，花崗岩は角閃石とモナズ石由来のCeの分布に強く特徴づけられると言える．軽希土

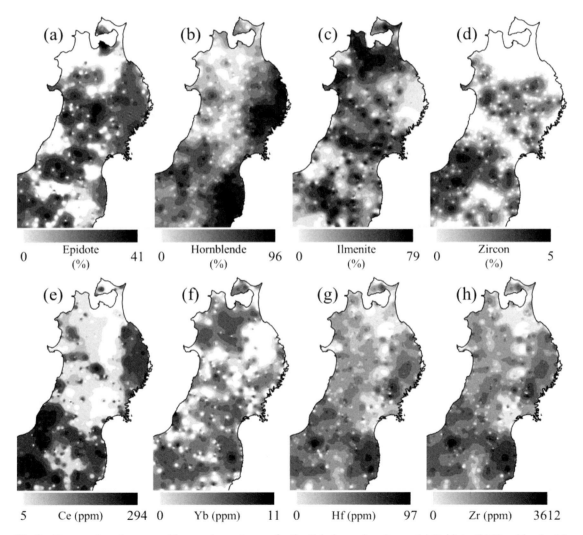

Fig.3 Heavy mineral maps and heavy element maps for the Tohoku region, Japan. (a) Epidote, (b) Hornblende, (c) Ilmenite, (d) Zircon, (e) Ce, (f) Yb, (g) Hf, and (h) Zr.

類元素（LREE）である Ce(Fig.3(e)) と重希土類元素（HREE）である Yb(Fig.3(f)) の分布を比較してみると，これらは分布図上で相関がほぼ確認できないほど挙動が異なっている．つまり，同じ REE であっても，LREE と HREE で特徴的な分布を示すため，特性化に有用な指標となる．一方，Hf(Fig.3(g)) と Zr(Fig.3(h)) は分布図上から相関が高いことが分かる．これら2元素の濃度の相関係数を算出すると0.99となり，非常に強い正の相関が認められた．これは，Hf と Zr が同族元素で化学的性質が酷似し，ジルコン（Zircon：$ZrSiO_4$, Fig.3(d)）中に Zr を置換して Hf が存在するためであると考えられる．ジルコンは花崗岩などの火成岩中に存在するため，ジルコン，Hf，Zr は東北地方の北部を除いた全域に広い分布が見られた．

3.2　花崗岩体の識別

先述の通り，花崗岩は角閃石，Ce の分布とよく対応するが，これらの分布図のみでは，3つの花崗岩体を十分に識別することが困難であった．花崗岩は，主に晶出する鉱物の違いにより磁鉄鉱系列，チタン鉄鉱系列の2つの系列に大別される．磁鉄鉱系列の花崗岩には0.1〜2%の磁鉄鉱とごく少量のチタン鉄鉱が含まれ，

チタン鉄鉱系列の花崗岩には磁鉄鉱はほとんど含まれず0.2%以下のチタン鉄鉱が含まれる[16]．そのため，これらの系列は磁鉄鉱とチタン鉄鉱の濃度比で識別される場合がある．しかし，本研究で用いたデータベース構築試料は，磁石を用いて磁鉄鉱などの強磁性鉱物を除去している[6]．そこで，花崗岩の系列の違いにより濃度差が生じるチタン鉄鉱と花崗岩に普遍的に含まれる角閃石に着目し，Fig.4 にチタン鉄鉱（Ilmenite）と角閃石の濃度プロットを示した．これを見ると，それぞれの花崗岩体ごとにチタン鉄鉱と角閃石の濃度比に大きな差があることが分かる．したがって，チタン鉄鉱と角閃石の濃度を用いることで，重鉱物分布図のみでは十分に識別できなかった3つの花崗岩体を明確に識別することが可能となった．

3.3　特異点による特性化

土砂中の重鉱物の中には，半定量分析を行った22種以外の鉱物種が微量に含まれる場合がある．このような鉱物は地質的特徴や鉱床の有無を強く反映し，有効な地域指標となるため，特性化において非常に重要である．例えば，東北地方には，Ba の特異的な濃集点が1点存在する．この試料（秋田地域：70014）の Ba の濃

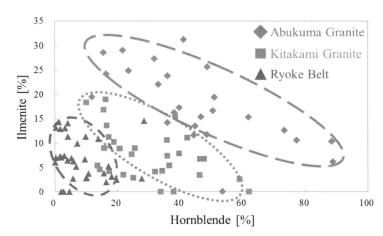

Fig.4 Ilmenite *vs.* Hornblende plot determined by the SR-XRD analysis of the sediment samples from the Tohoku region, Japan.

度は東北地方で最も高い 1,741 ppm であり，全国平均濃度 (473 ppm) の約 4 倍もの高濃度を示した．当該試料より分離した重鉱物の回折パターンおよびその同定結果を Fig.5 に示した．当該試料からは，Ba の硫酸塩鉱物である重晶石 (Barite) が検出された．実際に，当該試料の周辺には，鉱脈鉱物として石英，方解石，重晶石が報告されている畑鉱山が存在しており [17]，当該試料はこの鉱山の影響を受けているものと考えられる．このように，当該試料のような明確な特異性を持つ試料は，日本全国の中でも 1 対 1 での起源推定が行える可能性がある．また，微量に含まれる重鉱物の存在が重元素によって裏付けすることができ，重鉱物と重元素の両面から特性化を行うことができた．

3.4 統計解析を用いた特性化
3.4.1 統計解析によるグルーピング

東北地方の土砂 541 点に対して，統計解析によるグルーピングを行うために，重鉱物の半定量値を変数として階層クラスター分析を用いて解析した．得られたデンドログラムを Fig.6 に示す．これより，Gr.T1～Gr.T6 の 6 グループに分類されていることが分かる．変数として用いた重鉱物の半定量値をグループごとに箱ひげ図として Fig.7 示した．これより，Gr.T1 は斜方輝石 (Orthopyroxene) と単斜輝石 (Clinopyroxene)，Gr.T2 はチタン鉄鉱，Gr.T3 は赤鉄鉱 (Hematite)，Gr.T4 は緑簾石 (Epidote) と緑泥石 (Chlorite)，Gr.T5 は角閃石，Gr.T6 は黒雲母 (Biotite) によって特徴付けられている事が分かった．

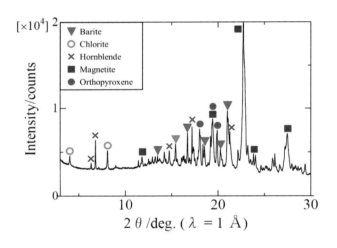

Fig.5 SR-XRD pattern of the Akita 7)014 sample.

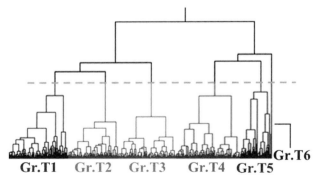

Fig.6 Dendrogram of the cluster analysis performed using the heavy mineral compositions determined by the SR-XRD analysis of the sediment samples from the Tohoku region, Japan.

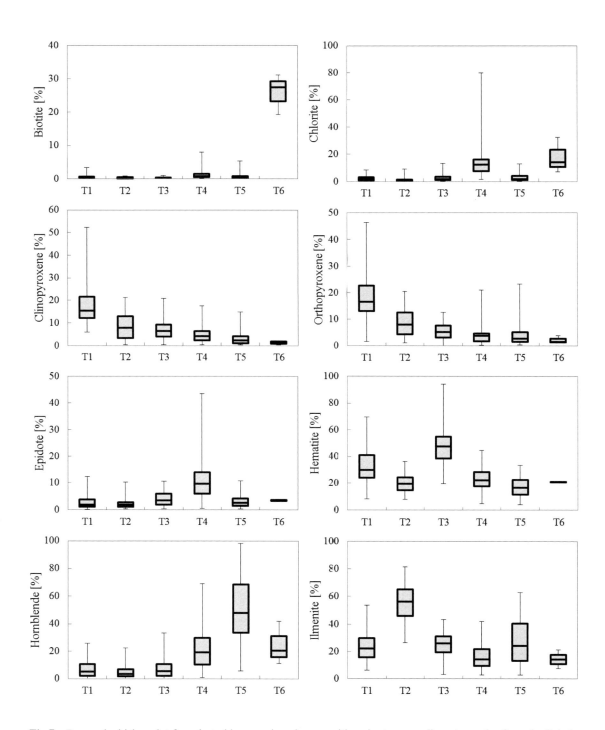

Fig.7 Box and whisker plot for selected heavy mineral compositions in stream sediment samples from the Tohoku region, Japan.

3.4.2 グループ間の重鉱物組成の有意差

階層クラスター分析により分類されたグループ間における重鉱物組成の有意差を明らかにするために，多重比較検定（スティール・ドゥワス法）による検定を行った．その結果を Table 1 に示した．なお，左列のあるグループが，上段の別グループより危険率 0.05 で有意に高い鉱物種がその交点に示されている．例えば，Gr.T1 は Gr.T2 に対して緑泥石，単斜輝石，斜方輝石，赤鉄鉱の濃度が有意に高い値を取ると言える．これより，階層クラスター分析の変数として用いた全ての鉱物に有意差があることが示された．特に，黒雲母は Gr.T6 のみ有意に高い値を取るため，非常に特徴的な鉱物であると言える．また，Gr.T2 はチタン鉄鉱が全グループに対して有意に高い結果を示しており，箱ひげ図と同様の結果が得られた．一方，箱ひげ図において類似した挙動が見られた斜方輝石と単斜輝石は多重比較検定ではそれぞれ異なっていることが分かる．これは，箱ひげ図は要約統計量を表しているのに対して，多重比較検定は各試料の存在量を詳細に検定結果に反映できるためだと考えられる．

3.4.3 グループ間の重元素組成の有意差

続いて，同様に各グループにおける重元素の有意差について多重比較検定（ボンフェローニ法）による検定を行った．その結果を Table 2 に示した．Table 1 と同様に，左列のあるグループが，上段の別グループより危険率 0.05 で有意に高い鉱物種がその交点に示されている．また，LREE は La, Ce, Nd, 中希土類元素（MREE）は Sm, Gd, Dy, HREE は Er, Yb の総和とした．これより，重鉱物によってグルーピングされたグループ間には，Rb, Sr, Ba, LREE, MREE, HREE に有意差があることが示された．特に，Sr は Gr.T4 のみに有意に高い値を取るため，非常に特徴的な元素であると言える．REEにおいては，

Table 1 Results of the Steel-Dwass multiple comparison procedure at the 0.05 confidence interval.

	T1	T2	T3	T4	T5	T6
T1		Chl, Cpx, Opx, Hem	Cpx, Opx	Cpx, Opx, Hem, Il	Cpx, Opx, Hem	Chl, Opx
T2	Il		Opx, Il	Cpx, Opx, Il	Cpx, Opx, Il	
T3	Epi, Hem	Chl, Epi, Hem		Cpx, Opx, Hem, Il	Cpx, Opx, Hem	
T4	Chl, Epi, Hb	Chl, Epi, Hb	Chl, Epi, Hb		Cpx, Epi, Hem	Chl
T5	Hb	Chl, Hb	Hb	Hb, Il		Chl
T6		Chl	Bio	Bio	Bio	

Abbreviations: Bio, Biotite; Chl, Chlorite; Cpx, Clinopyroxene; Opx, Orthopyroxene; Epi, Epidote; Hem, Hematite; Hb, Hornblende; Il, Ilmenite

Table 2 Results of the Bonferroni multiple comparison procedure at the 0.05 confidence interval.

	T1	T2	T3	T4	T5	T6
T1						
T2	Rb, Ba, LREE				HREE	
T3	Rb, Ba, LREE, HREE	Rb				
T4	Rb, Ba, LREE, HREE	Rb, Ba, LREE	Rb, LREE		Rb	Ba, HREE
T5	Rb, Sr, LREE, MREE	Rb, Sr, LREE, MREE	Sr, MREE	Sr		
T6	Rb	Rb	Rb	Rb		

LREE, MREE, HREE のそれぞれの挙動が大きく異なっていることが示された．また，Gr.T6 は他のグループに比べて Rb が有意に高い値を取ることが分かる．先述の通り，Gr.T6 は黒雲母に特徴付けられているグループであるため，土壌中の Rb が主に黒雲母に由来するという先行研究[18]を支持する結果であると言える．このように，重鉱物により分類されたグループに対して，重元素組成の差異を統計的に示すことで，より詳細で客観的な特性化が実現された．

3.5 データベース利用法の検証
3.5.1 起源推定法の開発

犯罪捜査では，犯行現場で発見された起源が不明な物質（被疑試料）が犯人の遺留品と推定された場合，被疑者の身近で採取された同じ種類の物質（対照試料）と比較して，両者が同じ起源に由来するか否かの判定（異同識別）が行われる．両者の間に著しい類似性が認められれば，被疑者と現場の結びつきを示唆する有力な証拠となるため，被疑試料と対照試料の比較が重要視されてきた．実際に土壌試料を対象として異同識別を行っている先行研究[19,20]も多数存在する．そこで本研究においても，重鉱物・重元素組成を用いた土砂の起源推定法の開発を試みた．

本データベースを用いて起源推定を行うに当たって最も大きな問題は，対照となる試料数が非常に多いことである．この問題を解決するために，4 種類の方法を併用する．重鉱物は重元素に比べて，人為汚染の影響を受けにくく，より地質を顕著に反映するため，起源推定には重鉱物を優先的に使用する．起源推定の手順としては，(1) 特徴的な重鉱物の有無 (2) 重元素の高濃集点の有無 (3) 重鉱物組成 (4) 重元素組成を変数とし，主成分分析を用いた試料間のユークリッド距離の算出，の 4 段階とする．(1) は存在自体が特異的な重鉱物を含む試料を検索し，(2) は特定の重元素を高濃度に含む試料を検索する．(2) の検索にはスミルノフ・グラブズ検定を用いた．これらは非常に大きい特異性を持つため，日本全国を対象とした場合にも有効な地域指標となる．(3) は重鉱物組成が類似した試料を検索する．(4) は試料間のユークリッド距離を定量的に扱うことで，重元素組成が類似した試料を検索する．このように，統計解析手法などの体系的な方法を用いることで，分析者の主観が反映されず，膨大な試料にも適応できる起源推定法の開発を目指した．

3.5.2 静岡地域を対象とした検証用試料の起源推定

起源推定法の有用性の検証として，実際の現場で用いることを想定した異同識別のために，仮想的な未知試料を採取して被疑試料とし，データベース構築試料と同様の分析を行い，データベース構築試料を対照試料として起源推定を行った．未知試料の採取地点として，本研究では静岡地域を対象とした．静岡地域は，先行研究[12]において重鉱物・重元素組成による特性化が行われており，詳細に分類されている．また同地域は，比較的狭い地域内に大型河川が複数存在し，糸魚川静岡構造線の東西で明確に地質が異なっており，富士山による火山活動の影響を強く受けているため，異なる特徴を持った土砂が分布している．そのため，今回のような検証に最適であると判断した．

静岡地域のデータベース構築試料（49 点）と Sample-1, 2 の半定量結果を Table 3 に示した．起源推定として，まず (1), (2) による検索を行っ

Table 3 Concentrations of 7 heavy minerals for soil samples collected at the Shizuoka region in Japan determined by SR-XRD.

Sample No	Concentration/%						
	Biotie	Chlorite	Clinopyroxene	Eppidote	Hornblende	Olivine	Orthopyroxene
28001	7	0	41	4	23	0	25
28111	0	41	8	8	36	0	6
36001	7	65	5	7	7	0	9
36002	0	2	44	0	17	0	37
36003	0	9	51	0	22	0	18
36004	0	0	48	10	9	8	24
36005	4	86	1	0	0	0	8
36006	0	6	15	48	20	0	11
36007	0	0	49	0	0	0	51
36008	0	0	42	0	27	3	29
36009	5	89	1	0	0	0	5
36010	5	59	12	0	4	0	19
36011	4	51	19	0	8	0	18
36012	0	13	58	0	19	0	9
36013	4	78	2	0	12	0	3
36014	10	79	3	0	0	0	8
36015	0	33	46	2	2	0	16
36016	0	2	64	2	7	0	24
36017	0	40	21	21	10	0	8
36061	0	2	46	31	3	0	18
36062	0	0	56	0	10	0	34
36063	0	0	40	0	13	4	42
36064	0	0	27	6	19	14	34
36101	3	53	16	0	4	0	23
36102	4	56	18	0	5	0	16
36103	3	55	19	0	4	0	18
36104	5	55	18	0	8	0	14
36105	0	21	48	0	11	0	19
36106	0	29	45	7	8	0	12
36107	4	87	2	0	0	0	7
36108	3	62	4	0	12	0	19
36109	5	81	3	0	0	0	10
36110	3	78	3	3	3	0	9
36116	0	15	51	18	17	0	0
36117	11	48	20	0	6	0	15
36118	0	0	20	0	7	26	46
36119	0	0	28	0	0	26	46
36120	0	0	17	0	10	18	55
36121	0	9	18	3	10	11	49
36127	7	43	25	0	14	0	11
36128	0	3	20	4	7	13	53
36129	0	0	21	0	0	17	62
36130	0	5	31	0	11	15	39
36132	0	1	27	2	11	28	31
36133	0	0	20	0	8	30	42
36134	0	0	19	0	8	33	40
36135	0	0	23	0	10	30	37
36136	0	0	20	0	8	43	28
36137	0	0	19	0	7	30	44
Sample-1	2	72	8	4	1	0	13
Smaple-2	0	0	27	0	2	41	30

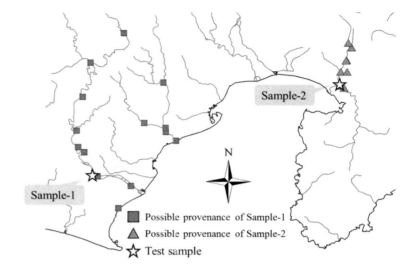

Fig.8 A map of the possible provenances of Sample-1 (n = 14) and Sample-2 (n = 8) and the test samples (n = 2) that were taken from the Shizuoka region in Japan.

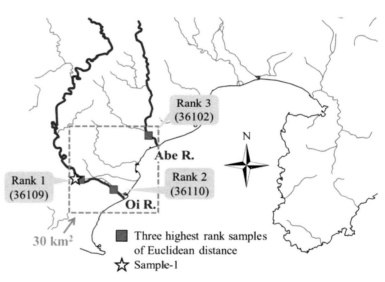

Fig.9 A map of the possible provenances of the three highest ranks to test Sample-1 from the Shizuoka region in Japan, based on Euclidean distance (cf. Table 4) obtained from PCA performed on 16 elements (Rb, Sr, Y, Zr, Cs, Ba, La, Ce, Nd, Sm, Gd, Dy, Er, Yb, Hf, W).

たが，該当試料は無かった．次に，(3)による検索を行った結果，Sample-1は14試料（36001，36005, 36009, 36010, 36013, 36014, 36101, 36102, 36103, 36104, 36107, 36108, 36109, 36110），Sample-2は8試料（36118, 36119, 36132, 36133, 36134, 36135, 36136, 36137）が類似試料であることが分かった．これらの類似試料を地図上に示すとFig.8の様になった．これより，実際の採取地付近に起源を持つことが推測できる．最後に，(4)による検索を行った．Sample-1における結果をTable 4に示す．Table 4は，ユークリッド距離が小さい順に並べているため，重元素組成がより類似している試料順に並んでいると言える．そこで，1～3位の試料を地図上に示すとFig.9の様になった．これを見ると，ユークリッド距離が最も小さい試料（36109）は，Sample-1の採取地点と最も近い場所のデータベース構築試料であることが分かる．また，

Table 4 Results of an exercise to identify the possible sampling points to test Sample-1 in the Shizuoka region in Japan, based on Euclidean distance obtained from PCA performed on 16 elements (Rb, Sr, Y, Zr, Cs, Ba, La, Ce, Nd, Sm, Gd, Dy, Er, Yb, Hf, W).

Rank	Sample	Euclidean distance from Sample-1
1	36109	0.54
2	36110	1.21
3	36102	1.69
4	36010	1.97
5	36104	2.71
6	36005	2.83
7	36103	3.02
8	36014	3.26
9	36009	3.86
10	36108	4.56
11	36013	4.56
12	36101	4.75
13	36001	6.03
14	36107	6.14

1～3位の試料は大井川と安倍川の河口付近に分布しており，30×30 kmの精度で検証用試料の採取地を推定することができた．このように，本研究で開発した起源推定法は，迅速かつ客観的に土砂の起源を絞ることが可能であることが示された．したがって，この方法を用いることで犯罪現場等から収集した証拠資料である土砂の起源を客観的かつある程度の確度で推測できると考えられる．

4. 結論

本研究では科学捜査への応用を目的とした日本全国土砂データベースの構築プロジェクトの一環として，重鉱物・重元素組成を用いた東北地方の土砂の特性化を行った．また，本データベースの科学捜査への実応用を考え，ケーススタディとして静岡地域を例として，土砂試料の起源推定法の開発を試みた．

東北地方において，重鉱物・重元素分布図を作成し地質図と比較すると，角閃石，Ceの分布が花崗岩地質の分布と対応することが分かった．また，花崗岩の系列の違いに起因する濃度比の差から，3つの花崗岩体を識別することが可能であった．次に，クラスター分析により重鉱物組成に基づいた客観的なグルーピングを行い，東北地方を6グループに分類した．分類された各グループ間の有意差を多重比較検定により検定した結果，重鉱物によって分類された各グループ間には，重元素の濃度にも有意差があることが明らかになり，重鉱物と重元素の両データを用いて解析を行うことで，より詳細で客観的な特性化が可能であることが示された．

続いて，データベース構築試料を用いた起源推定法を開発した．静岡地域の2地点で採取した土砂を仮想的な未知試料として位置づけ，データベース構築試料を参照試料として起源推定を行い，開発した起源推定法の有用性を検証した．その結果，本法により迅速かつ客観的に重鉱物・重元素組成を用いた土砂の起源推定が可能であることが示された．今後は，解析範囲を拡大し，日本全国を対象とした起源推定法を開発し，より実用的なデータベースの開発を目指したい．

謝　辞

本研究で測定を行った河川堆積物試料をご提供頂いた産業技術総合研究所地質調査総合センターの今井登氏に深謝いたします．本研究で用いた地図作成ソフトの使用法および地球化学的考察についてご教示下さいました産業技術総合研究所地質調査総合センターの太田充恒氏に深

く御礼申し上げます．SPring-8 における放射光実験ならびに粉末 X 線回折のデータ収集でご助力いただいた高輝度光科学研究センター産業利用推進室の松本拓也氏に感謝いたします．

本研究は財団法人社会安全研究財団の助成を受けて行われました．

放射光実験は SPring-8 重点産業利用課題 課題番号 2009A1919, 2011A1729, 2011B1833, 2012B1400, 2013A1329, 2013B1565, 2014A1781, 一般研究課題 課題番号 2010A1374, 2011B1401, 2012A1343, 2013A1331, 2013B1564 として行われました．

参考文献

1) 瀬田季茂，井上堯子："犯罪と科学捜査", pp.3-45, 185-201 (1998), (東京化学同人)．
2) N. Petraco, T.A. Kubic, N.D.K. Petraco: *Forensic Science International*, **178**, 23-27 (2008).
3) D.F. Rendle: *Crystallography Reviews*, **10** (1), 23-28 (2004).
4) K. Pye, S.J. Blott: *Science and Justice*, **49**, 170-181 (2009).
5) S. E. Saye, K. Pye: *Geological Society, London, Special Publications*, **232**, 75-96 (2004).
6) 今井 登，寺島 滋，太田充恒，御子柴 (氏家) 真澄，岡井貴司，立花好子，富樫茂子，松久幸敬，金井 豊，上岡 晃，谷口政碩：地質ニュース，**604**, 30-36 (2004).
7) W. S. K. Bong, I. Nakai, S. Furuya, H. Suzuki, Y. Abe, K. Osaka, T. Matsumoto, M. Itou, N. Imai, T. Ninomiya: *Forensic Science International*, **220**, 33-49 (2012).
8) 前田一誠，古谷俊輔，黄 嵩凱，阿部善也，大坂恵一，伊藤真義，二宮利男，中井 泉：分析化学，**63** (3), 171-193 (2014).
9) I. Nakai, Y. Terada, T. Ninomiya: Proceedings of 16th Meeting of International Association of Forensic Sciences, pp.29-34 (2002).
10) I. Nakai: "High energy X-ray fluorescence" in X-ray Spectrometry: Recent Technological Advances, K. Tsuji, J. Injuk, R.V. Griken (Eds.), pp. 355-372 (2004), (John Wiley & Sons, Ltd).
11) 阿部善也，菊川 匡，中井 泉：X 線分析の進歩，**45**, 251-268 (2014).
12) I. Nakai, S. Furuya, W. S. K. Bong, Y. Abe, K. Osaka, T. Matsumoto, M. Itou, A. Ohta, T. Ninomiya,: *X-Ray Spectrometry*, **43** (1), 38-48 (2013).
13) 佐藤良昭：地質調査所月報，**22** (9), 487-499 (1971).
14) K. Osaka, T. Matsumoto, K. Miura, M. Sato, I. Hirosawa, Y. Watanabe: *AIP Conference Proceedings*, **1234**, 9-12 (2010).
15) "社会システム分析＋αプログラム", <http://www.heisei-u.ac.jp/ba/fukui/analysis.html>, (accessed 2015.01.15).
16) S. Ishihara: *Mining Geology*, **27**, 293-305 (1977).
17) 伊藤昌介，服部富雄：地質調査所月報，**2** (4/5), 195-197 (1951).
18) 太田充恒，今井 登，岡井貴司，遠藤秀典，川辺禎久，石井武政，田口雄作，上岡 晃：地球化学，**36** (3), 109-125 (2002).
19) G. Concheri, D. Bertoldi, E. Polone, S. Otto, R. Larcher, A. Squartini: *Element Distribution and Soil DNA Assist Forensics*, **6** (6), 1-5 (2011).
20) J. Bonetti, L. Quarino: *Journal of Forensic Sciences*, **59** (3), 627-635 (2014).

福島県の土壌を用いた Cs 吸着挙動の研究

諸岡秀一, 阿部善也, 小暮敏博*, 中井 泉

Cs-adsorption Behavior of Soil Samples Collected in Fukushima Prefecture

Syuuichi MOROOKA, Yoshinari ABE, Toshihiro KOGURE*
and Izumi NAKAI

Department of Applied Chemistry, Faculty of Science, Tokyo University of Science
1-3 Kagurazaka, Shinjuku, Tokyo 162-8601, Japan
*Department of Earth and Planetary Science, Graduate School of Science, The University of Tokyo
7-3-1 Hongo, Bunkyo-ku, Tokyo 113-0033, Japan

(Received 22 January 2015, Revised 26 January 2015, Accepted 4 February 2015)

Radioactive material released by the accident of Fukushima Daiichi Nuclear Power Plant has been a serious problem in Japan. Several previous researches focusing on the adsorption mechanism of ^{137}Cs into the soil have been carried out because of its long half-life time and a possibility of strong fixation to clay minerals. However, there is little understanding regarding the Cs adsorption to clay minerals in actual soils in Fukushima. The present study therefore aims to reveal the adsorption behavior of stable Cs using eight soils taken from the Fukushima Prefecture for adsorption experiments using an aqueous solution of Cs. We discussed the relationship between the Cs adsorption and clay minerals in the soil using X-ray diffraction analysis (XRD) and inductively coupled plasma-mass spectrometry (ICP-MS). In addition, synchrotron radiation μ-X-ray fluorescence analysis (SR-μ-XRF) and transmission electron microscopy with energy-dispersive X-ray spectroscopy (TEM-EDS) were applied to identify the Cs-adsorbed minerals in a single clay particle level. The adsorption of Cs reached to the equilibrium within 5 hours in almost all samples by the adsorption experiment using 1000 ppm-Cs solution. The results of XRD revealed that all soils from the Fukushima Prefecture investigated in this study contained micaceous minerals which are known as a strong Cs adsorbent. SR-μ-XRF imaging of the soils indicated that several kinds of Cs-adsorbed minerals existed in the samples. TEM-EDS identified biotite as one of such Cs-adsorbing minerals and Cs was preferentially sorbed around the edge of the platy particles. The ability for Cs-adsorption and fixation of the soils in Fukushima is probably intimately related to their mineral compositions and geology.

[Key words] The Great East Japan Earthquake, Fukushima Daiichi Nuclear Plant, Cesium adsorption, Clay minerals, X-ray diffraction, Synchrotron radiation μ-XRF imaging, Environmental pollution

福島県の土壌を用いた Cs 吸着挙動の研究

　福島第一原子力発電所事故により放出された放射性物質の中でも特に ^{137}Cs は半減期が長く，粘土鉱物に強く固定されることが指摘されているが，実際に福島県の土壌を用いて土壌中の粘土鉱物と Cs 吸着の関係を研究している例は少ない．そこで本研究では，福島県内で 8 点の土壌を採取し，安定同位体の Cs を吸着させることでその吸着・固定挙動を明らかにした．粉末 X 線回折法（XRD）と誘導結合プラズマ質量分析装置（ICP-MS）を用いることで，Cs 吸着と粘土鉱物種の関係を明らかにした．さらに放射光を用いたマイクロビーム蛍光 X 線（μ-XRF）イメージングとエネルギー分散型 X 線検出器（EDS）を搭載した透過電子顕微鏡（TEM）を用い，土壌単粒子レベルで Cs を吸着している鉱物及び吸着箇所の解明を試みた．

　濃度 1000 ppm の Cs 水溶液を用いた吸着実験では，ほとんどの試料において 5 時間以内に吸着が平衡に達した．また Cs をよく吸着することで知られる 2：1 型の層状ケイ酸塩鉱物（雲母，バーミキュライト，スメクタイト等）が，本研究で採取した土壌試料に存在することが分かった．この結果と固定態の Cs 濃度の結果から，福島県内の土壌において Cs を固定しているものはこのような鉱物，特にバーミキュライトや風化した黒雲母であることを支持した．μ-XRF イメージングの結果からは，Cs を吸着する鉱物には複数種が存在することが示され，さらに TEM-EDS の結果，そのような鉱物の一つが黒雲母であることが分かった．さらに，その板状粒子の周縁部に Cs が多く吸着していることも明らかになった．福島の土壌中の Cs の動態は，このような鉱物組成，そしてそれを形作る地質に大きく影響されるものと考えられる．

[キーワード] 東日本大震災, 福島第一原子力発電所 (FDNP), Cs 吸着, 粘土鉱物, X 線回折, 放射光マイクロビーム蛍光 X 線イメージング, 環境汚染

1. はじめに

　2011 年 3 月の東日本大震災によって引き起こされた福島第一原子力発電所の事故により，多くの放射性物質が環境中へと放出された．この事故以来，放射性物質による土壌，植物の汚染が深刻な問題となっている．事故後に環境中から検出された放射性物質として ^{89}Sr, ^{90}Sr, ^{131}I, ^{132}I, ^{132}Te, ^{133}Xe, ^{134}Cs, ^{137}Cs などが挙げられる[1,2]．当初環境中のγ線量の主原因は ^{131}I, ^{132}I, ^{132}Te, ^{133}Xe であったが，これらの半減期は順に 8.04 日，2.295 時間，3.26 日，5.243 日と短かったため，事故後三週間程度で減衰し，γ線量の主原因は ^{134}Cs, ^{137}Cs へと変化した[2]．また，β線を放出する ^{89}Sr と ^{90}Sr については，これらの土壌中での濃度が ^{137}Cs の濃度のそれぞれ 0.6％以下，0.2％以下であり，その影響は大きくないとされている[2]．さらに，チェルノブイリ原発事故の際，発電所周辺または近隣諸国に降下した放射能における ^{90}Sr/^{137}Cs 放射能強度比は，0.1 に達すると報告されているが，名古屋で採取した大気試料の分析では，この比は 0.002～0.02 の範囲に分布していた[2]．これらのことから ^{134}Cs と ^{137}Cs の 2 種類が広域に影響を及ぼす放射性核種として重要であり，特に ^{137}Cs は半減期が 30.1 年と長いために長期的な対策が必要と考えられる．

　土壌中の Cs には複数の存在形態が存在するとされ，土壌に降下してから数十年経過した ^{137}Cs は，イオン交換態に 10％，有機物との結合態に 20％，粘土鉱物等との強固な結合態に 70％存在していると報告されている[3]．さらに，チェルノブイリ事故後のヨーロッパにおける調査では ^{137}Cs が土壌下方へ進む速度はほとんどの土地で年間 1 cm 以下であり，事故後 7 年経っても表層から 10 cm 以内にその 78～99％が残

存していたという報告もある[4-6]．これらの事から，^{137}Cs は土壌中に含まれる粘土鉱物に強く吸着し，土壌の表層に留まっていることが考えられる．

粘土鉱物には 1：1 型層状ケイ酸塩鉱物と 2：1 型層状ケイ酸塩鉱物が存在する．鉱物中の負電荷の形成原因を見ると，1：1 型は層構造の末端に存在する表面水酸基のみであり，pH によって電荷の発現量が変化するため変異荷電と呼ばれている．これに対して 2：1 型は構造内のケイ素を主体とする四面体シートやアルミニウム等を主体とする八面体シートが正電荷のより少ない他の元素と同形置換することで負電荷を有し，この負電荷は pH によって変化しないため永久荷電と呼ばれている[7]．ここで Cs 吸着を考えると，変異荷電に対する Cs^+ イオンの選択性は低いのに対し，永久荷電の Cs^+ イオンの選択性は高い[7]．さらに 2：1 型の中でも，2：1 層の外側のケイ素を主体とする四面体シートに負電荷を有しているものは Cs^+ と負電荷の距離が近いため Cs 固定能も高い[7]．一方，2：1 層の中央の八面体シートに負電荷を所持しているものは Cs^+ イオンと負電荷の距離が遠いため，Cs^+ イオンを強く固定できない．そのため Cs 固定能は低いことになる[7]．

これらの研究の他にも，Cs と土壌の関係の研究は福島第一原発事故以前から数多く行われており[8-11]，事故により放出された放射性 Cs の環境中での挙動を考察するうえでの基礎となっている．しかしながら，実際に原発周辺の福島県内の土壌にどのような粘土鉱物が存在しており，Cs を吸着する鉱物は何かを調べている研究はほとんど行われていない[12]．福島県内の粘土鉱物の種類と Cs 吸着挙動の関連性を明らかにできれば，県内の環境汚染の正確かつ定量的な評価や，汚染土壌の効率的な処理方法の提案など，きわめて有益な知見となる．そこで本研究では，福島県の地質が異なる複数の地域から土壌を採取し，複数の分析手法を併用した複合的研究によって，Cs の吸着挙動を解明することを目的として以下の研究を進めた．

まず採取した土壌に安定同位体の Cs 水溶液を用いて Cs 吸着させ，誘導結合プラズマ質量分析法（ICP-MS）を用いた吸着量の定量により，地域ごとの Cs 吸着量の差や Cs の濃度変化に対する Cs 固定率を明らかにした．さらに粉末 X 線回折分析法（XRD）により各土壌試料に含まれる粘土鉱物を同定し，Cs 吸着量と粘土鉱物の関係を調べた．さらに，土壌単粒子レベルでの Cs 吸着挙動の解明を目的として，Cs を吸着させた土壌試料に対して放射光マイクロビーム蛍光 X 線分析（SR-μ-XRF）およびエネルギー分散型 X 線検出器（EDS）を搭載した透過電子顕微鏡（TEM）を用いた分析も行った．μ-XRF イメージングでは，土壌単粒子レベルで Cs を吸着する粒子としない粒子を調べた．さらに TEM-EDS による観察から Cs を吸着する粒子の鉱物種の同定と，吸着する粒子内部の各部位での Cs 吸着量の違いを検証した．これらの研究を通じて，福島県内の土壌について鉱物情報に基づいた Cs 吸着挙動の解明を目指した．

2. 実験方法

2.1 土壌試料

研究に用いた土壌は福島県内の安全区域にある水田で採取した土壌 8 点（広野町：S1, 楢葉町：S2, 伊達市：S3, 相馬市：S4, 南相馬市：S5・S6, 飯舘村：S7・S8 の六市町村から計 8 試料）である．Fig.1 に採取場所の位置情報を地質図と共に示す[13]．Fig.1 から分かるように

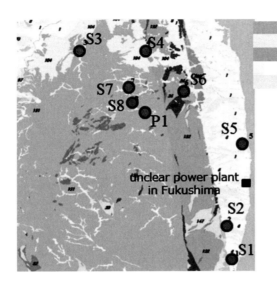

Fig.1 Sampling points of soils in Fukushima on geological map[12].

S3, S7, S8は同じ地質（珪長質深成岩類）であり，他は全て異なる地質（S1：約700万年前～170万年前に形成された海成および非海成層の堆積岩，S2：中位段丘堆積物，S4：非アルカリ苦鉄質火山岩，S5：約1万8000年前～現代までの海成および非海成層の堆積岩，S6：約2億9900万年前～2億5100万前に形成された海成層の堆積岩）の地域からの土壌を採取した[13]．試料は土壌表面を10 cm以上堀った深さから採取した．これら8点の土壌試料に対して，Cs水溶液の吸着実験およびXRDによる鉱物同定を行った．

採取してきた土壌の一部をシャーレに移し，80℃に設定した乾燥機を用いて乾燥した．乾燥後，メノウ乳鉢を用いて土壌を軽く砕き，篩を用いて粒径2 mm以下の土壌を分離し試料とした．

さらに8点の土壌試料に加えて，Cs濃度が2000 ppmのCsCl溶液でイオン交換した飯舘村長泥地区の水田の土壌（Fig.1：P1）に対して，放射光μ-XRFおよびTEM-EDSによる土壌単粒子レベルでの分析を行った．

2.2 土壌の画分の決定

土壌試料は粒径によって分画した．本研究では，粒径0.002 mmで粘土とシルト，0.02 mmでシルトと細砂，0.2 mmで細砂と粗砂を区分する国際法に従った[14]．まず，試料10 gを300 mLトールビーカーに取り，超純水50 mLと30%過酸化水素水10 mLを加えて有機物分解した．時計皿でふたをして1時間静止後，ホットプレートを用いて80℃で加熱し6時間分解反応させた．土壌が褐色になったことを確認した後，300 mLの三角フラスコに0.25 mm目の篩を重ねたロートをのせ，有機物分解後の土壌を篩の上に洗い流し粗砂を分離した．

粒径0.25 mm以下の試料（細砂・シルト・粘土画分）が入った三角フラスコに分散剤として1 N水酸化ナトリウム溶液を25 mL加え，振盪機を用いて2時間振盪した．振盪後水簸用の容器に移し，500 mLに定容し，温度計を用いて水温を測定した．水温測定後，容器を一分間上下に振盪させ実験台に静置させた．一定時間後，液面から5 cmの深さまでピペットを差し入れ10 mL採取した．この際の静止時間は粒径

0.002 mm 以下（粘土画分）と 0.02～0.002 mm（シルト画分）によって異なり，文献に提示された時間静止することで，シルトと粘土を分画できる[14]．この方法で採取した溶液を重量既知のシャーレに入れ 105℃で乾燥後，精秤した．

残りの溶液を再び 500 mL に定容し，上下に振盪させシルト画分の時間静止した後，液面 5 cm 以下までの溶液（シルト・粘土画分）を吸引除去した．この作業を液面 5 cm 以下の上澄みがほぼ透明になるまで繰り返した．

以上の操作から，粒径を 2 mm～0.25 mm, 0.25～0.02 mm, 0.02～0.002 mm, 0.002 mm 以下に分画でき，順に粗砂・細砂・シルト・粘土とした．なお，本来国際法での粗砂と細砂の境界は 0.2 mm であるが，本研究では設備上の制約から 0.25 mm を境界とした．また，上記の分画とは別に，粘土の凝集をそのまま残すために有機物分解と分散剤を用いない分画も行った．

2.3 土壌中に存在する粘土鉱物のXRD による同定

各土壌試料に含まれる粘土鉱物の種類と量を明らかにするため，XRD 測定を行った．粘土鉱物は結晶性が悪いため不定方位試料では明瞭なピークは得られず，粘土鉱物間においても多くのピーク位置が重なっているため，前処理を行わずに測定しても正確な同定ができない．そこで先行研究[15]を参考に，各土壌試料に対して K^+ イオン及び Mg^{2+} イオンによるイオン交換，電気炉を用いた加熱処理とエチレングリコール（EG）処理を施した定方位試料を作製し，粘土鉱物の同定およびその存在量の比較を試みた．

方法は脇山ら（2008）の方法[16]を参考にした．まず各試料に対して遠心分離機を用いた水簸法を行い，粘土画分の懸濁液を作製した．各土壌の画分の比に基づいて，粘土の総重量が約 50 mg となるように懸濁液から溶液を採取し，1 M の KCl 溶液 5 mL と混合し，撹拌した．その後遠心分離器で試料を分離した．以上の操作を 3 回繰り返し，K^+ によるイオン交換を行った．イオン交換後，超音波洗浄機を用いた洗浄を三回繰り返し，遠心分離機で土壌を分離した．分離後の土壌と超純水 1 mL を混合した後，斜めに傾けたスライドガラスに滴下し，風乾させ測定試料とした．同様の操作を 0.5 M の $MgCl_2$ 溶液を用いた場合についても行い，Mg^{2+} によりイオン交換した試料を各土壌試料に対して作製した．これらのイオン交換試料について，XRDを用いた粘土鉱物の同定を行った．

また，K^+ 交換試料に対しては測定後，電気炉を用いて 300℃に加熱し，加熱後再測定し，その試料をさらに 550℃で加熱し，さらに再測定を行った．Mg^{2+} 交換試料に対しては測定後，EG 処理[15]を施し，再測定を行った．

XRD 測定は Rigaku MultiFlex を用いて行い，測定条件は，銅管球，電圧 40 kV，電流 20 mA, スキャンスピード 0.5°/min，発散スリット 1°，散乱スリット 1°，受光スリット 0.3°で，単色化はグラファイトのカウンターモノクロメータを用い，検出器はシンチレーション検出器で，測定範囲は 3～30°/2θ とした．また Oinuma（1968）の方法[17]を参考にピーク面積を用いて各試料に含まれる粘土鉱物の存在量を比較した．

2.4 ICP-MS による土壌への Cs 吸着量測定

S1 から S8 の試料 1 g を三角フラスコ中で Cs 濃度 1000 ppm に調整した CsCl 溶液 100 mL と混合し，24 時間振盪した．この際，0, 5, 10, 15, 20, 24 時間経過後に溶液を約 1 mL 採取し，孔径 0.45 μm の PTFE メンブランフィルターで

ろ過した．ろ液から 10 μL を採取し，最終的に 1 N になるように濃硝酸を加え，100 mL メスフラスコを用いて超純水でメスアップした．この際に内標準元素として In を 10 ppb となるよう加えた．さらに Cs を最も吸着した試料（S4）に対し，Cs 濃度 1000 ppm, 100 ppm, 10 ppm に調製した CsCl 溶液と混合し同様の操作を行った．

次に S1 から S8 の試料 1 g を三角フラスコ中で Cs 濃度 10 ppm, 1 ppm, 100 ppb に調製した CsCl 溶液 100 mL と混合し 24 時間振盪した．その後，遠心分離機を用いて土壌を分離し，超音波洗浄機で水による洗浄を三回繰り返した．そして，遠心分離で土壌を分離・採取し，乾燥機を用いて 80 ℃ で乾燥した．乾燥後の試料を三つに分け，一つはそのまま土壌に吸着した Cs 吸着量を測定するための試料とした．以下の Cs の脱着方法は Tsukada ら (2008) の方法[18]を参考にした．一つは酢酸アンモニウムによりイオン交換を行い，変異荷電の負電荷および層間内に緩く吸着した Cs を脱着した後の土壌に含まれる Cs 吸着量を測定するための試料とした．残りは過酸化水素を用いて有機物分解した後に酢酸アンモニウムを用いてイオン交換し，有機物中や変異荷電の負電荷，層間に緩く吸着した Cs を脱着した後の土壌に含まれる Cs 吸着量を測定するための試料とした．土壌試料を 10 ppm 吸着では 10 mg, 1 ppm・100 ppb 吸着では 50 mg 採取し，テフロンビーカーに移した．フッ化水素酸 3 mL, 過塩素酸 3 mL, 濃硝酸 3 mL を加えて溶解し蒸発乾固させた．蒸発乾固させた試料に最終的に 1 N になるように濃硝酸を加え分散させ，孔径 0.45 μm の PTFE メンブランフィルターでろ過し，100 mL メスフラスコを用いて超純水でメスアップした．この際内標準元素として In を 10 ppb となるよう加えた．溶液に対し ICP-MS（Agilent Technologies 製 Agilent 7500c）を用いて Cs の定量を行った．

2.5 SR-μ-XRF 分析
2.5.1 試 料

Cs 吸着実験により，8 点の土壌試料のうち最も Cs を吸着することが明らかとなった 1 点(S4) に対して，Cs 濃度 2000 ppm に調製した CsCl 溶液を用いた吸着を行った．吸着には試料 1 g に対し溶液 100 mL で 24 時間吸着させた．さらに Cs 吸着後の S4，および 8 点の土壌とは別に採取された P1 の計二点に対して SR-μ-XRF 分析を行った．直径 2 cm の穴の開いたアクリル板（縦 4 cm× 横 4 cm× 厚 1 mm）の片面に両面テープでマイラー膜を貼り付けた．マイラー膜にエポキシ樹脂を付け，その上から上記の試料（S4 および P1）を，篩を用いてなるべく試料が重ならないように注意しながら塗布・固定し，測定試料とした．

2.5.2 測定法

SR-μ-XRF イメージングは JASRI SPring-8 BL37XU にて行った[19]．アンジュレーターより得られた放射光を Si（111）二結晶モノクロメータを用いて 10 keV に単色化し，K-B ミラーを用いて縦 0.7 μm× 横 0.8 μm に集光したビームで XRF 分析した．試料はアクリル板ごと XY ステージに固定し，測定は大気下で行った．試料から発生した蛍光 X 線を入射 X 線に対して 90° 万向に設置したシリコンドリフト検出器（SDD）により検出した．XY ステージの走査ステップを 10 μm に設定し，広範囲の μ-XRF イメージングを行うことで Cs を吸着している粒子を発見し，次にステップを 2 μm, 1 点当たりの積算時間を 0.1 秒または 0.5 秒に設定して，

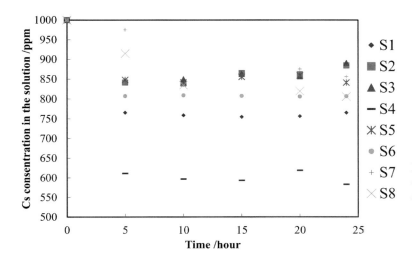

Fig.2 Concentration change of Cs with time in the solution attached to the soil samples S1-S8.

その粒子近傍の詳細なイメージングを行った．イメージングを行った元素はCsの他，粘土鉱物に含まれることが多い元素としてK, Ca, Feの計4元素とした．CsはLα線をそれ以外の元素についてはKα線をカウントした．

2.6 TEM-EDSによるCs吸着粒子の観察

SR-μ-XRFイメージングによりCsを吸着していることが明らかになったP1中の単粒子に対して，TEM-EDS（JEOL JEM-2010）を用いた分析を行った．測定した試料に対して集束イオンビーム試料加工装置（日立FB-2100）を用いて薄片化することでTEM測定用試料とした．観察は200 kVで行った．TEMによる観察後，粒子内のどこにCsが多く吸着されているかを調べるためにEDSスペクトルの測定を行った．さらにCsを吸着している鉱物を同定するために電子回折パターンを測定した．

3. 結果と考察

3.1 バルクでのCs吸着

3.1.1 福島土壌に対するCsの吸着

Cs濃度1000 ppmでの8点の土壌試料（S1～

8）の吸着時間とCs吸着量の関係をFig.2に示した．本研究で採取した8点の土壌の内，Csを最も吸着した試料は相馬市で採取したS4であった．またCs濃度1000 ppmにおいては，Fig.2から分かるようにほとんどの試料においてCs吸着は5時間以内にほぼ平衡に達していることが分かった．このS4について，Cs濃度1000 ppm, 100 ppm, 10 ppmでの吸着時間とCs吸着量の関係をFig.3に示した．Fig.3から吸着率は溶液のCs濃度が1000 ppmの時が約40%，100 ppmの時が約70%，10 ppmの時が約90%

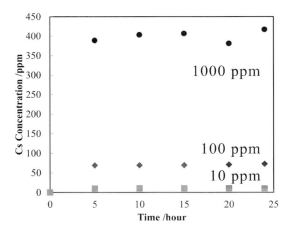

Fig.3 Behavior of Cs at low Cs concentration in the solution attached to the soil sample S4.

と，低濃度の方が土壌への吸着率が高いことが分かった．Table 1a, b, c に 24 時間吸着後の Cs 濃度ごとの 3 種の吸着態に対する吸着率を示した．Table 1 に示すように，溶液の Cs 濃度が低濃度の場合の方が固定態の割合が多くなる傾向がある．例えば S1 では 100 ppb 溶液で固定態の割合が 61.5%，続いて 1 ppm, 10 ppm 溶液では，それぞれ 54.8%, 46.6% となっている．これは高濃度では固定態が飽和していたため，それ以外の吸着態に Cs が吸着したためであると考えられる．これより Cs の吸着は固定態に優先的に吸着すると考えられる．そして，吸着脱着の繰り返しが 5 時間以内に平衡に達していると考えられる．

3.1.2 土壌の分画と粘土鉱物の種類

Table 2a, b に土壌の分画結果を示した．Table

Table 1 Cs adsorption percentage of each adsorption site of the soil samples S1〜S8 for Cs solutions of three different concentrations.

a. 10 ppm solution

Sample	Ion exchange site/%	Organic site/%	Fixed site/%
S1	40.9	12.6	46.6
S2	81.8	6.3	11.9
S3	91.7	5.3	2.9
S4	69.7	6.0	24.3
S5	76.1	—	23.9
S6	68.8	14.2	17.0
S7	37.3	—	62.7
S8	68.9	—	31.1

b. 1 ppm solution

Sample	Ion exchange site/%	Organic site/%	Fixed site/%
S1	45.2	—	54.8
S2	74.1	—	25.9
S3	36.8	—	63.2
S4	35.5	13.9	50.6
S5	72.2	7.0	20.8
S6	28.7	20.3	51.0
S7	39.3	—	60.7
S8	52.3	—	47.7

c. 100 ppb solution

Sample	Ion exchange site/%	Organic site/%	Fixed site/%
S1	10.3	28.2	61.5
S2	63.7	—	36.3
S3	36.8	0.2	63.0
S4	44.8	6.8	48.3
S5	61.3	9.3	29.4
S6	38.6	3.2	58.2
S7	20.7	—	79.3
S8	35.4	—	64.6

Table 2 Composition (%) of the soil samples S1-S8 based on soil texture (soil separate).

a. without removal of organic materials and addition of dispersant

Sample	Clay/%	Silt/%	Fine sand/%	Coarse sand/%
S1	17.0	15.2	50.4	17.3
S2	38.1	22.7	30.0	9.2
S3	6.5	14.0	65.3	14.1
S4	17.5	32.9	32.9	16.8
S5	4.2	12.2	59.6	23.9
S6	5.3	46.2	24.8	23.7
S7	9.1	31.4	34.0	25.6
S8	4.0	14.1	38.5	43.5

b. with removal of organic materials and addition of dispersant

Sample	Clay/%	Silt/%	Fine sand/%	Coarse sand/%
S1	8.5	13.8	58.2	19.5
S2	13.6	42.8	31.3	12.3
S3	17.7	3.1	17.8	61.4
S4	26.0	21.3	24.0	28.7
S5	27.7	22.7	20.2	29.4
S6	30.3	26.9	26.9	15.9
S7	26.0	13.0	36.3	24.7
S8	9.8	7.2	33.3	49.7

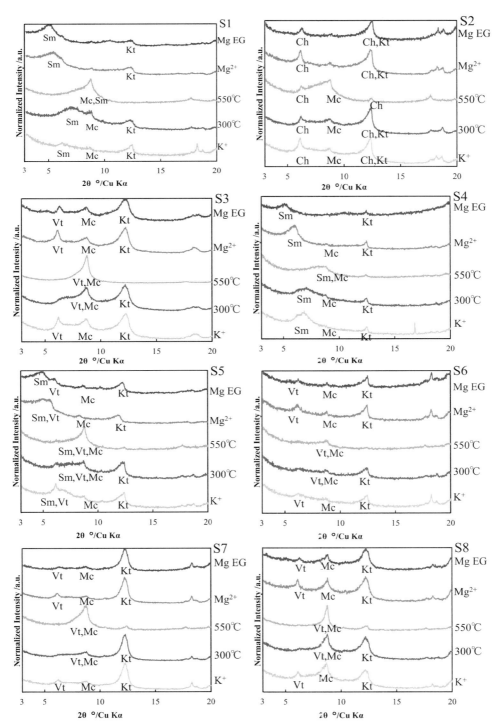

Fig.4 XRD patterns of the soil samples S1-S8 processed with the following reactions. Mg EG: exchanged with Mg^{2+} and ethylene glycol treatment, Mg^{2+}: ion-exchanged with Mg^{2+}, 300℃: heated at 300℃, 550℃: heated at 550℃, K^+: ion-exchanged with K^+.

2a は過酸化水素による有機物分解および 1 N NaOH 分散剤の添加を行わなかった場合，b は行った場合である．これらの結果を比べると有機物分解と分散をした方がシルト・粘土画分が全体的に多くなる傾向があることが分かる．このことから実際の土壌では粘土・シルトは凝集していることが分かる．続いて S1～S8 の試料について Fig.4 に粘土画分について，含有する粘土鉱物を同定するために様々な処理を行った試料について得られた XRD パターンを示す．Table 3 に XRD 測定の結果から計算した各粘土鉱物の存在量を示した．帰属は和田の方法[15]を参考に以下のように行った．まず，Mg^{2+} によるイオン交換で 14 Å 付近，EG 処理により 17 Å 付近，550℃加熱で 10 Å 付近にピークがあることからスメクタイト族鉱物（Sm）の存在を確認できた．また S2 ではすべての処理において回折ピークが移動せず 14 Å 付近に回折ピークがあるため緑泥石族鉱物（Ch）の存在を確認できた．同様にすべての処理において 10 Å 付近にピークがあることから黒雲母のような雲母族鉱物（Mc）の存在を確認できた．550℃に加熱するとカオリン族鉱物（Kt）は結晶性を失い回折ピークが消失するため，550℃での回折ピークの減少から Kt の存在を確認できた．さらに S3 のように K^+ 飽和において 14 Å に回折ピークを持っているが加熱により 10 Å に移動し，EG 処理で回折ピークが移動しないことからバーミキュライト族鉱物（Vt）が存在していることが分かる．以上の事をふまえると Fig.4 から福島の土壌に含まれている鉱物はスメクタイト族鉱物（Sm），バーミキュライト族鉱物（Vt），緑泥石族鉱物（Ch），雲母族鉱物（Mc），カオリン族鉱物（Kt）であることが分かった．Table 3 に示すように，全試料に Kt と Mc が含まれており，福島県の土壌には Kt が豊富に存在することが分かった．ここで 1 : 1 型層状ケイ酸塩鉱物は Kt のみであり，他は 2 : 1 型層状ケイ酸塩鉱物である．さらに Mc, Vt, Sm は Cs を吸着する粘土鉱物であり，Mc, Vt は Cs を固定する粘土鉱物である．そして，Mc が全試料中に存在していたことから，今回採取した S1 から S8 の 8 点の土壌試料全てが Cs 固定能を持っていることが分かった．

3.1.3 固定態の Cs 吸着率と粘土鉱物の関係

粘土鉱物の割合（Table 3）と粘土・シルト画分の割合（Table 2），100 ppb での固定態の吸着率（Table 1c）の関係から 8 点の土壌試料のうち，S1, S3, S6, S7, S8 の 5 点は Cs 固定率が高く，それ以外の 3 点についてはあまり高くないことが分かった．S3, S6, S7, S8 の 4 点について，Cs 固定率が高かった理由は，Cs を固定できる粘土鉱物であるバーミキュライト族鉱物（Vt）と雲母族鉱物（Mc）を含んでいるためだと考えられる．一方で S1 は Vt を含まないにもかかわらず固定率が高かったが，これは Table 2a お

Table 3 Clay mineral compositions[†] of the soil samples S1-S8 determined by XRD data shown in Fig. 4; Sm: Smectite Group, Vt: Vermiculite Group, Ch: Chlorite Group, Mc: Mica Group, Kt: Kaolin Group.

Sample	Sm	Vt	Ch	Mc	Kt
S1	○	—	—	△	◎
S2	—	—	◎	△	○
S3	—	○	—	○	○
S4	○	—	—	▲	—
S5	△	▲	—	△	◎
S6	—	△	—	△	◎
S7	—	△	—	△	◎
S8	—	△	—	○	○

†relative composition: —: not detected, ▲: 1～10%, △: 10～25%, ○: 25～50%, ◎: 50～100%

よび b の比較から分かるように S1 は有機物処理や分散剤を添加していない状態でも粘土・シルト画分が多いためであると考えられる．これに対して，S5 は Vt を含んでいるが Cs の固定率が悪かった．この理由は，S5 は分画の結果（Table 2a, b）から，有機物処理や分散剤を添加しない状態では凝集し，粘土・シルト画分の割合が少なくなるため固定率が低かったと考えられる．S2 は粘土・シルト画分が多いが存在している粘土鉱物の大半が Cs を固定しない緑泥石族鉱物（Ch）であるため Cs の固定率が低かったと考えられる．一方，S4 は S1 と同じ粘土鉱物が存在し，粘土シルト画分の量も多かったが，Cs の固定率があまり良くなかった．この理由としては，Table 3 に示すように S1 と S4 の Mc の含有量には大きな差があり，S4 には Cs を固定する Mc がほとんど入っていないためだと考えられる．このことから，土壌の Cs の固定には Mc の存在量が大きく関係していると考えられる．

3.2 土壌単粒子レベルの Cs 吸着
3.2.1 SR-μ-XRF イメージング

Fig.5 に Cs 濃度 2000 ppm の溶液から Cs を吸着させた試料 S4 の測定部位の光学顕微鏡の写真と Cs, K, Fe, Ca についての SR-μ-XRF イメージングの結果を示した．Fig.5 から，Cs は Fe や K などとは異なる分布を示していることが分かる．このことから，このイメージング範囲内には複数の鉱物種の粒子が共存しているものと考えられる．ここでは左側の Cs が強く検出された粒子を「粒子 A」，Fe や K などが検出された粒子を「粒子 B」とする．イメージング結果からは粒子 B には Cs が含まれないように見えるが，各粒子の中心付近でそれぞれ XRF スペクトルを測定した結果（Fig.6a, b），粒子 B にも Cs が含まれていることが分かる．これらより鉱物の種類によって Cs 吸着量に差があり，粒

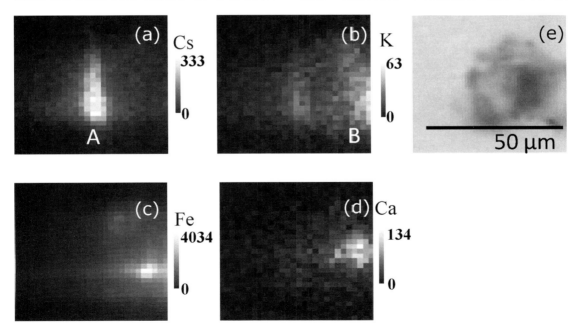

Fig.5 SR-μ-XRF imaging of a particle collected from S4 showing the element map of (a) Cs, (b) K, (c) Fe, (d) Ca and (e) photo of the sample. Imaging area : 58 μm (V) × 58 μm (H), measurement time : 0.1 sec/point.

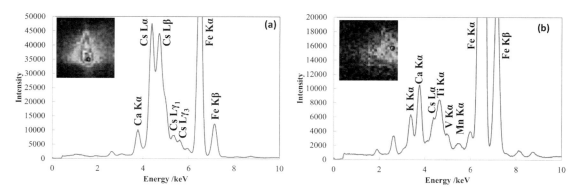

Fig.6 A comparison of SR-μ-XRF spectra of particles (a) A and (b) B in Fig.5 for S4 sample.

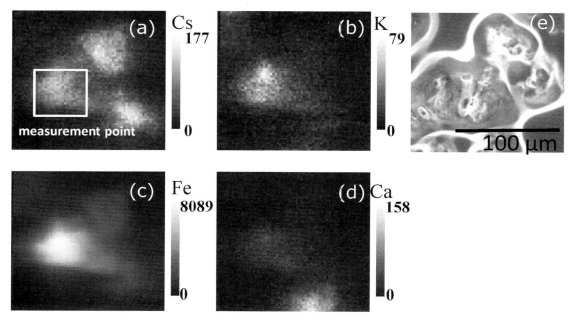

Fig.7 SR-μ-XRF imaging of a particle from P1 showing the element map of (a) Cs, (b) K, (c) Fe, (d) Ca and (e) photo of the sample. Imaging area : 122 μm (V) × 130 μm (H), measurement time : 0.5 sec/point. The square mark indicates the sampling point for TEM observation shown in Fig. 8.

子AのようにCsを吸着する鉱物があることも分かった．続いて，P1についてμ-XRFイメージングを行った結果及び同試料の顕微鏡写真をFig.7に示す．Csのイメージング結果から分かるように，イメージング範囲内には3つの粒子が存在していた．またS4のイメージング結果（Fig.5）と異なり，P1のイメージングでは3粒子の内1粒子で，高濃度にFeを含む鉱物でCsの吸着が確認された．これらの結果から，土壌中の異なる種類の鉱物がCsを吸着することが単粒子レベルの分析で示された．

3.2.2 TEM-EDS

試料P1に対して，TEM-EDSを用いた更なる

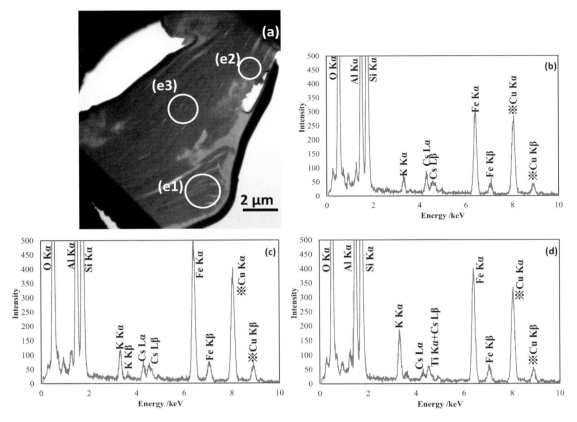

Fig.8 (a) TEM image and (b)-(d) EDS spectra measured at points (b) e1, (c) e2, and (d) e3 of Cs-adsorbed particle in P1.

分析を行った．上述のSR-μ-XRFイメージングの中の一つの粒子（Fig.7aの白枠）から，FIBを用いて薄片試料を作製した．それから得られたTEM像の一例をFig.8（a）に示す．またこのTEM像のうち，外縁部（e1，e2），中心付近（e3）の三か所から得られたEDSスペクトルをそれぞれFig.8（b），（c），（d）に示す．スペクトル中のCuは試料を乗せているメッシュの材質が銅であるため，試料からのものではない．その他の成分及び電子回折パターンの解析（詳細は省略）より，この鉱物は花崗岩中に多量に存在する2：1型層状ケイ酸塩鉱物の一種である黒雲母（biotite）であるが，Fig.8bのように一般的な黒雲母の組成に比べてKが少ない領域があり，風化によってその一部がバーミキュライト化しているものと考えられる．ここでS3，S7，S8についても地質が花崗岩であることから，Csを吸着していた鉱物は黒雲母とバーミキュライトではないかと考えられる．そしてFig.8（b），（c）のEDSスペクトルとFig.8（d）のそれを比べると，中心よりも外縁部にCsが多く含まれていることが分かった．

さらに，e1付近の外縁部について，より詳細にTEM観察を行った．Fig.9にTEM像（a）およびEDSスペクトル（b），（c）の結果を示す．より外縁部に近い箇所において，内側のe4と外側

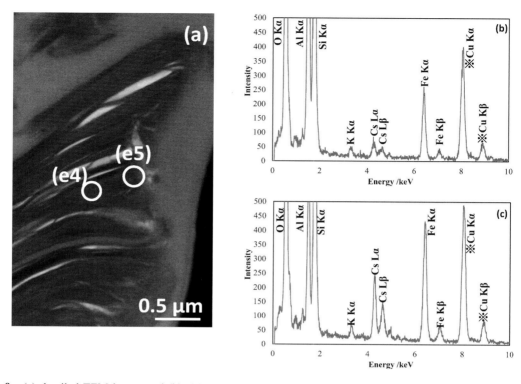

Fig.9 (a) detailed TEM image and (b), (c) EDS spectra measured at points (b) e4, and (c) e5 of Cs-adsorbed particle in P1.

の e5 の 2 点の EDS スペクトル Fig.9(b), (c) を比較すると，外側の方が，Cs のピーク強度が明らかに高かった．

3.3 福島原発周辺の土壌と地質

水田の土壌中の鉱物組成にはその場の地質の他にも，河川，流水，風等による移動・堆積や，火山噴出物や黄砂等が影響しているであろう．しかし，今回同じ地質環境から採取した原発周辺の水田の土壌（S3, S7, S8）は，Fig.1 と Table 3 から，ある程度距離が離れていても同じ粘土鉱物しか含まれていなかった．このことから，今回調べた原発周辺の地域においては水田の土壌はそこの地質にある程度対応すると考えて良いと思われる．そこで以下のような考察を行った．

同じ地質である S3, S7, S8 について比較してみると，それぞれ粘土鉱物の存在量に差があったが，含まれている粘土鉱物の種類は同じであり，固定割合も高い．このことから S3, S7, S8 の地質である珪長質深成岩（阿武隈花崗岩）から形成された土壌あるいは粘土鉱物（黒雲母やその風化によって生成されるバーミキュライト）は Cs 固定能が高く，Cs を溶脱させることは難しいと考えられる．また，その地質が非アルカリ苦鉄質火山岩である S4 は，Cs を多く吸着するが固定能はそれほど高くないため酢酸アンモニウムなどを用いることで比較的容易に溶脱できると考えられる．残りの S1, S2, S5, S6 の地質は堆積岩で，その鉱物組成等も変化に富むため一概に評価はできないが，その

ような中でも中位段丘堆積物である S2 は，Cs 吸着量および固定能が低いため土壌自体にあまり吸着せず，吸着した Cs も酢酸アンモニウムなどによって比較的容易に溶脱すると考えられる．そしてそのような性質は，作物などの放射能汚染の原因のひとつになっている可能性が考えられる．

4. 結　言

ICP-MS の結果から土壌に対する Cs 吸着は数時間で一応終了することや低濃度であるほど土壌の Cs 固定率が高いことが分かった．また XRD の結果から福島県の広い地域にスメクタイト族，バーミキュライト族（Vt），雲母族（Mc）などの鉱物が存在している事を明らかにし，ICP-MS と分画の結果を合わせて Cs 固定は主にこの Vt と Mc に起因していることを解明した．

また，SR-μ-XRF イメージングの結果より，Cs を吸着する土壌粒子を検出することができた．その結果，Cs を吸着する粒子とあまり吸着しない粒子があることや，Cs を吸着する粒子でも Fe と相関のあるものやないもの等複数種の鉱物が存在することが分かった．さらに，Cs を吸着していた粒子を TEM-EDS により分析することで Cs を吸着していた粒子の一つが風化により一部がバーミキュライト化した黒雲母であることが示され，マクロの吸着実験の結果とよく対応した．また，Cs はその板状粒子の外縁部に多く吸着していた．

最後に，珪長質深成岩（阿武隈花崗岩）を地質とする水田土壌は，Cs 固定能はどれも高く，それが黒雲母などの雲母族やその風化生成物であるバーミキュライト族に起因していることが示された．一方，その他の火成岩や堆積岩を地質とする土壌については一概には言えなかったが，Cs 固定能がそれほど高くないものが見られた．

謝　辞

本研究の放射光実験は SPring-8 の BL37XU にて行われた（一般申請課題 2012B1576）．SPring-8 の測定にて，光学系や測定の為の調整をしてくださった JASRI SPring-8 の寺田靖子氏に深く御礼申し上げます．本研究は科研費基盤（B）研究課題番号 24340133（代表：小暮敏博）の補助を得て行われた．

参考文献

1) 松村 宏, 斎藤 究, 石岡 純, 上蓑義朋：日本原子力学会和文論文誌, **10**, 152-162 (2011).
2) 関 勝寿：経営論集, **78**, 13-26 (2011).
3) 塚田祥文, 鳥山和伸, 山口紀子, 武田 晃, 中尾 敦, 原田久富美, 高橋和之, 山上 陸, 小林大輔, 吉田 聡, 杉山英男, 柴田 尚：土肥誌, **82**, 408-418 (2011).
4) 塩沢 昌, 田野井慶太郎, 根本圭介, 吉田修一郎, 西田和弘, 橋本 健, 桜井健太, 中西友子, 二瓶直登, 小野勇治：*RADIOISOTOPES*, **60**, 323-328 (2011).
5) D.E. WALLING, T.A. QUINE：*IAHS*, **210**, 143-152 (1992).
6) K. Rosen, I. Obom, H. Lonsjo：*J. Environ. Radioact.*, **46**, 45-66 (1999).
7) 山口紀子, 高田裕介, 林健太郎, 石川 覚, 倉俣正人, 江口定夫, 吉川省子, 坂口 敦, 朝田 景, 和穎朗太, 牧野知之, 赤羽幾子, 平舘俊太郎：農環研報, **31**, 75-129 (2012).
8) C. Dumat, S. Staunton：*J. Environmen. Radioact.*, **46**, 187-200 (1999).
9) B. Yıldız, H. N. Erten, M. Kıs：*J. Radioanal. Nucl. Chem.*, **288**, 475-483 (2011).
10) B. Öztop, T. Shahwan：*J. Colloid Interface Sci.*, **295**, 303-309 (2006).
11) N. K. Ishikawa, S. Uchida, K. Tagami：*Radioprotection*,

44, 141-145 (2009).

12) H. Mukai, T. Hatta, H. Kitazawa, H. Yamada, T. Yaita, T. Kogure：*Environ. Sci. Technol.*, **48**, 13053-13059 (2014).

13) 産業技術総合研究所地質調査総合センター編：20万分の1日本シームレス地質図（2014）.

14) 地方独立行政法人北海道立総合研究機構 農業研究本部編：土壌・作物栄養診断のための分析法2012 Ⅲ 土壌物理性, 29-36 (2012).

15) 和田光史：土肥誌, **37**, 9-17 (1966).

16) 脇山義史, 井手淳一郎, 大塚恭一, 江頭和彦：九大演報, **89**, 127-136 (2008).

17) K. Oinuma：東洋大学紀要教養課程篇（自然科学）, **10**, 1-15 (1968).

18) H. Tsukada, A. Takeda S. Hisamatsu, J. Inaba：*J. Environ. Radioact.*, **99**, 875-881 (2008).

19) M. Suzuki, Y. Terada, H. Ohashi: *SPring-8 Research Frontiers 2011*, 151-152 (2012).

姫路城いぶし瓦の劣化評価 (3);
放射光軟 X 線吸収分光による表面炭素膜の元素マッピング

村松康司[#], 村上竜平, Eric M. GULLIKSON[*]

Evaluation of the Weathered Japanese Roof Tiles of Himeji Castle (3); Elemental Mapping of the Surface Carbon Films by Soft X-Ray Absorption Spectroscopy

Yasuji MURAMATSU[#], Ryohei MURAKAMI and Eric M. GULLIKSON[*]

Graduate School of Engineering, University of Hyogo
2167 Shosha, Himeji, Hyogo 671-2201, Japan
[*] Lawrence Berkeley National Laboratory
Cyclotron Road, Berkeley, CA 94720, U. S. A.
[#] Corresponding author: murama@eng.u-hyogo.ac.jp

(Received 26 January 2015, Revised 4 February 2015, Accepted 5 February 2015)

Japanese roof tiles weathered for 50 years on Himeji Castle have been evaluated by elemental mapping in the C K, O K, Ca L, and Fe L regions by soft X-ray absorption spectroscopy. From the C K-mapping, it can be found that carbon films coated on the roof tiles were partially peeled off by weathering. The O K-mapping revealed the oxidation of the carbon films. From the Fe L-mapping, it can be confirmed that Fe oxides partially exist on the oxidized carbon films. This suggests that the Fe oxides can appear from the sintered clay base layers through pinholes or small peeled area of carbon films.

[Key words] Himeji Castle, Japanese roof tiles, Carbon film, Synchrotron radiation, Soft X-ray absorption, Elemental mapping

昭和の大修理から平成の大修理にいたる約 50 年間で風化した姫路城いぶし瓦について, 表面炭素膜の劣化状態を放射光軟 X 線吸収分光のマッピング測定で評価した. C K 端でのマッピングから, 風雨日照に曝されると炭素膜は部分的に剥離し, その分布は不均一になることがわかった. O K 端のマッピングから風化で不均一に分布する炭素は酸化されることを確認でき, さらに Fe L 端のマッピングから Fe 酸化物が点在することを明らかにした. これから, 風化によって酸化された炭素膜に形成される微小な孔あるいは剥離個所を通って, 粘土素地の Fe 酸化物が表面に析出すると考えられる.

[キーワード] 姫路城, 瓦, 炭素膜, 放射光, 軟 X 線吸収分光, 元素マッピング

1. 序論

世界遺産姫路城は2009年から2015年にかけて「平成の大天守保存修理」がなされている[1]．この保存修理で再利用されるいぶし瓦の表面炭素膜（いぶし膜）について，化学状態の観点から風化・劣化状態を把握することは，いぶし瓦として今後の耐久性を見込む際に重要である．そこで，我々は姫路城いぶし瓦の炭素膜の劣化状態分析を進めてきた．これまでの放射光軟X線吸収分析[2]から，約90%の瓦試料には炭素膜が十分に残存するが，風化により炭素膜は酸化されて層状構造がみだれることがわかった．また，炭素膜には酸素の他に鉄およびカルシウムが現れ，これらは瓦裏面よりも瓦表面の方により多く存在するため，この風化は明らかに風雨日照に曝されることで促進されることを確認した．さらに，SEM-EDX分析[3]から，一部の瓦では部分的に炭素膜の剥離が観測されたものの，残存した炭素膜の膜厚は瓦表面と瓦裏面ともに2～3 μmであり，新品時の膜厚を概ね保持していた．これから，炭素膜は風化によって徐々に薄くなるのではなく，部分的に剥離することが示唆された．

しかし，このような放射光軟X線吸収分析は瓦試料面内の一点での測定で，SEM-EDXは炭素膜断面の観察であるため，瓦試料の面内における劣化状況を把握するには，マッピング測定が必要である．そこで，本研究では瓦面内における炭素と酸素，漆喰由来のカルシウムおよび下地の焼結粘土素地から析出する鉄成分の分布状況から劣化状態をより詳細に考察するため，放射光軟X線吸収分光によるマッピング測定を行った．なお，前述したように炭素膜の厚さは2～3 μm以下であり，このような炭素膜表面

のマッピングにおいて下地からの影響を抑制するため，比較的表面敏感な全電子収量（TEY：total electron yield）法を用いた．

2. 実験

2.1 試料

既報[2]で述べたように，姫路城いぶし瓦は昭和の大修理時に3社の瓦企業（A～C社と表記）が製造した．本研究の劣化評価にあたり，保存修理現場に入り五層天守閣の東西南北の位置に葺かれた屋根から各1枚と，第4層か

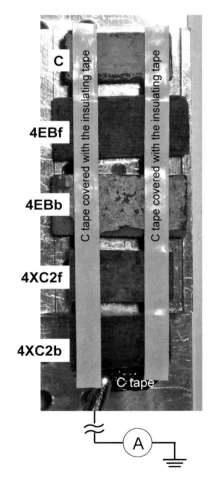

Fig.1 Photograph of the Ibushi Kawara samples put on an glass substrate for mapping measurements using soft X-ray absorption spectroscopy.

らC社製造の瓦4枚をサンプリングした．さらに，3社の瓦企業が現在製造販売している新品の瓦も入手した．放射光マッピング用試料の外観をFig.1に示す．風雨日照に照らされていない裏面に銀色を呈する炭素膜が多く残っている試料4EBの表面（4EBf）と裏面（4EBb），および裏面の炭素膜が黒色化した試料4XC2の表面（4XC2f）と裏面（4XC2b）を選択した．また，C社製造の新品瓦（C）も測定した．いずれの試料も $10~mm^V \times 20~mm^H \times 5~mm^T$ の大きさに切り出した小片であり，スライドガラス基板に両面テープで固定した．炭素膜が被覆された試料表面の左右端に導電性カーボンテープを貼り，このカーボンテープの上面を絶縁性テープで覆った．カーボンテープの端に導線を結線し，放射光照射で生じる試料電流を測定装置の外に設置した電流計に導き測定した．

2.2 放射光測定

放射光マッピング測定はAdvanced Light Source（ALS）のビームラインBL-6.3.2[4]で行った．マッピング測定に先立ち，試料面でのビームサイズをナイフエッジ法で評価した．試料位置にナイフエッジを立て，下流に設けたフォトダイオードで透過光強度をモニターしながらナイフエッジを垂直（y）方向と水平（x）方向に走査した．光軸を横切るように垂直・水平方向に走査したときのフォトダイオード信号強度とその微分スペクトルをFig.2に示す．微分スペクトルのピーク半分幅でビームサイズを求めると，$23.4~\mu m^y \times 148~\mu m^x$ であった．これが，今回のマッピング測定における空間分解能となる．

スライドガラス基板に固定した測定試料をBL-6.3.2のエンドステーションに導入し，放射光ビームを直入射で照射した．ビームライン分

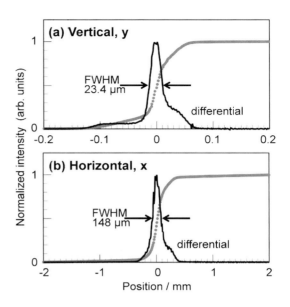

Fig.2 Synchrotron-radiation beam profiles of the BL-6.3.2/ALS, measured by a knife-edge method.

光器には刻線密度 $1200~mm^{-1}$ の回折格子を選択し，スリット幅は $40~\mu m$ とした．この分光条件での理論エネルギー分解能 $E/\Delta E$ は5000（C K端）〜1500（Fe L端）である．X線吸収端構造（XANES：X-ray absorption near edge structure）の測定領域は，C K端（260〜310 eV），Ca L端（330〜370 eV），O K端（520〜560 eV），Fe L端（690〜740 eV）とした．マッピング測定では，吸収端ごとに適切な入射エネルギーに設定し，試料全面をカバーするように $15~mm^x \times 15~mm^y$ の領域をx, y両方向それぞれに0.5 mmステップで試料を動かして試料電流を計測した．1点での電流計測時間は0.1 sとした．なお，入射光強度は次亜塩素酸ナトリウム溶液で洗浄した金板[5]の試料電流（I_0）で計測し，各試料の試料電流 I を I_0 で除することで全電子収量とした．

2.3 入射光エネルギーの設定

一般に全電子収量計測のS/B比は低いため，

姫路城いぶし瓦の劣化評価 (3)：放射光軟 X 線吸収分光による表面炭素膜の元素マッピング

吸収端での試料電流のコントラストを得るには，吸収端前後のエネルギー位置で試料電流を測り，両者の差分を求めることが必要となる．4EBb 試料で測定した C K 端，O K 端，Ca L 端，Fe L 端の試料電流（SC：sample current）と TEY（I/I₀）を Fig.3 に示す．TEY-XANES から各吸収端のエネルギー位置を確認し，C K 端では 283.6 eV を吸収端前（off），293.0 eV を吸収端後（on），O K 端では 530.5 eV を吸収端前（off），540.0 eV を吸収端後（on），Ca L 端では 341.0 eV を吸収端前（off），352.7 eV を吸収端後（on），Fe L 端では 707.1 eV を吸収端前（off），710.0 eV を吸収端後（on）に設定した．

4EBb の C K 端でのマッピングを例にとり，Fig.4 にマッピング測定の手順を示す．まず，吸収端後（on）の 293.0 eV に入射光エネルギー

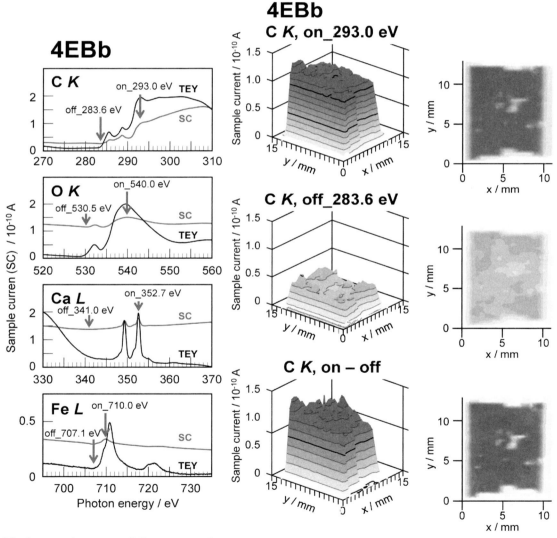

Fig.3 Sample current (SC) spectra and TEY-XANES in the C K, O K, Ca L, and Fe L regions of the 4EBb sample.

Fig.4 Procedure for drawing the 3D- or 2D-mapping; Example of C K-mapping of the 4EBb sample.

を固定し，試料を xy 走査しながら試料電流を計測する．次に収端前（off）の 283.6 eV に入射光エネルギーを固定して同じ範囲で xy 走査する．そして，各点において on の試料電流から off の試料電流を引くことにより，C K 端での X 線吸収による正味の試料電流を得る．この試料電流を xy 面に対して 3D あるいは 2D 表示でマップを描画する．

3. 結果と考察

試料外観写真と，C K 端，O K 端，Ca L 端，Fe L 端における各試料の 3D マップを Fig.5 に

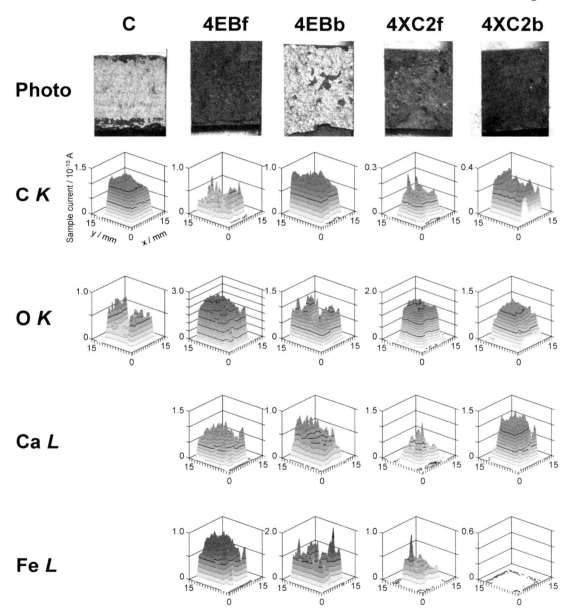

Fig.5 Photographs and 3D-mappings in the C K, O K, Ca L, and Fe L regions of the samples.

示し，2D マップを Fig.6 に示す．Fig.5 の 3D マップでは z 軸が試料電流値を示し，Fig.6 の 2D マップでは試料電流値の大きさを各色の濃淡で表現した．なお，Fig.6 の 2D マップと外観写真のサイズは一致する．以下，Fig.5 と Fig.6 の双方のマップをみて評価する．

新品の C 試料の C K 端マップでは，試料電流が試料全面にわたって高く（約 0.1 nA），C が表面全域に存在することがわかる．これに対して O K 端マップでは中央部の試料電流値が 0.05

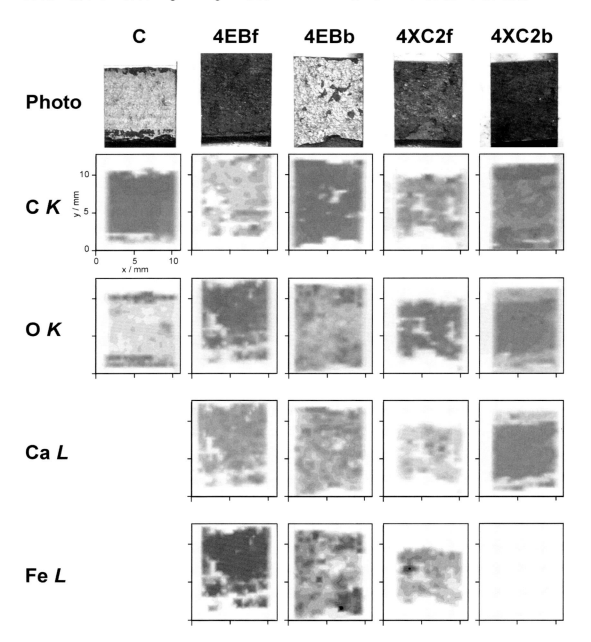

Fig.6 Photographs and 2D-mappings in the C K, O K, Ca L, and Fe L regions of the samples.

nA 以下であり，酸素は炭素膜表面に少ない．なお，試料の上下端で酸素の試料電流が高いが，これは導電性カーボンテープを貼った後に剥がした箇所であり，カーボンテープに含まれる酸素が付着したためと考えられる．

4EBf 試料の CK 端マップでは，C 試料に比べて試料電流値が低く（0.05 nA 以下），炭素膜が全面的に少ないことを示す．さらに，その分布は不均一であり，2D マップの黄色で示す箇所は炭素膜が剥離していることを示す．一方 OK 端マップでは試料電流が全面に渡って約 0.2 nA 以上であり，表面は酸素が多量に存在することを示す．この酸素は CaL 端と FeL 端のマップと類似することから，漆喰由来の Ca 酸化物および下地の粘土素地由来の Fe 酸化物が主成分であると考えられる．なお，漆喰は元来瓦の重ね合わせ部に塗布されており，風雨に曝されることにより漆喰が瓦の表裏面に全面的に存在することは容易に推測できる．つまり，4EBf 試料は風化により炭素膜がほぼ剥がれ落ち，粘土素地から Fe 酸化物が多く析出した状態であると考えられる．これは全面的に黒色化して下地が見える外観写真と整合する．

一方，4EBb 試料の外観写真は銀灰色であり，一部黒色化した箇所を除いて炭素膜が概ね残っていることを示唆する．この CK 端マップの試料電流は，外観写真で炭素膜が剥離した箇所を除いてほぼ 0.05 nA 以上であり，炭素膜が十分に被覆されていることがわかる．OK 端マップの試料電流は約 0.1 nA で新品の C 試料の値より高く，炭素膜が十分に残っていても酸素が表面多く存在することがわかる．これは Ca 酸化物と Fe 酸化物の存在のみならず炭素膜自身が酸化されていることを示唆する．FeL 端マップでは，点状に Fe の濃度が高く，これは CK 端マップで C 濃度が比較的低い箇所とほぼ対応する．つまり，炭素膜が部分的に剥離した箇所から下地の粘土素地に含まれる Fe 酸化物が表面に析出したことを示唆する．

外観写真で表面が凸凹で下地の粘土素地がむき出しになっているように見える 4XC2f 試料で，CK 端マップの試料電流値が 0.02 nA 以下であり，炭素膜が全面的に少ないことが確認できる．一方，OK 端マップの試料電流は約 0.15 nA と比較的高く，その分布は CK 端マップとほぼ一致する．これは僅かに残った炭素膜がほとんど酸化されていることを示す．なお，FeL 端マップでは 1 カ所で Fe 濃度が高い．これは粘土素地の Fe 酸化物が炭素膜に点在する剥離個所から析出したことを示す．

外観写真が銀灰色ではなく黒色を呈する 4XC2b 試料の CK 端マップは，試料電流が 0.03 nA 程度であるが試料全面にわたっており，炭素膜で全面的に被覆されていることがわかる．この CK 端マップに対応するように，OK 端マップと CaL 端マップも全面的に試料電流が約 0.1 nA で分布し，炭素膜の酸化と Ca 酸化物の存在を示す．しかし，FeL 端マップでは Fe の分布はほとんどみられず，炭素膜の剥離で粘土素地が露になる箇所がないことがわかる．

4. 結論

姫路城いぶし瓦における炭素膜の劣化状態を C, O, Ca および Fe の分布から考察するため，放射光軟 X 線吸収によるマッピング測定を行った．その結果，以下の知見が得られた．

(1) 風雨日照に曝された表面は，裏面よりも炭素が明らかに少なく，その分布は不均一であった．この不均一な分布は，風化によって炭素膜が部分的に剥離することから生じると

考えられる.
(2) 風雨日照に曝される表面には酸素が多く分布し，これは炭素の酸化物の他に漆喰由来のカルシウム酸化物および粘土素地由来の鉄酸化物に起因する.
(3) 鉄の分布は基本的に点在であり，炭素膜に形成される微小な孔（あるいは剥離個所）を通って焼結粘土素地の鉄酸化物が析出すると考えられる.

以上から，既報[2,3]で示した瓦試料面内の一点での放射光軟 X 線吸収分析と炭素膜断面の SEM-EDX 分析で得られた劣化状態の評価は，瓦試料の面内においても定性的に成立することが確認できた.

謝　辞

本研究を進めるにあたり，姫路城いぶし瓦試料を提供して頂いた姫路市農政経済局城周辺整備室の小林正治に感謝する．本研究は平成 23～25 年度日本学術振興会科学研究費補助金（23360291）の支援をうけて実施した.

参考文献

1) 小林正治：化学と工業, **64**, 323-325 (2012).
2) 村松康司, 古川佳保, 村上竜平, 小林正治, Eric M. Gullikson：X 線分析の進歩, **45**, 149-171 (2014).
3) 村上竜平, 村松康司, 小林正治：X 線分析の進歩, **45**, 173-180 (2014).
4) J. H. Underwood, E. M. Gullikson, M. Koike, P. J. Batson, P. E. Denham, K. D. Franck, R. E. Tackaberry, W. F. Steele: *Rev. Sci. Instrum.*, **67**, 3372 (1996).
5) 村松康司, E. M. Gullikson：X 線分析の進歩, **42**, 267-272 (2011).

ニュースバル多目的ビームライン BL10 における軟 X 線吸収分析 (4)；
軟 X 線吸収分析装置の導入と有機薄膜試料の
軟 X 線吸収・反射率分析

植村智之，村松康司[#]，南部啓太，福山大輝，
九鬼真輝[*]，原田哲男[*]，渡邊健夫[*]，木下博雄[*]

Soft X-Ray Absorption Analysis in the Multi-Purpose Beamline BL10 at New SUBARU (4); Development of a Soft X-Ray Absorption Station and the Soft-X-Ray-Absorption/X-Ray-Reflectivity Analysis of Organic Thin Films

Tomoyuki UEMURA, Yasuji MURAMATSU[#], Keita NAMBU,
Daiki FUKUYAMA, Masaki KUKI[*], Tetsuo HARADA[*],
Takeo WATANABE[*] and Hiroo KINOSHITA[*]

Graduate School of Engineering, University of Hyogo
2167 Shosha, Himeji, Hyogo 671-2201, Japan
[*]Laboratory of Advanced Science & Technology for industry (LASTI), University of Hyogo
3-1-2 Kouto, Kamigori-cho, Ako-gun, Hyogo 678-1205, Japan
[#]Corresponding author: murama@eng.u-hyogo.ac.jp

(Received 26 January 2015, Revised 4 February 2015, Accepted 5 February 2015)

To perform the soft X-ray analysis in the beamline BL10 at New SUBARU (NS), the measurement station for X-ray absorption spectroscopy (XAS) was installed in BL10 and a 2400 mm^{-1} grating was newly installed in the beamline monochromator. X-ray absorption near edge structure (XANES) measurements in the 70-1100 eV region can be successfully measured with a sufficient energy resolution for X-ray absorption analysis. Simultaneous measurements of X-ray absorption and X-ray reflectivity for organic thin film samples were successfully demonstrated. It is therefore confirmed that soft X-ray absorption and reflectivity analyses in the 70-1100 eV region can be performed in BL10/NS.
[Key words] Synchrotron radiation, Soft X-ray absorption, XANES, Soft X-ray reflectivity

NewSUBARU の多目的ビームライン BL10 において放射光軟 X 線分析を実現するため，軟 X 線吸収分光 (XAS) 装置を導入した．また，2400 mm^{-1} 回折格子がビームライン分光器に導入された．XAS 装置を用いた

標準試料のX線吸収端構造（XANES）測定から，分光器の3枚の回折格子を用いることで70～1100 eV領域において十分な分解能でXANESが得られることを示した．従前の反射率計を用いて有機薄膜試料の全電子収量XASと軟X線反射率を同時測定し，膜厚を評価した．これより，BL10において70～1100 eV領域の軟X線吸収・反射率分析が実現できることを示した．

[キーワード] シンクロトロン放射光，軟X線吸収，X線吸収端構造，軟X線反射率，軟X線分析

1. はじめに

兵庫県立大学中型放射光施設NewSUBARU（NS）の多目的ビームラインBL10[1]においで放射光軟X線分析を実現するため，これまでにビームライン分光器へ1800 mm^{-1}回折格子を導入して前置ミラーの炭素汚染除去を施し，70～700 eV領域におけるX線吸収分光（XAS：X-ray absorption spectroscopy）測定ができる環境を整備した[2,3]．そして，全電子収量（TEY：total electron yield）法によるS L端，B K端，C K端，N K端，Ti L端，O K端のX線吸収端構造（XANES：X-ray absorption near edge structure）測定から，炭素を中心とした軽元素工業材料の軟X線吸収分析に適用した[4]．加えて，10^{-6}～10^{-7} Torrの真空度下で有機液体試料の直接TEY-XAS測定を可能にし，自動車エンジンオイルの劣化分析を実施した[5]．これらのTEY-XAS測定では，BL10に従前より据えられているX線反射率（XRR：X-Ray reflectivity）計をXAS測定に転用してきた．しかし，より効率的で自由度の高いXAS測定を行うため，新たにXAS装置を開発し，XRR計の上流に導入した．また，1800 mm^{-1}回折格子で分光できる軟X線のエネルギー上端は実効的に700 eVであり，700～1000 eV領域に現れる遷移金属L端の測定は困難であった．そこで，より高エネルギー領域の分光を目指して，多層膜コートの2400 mm^{-1}回折格子がビームライン分光器に導入された．

本研究では，BL10に導入したXAS装置の動作と，遷移金属標準試料のL端XANES測定から2400 mm^{-1}回折格子の分光性能を評価する．さらに，XAS装置とXRR計を組合わせた軟X線吸収・反射率測定から有機薄膜試料の膜質評価を行い，BL10における軟X線吸収・反射率分析の有効性を示す．なお，多層膜2400 mm^{-1}回折格子の詳細と分光特性評価は，今後報告される予定である[6]．

2. BL10のビームライン構成

BL10のビームライン光学配置をFig.1に示す．分光器は不等間隔刻線平面回折格子（VLSG）を用いた入射スリットレスのHettrick-Underwood型分光器である．M0は斜入射角3°の凹面ミラーであり，偏向電磁石光源からの発散光を水平方向に5 mradのアクセプタンスで受光して約10 m先で集光する．垂直方向には0.5 mradのアクセプタンスで受光し，分光器内のM1に放射光を導く．M1で反射された放射光はVLSGに入射し，垂直方向に分散された回折光は定偏角168°で出射スリットS上で垂直方向に集光される．前述したように，これまで刻線密度が600 mm^{-1}と1800 mm^{-1}のVLSGが搭載されていたが，新たに2400 mm^{-1}の多層膜VLSGが加わった．スリットを通過した回折光は後置ミラーM2で垂直方向に集光され，XRR計の試料面に導かれる．XRR計の集光点から

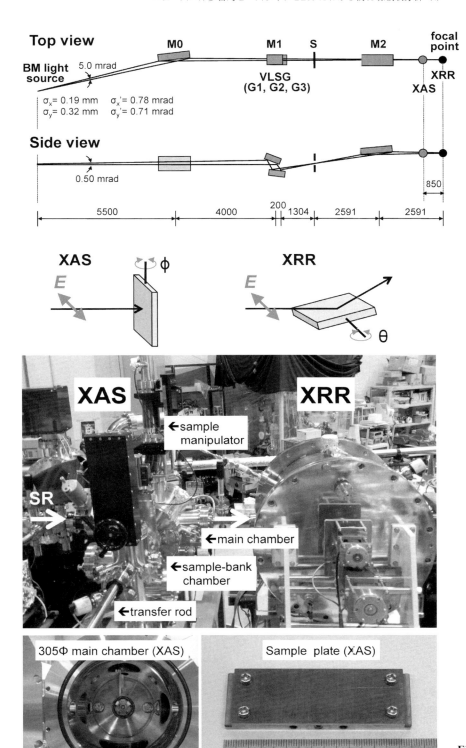

Fig.1 Optical arrangement of the beamline BL10/NS.

Fig.2 Photos of XAS and XRR stations in BL10/NS.

約 850 mm 上流の位置に XAS 装置を導入した.

XAS 装置と XRR 計の外観を Fig.2 に示す. XAS 装置の設計にあたり,脱ガスで真空を低下させる可能性のある多様な工業材料も 10^{-6}〜10^{-7} Torr 程度の真空下で測定できるようにすることと,様々な検出器の導入や試料処理の器具を導入できるようにするため,305ϕ のチャンバーで試料周りにスペースを設け,かつ O リングの真空封止でチャンバーの開閉を容易にした.測定の効率を高めるため,比較的大きな 75 mm^V×25 mm^H サイズの試料プレートを用い,3 枚の試料プレートを保持できる試料バンクチャンバーを接続した.測定チャンバーの試料マニピュレータは xyzϕ の 4 軸駆動とし,水平面で直線偏光する放射光に対して垂直軸周りに回転できる.試料電流は銅製の試料プレートを介して試料マニピュレータ上部の BNC コネクタから引出せる.なお,XRR 計はフォトダイオードで反射光を受光するが,試料電流も取り出すことができる.XRR 計では試料は水平軸周りに回転でき,Fig.2 上部に描くように XAS 装置と XRR 装置を併用することで水平偏光の入射光に対して S 配置と P 配置の計測が可能である.

3. 分光性能評価

次亜塩素酸ナトリウム溶液で洗浄[7]した金板で計測した試料電流スペクトルを Fig.3 に示す.出射スリット幅は 20 μm に固定し,600 mm^{-1},1800 mm^{-1},2400 mm^{-1} 回折格子それぞれの試料電流を計測した.実効的に分光できるエネルギー範囲は,600 mm^{-1} 回折格子が 60〜200 eV,1800 mm^{-1} 回折格子が 150〜600 eV,2400 mm^{-1} 回折格子が 300〜1100 eV であることがわかった.特に,新たに導入した 2400 mm^{-1} 回折格子が遷移金属 Cr〜Zn の L 端を十分にカバーできることを確認できた.なお,1800 mm^{-1} 回折格子のスペクトルに Ni L 端のピークが現れるが,これは Ni コートの回折格子であるためである.

3 枚の回折格子(600 mm^{-1},1800 mm^{-1},2400 mm^{-1})ごとに対応するエネルギー領域で測定した市販化合物の XANES を Fig.4 に示す.スリット幅は 20 μm に固定し,いずれも TEY 法で測定した.なお,Advanced Light Source(ALS)の BL-6.3.2[8]で測定した同一試料の TEY-XANES を併せて示す.BL-6.3.2/ALS では 600 mm^{-1} 回折格子と 1200 mm^{-1} 回折格子を使い,スリット幅は 40 μm に固定して測定し

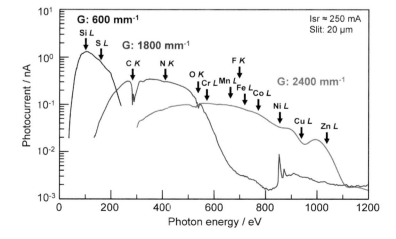

Fig.3 Spectral distribution of the synchrotron radiation beams monochromatized by the 600, 1800, and 2400 mm^{-1} gratings. Intensity of the monochromatized beam was monitored with the photocurrent of a gold plate.

た．BL10/NS の 600 mm^{-1} 回折格子と 1800 mm^{-1} 回折格子を用いると，Al L 端から Mn L 端の 70～700 eV の領域において BL-6.3.2/ALS と同程度以上の分解能で XANES を測定できることが確認できる．2400 mm^{-1} 回折格子では，V L 端から Zn L 端の 500～1100 eV 領域で XANES が十分に測定できることを確認できた．なお，Ni L 端では BL10/NS と BL-6.3.2/ALS で測定

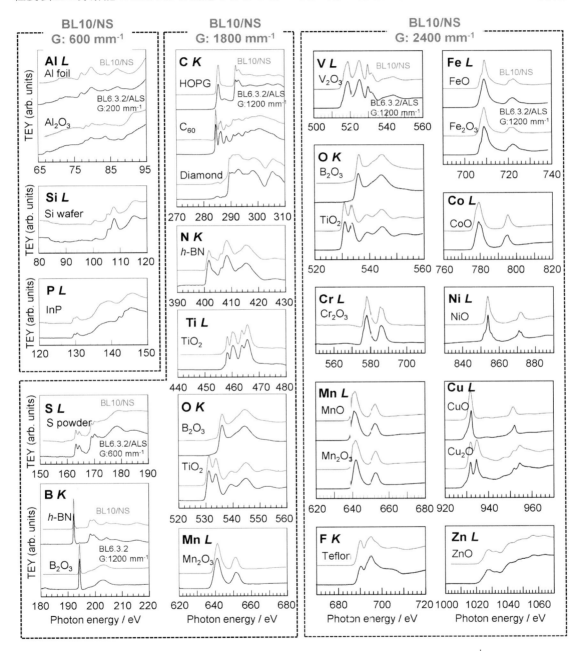

Fig.4 XANES of standard compounds which were measured by the 600, 1800, and 2400 mm^{-1} gratings. XANES of the same samples measured in BL-6.3.2/ALS were also displayed as reference.

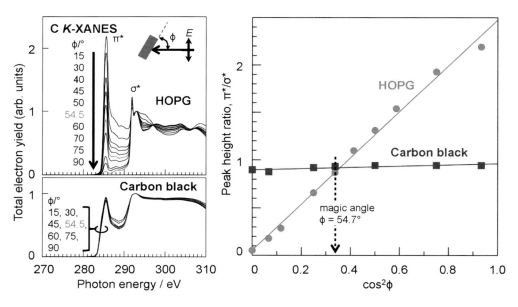

Fig.5 Incident-angle-dependent C K-XANES of HOPG and carbon black (left panels). Right panel shows the relationship between the π^*/σ^* peak height ratio and $\cos^2\phi$.

したXANES形状に差異がみられる．これは光学素子に使われているNiの吸収構造がBL-6.3.2/ALSの入射光スペクトルに現れ，このNi L端の吸収構造がBL-6.3.2/ALSのXANESに反映したためと考えられる．XAS装置で測定した高配向性熱分解黒鉛（HOPG）とカーボンブラック粉末の入射角依存C K端XANESをFig.5に示す．入射角は$\phi = 15\sim90°$（直入射）の範囲で変化させた．なお，両者ともに293 eVのσ^*ピーク高で規格化して描画した．HOPGでは斜入射から直入射になるにつれてπ^*ピーク高が低くなるのに対して，カーボンブラック粉末ではほとんどスペクトル形状に変化がない．これは，HOPGが層状構造をとりπ^*軌道が試料面に対して垂直方向に揃っているのに対して，カーボンブラック粉末ではπ^*軌道の向きがランダムであることに起因する．HOPGのπ^*ピーク高を$\cos^2\phi$に対してプロットすると右上がりの直線になり，カーボンブラックではほぼフラットな直線となる．両者は$\phi = 54.7°$付近で交差し，この角度は配向に依存しないマジックアングルである．これから，XAS装置を用いると容易にかつ任意の角度での入射角依存XAS測定ができることを確認した．

4. 有機薄膜試料の軟X線吸収・反射率測定

近年，有機薄膜を用いた電子デバイスの研究開発が活発であり，このような軽元素からなる薄膜試料に対してXASとXRRが状態分析と膜質評価の有効な分析手法として期待されている．BL10におけるこの分析可能性を確認するため，有機薄膜試料の軟X線吸収・反射率測定を行った．試料はSiウェーハ基板に約100 nmの膜厚で真空蒸着したN, N'-Di (1-naphthyl)-N, N'-diphenylbenzidin（α-NPD）である．このα-NPD/Si試料の反射率測定に先立ち，α-NPDの

配向性の有無を確認するため，XAS装置を用いて入射角（φ）依存 C K 端 XANES を測定した．この α-NPD の入射角依存 C K 端 XANES を Fig.6 に示す．XANES 形状は入射角を φ = 15〜90°の範囲で変えても変化せず，α-NPD 薄膜は配向していなことを確認した．

続いて，XRR 計を用いて α-NPD/Si 試料の TEY-XAS と軟 X 線反射率を測定した．なお，XRR 計内に保持した試料基板に導線をつなげて試料電流を XRR 計から取り出し，XRR 測定と同時に TEY-XAS を測定した．斜入射角（θ）を 5.23°，10.28°，15.20°，20.15°に変化させて測定した XAS スペクトルと XRR スペクトルを Fig.7 に示す．TEY-XAS スペクトルでは，C K 端よりも低いエネルギーの 200〜280 eV 領域において入射角に依存する干渉構造が観測された．この領域では C K 端による X 線吸収が低いため，X 線が十分な強度で α-NPD 膜を透過して膜と基板の界面で反射し，ここで生じる干渉効果が膜表面近傍の試料電流に反映する．この干渉構造は C K 端よりも高いエネルギー領域ではほとんど観測できない．これは C K 端による X 線吸収によって膜内に進入する X 線の強度が低下し，試料電流に反映する干渉効果が低くなったためと考えられる．なお，TEY-XAS の強度は θ が増大につれて低くなるが，C K 端よりも

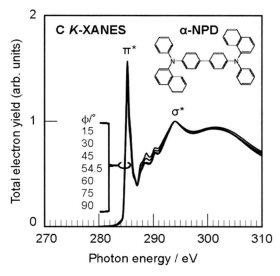

Fig.6 Incident-angle-dependent C K-XANES of the α-NPD film sample.

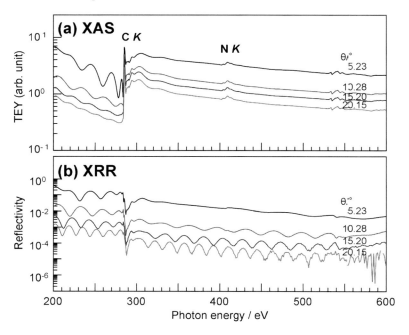

Fig.7 Simultaneously measured TEY-XAS (a) and XRR (b) spectra of the α-NPD film sample, measured with the incident angles of 5.23, 10.28, 15.20, and 20.15°.

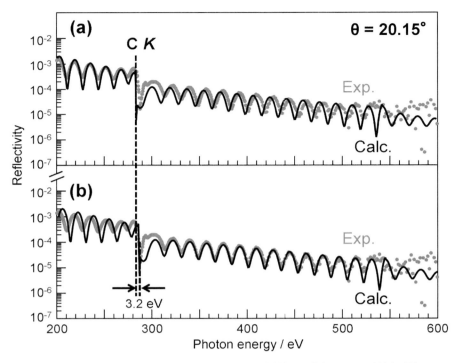

Fig.8 Upper panel (a) shows the calculated XRR spectrum (solid line) of the α-NPD/SiO₂/Si system, compared to the measured XRR spectrum (dotted line) of the α-NPD film sample. Lower panel (b) shows the calculated XRR spectrum shifted with +3.2 eV.

低いエネルギー領域の干渉構造を除いて吸収構造はいずれのθでも同一である．OK端では入射光のスペクトル構造を反映した構造が現れるが，この強度もθに依存しない．もし膜表面が酸化されていれば，低いθの斜入射の場合にO K端の吸収強度が増大すると予想されるが，この強度変化がないことからα-NPD膜表面の酸化は無視できることを確認できた．XRRスペクトルでは，C K端の前後で反射率の変化が起きるものの，200～600 eVの範囲にわたって干渉構造が明瞭に観測された．この干渉構造からα-NPD膜の膜厚を求めるため，Center for X-Ray Optics（CXRO）の反射率シミュレータを用いて，この試料系の反射率をシミュレーションした．計算に用いた試料構造はα-NPD/SiO₂/Siと

し，入射角θ = 20.15°のXRRスペクトルを再現するまでパラメータ（膜厚，密度，界面粗さ）を変化させてシミュレートした．XRRスペクトルの形状をほぼ再現した計算XRRスペクトルをFig.8(a)に示す．C K端よりも低いエネルギー領域の干渉構造は実験XRRスペクトルの周期と振幅と一致するが，C K端よりも高いエネルギー領域になると周期が高エネルギー側にシフトした．しかしFig.8(b)に示すように計算

Table 1 Parameters for the XRR simulation of the α-NPD/SiO₂/Si system.

layer	Thickness/nm	Density/g cm⁻³	Roughness/nm
α-NPD	102.5	1.223	0.5
SiO₂	0.5	2.24	0.5
Si	—	2.33	0.2

XRRスペクトルを3.2 eVシフトさせると，C K端よりも高いエネルギー領域の干渉構造も実験XRRスペクトルを再現した．この計算XRRスペクトルで用いたパラメータの最適値をTable 1に示す．α-NPDの膜厚は102.5 nmであり，これは蒸着時に見積もられた約100 nmの膜厚と整合した．

5. まとめ

NewSUBARUの多目的ビームラインBL10において放射光軟X線分析を実現するため，新たにXAS装置を開発し，XRR計の上流に導入した．また，従来の回折格子（600, 1800 mm^{-1}）に加えて，多層膜コートの2400 mm^{-1}回折格子がビームライン分光器に導入された．BL10の分光性能を評価するため，XAS装置を用いて標準試料のXANESを測定した．分光器に搭載された3枚の回折格子を用いることにより，70～1100 eV領域において軟X線吸収分析に十分な分解能でXANESを測定できることを明らかにした．また，入射角（φ）依存測定から試料の配向構造を評価できることを確認した．XRR計を用いたXASとXRRの同時測定を検証するため，α-NPD薄膜試料のTEY-XASとXRRを測定した．入射角（θ）に依存した干渉構造がXASとXRRスペクトルに観測された．XRRスペクトルの干渉構造をシミュレートした結果，約100 nmの膜厚で蒸着されたα-NPD薄膜の膜厚は102.5 nmであることがわかった．

以上より，BL10において70～1100 eV領域の軟X線吸収・反射率分析が実現できることを示した．今後，多くのユーザによる材料評価にBL10が利用されると期待される．

謝 辞

XAS装置の開発では，平成17年度兵庫県立大学特別教育研究助成，兵庫県立大学平成18年度次世代科学技術研究・重点推進テーマ助成，2012年度先端研究基盤共用・プラットフォーム形成事業（文科省），および御国色素株式会社の支援を受けた．有機薄膜試料を作製して頂いた住化分析センターの末広省吾氏に感謝する．BL-6.3.2/ALSでのXANES測定をサポートして頂いたローレンスバークリー国立研究所のEric M. Gullikson博士に感謝する．

参考文献

1) T. Wananabe, H. Kinoshita, K. Hmamoto, M. hosoya, T. Shock: *LASTI Annual Report*, **2**, 50-51 (2000).
2) 村松康司，潰田明信，原田哲男，木下博雄：X線分析の進歩，**43**, 407-414 (2012).
3) 村松康司，潰田明信，植村智之，原田哲男，木下博雄：X線分析の進歩，**44**, 243-251 (2013).
4) 植村智之，南部啓太，原田哲男，木下博雄，村松康司：兵庫県立大学高度産業科学技術研究所先端技術セミナー2014，ポスター17 (2014).
5) 植村智之，村松康司，南部啓太，原田哲男，木下博雄：X線分析の進歩，**45**, 269-278 (2014).
6) 原田哲男（私信）．
7) 村松康司，Eric M. Gullikson：X線分析の進歩，**41**, 127-134 (2010).
8) J. H. Underwood, E. M. Gullikson, M. Koike, P. J. Batson, P. E. Denham, K. D. Franck, R. E. Tackaberry, W. F. Steele: *Rev. Sci. Instrum.*, **67**, 3372 (1996).

新刊紹介

Street Smart Kids: Common Sense for the Real World

Gordon Myers

ヨコ 152 mm× タテ 229 mm，166 ページ，DTAG Inc, Sherman Oaks, CA (2012)
ISBN 978-1470159467　定価：1932 円（ペーパーバック），711 円（Kindle 版），
0 円（Kindle 端末上のストア）（www.amazon.co.jp 調べ）

　国際会議に出席すると，X 線装置メーカーのブースに座っているのが著者のゴードン・マイヤーズである．以前は SII（セイコーインスツル）のブースにいたが，日立ハイテクノロジーズがエスアイアイ・ナノテクノロジーを 2013 年初めに子会社化したことに伴って，最近は日立のブースに座っている．ゴードンは南アフリカ出身で，25 歳の時，単身バックパッキングで世界旅行に出かけ，ロスアンゼルスに 225 ドルを持って到着し，X 線装置のマーケティングで成功をおさめた．カリフォルニア州在住である．

　本書は，「Jason は裕福な家庭に生まれ，顔立ちも良く，スポーツ万能で，自信に満ちていた」というような 1 ページ前後の物語があって，そこから導き出した「（米国の）厳しい都会で生き抜いてゆくための臨機応変の知恵」（Street Smart）が箇条書きで示してある．本書の数多い Street Smart Tips の中から数例を紹介すると，

・Deciding not to decide is usually not a winning strategy.
・If you know what you are doing is wrong, you have won half the battle.
・Goals are dreams with time limits.
・Love is a verb, not a noun.

などである．www.amazon.co.jp には A great book for adults and teens alike. Young people need to hear this stuff. など多くのカスタマーレビューが出ている．日本人にはなじみの少ない難しい英単語（例えば street-smart のような）も出てくるので，辞書を引きやすい Kindle 版がおすすめである．アマゾンで最初に出てくる画面では紙版は表示されないが，下の方へスクロールして「✔Amazon プライム」などをクリックすると紙版も購入できることがわかる．

　www.streetsmartkids.com でゴードンの写真を見れば，見覚えのある人も少なくないと思う．なおゴードンはこの本だけではなく他にも本を出している．2014 年末にも新しい本が出た（www.builttobully.com）．なお Street Smart Kids の本のことは，2014 年 7 月に東京理科大で開催された蛍光 X 線分析の講習会（隔年）の日立ハイテクノロジーズのブースで教えてもらった．

Gordon Myers
(www.streetsmartkids.com から許諾を得て引用)

［京都大学大学院工学研究科 材料工学専攻　河合 潤］

二重湾曲結晶と SDD を用いた多元素同時分析可能な
波長分散型蛍光 X 線分析装置の開発

大森崇史, 河本恭介, 石井秀司, 谷口一雄

Development of the Novel WDXRF Apparatus with DCCs and an SDD for Simultaneous Analyses on Multi Elements

Takashi OMORI, Kyosuke KOHMOTO, Hideshi ISHII and Kazuo TANIGUCHI

Techno X Co., Ltd.
5-18-20, HigashiNakajima, HigasiYodogawa-ku, Osaka 533-0033, Japan

(Received 26 January 2015, Revised 27 January 2015, Accepted 27 January 2015)

Regarding analyses of trace elements in petroleum, X-ray fluorescence spectrometry (XRF) is a rapid and convenient method, but a lower limit of detection (LLD) is poor compared with requirements. Owing to copious amounts of scattered X-rays, it is difficult to improve LLD by means of energy dispersive X-ray fluorescence spectrometry (EDXRF). Thus, in this study, a fixed channel type wavelength dispersive X-ray fluorescence spectrometry (WDXRF) apparatus was manufactured in combination with more than one DCC and an SDD as a trial. In consequence of monochromatization of both excitation beam and X-ray fluorescence, redundant scattered X-rays were removed, and extremely low background intensities were obtained. This apparatus enables high-precision simultaneous Sulfur and Chlorine analyses. LLDs of Sulfur and Chlorine in gas oil achieved 0.3 ppm and 0.2 ppm by this apparatus, respectively. This value is much lower than regulation value (S = 10 ppm) therefore this result represents effectiveness of this method. To set up many more DCCs enable detection of more elements and lower concentrations.

[Key words] Analysis of trace elements in petroleum, Double curved crystal, Monochromatic X-ray source, WDXRF

石油精製品中の微量元素の分析は，簡便性の観点では蛍光 X 線分析法（XRF）が優れているが，検出下限値は要求に対して劣っている．石油精製品の X 線分析は多量の散乱線が生じるために，エネルギー分散型蛍光 X 線分析（EDXRF）では検出下限値をよくすることは難しい．そこで，本研究では二重湾曲結晶（DCC）と半導体検出器（SDD）を組み合わせて，硫黄と塩素を同時に高精度分析可能な固定チャンネル方式の波長分散型蛍光 X 線分析（WDXRF）装置を作製した．励起 X 線と蛍光 X 線の両方を単色化することにより余分な散乱線は除去され，非常に小さなバックグラウンド強度が達成された．本装置により石油標準物質の測定で得られた検出下限値は S = 0.3 ppm，Cl = 0.2 ppm であり，硫黄の規制値 10 ppm に対して十分に小さく，本手法の有効性を確認できた．さらに DCC を増設することで，より多くの元素に対してより低濃度の分析が可能になると期待できる．

株式会社テクノエックス　大阪市東淀川区東中島 5-18-20　〒533-0033

[キーワード] 石油中微量分析，二重湾曲結晶，単色X線励起，波長分散型蛍光X線分析

1. はじめに

近年，環境汚染や品質・性能の観点から軽油やガソリンなどの石油精製品中の微量元素の定量が求められている．そのなかで最も関心のある元素は硫黄（S）である．そのため石油業界ではSの除去（サルファーフリー）に取り組み，日本国内では現在10 ppm以下[1,2]に規制されている．今後さらに低硫黄化される可能性があり，石油会社はより厳しい値で独自に管理しているケースもある．これら石油精製品中のSの分析法は複数ある[3]が，簡便性の点では蛍光X線分析法（XRF）が優れている．しかし，XRFは他の分析法と比べて検出下限値が高く，さらなる低硫黄化に対応できなくなることが懸念される．検出下限値を下げるためにはピーク強度を増やす，もしくはバックグラウンド強度を減らす必要があるが，石油精製品は炭素（C）や水素（H）といった軽元素を主成分としており非常に強いX線の散乱を生じてしまう．そのため，エネルギー分散型蛍光X線分析法（EDXRF）では計数率の制限から，励起強度を増大させても無効率が増加してしまい，分析性能の向上に簡単には結び付かない．この不要な散乱線を除去し，バックグラウンド強度を減らす方法として波長分散型蛍光X線分析法（WDXRF）の活用が考えられる．しかしスキャン型WDXRFはEDXRFに比べて大型かつ高価であり，分光結晶や検出器の走査のため高精度な駆動部を必要とする．そのため，単元素分析専用機として駆動部を排除し，分光結晶を固定チャンネルとして用いたWDXRF装置の販売もなされている[4]．この方式では，S以外の微量元素，例えば塩素（Cl）やリン（P）も分析したい場合，対象元素数と同じだけの結晶と検出器を配置した大型で高価な多元素同時分析装置を用いるか，複数台の単元素分析専用機を用いる必要がある．そこで，本研究では複数の二重湾曲結晶（Double Curved Crystal：DCC）[5]の焦点を1つの半導体検出器（Silicon Drift Detector：SDD）に集めることにより，検出下限が低く，小型で安価かつ多元素同時分析可能なWDXRF装置を開発したので報告する．

2. 実　験

2.1 装置構成

Fig.1に装置の概略図を示す．X線管（Anode：Ag，50 W）から発生した一次X線はX線管の前に配置されたログスパイラル型の二重湾曲結晶[6,7]によってAg Lα線（2984 eV）だけ分光・集光され，試料に照射される．試料で発生したX線は各固定チャンネルのDCCにより特定元素の蛍光X線だけが分光されSDDで検出される．各固定チャンネルからSDDに向かう光路は異なっており，それぞれの光路上にZrの遮蔽板をシャッターとして配置させてある．そのため，元素間で極端な濃度差がある場合，高濃度の元素チャンネルを閉じて分析することで低濃度の小さなピークが高濃度の大きなピークに埋もれることを防ぐことができる．用いたSDDはKETEKのVITUS H20で，有効面積20 mm^2，窓材Be（thickness：8 μm），エネルギー分解能 ≤ 129 eVである[8]．また，用いた分光結晶は高配向熱分解黒鉛（0002）（Highly Ordered Pyrolytic Graphite：HOPG，2d：6.708 Å）で，モザイク度は0.4 deg.±0.1 deg.である．今回は

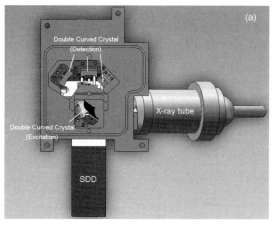
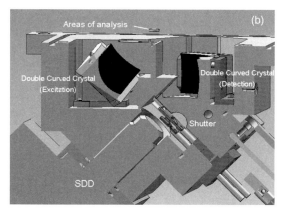

Fig.1 Schematic showing (a) top view and (b) side view of experimental setup.

SKα線（2308 eV），ClKα線（2622 eV）に加えて，散乱X線としてAgLα線を検出するために3つのDCCを配置させた．結晶のサイズはS，Clおよび励起X線用が20×20 mm^2，散乱X線用が10×10 mm^{2}で，結晶の焦点サイズは試料上でφ1 mmである．結晶のエネルギー分解能については，SDD単独でのピークと比べて大幅に悪化していないことは確認している．

2.2 検出下限値の測定

軽油標準物質を測定して検量線を作成し，本装置の検出下限値を算出した．用いた標準物質をTable 1に示す．測定条件は管電圧20 kV，管電流2 mA，測定時間200 s，測定雰囲気はHeである．

2.3 繰り返し精度の確認

軽油標準物質S0316とS0526を重量比2：1で混合し，およそS含有量3 ppmの試料を調製し，単純繰り返し測定を行った．測定条件は管電圧20 kV，管電流2 mA，測定時間200 s，測定雰囲気He，繰り返し回数10回である．

3. 結果と考察

3.1 検出下限値の算出

S濃度の異なる5種類の試料を測定した時のスペクトルをFig.2に，ROIの積算から強度を求めてS濃度に対してプロットした検量線をFig.3に示す．Fig.2から，バックグラウンド強度が極めて低いことが確認できる．ただし，ClKα線の位置に微小なピークが確認できる．試

Table 1 Reference materials of Sulfur and Chlorine for Calibration curve.

Catalogue Number	Element	Certified Value	Certification
S0316	S	0.00 wt%	JPI
S0526	S	9.7±0.5 ppm	JPI
S0527	S	19.5±0.6 ppm	JPI
S0528	S	49.8±0.6 ppm	JPI
S0432	S	103±2 ppm	JPI
150-020-002	Cl	<0.10 ppm	CONOSTAN®
150-200-001	Cl	0.001 wt%	CONOSTAN®

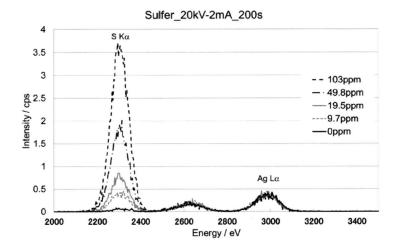

Fig.2 Spectra obtained from measurement of reference materials including Sulfur.

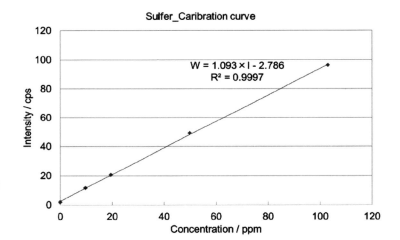

Fig.3 Calibration curve of Sulfur in gas oils.

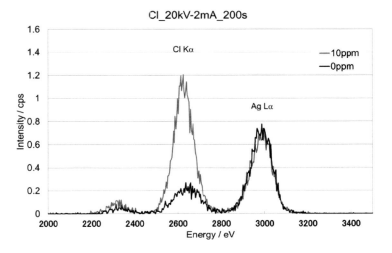

Fig.4 Spectra obtained from measurement of reference materials including Chlorine.

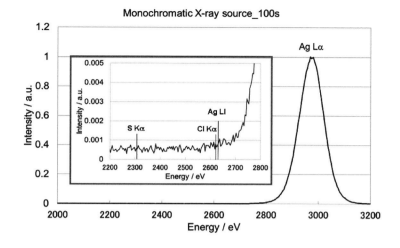

Fig.5 Normalized Intensity profile when an SDD was fixed instead of a sample.

料ごとに強度差がないことから試料汚染とは考えづらく，これはおそらく試料から発生した散乱X線のうち，ClKα線近傍のエネルギー領域のX線がCl用のDCCで回折されたため生じたと考えられる．Fig.3を見ると，良好な検量線が得られており，この検量線からSの検出下限値を求めると 0.3 ppm と算出された．

次にClの標準物質を測定した時のスペクトルを Fig.4 に示す．Fig.4 を見ると，Fig.2 と同様に 3 つのピークだけが確認できる．また，SKα線に比べて ClKα 線のバックグラウンド強度の方が高く見える．その理由について当初はブランク試料のピーク位置がわずかに高エネルギーにずれていることから AgLl 線（2633 eV）を検出してしまっているためだと考えた．そこで，試料位置に検出器を配置し，励起X線のスペクトルを取得した．AgLα 線の最大強度で規格化して得られたスペクトルを Fig.5 に示す．Fig.5 から，AgLl 線は観測されず，ClKα 線と SKα 線はほとんど大差ないことが確認できる．従って，少なくとも Fig.2 や Fig.4 の ClKα 線のバックグラウンド強度は AgLl 線が原因ではない．あるいは，試料や分光器に Pb が含まれている

とすれば Pb M_3-N_4 遷移のピーク（2630 eV）を検出してしまっているかもしれないと考えた．しかし，次の 3 点からこの考えも否定される．① Cl ブランク試料は Pb 0.02 ppm の認証値が与えられている．② M_3-N_4 遷移が発生するのであれば M_5-N_7 遷移（$M\alpha_1$：2345 eV）も発生し，S 用の結晶で検出できるはずだがこのピークは確認されていない．③ Pb M_3 吸収端は 3072 eV であり，AgLα 線で励起できない．ClKα のバックグラウンド強度の原因については今後も検証を続けていく．2 試料の測定強度から Cl の検出下限値を求めると 0.2 ppm と算出された．ClKα 線のバックグラウンド強度が SKα 線と同程度にまで下がれば Cl の検出下限値は 0.1 ppm にまで下がると期待される．

3.2 再現精度

Fig.3 で得られた検量線を用いて，調製した試料の S 濃度の分析結果を Table 2 に示す．その結果，平均値 2.94 ppm，標準偏差（Standard Deviation：SD [σ]）0.14 ppm，相対標準偏差（Relative Standard Deviation：RSD）4.9% が得られた．本装置は励起と検出両方に DCC を用い

Table 2 Repeatability of simple 10 times measurement about Sulfur.

Times	Value
N = 1	2.78 ppm
N = 2	3.18 ppm
N = 3	2.89 ppm
N = 4	3.03 ppm
N = 5	2.86 ppm
N = 6	2.96 ppm
N = 7	2.92 ppm
N = 8	3.11 ppm
N = 9	2.71 ppm
N = 10	3.00 ppm
Average	2.94 ppm
SD	0.14 ppm
RSD	4.9%

ているため分析領域が非常に小さく表面敏感であるが，規制値 10 ppm よりも小さい 3 ppm の試料でも十分な繰り返し精度が得られている．また，Fig.2 と Fig.4 から容易に推定できるように S と Cl がともに数十 ppm 含まれた試料であっても 2 つのピークは完全に分離でき，S と Cl を同時に，高い繰り返し精度で定量可能である．

4. まとめ

DCC と SDD を組み合わせることにより，検出下限値が低く，S と Cl を同時分析可能で小型かつ安価な WDXRF 装置を開発した．軽油標準物質の測定で S の検出下限値は 0.3 ppm，Cl の検出下限値は 0.2 ppm が達成された．本装置の繰り返し精度は高く，S 濃度 3 ppm の試料に対して RSD は 4.9% であった．今後の展開として，S と Cl 以外の元素も同時に分析できるように改良する．ただし，現在の配置では設置可能な DCC の数は 5 個程度が最大であり，それ以上の元素を測定する場合には光学系を検討する必要がある．この 5 つの DCC の対象はすべて異なる元素である必要はなく，同一元素を選択すればより高感度な分析が可能になる．今回は試料室と分光室ともに He 置換で測定を行ったが，He ガスの価格は高騰しており He レスの装置が望まれている．そのため，分光室のみ真空で測定できるように改良を施す予定である．また，今回の測定試料はマトリックスが同じであり散乱線による補正を必要としなかったので，マトリックスが異なる試料に対する AgLα 散乱線の補正の有用性についても検証する．

謝　辞

本研究は新技術開発財団の新技術開発助成の支援を受けて行われている．ここに感謝の意を表する．

参考文献

1) JIS K 2204, 軽油（2007）．
2) JIS K 2202, 自動車ガソリン（2012）．
3) JIS K 2541, 原油及び石油製品－硫黄分試験方法（2003）．
4) X-ray Optical Systems, Inc., http://www.xos.com/products/sulfur-analyzers-sindie/sindie-on-the-go/
5) B. W. Roberts, W. Parrish: "International Tables for X-ray Crystallography", Vol. Ⅲ, Edited by C. H. Macgillavry, G. D. Rieck, K. Lonsdale, p.83 (1968), (The Kynoch Press, Birmingham).
6) 本間 寿: "蛍光X線分析の実際", 中井 泉 編, p.38 (2005), (朝倉書店).
7) 谷口一雄: X線分析の進歩, **40**, 61 (2009).
8) KETEK GmbH, http://www.ketek.net/products/vitus-sdd/vitus-h20/

エネルギー分散型蛍光 X 線分析装置による
米中の Cd スクリーニング法の考え方

タンタラカーン クリアンカモル，河本恭介，
大森崇史，柴沢 恵，石井秀司，谷口一雄

Approach on Screening Analysis of Cadmium Concentrations in Rice Grain Samples by an Energy Dispersive X-Ray Fluorescence Spectrometer

Kriengkamol TANTRAKARN, Kyosuke KOHMOTO, Takashi OMORI,
Megumi SHIBASAWA, Hideshi ISHII and Kazuo TANIGUCHI

Techno X Co., Ltd.
5-18-20, HigashiNakajima, HigasiYodogawa-ku, Osaka 533-0033, Japan

(Received 27 January 2015, Accepted 28 January 2015)

Screening method of hazardous heavy metal elements by energy dispersive X-ray fluorescence (EDXRF) spectrometry is wildly used in automobile and electronic device inspection, provided by ELV and RoHS guidelines. However, food analysis, for example, screening analysis of cadmium in rice becomes a hardest challenge because the restricted concentration of cadmium in rice is much smaller than that of the ELV and RoHS regulations, and is about comparable to the lower limit of detection for EDXRF instruments. In this report, we provide a new solution for EDXRF screening analysis in foods, which is derived along the screening analysis of radioactive cesium in foods. The validity of this method was verified through the analysis on cadmium in rice
[Key words] Rice, Food analysis, Cadmium, Screening method, Scattering correction, Energy dispersive X-ray fluorescence spectrometry

エネルギー分散型蛍光 X 線分析法による重金属のスクリーニングは ELV/RoHS 指令に対応すべき部材のスクリーニング法として広く用いられている．一方，食品中の重金属，例えば米中の Cd に対しては，規制濃度が ELV/RoHS 指令と比べて格段に低く，かつ一般的なエネルギー分散型蛍光 X 線分析装置の検出下限値と同程度となるため，同様にスクリーニングするのは決して容易ではない．そこで，本報では，放射性セシウムのスクリーニングと同様な考えにもとづく，散乱線補正とその誤差伝播を取り入れた新たな蛍光 X 線スクリーニング法を構築した．またこれを米中の Cd 分析に適用し，その有用性を確認した．

[キーワード] 米, 食品分析, カドミウム, スクリーニング法, 散乱線補正, エネルギー分散型蛍光 X 線分析

1. はじめに

消費者の安心・安全を確保するために生産現場および流通上の米中 Cd 濃度を規制値（0.4 ppm）以下と証明する事が生産並びに流通従事者に求められている．これまでは公定法に準じた原子吸光法などの湿式分析が主に用いられてきた．しかしこれらは高価な装置である上に試料前処理などの手間を要する．一方，工業材料の分野では部品等の有害物質管理にエネルギー分散型蛍光 X 線分析法（EDXRF）が用いられている．例えば，ELV 指令（廃自動車指令）及び RoHS 指令（電気電子機器に含まれる特定有害物質の使用を制限する指令）に対しては，まず EDXRF によるスクリーニング法が行われる．ELV/RoHS 指令の Cd の最大許容含有量（規制値もしくは管理値，基準値）100 ppm に対し，一般的な EDXRF 装置では Cd の検出下限値（LLD：Lower Limit of Detection）が数 ppm となり，管理値に比べて十分小さいため，検定の概念を取り入れなくても正規分布による測定値の誤差をもとに，管理値の 1/4 を LLD として，管理値の 1/2 をスクリーニングレベルとするスクリーニングを行ってもおおむね問題は生じない．しかし，規制値が LLD の数倍程度以下の場合には，上記のようなスクリーニングの考え方では誤った判断をする可能性が高い．これは測定値から t-分布にしたがう「真値」の分布を推定（t-検定）する必要があるのに，測定値の正規分布で考えているためである．特に t-分布の裾の値（確率分布＝高さ）は正規分布の裾の値よりも大きいため，リスクを低く見積り過ぎており，合格となったものに想定以上の不合格試料が含まれることとなる．

食品中の Cd の場合はコーデックス（CODEX）委員会により，米中 Cd の最大許容含有量として 0.4 ppm[1] が勧告（食品により規制濃度は異なる）されている．この値は一般的な EDXRF 分析装置の LLD と同じ程度である．簡易で試料をそのまま分析できる EDXRF は食品，例えば米中 Cd の迅速なスクリーニングにも適していると考えられる[2-4]が，肝心の低濃度の Cd に対応するスクリーニング法はまだ提案されていない．

この LLD と規制値（基準値）の関係と同じ様な状況が，食品中の放射性 Cs のスクリーニングでも成り立っている．これに対しては t-検定に「ほぼ」準拠した厚生労働省による「食品中の放射性セシウムのスクリーニング法」[5] が提案されている．

本報では食品中の放射性セシウムのスクリーニング法に沿ったエネルギー分散型蛍光 X 線分析装置による米中 Cd スクリーニング法を構築する．まず Cd の X 線強度に散乱線補正とその誤差伝播を考慮した測定条件式を導出し，続いて白米標準物質の繰り返し測定結果からスクリーニングレベルを推定し，その有用性を確認する．

2. 実　験

2.1 分析装置

測定には，テクノエックス社の Cd 分析に特化したエネルギー分散型蛍光 X 線分析装置 FD-08Cd を用いた．X 線管球はエンドウィンドウ型空冷式最大出力 50 W，最大励起電圧 50 kV のタングステン管球を使用した．フィルター法を用いてバックグラウンドをより低減させている[4, 6]．検出器システムは液体窒素不要で高分解能，かつ，高計数を有する Si 半導体 X 線検出器（SDD：Silicon Drift Detector）2 組で構成し

た．これは検出効率を稼ぐためであり，1つのSDDの有効面積は20 mm^{2}である．

2.2 Cd分析

試料として，産業技術総合研究所（AIST：National Institute of Advanced Industrial Science and Technology）の認証標準物質白米粉末である食品分析用 NMIJ CRM 7501-a, 7502-a, 7503-a（Cd含有量 0.0517, 0.548, 0.194 ppm）を用いた．各粉末試料 3.0 g を直径 20 mm のダイスに装填し，油圧プレス機により荷重量 15 kN/cm^2，10分間加圧した．測定はX線管球の印加電圧 50 kV，管電流 1 mA，1800 秒測定を行った．分析線は Cd Kα 線（23.17 keV）を選択した．この結果をもとにまず検量線を作成した．次に導出した条件式から LLD-0.1 ppm の測定時間を求めた．最後にスクリーニングレベルの検証として，規制値の 1/2 である 0.2 ppm のスクリーニングレベルに近い Cd 含有量 0.194 ppm の NMIJ CRM 7503-a を用いて Cd Kα 線のX線強度を計測した．散乱線補正には Cd 吸収端より高エネルギーのバックグラウンド強度を用いた．

3. 結果と考察

3.1 散乱線を考慮した t-検定に基づくCdスクリーニング法の構築とLLDの算出

食品中の放射性セシウムスクリーニング法では，LLDを基準値の1/4以下としたうえで，基準値の1/2以上の値となる「スクリーニングレベル」を片側危険率1%のt-検定のスキームに「ほぼ」したがって算出している．「ほぼ」というのはスクリーニングレベル（測定値の真値の分布の99%上限値）を決める際の分散に「スクリーニングレベル」の濃度の試料を5回以上繰り返し測定した際の不偏分散を用い，実際のスクリーニングは対象試料の1回の測定から判断する点である．スクリーニングレベルの試料と判定対象試料の繰り返し測定の不偏分散が等しい保証は厳密にはないが，この仮定はほぼ正しいと判断できる．したがって，スクリーニングレベル以下と判定された試料の「真値」の分布が基準値を99%以上（危険率を1%以下）の確率で下回ることとなる．標準偏差（不偏分散の平方根）が測定カウントの平方根と等しい，すなわち大数の法則が成り立つならば，LLDが基準値の1/4としたときに理論的にスクリーニングレベルが基準値の1/2以上となるためには5回以上の繰り返し測定が必要で，4回以下の繰り返し測定では条件を満たさない．

この考え方を米中の Cd スクリーニング分析に適用する．米中 Cd の規制値は 0.4 ppm であるため，LLD 0.1 ppm 以下（規制値の 1/4 以下）の条件のもと，5 回以上の繰り返し測定結果から規制値の 1/2 以上である 0.2 ppm 以上となるスクリーニングレベルを定義できる．スクリーニング分析から得られた測定値がスクリーニングレベル未満と判断された場合，その試料の Cd 含有量の真値が規制値の 0.4 ppm 以上の値となる確率（危険率）を 1% 以下とすることができる．すなわち測定値がスクリーニングレベル未満であれば合格，以上であれば不合格もしくは精密検査対象となる．

まず必要な LLD 0.1 ppm 以下（汎用性を持たせるなら規制値の 1/4 以下の値）を得るための計測時間は，厚生労働省の放射性セシウムのスクリーニング法から同様に

$$n_L - n_b \geq 3\sqrt{\frac{n_L}{t_L} + \frac{n_b}{t_b}} \qquad (1)$$

とおける．ここで n はピーク強度（cps），t は測定時間（s）で，添え字の L, b はそれぞれ規

制値の 1/4 以下の濃度 L の試料（例えば Cd 濃度 0.1 ppm 試料）とブランク試料（バックグラウンド）での値を示す．等号が成り立つときの t_L が濃度 L = LLD となる測定時間である．ただし，蛍光 X 線分析の場合，実試料である粒状の米試料から正しい測定値を得るために形状補正のための散乱線補正が必要である．散乱線補正に用いる X 線強度とその誤差伝播を考慮したうえで散乱線補正を取り込むと LLD 判定式

$$\frac{n_L}{s_L} - \frac{n_b}{s_b} \geq 3\sqrt{\left(\frac{n_L}{s_L}\sqrt{\left(\frac{1}{n_L t_L}\right) + \left(\frac{1}{s_L t_L}\right)}\right)^2 + \left(\frac{n_b}{s_b}\sqrt{\left(\frac{1}{n_b t_b}\right) + \left(\frac{1}{s_b t_b}\right)}\right)^2} \quad (2)$$

が導出できる．ここで s は散乱線強度（cps）を表し，他の記号，添え字は式（1）と同じである．

もっとも単純なケースである LLD が 0.1 ppm の場合を考えると，必要な測定時間は 0.1 ppm に近い試料から X 線強度を計測し，その結果から求めるべきである．しかし，現在，Cd 濃度 0.1 ppm を保証している米標準物質がないため，代わりに Cd 濃度 0.194 ppm の NMIJ CRM 7503-a 標準物質を用いて，統計的に Cd 濃度 0.1 ppm のときの X 線強度を推定した．また Cd 濃度ゼロを保証している標準物質もないため，十分低い Cd 濃度 0.0517 ppm の NMIJ CRM 7501-a 標準物質をブランク試料として用いた．測定結果を Table 1 に示す．Table 1 の Cd 濃度 0.194 ppm とブランク試料の 5 回繰り返し測定（各 1800 s）結果から 0.1 ppm の Cd の X 線強度を推定した．この結果を式（2）に代入すると，測定時間 596 秒以上で LLD 0.1 ppm を達成できることが分かる．

3.2 スクリーニングレベルの確認

厚生労働省の食品中の放射性セシウムのスクリーニング法では，スクリーニングレベル濃度の試料での 5 回以上繰り返し測定の分散と平均

Table 1 Measuring result of reference standard samples (1800 s).

Sample	Type	Cd concentration (ppm)	Count rate of Cd Kα line (cps)	Count rate of scattering X-ray (cps)
NIMJ CRM 7503-a	Pellet	0.194 ± 0.007	172.05	338.64
			172.44	388.71
			171.71	338.29
			171.52	338.85
			172.03	338.96
	Mean		171.95	338.69
NIMJ CRM 7501-a	Pellet	0.0517 ± 0.0024	169.11	391.30
			169.26	390.46
			169.66	391.69
			168.91	391.80
			169.38	391.31
	Mean		169.26	391.31

値から，真値（t-分布にしたがう）が基準値を超える確率（危険率）を1%以下にすることを目指す．すなわち

測定値分布の99%上限値
$= \mu + \sigma t_{k-1, 0.01} <$ 規制値　　　(3)

となる．ここで測定結果の平均値（μ），標準偏差（σ），測定回数（k），片側危険率1%の自由度k-1のt値$t_{k-1, 0.01}$となる．式（3）を満たせばμをスクリーニングレベルとして採用できる．スクリーニングレベルは基準値（規制値）の1/2以上で，かつ式（3）を満たせばどのような値を採用してもかまわない．簡単には規制値の1/2が使われる．なお最大のスクリーニングレベルはσの値がμの平方根に比例するとして，再帰的に計算できる．（ただし式（3）に等号はないので厳密には最大値ではない）

既に述べたようにLLDが規制値の1/4のとき，5回以上の繰り返し測定の分散を用いることで規制値の1/2の値のスクリーニングレベルが採用できる．すなわち，596秒以上の測定であれば米中のCdの規制値0.4 ppmに対しスクリーニングレベル0.2 ppmを用いて危険率1%で判定できる．

Cd濃度0.194 ppmの標準物質試料の1800 s測定と600 s測定の結果をTable 2に示す．まず1800 s測定の結果では測定平均値0.25 ppmと標準偏差0.02 ppmが得られた．600 s換算の標準偏差はこの$\sqrt{3}$倍となり，t分布の片側危険度0.01，自由度4のときt = 3.747である．よって，式（3）から測定値分布の99%上限値は0.32 ppmとなる．一方，同試料の600 sの繰り返し測定を行い，別途作成した検量線を用いてCd濃度を導き出すと，測定平均値0.25 ppmと標準偏差0.03 ppmが得られた．この場合，測定値分布の99%上限値は0.35 ppmとなる．この結果から測定時間を1800 sおよび600 sにしても測定値分布の上限値は規制値0.4 ppmを超えないため，このスクリーニング法の妥当性が確認できた．両者の測定平均値は規制値の半分である0.20 ppm以上に対し，正方向に0.05 ppmのバイアスが生じているが，繰り返し測定結果から式（3）が成立しているため実際のスクリーニングレベル（規制値1/2以上）は実測の平均値0.25 ppmとなる．すなわち測定値が0.25 ppm未満であれば合格，以上であれば不合格もしくは精密検査対象となる．この平均値のバイアスは検量線作成に用いた散乱線強度のエネルギー範囲が最適化しきれていないためだと考えられる．

今回の検量線作成にはCdK吸収端より高エネルギー側のバックグラウンド強度を散乱線強度としてCdKα線の蛍光X線強度に補正したが，測定された散乱線はレイリー散乱とコンプトン散乱を含む連続X線であったため，用いるエネルギー範囲によってレイリー散乱の影響が異なる．よってスクリーニングレベルにバイアスのない正しい測定値を得るために散乱線の測定範囲の検討および最適化が必要となる．

Table 2 Measuring result of reference standard samples NMIJ CRM 7503-a (1800 s and 600 s).

N = 5	Measurement time	
	1800 s	600 s
1	0.22 ppm	0.21 ppm
2	0.26 ppm	0.29 ppm
3	0.28 ppm	0.24 ppm
4	0.26 ppm	0.26 ppm
5	0.24 ppm	0.24 ppm
Mean	0.25 ppm	0.25 ppm
Standard derivation	0.02 ppm	0.03 ppm

4. まとめ

以上，米中 Cd のスクリーニング法の考え方及び必要な測定条件式を構築した．白米標準物質中の Cd にこの手法を適用し，必要測定時間を算出した．スクリーニングレベルは規制値 1/2 以上に近い試料を 5 回以上の繰り返し測定の平均値と標準偏差から求めた．600 s の測定においてスクリーニングレベルである Cd 濃度 0.25 ppm 未満の測定値が得られた場合，真値は規制値 0.4 ppm を超えないと判断できた．また補正に使う散乱線強度のエネルギー範囲の検討および最適化は今後の重要な課題である．また実際にスクリーニング分析を行う試料は米粒および粉末状であることと，通常は 1 回測定での判定となるために，両者の観点から，今後このスクリーニング法の有効性を実験的に確認する予定である．

謝　辞

本研究を進めるにあたり，日本分析化学会・X 線分析研究懇談会の「蛍光 X 線分析による食品中カドミウムの簡易・迅速な分析法」に関するワーキンググループから多くの知識や示唆を頂いた事に感謝致します．

参考文献

1) 厚生労働省・農林水産省：コーデックス委員会総会における食品中のカドミウムの国際基準の評価結果について，平成 17 年 7 月 11 日プレスリリース（2C05）．
2) 俣野有美，宇高　忠，二宮利男，野村惠章，一瀬悠里，沼子千弥，谷口一雄：X 線分析の進歩，**37**, 112 (2C06).
3) 永山裕之，小沼亮子，保倉明子，中井　泉，松田賢士，水平　学：X 線分析の進歩，**36**, 235 (2005).
4) 村岡弘一，粟津正啓，宇高　忠，谷口一雄：X 線分析の進歩，**42**, 299 (2011).
5) 厚生労働省"食品中の放射性セシウムスクリーニング法"，http://www.mhlw.go.jp/stf/houdou/2r985200000246ev.html（2012 年 3 月）．
6) タンタラカーン クリアンカモル，小林由季，粟津正啓，宇高　忠，谷口一雄：第 48 回 X 線分析討論会公演要旨集，p.112 (2012).

簡易な蛍光 X 線キットによるタンタルの定量

国谷譲治

A Study of Quantitative Analysis of Tantalum with a Mini XRF Kit

Joji KUNIYA

Shinetsu Chemical Co., Ltd. Gunma complex
2-13-1 Isobe, Annaka-Shi, Gunma 379-0127, Japan

(Received 29 January 2015, Accepted 29 January 2015)

A mini-X Ray kit (Amptek Inc.) was used for a study of quantitative analysis of tantalum element in tantalum oxide (Ta_2O_5) and lithium tantalate (LT). Sample was dissolved with hydrofluoric acid, and little of zinc nitrate solution was added for internal. The solution was equipped into a liquid cell (with 6 μm polypropylene window) with plastic syringe. A Mini-X X-Ray source (Ag: 35 kV-50 μA) and a 123-SDD Detector (peak time: 2.4 μs, accumulation time: 120 sec) were used for this measurement. The tantalum concentration was obtained as average value of gross and net counts calculations. Tantalum content and error of one of Ta_2O_5 and two of LT are determined as 81.0±0.8wt% (Ta_2O_5) and 76.0±1.5 and 76.5±0.1wt% (LT). These results are consistent with theoretical values within determination error.

[Key words] Tantalum, Quantitative analysis, XRF

タンタル化合物をフッ酸で溶解して簡易な蛍光 X 線分光計を用いてタンタルの精密定量を試みた．測定には 6 μm のポリプロピレン膜が窓のテフロンの液体セルを用いた．溶解液に内標準として亜鉛を加え，小型の X 線管（銀ターゲット：35 kV-50 μA）とシリコンドリフト検出器のキットを用いて測定した．その結果，五酸化タンタルの 1 試料とタンタル酸リチウムの 2 試料のタンタル含有量（重量%）を，それぞれ 81.0±0.8% 及び 76.0±1.5 と 76.5±0.1% と求めた．±値は定量誤差（2σ）である．これらの結果から，溶液系であれば定量が困難なタンタル系化合物のタンタル含有量を簡易な蛍光 X 線分光系を用いても正確に求め得ることが判った．

［キーワード］タンタル，定量分析，蛍光 X 線分光法

1. はじめに

タンタルは物理的にも化学的にも特異な性質を持つ希少な元素である．この元素の蓄電性を用いたタンタルコンデンサーはエレクトロニクス製品には重要な電子部品で，酸化物結晶のタンタル酸リチウム［五酸化タンタル（Ta_2O_5）と酸化リチウム（Li_2O）の化合物で，組成式は

LiTaO₃である．以下，LTと記す］の圧電特性を用いた表面弾性波フィルターは小型の回路を備えなければならない携帯電話には必須のデバイスである．また，LTは非線形な光学性質や焦電性など特殊な機能も有している．

タンタルを含む素材の物理的な特性を評価する上で，タンタル量を正確に把握することは重要である．元素の精密な定量には様々な手法があるが，現在のところタンタルを正確に定量するには，フッ酸や強い塩基系に溶解[1]して沈殿させる重量法の他に適当な手法はない[2]．誘導結合プラズマを用いる発光分光法（ICP-OES）や質量分析法（ICP-MS）は元素分析法として一般に定着している．しかし，前者は比較的高い濃度での測定も行えるが精密な定量には不向きである．また，後者は測定できる濃度が比較的低いので，主成分に近い元素の測定では希釈率を著しく高くしなければならず必ずしも適当な手法とは言えない．これに対して，蛍光X線分光法は比較的高い濃度でも安定した強度の信号を得られ易く，タンタルのように高い原子番号の元素であれば大気雰囲気での測定が可能であるなど制約は少ない．さらに，最近の半導体検出器を用いれば，簡便に広いエネルギー範囲を短時間で測定できるなどの利点もある．

タンタルは耐酸性が強く，タンタル系物質の溶解にはフッ酸が欠かせない．また，水酸化アルカリで溶解する場合には，タンタルの加水分解が著しく，過酸化水素を加えても一時的にしか沈殿の生成を防ぐことができない．このような系を比較的高いフッ酸溶液系に置き換えれば，タンタルを溶液中に安定して保持することができる．この溶液はタンタル原子がイオンとなって溶解しているので，密度が高い固体の場合とは異なって，粒子径の影響などの蛍光X線測定での不都合を軽減できると考えられる．

そこで，本検討では簡易な蛍光X線分光キットを用いて，フッ酸が共存する強酸性溶液系でのタンタルの定量を試みた．簡易な蛍光X線キットを用いた理由は，先ず溶液は均一な系なので比較的弱い出力のX線源を用いても安定して特性X線を得られる可能性があること，次にフッ酸などの揮発性で腐食性の成分を絶えずヘリウムでパージする市販の下面照射方式の装置に投入することは好ましくはないと考えたためである．

2. 実　験

2.1　検量および試料溶液の調製

不純元素と酸素含有量を測定して99.5％以上の純度と判断した五酸化タンタル粉末の6.0 g程度を精密に秤量し，40 mLのPFAチューブに20 mLのフッ酸とともに密閉して140℃のブロックヒータで凡そ2時間保温して溶解した．その後，フッ酸の20 mLと水で希釈して，タンタルの検量用の標準原液とした（この溶液のタンタル濃度は2.32 wt％であった）．Sigma-Aldrich社の硝酸亜鉛六水和物（$Zn(NO_3)_2/6H_2O$）の23.7 gを少量の水と10 mL程度の硝酸で溶解した後，亜鉛濃度が2.0 wt％となるように水で希釈して，内標準用の亜鉛の原液とした．50 mLのプラスチック製の遠沈管に，上述の亜鉛原液の2.0 mLとタンタル標準原液を0.8 mL毎に0～9.6 mLまでの13水準をそれぞれ重量で採取して，フッ酸と硝酸が10容量％の混酸で希釈して50 mLとした．これら，13水準のタンタルの検量溶液は各水準ともn＝2で調製した．

タンタル定量用の試料には，顆粒状の五酸化タンタルと粉砕した結晶状のLTをそれぞれ

用いた．いずれの試料も0.1 g程度を精密に秤量して10 mL程度のテフロン（PFA）容器に3 mL程度のフッ酸とともに密封し，ブロックヒータで凡そ一夜～一昼夜の間160℃に保って溶解した．溶解液を予め秤量した15 mLのポリスチレン製の遠沈管に移し，水で希釈して10 mLとした後，この遠沈管を再度秤量して重量を求めて，処理溶液とした．この処理溶液は試料毎に3つを別々に用意した．タンタル検量溶液の調製に用いた亜鉛原液の0.25 mLと試料の処理溶液の1.6～2.0 mLを15 mLの遠沈管に重量で採取した後，フッ酸と硝酸がそれぞれ10容量％の混酸を加えて凡そ5 mLに希釈して，この溶液を測定溶液とした．この測定溶液は1つの処理溶液について2つを用意した．従って，この検討では1つの試料について3つの処理溶液（溶解液）を調製し，それぞれの処理溶液について2つの測定溶液を調製したので，1つの試料について合計で6つの測定試料を用意したことになる．

2.2 測定装置等

測定にはAmptek社のXRFキット（X線管：Mini-X X-Ray Tube（Ag）と検出器：X-123SDDをこのキット専用のベースプレートに固定した）を用いた．このキットをFig.1に示した．タンタルの検量溶液と試料の測定溶液はいずれも，プラスチックシリンジを介して液体セル（X線の照射側に6 μmの，背面に50 μmのいずれもPP膜を窓としたテフロン製の自作セルで，X線の照射位置を調整できるようにXYZステージに載せている）に供し，定時間の測定により積算スペクトルを得た．スペクトルの測定と特性X線の積算値の算出にはこのXRFキットに付属のADMCAソフトウエアを用いた．

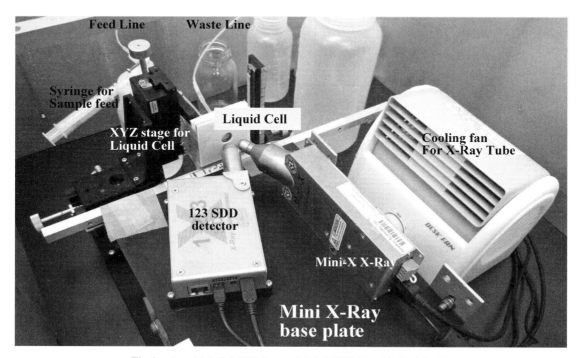

Fig.1 Amptek Mini-X X-Ray and 1-2-3 SDD kit with liquid cell.

3. 測定結果および考察

3.1 測定条件の検討

タンタルと亜鉛をそれぞれ 0.46 及び 0.08 wt% を含む，フッ酸と硝酸がそれぞれ凡そ 10 容量 % の溶液を液体セルに供して，X 線管の電圧及び電流値を変化させ，Zn-Kα 及び Ta-Lα 線の強度の変化を 30 秒間の積算スペクトルから観察した．結果を Fig.2 に示した．管電流を 30 μA に保ったまま管電圧を 10 kV から次第に

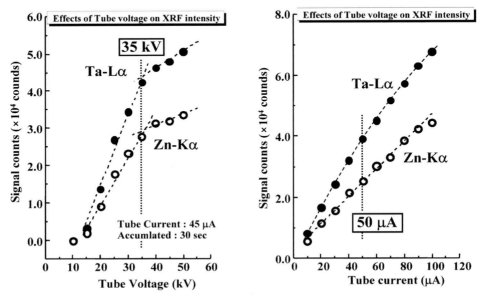

Fig.2 Effects of tube voltage and current on Ta-Lα and Zn-Kα counts. (a) Effects of tube voltage, (b) Effects of tube current.

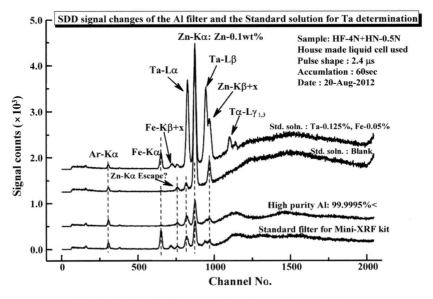

Fig.3 Typical XRF spectra of tantalum and zinc solution.

大きくしたところ，40 kV 程度まではいずれの特性X線とも線形に増加したが，それ以上の電圧では増加の程度が小さくなった．この結果から，管電圧は 40 kV より少し低い 35 kV でも十分な励起を行えると判断した．次いで，管電圧を 45 kV に保ったまま電流値を大きくしたところ，いずれの特性X線もこのX線管の許容の上限である 100 μA（45 kV の励起電圧での許容電流値）まで電流値の増加に従って大きくなった．即ち，Zn-Kα 線の強度は電流値に従ってほぼ線形に増加したものの，Ta-Lα 線は電流値に対して線形関係から僅かに低下する傾向を示した．この理由は，この検討で用いた溶液のタンタル濃度が亜鉛のそれの 6 倍弱と高いので，Ta-Lα 線の自己吸収が現れやすくなったためと考えている．この観察から，管電流は高い方が高いカウント値を得られるが，電流値を高く設定するとX線管の基板温度が短時間で上昇し易いので，最大値の半分の 50 μA が適当と判断した（過去に，このX線管を最大出力に近い範囲で使用したところ比較的短い運転で基板温度が上昇してしまい，基板温度が 35℃程度を超えるとX線を発生できなくなってしまうことがあった）．

これらの検討から，この測定でのX線管の電圧と電流は，35 kV-50 μA 程度が妥当と判断した．

これらの条件に従って測定した代表的なスペクトルを Fig.3 に示した．この図の下段の 2 つのスペクトルはX線管やセルなどの雑音をモニターしたものである．このX線管には，X線の出射部分にターゲット由来の Ag-L 線を取り除くためのアルミニウムホイル（20 μm の厚み）が標準で取り付けてある．このアルミホイルは標準的な純度であるらしく，最下段のスペクトルのように明らかに鉄由来の信号（Fe-Kα 線）

が現れている．そこで，このキットを用いて鉄を測定しなければならない場合に備えて高純度のアルミニウムホイル（Aldrich 社）に置き換えた．その結果，Fe-Kα 線は図に示したように大きく低減して，比較的少量の鉄（溶液中で 0.01% 程度）の定量も可能になっている．これら 2 つのスペクトルに現れている弱い亜鉛の信号は，このセルを固定するために用いたアルミニウムや副資材に由来するもので，以下の測定ではX線の照射領域の周囲にテフロン（PTFE）の薄い板を貼り付けて，この亜鉛の信号が現れないようにした．

上段の 2 つは，内標準の亜鉛を 0.1 wt% 含む溶液（下側）とこの溶液にさらに 0.25 wt% のタンタルを加えて（上側），60 秒間の積算を施して得たスペクトルである．これらの図から，Ta-Kα 線と Zn-Kα 線は完全に分離していることが判る．この 2 つのピークより高いチャンネル位置（高エネルギー側）には Ta-Lβ 線と Zn-Kβ 線がほぼ重畳して現れ，さらに高いチャンネル位置には弱い Ta-Lγ 線が現れている．また，これらのスペクトルには鉄以外の弱い信号（エス

Table 1 Mini-XRF conditions for tantalum determination.

XPF Tube:	Amptek mini-X X-ray Tube (Ag target)
	Excited : 35 kV-50 μA (1.75W)
	Filter: Al-20 μm (Aldrich high purity used)
	Collimator: 2 mm standard
Detector:	Amptek Super 1-2-3 SDD (Silicon drift detector)
	MCA Channel number: 2048
	LLD Threshold: 3.03%
	Gain: 66.19, Peak Time: 2.4 μs
	Accumulation Time: 120 sec
Liquid Cell:	House made
	Teflon body with 6 μm polypropylene window (10 mm-id)
	Liquid feed: with a 5 mL plastic syringe by manually

ケープピークなどと推定している）も現れている.

これらの検討から，以後の測定では Table 1 に示した測定条件を用いた.

3.2 タンタルの検量と定量結果

上述の測定条件に従って，13 水準の標準溶液と 3 つの試料溶液（Ta_2O_5 の 1 試料と LT の 2 試料）を測定した.

Table 1 の条件に従って得た標準溶液のグロス値とネット値から求めた検量データを Fig.4 に示した. この図はタンタルの絶対量とカウント値を，内標準に用いた亜鉛の絶対量とカウント値を用いて規格化して得たプロットである. この図から，グロス値とネット値のプロットはいずれも僅かに線形からは外れているものの，いずれも二次式で表せることが判った. グロス値とネット値のプロットの回帰結果から，これらの二次式の相関係数（R^2）はそれぞれ 0.99992 と 0.99976 と求まり，ネット値の検量精度はグロス値のそれよりもわずかに低くなっている.

この検量プロットの精度を詳細に比較するため，グロス値とネット値の回帰式に現れる誤差を最小二乗法により求めた. これらの誤差（いずれも 1σ である）は図中に記した回帰式の係数の後の括弧内に示した. これらの誤差を比較すると，ネット値の回帰式に現れる一次の係数の誤差はグロス値のそれと比較して凡そ 2 倍も大きい. そこで，この検量データの中央付近の測定データを用いて，グロス値とネット値にこれらの誤差を加味してタンタルの定量誤差を推定したところ，グロス値とネット値の推定誤差は中央値に対してそれぞれ ±2.5 wt% と ±4 wt% 程度となり，ネット値の定量値の誤差はグロス値のそれよりも 2 倍程度大きくなるらしいことが判った.

ネット値による検量の誤差がグロス値のそれより大きい原因は，ネット値はグロス値からこの測定系が持つ散乱（溶液が水系で測定セルの窓が PP 膜であるため，いずれも散乱を生じやすい軽元素系である）などが主な信号のベースライン信号を差し引いたためと考えた. 即ち，ネット値を用いた計算では Ta-Lα 線と Zn-Kα 線のいずれとも上述のベースライン信号を差し引いているので，グロス値と比べてカウント値に占める誤差の比率が高くなっている. また，ベースラインの差し引き量は Zn-Kα 線の方が大きい. その結果，ネット値の回帰式の誤差はグロス値のそれよりも大きくなったと考えて良い.

これら 2 つの検量データを用いて，Ta_2O_5 と LT のタンタル含有量を求めた結果を Table 2 に

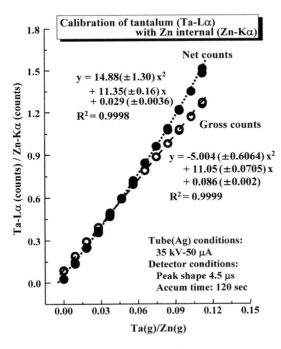

Fig.4 Calibration results of tantalum by gross counts and net counts normalized by Zn counts as internal.

Table 2 Measured Ta content (wt%) in Ta_2O_5 and LT sample by the Mini-X Ray kit.

Sample	Ta_2O_5	LT-1	LT-2
Theoretical Ta content (wt%)	81.9	76.7	76.7
(1) Gross			
Run-1-1	81.5	73.7	76.6
Run-1-2	80.9	76.4	76.5
Run-2-1	80.7	76.4	76.7
Run-2-2	80.9	76.2	76.7
Run-3-1	80.8	76.8	76.6
Run-3-2	80.7	76.1	76.7
Average	80.9	76.4	76.5
CV value (2-σ)	0.45	1.52	0.14
(2) Net			
Run-1-1	81.6	73.9	76.7
Run-1-2	80.2	76.2	76.0
Run-2-1	80.8	76.3	76.3
Run-2-2	80.8	76.6	76.6
Run-3-1	81.5	76.5	76.2
Run-3-2	81.3	76.0	76.5
Average	81.0	76.0	76.4
CV value (2-σ)	0.63	1.53	0.12
Average of (1) and (2)			
Ta content (wt%)	81.0	76.0	76.5
CV value (2-σ)	0.54	1.52	0.13

示した．その結果，グロス値とネット値から求めたタンタル含有量はほぼ一致していて，上述のグロス値とネット値の検量データから予想したほどの定量誤差は現れていないことが判った．Table 2 の値を詳細に比較すると，LT-1 の Run-1-1 はグロス値とネット値のいずれでも他の場合よりも低い値となっている．この原因は，この試料の測定溶液がタンタルを含まないブランク溶液の直後の測定であったためと考えている．また，Ta_2O_5 の Run-1-1 と Run-1-2 は同じ処理溶液から調製した測定溶液であるにもかかわらず，LT-1 の Run-1-1 のようにグロス値とネット値のいずれでも 1 wt% 程度の違いがあり，さらに Ta_2O_5 の Run-3 ではネット値のタンタル量はグロス値のそれより 0.6 wt% 程も高い値となっている．これらの原因は明らかではないが，試料の調製や計測の誤差など複数の要因が重なって生じたものと考えている（Run-3 のネット値が高い原因は後者の可能性が高い）．この表に示したグロス値とネット値から求めたタンタル含有量の定量誤差である CV 値は，Fig.4 のグロス値とネット値の検量の回帰誤差から推定した値（95% 信頼範囲とした場合，それぞれ ±2.5% 及び ±4%）の半分以下となっていて，検量データから推定した定量誤差よりかなり小さい．この理由は，検量データが各水準で n = 2 であるのに対して，タンタル試料は n = 3 で処理溶液を調整してさらにそれぞれの処理溶液について n = 2 で溶液を調製しているために，統計変動が小さくなったと考えている．

以上の結果から，Ta_2O_5 のタンタル含有量が理論値より 1 wt% 程度低いことから試料のロット数を増やすなどの必要はあるものの，いずれの試料でも CV 値は 2 wt% 以下でほぼ満足できる定量値と判断した．

4. まとめ

本検討の結果，簡易な測定系でも他の手法では精密な定量が難しいタンタルの定量を，単純で簡便な手段で行えることが判った．1 つの試料について多数の試料数を用いて定量値の誤差を小さくしたことも，理由の一つに挙げられる．しかし，高原子番号で比重の大きなタンタルの固体試料を酸で処理して溶液試料に置き換えた（単に，希釈しただけとも言えるが）ことも，比較的弱い X 線源で定量を行えた大きな理由と

考えている.

　主成分や主成分に準ずる成分の元素量を正確に把握することは，今回のタンタル系化合物に限らず様々な物質を扱う上で欠かせない．本検討ではタンタル系を対象としたのでフッ酸系の酸性水溶液としたが，他の元素系や化合物系では様々な揮発性試薬を比較的高い濃度で用いなければならないことも多い．このような場合にも，本検討のような測定系は容易に用い得ると考えられる.

　また，本検討では試料溶液は測定セル内に留まっていたが，液体が連続して流れるフローセルを用いたコンパクトな光学系を組み立てられれば，質量分析計や発光分光計ほどには高感度ではないものの，様々な測定系に蛍光 X 線分光計を元素モニター（検出器）として用いることも可能ではないかと期待している.

謝　辞

　本検討の報告の機会を与えて下さいました信越化学工業株式会社に感謝いたします．また，この報文の投稿をご案内下さいました京都大学大学院工学研究科の河合潤先生にも感謝いたします.

参考文献

1)　E. Lassner: *Talanta*, **10**, 1229 (1963).
2)　分析化学便覧改訂四版, p.163 (1991).

惑星探査機搭載に向けた蛍光 X 線分光計の
焦電結晶 X 線発生装置の基礎開発

長岡　央[*], 長谷部信行[*,**], 草野広樹[**],
大山裕輝[*], 内藤雅之[*], 柴村英道[**], 久野治義[**]

The Development of X-Ray Generator with a Pyroelectric Crystal for Future Planetary Exploration

Hiroshi NAGAOKA[*], Nobuyuki HASEBE[*,**], Hiroki KUSANO[**],
Yuki OYAMA[*], Masayuki NAITO[*], Eido SHIBAMURA[**] and Haruyoshi KUNO[**]

[*] Schools of Advanced Science and Engineering, Waseda University
3-4-1 Okubo, Shinjuku-ku, Tokyo 169-8555, Japan
[**] Research Institute for Science and Engineering, Waseda University
3-4-1 Okubo, Shinjuku-ku, Tokyo 169-8555, Japan

(Received 3 February 2015, Revised 5 February 2015, Accepted 6 February 2015)

　　Determining the elemental composition of planetary surfaces with a high precision is essential to investigate planetary origin and evolution. In the future planetary missions, landing/roving exploration of planetary bodies are required as well as a remote observation from the orbit of spacecraft. In-situ measurement of planetary surface in the landing/roving missions provides us a new insight of geochemical and mineralogical information of planetary materials which are not obtained from the remote sensing observation. We have been developing the compact and light-weight Active X-ray Spectrometer (AXS) consisting of an excellent energy-resolution silicon drift detector and a pyroelectric X-ray generator for future roving missions to perform elemental analysis on the surface materials of planetary bodies. In this paper, the basic research and development of pyroelectric X-ray generator of the excellent performance AXS is presented and discussed.

[Key words] Pyroelectric crystal, X-ray generator, X-ray fluorescence spectrometer, Elemental analysis, Planetary exploration

　　惑星科学では天体の元素組成を高精度で測定することは最重要課題である．今後の惑星探査は，周回機による軌道上からの遠隔探査だけでなく惑星表面に着陸して地質を詳細に観測する"その場観測"が求められる．着陸探査ローバーの搭載機器には科学目標達成が可能であることを前提として，小型・軽量・省電力，高耐環境性などの厳しい制約が課せられる．本論文ではこのような背景に立ち，焦電結晶を用いた X 線発生器の惑星探査機搭載へ向けた基礎研究について述べる．焦電結晶の利点は，小型・軽量・省電力・高耐環境性を

[*] 早稲田大学先進理工学部　東京都新宿区大久保 3-4-1　〒169-8555
[**] 早稲田大学理工学術院総合研究所　東京都新宿区大久保 3-4-1　〒169-8555

持ち必要に応じてX線を発生することができる装置である．ここでは，高精度な元素分析を達成する高輝度蛍光X線用の焦電結晶型X線発生装置の製作に向け，X線発生強度に影響を与えるパラメータについて検討を行った．

[キーワード] 焦電結晶，X線発生器，蛍光X線分光計，元素分析，惑星探査

1. はじめに

1.1 背景

地球型惑星を構成する鉱物の多くは，ケイ素（Si）を中心としたケイ酸基四面体を基本構造とし元素 Mg, Al, Ca, Fe などを含んだケイ酸塩鉱物である．天体の元素組成と鉱物組成は，その起源とその天体が経験した物質進化の歴史を強く物語る．我々は，惑星探査により天体の元素情報（濃度や分布）と鉱物情報（存在量や分布）を同時に取得することで，両者の統合的な解釈が可能となり，天体の物質進化の歴史をより詳細に理解することができる．今までの惑星探査でも元素・鉱物情報を高精度で得ることを目的とし多くの探査機が送られてきた．1990年代以降には，米ソ欧だけでなく世界各国が惑星探査に関心を示し，多くの惑星探査が盛んに実施されるようになった．月[e.g., 1-3]を初めとして火星[e.g., 4]や小惑星[e.g., 5, 6]を宇宙機で軌道上から探査し，それらの天体の全球的な地質情報が得られるようになり，地球型惑星の理解が大きく進展してきた．今後の惑星探査では，軌道上からの遠隔探査だけでなく，惑星表面に着陸してより詳細に天体を調査する探査計画が提案されている．着陸探査では，無人の着陸機と探査車（ローバー）を惑星表面に降ろし，元素分析装置や光学カメラをローバーに搭載して，着陸地点周辺の地質をより詳細に観測・分析する．最近実施された着陸探査では，代表的なものにアメリカの火星着陸探査[e.g., 7]や中国の月着陸探査[8]が挙げられる．さらにインドやロシアが，月面着陸探査計画を推進している．今後も惑星・小惑星への着陸を目指した動きは世界的に益々活発になっていくものと予想され，この動きは今後の日本においても例外ではない．

着陸探査では厳しいリソース制限のもとで，着陸点周辺の元素情報を高精度かつ，限られた時間で観測できる高性能元素分析装置の搭載が求められる．惑星表層の元素組成を測定する有力な手段の一つとして，蛍光X線分析法（XRF）がある．過去の宇宙探査で用いられてきたXRFは，1) 衛星軌道上からの遠隔探査（周回機，ランデブー，フライバイ）による観測，2) 着陸探査によるその場分析，の二つに大別できる．衛星軌道上からのX線観測では，太陽X線により励起され惑星表面物質から放出された元素由来の特性X線を観測する（受動型）．しかし太陽X線の強度は弱いため，十分な精度の観測結果を得ることが難しい．一方で，着陸探査によるその場分析では，X線の励起源となるような発生器を搭載して能動的にX線を励起することで，短時間に高精度な測定が可能となる（能動型）．過去，欧米の火星探査に搭載した能動型X線の励起源は，^{244}Cm 放射性物質（アルファ線源）を利用した励起源である[9]．一方，中国の月着陸探査に搭載されたX線分光計[10]は，^{55}Fe や ^{109}Cd 放射性物質をX線の励起源に用いた．しかし，日本では，そうした放射性物質を宇宙機に搭載することは，現状では大変困難である．

研究室で使用するX線発生装置は，X線管を使い高電圧で電子を加速するので比較的大型になり，熱電子放射カソードによる消費電力も大きくなる．惑星表面の探査活動では，できる限り多くの地質情報を取得するために，広範囲かつ長時間の探査が要求される．したがって，放射性物質を用いることなく，できるだけ小型軽量かつ消費電力も極力小さいX線発生装置の開発が強く望まれる．

1.2 AXSの概念設計と研究目的

我々が提案する能動型蛍光X線分光装置 Active X-ray spectrometer (AXS) は，焦電結晶を用いたX線発生装置とエネルギー分解能に優れたシリコンドリフト検出器 (SDD) から構成されている [e.g., 11-13]．Fig.1に焦電結晶X線発生装置の模式図を示す．この装置は，焦電結晶 (LiTaO$_3$)，金属ターゲット (Ti, CuやMoなど)，ペルチェ素子から構成される．装置内部は低圧ガスで満たされている．ペルチェ素子で，焦電結晶を加熱・冷却することで，結晶面 (+Z面，−Z面) に電圧が発生する．+Z面を上に設置した場合，結晶を加熱すると+Z面はマイナスに帯電するため，電子は加速され金属ターゲットに衝突する．冷却時，電子はその反対に焦電結晶へ向けて加速される．加速された電子は金属ターゲットまたは焦電結晶に衝突し，衝突した物質固有のX線が発生する [e.g., 14]．

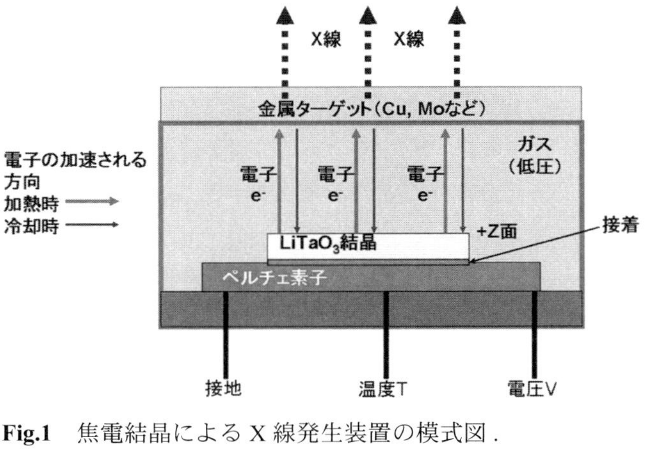

惑星探査では，X線発生器により励起された岩石由来の特性X線の検出には，エネルギー分散型のX線検出器 (energy dispersive spectrometry) が一般的に用いられる．地球型惑星を構成する主要元素はMg, Al, Si, Ca, Fe等があげられるが，エネルギー分散型のX線分光計を利用して，それらの元素由来の特性X線のエネルギーとその強度を同時に測定できる．元素の同定とその含有量を高精度で決定するためには，優れたエネルギー分解能を有するX線検出器を用いることが必須である．その点において，SDDはコンパクトかつエネルギー分解能も極めて優れており，惑星探査用として最適である．SDDは十分に冷却することで高いエネルギー分解能 (<3%@6.4 keV Fe) が達成でき，Mg, Al, Siといった軽元素由来の特性X線を分離可能であり，その有効面積が大きくなっても著しい分解能の劣化はみられない．またSDDでの計数率が10^5 cps (count per second) 程度までであれば，高いエネルギー分解能を維持できる．

Fig.2には，AXSを用いた惑星表面上での試料分析の概念図を示す．まず，測定の対象となる岩石に接近して，ローバーのアームに取り付けた研磨機で，風化した岩石の表面を取り除く．その後，アーム上に取り付けられたAXSでX線分析を行う．AXSの構造は，SDDの周りに，X線発生装置を配置する．4台の焦電結晶型X線発生器をSDDに対して対称となるように設置し，2種類の金属ター

Fig.1 焦電結晶によるX線発生装置の模式図．

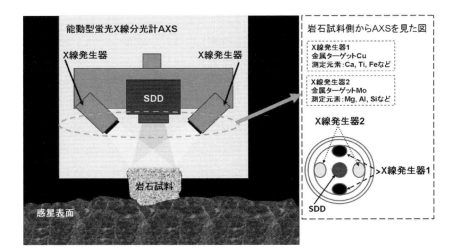

Fig.2 能動型蛍光X線分光計 AXS 概念図[e.g., 11-13].

ゲット（例えば Cu, Mo など）を用いる（Fig.2）．2種類の金属ターゲットを用いることで，測定対象となる元素に応じて励起効率の良い金属ターゲットを選択でき，定量分析の高精度化が図れる．

本研究では，X 線発生器の電子源として焦電結晶（$LiNbO_3$, $LiTaO_3$ など）に注目した．焦電結晶は加熱・冷却を繰り返すことで X 線の発生が可能である．焦電結晶を用いることで，小型軽量かつ省電力で，必要に応じて X 線を発生可能な発生装置の製作が可能となる．しかし，既存の焦電結晶 X 線発生器は，発生 X 線の強度が弱いため，惑星探査での使用にはまだ十分とは言えない．そこで，我々は蛍光 X 線の高輝度化に向けた研究開発を続けてきた[12]．本論文では，高精度な元素分析を達成するために高輝度な蛍光 X 線が得られる高性能な焦電結晶 X 線発生装置製作に向けた基礎研究について述べる．

2. 焦電結晶X線発生装置の高輝度化にむけた方針

本実験では，焦電結晶 X 線発生装置の X 線強度の高輝度化に向け，X 線強度に影響する条件を変えて，X 線発生の最適化に関する基礎実験を行った．

I. 金属ターゲットと焦電結晶間距離：焦電結晶と金属ターゲット間の距離を決定するために，その距離をパラメータとしてX線強度の変化を調べ，最大強度が得られるターゲット間距離を決定した．この実験では，congruent 型の焦電結晶（$LiTaO_3$）を用いた．

II. 焦電結晶の加熱温度変化：ペルチェ素子にかける電圧を変化させ，焦電結晶への加熱温度の変化量毎に，発生 X 線の最大エネルギーと X 線発生量（総カウント数）の違いについて調べた．この実験では，congruent 型の焦電結晶（$LiTaO_3$）を用いた．

III. 内部ガスの選択：内部に封入する気体の種類は，発生する X 線強度の重要なパラメータであることが示唆されている[15]．乾燥空気（Dry Air），窒素（N_2），酸素（O_2），アルゴン（Ar）について，発生 X 線の強度やその時間変化を観測し，封入気体をそれぞれ変化させた時に得られる X 線強度を測定した．この実験では，congruent 型の焦電結晶（$LiTaO_3$）を用いた．

IV. stoichiometric 型焦電結晶を用いた加熱・冷却サイクルの効率化：焦電結晶 X 線発生の特性として，発生 X 線量は温度変化の直後に最大となり，その後緩やかに減少する．従って，温度サイクルを早めれば，X 線発生効率の上昇が見込める．stoichiometric 型焦電結晶は，前述の congruent 型焦電結晶より，約 2 倍熱伝導率が大きい．オキサイド社製の stoichiometric 型焦電結晶を用いて，X 線発生実験を行った．

3. 実験と結果

本研究での実験方法と条件を示す概念図を Fig.3 に示す．ペルチェ素子（8.2×8.2 mm^2）の上に LiTaO$_3$（オキサイド社製，φ4.3 mm×4 mm）を接着剤（藤倉化成，ドータイト D-500）で接着した．一方でφ10 mm の穴を開けたステンレス製の板に，銅（厚さ 10 μm）の薄膜を取り付け，ターゲットとした．真空チェンバー内に，ペルチェ素子と一体となった焦電結晶と X 線検出器 SDD（Amptek XR100SDD）を Fig.3 に示すように配置し，その間に金属ターゲットを挟み，SDD とターゲットの距離は 41 mm と固定した．内部には低圧ガスを封入する．この実験装置の詳細は，Kusano et al.[12] を参照されたい．Fig.4 には，ペルチェ素子にかける電圧を 1.5 V, 2.0 V, 2.5 V, 3.0 V と変化させ，それぞれで 300 秒間加熱しその後 300 秒間自然冷却した時の加熱温度変化を示す．温度はペルチェ素子の表面を熱電対（T 型）で計測した．

3.1 焦電結晶－金属ターゲット間距離と圧力依存性

Fig.3 において SDD とターゲットの距離は 41 mm と固定し，焦電結晶とターゲットの間の距離を 1.5, 3.0, 6.0, 9.0 mm と変化させ，ペルチェ素子には 2.0 V と 2.5 V の電圧をかけて，それぞれで 300 秒間加熱しその後 300 秒間自然冷却した（Fig.4）．チェンバー内部には N$_2$ を封入し，圧力は 1 Pa と 5 Pa でそれぞれ実験を行った．金属ターゲットから放出される X 線を SDD で計測した．

Fig.5 では X 線の発生量（総カウント数）を，測定条件の違いにより比較した．まず封入した

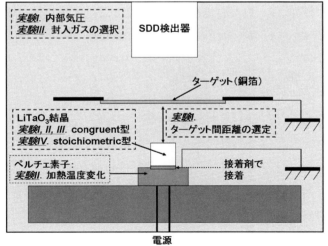

Fig.3 実験セットアップの概念図[12]．

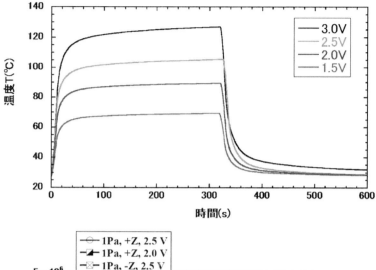

Fig.4 ペルチェ素子の加熱温度変化．図中の曲線は，上から 3.0 V，2.5 V，2.0 V，1.5 V でのものである．

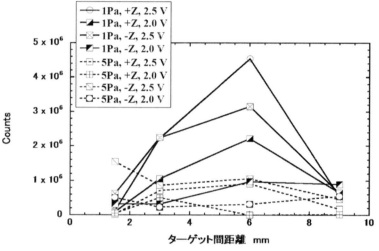

Fig.5 金属―ターゲット間距離と発生 X 線強度の関係．条件の違いは，内部気体の圧力（Pa），焦電結晶の向き（＋Z 面が SDD 側，−Z 面が SDD 側），温度の変化量（ペルチェ素子にかけた電圧，V）．

ガスの圧力について注目すると，内部気圧が 1 Pa の時の方が，5 Pa のときと比較して多くの X 線が発生していることがわかる．より低い真空，20 Pa を超えるような圧力では X 線の発生は全く見られなかった．先行研究[16]でも，X 線発生は 1 Pa 付近で最も X 線強度が大きくなることが報告されている．我々の結果はこの先行研究と矛盾しない．さらに 1 Pa の結果では，結晶間距離の違いによる X 線発生量の違いが顕著に現れた（Fig.5）．1 Pa での実験結果で発生 X 線の最大強度は，距離が 6 mm の時であった．さらに +Z 面の結果に関しては，先行研究[17]の結果と一致した．

以上の実験結果を基にして，この後の実験でのパラメータについては内部気体の圧力を 1 Pa，ターゲット間距離を 6 mm と設定した．

3.2 加熱温度の違いによる X 線特性

次に焦電結晶の加熱温度の違いと，発生する X 線の最大エネルギーと計数率との関係について調べた．この実験では，結晶の −Z 面をターゲット方向に向け，真空チェンバー内に N_2 を圧力 1 Pa で充填した．結晶表面とターゲットの距離は，3.1 の結果を基に 6 mm とした．ペルチェ

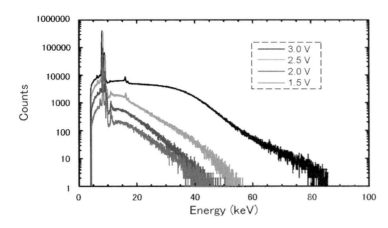

Fig.6 加熱電圧の違いによる発生 X 線の比較. 図中のスペクトルは, 上から 3.0 V, 2.5 V, 2.0 V, 1.5 V でのものである.

素子にかける電圧を, 1.5 V, 2.0 V, 2.5 V, 3.0 V と変化させ, それぞれで 300 秒間加熱後, 300 秒間自然冷却した (Fig.4). 金属ターゲットから放出される X 線を SDD で計測した.

加熱電圧の違いによる発生 X 線のエネルギースペクトル (加熱時冷却時の合計) を Fig.6 に示す. X 線の最大エネルギーは 3.0 V の時が最大で約 80 keV にまで連続部の X 線は到達した. Fig.7 には, 温度の変化量と X 線計数率の関係を示す. 加熱温度の変化量が大きくなるほど発生量も上昇した.

従って以上の結果より, X 線発生装置の高輝度化には, できるだけ焦電結晶に大きな温度変化を与える必要がある. しかし, 惑星探査機搭載を想定した場合, 焦電結晶の温度変化を大きくするためには, より高い電力が必要であり, 消費電力は大きくなる. 限られた電力を複数の観測機器で分け合う状況では, 高い消費電力はデメリットになり得る. 従って加熱電圧については, 実際に岩石試料を分析する際に必要な発生器のスペックを検討した上で, 分析により得られる精度と他の搭載機器との兼ね合いで使用可能なリソースの中で今後調整していく必要がある.

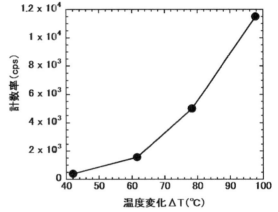

Fig.7 焦電結晶の加熱温度の変化量と発生 X 線の関係.

3.3 内部気体の種類による依存性

内部に封入する気体の種類を変えて実験を行った. 真空チェンバー内を, それぞれ Dry Air, N_2, O_2, Ar で満たし, 内部気圧 1 Pa で封入した. ペルチェ素子への印可電圧は 2.5 V で, 加熱 300 秒間自然冷却 300 秒間で測定を行った (Fig.4).

得られた実験結果では, 気体の種類によらず X 線は発生した. Shafroth らの報告[15]では, 内部気体 O_2 の時は X 線発生がみられない. 我々の実験結果はこれとは異なる結果となった. 一方で Fukao et al.[18] は X 線発生量には封入気体

の種類は依存しないと報告しており，我々の結果はその結果[18]に近い．

3.4 stoichiometric 型焦電結晶の結果

Fig.3 に示す焦電結晶（LiTaO$_3$）を congruent 型から，stoichiometric 型の結晶に変更し，ペルチェ素子に接着した．この装置は Fig.3 に示すセットアップ同様にチェンバー内に低圧ガス（N$_2$, 1Pa）で封入し，加熱冷却をそれぞれ 300 秒間毎行い（Fig.4），発生する X 線を SDD で測定した．

この実験では前述の congruent 型のものと同条件で X 線を測定した．しかし，この実験結果では X 線の発生が全く見られなかった（計数率がほぼ 0）．結果，熱サイクル効率化による高輝度化は上手くいかなかった．Stoichiometric 型は congruent 型より抗電場が小さいため，高電圧が発生しなかった可能性がある[19]．

4. まとめ

本論文では，惑星探査機搭載に向け，焦電結晶型の X 線発生装置を高輝度化するための基礎実験を実施し，その結果を示した．焦電結晶型 X 線発生装置（Fig.1）において, 1) 金属ターゲットと結晶間距離，2) 封入気体の圧力，3) 焦電結晶の加熱温度の変化量, 4) 内部ガスの選択, 5) stoichiometric 型焦電結晶を用いた加熱・冷却サイクルの効率化，を検討した．一連の実験結果から，焦電結晶の幾何的配置や加熱温度の変化量，内部に封入する気体圧力が，発生 X 線量に大きく影響を与えていることがわかった．一方で，熱サイクルの効率化を目的として，熱伝導率の優れた stoichiometric 型焦電結晶を使った実験では X 線が観測できなかった．

謝　辞

本研究の一部は，JSPS 科研費 26800239（PI 長岡　央）の助成を受けたものである．

参考文献

1) S. Nozette, et al.: *Science*, **266**, 1835-1839 (1994).
2) A. B. Binder: *Science*, **281**, 1475-1476 (1998).
3) M. Kato, et al.: *Space Science Reviews*, **154**, 3-19 (2010).
4) R. S. Saunders, et al.: *Space Science Reviews*, **110**, 1-36 (2004).
5) J. Kawaguchi, et al.: *Acta Astronautica*, **52**, 117-123 (2003).
6) H. Y. McSween, et al.: *Space Science Reviews*, **163**, 141-174 (2011).
7) M. P. Golombek, et al.: *Science*, **278**, 1743 (1997).
8) W.-H. Ip, et al.: *Res. Astron. Astrophys.*, **14**, 1511-1513 (2014).
9) R. Rieder, et al.: *J. Geophys. Res.*, **108**, 8066 (2003).
10) X.-H. Fu, et al.: *Res. Astron. Astrophys.*, **14**, 1595-1606 (2014).
11) H. Kusano, et al.: *Proc. of SPIE*, **8852**, doi: 10.1117/12.2024004 (2013).
12) H. Kusano, et al.: *Proc. of SPIE*, **9213**, doi: 10.1117/12.2061547 (2014).
13) K. J. Kim, et al.: *Trans. JSASS Aerospace Tech. Japan*, **12**, 35-42 (2014).
14) E. Hiro, et al.: *Chem. Anal., Japan*, **41**, 195-210 (2010).
15) S. M. Shafroth, et al.: *Nucl. Inst. Meth.*, **422**, 1-4 (1999).
16) J. D. Brownridge, S. Reboy: *J. Appl. Phys.*, **86**, 640 (1999).
17) K. Nakahama, et al.: *J. Vac. Sci. Tech. B*, **32**, 02B108 (2014).
18) S. Fukao, et al.: *IEEE Transactions on ultrasonics, ferroelectrics, and frequency control*, **56**, 9 (2009).
19) E. M. Bourim, et al.: *Physica B*, **383**, 171-182 (2006).

国際会議報告

第63回デンバー X 線会議報告

佐藤千晶

2014 Denver X-Ray Conference

Chiaki SATO

Rigaku Corporation
3-9-12, Matsubara-cho, Akishima-shi, Tokyo 196-8666, Japan

(Received 4 November 2014, Accepted 13 November 2014)

2014年7月28日から8月1日までデンバー X 線会議が開催されました．デンバー X 線会議は ICDD（International Centre for Diffraction Data）が主催する X 線分析に関する国際会議であり，その名の通り例年はデンバーあるいはその近郊の都市で開催されています．今年は初めてデンバーから離れた Big Sky Resort（モンタナ州）という，アウトドア愛好家にとって夢のような場所で開催されました．今回は，開催地であるアメリカをはじめ，ヨーロッパ，中国，インド，日本などの14カ国から240名近くの事前参加登録者と，41社の企業が参加しました．日本からは，大学から4校，企業から6社，公共研究機関から物質・材料研究機構，SPring-8の2法人が参加しました．最初の2日間にワークショップ(16件)とポスターセッション（XRD：47件，XRF：25件），残りの3日間がオーラルセッション（134件）でした．また，3日目には基調講演が行われ，2日目から並行して3日間企業展示も行われました．

ワークショップは XRD と XRF の2つの部門に分けられ，基礎的な内容から応用例まで X 線分析における初歩を学ぶことができます．それぞれ2つの会場に分けられ，午前と午後に3時間ずつ，各分野における専門家が素人にもわかりやすいように説明してくださり，短時間で集中して学ぶことが可能です．私には英語の勉強も兼ねることができましたので，まさに一石二鳥でした．また弊社からは，田口が「Two-Dimensional Detectors」というワークショップで「On the Use of 2D Detectors for General Purpose

写真1　学会会場となった Big Sky Resort.

株式会社リガク X 線機器事業部 応用技術センター XRD 解析グループ　東京都昭島市松原町3-9-12　〒196-8666

XRD」という題目で，2次元検出器の原理や特徴などをレクチャーしました．2次元データをいかに解析するかという話に，多くの参加者が興味を示していました．

ワークショップが開催された2日間は，夕方にポスターセッションが行われました．1日目はXRD，2日目はXRFに関する発表となっています．いずれの日も軽食とアルコールが振舞われ，立食パーティーのような雰囲気の中で議論や会話を楽しむことができました．また，XRDとXRFのそれぞれの部門から2件ずつベストポスター賞が選定されました．今年は日本からXRFの部門で独立行政法人物質・材料研究機構 (NIMS) の桜井健次さんが「Non-Scanning Type X-ray Fluorescence and X-ray Diffraction Imaging and the Applications」という題目で受賞されました．受賞ポスター題目は以下の通りです．

〈XRD 部門〉
・Statistical Calibration of ASTM C150 Phase Limits to Directly Determined Phases by Quantitative X-ray Powder Diffraction: P. Stutzman
・Studying Ferroelectricity at the Nanoscale Using High Energy X-rays: T.C. Monson, S.H. Bang, N. Bean, J.C. de Sugny, R. Gambee, R. Haskell, A. Hightower, E. Puma, C. Shi, S. Bilinge, Q. Ma

〈XRF 部門〉
・Development and Deployment of a Miniature X-ray Fluorescence Spectrometer for Radiological Glovebox Applications: D.M. Missimer, P.E. O'Rourke, R.L. Rutherford
・Non-Scanning Type X-ray Fluorescence and X-ray Diffraction Imaging and the Applications: K. Sakurai, M. Mizusawa

報告者の佐藤は来年XRDの部門でポスター

写真2 ポスターセッション会場の様子．

写真3 XRFベストポスター賞を受賞したNIMSの桜井さん．

写真4 基調講演会場の様子．

発表を行いたいと思っています．ベストポスター賞を受賞するのは難しいと思いますが，世界各国の方々と自分のポスターについて様々な議論を交わし，自身の糧にすることができたらどれだけ素晴らしいだろうと思いました．

いよいよ3日目からオーラルセッションが始まり，口火を切ったのは Dr. David Bish, Dr. Iain Campbell, Dr. Samuel M. Clegg の3名の基調講演でした．火星探査機「Curiosity」が採取した火星の土や石を XRD と XRF を用いて解析を行ったという内容であり，所々織り交ぜられたジョークや Curiosity が火星に降り立つ動画などもあり，終始楽しく拝聴させていただきました．その後，3つの会場に分かれ一題目15分程度のオーラルセッションが行われました．どの発表も大変興味深く，改めて世界中でX線を用いた分析が行われていることを実感しました．弊社からは中江が「Development of a Novel X-ray Detector for In-House XRD」と題して，0次元から2次元まで検出器の取り換えが不要の新しい検出器を紹介しました．今までの"測定ごとに検出器を換える"という手間が省けて，効率良く測定が行えるという点はとても好評でした．質疑応答も多く活発なディスカッションとなりました．また，他社の発表の中には，試料作製装置を紹介している発表もありました．印象に残ったのは IMP Automation Canada Ltd. が発表した XRF 用のガラスビード作製装置でした．見た目はコーヒーメーカーのようで，ボタンを2つほど押すだけで簡単にガラスビードを作製できる装置でした．性能はもちろん，見た目もスタイリッシュにという観点はとても海外メーカーらしいと思いました．

様々な会議が開催されているのと同時に，Big Sky Resort の中にある Yellowstone Conference Center ではリガクや Bruker など X 線分析装置を開発している企業による展示が行われていました．企業展示会と聞くと，毎年

写真5
企業展示の様子．

幕張メッセ国際展示場にて行われる分析展（現JASIS）のイメージが強かったため，初めはかなり小さくまとまった展示会という印象しかありませんでした．しかし，展示されている装置や部品は全てX線分析に関係するものであるため，実に内容の濃い展示会であり，圧倒されてしまいました．1歩進んでは立ち止まり，また1歩進んでは立ち止まるというように，X線分析に携わっている私にとって興味が尽きない展示会でした．

今回のデンバーX線会議は私にとって初めての海外出張であり，初めてのアメリカ合衆国本土だったのですが，改めてモンタナ州のBig Skyで良かったと感じています．7月末なのに朝晩が少し冷えるのは困りましたが，のどかな会場だったので落ち着いて本会議に臨めた気がします．ただ，会場の様子を撮影するために持っていったカメラが途中で壊れてしまったり，TSA対応のロックだったにもかかわらず，アメリカ運輸保安局の雑な扱いにより，成田でトランクがボロボロになって出てきたという苦い経験もありました．今となっては良い思い出です．

次回は2015年8月3日～8月7日までWestminsterにて開催されます．第16回全反射蛍光X線分析法国際会議（TXRF2015）も同時開催となる予定です．

写真6　報告者：佐藤千晶．

国際会議報告

ロシアX線会議とボローニャEXRS2014報告

河合 潤

Report on 8th Russian Conference on X-Ray Spectrometry (Irkutsk) and European X-Ray Specrometry Conference (Bologna)

Jun KAWAI

Department of Materials Science and Engineering, Kyoto University
Sakyo-ku, Kyoto 606-8501, Japan

(Received 6 November 2014, Accepted 14 November 2014)

1. はじめに

私は2014年EXRS2014（イタリア，Bologna），デンバーX線会議DXC（Big Sky），ロシアX線会議（Irkutsk）の3つの国際会議で低電力蛍光X線分析に関する4つの招待講演をした．DXCの会議報告はリガクの参加者に任せ[1]，本報告ではボローニャとイルクーツクの会議について報告する．ヨーロッパX線分析会議への日本人参加者は最近は多いので簡単に紹介し，おそらく日本人で初めての参加となったロシアX線会議について少し長くなるが報告する．日本からはわからないX線メーカー各社の製品事情についても簡単に触れたい．

2. ロシアX線会議報告

2014年9月22日～26日にVIII Всероссийскую конференцию по рентгеноспектральному анализу（VIII Russian Conference on X-ray Spectrometry）がバイカル湖に臨むイルクーツク市の地殻研究所（Institute of the Earth's Crust）で開催され，招待講演を引き受けて出席したので報告する．Siberian Branch of Russian Scientific Council on Analytical Chemistry of Russian Academy of Sciences Institute of the Earth's Crust SB RAS, Vinogradov Institute of Geochemistry SB RAS, Irkutsk State University, Irkutsk State University of Railway Engineering, National Research Irkutsk State Technical Universityという6つの組織の共催であるが，地殻研究所が主催である．SBはシベリア・ブランチ，RASはロシア科学アカデミーの略である．組織委員会を表1に示す．

2.1 旅の準備

主催者のRevenkoからどんな招待状が必要か？と問い合わせがあったので，大学に出さなければならない招待状だろうと軽く考えて，旅費・滞在費は京大から出すから，参加費を無料にするということを書いてもらえればよい，と返事しておいたが，この問い合わせはビザ取

表1 組織委員会.

Anatoly Revenko, Prof.：chairman,
Alexander Finkelshtein, Dr：vice-chairman,
Olga Belozerova, Dr：scientific secretary,
Nikolai Alov, Dr
Andrey Bakhtiyarov, Prof.
Vladimir Borkhodoev, Prof.
Igor Brytov, Prof.
Tatiana Gunicheva, Dr
Shamil Duimakaev, Dr
Nikolai Ivanov, Dr
Boris Kalinin, Dr
Nikolai Karmanov, Dr
Yanvar Kashaev, Prof.
Boris Kitov, Prof.
Yury Lavrent'ev, Prof.
Elena Molchanova, Prof.
Gely Pavlinsky, Prof.
Lyudmila Pavlova, Dr
Alexander Pupyshev, Prof.
Irma Roshchina, Dr
Antonina Smagunova, Prof.
Michael Filippov, Prof.
Alexander Tsvetyansky, Prof.

得のための招待状だとわかって後で少しあわてた．リェベンコ（以後ローマ字読みでレベンコと表記する）はその辺をよくわかっていて，ロシア外務省の正式な招待状が国際書留郵便で届いた．バイカル湖の水の分析で現地をよく訪ねている京大の杉山雅人先生や飛行機の切符を購入した旅行社に聞いたところ，どうやらロシアへの旅行は大変らしいとわかってきて，「地球の歩き方 シベリア鉄道＆サハリン」を購入して読んでみると，旅行前に行程のすべてのバウチャー（領収書）がいるとか，ホテルについたら滞在登録証を入手しなければならないとか，かなり大変そうなことが書いてあった．ウランバートルから国際列車でイルクーツクまでモンゴル人グループが一緒に行こうと言ってきたので，どうにでもなるだろう，と思っていたのが甘いようである．今回の私の旅行のような個人旅行ではいろいろ大変なことになるようであるし，私も含めて日本人は一般に「恐露病」でもあり，ロシア出国時にコンピュータを没収されるという噂も聞いたので，暗澹たる気分になった．ロシアに旅行するためのビザ取得は一般には面倒なようであるが，私の場合には，インターネットの申請書に記入し，国際書留便で届いた書類を豊中市のロシア総領事館へパスポートと一緒に提出すると1週間でビザをもらえた（無料）．ちょうどマレーシア航空機がウクライナで撃墜された直後で，日本政府から対ロシア制裁措置も出たが，何も影響はなかった．ロシア領事館は日本の警官隊が警備する物々しい雰囲気だった．私の場合はアカデミーに宿泊すると書いただけでビザがもらえた．出国の時に必要だと言う滞在登録証も会議開催中に地殻研究所が役所に行って入手してくれたが，空港でその紙を回収するでもなく，単にパスポートに挟んでいただけで，本当に必要だったのかどうかさえ分からずじまいであった．

2.2 到 着

イルクーツクには国際空港があるので，関空から仁川経由で行くことができ，日本との時差はなく，ヨーロッパへ行くのに比べて，大変楽な旅であった．モスクワ近郊から来たィエゴーロフ（以後エゴロフと表記する）は，時差があるので眠いと言っていた．大韓航空は毎日ではなく週に数便あるだけなので，土曜日の早朝午前1時にイルクーツク着陸の便を利用した．入

国審査を経て出てくると，会議主催者の70歳のレベンコが待っていてくれた．議長が場末の空港に深夜2時に迎えに来てくれたことにびっくりするとともに感謝した．ホテルは地殻研究所を含む研究所・大学群の中にあり，科学アカデミーのホテル，ガスチーニツァ・アカデミチェスカヤ（写真1）に着くと午前2時過ぎで，鍵がかかり電燈は消えているように見えたが，フロントもガードマンも起きていてびっくりした．

レベンコたち現地主催者の多大な努力よって，西欧への旅行と何も変わらない楽な旅行であったが，もしそれが無ければ，空港から午前2時に出てきて，仮に良心的なタクシーを拾えたとしても，ホテルについて入り口がわからず朝まで外で待つことになったと思う．

私はロシア文字はアルファベットとして認識できる．すなわちキリル文字をローマ文字に変換できる．これはX線のロシア語文献題目や引用文献をざっと理解するためにいつの間にか身についたものである．ロシア語自体は全く理解しないし，発音も当然ながらローマ字式に読むので，会議の公用語がロシア語だと知って，専門用語のロシア語を少し予習した．と言っても，いまさら格変化など覚えられっこないので，この会議のプログラムやX線分析の論文をざっと見て，ロシア語のキーワードを覚えた．日常会話の例文も20ほど覚えた（「ホテル」や「通訳」が出てくる例文が多かったが，実際に現地に行くとその理由はすぐにわかった）．プログラムの発表題目を理解するためには，

ЭЗМА=электронно-зондовый микроанализ
=PCMA=рентгено-спектральный микроанализ
=X-Ray Spectral Microanalysis

РФА=рентгенофлуоресцентного анализ=X-Ray Fluorescence Analysis

を知っていれば大体わかる．それと共に，プログラムの発表題目を読んでみるとXRFとEPMAの会議だということもわかった．シンクロトロン放射光による研究発表はほとんどなく（XAFSなどが2件程度），X線回折も数件だったので，私としては自分の研究分野と非常にぴったり合う会議であった．X線光電子分光の報告も皆無であった．そういう意味では非常に狭い範囲の研究発表会であるが，定量分析，試料調製，マトリックス効果などについて，極めて専門的で高度な研究内容が報告されていた．内容的にはデンバー会議の定量分析法のワークショップと似ているが，より専門的・研究的である．こういう定量分析の分野は，例えば，毎年9月に幕張で開催される分析機器展で蛍光X線分析の講習会を最近3年ほど開催してきたが，

写真1　宿泊したアカデミーのホテル（以下特に断らないものは河合撮影）．

明治大学の中村利廣先生の蛍光X線定量分析の講演の人気が最も高く，X-Ray Spectrometry 誌のダウンロード・トップ20に中村研の論文が毎年3報以上入ることからも，目立たないが非常に重要な分野であることがわかる．

土曜日にはレベンコがホテルまで迎えに来て，駅までモンゴル人参加者を迎えに行くという．バスを何台も乗り継いで市内を見物しながら鉄道の駅まで行くと，この会議の最も重要な研究者である80歳のおばあちゃん先生のスマグノーバやその他数名の先生方も駅までモンゴル人参加者を迎えに来ていた．ウランバートルからは，モンゴルのX線分析の二大長老のズザーンとロドイサンバ，若手研究者とズザーンの奥さんなど5名が24時間の夜行列車で到着した．私の滞在するホテルに隣接するアパートを，同じくアカデミーが借り上げてホテルとして使っていて，そのアパート1家分の区画が，ズザーンと奥さんとロドイサンバの宿舎である．駅から一緒に帰ってくると，荷物を解いたころにアパートに呼ばれて，モンゴルのお土産のサラミで強い「チンギス」という酒をたっぷり飲んだ．その後，レベンコの招待で市内のレストランへ出かけた．

イルクーツクはモンゴル民族の一部族であるブリヤートの居留地だったので，町ではアジア系の人を多く見かけた．ロシアが多民族国家だということが良くわかった．

ロシアのInstituteについて簡単に説明すると，理研や無機材研のような純粋の研究機関ではなく，大学院大学を兼ねた研究所である．しかし学生はそれほど多くはない印象であり，少人数に対してきめ細かな教育が行われているという印象を受けた．

2.3 会　議

会議は月曜の朝から始まった（写真2）．前述のスマグノーバが基調講演を行い，ノボシビルスクのカルマノフが続いた．X線管の連続線スペクトルが黒体放射だという私の論文を紹介してくれていた．コーヒーブレークの時に私の研究を紹介してくれた礼を言うと，礼を言われたことにちょっと意外そうな顔をしたので，帰国後に講演のパワーポイントのロシア語をグーグル翻訳してみると，「電子線後方散乱，分光

写真2　会議議長のRevenko（学会公式写真）．

写真3　私の招待講演（学会公式写真）．

器の検出効率，自己吸収などのマトリクス効果は考慮されていない」とスライドに書かれていた．そのカルマノフに続いて私が講演した（写真3）．私の講演にはロシア語の同時通訳がついた．前日に30分ほど通訳（ピリボーチッツァ）と打ち合わせも行った．通訳はアメリカ生まれで，周りにあるいくつかの研究所の投稿論文の校正が本業だという．私の講演はムービーを多用する講演なので通訳はほとんど必要なく，学生が焦電結晶X線発生装置を組み立てる早回しのムービーの最中に「この学生はいつもスローだが今日は速い」とジョークを言うとすぐに会場が沸いたので皆英語をよく理解していることがわかった．Siウエハーの上に銅を41 nm蒸着して，X線反射率測定をする装置も紹介した．銅の密度が$8.5 \mathrm{g/cm^3}$とスライドに書いてあったが[2)]，コーヒーブレークの時に，なぜバルクの銅の密度（$8.93 \mathrm{g/cm^3}$）より小さいのか，と言う質問が3人からあったので驚いた．銅の密度を暗記している人がたくさんいるらしい．私の講演の次はレベンコが食品分析とTXRFの講演

を行った．会議全体を通じて，マトリックス効果，ZAF法，FP法，岩石標準試料，background equivalent concentration（BEC），limit of blank（LOB），limit of detection（LOD），連続スペクトル形状などの専門用語が頻出した．EPMAは我々は特にノウハウもなくZAF法を素人的に使ってあまり高い定量精度を期待しないが，この会議ではどの発表も高い精度を目指していた．WD-EPMAに代わってSEM-EDXが全盛となった昨今において，今一度，SDDを用いたSEM-EDX専用の定量法の高精度化を研究してみるのも重要だと感じた．1日目はほぼプログラム通りに進行し，夕方からスマグノーバの80歳を祝って（写真4）パーティー（写真5）が開かれた．これがウェルカム・パーティーを兼ねたようである．第2日目は欠席者もあったのか，最初のプログラムからかなり変更されており，発表がうまくできなかった大学院生に，2回目の多少違う内容の発表をさせたりしていた．2回目は格段にうまい発表となっていた．学生を育てようという教育的な配慮がされてい

写真4　左:スマグノーバに花束を贈呈する若い研究者（トゥバ共和国のウラナ）．右:ポスターセッションのマスグノーバとエゴロフ．

写真 5　ウェルカムパーティー.

ると感じた．どの質問者も「スカジーッチェ・パジャルスタ」（ちょっと伺いますが，パジャルスタ＝please）で質問をはじめ，講演者をもり立てる大変感じの良い質疑応答だという印象をもった．シンクロトロンを使った発表は内容的には大したことがないことは私にもわかったが，質問者もかなり攻撃的な質問をした．そういう時は激論になったが，演壇から降りて自分の席へ戻るときに，質問者と握手しているのが印象的であった．

　大学や研究所からの発表は，最初に先行研究十数件の文献リストを1枚のスライドにまとめて示し，次のスライドからは，講演内容がそのままスライドに文章（ロシア語）で書かれていることが多かった．西側で見るロシア人の発表スタイル（英文で講演内容がすべて書かれたスライド）は英語が不得意だからではなく，ロシアの発表スタイルであることが今回初めて分かった．若い人やメーカーの発表者は，西側の発表スタイルと同じで，図や写真だけのスライドを多用する．なお，発表したスライドのパワーポイントまたはPDFは，最終日にCD-ROMに焼いて全員に配るのが恒例のようであり，私もCD-ROMをもらってきた．もちろん，CDに含めてもらいたくない人は拒否できる．私は焦電結晶X線源を3分で組み立ててX線を発生するムービーも配布CDに含めてもらった．

　ポスターセッションは16:00～18:00の間であったが，ポスターセッション後，全員が講演会場に戻って，ポスター発表の講評の時間が40分ほどあったのが新鮮であった．長老の先生だけではなく，若い研究者もポスター発表に対するコメントを1人数分ずつ述べていたが（写真6），残念ながらどんなことを話しているのかはわからなかった．日本では賞の出しすぎで最近はポスター賞も価値がなくなったが，講評に時間をかけるスタイルは日本でも取り入れるべきであると思う．

　リガクや島津（写真7）などメーカーの発表もあった．しかしロシアで強いメーカーは何と言ってもBrukerである．その理由は，Compton & Allison[3]と並ぶX線物理やX線分光学の古典的名著[4-7]を書いたX線の大学者Blokhin（ブローヒン，ブローチン，ブロークヒンなどと読

写真 6　ポスター講評を行うイエカテリンブルグの若い研究者.

む日本人が多いが，正しくはブラヒンと読んで「ヒ」にアクセントがある．アクセントのない o はアと読む．kh はドイツ語の ich のヒ）の孫娘のブラヒナー（ファミリーネームも女性形に変化する）に研究者として勤めているし，今回の会議議長のレベンコの息子が Bruker の代理店にいるからである．ブラヒナーと若いレベンコの発表もあった．文献リストのブラヒンの本は，京大の蔵書データベースと Amazon の検索結果である．

英訳のないブラヒンの本を直接ロシア語で読んだ向山毅によると，アガルワールの有名な本

写真7 （左）リガク代理店のゲラシメンコと．（右）島津のシチェルバコフのスライド（イストリア・カンパニー・シマヅと読める）．

写真8 集合写真（学会公式写真）．

"X-Ray Spectroscopy" の 3d 元素の Kβ5 の部分は図や表を含めてブラヒンの本の英訳だそうである．全元素のうち 3d 遷移元素で Kβ5 が強くなる図もアガルワールには出典が示されていないがブラヒンの本では引用文献と一緒に示されているということで，ロシア語の文献には重要な文献も多い．最近出版された西側諸国の著者の本の文献リストをチェックすると，日露の研究者の論文の引用文献数が極めて少ないことにも気付く．

チェコの TESCAN は SEM-EDX 分野で急成長しており，TESCAN の講演では，全世界で 1600 台売れているうち 140 台がロシアで使われているということであった（ドイツ 22％，米国 20％，韓国 12％）．TESCAN の SEM の最大ポート数は 20（通常は 11 ポート以上）で，SDD 以外に WDX ユニット，ラマン分光ユニット，ポリキャピラリー集光 X 線管などの他社製品を組み合わせることができるので，オイルマネーのある湾岸諸国などでも競って導入している．

2.3　バンケットとエクスカーション

木曜の昼で会議が終わり，最後にやはり参加者が何か一言ずつ述べる時間があったが，何を言っているのか私にはわからなかった．この時発言者各人が共通に使う表現で私の耳についたロシア語は「ウ・ナス」で，隣席の人に「ウナス」って何？と聞くと，要領の得ない答えが返ってきた．後で辞書で調べてみると，文字通り訳せば with us，意訳すれば we have や in our country と言う意味になるらしい．みなが何かを共有して（we have）最終的に 3 年後にモスクワ地区で次回の会議が開催されることに決まったらしい．午後はダウンタウンへ買い物に出かける人も多かった．バンケットは夕方から始まり，大変盛り上った（写真 9）．

バンケットでは，食べきれない量の料理と酒が出た．主だった参加者が起立して一言ずつ発言した．私も定量分析の重要性を話した．金曜はバイカル湖へのエクスカーションだった．2 台のバスに分乗し，アンガラ川に沿って白樺の林の中のまっすぐな道路を約 1 時間行くと，バイカル湖に出た．イルクーツクはアンガラ川で分断されており，橋（たぶん発電も兼ねたダムの堰堤の上の道だと思う）から見るとアンガラ

写真 9　（上）バンケット．（下）発言中のカルマノフ（立っている人），ブラヒナー（向かって右へ），ホフマン（ダルムシュタット）．

川が良く見える．榎本武揚は明治11年8月30日の午後1時にイルクーツクを馬車で出て，午後5時40分にバイカル湖畔の港に到着した[8]．ペテルブルグからウラジー（支配せよ）ヴォストーク（東方）（文献9，p.33）まで鉄道・馬車・船で2か月余をかけて旅した「シベリア日記」[8]によると，「道路もはなはだ好く，かつ湖畔に来りしときは景色画の如くほとんど筆すべからず」とある．エクスカーションのバスが通ったのも同じ道のはずである．

我々のエクスカーションでは，バイカル湖の博物館を訪問し，バイカル湖の成因やそのために地震が多いことなどの解説を聞いた．バイカル・アザラシを見たり，博物館の裏山に登った後，ホテル・バイカルで昼食を食べて遊覧船に乗った．ホテル・バイカルはちょうどアンガラ川とバイカル湖の境界の丘の上で，榎本武揚の日記にも出てくるシャーマンの岩がバスから良く見えた．

榎本武揚は幕府海軍として函館五稜郭で敗戦し死刑囚として東京丸の内の牢に数年間幽閉されたが，江戸時代，造船学・航海学・国際法・化学・モールス信号などを幕府の留学生としてオランダで学び，ベッセマーの製鉄工場があったシェフィールドまで1864年（江戸時代）に行き，転炉を日本人として初めて見学した．「近代日本の万能人・榎本武揚 1836-1908」[9]はあまりに内容が豊富なので，同書を紹介した毎日新聞日曜版の書評欄[10]から抜粋すると，「鉄鋼事業実現に向けて働きかけて，製鉄所設立予算可決に漕ぎ着けた（60歳）．」「工業化学会(現在の日本化学会）の初代会長」「万能人榎本武揚の本質は...行動から見れば，工学者といっていいのだろう．」など，軍人，政治家，全権大使，電気通信の専門家，工学者，化学者，探検家など我々の想像を超えている．例えば，「製鉄が榎本のライフワークであることは周知のとおり」（文献9，p.110），「六カ国語か七カ国語に通じていた...モンゴル語まで通じていた...」(p.65)と言うことで，「セーミ（化学）は未だ日本国中に小生（に）ならぶ者（は）ない」(p.83)と自慢している．ビスマルク，アレクサンドル2世（ロシア皇帝），李鴻章などとも個人的に親交があった（p.114）という．

ホテル・バイカルの昼食は冷めていたが，スマグノーバがレベンコに（デザートのケーキを食べながら）「オーチン・フクースナ」（大変おいしい）と気を使って言っているのがわかった．レベンコは後述するように遊覧船で飲み食いできなかったことと合わせて，エクスカーションは失敗だったと気落ちしていたが，私にとっては，高い透明度があることがわかるバイカル湖の水をじかに見ることもできて大変印象的なエクスカーションだった．また大きな貨物船が往来しているのも船から見ることができた．

エクスカーション前日のバンケットの料理の残りとワインを船に積み込んで船上大宴会の予定であったが，船長が飲食禁止と言うので，遊覧は早めに切り上げて，研究所に帰ってきた．その料理とワインとでまた宴会となった．エクスカーションに行かなかった会議メンバーも研究所に出てきた．机を運んで会場をセッティングするのを見ていると，何もしないでボーっとしている若者もいれば，積極的に手伝う若者もいて，どこの国も変わらないな，と感じた．私は翌朝午前3時の飛行機に乗らなければならないので，ロシアン・コニャックやワインなどを飲みながら，バンケットの残り料理を夕食代わりにおいしく腹いっぱい食べた．雪がちらつく天候だった．

欧米の会議では国際会議会場で e-mail の処理に忙しい人たちを多く見かけるが，今回の会議では，みな会議に集中し，どの講演も質疑応答が活発になされていたのが印象的である．X 線メーカーからの参加者も積極的に専門的な質問をしていたのは（どんな質問をしたかは，講演者が回答で使うスライドから想像するだけであるが），他国の会議に比べて非常に活発な印象を受けた．

ロシア語はその文字で尻込みするが，専門用語を耳だけで聞いていると，単語は英語とほぼ共通であり，専門用語は文字よりも耳の方がより理解できることがわかった．例えば写真 12 はバスから撮った道路標識であるが，キリル文字さえ読めれば翻訳不要である．

会議参加登録者数は 125 名で，大学と研究所が 76 名，産業界 12 名，X 線関係会社 17 名，院生・大学生 5 名，ロシア外からの参加者 9 名（ドイツ 2 名，フランス 1 名，日本 1 名，モンゴル 5 名など．ドイツやフランスの参加者はいかにも西欧風の名前なのでロシア語がわかるか聞くと，母親がロシア人だったりして，私以外全員ロシア語が流暢だった），発表件数は 112 件であった．次回は 2017 年夏季（5 月～ 10 月のいつか）にモスクワ地区で開催される．3 年前はノボシビルスクだった．ウランバートルでも 2015 年 6 月 8 日～ 12 日に The 4th International Conference on X-Ray Analysis が開催されるというアナウンスがあった．このモンゴルの会議の

写真 10　船から降りるとき，飲み食いできなかった料理やワインを自主的に運ぶノボシビルスクのフレストフ．左はエカテリンブルグのザミョーチン．

写真 11　エクスカーションから帰ってきて，宴会の準備をしている様子を見守るレベンコ（議長），フィンケルシュタン（副議長），ベラゼーラバ（会議セクレタリー），ロドイサンバ（ウランバートル）．

写真 12　道路標識．

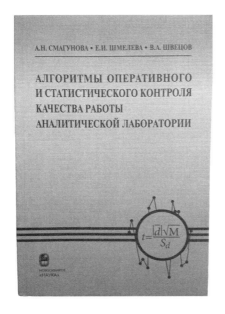 

写真 13 スマグノーバの本とパブリンスキーの本.

第 2 回と第 3 回の会議報告は「X 線分析の進歩」誌で紹介した[11,12].

会議中にスマグノーバとパブリンスキーの新しい教科書（写真 13）が希望者に配布された. スマグノーバの本は 60 ページで 50 ルーブルなので数百円である. スマグノーバの本の題名には統計, 制御, 分析などの単語がわかるが, 分析値の標準偏差, 誤差の伝播, 検定などが書かれている. パブリンスキーの本は蛍光 X 線のマトリックス効果に関する 90 ページ弱の教科書である. スキャンして OCR（光学的文字認識）すれば, 自動翻訳ソフトで本の内容を理解することはそれほど難しいことではない.

3. EXRS国際会議

2012 年の Wien での国際会議に引き続き, 2 年に 1 回の EXRS 国際会議がイタリアの Bologna で, 2014 年 6 月 15 日～20 日に開催された. 今回の会議議長は, ボローニャ大学の Jorge E. Fernandez（ホルヘ・フェルナンデス）であった. 今回の会議の招待講演者を表 2 に示す.

ボローニャ大学は 1088 年創設で, あと 74 年で創立 1000 周年となるヨーロッパ最古の大学である. ボローニャと言えば, 何と言っても井上ひさしの「ボローニャ紀行」[13] に触れないわけにはゆかない.「イタリアの稼ぎ頭はファッションでもイタリア料理でもなく, じつは機械であって, そのうちの小型精密機械は, たいていがボローニャ製である」と井上ひさしが解説する. 彼はボローニャにほれ込んで 30 年間調査し, 2003 年に初めてボローニャを訪れ, 職人専門学校付属の博物館, 日本茶のティーバッグ包装機械を製造した会社, 知的障害者の農園などを訪問して書いたのが「ボローニャ紀行」である. もちろんボローニャ大学のことや, 中田英寿選手がボローニャにいたことも書かれている. 協同組合方式や「ボローニャ方式」と呼ばれる地方再生のヒントとなるべきことが数多く

表2 招待講演者.

John L. (Iain) Campbell, University of Guelph, Canada
Chris Chantler, University of Melbourne, Australia
Jose Maria Fernandez-Varea, University of Barcelona, Spain
Mauro Guerra, University of Lisbon, Portugal
Richard Hugtenburg, Swansea University, UK
Koen Janssens, University of Antwerp, Belgium
Chris Jeynes, University of Surrey, UK
Birgit Kanngießer, TU Berlin, Germany
Jun Kawai, Kyoto University, Japan
Andreas Nutsch, PTB, Berlin, Germany
János Osán, KFKI Atomic Energy Research Institute, Hungary
Giancarlo Pepponi, FBK, Trento, Italy
Chris Ryan, Nuclear Microprobe, CSIRO, Australia
Kenji Sakurai, National Institute for Materials Science, Japan
Dimosthenis Sokaras, SSRL-SLAC, USA
Laszlo Vincze, Ghent University, Belgium
Ziyu Wu, National Synchrotron Radiation Laboratory, China

写真14 ボローニャの有名な塔.

書かれ，日本の地方活性化方法を提案した一流の政策書だと思うが，題名からは，単なるイタリアの小都市の紀行文だとしか思えない．しかし機械職人の街と聞いて，何となくボローニャでX線会議が開催される理由が納得できるような気がする．

朝9時前に学会の会場へ急いで歩いていると，大学の広場には泥酔した学生が寝ていることもあった．毎日，夕方になるとその広場では，多くの学生が石畳に車座になってワインを飲んでいた．大変うらやましい学生生活である．

古い都市なので安いホテル探しには苦労したが，ボローニャの楕円形の旧市街の東端に大学があり，西端に安いホテルを見つけた．直線で徒歩20分の距離だったが，毎日違う道を選んで40分ほどかけて市内見物（写真14）をしながら学会へ通った．同じホテルにはハンブルクのX線グループなど多くの顔見知りが宿泊していて心強かった．

会議参加者は48か国から320名以上で（写真15），2つのセッションがパラレルで行われた．X線分析の国際会議としては今や世界最大である．このような国際会議で発表される研究がすべて世界一流かと言うとそうでもない．例えば，招待講演はすでに論文となった内容も多い．口頭発表は，若手研究者の発表練習の場のような意味もある．こうした口頭発表に対する質問は，今回の国際会議では素人質問のようなものが多くて残念であった．一方，ポスター発表（写真16）は新しい研究，重要な研究が多いので，それを見逃がさないようにしなければならない．自分の研究と関連が深いポスターの発表者と十分に議論することも重要である．

日本のX線分析研究は国内学会では，産業に

写真 15　集合写真（学会公式写真）．

写真 16　ポスターセッションで質問する会議議長のホルヘ・フェルナンデス（学会公式写真）．

基礎を置いたものが多いが，日本の参加者が毎回ヨーロッパの会議まで来て発表する内容は，考古学やルーブゴールドバーグ的[14]な発表が多いのは残念である．そういう日本の研究に対する批判も毎回耳にする．日本国内の一流の研究が選抜されて国際会議に出てきているわけではない．

ポスター発表で気になった研究の写真を撮っておいたので，発表者の許諾を得てその写真を掲載する（写真 17）．これらの写真は「現代化学」誌でも紹介した[15]．企業ブースにも少し気になる装置が展示されていたのでその写真も示す（写真 18）．企業ブースのキットは別の本でも紹介した[16]．ついでなので，今年のDXC（デンバーX線会議，Big Sky）で撮影した類似装置の写真も示す（写真 19）．これらの写真からわかることは，蛍光X線分析装置が非常に簡易化し低価格化していることである．私の研究[17]もこの流れの中にある．

クリス・チャントラーがX線分析の会議で講演することは珍しいが，ホルヘ・フェルナンデスの研究分野が近いこともあって，招待講演が実現した．彼の発表は高分解能蛍光X線スペク

トル測定に関するレビューであったが，写真20に示すようにTulkki & Åbergと林久史の論文を解説していた．

ヨーロッパX線会議の第1回は1986年にスウェーデンのゲーテボルグ（イェーテボリ）で1986年に25名ほどの参加者で開催されたのが始まりである．次回2016年には30周年を記念して再びGotenborgで開催される予定である．

会議議長はゲーテボルグ大学のJohan Boman（ヨハン・ボーマン）である．夏至の週に開催予定と言う事である．北欧の夏至はちょうど日本の正月休みのような帰省シーズンで，鉄道の駅などは旅客でごった返すのでホテルは早めの予約が必要だろう．

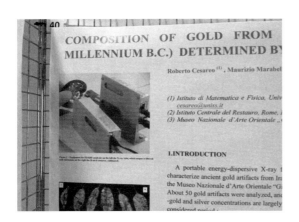
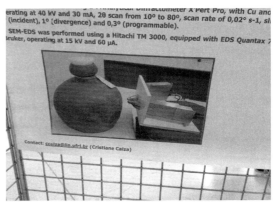

写真17 サルジニア島サッサリ大学のロベルト・セザレオのグループのポスター（左）と，リオデジャネイロ連邦大学のリカルド・T・ロペスのグループのポスター（右）．どちらもバラックに近い小型X線装置が使われている．（両者の許諾を得て掲載）

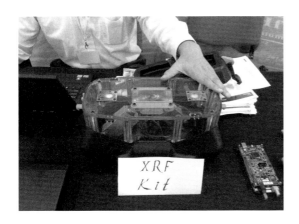

写真18 MOXTEKの蛍光X線キット．（河合撮影，MOXTEKの許諾を得て掲載）

写真19 AMPTEKの蛍光X線キット（2014年デンバーX線会議で河合撮影，AMPTEKの許諾を得て掲載）．

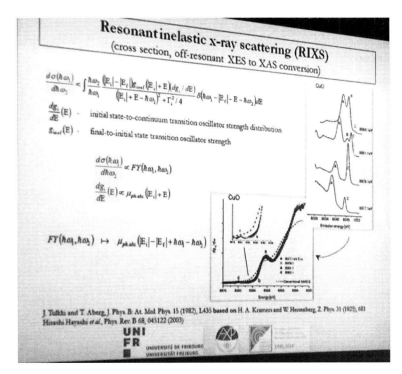

写真20 オーストラリアのクリス・チャントラーの招待講演のスライドの1枚. Tulkki・Åberg と林久史の2論文が RIXS の重要な研究として引用されているのがわかる.

参考文献

1) 佐藤千晶:第63回デンバーX線会議報告, X線分析の進歩, **46**, 355-358 (2015).
2) 大西庸礼, 今宿 晋, 弓削是貴, 河合 潤, 志村尚美:小型白色X線管を用いたX線反射率測定装置, X線分析の進歩, **45**, 211-215 (2014).
3) A. H. Compton, S. K. Allison: "X-rays in Theory and Experiment", (1935) (Van Nostrand).
4) М. А. Блохин: "Физика рентгеновских лучей", (1957) (ГИТТЛ).
5) M. A. Blokhin: "Methods of X-ray spectroscopic research" (1965).
6) M. A. Blokhin: X-ray spectroscopy (International monographs on advanced mathematics and physics), Unknown Binding, (1962).
7) M. A. Blokhin: "Physik der Röntgenstrahlen", (1957) (Verlag Technik).
8) 講談社編:「榎本武揚シベリア日記」, 講談社学術文庫 (2008). 8月30日の項に,「湖水の河に入る口に出岩あり. これをシャマ僧のホリー・ストーンと做せり」とある.「シベリア日記」は硝酸銀水溶液で塩分を調べたり (8月31日),「骨灰の小皿に入れ, 灰吹きにし, 鉛の散じたる后, 硝石精にて溶解(8月29日)」など化学的記述も頻出する.
9) 榎本隆充, 高成田 享 編:「近代日本の万能人・榎本武揚 1836-1908」, (2008) (藤原書店).
10) 森谷正規:毎日新聞, 日曜版書評, 2008年5月18日.
11) 河合 潤:CSI, ICXOM 国際会議とモンゴルX線国際会議報告, X線分析の進歩, **41**, 219-227 (2010).
12) 河合 潤:第3回モンゴルX線国際会議報告, X線分析の進歩, **44**, 301-313 (2013).
13) 井上ひさし:「ボローニャ紀行」, 文春文庫 (2010).
14) 河合 潤:ガラパゴス化とルーブ・ゴールドバーグ化, 現代化学, No.520 (7月号), 64-66 (2014).
15) 河合 潤:分析装置は自作しよう, No.524 (11月号), 66-67 (2014).
16) 遠山惠夫, 河合 潤:ハンドヘルド蛍光X線分析の裏支,「金属」2014/9 臨時増刊号 (2014).
17) H. Ida, J. Kawai: Portable X-Ray fluorescence spectrometer with a pyroelectric X-Ray generator, *X-Ray Spectrom*, **34**, 225-229 (2005).

新刊紹介

「金属」2014/9 臨時増刊号

ハンドヘルド蛍光X線分析の裏技

遠山惠夫・河合 潤 編著

B5判 92ページ，アグネ技術センター（2014）

雑誌コード 4910029500947

定価：本体価格 1,600 円＋税

　本書は，月刊誌「金属」の臨時増刊号として昨年9月に発行された小冊子であり，世界的にも日本国内でも急速に普及が進んでいるハンドヘルド蛍光X線分析装置（以下，HH-XRF）についての解説書である．92頁という誌面の中で基礎原理から活用事例に至るまで多くの写真や図を交えて丁寧な説明がなされており，HH-XRFをこれから使おうとする人には是非手に取って読んでほしい一冊となっている．また「裏技」というタイトルは，既にHH-XRFを使っている人にとって興味をそそらせるものがあり，現に私にとっても十分すぎる購入動機となった．考えれば，上梓された時点で裏技は裏技たり得ないのだが，それは措いたとして，「2-2　LCDタッチパネル部が蝶番式になったわけ」などの「裏話」が諸所に散りばめられており，何れも興味深く読ませて頂いた．「2-10　よくあるトラブル」も読めばなるほどと納得の事柄が記されており（例えば「やたらチタンが出る」），実際にトラブルに遭遇しなくとも，知っているだけで何故かちょっと得した気分になる．裏技かどうかは読者の気持ち次第なのかもしれない．

　さて，ご存じのとおり，著者のひとりである遠山惠夫氏は米国ナイトン社でHH-XRFの開発に直接携わった第一人者であり，第1，2章の装置メーカーの歴史や開発物語についての記述はまさに現代の活きた技術史である．河合潤先生については，ご紹介するまでもなく，HH-XRFに限らず，小型可搬の全反射XRFやEPMAの開発・応用も手がけておられるが，「3-2　X線のエネルギーと強度について」は，大学での今どきの学生の方々とのやりとりを想像させ，ちょっと面白い．私も河合研の学生になったつもりで，紹介されたスマートフォン用X線エネルギーのアプリをダウンロードしてみた．吸収端（Kab）をKαβと表示するバグは今は修正されているようだ．

　HH-XRFの特長を最大限に活かした金属スクラップの仕分け，環境テスト，考古学などの分野での活用事例については本書を読んで頂くとして，最後にひと言．どんな分析装置でも正しく安全に使わなければ人を利さないが，第5章にあるようにHH-XRFの使用にあたっては特に正しい知識と理解が必要である．HH-XRFの場合，X線が放出・散乱されるサンプル部に最も近い身体の部位はやはり手であるので，含鉛放射線防護手袋の着用などの安全対策を講じた上で，本書を傍らに，より多くの人がHH-XRFを様々なフィールドで活用されることを望む．

［日本電信電話株式会社　東 康弘］

『蛍光 X 線分析の実際』（朝倉書店）の訂正願い

中井　泉

(Received 7 February 2015, Accepted 7 February 2015)

　朝倉書店発行『蛍光 X 線分析の実際』(2005) 中井 泉 編集，日本分析化学会 X 線分析研究懇談会監修に，以下のとおり修正が必要となりましたので，本書をお持ちの方は訂正をお願いいたします．

該当箇所
　表紙の図，p.5 図 1.5，p.6 図 1.6

修正内容　Lβ 線の帰属について
　図の中で現状では N 殻 → L 殻の遷移に Lβ の記号を付与していますがこれは正しくは $L\beta_2$ の帰属で，最強線の $L\beta_1$ は M 殻 → L 殻の遷移とすべきでした．

説　明
　上述の本書の図では，Lβ 線を N 殻から L 殻への遷移を示す矢印に付与しておりました．右に示した本書 p.19 の表 2.1 のように，Lβ 線は，M-L 遷移も含まれ，特に最強線の $L\beta_1$ 線は M 殻 → L 殻の遷移ですので，代表させるなら，M-L 遷移となるように図示すべきでした．謹ん

表 2.1　特性 X 線スペクトルの呼び方．
（例えば K-L_3 遷移を $K\alpha_1$ と呼ぶ）

	K	L_1	L_2	L_3
L_1				
L_2	$K\alpha_2$			
L_3	$K\alpha_1$			
M_1			$L\eta$	$L\ell$
M_2	$K\beta_3$	$L\beta_4$		Lt
M_3	$K\beta_1$	$L\beta_3$	$L\beta_{17}$	Ls
M_4	$K\beta_5$	$L\beta_{10}$	$L\beta_1$	$L\alpha_2$
M_5	$K\beta_5$	$L\beta_9$		$L\alpha_1$
N_1			$L\gamma_5$	$L\beta_6$
N_2	$K\beta_2$	$L\gamma_2$		
N_3	$K\beta_2$	$L\gamma_3$		
N_4	$K\beta_4$		$L\gamma_1$	$L\beta_{15}$
N_5	$K\beta_4$			$L\beta_2$
N_6				
N_7				

出典　『蛍光 X 線分析の実際』，朝倉書店，(2005)，p.19（河合 潤 著）．

で訂正申しあげます．
　なお，本訂正は，本誌編集委員長の河合 潤京都大学教授と匿名の読者の方よりご指摘いただきました．記して謝意を表します．

東京理科大学理学部応用化学科　東京都新宿区神楽坂 1-3　〒 162-8601

既掲載X線粉末回折図形索引 〔No.1（Vol.8）～No.10（Vol.18）〕

凡 例

1. この索引には，「X線分析の進歩」8集から18集に掲載されている粉末X線回折図形の物質名を収録した．
2. 収録した外国語は英・米語，その他外国語，固有名略号，記号などを区別することなく，原語のままアルファベット順に配列してある．
3. 位置，立体構造あるいは種類，原子価などを示す算用数字，d-，l- などの化合物に付けられる記号は一般にこれを無視して配列した．ただしギリシャ文字の接頭語をもつ術語，たとえば α-Quartz などは，その文字を Alpha-，としたものも収録し，Alpha-Iron などとともにアルファベット順に配列した．
4. 各欄右側の数字は所在の巻数（ボールド体）および頁数を示す．

（1）物質名英文索引

A

d-α-Alanine	**14**	149
dl-α-Alanine	**14**	151
l-α-Alanine	**14**	150
d-Alpha-Alanine	**14**	149
dl-Alpha-Alanine	**14**	151
l-Alpha-Alanine	**14**	150
Alpha-Aluminum Oxide	**10**	139
Alpha-Iron	**9**	94
Alpha-Quartz	**8**	19
Aluminum	**12**	121
Aluminum Hydroxide Silicate	**18**	287, 288, 289
α-Aluminum Oxide	**10**	139
Ammonium Chloride	**8**	191
Ammonium Lead Chromate	**12**	113
Ammonium Vanadium Oxide	**12**	114
Anatase	**9**	96
Andesite	**16**	251
Antimony	**12**	134
Arcanite	**12**	124

B

Barium Carbonate	**10**	137
Barium Fluoride	**8**	195
Barium Iron Oxide	**10**	140
Basalt	**16**	253
Beryllium Oxide	**11**	204
Beryllium Sulfate Tetrahydrate	**11**	205
Black Iron Oxide	**9**	95
Bromellite	**11**	204
Bunsenite	**9**	91

C

Calcite	**10**	135, 136
Calcium Carbonate	**10**	135, 136
Calcium Fluoride	**11**	193, 196
Calcium Sulfate Dihydrate	**9**	89
Cerium Oxide	**13**	173
Chlorargyrite	**11**	195
Chromium Oxide	**10**	141
Copper Oxide	**10**	138
Corundum	**10**	139

D

Dipotassium Dilead Trichromate	**12**	111
Dysprosium Oxide	**13**	179

E

Erbium Oxide	**13**	177

F

Fluorite	**11**	193, 196
	15	287, 288

G

Gadolinium Oxide	**13**	178
d-Glutamic Acid	**14**	152
dl-Glutamic Acid	**14**	154
l-Glutamic Acid	**14**	153

H

Halite	**8**	194
Hematite	**9**	92, **15** 289, 290
Hieratite	**11**	194
Holmium Oxide	**13**	180

I

α-Iron	**9**	94
Iron Oxide	**9**	92

K
Kaolinite	17	287, 288, 289

L
Lanthanum Oxide	13	172
Lead Nitrate	10	143
Lithiophosphate	11	200
Lithium Carbonate	11	197, 198
Lithium Fluoride	8	196
Lithium Formate Mono Hydrate	11	202
Lithium Oxalate	11	201
Lithium Perchlorate Trihydrate	11	203
Lithium Phosphate	11	200
Lithium Sulfate Hydrate	11	199
Lutetium Oxide	13	184

M
Magnesium Oxide	9	93
Magnetite	9	98
Mercury Chloride	13	186
d-Methionine	14	155
dl-Methionine	14	157
l-Methionine	14	156
Molybdenum Oxide	12	120
Musan Iron Ore	14	174

N
Neodymium Oxide	13		175
Nickel	12	123, 13	187
Nickel Oxide	9		91
Niter	12		126

P
Potassium Ammonium Lead Chromate	12	112
Potassium Bromide	8	192
Potassium Chloride	8	193
Potassium Hydrogen Phosphate	12	125
Potassium Lead Chromate	12	111
Potassium Nitrate	12	126
Potassium Silicon Fluoride	11	194
Potassium Sulfate	12	124
Praseodymium Oxide	13	174

Q
α-Quartz	8	190

R
Rubidium Bromide	11	206
Rubidium Chloride	11	207
Rubidium Iodide	11	208
Rubidium Nitrate	11	209
Rubidium Sulfate	11	210
Rutile	9	97

S
Samarium Oxide	13	176
Selenium	12	122
d-Serine	14	158
dl-Serine	14	159
Silicon	10	142
Silicon Dioxide	8	190
Silver Chloride	11	195
Sintred Ore	16	252
Sodium Chlorate	12	131
Sodium Chloride	8	194
Sodium Hydrogen Carbonate	12	130
Sodium Iodate	12	133
Sodium Nitrate	12	129
Sodium Nitrite	12	128
Sodium Periodate	12	132
Sodium Sulfite	12	127
Sulfamic Acid	12	117
Sulfonyl Diamide	12	115, 116
Sylvite	8	193

T
d-(−)-Tartaric Acid	14	160
dl-Tartaric Acid	14	162
l-(+)-Tartaric Acid	14	161
Tenorite	10	138
d-Threonine	14	163
dl-Threonine	14	165
l-Threonine	14	164
Thulium Oxide	13	182
Titanium Oxide(Anatase)	9	96
Titanium Oxide(Rutile)	9	97
d-(+)-Tryptophane	14	166
dl-Tryptophane	14	168
l-(−)-Tryptophane	14	167
dl-Tyrosine	14	170
l-Tyrosine	14	169

V
d-Valine	14	171
dl-Valine	14	173
l-Valine	14	172
Vanadium Oxide	12	118

W
Witherite	10	137

Y
Ytterbium Oxide	13	183
Yttrium Oxide	13	171

Z
Zinc	12	119
Zinc Oxide	9	90
Zincite	9	90
Zircon	13	185

既掲載 X 線粉末回折図形索引〔No.1（Vol.8）～No.10（Vol.18）〕

(2) 化学式索引

A

化学式	Vol.	Page
AgCl	11	195
Al	12	121
$\alpha\text{-}Al_2O_3$	10	139
$Al_2Si_2O_5(OH)_4$	18	287, 288, 289

B

化学式	Vol.	Page
$BaCO_3$	10	137
BaF_2	8	195
$BaO \cdot 6Fe_2O_3$	10	140
BeO	11	204
$BeSO_4 \cdot 4H_2O$	11	205

C

化学式	Vol.	Page
$CHLiO_2 \cdot H_2O$	11	202
$C_3H_7NO_2$ （d-α-アラニン）	14	149
$C_3H_7NO_2$ （dl-α-アラニン）	14	151
$C_3H_7NO_2$ （l-α-アラニン）	14	150
$C_3H_7NO_3$ （d-セリン）	14	158
$C_3H_7NO_3$ （dl-セリン）	14	159
$C_4H_6O_6$ （d-(−)-酒石酸）	14	160
$C_4H_6O_6$ （dl-酒石酸）	14	162
$C_4H_6O_6$ （l-(+)-酒石酸）	14	161
$C_4H_9NO_3$ （d-トレオニン）	14	163
$C_4H_9NO_3$ （dl-トレオニン）	14	165
$C_4H_9NO_3$ （l-トレオニン）	14	164
$C_5H_9NO_4$ （d-グルタミン酸）	14	152
$C_5H_9NO_4$ （dl-グルタミン酸）	14	154
$C_5H_9NO_4$ （l-グルタミン酸）	14	153
$C_5H_{11}NO_2$ （d-バリン）	14	171
$C_5H_{11}NO_2$ （dl-バリン）	14	173
$C_5H_{11}NO_2$ （l-バリン）	14	172
$C_5H_{11}NO_2S$ （d-メチオニン）	14	155
$C_5H_{11}NO_2S$ （dl-メチオニン）	14	157
$C_5H_{11}NO_2S$ （l-メチオニン）	14	156
$C_9H_{11}NO_3$ （dl-チロシン）	14	170
$C_9H_{11}NO_3$ （l-チロシン）	14	169
$C_{11}H_{12}N_2O_2$ （d-(+)-トリプトファン）	14	166
$C_{11}H_{12}N_2O_2$ （dl-トリプトファン）	14	168
$C_{11}H_{12}N_2O_2$ （l-(−)-トリプトファン）	14	167
$CaCO_3$ （方解石型）	10	135, 136
CaF_2	11, 15	193, 196, 287, 288
$CaSO_4 \cdot 2H_2O$	9	89
CeO_2	13	173
Cr_2O_3	10	141
CuO	10	138

D

化学式	Vol.	Page
Dy_2O_3	13	179

E

化学式	Vol.	Page
Er_2O_3	13	181
Eu_2O_3	13	177

F

化学式	Vol.	Page
$\alpha\text{-}Fe$	9	94
$\alpha\text{-}Fe_2O_3$	9, 15	92, 289, 290
Fe_3O_4	9	95, 98

G

化学式	Vol.	Page
Gd_2O_3	13	178

H

化学式	Vol.	Page
H_2NSO_3H （スルファミン酸）	12	117
Hg_2Cl_2	13	186
Ho_2O_3	13	180

K

化学式	Vol.	Page
KBr	8	192
KCl	8	193
KH_2PO_4	12	125
$K_{0.2}(NH_4)_{2.0}Pb_{1.9}(CrO_4)_{3.0}$	12	112
KNO_3	12	126
$K_{2.0}Pb_{2.0}(CrO_4)_{3.0}$	12	111
K_2SiF_6	11	194
K_2SO_4	12	124

L

化学式	Vol.	Page
La_2O_3	13	172
Li_2CO_3	11	197, 198
$Li_2C_2O_4$	11	201
$LiClO_4 \cdot 3H_2O$	11	203
LiF	8	196
Li_3PO_4	11	200
$Li_2SO_4 \cdot H_2O$	11	199
Lu_2O_3	13	184

M

化学式	Vol.	Page
MgO	9	93
MoO_3	12	120

N

化学式	Vol.	Page
$(NH_2)_2SO_2$	12	115, 116
NH_3SO_3 （スルファミン酸）	12	117
NH_4Cl	8	191
$(NH_4)_{2.4}Pb_{1.9}(CrO_4)_{3.0}$	12	113
NH_4VO_3	12	114
$NaCl$	8	194
$NaClO_3$	12	131
$NaHCO_3$	12	130
$NaIO_3$	12	133
$NaIO_4$	12	132
$NaNO_2$	12	128
$NaNO_3$	12	129
Na_2SO_3	12	127
Nd_2O_3	13	175
Ni	12, 13	123, 187
NiO	9	91

既掲載 X 線粉末回折図形索引〔No.1 (Vol.8)〜No.10 (Vol.18)〕

P

Pb(NO$_3$)$_2$	**10**	143
PrO$_{1.83}$(Pr$_6$O$_{11}$)	**13**	174

R

RbBr	**11**	206
RbCl	**11**	207
RbI	**11**	208
RbNO$_3$	**11**	209
Rb$_2$SO$_4$	**11**	210

S

Sb	**12**	134
Se	**12**	122
Si	**10**	142
SiO$_2$（α-石英）	**8**	190
Sm$_2$O$_3$	**13**	176

T

TiO$_2$（アナターゼ型）	**9**	96
TiO$_2$（ルチル型）	**9**	97
Tm$_2$O$_3$	**13**	182

V

V$_2$O$_5$	**12**	118

Y

Y$_2$O$_3$	**12**	171

Yb$_2$O$_3$	**13**	183

Z

Zn	**12**	119
ZnO	**9**	90
ZrSiO$_4$	**13**	185

安山岩	**16**	251
玄武岩	**16**	253
磁鉄鉱（茂山）	**14**	174
焼結鉱（製鉄用）	**16**	252

2014年 X線分析のあゆみ

編集委員会

1. X線分析関係国内講演会開催状況

(2014年1月～12月，X線分析研究懇談会が主催ではないが，X線分析に関する学会発表等をリストした)

第74回分析化学討論会
5月24日(土)・25日(日) 日本大学工学部(郡山市)
日本分析化学会

1. 環境試料中の全β放射能分析と放射性ストロンチウムに関する定量的評価―(福島県原子力セ，福島大理工，福島大環境放射能研)紺野慎行，高貝慶隆
2. カスケード濃縮分離型ICP-MS法による福島第一原子力発電所の水処理装置(サリー)から発生する滞留水中のストロンチウム90迅速分析―(福島大理工，福島大環境放射能研，パーキンエルマー，原子力機構，JAMSTEC)高貝慶隆，古川 真，松枝 誠，亀尾 裕，田中 究，鈴木勝彦
3. [依頼講演]東京電力福島第一原子力発電所事故により発生した滞留水，ガレキ等に対する放射能分析―(原子力機構)亀尾 裕
4. [依頼講演]福島沿岸海域における放射性物質収支と生態系移行―(東京海洋大院海洋科学)神田穣太
5. [依頼講演]放射性物質の陸域からの移行―(筑波大アイソトープ環境動態セ)恩田裕一
6. [公開講演会]大気中における放射性物質の動き―(福島大理工)渡邊 明
7. [公開講演会]福島県内の河川における放射性セシウム濃度の推移―(金沢大環日セ)長尾誠也
8. [公開講演会]放射線の健康影響―(放医研)明石真言
9. γ線照射によるフェノール類の生成を利用した高感度化学線量計―(広島大院生物圏科学，広島大院工)竹田一彦，永野晃貴
10. 福島第一原子力発電所事故による群馬県の放射性セシウム汚染について―(群馬大院理工，群馬水試，国環研，武蔵大，東京都市大工，金沢大)角田欣一，相澤省一，森 勝伸，斎藤陽一，小崎大輔，小池優子，阿部隼司，鈴木究真，久下敏宏，泉 庄太郎，田中英樹，小野関由美，野原精一，薬袋佳孝，岡田往子，長尾誠也
11. 各種固相担体に対する放射性セシウム，放射性ストロンチウムの吸着挙動―(近畿大院総合理工，近畿大理工，みらい，キミカ)山崎秀夫，石田真展，山田悠策，小丸博美，大村剛久，山口 壽，笠原文善
12. 日本大学工学部キャンパスの放射能除染とモニタリング―(日大工)平山和雄，郡川正裕
13. 放射能分析用大豆認証標準物質の開発―(都市大，武蔵大，国際問題研，産総研，日本ハム，環境テクノス，JAB，テルム，埼玉大院，JCAC，JRIA，分析化学会)平井昭司，薬袋佳孝，岡田往子，米澤仲四郎，三浦 勉，荒川史博，岩本 浩，植松慶生，岡田 章，渋川雅美，千葉光一，北村清司，山田崇裕，柿田和俊，小島勇夫
14. 放射能環境標準物質の開発を目的とした共同分析結果からみた ^{134}Cs, ^{137}Cs 測定の同等性―(産総研計測標準，武蔵大，東京都市大，環境テクノス，日本国際問題研，埼玉大院，テルム，日本ハム，日本アイソトープ協会，日本分析セ，JAB，分析化学会)三浦 勉，薬袋佳孝，平井昭司，岩本 浩，渋川雅美，米澤仲四郎，植松慶生，岡田 章，山田崇裕，真田哲也，千葉光一，荒川史博，柿田和俊，小島勇夫

15. 福島第一原発事故による首都圏土壌，東京湾堆積物の環境放射能汚染とその動態解析―（近畿大院総合理工，京大防災研流域災害研究セ）石田真展，東 良慶，山崎秀夫
16. 宮城県牡鹿半島の環境放射能モニタリング（1）―（石巻専修大理工，ダルハウジー大）福島美智子，根本智行，松谷武成，Amares Chatt
17. ［依頼講演］放射光X線で読み解く植物の重金属蓄積機構―（滋賀県立大環境科学，東京電機大工）原田英美子，保倉明子
18. SEMを用いた大気微粒子の形状識別と統計データ取得方法の研究―（工学院大工）牧野 裕，井上 悟，菅野祐介，大塚紀一郎，田形昭次郎，坂本哲夫
19. ［依頼講演］X線位相イメージングによる医療診断法の開発―（東北大多元研）百生 敦
20. 溶液試料を調製した検量用標準による鉄鋼の蛍光X線分析―（東北大金研）中山健一，芦野哲也，我妻和明
21. 米中の微量カドミウムおよびヒ素濃度の迅速分析―（日立ハイテクサイエンス）深井隆行，坂元秀之，大柿真毅
22. XANES分光法で調べた無光下で機能を発現する酸化チタン化合物の構造Ⅱ―（九州シンクロトロン光研究セ，新触媒研，千葉大院医，特殊無機材研）岡島敏浩，入江敏夫，白澤 浩，鈴木謙爾
23. 共焦点型3次元蛍光X線分析装置によるリチウムイオン電池電極材料の分析―（阪市大院工，ハンブルグ大）八木良太，平野新太郎，辻 幸一，Ursula Fittschen
24. トラスコタイト中に特異的に取り込まれたセシウムの状態分析―（九大基幹教育院，九大院理，九大院工，JASRI/SPring-8）大橋弘範，川本大祐，米津幸太郎，本間徹生，岡上吉広，渡辺公一郎，横山拓史
25. 数GPa領域の電解質水溶液のX線回折と3次元構造の可視化―（福岡大理，原子力機構）山口敏男，福山菜美，吉田亨次，Yagafarov, Oscar，片山芳則
26. 和歌山ヒ素事件におけるSPring-8蛍光X線絶対強度と濃度の非相関とサムピークによる線形性の向上および分析の問題点―（京大工）河合 潤
27. XAFSおよびX線回折法によるパーライト鋼の微細構造解析―（東北大金研，東北大多元，テクニカルコンサル）小川ひろみ，佐藤成男，篠田弘造，田代 均，鈴木 茂，我妻和明
28. 12.5 mmφ ガラスビード/蛍光X線分析の試料支持法―（明大理工，明大研究・知財戦略）小日置達哉，市川慎太郎，中山健一，中村利廣
29. 低希釈（1:1）スモールガラスビード/蛍光X線法による火成岩中の微量成分分析―（明大理工，明大研究・知財戦略）小沼宏彰，市川慎太郎，中山健一，中村利廣
30. 斜入射配置での波長分散型蛍光X線イメージング装置の開発―（阪市大院工）山梨眞生，辻 幸一
31. 極小ガラスビード/蛍光X線法による考古遺物試料1.1 mgの元素組成分析―（明大研究・知財戦略，明大理工）市川慎太郎，中村利廣
32. デスクトップX線回折装置による高感度結晶相分析―（明大理工，リガク）井口敦史，旭 智治，大渕敦司，紺谷貴之，中村利廣
33. 廃電子基板の粉末化と有用金属の粒度依存性―（明大理工，明大研究・知財戦略）葉山純平，藤岡麻里，廣川悠哉，市川慎太郎，中村利廣
34. 飲料水中のハロゲンの全反射蛍光X線分析―（阪市大院工）田渕由莉，辻 幸一
35. 疎水性修飾界面をもつ規則性有機シリカ制限空間における過冷却水のDSC，X線および中性子散乱測定―（福岡大理，豊田中研，ラウエ・ランジュバン研，レオン・ブリュアン研）福島由利佳，浦部俊雄，伊藤華苗，吉田亨次，後藤康友，稲垣伸二，Peter Fouquet，Marie-Claire Bellissent-Funel，山口敏男
36. 全国各地に散在する幕末から明治初期までの歴史鉄試料の分析化学的研究―（福岡大理，千葉大理，九大院理，佐賀大）尾花侑亮，栗崎 敏，沼子千弥，横山拓史，長野 遥，脇田久伸，山口敏男
37. 蛍光X線分析用カドミウム含有粒状玄米及び白米標準物質の開発―（明大研究・知財戦略，明大理工）乾 哲朗，中村利廣

38. 固相抽出濃縮/蛍光X線分析法による水中の微量ヒ素の化学形態別定量—（明大院理工，明大研究・知財戦略）萩原健太，乾 哲朗，小池裕也，相澤 守，中村利廣

39. 放射光を用いた高エネルギー蛍光X線分析・粉末X線回折分析による北陸地方の科学捜査のための土砂データベースの開発—（東理大理，JASRI/SPring-8，産総研）平尾将崇，前田一誠，岩井桃子，今 直誓，廣川純子，阿部善也，大坂恵一，松本拓也，伊藤真義，二宮利男，太田充恒，中井 泉

40. 固相抽出ディスクを用いた ^{90}Sr 定量のための迅速な ^{90}Y 線源作製法の開発—（明大院理工，明大理工，明大研究・知財戦略，リガク）松田 渉，浅野圭祐，栗原雄一，岩鼻雄基，乾 哲朗，大渕敦司，中村利廣，小池 裕也

41. 福島原発事故で放出された強放射性大気粉塵粒子の放射光X線分析—（東理大理，JASRI/SPring-8，気象研）飯澤勇信，阿部善也，中井 泉，寺田靖子，足立光司，五十嵐康人

42. 硫化物薄膜の選択的合成と硫黄K殻XAFS法による評価—（広島大院工，広島大工，広島大放射光）早川慎二郎，滝口冬馬，田原朋恵，野口直樹，Galif Kutluk，生天目博文

43. 三重津海軍所跡（佐賀市）からの出土品（銅製品，ルツボ付着物）のシンクロトロン蛍光X線分析—（佐賀大院工，佐賀市教育委，佐賀SL）田端正明，前田達男，中野 允，隅谷和嗣

44. 絶縁性バルク試料の全電子収量軟X線吸収測定—（兵庫県大院工）村松康司

45. 粒子状元素分析用標準物質の試作とマイクロPIXE装置の校正—（秋田大教文，原子力機構高崎研，放医研）岩田吉弘，堅田真守，佐藤隆博，及川将一

46. 蛍光X線分析法による食品中の微量カドミウムおよびヒ素濃度の簡易・迅速分析—（日立ハイテクサイエンス）深井隆行，坂元秀之，大柿真毅

JAIMAセミナー9「これであなたも専門家－蛍光X線編」

9月5日（金）幕張メッセ国際会議場（千葉市）日本分析機器工業会

47. ハンドヘルド蛍光X線分析装置による分析の特徴と性能—（大阪科学技術セ/分析産業人ネット）遠山惠夫

48. ハンドヘルドXRFの機能向上と工業材料・環境・リサイクル・文化財関連での役割拡大—（リガク）野上太郎

49. ハンドヘルドXRFを用いた現場でのアルミニウム合金スクラップの迅速種別判定—（都立産業技術研究セ）上本道久

50. 蛍光X線分析の試料調製と標準物質—（明大理工応用化学）中村利廣

日本分析化学会第63年会

9月17日（水）～9月19日（金）広島大学東広島キャンパス（東広島市）日本分析化学会

51. SPring-8/中性子を活用した低燃費タイヤ開発—（住友ゴム，東大院新領域）岸本浩通，間下 亮，増井友美，篠原佑也，雨宮慶幸

52. プロセスのその場計測から開発へ-水熱反応過程のその場計測-—（旭化成基盤技研）松野信也

53. 鉄鋼材料の高強度化を支えるマクロから原子レベルの解析技術—（新日鐵住金先端研）杉山昌章

54. 電極反応のXAFS分析と広島大放射光センターの活用法—（広島大院工）早川慎二郎

55. 放射光真空紫外円二色性を用いたタンパク質の構造解析—（広大HiSOR）松尾光一

56. XFELを用いた超高速フェムト秒XAFS測定—（高輝度光科学研セ，理化学研放射光科学研セ，東京農工大院工，京都大院理，理化学研光量子工学研究）片山哲夫，犬伏雄一，小原祐樹，佐藤尭洋，富樫 格，登野健介，初井宇記，亀島 敬，Bhattacharya, Atanu，小城吉寛，倉橋直也，三沢和彦，鈴木俊法，矢橋牧名

57. イメージングXAFSによる土壌および焼却灰中のセシウム観察—（原子力機構）岡本芳浩，大杉武史，赤堀光雄，塩飽秀啓，矢板 毅

58. 大気粉塵中の強放射性物質の放射光X線分析—

（東理大理，JASRI/SPring-8，気象研）阿部善也，飯澤勇信，中井 泉，寺田靖子，足立光司，五十嵐康人

59. フライアッシュとセメントを混合した底質改善材による閉鎖性水域からの硫化物イオンの除去—（神戸大内海域C，広大院工，中国電力）浅岡 聡，岡村秀雄，早川慎二郎，中本健二，樋野和俊，柳楽俊之

60. ［依頼講演］放射光軟X線吸収分光と第一原理計算によるグラフェン系物質の局所構造解析—（兵県大院工）村松康司

61. 走査型透過X線顕微鏡（STXM）を用いた隕石中有機物の微小領域X線吸収端近傍構造（μXANES）分析—（横国大，NASA-JSC，LBNL，Jacobs，CIW）癸生川陽子，Zolensky Michael，Kilcoyne David，Rahman Zia，Cody George

62. ラジカルを発生する金属酸化物ナノ粒子のX線を用いた分析—（千葉大理，神戸大工，群馬大理工）宮嵜世里加，森田健太，荻野千秋，佐藤和好，沼子千弥

63. ［依頼講演］放射光マイクロビーム蛍光X線分析による科学捜査微細試料の非破壊異同識別—（高知大教，JASRI/SPring-8，広島大院工）西脇芳典，吉岡剛志，橋本 敬，本多定男，早川慎二郎，高田昌樹

64. EPMAによるMgGe合金の定量—（兵県大院工）西尾満章，田沼繁夫，今井基晴，磯田幸宏

65. 出土砥石及び碁石の成分分析－尾張藩上屋敷跡遺跡出土試料－—（神奈川大理）青柳佑希，高岡真美，西本右子

66. 世界遺産登録候補三重津海軍所跡（佐賀市）からの出土磁器の分析と製造窯元の推定—（佐賀大院工，佐賀市教育委，佐賀SL）田端正明，前田達男，中野 充，隅谷和嗣

67. ［JAIMA機器開発賞講演］ポータブル全反射蛍光X線分析装置の研究と開発—（東理大工，京大院工）国村伸祐，河合 潤

68. 試料冷却ステージを用いた極低角度入射ビームオージェ深さ方向分析による酸化物薄膜の分析—（物材機構）荻原俊弥

69. ガンドルフィカメラによる結晶構造解析—（リガク）大渕敦司，白又勇士，紺谷貴之，山野昭人，藤縄 剛

70. ［依頼講演］X線吸収スペクトルの価数による見かけ上の吸収端シフト—（徳島大院総科教育）山本 孝

71. 粉末X線回折法とケモメトリックスに基づく医薬品原末中の多成分の同時定量—（徳島大院薬，徳島大薬，徳島大院HBS）大塚裕太，伊藤 丹，竹内政樹，田中秀治

72. 転換電子収量法によるXAFS測定およびイメージングのための棒状電極の開発—（広島大院工，広島大工，高知大教，JASRI/SPring-8）伊達幸平，國崎佑介，吉岡剛志，西脇芳典，橋本 敬，本多定男，高田昌樹，早川慎二郎

73. マンガンが添加された青色アパタイトに対するXAFSによる研究—（千葉大理，筑波大人文，歴民博）沼子千弥，北原圭祐，島津美子，谷口陽子

74. 焦電結晶を用いた金属ナノ粒子作製法の開発に関する研究—（東理大院総合化学）金子泰典，国村伸祐

75. 北海道から出土した古代ガラスに関する考古化学的研究—（東理大理，函館工業高専，沙流川歴史館）柳瀬和也，松﨑真弓，澤村大地，中村和之，森岡健治，中井 泉

76. 有害金属分析用粒状大麦標準物質の開発—（明大院理工，明大研究知財戦略機構，明大理工）巽 正樹，乾 哲朗，中村利廣

77. X線光電子分光法による酸素グロー放電酸化金の生成と分解に関する研究—（鹿児島大院理工，鹿児島大工，鹿児島大機器分析セ）小林優太，園田尚代，満塩 勝，肥後盛秀，久保臣悟

78. X線光電子分光法と走査型電子顕微鏡によるアルミニウム基板に真空蒸着した金薄膜の状態分析及び形態観察—（鹿児島大院理工，鹿児島大機器分析セ）安藤 翼，満塩 勝，肥後盛秀，久保臣悟

79. 共焦点型蛍光X線分析法における塩素の検出限界—（阪市大院工）北戸雄大，八木良太，陳 自義，

辻 幸一

80. 江戸初期製作の「伊勢物語」断片のX線分析―(龍谷大理工) 髙橋瑞紀, 藤原 学
81. 新規ニッケル (II) および銅 (II) シッフ塩基錯体の合成とそれらのX線光電子スペクトル―(龍谷大理工) 徳重彰了, 藤原 学
82. 放射光蛍光X線分析を用いた自動車アルミホイール片の非破壊異同識別―(高知大教) 竹川知宏, 石井健太郎, 西脇芳典, 蒲生啓司
83. 放射光蛍光X線分析を用いた微細自動車塗膜片の異同識別―(高知大教) 石井健太郎, 竹川知宏, 西脇芳典, 蒲生啓司
84. 放射光蛍光X線法によるガラス微物の高速検出と定量分析―(広島大院工, 広島大工, 高知大教, JASRI/SPring-8) 百崎賢二郎, 小椋康平, 吉岡剛志, 西脇芳典, 橋本 敬, 本多定男, 髙田昌樹, 早川慎二郎
85. 放射光X線分析による東北地方の法科学土砂データベースの開発―(東理大理, JASRI/SPring-8, 産総研) 今 直誓, 前田一誠, 平尾将崇, 阿部善也, 大坂恵一, 松本拓也, 伊藤真義, 太田充恒, 中井 泉
86. ケイ酸塩鉱物中のアルミニウムのX線光電子およびオージェ電子スペクトルによるキャラクタリゼーション―(国立環境研) 瀬山春彦
87. X線吸収分光法における電子エネルギー選択による固体表面の非破壊深さ方向分析―(原子力機構) 野島健大, 江坂文孝, 山本博之
88. 裁判の鑑定・分析は学会発表可能か？―(京大工) 河合 潤
89. 超高分解能X線検出器を用いたEDXRFによる電極活物質の原子状態分析―(日立ハイテクサイエンス, 九大, 東大, JST-CREST) 大柿真毅, 田中啓一, 松村 晶, 鈴木真也, 宮山 勝
90. XAFSとラマン分光法による溶液中でのクラウンエーテルと (K^+, Ca^{2+}) 錯体の構造解析―(広大院工, 広大工, 広大放射光) 野口直樹, Binti Zubidah Johari, Galif Kutluk, 生天目博文, 早川慎二郎
91. 蛍光X線分析法による米の総ヒ素濃度の簡易迅速スクリーニング分析―(農業環境技研, 日立ハイテクサイエンス) 川崎 晃, 牧野知之, 深井隆行, 大柿真毅

第30回 PIXE シンポジウム

10月22日(水)～24日(金) 岩手医科大学付属循環器医療センター (盛岡市) PIXE研究協会

1：医学 (1)

92. モンテカルロ光子輸送計算コードPHITSを用いたがん治療用注射針型陽子線励起単色X線源の線量付与分布の最適化―(東工大原子炉, 東工大技) 胡 宇超, 近藤康太郎, 福田一志, Kamontip Ploykrachang, 小栗慶之
93. 陽子線励起単色X線とナノ粒子増感材を用いた浸潤性ガン治療法の可能性―(東工大原子炉, 東工大技) 小栗慶之, 胡 宇超, 水城 優, Kamontip Ploykrachang, 近藤康太郎, 福田一志
94. ヒアルロン酸/プロタミンNanoparticleを放射線症照射により放出するマイクロカプセルを使用した, 転移巣検出とその治療―(岩手医大医放射線, 東北大工量子応用, 岩手医大サイクロ, 仁科記念サイクロ (NMCC), 原研機構高崎量子応用研) 原田 聡, 江原 茂, 石井慶造, 世良耕一郎, 後藤祥子, 佐藤隆博, 江夏昌志, 神谷富裕

2：分析技術 (1)

95. 蛍光X線分析法 (XRF) によるアクチノイド汚染迅速評価法の開発―(放医学研緊急被ばく研セ, 東邦大理) 今関 等, 伊豆本幸恵, 柳原孝太, 松山嗣史, 濱野 毅, 吉井 裕
96. イオン誘起発光分光による微量有機物分析の試み―(群馬大院理工, 原研機構) 加田 渉, 佐藤隆博, 横山彰人, 山田尚人, 江夏昌志, 神谷富裕, 花泉 修
97. PFOS電解後溶液中に存在する生成物イオンの分画とそのフッ素量の分析―(京大院工, 京大炉, 大阪産大工, 若狭湾エネ研) 橋口亜由未, 藤川陽子, 米田 稔, 谷口省吾, 尾崎博明, 安田啓介, 髙田卓志, 久米 恭

98. 精製人工海水の調製とPIXEによる微細藻類の生物濃縮の測定への適用—（秋田大教育文化）岩田吉弘, 高橋皓佑
99. 培養細胞に対する無調製・無標準法の開発—（岩手医大サイクロ, RI協会滝沢研, 群馬大院保健）世良耕一郎, 後藤祥子, 細川貴子, 齊藤義弘, 長嶺竹明

3：医学（2）

100. 血液透析患者における毛髪中各種金属測定による体内動態の検討—（鷹揚郷腎研, RI協会滝沢研, 岩手医大サイクロ, 弘前大院医泌尿器）山谷金光, 坪井 滋, 齋藤久夫, 後藤祥子, 世良耕一郎, 大山 力, 舟生富寿
101. PIXE分析による毛髪中ミネラル量と栄養摂取状況との関連—（岩県大盛岡短大, 宮城大看護, 宮教大教育, 東北文教大人間科学, 岩医大サイクロ）千葉啓子, 中塚晴夫, 猿渡英之, 渡邊孝男, 世良耕一郎
102. PIXE法による毛髪ミネラル測定値の個人内変動と測定誤差に関する統計学的対策—（大阪大, 三重大, 岩手医大, 長崎大, 中央大, 熊本保健科学大）山田知美, 片岡恒史, 世良耕一郎, 高辻俊宏, 中村 剛, 野瀬善明
103. 大気マイクロPIXEによる慢性肝疾患の赤血球内元素分布の解析—（群馬大・保健, 原子力機構・高崎研, RI協会滝沢研, 岩手医大サイクロ）長嶺竹明, 笠松哲光, 村上博和, 江夏昌志, 山田尚人, 喜多村茜, 佐藤隆博, 横山彰人, 大久保猛, 石井保行, 神谷富祐, 後藤祥子, 世良耕一郎

4：農学・考古学

104. 田水, 用水中の微量元素の分析—（静岡大院理, 徳島大RI, 東大RI, イング, 名大, RI協会滝沢研, 岩手医大サイクロ）矢永誠人, 三好弘一, 桧垣正吾, 森 一幸, 西澤邦秀, 後藤祥子, 世良耕一郎
105. Elemental analysis of radioactive contaminated soil by Particle-induced X-ray emission —（Grad.Life Environ.Sci., Univ.Tsukuba, Life Environ.Sci., Univ.Tsukuba, National Inst.for Agro-Environmental Sciences, Cyclo.Res.C., Iwate Medical Univ.）Min Li, Kenji Tamura, Saeko Yada, Koichiro Sera
106. 農作物のミネラル水散布効果の検討—（岩手医大サイクロ, RI協会滝沢研, 総合研）佐々木敏秋, 世良耕一郎, 後藤祥子, 細川貴子, 齊藤義弘, 松本義雄
107. 東京大学出土遺物と一分金・二分金のPIXE分析—（東大埋文調査, 東大総研博物館タンデム加速器分析, 東大史料編纂所, 武蔵野文化財修復）原 祐一, 中野忠一郎, 松崎浩之, 西脇 康, 小泉好延

5：医学（3）

108. 歯質へのストロンチウムの吸収状態のマイクロPIXEおよび蛍光XAFSによる評価—（医科歯科大・先端材料, 自治医大・口腔外科, 放医研, 医科歯科大・う蝕制御, 松風）宇尾基弘, 杉山知子, 和田敬広, 及川将一, 中村圭喜, 中塚稔之, 中元絢子, 半場秀典, 二階堂徹, 田上順次
109. 口腔扁平苔癬罹患粘膜に含まれる微量元素のPIXE分析—（岩手医大歯口腔顎顔面再建, 八戸赤十字病院歯科口腔外科, 岩手科大サイクロ）飯島 伸, 石橋 修, 杉山芳樹, 世良耕一郎
110. 歯質フッ素含有量と耐酸性との関連—（北大院歯, 阪大院歯, 若狭湾エ研）小松久憲, 奥山克史, 松田康裕, 山本洋子, 岩見行晃, 八木香子, 林美加子, 安田啓介
111. ［特別講演］津波による海底泥の移送と汽水域における食物網を介した重金属動態—（岩手医大教育生物, 岩大三陸復興機構, 岩手医大医歯薬総研高エネ医学研）松政正俊, 木下今日子, 世良耕一郎

6：環境・地球科学・生物（1）

112. 重金属汚染地域におけるヘビノネゴザによる天然のファイトレメディエーション—（愛媛大院理工, 愛媛大理, 愛媛大教育, 岩手医大サイクロ）榊原正幸, 畑中真菜美, 末岡裕理, 竹原明成, 佐野 栄, 世良耕一郎
113. IXE分析法を用いた蚊の飛来源推定に関する予備的検討—（千葉大薬, 感染研昆虫, RI協会滝沢研, 岩手医大サイクロ）鈴木弘行, 沢辺京子, 駒形 修,

後藤祥子，高橋千衣子，斉藤義弘，世良耕一郎
114. 沖縄本島と八重山諸島周辺に棲息するアオウミガメにおけるPIXE法を用いた血清中主要および微量元素のスクリーニング—（酪農大獣医，岩手医大サイクロ）鈴木一由，能田 淳，亀田和成，世良耕一郎，浅川満彦，横田 博
115. 秋田県の河川堆積物および河川水中のMn濃度分布—（秋田大国際資源，秋田大工資源研，中国中南大地球科学・情報物理研，岩手医大歯薬総研，総合地球環境学研）石山大三，川原谷浩，佐藤祐美，佐藤比奈子，若狭 幸，Pham-Ngoc Can，張 建東，世良耕一郎，申 基澈，中野孝教

7：環境・地球科学・生物（2）

116. 大気エアロゾル試料のPIXE法による元素定量値の評価—（イサラ研，岩手医大，国立環境研，兵庫県環境研，兵庫県中播磨県民局，兵庫医大）齊藤勝美，世良耕一郎，伏見暁洋，藤谷雄二，田邊 潔，佐藤 圭，高見昭憲，中坪良平，常友大資，平木隆年，余田佳子，島 正之
117. PIXE分析を用いたバイオモニタリングによる沿道大気汚染の推定—（阪大，イサラ研，中央復建コンサル，岩手医大，堀場）北島育美，酒井 祥，近藤 明，嶋寺 光，井上義雄，齊藤勝美，松井敏彦，重吉実和，原井信明，世良耕一郎，水野裕介
118. Chemical properties of the individual Asian dust particles clarified by micro-PIXE analytical system —（Dept. of Environ.Sci., Fukuoka Women's Univ., Grad.Energy Sci., Kyoto Univ., Advanced Rad.Tech.C., JAERI）C.J.Ma, M. Kasahara, S. Tohno, T. Sakai
119. 毛髪による地下水砒素汚染環境モニタリング，インドの事例—（酪農学園大，サムヒギンボトム農工大，岩手医大サイクロ）能田 淳，袴田麗香，鈴木一由，三浦照男，世良耕一郎

8：植物学・森林学

120. 成熟した茶葉の表皮細胞におけるAlの局在—（京都府立大環境計測，若狭湾エネ研）藤原嗣久，吉田泰輔，安田啓介，斉藤 学，春山洋一
121. PIGEによる茶葉中フッ素とアルミニウム濃度測定—（京都府大環境計測，若狭湾エネ研）宅間雅代，小野将嗣，飴田恵理，藤原嗣久，安田啓介，斉藤 学，春山洋一
122. ミクロンRIイメージングシステムによる植物中の鉄の動態観察—（東北大工量子エネルギー）丸山隆史，石井慶造，松山成男，寺川貴樹，佐藤由良，新井宏受，山口敏朗，大沼 透，長久保和義，櫻田喬雄
123. PIXE法による早生樹人工林の葉および細根の微量元素測定—（森林総研，岩手医大サイクロ，RI協会滝沢研）酒井正治，世良耕一郎，後藤祥子

9：分析技術（2）

124. X線状態分析装置としての究極の分光器-4結晶分光器の開発-—（京大化研，神戸大理，物材機構）伊藤嘉昭，朸尾達紀，福島 整
125. 陽子ビーム照射による二次電子画像とPIXE画像の比較—（東北大院工量子エネルギー）笠原和人，石井慶造，松山成男，寺川貴樹，藤原充啓，伊藤 駿，遠山 翔
126. 軟X線発光を観測するイメージング手法の開発—（理化学研放射光科学総研）徳島 高，堀川裕加，大浦正樹
127. 軟X線発光分光による水溶液中の有機分子の観測—（理研/SPring-8センター）堀川裕加，徳島 高，大浦正樹

10：装置開発・分析施設

128. 東北大学に新規導入された1 MVペレトロンタンデム加速器—（東北大工量子エネルギー）寺川貴樹，石井慶造，松山成男，石屋大志，佐藤光義，藤澤正則，永谷隆男，長久保和義，櫻田喬雄
129. 東北大学ダイナミトロン実験室PIXE分析システムの現状—（東北大院工量子エネルギー）松山成男，石井慶造，寺川貴樹，藤原充啓，小塩成基，渡部洽司，伊藤 駿，笠原和人，遠山 翔，藤澤政則，永谷隆男
130. 佐々木太郎記念PIXEセンターの現状—（東北大院二量子エネルギー，イオン加速器佐々木太郎記念PIXE分析セ）石井慶造，遠山 翔，寺川貴樹，松山成男，佐々木圭子，沢村 猛

台湾の行政院國家科学委員會（National Science Council）のワークショップ "New Opportunities of Advanced Metrology"
2月27日（木）・28日（金）物質・材料研究機構千現地区（つくば市）

逆モンテカルロ法による乱れた構造の解析
4月4日（金）物質・材料研究機構千現地区（つくば市）
131. 放射光X線PDF解析と計算機シミュレーションを併用した非周期系材料の原子・電子レベル構造解析―（高輝度光科学研究セ）小原真司

X線反射率，表面X線散乱による埋もれた界面の解析における位相問題―新光源への期待シンポジウム
9月17日（水）北海道大学（札幌市）応用物理学会
132. X線反射率データ解析ブレークスルーの可能性―（物材機構）桜井健次
133. 表面X線回折における位相問題解決の現状と展望―（東大物性研）高橋敏男
134. GISAS解析のモデルにおける干渉性の取り扱い―（京大院工）奥田浩司
135. 位相問題を解決する方法としてのX線定在波法：基板の結晶性が完全に近くなくても利用できるようにする取組み―（物材機構）坂田修身
136. 放射光X線回折による表面界面の三次元原子イメージング―（JASRI）田尻寛男
137. X線自由電子レーザーによる$Pr_{0.5}Ca_{0.5}MnO_3$薄膜の時間分解X線回折―（東大）和達大樹
138. Tomographic Micro-Imaging of Buried Layers and Interfaces with 15 W X-ray Power Source ―（筑波大）Jinxing Jiang
139. X線反射率解析における可干渉成分の取り扱―（神戸大）藤居義和
140. X線回折格子干渉計による逆空間位相計測とイメージングの可能性―（東北大多元研）矢代 航
141. X線CTR散乱における直接的界面構造解析法とトポロジカル絶縁体界面への応用―（東大物性研）白澤徹郎

物質・材料研究機構10月研究会
10月9日（木）学術総合センター（千代田区）
142. 卓上型フェムト秒電子線回折法の開発―（東工大）羽田真毅
143. J-PARC/MLF偏極中性子反射率計SHARAKUの現状―（CROSS東海）宮田 登

物質・材料研究機構11月研究会
11月19日（水）学術総合センター（千代田区）
144. 遷移金属酸化物薄膜の時間分解X線散乱―（東大）和達大樹
145. 光異性化反応するアゾ化合物薄膜の計測―（学芸大）荒川悦雄
146. PFの産業利用の現状―（KEK）高橋由美子

2. X線分析研究懇談会講演会開催状況

（2014年1月～12月，主催，共催，協賛）

第248回 X線分析研究懇談会例会
「医歯学分野における X 線分析のフロンティア」
1月24日（金）東京電機大学 東京千住キャンパス 1号館100周年ホール（東京都足立区）
1. 放射光を用いたヒト組織標本中の微量元素の分布・状態分析と診断への応用—（東京医科歯科大医歯学総研）宇尾基弘
2. 走査型蛍光エックス線顕微鏡による細胞内元素と医学応用—（国立国際医療研究セ）志村まり

第249回 X線分析研究懇談会例会
「立命館大学 SR センター研究成果報告会」
6月7日（土）立命館大学びわこ・くさつキャンパス ローム記念館5階大会議室（草津市）立命館大学SRセンター
3. ［特別講演］我国の放射光科学の発展と今後の動向—（立命館大 SR 物質構造科学研）村上洋一
4. ［特別講演］次世代リチウム二次電池の開発—（同志社大理工）稲葉 稔
5. 層状ナトリウムマンガン酸化物のナトリウム電池正極特性と充放電反応機構—（東理大）久保田 圭
6. 軟 X 線 XAFS 法による二次電池充電過程の operando 解析—（京大産官学連携）中西康次
7. イメージング XAFS の新展開—（立命館大生命科学）片山真祥
8. ゴム加硫過程の in situ XAFS 解析—（京都工繊大）池田裕子
9. 赤外自由電子レーザー照射後のアミロイド線維の放射光赤外顕微分光解析—（東理大）川崎平康

第250回 X線分析研究懇談会例会
Cd-WG シンポジウム「蛍光 X 線分析による米中カドミウムの簡易スクリーニング法の提案」
6月27日（金）東京理科大学神楽坂キャンパス（東京都新宿区）共催：東京理科大学総合研究機構 RIST グリーン＆セーフティ研究センター
10. Cd-WG の活動の経過報告—（東理大理）中井 泉
11. 共同試験の結果—（千葉大理）沼子千弥
12. 共同試験の評価—（農研機構食品総研）安井明美
13. 蛍光 X 線分析による米中のカドミウムのスクリーニング法指針—（東理大理）中井 泉
14. 蛍光 X 線分析による米中のカドミウム分析の実際—（サタケ食味研究室）前原峰雄
15. 食品口の金属に関する試験法の妥当性評価ガイドラインについて—（国立医薬品食品衛生研）松田りえ子
16. 信頼できる分析値を得るためには？—カドミウム分析用米標準物質の活用——（産総研）宮下振一，稲垣和三
17. 植物によるカドミウムの蓄積とその抑制—（農環研）石川 覚

第19回 X線分析講習会
「蛍光 X 線分析の実際（第8回）」
7月7日（月）～9日（水）東京理科大学（東京都新宿区）共催：東京理科大学 RIST グリーン＆セーフティ研究センター，日本化学会
18. 蛍光 X 線分析入門—（東理大）中井 泉
19. 蛍光 X 線分析装置—（リガク）本間 寿
20. スペクトルから見る蛍光 X 線分析技術—（PANalytical）山路 功
21. 定量分析法—（島津）西埜 誠
22. 検量線法による定量の応用事例—（アワーズテック）永井宏樹

23. 蛍光 X 線スペクトルの読み方について―（京大）河合 潤
24. 試料調製法―（リガク）本間 寿
25. X 線分析顕微鏡―（堀場）西川智子
26. SEM-EDS 分析―（日本電子）高橋秀之
27. 全反射蛍光 X 線分析―（大阪市大）辻 幸一
28. 膜厚の測定―（日立ハイテク）泉山優樹
29. ハンディタイプ蛍光 X 線分析装置―（リガク）野上太郎
30. 蛍光 X 線による異物分析―（島津）西埜 誠
31. 食品の蛍光 X 線分析―（東理大）中井 泉
32. 実際の装置を使った蛍光 X 線分析のデモ 2 コースの見学
33. 実習 1 ファンダメンタルパラメーター（FP）法を理解する―（島津）西埜 誠
34. 実習 2 応用実習：i）EDX 分析, ii）WDX 分析, iii）X 線分析顕微鏡, iv）薄膜分析, v）ハンディタイプ蛍光 X 線分析装置, vi）全反射蛍光 X 線分析, vii）米中の Cd の簡易定量（スクリーニング）分析・食品分析, viii）3 次元偏光光学系 EDXRF による微量重金属の分析, ix）μ-XRF 分析

2014 Denver X-ray Conference
July, 28 (Mon) - August, 1 (Fri) Big Sky Resort (Montana, USA) ICDD (International Center for Diffraction Data)
35. XRF IMAGING, Organizer & Instructor: (Osaka City Univ., Japan) K.tsuji, (Univ.of Hamburg, Germany) U. Fittschen, (NIMS, Univ.of Tsukuba, Japan) K. Sakurai, (Stanford Univ., Menlo Park, CA) P. Pianetta.

第 17 回 XAFS 討論会
9 月 1 日（月）～3 日（水）日本 XAFS 研究会と共催
36. ［依頼講演］触媒活性因子解明への XAFS の応用 -20 年以上にわたる 1 ユーザーの試みと反響 -―（徳島大院 STS）杉山 茂
37. 因子分析法を用いた時間分割 XAFS スペクトルの解析方法の確立―（関学大理工, 原子力機構量子ビーム）生島 博, 松村大樹, 宮﨑達也, 水木純一郎
38. メカノケミカル調製した La-Fe-Pd 系ペロブスカイト型酸化物の Pd K, L_3-edge による XAFS 分析―（九大院総理工）内山智貴, 西堀麻衣子, 永長久寛, 寺岡靖剛
39. Ni 錯体固定化イオン交換樹脂による可視光照射下での光触媒的水素生成反応と XAFS による構造解析―（阪大院工, 京大触媒電池）覚道浩樹, 森 浩亮, 山下弘巳
40. Ag-Pd 触媒上でのカーボン燃焼メカニズムの考察―（産総研, 三井金属）多井 豊, 難波哲哉, 冨田衷子, 益川章一, 内澤潤子, 小渕 存, 阿部 晃, 大道 中
41. マイクロリバースモンテカルロ法による XAFS 構造解析 II―（北大触セ）藤川敬介, 有賀寛子, 髙草木達, 上原広充, 大場惟史, 朝倉清高
42. $5d$ 遷移金属 L 端 XANES における相対論効果―（千葉大院融合）堀田玲央人, 田中義人, 小西健久, 藤川高志
43. ランタノイド酸化物中のランタノイドの局所構造と XANES スペクトル―（名大シンクロ, 首都大都市環境, 京大 ESICB, 京大院工, JST さきがけ）朝倉博行, 宍戸哲也, 寺村謙太郎, 田中庸裕
44. X 線 - 紫外可視相関分光法の開発と鉄錯体の状態解析―（九大総理工, 九大シンクロ）三星 智, 杉山武晴, 原田 明
45. 全反射 XAFS 法による界面活性剤吸着膜における対イオンの水和構造とイオン特異効果―（九大基幹, 九大院理, 京大産官学, 立命大 SR）今井洋輔, 常盤祐平, 谷田 肇, 渡辺 巌, 松原弘樹, 瀧上隆智, 荒殿 誠
46. ［招待講演］共焦点型 3 次元蛍光 X 線分析法の開発応用例および関連手法の動向―（阪市大院工）辻 幸一
47. PF における走査型透過 X 線顕微鏡の開発とその応用―（KEK-PF, 広島大理, 東大理）武市泰男, 井波暢人, 菅 大輝, 高橋嘉夫, 小野寛太
48. HiSOR BL11 における蛍光 X 線・転換電子収量の同時測定装置と元素選択的な比表面積測定への試み―（広島大院工, 広島大工, 広島大放射光）

早川慎二郎, 辻 笑子, 市場宏輝, Galif Kutluk, 生天目博文

49. 銀形ゼオライトの発光機構の研究—（弘前大理工）中村 敦, 成田 翔, 成田壮毅, 鈴木裕史, 宮永崇史

50. 無機フォトクロミック物質 $BaMgSiO_4$: Fe における Fe の局所環境解析—（早大理工）加瀬絢也, 山本知之

51. X 線吸収および XPS スペクトルに現れるフォノン効果—（千葉大院融合）藤川高志, 佐久間寛人, 二木かおり

52. 超高速 XPS, XAFS の理論—（千葉大院融合）藤川高志, 水流翔太, 二木かおり,

53. FeRh 金属間化合物における反強磁性 - 強磁性相転移に関する考察—（分子研）横山利彦

54. シアノ基で架橋された FeNi 錯体のスピンクロスオーバー現象における XAFS とメスバウアースペクトルの相関—（東大理, 東邦大理）岡林 潤, 上野将太郎, 関谷円香, 北澤孝史

55. 偏光依存 XANES を用いた Dy 添加 GaN の局所構造解析—（千葉大院融合, 阪大産研, 千葉大理）小出明広, 中谷裕紀, 渡辺瑛恵, 佐久間寛人, 古宮直季, 江口美菜, 二木かおり, 江村修一, 藤川高志

56. 鉄の α-ε 圧力誘起構造相転移の EXAFS による局所構造解析—（広島大院理, 原子力機構, JASRI/SPring-8, 愛媛大 GRC, 住友電工）石松直樹, 佐田祐介, 圓山 裕, 綿貫 徹, 河村直己, 水牧仁一朗, 入舩鉄男, 角谷 均

57. 超低損失ナノ結晶 FeSiBPCu の XAFS による局所構造評価—（JASRI/SPring-8, 東北大金研）大渕博宣, 西嶋雅彦, 牧野彰宏, 松浦 真

58. 実時間分割 XAFS で見た水素再結合反応中の Pd, Rh 金属微粒子の構造変化—（原子力機構量子ビーム, ダイハツ）松村大樹, 谷口昌司, 田中裕久, 西畑保雄

59. SR-XRF, PIXE 及び XAFS を用いた口腔粘膜疾患組織中の微量金属元素の分布と状態分析—（自治医大, 東京医歯大, 日大歯, 千葉大理, 放医研）杉山知子, 和田敬広, 宇尾基弘, 尾曲大輔, 小宮山一雄, 沼子千弥, 及川将一, 森 良之

60. フッ素塗布および CO_2 レーザー照射したエナメル質表面の Ca の状態変化—（医科歯科大医歯, 阿南高専, 日歯大新潟生命歯）宇尾基弘, 和田敬広, 小西智也, 束理頼亮, 岡田康男

61. Au を蓄積した重金属蓄積植物ヘビノネゴザ (*Athyrium yokoscense*) の XAFS 解析—（東電大院工, 東電大工, 理研）爲澤文孝, 保倉明子, 阿部知子, 平野智也

62. 生物炭酸塩中微量元素の化学形態分析と古環境指標への応用—（JASRI/SPring-8, JAMSTEC）為則雄祐, 吉村寿紘

63. フォスファチジルコリンで修飾された Au ナノ粒子と L- システインの水環境下での吸着反応に関する研究—（名大院工, HiSOR, AichiSR, 名大エコ研）塚田千恵, 辻 琢磨, 松尾光一, 野本豊和, アーリップ・クトゥルク, 小川智史, 吉田朋子, 八木伸也

64. 磁気構造相転移を示す FeRh 薄膜の XAFS による研究—（名大理, 分子研, KEK-PF, 名大エコトピア, 名大工）脇坂祐輝, 上村洋平, 横山利彦, 丹羽尉博, 木村正雄, 大島大輝, 加藤剛志, 岩田聡

65. 希薄磁性半導体 (ZnCu)O の局所構造—（鳥取大工, 愛媛大理）石井崇博, 力石将彰, 井上稔将, 久松稜平, 中井生央, 栗栖牧生

66. 希薄磁性半導体 $(Sn_{1-x}Co_x)O_2$ の局所構造と室温強磁性—（鳥取大工, 愛媛大理）力石将彰, 石井崇博, 井上稔将, 久松稜平, 中井生央, 栗栖牧生

67. 無機フォトクロミック物質 Sr_2SnO_4: Eu における Eu の固溶機構—（早大理工）目黒和音, 山本知之

68. $CaTiO_3$ 中における Mn の局所環境解析—（早大理工, NIMS）森 健太郎, 村田秀信, 山本知之

69. 銅イオン添加スズ亜鉛リン酸塩ガラスの蛍光発光と XAFS 解析—（阿南高専, 医科歯科大医歯）小西智也, 上原信知, 釜野勝, 和田敬広, 宇尾基弘

70. 3d 遷移金属錯体における XANES スペクトル形

状と構造―（KEK-PF）高橋　慧，阿部　仁，木村正雄

71．全電子収量法を用いた自動車エンジンオイルと潤滑油添加剤の軟X線吸収測定―（兵県大院工，兵県大高度研，豊田中研）南部啓太，植村智之，村松康司，原田哲男，木下博雄，高橋直子，遠山　護

72．ナノグラファイトのCK端XANESと局所構造解析―（兵県大院工，兵県工技セ）村山健太郎，岡田　融，山田和俊，村松康司

73．Kramers-Kronig変換を用いた表面敏感なXAFS測定法の開発とNi薄膜の酸化還元過程観測への適用―（KEK物構研，総研大，KEK）阿部　仁，丹羽尉博，仁谷浩明，野村昌治

74．ラウエ型分光結晶を用いた電気化学条件下における背面入射蛍光XAFSの高感度測定法―（北大触セ，分子研，北大院工，KEK-PF）上原広充，大場惟史，上村洋平，桜田慎也，岩崎裕也，向井慎吾，丹羽尉博，仁谷浩明，阿部　仁，高草木達，木村正雄，朝倉清高

75．色収差のない結像型X線顕微鏡の開発とイメージングXAFSへの応用―（阪大院工，RIKEN/SPring-8）松山智至，木野英俊，香村芳樹，玉作賢治，矢橋牧名，石川哲也，山内和人

76．ラボX線吸収分光測定装置による微量試料およびL吸収端蛍光XAFS測定―（東北大多元研）篠田弘造

77．シリコンK吸収端XAFS測定における散乱X線の影響と低減方法の検討―（あいちSR，あいち産科技セ，名大）野本豊和，村井崇章，小川智史，塚田千恵，水谷剛士，八木伸也，渡辺義夫，竹田美和

78．GaN中微量Mgの状態分析―（住友電工）飯原順次，米村卓巳，斎藤吉広，上野昌紀

79．NEXAFS分光法で調べたMgO薄膜表面の吸着水の挙動―（九州シンクロ，産総研）小林英一，阪東恭子，岡島敏浩

80．偏光XAFS法によるMgB_2薄膜の局所構造解析―（弘前大院理工，岩手大院工）宮永崇史，松村隆太郎，妹尾真美，武田孝起，畠中大地，藤根陽介，吉澤正人

81．PF BL15A1実験ステーションの立ち上げ状況―（KEK-PF，総研大高エネ研）谷　浩明，武市泰男，五十嵐教之，小山　篤，上條亜衣，清水伸隆，丹羽尉博，阿部　仁，木村正雄

82．PFにおける硬X線XAFSビームラインの高度化事業への取り組み―（KEK-PF）君島堅一，丹羽尉博，仁谷浩明，武市泰男，阿部　仁，木村正雄

83．DXAFSによる銅箔のレーザーアブレーション過程の観察―（KEK-PF，DESY）丹羽尉博，佐藤篤志，一柳光平，木村正雄

84．時間分解in-situ XAFS/SAXS測定による金属ナノ粒子形成過程の解明―（奈良女大生活環境）池上梨沙，国清紘子，原田雅史

85．層状複水酸化物を出発物質とした酸化物固溶体のXAFS解析とリチウム電池負極材料としての特性―（名工大院工）小笠原佳孝，權　振，園山範之

86．Li_2S-FeS_x-C複合体正極材料のリチウム二次電池における充放電に伴う構造変化のSK吸収端XAFSによる解析―（産総研ユビキタス，京大産官学，立命館大SR）蔭山博之，竹内友成，中西康次，与儀千尋，小川雅裕，太田俊明，作田　敦，栄部比夏里，小林弘典，辰巳国昭，小久見善八

87．Li_2S-FeS_x-C複合体正極材料のリチウム二次電池における充放電に伴う構造変化のFeK吸収端XAFSによる解析―（産総研ユビキタス，京大産官学，立命館大SR）蔭山博之，竹内友成，中西康次，与儀千尋，小川雅裕，太田俊明，作田　敦，栄部比夏里，小林弘典，辰巳国昭，小久見善八

88．水性ガスシフト反応用コバルト触媒のXAFS解析―（早稲田大）大島一真，河野裕人，小河脩平，関根　泰

89．in-situ XAFS測定を利用した光触媒的水素発生システムの活性種同定―（阪大院工，京大ESICB）森　浩亮，Martin Martis，山下弘巳

90．実験室系装置による担持白金触媒前駆体の熱分解過程の観察―（徳島大総科，徳島大院総科教育）近藤正哉，宮本一範，行本　晃，山本　孝

91. 脱水素反応に有効な担持 Pt-Sn 合金触媒の構造解析—（首都大都市環境，京大 ESICB，京大院工）宍戸哲也，Deng Lidan，荒川琢斗，三浦大樹，細川三郎，寺村謙太郎，田中庸裕

92. 担持ニッケル粒子の表面酸化反応に関する速度論的解析—（立命館大生命）山下翔平，山本悠策，片山真祥，稲田康宏

93. In situ XAFS 法によるゾル-ゲル法での担持 Ni 触媒調製過程の解析—（立命館大生命）山本悠策，山下翔平，片山真祥，稲田康宏

94. マイクロビームを用いたマイクロガスセンサー感度低下機構解明〜Pd/Al_2O_3 触媒について〜—（医科歯科大医歯，富士電機，北大触セ，KEK-PF）和田敬広，村田尚義，上原広充，鈴木卓弥，小林誠，岡田夕佳里，丹羽尉博，仁谷浩明，宇尾基弘，朝倉清高

95. ［招待講演］希土類元素を極める〜Eu 添加 GaN から何が見えてきたか〜—（阪大院工，JASRI）藤原康文，小泉 淳，大渕博，本間徹生

96. ［招待講演］放射光 X 線と大規模理論計算を組み合わせた非晶質物質の原子・電子レベル構造解析—（ASRI）小原真司

97. 模擬ガラス固化体の組成によるセリウム原子価への影響—（原子力機構核燃サイクル，原子力機構核燃料サイクル（現・IHI），原子力機構核燃料サイクル，原子力機構量子ビーム，E&E テクノ）永井崇之，西澤代治，渡部 創，岡本芳浩，関 克巳，本間将啓，菖蒲康夫

98. XAFS/XRD を用いたカルシウムフェライトの還元反応過程のその場観察—（新日鐵住金，KEK）村尾玲子，木村正雄

99. 固相反応による遷移金属添加 NiO の局所構造と磁性—（鳥取大工，愛媛大理）井上稔将，石井崇博，力石将彰，久松稜平，中井生央，栗栖牧生

100. 強磁性薄膜上に吸着したバナジルフタロシアニンの磁気特性—（総研大物理，分子研，九大院総理工）江口敬太郎，高木康多，中川剛志，横山利彦

101. 固体高分子形燃料電池の in-situ 2 ms 時間分解クイック XAFS 計測法および同時時間分解 XAFS/XRD 計測法の開発—（電通大，JASRI）関澤央輝，宇留賀朋哉，永松伸一，Samjeské Gabor，長澤兼作，金子拓真，鷹尾 忍，東晃太朗，岩澤康裕

102. 超伝導検出器を用いた蛍光収量法による 2-4 keV の X 線吸収分光—（産総研，KEK）志岐成友，藤井 剛，浮辺雅宏，松林信行，小池正記，北島義典，大久保雅隆

103. 絶縁性バルク試料の表面電流を捉える全電子収量軟 X 線吸収測定—（兵県大院工）村松康司

104. 金（111）面における直鎖アルカン脱水素反応生成物の C K-NEXAFS およびオージェ電子分光—（東京農工大工，千葉大工，KEK-PF）遠藤 理，中村将志，雨宮健太

105. In-situ 軟 X 線吸収分光法によるホウ酸ニッケル酸素生成触媒の研究—（慶応大理工，分子研）吉田真明，光富耀介，飯田剛史，峯尾岳大，長坂将成，湯沢勇人，小杉信博，近藤 寛

106. デラフォサイト型酸化物における d 電子スピン状態—（パナソニック先端研，立命館大生命）宮田伹弘，豊田健治，日野上麗子，渡辺稔樹，片山真祥，稲田康宏

107. 鉛直方向波長分散型 XAFS 法の開発と時間-空間分解解析への応用—（立命館大生命）片山真祥，宮原良太，渡邊稔樹，山下翔平，稲田康宏

108. 蓄電池中硫黄系添加剤のその場化学状態解析—（京大産官学，立命館大 SR，パナソニック，京大人環）中西康次，加藤大輔，小川雅裕，光原 圭，谷田肇，荒井 創，内本喜晴，太田俊明，小久見善八

109. in-situ 時間分解 XAFS による固体高分子形燃料電池 Pt/C カソード触媒の炭素担体効果の速度論的研究—（電通大，徳島大院総科，JASRI）金子拓真，長澤兼作，鷹尾 忍，東晃太朗，永松伸一，Samjeské Gabor，関澤央輝，山本 孝，宇留賀朋哉，岩澤康裕

110. In-situ 時間分解 XAFS による固体高分子形燃料電池アノードガス交換過程における Pt/C カソード電極触媒の状態解析—（電通大，JASRI/SPring-8）東晃太朗，Samjeské Gabor，鷹尾 忍，永松伸一，

長澤兼作, 関澤央輝, 金子拓真, 宇留賀朋哉, 岩澤康裕

111. XAFSによるCo-WおよびCo-Mo硫化物触媒の活性構造形成機構の解析―（島根大院総理工, 兵庫県大院物質）久保田岳志, 宮元紀昌, 吉岡政裕, 岡本康昭

112. 金属イオン添加ジルコニア担持酸化タングステン固体強酸触媒の局所構造解析―（徳島大院総科教育）山本 孝, 寺町 葵

113. 3都市ごみ溶融施設排出ダスト中鉛の化学状態―（京大院工）塩田憲司, 辻本悠真, 藤森 崇, 大下和徹, 高岡昌輝

114. 溶融塩電解による廃棄物からの高融点金属回収を目的とする高温 in situ XAFS―（東北大多元研, 東北大院工）篠田弘造, 藤枝 俊, 鈴木 茂, 石井 翼, 佐藤 修彰

115. X線分光を用いたセシウムおよびヨウ素の土壌-河川系での挙動解析―（東京大院理, 産総研, 広島大院理, KEK-PF, SPring-8）高橋嘉夫, Fan Qiaohui, 東郷洋子, 菅 大暉, 武市泰男, 井波暢人, 小野寛太, 寺田靖子

116. 銀ナノ粒子担持抗菌繊維の銀化学状態と抗菌性の関係―（阪大院工, QTEC, KEK-PF）清野智史, 射本康夫, 久保芳樹, 甲坂朋也, 仁谷浩明, 中川 貴, 山本孝夫

117. 低温XAFS測定によるチオール保護金クラスターの構造評価―（東大院理, 京大ESICB, 東理大院総合化学）山添誠司, 髙野慎二郎, 藏重 亘, 根岸雄一, 佃 達哉

118. Mg-Pd二元ナノ粒子材料の水素吸蔵による化学状態変化のNEXAFS分析―（名大院工, 立命館大SR, 名大エコ研）小川智史, 藤本大志, 小川雅裕, 塚田千恵, 太田俊明, 吉田朋子, 八木伸也

第251回X線分析研究懇談会例会
9月17日（水）広島大学東広島キャンパス（東広島市）日本分析化学会第63年会

119. 光電子分光法の最近の進歩と利用研究―（広島大放射光）島田賢也

第50回X線分析討論会
10月30日（木）・31日（金）東北大学 片平さくらホール（仙台市）

120. ［依頼講演］3GeV高輝度東北放射光計画の概要と光源性能―（東北大電子光理学研セ）濱 広幸

121. ［依頼講演］多層膜回折格子の放射光への応用－keV領域回折格子分光器ビームラインにおける新展開―（原子力機構）小池雅人

122. 超伝導直列接合検出器の開発―（テクノエックス）倉門雅彦, 清水裕行, 山本由弘, 大森崇史, 石井秀司, 谷口一雄

123. CdTeセンサーを用いた計数型2次元検出器開発と金属結晶組織イメージングへの応用―（高輝度光化学研セ, ボン大学, 原子力機構, 宇宙航空研機構, 豊和産業）豊川秀訓, 川瀬守弘, 呉 樹奎, 佐治超爾, 大端 通, 梶原堅太郎, 佐藤眞直, 広野等子, 菖蒲敬久, 城 鮎美, 池田博一, 末永敦士

124. 新型2次元検出器「HyPix-3000」―（リガクX線機器事, リガクX線研, AGH科技大）田口武慶, 松下一之, 中江保一, Pawel Grybos, Robert Szczygiel, Piotr Maj

125. ［特別講演 浅田賞受賞］焦電結晶を用いた小型の電子線マイクロアナライザーの開発―（京大院工）今宿 晋

126. X線散乱およびNMRによるトバモライト生成過程におけるC-S-Hゲルの構造解析：γ-Al_2O_3および石膏添加の影響―（旭化成, 旭化成建材）松野信也, 名雪三依, 坂本直紀, 松井久仁雄

127. ラマン分光/X線回折同時測定法を用いた水和-剥離過程におけるLi_xMoS_2の構造解析―（京大産官学連携, パナソニックR&D, 京大人間環境, 京大院工）福田勝利, 森田将史, 尾原幸治, 菅谷英生, 久見善八, 内本喜晴, 松原英一郎

128. 1～3.5 keV領域をカバーするワイドバンド多層膜回折格子を用いた平面結像型軟X線分光器の設計―（原子力機構, 島津製作所）今園孝志, 小池雅人, 倉本智史, 長野哲也

129. 飲料水中ハロゲンの全反射蛍光X線分析による定量法の検討―（阪市大院工, リガク）田渕由莉,

清水雄一郎, 山田 隆, 辻 幸一
130. 蛍光X線分析法を用いた燃料電池用白金触媒の劣化評価法の検討―（東理大院総合化）藤原資直, 国村伸祐
131. HAXPES による Li 二次電池 SEI 被膜の分析―（豊田中研）高橋直子, 中野広幸, 菅沼義勇, 近藤康仁, 岡秀 亮, 小坂 悟, 磯村典武, 片岡恵太, 北住幸介, 木本康司
132. 塩基度の異なる製鋼スラグについての粉末X線回折法によるライム相の定量的評価―（東京都市大院）路川小百合, 西之原一平, 小野篤史, 江場宏美
133. 3d 遷移金属の特性X線における結合状態・励起条件の影響評価（3）―（三菱電機先端研）上原 康, 本谷 宗
134. 還元熱処理により作製した $FeNi_{1-x}Co_x$ 合金微粒子の構造評価―（東北大多元研）園田 柊, 藤枝 俊, 篠田弘造, 鈴木 茂
135. 価電子帯 XPS, XANES および第一原理計算による活性炭の化学状態解析―（旭化成基盤技研）風間美里, 夏目 穣, 菊間 淳
136. 高温雰囲気制御下における軟X線分光法を利用した固体酸化物形燃料電池材料のその場分析―（東北大院工, 東北大多元研, JASRI, 理研放射光化学総研, 東北大院環境科学）大池 諒, 中村崇司, 為則雄祐, 徳島 高, 八代圭司, 川田達也, 雨澤浩史
137. 硬X線光電子分光の蓄電池分析への適用―（京大産官学連携, 立命館大 SR, 京大院人間環境）中西康次, 谷田 肇, 米原 圭, 高松大郊, 山重寿夫, 荒井 創, 内本喜晴, 太田俊明, 小久見善八
138. 製鋼スラグに含まれるフリー CaO 及びフリー MgO 評価のための固溶体の合成とそのX線回折―（東京都市大院）小野篤史, 路川小百合, 江場宏美
139. 極点測定－ラインプロファイル解析ハイブリッドによる集合組織評価―（東北大金研, 東北大多元研, 茨城大理工）佐藤こずえ, 我妻和明, 鈴木 茂, 佐藤成男
140. ダイヤモンドライクカーボン（DLC）系多層膜を積層したボロン K 発光対応高回折効率回折格子の開発―（原子力機構量子ビーム, 島津製作所デバイス邹, 東北大多元研, 日本電子グローバル営業推進, 日本電子 SA 技術開発）小池雅人, 今園孝志, 小枝 勝, 長野哲也, 笹井浩行, 大上裕紀, 倉本智史, 寺内正己, 高橋秀之, 能登谷智史, 村野孝訓
141. イメージング XAFS を利用した化学状態分析―（原子力機構）岡本芳浩, 大杉武史, 渡部 創, 永井崇之, 塩飽秀啓
142. Cr 溶液に浸漬したオオカナダモの in vivo 時間分解 XRF マッピング―（日本女子大理）林 久史
143. 共焦点型蛍光X線分析法による鉄鋼材料腐食挙動の解析―（阪市大院工, 新日鐵住金技術開発）八木良太, 秋岡幸司, 荒井正浩, 土井教史, 辻 幸一
144. 局所ロッキングカーブ法によるイオン注入 SiC 基板の歪分布観察―（高エネ研物質構造科研, 長町サイエンスラボ, 阪大院工）高橋由美子, 平野馨一, 吉村順一, 志村孝巧, 長町信治
145. 放射光の偏光性を利用した高 S/B 比投影型蛍光X線イメージング―（物材機構）桜井健次, 岩元めぐみ
146. 共焦点型X線回折装置の改良と結晶相の 3 次元分布の分析―（東京都市大院工）淡路さつき, 菅谷尚吾, 江場宏美
147. 断面試料を用いない蛍光X線法による毛髪内元素分布測定法の検討―（広島大工, 広島大院工, JASRI, 高知大）小林良彰, 百﨑賢二郎, 本多定男, 橋本 敏, 西脇芳典, 高田昌樹, 早川慎二郎
148. 回折格子を利用した X 線顕微位相イメージング―（東北大多元研）矢代 航, 百生 敦
149. SDD を用いた多元素同時分析可能な波長分散型蛍光X線分析装置の開発―（テクノエックス）大森崇史, 河本恭介, 石井秀司, 谷口一雄
150. ガリウムイオン添加酸化ジルコニウム固体塩基触媒の構造解析―（徳島大院総合科学教育）山本孝, 栗本彰人

151. 光析出法による TiO$_2$ 表面での Pt 粒子形成過程—（名古屋大院工，名古屋大エコトピア）中野優治，吉田朋子，箕浦康祐，八木伸也
152. 全電子収量法を用いた軟 X 線照射による TiO$_2$ 薄膜の電子放出挙動評価—（兵庫県大院工，御国色素）村松康司，瓦家正英
153. 第一原理計算 CASTEP と DV-Xα 法によるグラフェンの C K 端 XANES シミュレーション：エッジ炭素の識別と電子構造解析—（兵庫県大院工）岡田 融，村山健太郎，村松康司
154. BL10/NewSUBARU における軟 X 線吸収分析環境の整備：軟 X 線吸収分析装置の導入と有機薄膜の XANES・反射率測定—（兵庫県大院工，兵庫県大高度研）植村智之，南部啓太，福山大輝，原田哲男，木下博雄，村松康司
155. XAFS を用いた北部九州地域の酸性雨による銅板の腐食過程の研究—（九州大基幹教育，九州大院理）大橋弘範，川本大祐，岡上吉広，横山拓史
156. 可視応答型 Au/TiO$_2$ 光触媒の作製とその状態分析—（名古屋大院工，名古屋大エコトピア）見須悠平，小森勝之，吉田朋子，八木伸也
157. チタン酸リチウム負極活物質を用いたリチウムイオン電池のチタン K 殻その場 XAFS 測定と蛍光法における入射配置の影響について—（広島大院工，マツダ，広島大放射光）早川慎二郎，三根生 晋，住田弘祐，山田洋史，百﨑賢二郎，Galif Kutluk，生天目博文
158. 考古遺物試料 1 mg のマイクロガラスビード／蛍光 X 線分析—（明大研究知財戦略，明大理工）市川慎太郎，中村利廣
159. デスクトップ X 線回折装置を用いたフィルター上の石英とクリソタイルの高感度分析—（明大院理工，リガク，明大理工）井口敦史，旭 智治，大渕敦司，紺谷貴之，中村利廣
160. ポータブル全反射蛍光 X 線分析装置を用いた米中微量カドミウム分析法の開発—（東理大院総合化学）天春克之，国村伸祐
161. 偏光光学系 EDXRF を用いた FP 法による PM2.5 の成分分析—（リガク）森川敦史，池田 智，森山孝男，堂井 真
162. X 線分析と鑑定—（京大工）河合 潤
163. 低希釈（1：1）スモールガラスビード／蛍光 X 線法による火成岩中の微量成分分析—（明治大院理工，明大研究・知財戦略，明大理工）小沼宏彰，市川慎太郎，中村利廣
164. コランダム粉末の結晶性総合評価—（明大院理工，明大理工）萬壽 顕，中村利廣
165. カドミウム含有粒状コメ標準物質の均質性・安定性・溶出性の評価—（明大研究・知財戦略，明大理工）乾 哲朗，中村利廣
166. 結晶異方性を有する硫酸カルシウム二水和物の X 線回折分析—（リガク X 線機器事，リガクサービス事）大渕敦司，紺谷貴之，藤縄 剛
167. 二次ターゲットを用いた蛍光 X 線分析による岩石試料中微量元素の定量—（明大院理工，明大研究・知財戦略，明大理工）小日置達哉，市川慎太郎，中村利廣
168. 粉末 X 線回折/Rietveld 解析によるマグネシアンカルサイト固溶体結晶の分析—（明大院理工，明大理工，リガク）藤村大樹，旭 智治，大渕敦司，紺谷貴之，中村利廣
169. 粉末 X 線回折/Rietveld 解析に用いる内標準物質の選定—（明大院理工，明大理工）比留間達也，中村利廣
170. タングステンターゲット X 線管を用いたポータブル全反射蛍光 X 線分析装置による微量亜鉛分析法の検討—（東理大院総合化学）工藤俊平，国村伸祐
171. 岩手県出土古代ガラスを中心とした東北地方のガラス流通に関する考古化学的研究—（東理大理，花巻市博物館，北上市埋文セ）村串まどか，澤村大地，柳瀬和也，馬場慎介，高橋信雄，高橋文明，中井 泉
172. 古代エジプトのガラス・セラミック生産における青銅再利用—（東理大理）大越あや，阿部善也，中井 泉
173. 可搬型蛍光エックス線分析装置使用時の散乱放射線の二次元画像化—（明大院理工，リガク，明

大研究知財戦略，東大院総合文化）松田 渉，大渕敦司，鈴木亮一郎，栗原雄一，野村貴美，中村利廣，小池裕也

174. 圧電体の破壊におけるX線観測―（京大院工）一二三翔貴，今宿 晋，河合 潤

175. 美術館所蔵のローマガラス容器の起源推定―（東理大理，岡山市立オリエント美術館）内沼美弥，阿部善也，四角隆二，中井 泉

176. エネルギー分散型蛍光X線分析法による米中のCdスクリーニング法の考え方―（テクノエックス）タンタラカーン クリアンカモル，河本恭介，大森崇史，柴沢 恵，石井秀司，谷口一雄

177. 蛍光X線分析法による寒天中のイオンの拡散過程の観察―（福岡教育大化学）原田雅章

178. エネルギー分散型蛍光X線スペクトルのアーティファクトとその処理方法―（堀場）瀬川真未，中野ひとみ，松永大輔，廣瀬 潤

179. X線顕微鏡を用いた植物の動的観察―（堀場）青山朋樹，横山政昭

180. 共焦点型蛍光X線分析法による置換めっきのモニタリング―（阪市大院工，新日鐵住金技術開発）北戸雄大，秋岡幸司，荒井正浩，土井教史，辻 幸一

181. ［依頼講演］X線による1分子内部動態観察の実現―（東大院新領域創成科研）佐々木裕次

182. 微小部蛍光X線分析装置による海底熱水鉱床産硫化物の化学分析―（富山大理）丸茂克美，中嶋友哉，渡邊裕二

183. 高感度2次元半導体検出器を用いた波長分散型XRFイメージング装置の性能評価―（阪市大院工，リガク）山梨眞生，瀧本雄毅，加藤秀一，山田 隆，庄司 孝，辻 幸一

184. X線位相CTによるポリマーブレンド相分離現象のその場観察―（東北大院工，東北大多元研）村上 岳，Margie P. Olbinado，矢代 航，百生 敦

185. X-ray tomographic imaging of surfaces and buried interfaces ― （Univ. Tsukuba, NIMS）Jinxing Jiang, Kenji Sakurai

186. X線回折格子干渉計を利用した極小角X線散乱イメージング―（東北大多元研）矢代 航，百生 敦

187. XPSを利用した水素透過Pd被覆NbTiNi合金の劣化機構の解明―（北見工大，金沢大理工，JXエネルギー）大津直史，石川和宏，小畠奈々子，小堀良浩

188. 熱プラズマで生成した窒化ケイ素ナノ粒子の化学状態解析―（日本電子）飯島喜時，蔦川生璃，三澤啓一，小牧 久

189. 試料の薄膜化技術を適用した光ファイバコア部の微細な元素分布の可視化―（住友電気工業）久保優吾，春名徹也

190. 2次元X線吸収分光測定によるリチウムイオン二次電池正極の反応分布の分析―（東北大，京大）中村崇司，渡邊俊樹，雨澤浩史，谷田 肇，尾原幸治，内本喜晴，小久見善八

191. 共焦点X線回折スペクトル法によるリチウムイオン蓄電池反応の空間分布解析―（京大産官学連携，トヨタ自，京大院人間環境，京大院工）村山美乃，北田耕嗣，福田勝利，三井昭男，尾原幸治，荒井 創，内本喜晴，小久見善八，松原英一郎

192. 時空間分解可能な新規波長分散型XAFS法の開発―（立命館大生命科学）宮原良太，片山真洋，稲田康宏

193. 絶縁性バルク試料の表面電子収量軟X線吸収測定―（兵庫県大院工）村松康司

194. 放射線照射によりラジカルを発生する金属酸化物ナノ粒子のXAFS分析（3）―（千葉大理，神戸大工，群馬大理工）宮嵜世里加，森田健太，荻野千秋，佐藤和好，沼子千弥

195. ラボX線分光器と半導体検出器を用いた微量環境物質分析―（東北大多元研，慶應義塾大理工，リガク）篠田弘造，奥田知明，田口武慶

196. XAFSによる三核ガドリニウムクラスター・チアカリックスアレーン錯体の溶液内構造解析―（東北大院環境，東北大多元研）壹岐伸彦，篠田弘造

197. 散乱X線の理論計算を用いた不定形試料の蛍光X線分析―（島津製作所）渡邊信次，大和亮介，

市丸直人, 中尾隆美, 古川博朗, 寺下衛作, 西埜 誠, 越智寛友
198. 実験準大気圧硬X線光電子分光のためのCr-X線発生装置の開発―（東北大未来科学技術共同研セ, 東北大院工, 東北大多元研, 東北大原子分子材料科学機構）張 蕾, 竹野貴法, 小川修一, 足立幸志, 栗原和枝, 高桑雄二
199. 新タイプのポータブル粉末X線回折計の開発―（東理大理, テクノエックス）中井 泉, 阿部善也, K. タンタラカーン, 谷口一雄
200. 焦電結晶を用いて発生させた電子線による微小領域分析―（京大院工）大谷一誓, 今宿 晋, 河合 潤
201. 微弱X線管とコロジオン薄膜試料台を用いた高感度斜入射蛍光X線分析法の開発―（東理大院総合化学）中野和宏, 国村伸祐
202. 微弱X線管とコロジオン薄膜試料台を用いた斜入射蛍光X線分析法による環境試料の微量元素分析―（東理大院総合化学）新貝智樹, 国村伸祐
203. タリウムを蓄積したシダ植物ヘビノネゴザ（*Athyrium yokoscense*）の放射光蛍光X線分析―（東京電機大院工, 東京電機大工, 理化学研）藤田健太郎, 保倉明子, 平野智也, 阿部知子
204. 米中カドミウムの定量法とスクリーニング法の指針―（東理大, 千葉大, 東京電機大, 産総研, 食総研）中井 泉, 沼子千弥, 保倉明子, 宮下振一, 稲垣和三, 安井明美, 食品中のCd分析法に関するWG
205. 単細胞藻類 *Pseudococcomyxa simplex* における金ナノ粒子の生成―（東京電機大院工, 東京電機大工, 千葉大院融合科学, 日本大文理）山岸郁貴, 保倉明子, 森田 剛, 畠山義清
206. 鉄（III）を担持させた陽イオン交換樹脂へのSe吸着挙動―（九州大院理, JASRI）山西 唯, 川本大祐, 大橋弘範, 岡上吉広, 本間徹生, 横山拓史
207. 放射光X線分析を用いた日本全国の法科学土砂データベースの構築と九州の特性化―（東理大理, JASRI, 産総研）廣川純子, 前田一誠, 岩井桃子, 古谷俊輔, 阿部善也, 大坂恵一, 伊藤真義, 松本拓也, 太田充恒, 中井 泉
208. 可搬型蛍光X線分析装置を用いた日本出土古代ガラスの起源およびその流通に関する研究〜関東地方を中心に〜―（東理大理, 筑波大）澤村大地, 加藤千里, 柳瀬和也, 村串まどか, 馬場慎介, 谷口陽子, 中井 泉
209. 116 keVの高エネルギー放射光を用いた蛍光X線分析によるサーサーン・ガラスの起源推定―（東理大理, 岡山市立オリエント美術館, JASRI）阿部善也, 四角隆二, 八木直人, 中井 泉
210. 重金属汚染創傷部の拭き取りを想定した汚染血液の蛍光X線分析による評価―（放医研, 東邦大理, 近畿大原子力）吉井 裕, 伊豆本幸恵, 柳原孝太, 松山嗣史, 今関 等, 濱野 毅, 山西弘城, 稲垣昌代, 酒井康弘, 栗原 治, 酒井一夫
211. 重金属汚染創傷部模擬ファントムの構築とその蛍光X線分析による評価―（放医研, 東邦大理, 近畿大原子力）柳原孝太, 吉井 裕, 伊豆本幸恵, 松山嗣史, 今関 等, 濱野 毅, 山西弘城, 稲垣昌代, 酒井康弘, 栗原 治, 酒井一夫
212. 全反射蛍光X線分析による病理組織標本中の微量金属元素の検出―（東京医科歯科大医歯学総合, 自治医大医, アワーズテック）宇尾基弘, 杉山知子, 和田敬広, 永井宏樹, 清水文雄

3. X線分析研究懇談会規約

（名　称）
1. 本研究懇談会は，公益社団法人日本分析化学会X線分析研究懇談会と称する．

（目　的）
2. 本研究懇談会は，X線を用いた実際的分析の振興のため，その基礎となるX線分析法について共同研究し，基礎と実際との積極的交流をはかることを目的とする．

（事　業）
3. 本研究懇談会は，前項の目的を達成するため次の事業を行う．
   ① 随時懇談会を開催する
   ② 研究発表会，討論会の開催
   ③ 講習会，見学会の開催
   ④ 研究成果の刊行
   ⑤ その他
4. 本研究懇談会は公開制を原則とし，委員長と幹事委員若干名を置き，その合議により事業の企画ならびに運営を行う．
5. 本研究懇談会の事業は，本部補助金，会費ならびに登録料などより行う．

（会員ならびに会費）
6. 本研究懇談会の会員は，個人会員（A会員，B会員）および団体会員とし，下記の区分によって研究懇談会費（年額）を納入する．

　　個人会員：A会員
　　　日本分析化学会　個人会員：1,000円
　　　　　　　　　　　会　員　外：1,500円
　　個人会員：B会員
　　　日本分析化学会　個人会員：4,500円
　　　　　　　　　　　会　員　外：5,500円
　　団体会員：日本分析化学会維持会員および
　　　　　　　特別会員：3,000円（1口）
　　　　　　　会　員　外：5,000円（1口）

（個人会員のB会員には，本研究懇談会編集「X線分析の進歩」を会費が納入されしだい1部無料で送付する．なお，3口以上の納入の団体会員にも1部送付する．「X線分析の進歩」は毎年3月末に発刊の予定．

団体会員は1口で2名まで任意に参加することができることとし，1名増やすごとに1,000円を徴収する．）

2015年1月30日改訂

4.「X線分析の進歩」投稿の手引き

　本誌投稿の論文執筆にあたっては，報文としての体裁にとらわれず新しい知見や価値あるデータを報告することを最優先することを目的とし，形式上の制限は特に設けません．次の点を配慮のうえ，御投稿願います．本誌は，①投稿原稿の形式上の自由度が大きく，②図の英文を必須としない（英文の方が好ましい），③投稿カード不要，④ e-mail 投稿を受け付ける，⑤投稿料制で自分の論文をホームページに掲載可能，などの特徴があります．

　「X線分析の進歩」誌46集（2015年3月発行）から冊子体に全頁の PDF ファイルを収録した CD-ROM が付録としてつき，自分の論文 PDF を，自分のホームページなどにセルフ・アーカイビングすれば，誰でもグーグル・スカラー（Google Scholar）などで検索し論文内容を無料で読むことができるようになります（オープン・アクセス）．

　オープン・アクセスとはインターネット上で論文などを無料でダウンロードできることを指します．せっかく雑誌に発表した論文なので，一部の限られた人にしか読めない有料制にすることなく，誰でも読むことができるようにすることが目的です．

　セルフ・アーカイビングとは，科学論文などのデジタル版を自分でオンライン上で公開することです．

　今回の投稿の手引き改訂（2014年12月）は，カラー図面による投稿が最近では日常化してきたことによって，従来の別刷り50部強制買取制の価格が高額になるとともに，紙別刷り自体の不要論も多くなってきたことがその背景にあります．

1. 本誌の掲載論文は投稿論文の査読（1名）を経て，当編集委員会が決定します．原稿をお送りいただくと，編集委員会より受理通知をお送りします．編集委員会は，字句その他の加除修正を行い，あるいは，著者にこれを要求することがあります．著者校正は1回行います．著者には校正刷りだけをお送りしますので，原稿の完全な控えを手元に保存してください．校正刷りはお手元へ到着後至急校正し，出版社へ返送してください．出版は毎年3月下旬の予定です．

2. 本誌に掲載する論文の種類は，X線分析に関連する報文　原著論文，ノート，技術報告，総説，解説，講座，技術資料，国際会議報告などからなります．これらは，他出版物に掲載されていないものに限定します．これらの報文などは，X線分析の基礎あるいは応用に関し価値ある事実あるいは結論を含むもの，X線分析技術の成果に関する報告でX線分析上有用なものとします．分類は著者からの申し出を尊重して掲載します．他出版物に掲載されたものについても，編集委員会として出版を認める場合があります（翻訳等）．論文は和文の論文の投稿を推奨しますが，英語論文も受け付けます．

3. 題名，全著者名（フルネーム），全著者の所属機関名及びその住所は和文と英文とを併せて投稿論文の最初のページに記入してください．「投稿カード」は不要です．原稿は A4 用紙を用い，行数，1行の字数など常識的な範囲で執筆してください．投稿原稿はカメラレディーのフォーマットにはせず，図の挿入位置の指定や余計なフォーマットは不要です．

4. 投稿は，「X線分析の進歩」へ投稿する旨（たとえば，「論文（著者，題目）をX線分析の進歩誌に原著論文として投稿します」というような一文）を e-mail 本文に記述し，編集委員会あて投稿してください．連絡責任著者の連絡先 Tel, Fax, e-mail を原稿の初めに記入してください．

5. 投稿論文は，Windows 対応（Word 等）のデータで e-mail に Word などを直接添付ファイルとして

投稿してください．大きなサイズのファイルは編集委員会あてあらかじめご相談ください．

6. キーワードは，論文内容を適確な形で表現したもので，1論文5個程度とし，英文キーワードと和文キーワードをアブストラクトの次に記入してください．巻末の索引として利用します．

7. アブストラクトは和文と英文を原稿に含めてください．なお，和文アブストラクトは標準的には原稿用紙1枚（400字）以内，英文アブストラクトは300語程度ですが，必ずしもこの制限を守る必要はありません．アブストラクトは別ファイルとせず，原稿と同じファイルに含めてください．英文アブストラクトは和文アブストラクトの直訳である必要はなく，和文より簡潔な記述でもかまいません．

8. 図，表及び写真は的確なものを選び，説明は英文で記述してください．ただし論文全体を通して和文のみのキャプションでも投稿可能です．図，表はWord, Excel, PowerPoint, PDFファイルも受け付けます（できるだけPDFファイルもつけてください）．また，文字についてはプロポーショナルタイプのフォントは使用しないでください．紙原稿の場合には図の大きさはA4に収まる大きさとし，そのまま写真印刷できるようにお願いします．なお，完全図面を準備できない場合は，出版社にてトレース（有料）することも可能です．写真はキャビネ版またはJPEGなどのデジタルファイルとし，鮮明なものをお願いします．カラー図面・カラー写真は白黒印刷でも意味が分かるように，また色が消えないように（青色や黄色の線は白黒印刷で消滅する場合があります）作成してください．

9. 引用文献の形式は，日本分析化学会「分析化学」誌に準じますが，統一がとれていれば，他の形式（たとえばSpectrochimica Acta誌など）でもかまいません．

10. 別刷り50部購入制を廃止します．投稿者は投稿料として表1の投稿料＋税を出版社にお支払いいただきます．全論文をPDFで収録したCD-ROM付録の付いた「X線分析の進歩」誌を1部差し上げます．このPDFからご自分の論文に限り切り抜いて，自分のホームページに掲載可能です（セルフアーカイビングの承認）（掲載ホームページのどこかにhttp://www.agne.co.jp/books/xray_index.htmへのリンクを明示してください）．紙別刷は通常は作成しませんので，別途購入希望の方は，校正刷り返送の際に出版社へ注文してください．別途紙別刷希望の場合，表1の投稿料に加えて，3000＋p×n×5（税別）円をお支払いください（p：ページ数，n：別刷部数）．紙別刷は4月に納品します．

表1　投稿料

出来上がり頁数	投稿料
1－6	15,000
7－12	25,000
13－18	35,000
19－24	45,000
25－30	55,000
31－36	65,000

11. 専門用語は，なるべく分析化学用語辞典（日本分析化学会編），またはJIS用語を用いることが望ましいですが，必ずしもこの限りではありません．必要があればSI単位以外の単位を用いても結構です（Torr，インチなど）．

12. 本誌の投稿論文は，他の出版物への投稿を御遠慮ください．

13. 本誌に掲載された論文，記事についての著作権は，公益社団法人日本分析化学会X線分析研究懇談会に属します．本誌は毎年の出版は白黒紙媒体とカラー画像を含むCD-ROMの出版としますが，将来，インターネットなどでの公開可能性もあります．

14. 執筆にあたり，他者の論文，成書などから図，表等を転載もしくは引用する場合は，必ず著者自身の責任において原著者並びに出版社の許諾を得て，出典を明示してください．

15. 図，表及び写真の番号は，英文でそれぞれFig.1, Table.1, Photo.1とし，原図，写真には対応する番号を邪魔にならない位置に書くかファイル名で

わかるようにしてください．図，表及び写真などはA4として，原稿の最後につけてください．図，写真の表題及びその説明文は，原図に記入せず，引用文献の次のページにまとめて記載してください．ただし，表については直接原稿本文中に挿入しても結構です．PDFは「高品質印刷」などの設定でお作り下さい．

原稿の送付先及び連絡先

共同編集委員長

河合　潤　　kawai.jun.3x@kyoto-u.ac.jp
　　　　　　TEL 075-753-5442

または，

林　久史　　hayashih@fc.jwu.ac.jp
宛て（投稿論文は，どちらか片方にのみ送信してください）

［お知らせ］

＊X線分析研究懇談会の活動内容，「X線分析の進歩」投稿の手引き，討論会・研究会日程などを
http://www.nims.go.jp/xray/xbun/
にてお知らせしています．

＊「X線分析の進歩」バックナンバーPDF化CD-ROMの頒布を行っています．詳しくは
http://www.nims.go.jp/xray/xbun/shinpo_cdrom.htm
をご覧ください．

CD-ROM 一枚の収録内容

「X線工業分析」第1集（1964）～第4集（1968）
「X線分析の進歩」第1集（1970）～第32集（2001）
第26s集（1995，全反射X線分析国際会議特別号）
総目次：「X線工業分析」第1集～「X線分析の進歩」第35集（26s含む）

定価（税・送料含む）

X線分析研究懇談会会員　　：15,000円＋税
X線分析研究懇談会非会員：20,000円＋税
購入申込先：日本分析化学会X線分析研究懇談会

最新情報はホームページで！

X線分析研究懇談会のホームページ（http://www.nims.go.jp/xray/xbun/）には，X線分析に関するホットな情報が満載されています．

○毎年1回開催されるX線分析討論会の案内
○定例研究会（年5回程度）や講習会（年1～2回程度）の日時や会場，プログラムの案内
○関係する国際会議のスケジュール

このほか，X線分析情報メーリングリストに登録すると，電子メールでの情報交換に参加することができます．各種会合の案内や人材募集，いろいろなニュースが飛び交っています．もちろん，参加は無料．上記ホームページにも案内が出ていますので，ぜひお問い合わせください．

第9回 浅田榮一賞

 日本分析化学会X線分析研究懇談会では元豊橋技術科学大学教授の浅田榮一先生（1924-2005）のご業績を記念し，X線分析分野で優秀な業績をあげた若手研究者を表彰するための賞（浅田榮一賞）を設けています．（詳しくは「X線分析の進歩」第37集（2006年3月発行）の1～7ページを参照ください．）X線分析研究懇談会が主催する場での研究発表者を授賞の対象者として選考を行いました．その結果，第9回にあたる2014年度の浅田榮一賞を今宿 晋 氏（京都大学工学研究科材料工学専攻助教）に贈ることになりました．授賞式と受賞講演は第50回X線分析討論会（東北大学片平さくらホール）にて行われました．今宿氏の受賞研究課題とコメントを以下に紹介します．今後，今宿氏のご研究が益々発展することを祈念いたします．

（大阪市立大学　辻 幸一）

授賞式の様子（東北大学さくらホールにて）

今宿 晋 氏の受賞研究課題
「焦電結晶を用いた小型の電子線マイクロアナライザーの開発」

　今宿氏は焦電結晶を小型高電場発生装置として利用し，これを電子源とする小型の微小部X線分光分析装置の開発研究を行ってこられました．焦電結晶によるX線発生現象に関する基礎研究を進めつつ，焦電結晶より放出される電子線を300マイクロメートルサイズに絞ることに成功し，特にAlやSiなどの軽元素の微小部X線分析法としての有効性を示されています．加えて，小型カソードルミネッセンス装置の開発や全反射XPSの研究などを行うなど，今後のX線分析分野に幅広く活躍されることが期待されます．

［受賞コメント］
　この度は第9回浅田榮一賞を受賞させていただき，大変光栄に存じます．受賞研究課題は，私が2011年2月に京都大学大学院工学研究科の助教に着任してから行った研究でありまして，本研究を進めるにあたって所属研究室の教授である河合潤先生にはご指導やアドバイスを受け賜りました．本研究を通じて，X線分析法に関する知識だけでなく，真空装置や検出器など装置部品に関する知識など，装置製作に必要な基本的なことを多く学ぶことができました．今回の受賞はご指導してくださった河合先生をはじめとした多くの先生方や京都大学河合研究室の学生の皆様のご協力によるものです．ここに厚く御礼申し上げます．今後より一層研究に精進いたします．

5.（公社）日本分析化学会X線分析研究懇談会2014年度運営委員会名簿

（2015 年 1 月現在）

	氏　　名	勤　務　先／所　在　地	電話番号／e-mail address
委員長	脇田　久伸	福岡大学理学部化学教室 〒 814-0180　福岡県福岡市城南区七隈 8-19-1	092-871-6631（6218） wakita@fukuoka-u.ac.jp
	（東北地区）		
運営委員	篠田　弘造	東北大学多元物質科学研究所 〒 980-8577　宮城県仙台市青葉区片平 2-1-1	022-217-5624 shinoda@tagen.tohoku.ac.jp
	玉木　洋一	宮城教育大学教育学部 〒 980-0845　宮城県仙台市青葉区荒巻字青葉	022-214-3421 y-tama@staff.miyakyo-u.ac.jp
	（関東地区）		
	江場　宏美	東京都市大学工学部エネルギー化学科 〒 158-8557　東京都世田谷区玉堤 1-28-1	03-5707-1261 heba@tcu.ac.jp
	合志　陽一	一般社団法人国際環境研究協会 〒 110-0005　東京都台東区上野 1-4-4	03-5812-2105 gohshi@airies.or.jp
	桜井　健次	物質・材料研究機構 〒 305-0047　茨城県つくば市千現 1-2-1	029-859-2821 sakurai@yuhgiri.nims.go.jp
	佐藤　成男	茨城大学大学院理工学研究科 〒 316-8511　茨城県日立市中成沢町 4-12-1	0294-38-5058 s.sato@mx.ibaraki.ac.jp
	中井　　泉	東京理科大学理学部応用化学科 〒 162-8601　東京都新宿区神楽坂 1-3	03-3260-3662 inakai@rs.kagu.tus.ac.jp
	中村　利廣	明治大学理工学部応用化学科 〒 214-8571　神奈川県川崎市多摩区東三田 1-1-1	044-934-7208 toshina@isc.meiji.ac.jp
	沼子　千弥	千葉大学大学院理学研究科化学コース 〒 263-8522　千葉県千葉市稲毛区弥生町 1-33	043-290-2771 numako@chiba-u.jp
	林　　久史	日本女子大学理学部物質生物科学科 〒 112-8681　東京都文京区目白台 2-8-1	03-5981-3665 hayashih@fc.jwu.ac.jp
	松野　信也	旭化成㈱研究・開発本部基盤技術研究所 〒 416-8501　静岡県富士市鮫島 2-1	0545-62-3191 matsuno.sb@om.asahi-kasei.co.jp
	文珠四郎 秀昭	高エネルギー加速器研究機構放射線科学センター 〒 305-0801　茨城県つくば市大穂 1-1	029-879-6243 hideaki.monjushiro@kek.jp
	（中部地区）		
	岡本　篤彦	科学技術交流財団　シンクロトロン光センター 〒 489-0965　愛知県瀬戸市南山口町 250-3	052-231-1475 okamoto@astf.or.jp okamoto-2t@rice.ocn.ne.jp
	種村　眞幸	名古屋工業大学 〒 466-8555　愛知県名古屋市昭和区御器所町	 tanemura.masaki@nitech.ac.jp
	八木　伸也	名古屋大学エコトピア科学研究所 〒 464-8603　愛知県名古屋市千種区不老町	052-747-6828 s-yagi@nucl.nagoya-u.ac.jp
	吉田　朋子	名古屋大学エコトピア科学研究所 〒 464-8603　愛知県名古屋市千種区不老町	052-789-5940 tyoshida@esi.nagoya-u.ac.jp

日本分析化学会 X 線分析研究懇談会 2014 年度運営委員名簿

	氏　名	勤務先／所在地	電話番号／ e-mail address
	（関西地区）		
運営委員	稲田　康宏	立命館大学生命科学部応用化学科 〒 525-8577　滋賀県草津市野路東 1-1-1	077-561-2781 yinada@fc.ritsumei.ac.jp
	上原　康	三菱電機㈱　先端技術総合研究所 〒 661-8661　兵庫県尼崎市塚口本町 8-1-1	06-6497-7538 Uehara.Yasushi@aj.MitsubishiElectric.co.jp
	河合　潤	京都大学大学院工学研究科材料工学専攻 〒 606-8501　京都府京都市左京区吉田本町	075-753-5442 kawai.jun.3x@kyoto-u.ac.jp
	谷口　一雄	㈱テクノエックス 〒 533-0033　大阪府大阪市東淀川区東中島 5-18-20	06-6323-1100 taniguchi@techno-x.co.jp
	辻　幸一	大阪市立大学大学院工学研究科 〒 558-8585　大阪府大阪市住吉区杉本 3-3-138	06-6605-3080 tsuji@a-chem.eng.osaka-cu.ac.jp
	前尾　修司	㈱光子発生技術研究所 〒 525-0058　滋賀県草津市野路東 7-3-46 滋賀県立テクノファクトリー 7 号棟	077-566-6362 maeo@photon-production.co.jp
	松尾　修司	㈱コベルコ科研技術本部エレクトロニクス事業部 技術部 〒 651-2271　兵庫県神戸市西区高塚台 1-5-5	078-992-6043 matsuo.shuji@kki.kobelco.com
	村松　康司	兵庫県立大学大学院工学研究科 〒 671-2201　兵庫県姫路市書写 2167	079-267-4929 murama@eng.u-hyogo.ac.jp
	（中国四国地区）		
	早川慎二郎	広島大学大学院工学研究科応用化学専攻 〒 739-8527　広島県東広島市鏡山 1-4-1	082-424-7609 hayakawa@hiroshima-u.ac.jp
	山本　孝	徳島大学大学院ソシオ・アーツ・アンド・ サイエンス研究部 〒 770-8502　徳島県徳島市南常三島町 1-1	088-656-7263 t-yamamo@ias.tokushima-u.ac.jp
	（九州地区）		
	横山　拓史	九州大学大学院理学研究院化学部門・無機分析化 学系 〒 812-8581　福岡県福岡市東区箱崎 6-10-1	092-642-3908 yokoyamatakushi@chem.kyushu-univ.jp
	原田　雅章	福岡教育大学教育学部化学教室 〒 811-4192　福岡県宗像市赤間文教町 1-1	0940-35-1362 haradab@fukuoka-edu.ac.jp
参　　与	池田　重良	立命館大学総合理工学研究機構 SR センター 〒 525-8577　滋賀県草津市野路東 1-1-1	 sikeda@hera.eonet.ne.jp
	加藤　正直	国立長岡工業高等専門学校物質工学科 〒 940-8532　新潟県長岡市西片貝町 888	0258-34-9256 thomas92561177@yahoo.co.jp
	小西　徳三	旭化成㈱　研究・開発本部基盤技術研究所 〒 416-8501　静岡県富士市鮫島 2-1	0545-62-3151 konishi.tf@om.asahi-kasei.co.jp
	渡辺　巌	立命館大学総合科学技術研究機構 SR センター 〒 525-8577　滋賀県草津市野路東 1-1-1	077-561-2688 iwaowata@fc.ritsumei.ac.jp

X 線 分 析 関 連 機 器 資 料
目　　次

X線検出器〔㈱アド・サイエンス〕 …………………………………………………………………… S1

RES-Lab/2次元IP X線回折カメラ IPX-XRC シリーズ〔㈱アールイーエス・ラボ〕 ………… S2

可搬型蛍光X線分析装置〔アワーズテック㈱〕 …………………………………………………… S3

蛍光X線分析装置〔㈱テクノエックス〕 …………………………………………………………… S4

エネルギー分散型蛍光X線分析装置〔㈱島津製作所〕 …………………………………………… S5

エネルギー分散型蛍光X線分析装置〔㈱島津製作所〕 …………………………………………… S5

シーケンシャル形蛍光X線分析装置〔㈱島津製作所〕 …………………………………………… S5

同時形蛍光X線分析装置〔㈱島津製作所〕 ………………………………………………………… S5

ワイドレンジ高速検出器〔㈱島津製作所〕 ………………………………………………………… S6

X線回折装置〔㈱島津製作所〕 ……………………………………………………………………… S6

電子線マイクロアナライザ〔㈱島津製作所〕 ……………………………………………………… S6

複合型全自動イメージングX線光電子分析装置〔㈱島津製作所〕 ……………………………… S6

SDD搭載 X線分析顕微鏡〔㈱堀場製作所〕 ……………………………………………………… S7

ハンドヘルド蛍光X線分析装置〔㈱堀場製作所〕 ………………………………………………… S7

全自動水平型多目的X線回折装置〔㈱リガク〕 …………………………………………………… S8

ハイブリッド型多次元ピクセル検出器〔㈱リガク〕 ……………………………………………… S8

ナノスケールX線構造評価装置〔㈱リガク〕 ……………………………………………………… S8

波長分散型蛍光X線分析装置〔㈱リガク〕 ………………………………………………………… S9

波長分散型蛍光X線分析装置〔㈱リガク〕 ………………………………………………………… S9

波長分散小型蛍光X線分析装置〔㈱リガク〕 ……………………………………………………… S9

蛍光X線硫黄分析装置〔㈱リガク〕 ………………………………………………………………… S9

エネルギー分散型蛍光X線分析装置〔㈱リガク〕 ………………………………………………… S10

エネルギー分散型蛍光X線分析装置〔㈱リガク〕 ………………………………………………… S10

Niton携帯型成分分析計〔㈱リガク〕 ……………………………………………………………… S11

X線検出器

販売元
株式会社アド・サイエンス
〒273-0005　千葉県船橋市本町2-2-7　　電話 047-434-2090　　http://www.ads-img.co.jp/

製造会社
XRAY IMATEK社

フォトンカウンティングX線検出器［直接方式型］
CERN社で開発されたテクノロジー

本体価格：200万円～

※左からeX1，eX4，eX8

eXシリーズ

● 共通なプロセッサー内蔵ベースユニット
● 各々のヘッドを自由に取換え、エネルギーごとのイメージングができる
　・Si（4kev～25kev）
　・CdTe（40kev～120kev）
　・GaAs（20kev～90kev）
● USB2.0インターフェース（データ用）／GigE
● microSD，Sync Trigger，Power Supply（5V）
● 各々ヘッドの仕様
　・eX1：256x256pixel，14.1x14.1mm^2，55μm
　・eX4：512x512pixel，28.2x28.2mm^2，55μm
　・eX8：512x1024pixel，28.2x 56.4mm^2，55μm

製造会社
TELEDYNE RAD-ICON IMAGING社

X線CMOSカメラ［間接方式型］

本体価格：100万円～

小型モデルから大面積，
高分解能な製品をラインナップ

● 小型モデル［RadEyeHR］
　1650x1246 pixel，33x24.9mm，20μm/pixel，1fps，5kV(Be窓)～90kV
● 大面積モデル［Radicon3030］
　3096x3100 pixel，30.6x30.7cm，99μm/pixel，30fps，10kV～225kV
● 高分解能モデル［Shad-o-Box 6KHS］
　2304x2940 pixel，11.4x14.6cm，49.5μm/pixel，5fps，10kV～225kV

RES-Lab/2次元IP X線回折カメラ
IPX-XRC シリーズ

製作会社
株式会社　アールイーエス・ラボ
〒535-0022 大阪市旭区新森6丁目2番1号旭東電気株式会社5階　電話 06-6954-8411　FAX06-6167-8455
Email: RES-Labo@e-mail.jp　　URL http://www.res-lab.com/

価　　格　　580万円～
納　期　　2.5ヶ月

X線カメラとイメージングプレートの読み出し機構を一体化
露光→画像読取→読出→消去まで全自動

RES-Lab IPX線カメラは、輝尽性蛍光体イメージングプレート（IP:富士写真フィルム社製）を用いたデジタルX線回折カメラシステムです。

測定時間：通常　3～4分　　露光時間：10秒～（試料に依存します）
画像読取時間：1分30秒～　消去時間：1分～

各社のX線回折装置用X線発生装置（X線管横・縦型共）に設置できます。

Debye-Scherrer Camera
● デバイシェラー・カメラ IPC-DS　微小試料の測定が、短時間に行えます。

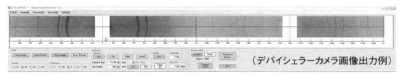

（デバイシェラーカメラ画像出力例）

カメラ径　114.6mm　　測定範囲　全周360°（暗視野　正面±5°背面±8°）
縦寸法　25mm　　コリメータ　Φ0.5mm　Φ1.0mm　試料回転機構付

円筒カセット

Laue Camera
● ラウエカメラ　背面反射法／透過法　切替設置

2次元IP画像読取・表示・編集ソフトウエア：
試料間距離入力により画像自動描画　ネガポジ反転表示機能付
X線原点決め機能、原点画像保存機能　ラウエスポット自動抽出機能
γ、δ値　計算機能

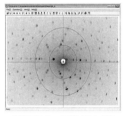
（背面ラウエ画像出力例）

ゴニオメータ

曲面平板変換ソフト

● 2次元IPX線カメラをX線発生装置に組み込んだ卓上型X線回折装置がXRD Mateです。

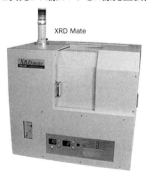
XRD Mate

X線発生装置　3kW型：最大管電圧・電流　50kV 60mA
　　　　　　　2kW型：最大管電圧・電流　50kV 40mA
　　　　　　　X線窓シャッター連動露光時間制御タイマー、冷却水流量、
　　　　　　　X線遮断扉開閉検出フェールセーフ制御状態標識灯
電　源：単相　200V 50/60Hz
装置サイズ　700（W）×550（D）×500（H）mm

X線管冷却水送水装置　空冷式　2kW型
　　　出力水圧　0～6kg/cm²
　　　吐出水量　4ℓ/min以上
　　　水槽容量　約20ℓ

可搬型蛍光X線分析装置

製造・販売元

アワーズテック株式会社

本　　　社：〒572-0832 大阪府寝屋川市本町13-20
　　　　　TEL：072-823-9361　FAX：072-823-9340　URL：http://www.ourstex.co.jp
東京営業所：〒160-0008 東京都新宿区三栄町8-37
　　　　　TEL：03-3358-4985　FAX：03-3358-1954

☆ 高分解能SDD検出器システム

新発売

【特徴】
・高分解能・高計数での測定が可能！
・特殊高分子膜仕様、ウインドウレス仕様等もラインナップ！
・検出器面積7mm²～大口径150mm²までラインナップ！
・放射光への特注仕様も対応！

【分析例】

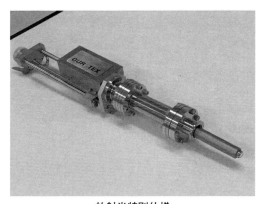

放射光特別仕様

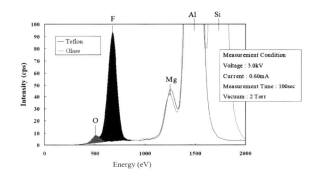

特殊高分子膜SDDによる軽元素分析例

☆ 京都大学大学院工学研究科 河合潤教授による発案を製品化
＜ポータブル全反射蛍光X線分析装置　OURSTEX200TX＞

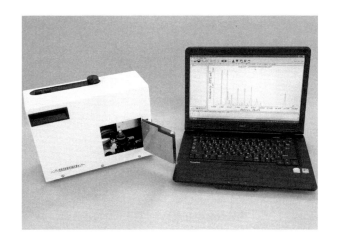

【用途】
・井戸水や河川の検査に
・土壌や玩具からの溶出水分析に
・食品・医薬品現場分析に
・鑑識分野の現場分析に

【特徴】
・ICP・原子吸光装置に匹敵する高感度
・小型・計量でオンサイト分析が可能
・本体総重量、わずか8kg
・ppmからppbレベルの分析が可能
・液体窒素や冷却水不要

蛍光X線分析装置

製造・販売元
株式会社テクノエックス
本社：〒533-0033 大阪市東淀川区東中島5-18-20
TEL：06-6323-1100　FAX：06-6323-7770
URL：http://techno-x.co.jp/web/　E-mail：info@techno-x.co.jp

（価格：お問い合わせ下さい。）

X線要素部品
X線源

小型X線源（高電圧発生部一体型）

SDD X線検出器

放射光用特殊仕様システム

大口径SDD検出器

超伝導直列接合X線検出器システム
テクノエックス社オリジナルの新技術

〈特長〉
・SDDの約半分の高エネルギー分解能63.5eV@5.9keV
・カロリメータ（1～100cps）と桁違いの高計数率（20kcps以上）
・大面積（(1～)10mm²）素子による高効率化検出
・高エネルギーX線の検出にも対応

超伝導直列接合検出器での
実測スペクトル

エネルギー分散型蛍光X線分析装置
幅広い分野に対応した各種装置をラインナップしております。またユーザーのニーズに応じたカスタマイズで最適な分析性能を確立します。

FDシリーズ
〈用途〉
土壌分析、プラスチック廃棄物測定、電子材料分析、考古学・金属探査分析、河川水分析、食品分析、膜厚分析、教育用分析装置、一般分析
〈特徴〉
●液体窒素不要の新開発検出器搭載
●高感度・短時間測定を可能にした新光学系
●小型・軽量のデスクトップ型分析装置

FD-02
RoHS/ELVなどの環境規制物質測定に最適です。微小部測定も可能な高性能機。汎用機でありながら多用途に対応。

FD-03
軽元素～重元素まで環境規制物質の分析・検査に最適です。高感度の測定や詳細分析にも適したハイグレード機種です。

FD-08Cd
食品中の有害元素（カドミウム）の含有濃度を短時間でスクリーニング測定ができます。お米（玄米及び精米）中のカドミウお米（玄米及び精米）中のカドミウムであれば500秒で判定可能です。108試料自動交換機構付き。

WFDシリーズ
モノクロメータによる励起源を搭載し軽元素を高感度に測定できるハイグレード機種です。
〈用途〉
オイル分析、紙パルプ分析、一般分析等
〈特徴〉
●モノクロメータ光学系と2次ターゲット法の組み合わせで、₁₁Na～₉₂Uまでの高感度測定が可能
●サブppmレベルの高精度分析が可能

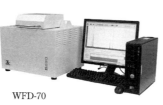

WFD-70

WFD-100
紙・パルプ分析、オイル中のSの測定できるハイグレード機種です。WFD-100は2種類のX線管を搭載。測定元素に応じて最適な条件を構築できます

その他X線関連装置
弊社ではX線応用技術に対応可能なスタッフをそろえています。新たなシステム構築などについてお問い合わせください。

SHIMADZU 蛍光X線分析装置

製造・販売元 株式会社 島津製作所 分析計測事業部
〒604-8511 京都市中京区西ノ京桑原町1　電話 075-823-1468

軽元素～重元素まで 高感度に分析できる一般分析用
エネルギー分散型 蛍光X線分析装置
EDX-7000/8000

電子冷却方式の高性能半導体検出器を搭載しランニングコストの低減とメンテナンス性の向上を図ると共に、従来機を上回る感度、スループット、分解能を実現しました。軽元素分析に有効な真空ユニットや連続分析に有効なターレットユニット等のオプション機能も充実しています。ソフトウェアは簡単操作を実現したPCEDX-Naviと一般分析用途のPCEDX-Proを標準装備しています。分析オプションとしてEDX-LEで実現したスクリーニング機能も搭載可能です。管理用途としてのRoHS/ELV指令等の環境規制対応から、研究用途としての一般材料分析における高度なニーズまで、業界を問わず幅広く対応します。

RoHS/ELV スクリーニング専用
エネルギー分散型蛍光X線分析装置
EDX-LE

検量線自動選択、測定時間自動短縮などスクリーニングに最適な機能を搭載したソフトウェアや様々な試料の分析が可能な大型試料室を採用したハードウェアに加え、電子冷却方式の検出器を搭載することで、装置メンテナンスを最小限に抑えています。また、分析キット（オプション）を用いてハロゲンやアンチモンの追加規制元素のスクリーニングにも対応可能です。さらに、機能追加キット（オプション）と組み合わせることで、一般分析ソフトウェアを用いた定性分析、膜厚分析、鋼種判別などスクリーニング以外の用途にも利用できます。

完成度を極めた波長分散形 フラグシップモデル
シーケンシャル形 蛍光X線分析装置
XRF-1800

高次線を利用した新発想の定性定量分析法、250μmマッピング機能など、さらなる信頼性の向上とアプリケーションの充実を実現しました。

同時形 蛍光X線分析装置
MXF-2400

工程管理用等の用途で使用し、約1分で36元素同時分析が可能です。

SHIMADZU X線回折装置

製造・販売元 株式会社 島津製作所 分析計測事業部
〒604-8511 京都市中京区西ノ京桑原町1　電話 075-823-1468

ワイドレンジ高速検出器
OneSight

既設のXRD-6000/6100/7000への取り付けが可能なオプション検出器です。1280chもの半導体素子から構成されたワイド型1次元検出器で、従来のシンチレーション検出器と比較して100倍以上の強度が得られるため、高速測定が可能です。また、広い取り込み角度を生かしゴニオメーターを固定して分析する「ワンショットモード」を搭載。
OneSightを用いた測定に対応したソフトウェアにより操作性も向上します。

X線回折装置
XRD-6100 OneSight/7000S OneSight/7000L OneSight

ワイドレンジ高速検出器OneSightを搭載したX線回折装置で高速・高感度測定を可能にしました。またOneSightを用いた測定に対応したソフトウェアにより操作性が向上しました。X線発生時にはドアロック機構が働き、高い安全性を備えています。定性・定量などの基本分析からオプションソフトウェアを用いた結晶構造解析まで、さまざまなアプリケーションに対応しています。
6100 OneSightは縦型高精度ゴニオメーターを搭載したコンパクトかつシンプルなモデルです。7000L OneSightは超大型試料に対応した試料水平型ゴニオメーターを搭載しています。

SHIMADZU 表面構造解析装置

電子線マイクロアナライザ
EPMA-8050G

最新鋭のFE電子光学系を搭載し、分析能力を究極に進化させた島津FE-EPMAです。
SEM観察条件から3μA以上のビーム電流領域でかつてない卓越した空間分解能が得られます。この先進FE電子光学系と島津伝統の高性能X線分光器の組合せは、最高分解能と最高感度の両立を実現しました。

複合型全自動イメージングX線光電子分析装置
KRATOS ULTRA2

装置校正の自由度の高さはそのままに、性能をアップしながら操作部分のすべてをコンピュータコントロール化した複合表面分析装置です。球面鏡アナライザーによる高速リアルタイムXPSイメージングの空間分解能は1μmに達し、微細領域の化学状態分布を鮮明に視覚化することが可能です。
豊富なオプション類により、in-situでの大気暴露実験や高エネルギーXPS測定などの多彩な用途にお使いいただけます。

HORIBA　X線元素分析装置

製　造　元
株式会社　堀場製作所
本　　　　社／〒601-8510　京都市南区吉祥院宮の東町2　　電話 075-313-8121㈹

SDD搭載　X線分析顕微鏡
XGT-7200V

新開発 液体窒素レス検出器搭載で高感度、高係数率のX線分析顕微鏡。
デュアル真空チャンバ採用で軽元素感度向上。

特　長
係数率10倍Up。
多面マッピング分析、多点分析、定点測定機能など、豊富な解析機能。
試料室内も真空対応。Mg,Alなどの軽元素の感度Up。

仕　様
測定対象元素：Na〜U
透過X線、蛍光X線同時分析
X線照射径　ϕ 10μm,100jμm,400μm,1.2mmより選択
試料室：大気、真空切替可能
分析対象：1箇所の定性分析から元素マッピングまで
マッピングサイズ：100mm×100mm
液体窒素：不要

ハンドヘルド蛍光X線分析装置
MESA-ポータブル

軽量、コンパクト、迅速現場分析に最適なハンドヘルド型蛍光X線分析装置。
鋼種判別もわずか10秒。判別精度も97％と高判別を実現。

特　長
SDDタイプX線検出器により、Alの検出下限が5倍Up。
本体質量1.5kg、大容量バッテリー　10時間。
スマートフォン感覚のタッチパネルで簡単操作。

仕　様
測定対象元素：Mg〜U
検出器：大口径SDD（シリコンドリフト検出器）
保護等級：IP54
液体窒素：不要
質量：1.5kg（バッテリー含む）

X線回折装置

製造・販売元
株式会社リガク　営業本部
〒151-0051　東京都渋谷区千駄ヶ谷4-14-4　　電話 03-3479-6011(代)

全自動水平型多目的X線回折装置
SmartLab

試料水平型ゴニオメーターを採用した薄膜・粉末評価用X線回折装置です。自動で最適測定条件を決定するソフトウェアにより究極の使いやすさを実現し、様々な光学系やアタッチメントを切り換えることで、幅広いアプリケーションに対応しました。

■スリットを交換するだけで、集中法、平行ビーム、小角、簡易微小部用の中から必要なX線を選択することができ、またモノクロメーター等を用いた光学系も、自動調整が可能です。

■制御ソフトウェアSmartLab Guidanceには、独自のガイダンス機能が搭載されており、装置構成のチェック、光学系の切り換え、試料位置の調整、最適測定条件の決定から測定実行までが自動化されています。X線分析の専門知識がなくても、自動的に目的にあった質の高い測定データが得られます。

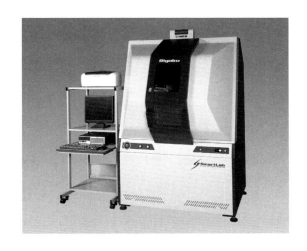

ハイブリッド型多次元ピクセル検出器
HyPix-3000

粉末の高速測定から薄膜解析までを1つの検出器で対応できる、次世代の2次元半導体検出器です。2次元に加え、1次元、0次元検出器としての機能もサポートしているので、アプリケーションごとに検出器を交換する必要はありません。高速逆格子空間マップ測定といった1D／高速・高分解能測定から、すれすれ入射小角X線散乱測定やin situ高温X線回折測定などの2D／広域・高感度測定、インプレーンX線回折測定や反射率測定などの0D／高精度・高係数率測定まで幅広く対応します。

ナノスケールX線構造評価装置

蛋白質、液晶、半導体、高分子、超微粒子などの、ナノスケール構造1～100nmのマクロ構造から原子レベルの構造0.2～1nmのミクロ構造まで評価できる小角X線散乱測定装置です。

■温度、湿度、磁場などの環境下で構造の変化を観察し、物質の機能を評価できます。燃料電池のイオン交換膜（温度と湿度）や液晶（温度と磁場）などの構造評価が可能です。

■生体材料の機能評価、インプレーン小角測定による薄膜の評価、超微粒子の自己組織化の評価などが可能です。

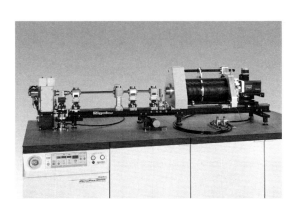

蛍光X線分析装置

製造・販売元
株式会社リガク 営業本部
〒151-0051 東京都渋谷区千駄ヶ谷4-14-4 電話 03-3479-6011(代)

波長分散型蛍光X線分析装置 ZSXシリーズ

多機能・高性能装置をラインナップ〔ZSX Primus II（上面照射）ZSX Primus（下面照射）〕。CCDカメラの搭載が可能で画面上で分析位置指定ができます。

波長分散型蛍光X線分析装置 ZSXPrimus III＋

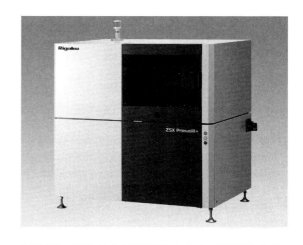

リガクが培ってきたノウハウが凝縮されたパッケージを実現しました。"らくらく分析"による簡単な操作で分析が行えます。
上面照射で粉末試料分析に最適な設計で、省エネ・省スペース・環境に配慮した装置です。

波長分散小型蛍光X線分析装置 Supermini200

200Wの高出力X線管を搭載した卓上型装置です。
広範囲なアプリケーションに対応し、また冷却水が不要なためサテライトラボへの設置も容易です。S-PC（オプション）を選択すれば、PRガスも不要です。

蛍光X線硫黄分分析計 Micro-Z ULS

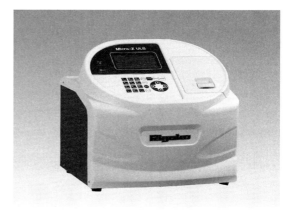

液体中の硫黄をそのまま液体セルに詰めて分析できる卓上型の蛍光X線硫黄分分析計です（JIS K2541-7、ASTM D2622及びISO20884準拠）。冷却水・ヘリウムガス・検出器ガスが不要、簡単操作で高感度分析（検出限界(LLD)＝0.3ppm）が可能、更に試料セルには安価な専用品を用いてランニングコストを低く抑えています。

蛍光X線分析装置

製造・販売元
株式会社リガク　営業本部
〒151-0051　東京都渋谷区千駄ヶ谷4-14-4　　電話 03-3479-6011(代)

エネルギー分散型蛍光X線分析装置 NEX CG

2次ターゲットを用いた特殊光学系と液体窒素不要の高計数型SDD検出器の採用により、高精度・高感度を実現した汎用卓上型分析装置です。

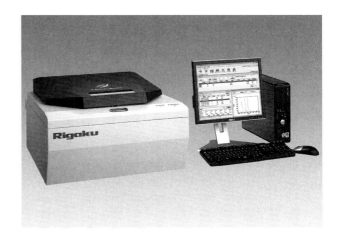

エネルギー分散型蛍光X線分析装置 NEX QC

産業廃棄物の再利用・再資源化のスクリーニング分析や、貴金属・RoHS用途の分析に特化した、コンパクトでコストパフォーマンスの高い装置です。

蛍光X線分析装置

製造元　Thermo Scientific Portable Analytical Instruments, Inc.
販売元　株式会社リガク　携帯分析機器事業部
　　　　〒151-0051 東京都渋谷区千駄ヶ谷4-14-4　Tel：03-3479-3065

Niton携帯型成分分析計 XL2/XL3t シリーズ

概　要

測りたい場所ですぐに結果を知りたいというニーズに応えるため、持ち運べるエネルギー分散型蛍光X線分析装置としてコンセプトをまとめた携帯型成分分析計です。

文化財に含まれる元素の同定、土壌成分の分布状態に関する広いエリアでのモニタリング、海洋鉱物資源やレアアースの研究・探査、コンクリート中の塩素含有量測定などに活用されています。また、最新型の大口径SDDモデルは、従来の装置に比べ各段に処理速度が速くなり、鉄中のSn0.05％も検出できます。最新の解析ソフトウェアでは、Al_2O_3やSiO_2などの酸化物表記、また3層までのメッキ厚測定も可能になりました。さらにヘリウム置換無しでも Mg, Al, Si, P などの軽元素が測定できます。

産業界では、製品入出荷時の異材混入防止、石油プラントや原子力施設などでの使用部材や溶接部の材質検査などのPMI機器として、さらにRoHS・ハロゲン規制・土壌汚染調査・RPFなどのスクリーニング用途として世界中で活躍しています。 特に、金属リサイクル産業においては毎日1000検体以上の選別を行っているという、今までの分析手法では考えられない測定数をこなしているユーザーも多く、装置の耐久性を作業現場で実証していただいております。最近では、金・銀など貴金属の判定のニーズが増えています。

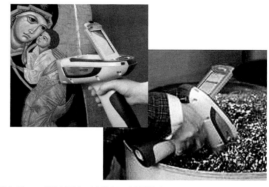

特　長

人間工学に基づいた携帯型のハードウェアに使い易いソフトウェアを搭載して、XL2/XL3tシリーズはデータ収集のスピードアップに大きく貢献します。特別な試料調製の手間も要らず、測定対象に直接分析計を当ててX線を照射できるので、不定形試料でも簡便に測定できます。また、堅牢な防塵・防滴構造で屋外の悪環境でも使用可能であり、標準仕様の内蔵GPS機能により測定場所の位置情報も登録や表示ができます。

測定した場所はクリップで表示されます。
クリップをクリックすると測定結果を表示します。
画像表示例▲

用途・実績例

・文化財関連、鉱山開発、鉱石研究
・金属リサイクル現場での迅速選別・分別
・金属製品入出荷時の品質チェック、各種合金判別、配管材などのPMI
・土壌・岩石・鉱物中の重金属元素の迅速スクリーニング
・有害重金属元素による環境汚染と浄化のモニタリング
・セメント・セラミックス・耐火材・焼却灰・RPFの分析
・ゴム・電線被覆・紙・繊維・塗料の品質管理
・玩具の安全性チェック、ハロゲン規制対応

仕様（最新型大口経SDDモデル）

測定視野：8mmφ（オプション：3mmφ切り替え）
X線発生部：ミニチュアX線管球 最大50kV
検　出　部：高感度SDD型
　　　　　　電子冷却素子により冷媒の外部供給不要
表　示　部：可倒式カラー表示パネル
寸法・質量：95.5(W)×244(D)×230(H)mm、1.65kg
試料観察：CCDカメラ
オプション：拡張アーム、防X線マスク 他

既刊総目次

X線工業分析第1集からX線分析の進歩第45集
（X線工業分析第49集）までの総目次集

◇**X線工業分析1集**（昭和39年発行）
B5判200頁　本体価格1,000円　南江堂

基　礎　編
○X線計測のエレクトロニクス（平本俊幸）

応　用　編
○X線回折法の工業分析化学への応用（貴家恕夫）
○ステンレス鋼のけい光X線分析における共存成分の影響（杉本正勝）
○希土類元素のけい光X線分析（堤　健一）
○軽元素を含む粉末試料のけい光X線分析（内川　浩）
○1コないし2コの比較標準を使用するけい光X線分析と合金薄膜の厚さと組成の同時決定（広川吉之助）
○RIを線源とするX線分析（今村　弘）
○X線マイクロアナライザーによる鉱物の分析（中村忠晴）

けい光X線現場分析の現状
○鉄鋼の管理分析（足立敏夫・中山東一郎）
○鉄鉱石および鉱滓の分析（安田和夫・渡辺俊雄・宿谷　巖）
○非鉄金属製錬分析（冨沢宣成・村上　有・河原美義）

◇**X線工業分析2集**（昭和40年発行）
B5判210頁　本体価格1,000円　南江堂

基　礎　編
○螢光X線分析法－現在の限度と将来発展の傾向（L.S.Birks）
○X線スペクトルによる化学分析（佐川　敬）
○RIを線源とした吸収分析（野崎　正）

応　用　編
○長面間隔を利用する高級脂肪酸のX線回折による分析（後藤みどり・浅田栄一）
○$VO_{2.17}$の粉末法によるX線回折に関する研究（武内次夫・深沢　力・伊藤醇一）
○RI線源を用いたセメント原料のけい光X線分析（今村弘・内田　薫・富永洋）
○コンプトン散乱を利用する炭化水素の元素分析法（長谷川恵之・梶川正雄・岡本伸和・浅田栄一）
○ゼノタイム鉱中のY，U，Th，SnおよびTiのけい光X線分析（堤　健一）
○重油中のイオウのけい光X線分析法（古川満彦・柳ヶ瀬健次郎）
○Soller Slitを用いた光学系のPeak Profile（新井智也）
○ARL式X線カウントメーターの構造およびこれによる分析時間（築山　宏・岡下英男）
○銅系合金の螢光X線分析（石原義博・古賀守考・横倉清治・内田昭二）
○溶液法による鉱山中の銅，亜鉛，鉛の螢光X線分析（西村耕一・河崎　豊）
○U.S.NAval Research 研究所における電子プローブ型マイクコ分析の研究（L.S.Birks）

◇**X線工業分析3集**（昭和41年発行）
B5判150頁　本体価格900円　南江堂
○固相反応におけるX線の利用（桐山良一）
○X線分光分析におけるRI線源の問題点（榎本茂正）
○工程分析の自動管理とけい光X線分析（今村　弘）
○けい光X線によるゼノタイム中のイットリウムの定量（丹阪　渡・安藤貞一・富田与志郎）
○けい光X線分析法による選鉱工程試料中の銅，鉛，亜鉛，鉄の定量（菅原　弘）
○けい光X線による粗スズ，鉛，銅の分析法など（吉村雅夫・斉加実彦・原沢隆三・仲西久喜）
○電子管ガラスのけい光X線分析とその補正法（永見初太郎・田之上司・栗原甲子郎）
○けい光X線分析法による板ガラスおよびその原料の迅速分析（今野重久・永島　眘・阿部文男・浅田栄一）

- ○けい光X線分析装置における電動発電機の効果（森 正道）
- ○X線回折によるTriglycerideの分析－Tristearinの多形現象（後藤みどり・浅田栄一）
- ○立体観察法よる走査電子線像（紀本静雄・橋本 寛・菅沼忠雄）
- ○非分散方式による極軟X線分光（岡野 寛・戸村光一・渡辺一生）
- ○X線マイクロアナライザーの特殊分析技術（白井省吾・山田幸男・最上泰治）

《パネル討論会》
- ○けい光X線工業分析の問題点（司会 浅田栄一）

分析方法における問題点
1) 軽元素の分析
2) 試料の調整法および標準試料について
3) 補正法
4) 装置についての問題点
5) 他の分析法との比較およびJIS化について
6) 将来にむけて

◇**X線工業分析4集**（昭和43年発行）
B5判140頁　本体価格1,350円　産業開発社

特別講演
- ○X線化学分析の思い出（木村健二郎）

特別討論
- ○鉄鋼におけるけい光X線分析法の応用と問題点（足立敏夫）
- ○窯業におけるけい光X線分析法の応用と問題点（浅原典義・須藤儀一・赤岩重雄）
- ○電子励起X線分光分析の現状と将来（白井省吾・田賀井秀夫）
- ○X線分析における半導体検出器（富永 洋・榎本茂正）
- ○EPMA分析の現状と問題点（颯田耕三・織田勇三）
- ○けい光X線の有効波長とその利用法（一柳昭成）
- ○けい光X線分析法による写真用現像ピース銀量の連続自動定量（国峯 登・矢部孝太郎）
- ○溶液・融解法けい光X線分析における最近の進歩（西村耕一・河崎 豊）
- ○けい光X線分析法による有機物中の諸元素の分析（北野幸雄・石橋 済・松本三郎）
- ○標準試料，標準化試料の作成（神森大彦・河島磯志）

講演要旨集
業界・学会だより

◇**X線分析の進歩1**（**X線工業分析5集**）
（昭和45年発行）
A5判上製本260頁　本体価格3,000円
サイエンスプレス

編者のことば（武内次夫）

I　X線分析の進歩
1. X線結晶学の50年（仁田 勇）
2. 選鉱操業におけるオンラインけい光X線分析装置の現状とその問題点（富田堅二・岡田豊明・阿部利彦）
3. セメント原料調合工程における管理分析の自動化と計算制御（内川 浩）
4. デンバーのX線会議（合志陽一）
5. X線計測の点検と保守（苅屋公明）
6. X線マイクロアナライザーによるアルミニウム合金鋳物中のハードスポットの組成決定（井上 真・若泉清明・長野昌三）
7. けい光X線分析における検量線に関するデータの統計的処理法（大野勝美）

II　産業界におけるX線分析の実際的利用
1. 油脂化学におけるX線回折の利用（岡田正和）
2. 石油工業におけるけい光X線の利用状況（田子澄男）
3. X線分析法の石油化学工業への応用（林 正寿）

III　第5回X線工業分析討論会講演要旨
1. LiFの温度効果（鶴岡瑞夫・田之上司）
2. 鋼のRIけい光X線分析（種村孝・吹田 洋）
3. X線回折計による化学分析法の検討―還元鉄鉱中の金属鉄の定量（貴家恕夫）
4. けい光X線分析法によるジルコニウム合金中の微量ハフニウムの定量（大野勝美・俣野宣久）
5. 白金管球を用いた鉄鋼分析における共存元素の補正（足立敏夫・伊藤六仁）
6. けい光X線分析法による鉄鉱石中のT.Feの定量（川村和郎・渡辺俊雄・西坂孝一・小野寺政昭・植村 健）
7. フェロマンガンおよびマンガンスラグのけい光X線分析（水野和己・松村哲夫・小谷直美・五藤 武）
8. けい光X線による長石の分析（山口正美・水野孝一・椎尾 一）
9. 珪砂のけい光X線分析－珪砂の迅速分析に対する問題点とその対策（水野孝一・椎尾 一・宮川 弘）
10. けい光X線による状態分析　スペクトル線幅への化学結合の影響（合志陽一・平尾 修）
11. 2C0度以下低温における示差熱―X線回折同時

測定（後藤みどり・浅田栄一・内田 隆・小野勝男）
12. 透過型回折計を利用するヨウ化銀の粉末回折データの検討（浅田栄一・金森智治）
IV けい光X線分析に関する内外の工業規格（河島磯志）
V 資　料

◇X線分析の進歩2（X線工業分析6集）
（昭和46年発行）
A5判上製本220頁　本体価格2,800円
サンエンスプレス

I　X線分析の進歩
A　X線分析装置
1. 強力回折用X線発生装置（志村義博・吉松 満・水沼 守・上松英明）
2. 軟X線分光と軽元素分析（岡野 寛）
3. 走査電子顕微鏡とX線分析（紀本静雄）
4. X線管球の進歩（築山 宏・岩本 勇）
5. 2結晶X線分光器とけい光X線分析（合志陽一・堀 光平・深尾良郎）

B　X線分析試料調製
1. 鉄鋼業におけるサンプリング（川島曽雄・瀬野英夫）
2. けい光X線分析における試料調製法―鉄鋼を主として（足立敏夫）
3. 高合金鋼のけい光X線分析における補正定量法（望月平一）
4. けい光X線分析における試料調製法―非鉄金属・鉱石―（斉加実彦・横倉清治）

II　産業界におけるX線分析の実験的利用
1. 鉄鋼業におけるけい光X線分析（川島曽雄・瀬野英夫）
2. フェロアロイのX線工業分析（鈴木祝寿・松本三郎・伊東醇一）

III　第6回X線分析討論会講演要旨
1. X線小角散乱低温反射装置の試作（岡田正和・倉田 久）
2. X線励起ルミネッセンスによる希土類元素の分析（進土公厚・松井佳子・砂原広志・石塚紀夫・中嶋邦雄）
3. セメントクリンカーおよび粘土質原料の溶融法処理と電算機補正（須藤儀一・浅原典義・扇田正俊）
4. X線回折による残留オーステナイトの定量分析について（円山弘・阿部文男・中山正雄）
5. けい光X線によるガラスの分析―試料調製とガラス中の微量錫の定量―（水野孝一・椎尾 一・宮川弘司）
6. 第三周期元素のKβスペクトルについて―Kβ'ピークの挙動―（高橋義人・矢部勝昌）
7. $(Bi_{1-x}Sb_x)_2(Te_{1-y}Se_y)_3$系のけい光X線分析（金景勲・片山佐一）
8. 黒鉱浮選におけるオンストリームけい光X線分析（富田堅二・岡原義旦・岡田豊明・阿部利彦・真田徳雄・鷲見新一）
9. X線マイクロアナライザー測定用試料保持体（香川興勝・黒崎和夫）
10. EPMA分析への吸収端利用（竹岡忠郎・織田勇三・颯田耕三）
11. Al Kβ線の化学シフトによるアルミニウム化合物の状態分析（大野勝美）
12. バナジウム・クロム・マンガンの酸化物のK吸収端と酸化状態（浅田栄一・滝口利通・鈴木良子）
13. ドロマイトのけい光X線分析（山口正美・水野浩一・椎尾 一）

◇X線分析の進歩3（X線工業分析7集）
（昭和47年発行）
A5判上製本320頁　本体価格4,000円
サイエンスプレス

編者のことば（武内次夫）
I　状態分析
1. X線スペクトルにおよぼす化学結合の影響（塘賢二郎・富田彰宏・中井俊一・中森広雄）
2. エレクトロンスペクトロスコピー（松本 普）
3. カルシウムアルミネート中におけるアルミニウムの配位数（井関孝善・田賀井秀夫）
4. 第三周期元素のKβスペクトル（II）リン化合物（高橋義人）
5. X線回折による状態分析（岩井津一・森川日出貴）
6. X線回折線の相対強度と状態分析（大高好久）
7. X線回折における測定上の問題点（微量物質の検出）（今田康夫・岡本篤彦・木村希夫）
8. X線回折による定量分析の問題点（貴家恕夫・中村利広）
9. 少量粉末試料の組成分析法について（佐々木稔・鈴木堅市・卯月淑夫）
10. シリコン無反射試料ホルダによる微量試料のX線回折分析（鹿内 聡）
11. 銅L線スペクトルの状態による変化（椎尾 一・山口正美）

II X線マイクロアナライザー分析
1. EPMA と状態分析（中島耕一）

III X線分析の応用
1. けい光X線によるアルミニウムの化成皮膜の測定（一柳昭成）
2. 写真工業における銀分析の現状（黒崎和夫）
3. 電力会社におけるX線分析の現状（渡辺益造・宮川　稔）
4. 食用油中の塩素のけい光X線分析（柳ヶ瀬健次郎・上林治男）
5. けい光X線分析法による水中の微量重金属の定量（垣山仁夫・北島末子）
6. けい光X線分析の超軽元素への拡張（内川　浩・沼田金弘）
7. けい光X線分析における Non-routine analysis（大野勝美）
8. けい光X線分析の補正法に対する補説（永見初太郎・三塚哲正）

IV 装置および試料調整法
1. RIけい光X線分析法の現状（古田富彦）
2. ADP分光結晶の育成・表面処理およびX線反射強度（加藤智恵子・浅田栄一）
3. 液体試料法による管理分析（石島博史・山崎邦夫）
4. 活性炭による微量元素のけい光X線分析—空気中のアルキル鉛の定量について—（水野孝一・椎尾　一）
5. けい光X線分析におけるガラスフラックス融解法（栗原甲子郎・荻野直彦）
6. 岩石中のけい酸塩分析用融解ガラス試料の調整法（服部　仁）
7. フッ素のけい光X線分析（山本昌宏・山崎邦夫・石島博史・林　英男）

V 電子計算機の利用
1. X線回折による状態分析のインターフェイスとしての EDPS の利用（内川　浩・槻山興一）
2. 電算機によるX線回折データの検索（今村　実）

VI 参考資料
けい光X線分析の内標準線の選定（河島磯志）
たより
1. 国内文献集
2. 1970年度のX線分析研究懇談会の講演開催状況

◇X線分析の進歩 4（X線工業分析 8集）
（昭和47年発行）
B5判 280頁　本体価格 1,700円　科学技術社

I 状態分析
1. 無機材料の状態分析（桐山良一）
2. X線による動径分布の測定（岩井津一・森川日出貴）
3. けい光X線のケミカルシフトによるガラス構造の研究（作花済夫）
4. X線マイクロアナライザーによる化学シフトとその応用（丸野重雄）

II X線マイクロアナリシス
1. 回折格子を利用した EPMA（中島　悠・伊達　玄・大森良久・白岩俊男・藤野充克）

III X線分析の応用
1. 窯業材料のけい光X線分析（椎尾　一）
2. けい光X線による微量成分元素の定量（深沢　力）

IV 研究報告
1. けい光X線分析法による土壌中のヒ素，スズ，ニッケル，マンガンおよび銅の分析（斉加実彦・横倉清治・織田守彦・高山秀治・関口待子）
2. 鉄鋼のけい光X線分析について（小谷直美・松村哲夫・五藤　武）
3. ガラスビード法によるけい光X線分析（松村哲夫・小谷直美・五藤　武）
4. X線回折角補正値の図表化ならびに格子定数法の白金—ロジウム合金の分析への応用とけい光X線法との比較（深沢　力・岩附正明・大田清久）
5. けい光X線分析装置における PHA 条件の自動設定装置（石島博史・奥貫昌彦）
6. X線マイクロアナライザーによる非晶質遊離炭素の局所分析（佐藤公隆・船木秀一）

V 環境管理のためのX線分析—特集—
1. X線による大気じんの分析（氷見康二・松村富美雄）
2. X線分析の環境汚染への応用（橋詰源蔵・元山宗之）
3. X線分析の労働衛生への応用（林　久人）

VI 参考資料
1. X線分析の夢—10年たったら，20年たったら—X線分析研究懇談会幹事長（深沢・浅田）

VII X線分析のあゆみ
1. X線分析関係—国内文献集—
2. 1971年度X線分析研究懇談会講演会開催状況
3. 「X線分析の進歩」投稿手引き
4. 第8回X線分析討論会開催時のアンケート集計結果

VIII X線分析関連機器資料編

◇X線分析の進歩 5（X線工業分析 9 集）
(昭和 48 年発行)
B5 判 220 頁　本体価格 2,000 円　科学技術社

I　状態分析
1. X線スペクトルによる状態分析の最近の発展（塘賢二郎）
2. 鋼中の非金属介在物および析出物の観察，同定および抽出分離定量法（成田貴一）
3. ESCAの構造化学への応用（丹羽吉夫）
4. NMRによるガラス中のホウ素の状態分析（大熊英夫）
5. 軟X線スペクトルによる状態分析（元山宗之・橋詰源蔵）
6. 国際結晶学会での話題（大崎健次）

II　格子定数の精密測定
1. コッセル法による格子歪の測定（行本善則・平尾 正・杉岡八十一）

III　X線分析
1. 粉末試料の調整と誤差の取扱い（大野勝美）
2. 高分子薄膜法による粉体試料のけい光X線分析（松本三郎）
3. 溶液標準試料（松井文夫）

IV　装置
1. コンピューターコントロールX線マイクロアナライザー（大井英三・佐藤正幸）
2. 低温灰化装置のX線分析への利用（鹿内 聡）

V　研究報告
1. アルミニウム合金のけい光X線分析（塚本 昭・清水郁造・大畠正彦）
2. 銅合金およびアルミニウム合金のけい光X線分析方法（一柳昭成）
3. けい光X線分析による水中の微量元素の定量法（森山暢孝・木股久美子・安藤 暹）
4. 水中の微量重金属のけい光X線分析による定量（垣山仁夫・栢岡末子）
5. 共沈分離による微量成分のけい光X線分析法（広川吉之助・壇崎祐悦）
6. 溶液法によるケイ酸塩のけい光X線分析法（小田 功・生川 章）
7. けい光X線分析における内標準法（村田充弘）
8. ミニコンピューターによるけい光X線分析とX線結晶定量分析のデータ処理の自動化（小田 功・生川 章・中村秀雄）

IV　（特集）標準試料
まえがき（編集委員会）

1. けい光X線分析用市販標準試料（河島磯志）
2. X線回折分析用標準試料（貴家恕夫・中村利広）
3. 粉末試料の保存と分析管理（瀬野英夫）

V　X線分析のあゆみ（編集委員会）
1. X線分析関係国内文献集
2. 1972年度X線分析研究懇談会講演会開催状況
3. 「X線分析の進歩」投稿手引き
4. X線工業分析第1集から8集までの総目次集

VI　X線分析研究懇談会からのお知らせ
（X線分析研究懇談会幹事名簿）

VII　X線分析関連機器資料編

◇X線分析の進歩 6（X線工業分析 10 集）
(昭和 49 年発行)
B5 判 230 頁　本体価格 2,500 円　科学技術社

I　データ処理
1. 波形情報の数値処理……スムージングと分解能向上（南 茂夫）

II　X線回折分析
1. 粘土鉱物のX線回折法による同定（長沢敬之助）
2. 合金における超構造（平林 真）
3. X線回折計による定量分析のための標準物質とその取扱い（貴家恕夫）
4. （研究報告）ASTMファイルを利用した中形コンピューターによる粉末X線回折データ検索（大高好久）

III　X線マイクロアナリシス
1. （研究報告）X線マイクロアナライザーによるケイ酸塩の定量分析（奥村公男・曽屋龍典・河内洋佑）
2. X線マイクロアナライザーによる金属材料の定量分析（颯田耕三・磯谷彰男）

IV　けい光X線分析
1. （研究報告）ガラスビード試料調整装置によるセメントクリンカーおよび粘土のけい光X線分析（須藤儀一・浅原典義・中山利夫・橘田一臣）
2. けい光X線分析による鉛精錬工程分析の現状（松井敬二・北村 昇）
3. （研究報告）濾紙法による非鉄金属の定量けい光X線分析（花岡紘一・川又 尚・村田武司）

V　X線励起ルミネッセンス
1. ガドリニウムのX線励起ルミネッセンス（進士公厚・鈴木憲司）

VI　新開発された装置
1. けい光X線分析の自動化（石島博史）
2. 新形自動けい光X線分析装置 AFV-777（鶴岡瑞

3. 最近の RI を利用した分析（山野豊次・益川 登・岡井富雄・言水修治）
4. ポータブルアナライザーによる銅合金の分析—快削黄銅分析とその補正定量法（青田利裕）
5. SSD を用いた X 線分析（平田治義）
6. 超高真空 ESCA の測定例（松本 普）

Ⅶ 環境管理分析
1. 環境管理分析における X 線の利用（橋詰源蔵・元山宗之・田中英樹）
2. （研究報告）イオン交換樹脂を利用するけい光 X 線分析（村田充弘・野口 誠）

◇X線分析の進歩 7（X 線工業分析 11 集）
（昭和 50 年発行）
B5 判 200 頁　本体価格 2,500 円　科学技術社

Ⅰ キャラクタリゼーション
1. 第 26 回国際純正応用化学連合会議（IUPAC）の主題…特に分析化学関係主題について…（武内次夫）
2. Characterization of Material の考え方（山口悟郎）

Ⅱ 状態分析
3. 軟 X 線領域における固体の光電収率分光法（井口裕夫）

Ⅲ X 線回折
4. 金属・化合物の結晶構造におよぼす圧力効果（岩崎 博）
5. （研究報告）微量試料の X 線回折分析（貴家恕夫・竹添雅男・中村利廣）
6. （研究報告）X 線回折によるピッチ類の積層構造の研究（白石 稔）
7. （研究報告）ギニエ法（マルチポジション集中法カメラ）による薄膜の測定（小林勇二・吉松 満）

Ⅳ 表面分析
8. X 線光電子スペクトル法による金属表面分析（工藤正博・西嶋昭生・二瓶好正・鎌田 仁）
9. 荷電粒子による X 線を使用した微量分析（鍛冶東海）
10. （研究報告）電子線マイクロアナライザーによる表面分析の深さ（副島啓義）
11. （研究報告）電子線励起による X 線を用いた表面局所の状態分析（副島啓義）

Ⅴ けい光 X 線分析
12. けい光 X 線による微量分析（広川吉之助・高田九二雄・檀崎祐悦）
13. （研究報告）けい光 X 線分析法によるセメント原料および製品中の微量成分の定量（内川 浩・沼田全弘）
14. （研究報告）Al_2O_3-SiO_2 系のけい光 X 線分析—いわゆる鉱物効果について—（水野孝一・椎尾 一）
15. （研究報告）けい光 X 線分析の測定精度，安定性およびマトリックス効果の補正係数に対する管球への最適印加電圧の研究（佐藤光義・皆藤 孝・河辺一保・榊原一郎・井上雅夫・高野安正）
16. （研究報告）重元素希釈法による簡易定量（河辺一保・伊藤 昭・井上雅夫・榊原一郎・石島博史・高野安正）

Ⅵ X 線吸収法
17. （研究報告）SSD 2 軸回折計による X 線吸収スペクトルの測定法（細谷資明・深町共栄・奥貫昌彦・浦上沢之）

Ⅶ オンライン分析
18. セメント原料調合工程計算機制御におけるオンライン連続自動けい光 X 線分析システム（内川 浩・仰木 髷）

Ⅷ 装置
19. 最近のマイクロ分析装置（柴田 淳・早川和延）
20. （研究報告）波長分解能に対する反射強度の比に基づく分光結晶選択基準（榊原一郎・安東和人・佐藤光儀・皆藤 孝・石島博史・高野安正）
21. （研究報告）X 線分析用 InSb 分光結晶（村田守義・鶴岡瑞夫・田之上司）
22. （研究報告）ガスフロー比例計数管の計数効率に及ぼすガス密度変動の影響（皆藤 孝・井上雅夫・河辺一保・佐藤光儀・石島博史・高野安正）

（参考資料）
公害分析における問題点—原子吸光，イオン電極法を中心として（金子幹宏）

Ⅸ 1974 年の X 線分析のあゆみ—編集委員会
1. X 線分析関係国内文献集
2. X 線分析関係国内講演会開催状況
3. X 線分析研究懇談会講演会開催状況
4. （社）日本分析化学会 X 線分析研究懇談会幹事名簿
5. 「X 線分析の進歩」投稿の手引き

Ⅹ X 線分析関連機器資料

◇X線分析の進歩 8（X 線工業分析 12 集）
（昭和 51 年発行）
B5 判 240 頁　本体価格 2,500 円　科学技術社

I キャラクタリゼーション
1. 物質のキャラクタリゼーション（鎌田 仁）
II 状態分析
2. スラグの状態分析（岩本信也）
3. 酸素のKαスペクトルのサテライト（前田邦子・宇田応之）
4. （研究報告）ペロブスカイト型チタン複合酸化物のシェイクアップサテライト（村田充弘・池田重良）
5. 鉄族第一遷移金属元素の$K\alpha_{1,2}$X線スペクトルの微細構造（柏倉二郎・鈴木功・合志陽一）
III X線回折
6. （研究報告）テクスチャーパターンテクニックの粉末X線回折法への応用（佐佐嘉彦・宇田応之）
IV 表面分析
7. 電子分光法による固体表面の解析（中島 剛）
8. 固体表面のX線光電子分光分析（浅見勝彦）
9. 鉄表面皮膜の構造（宇田応之・小林雅義・前田邦子）
V X線マイクロアナリシス
10. X線マイクロアナライザーの自動化と珪酸塩の定量分析（奥村公男・曽屋龍典）
11. 自動X線マイクロアナライザーによる線分析法および面分析法（奥村公男・曽屋龍典）
VI けい光X線分析
12. （研究報告）けい光X線分析法による排水中の微量重金属元素の定量（貴家恕夫・阿部彰宏・中村利廣・浅田栄一・青田利裕）
13. （研究報告）けい光X線分析による微量マグネシウム，アルミニウムの定量（花岡紘一）
14. けい光X線分析における補正法の最近の展望（大野勝美）
15. （研究報告）ピーク強度とバックグラウンド強度の比をとるけい光X線分析補正法（村田充弘・野口 誠・室門健一）
16. けい光X線分析における一次X線フィルター法（岡下英男）
VII オンライン分析
17. けい光X線分析装置を主分析機器とした鉄鋼分析の自動化（水谷清澄）
VIII その他
18. イオン衝撃によるX線分析（寺沢倫孝）
19. 電子線励起発光分光法による希土類元素の分析（進土公厚・鈴木憲司・柴田正三・後藤一男）
IX 装置
20. （研究報告）最近のオンライン分析装置（新井智也・鈴木真夫）
21. 新しいX線分析機器—X線光学系—（萱島敬一）
22. （研究報告）新しいX線分析機器—データ処理—（佐藤光義）
X 1975年X線分析のあゆみ—編集委員長
1. X線分析関係文献集
2. X線分析関係国内講演会開催状況
3. X線分析研究懇談会講演会開催状況
4. X線分析研究懇談会運営内規
5. 「X線分析の進歩」投稿手引き
6. X線分析研究懇談会幹事名簿
7. "標準粉末X線回折データ欄"の開設のお知らせおよび"標準粉末X線回折図形集"の編集に対するお願い
XI X線分析関係機器資料

◇X線分析の進歩9（X線工業分析13集）
（昭和52年発行）
B5判160頁　本体価格2,000円　科学技術社

I キャラクタリゼーション
1. 物質のキャラクタリゼーション（高木茂栄）
II 光電子分光法
2. 鉄基合金の初期酸化皮膜の構造（宇田応之・小林雅義・前田邦子）
III エネルギー分散X線回折・精密格子定数測定
3. エネルギー分散X線回折法とその応用（高間俊彦・左藤進一）
4. 格子定数の絶対測定（中山 貫）
5. 全自動格子定数精密測定装置（堀俊彦・荒木宏有・井上弘直・小川朋成）
IV X線マイクロアナリシス
6. X線マイクロアナライザーによる状態分析（田中康言）
V X線回折法
7. X線回折法に現われたナイロン12の繊維周期の異常性（石川敏彦・永井 進）
8. X線回折計による定量分析のための標準物質とその取扱い（第2報）（貴家恕夫）
VI けい光X線分析法
9. けい光X線分析法による鉄鉱石類分析法（渡辺俊雄）
10. けい光X線による大気浮遊粒子状物質中の重金属元素の定量（貴家恕夫・戸田浩之・中村利廣）
VII 試料調整法
11. 高周波溶融による鉄鋼および粉体の機器分析用

試料調整法（近藤隆明）

講座

12. けい光X線分析の試料調整法と検量線作成試料（河島磯志）

V 標準粉末X線回折図形

VI 1976年のX線分析のあゆみ―編集委員会

1. X線分析関係文献集
2. X線分析関係国内講演会開催状況
3. X線分析研究懇談会講演会開催状況
4. X線分析研究懇談会運営内規
5. 「X線分析の進歩」投稿手引き
6. （社）日本分析化学会X線分析研究懇談会幹事名簿
7. "標準粉末X線回折図形集"編集にご協力のお願い

VII 英文抄録

VIII X線分析関係機器資料

◇X線分析の進歩 10（X線工業分析 14 集）

（昭和 54 年発行）

B5 判 210 頁　本体価格 2,800 円　科学技術社

I 光電子分光法

1. イオン励起X線分光法の状態分析への応用（宇田応之・前田邦子・遠藤　寛）

II X線マイクロアナリシス

2. （研究報告）X線マイクロアナライザーによる多層薄膜の層配列の決定方法（芝原寛泰・虫本修二・村田充弘）

III 精密格子定数測定

3. 多結晶体の有効デバイパラメーター（稲垣道夫・中重　治）
4. X線分析における電算機の利用（X線データー検索と結晶解析）（松崎尹雄）

IV けい光X線分析法

5. （研究報告）高濃度領域添加法による金属試料のけい光X線分析（吉田　徹・吉川次男・浅田栄一）
6. （研究報告）けい光X線分析法による高融点チタン化合物中の含有不純物分析（金子啓二・作間栄一郎・熊代幸伸）
7. （研究報告）須恵器のけい光X線分析（三辻利一・圓尾好宏）
8. 大気浮遊塵のけい光X線分析の現状と問題点（放射化分析の併用を含めて）（真室哲雄）
9. （研究報告）写真感材のけい光X線分析時の損傷（黒崎和夫）
10. （研究報告）水中微量ハロゲンのけい光X線分析のためのハロゲン化銀沈殿濃縮法（安野モモ子）
11. けい光X線分析の標準試料の現状と問題点（渡辺俊雄）

V 新製品紹介

12. 電卓用マトリックス効果の補正プログラム（西畑　剛・太田　昌）

VI 論評

13. X線分析におけるSSDの役割（大野勝美）

VII 技術用語

14. X線分光分析における命名法，記号，単位およびその用法（国際純正応用化学連合）（訳：合志陽一・浅田栄一）

VIII 標準粉末X線回折図形

IX 1977年のX線分析のあゆみ―編集委員長

1. "X-ray Spectrometry（XRS）"誌 1978 年 7 巻 2 号に紹介された"X線分析の進歩"誌およびXRS6号の紹介
   (a) 論説
   (b) "X線分析の進歩"誌の紹介
   (c) XRS6号の紹介とその翻訳文
2. X線分析関係文献集
3. X線分析関係国内講演会開催状況
4. X線分析研究懇談会講演会開催状況
5. X線分析研究懇談会運営内規
6. 「X線分析の進歩」投稿手引き
7. （社）日本分析化学会X線分析研究懇談会幹事名簿
8. "標準粉末X線回折図形集"編集にご協力のお願い

X X線分析関係機器資料

◇X線分析の進歩 11（X線工業分析 15 集）

（昭和 54 年発行）

B5 判 270 頁　本体価格 3,800 円　科学技術社

I 状態分析

1. （研究報告）硫黄のX線スペクトルに対する化学結合の影響（安田誠二・垣山仁夫）
2. （研究報告）コンピューター制御 EPMA による状態分析（大塚芳郎・西田憲正・奥寺　智・藤木良規）

II 結晶構造解析とX線分析

3. X線分析の 2, 3 の話題（床次正安）

III X線による環境分析

4. けい光X線分析法の粉じん分析への応用（大野勝美）

5. X線回折の粉じん分析への応用（貴家恕夫）
6. X線分析の環境試料への応用（岡下英男・岩下勇・築山 宏・小西淑人）
7. 粉じん中の石英の定量（円山 弘・中山正雄・雨宮将美・木村二郎・伊藤岩美）
8. （研究報告）けい光X線分析法の水質監視への応用（Ⅰ）水質試料の前処理法の開発（田之上 司・奈良英幸・山口征治）
9. （研究報告）けい光X線分析法の水質監視への応用（Ⅱ）沈澱試料自動調整装置の開発（田之上 司・奈良英幸・山口征治）

Ⅳ　X線による生物化学分析
10. X線分析の生物化学への応用（水平敏知）
11. （研究報告）けい光X線分析法による生体軟部組織の多元素分析（太田顕成・松林 隆）

Ⅴ　X線による鉄鋼分析
12. 最近の鉄鋼業におけるX線分析（安部忠廣）
13. （研究報告）ブリケット法によるステンレス鋼のけい光X線分析（応和 尚）
14. （研究報告）X線域0.4～7nmにおけるけい光X線分析：そのスラグ中のフッ素の定量への適用（佐藤公隆・田中 勇・大槻 孝）

Ⅵ　X線回折分析
15. X線回折分析に用いる標準結晶粉末の調整方法の検討（粉末X線回折分析における試料調整方法に関する研究）第1報（中村利廣・貴家恕夫）

Ⅶ　けい光X線分析
16. （研究報告）濾紙法けい光X線による高分子中の高濃度臭素の定量（中井元康・西下孝夫）
17. （研究報告）炭化バナジウム中の含有不純物のけい光X線分析法（金子啓二・熊代幸伸・作間栄一郎）

Ⅷ　装置
18. （評論）X線分析のコンピュータリゼーション（田代牧彦）
19. （研究報告）X線管球スペクトル分布の推定とその定量分析への応用（芝原寛泰・虫本修二・村田充弘）
20. （研究報告）エネルギー分散型X線分析法の定性分析への適用性とその評価（田中 勇・浜田広樹・佐藤公隆）

Ⅸ　標準粉末X線回折図形

Ⅹ　1978年のX線分析のあゆみ
1. 武内次夫委員長を悼む
2. X線分析関係文献集
3. X線分析関係国内講演会開催状況
4. X線分析研究懇談会講演会開催状況
5. X線分析研究懇談会運営内規
6. 「X線分析の進歩」投稿手引き
7. （社）日本分析化学会X線分析研究懇談会幹事名簿
8. "標準粉末X線回折図形集"編集にご協力のお願い

ⅩⅠ　X線分析関係機器資料

◇X線分析の進歩 12（X線工業分析 16集）
（昭和56年発行）
B5判190頁　本体価格3,000円　科学技術社

Ⅰ　状態分析
1. 塩素, イオウおよびリン化合物の$L_{2,3}$放射スペクトルと状態分析（谷口一雄）

Ⅱ　結晶構造解析とX線分析
2. PbSの有効デバイーウォーラーパラメーターの決定（稲垣道夫・佐々木欣夫・成松信三・逆井基次）
3. SSD・X線回折計とその応用（深町共栄・中野裕司・高 文明）
4. Advances in Computerized X-ray Diffractometry and X-ray Analysis（IBM Research Lab.）William Parrish

Ⅲ　X線による環境分析
5. 沈殿分離によるけい光X線分析（広川吉之助）
6. ジベンジルジチオカルバミン酸ナトリウムを用いた水中重金属元素のけい光X線による定量（渡辺 勇・小瀬 豊）
7. 電着法による水中微量金属の濃縮法（安藤 遥・新井智也）

Ⅳ　X線による生物化学分析
8. エネルギー分散型けい光X線分析法によるヒト骨の元素分析（太田顕成・松林 隆・糸満盛憲）
9. 内標準添加による植物, 岩石試料の新しい迅速エネルギー分散型けい光X線分析法（松本和子・不破敬一郎）
10. けい光X線分析法による水生植物ウキクサの亜鉛の吸収速度測定（佐竹研一）

Ⅴ　X線における工業分析
11. ガラスビード法による銅合金のけい光X線分析法（水野孝一・蟹江照行・桜井定人・酒井光生）
12. （研究報告）けい光X線分析法による高融点ニオブ化合物中の含有不純物の定量（金子啓二・熊代幸伸・作間栄一郎）

Ⅵ　その他
13. 2MVバンデグラフを用いたプロトン励起X線測

定法による微量元素分析（雨宮　進・野村茂彰・加藤敏郎）

VII 標準粉末 X 線回折図形

VIII 1979 年の X 線分析のあゆみ
1. X 線分析関係文献集
2. X 線分析関係国内講演会開催状況
3. X 線分析研究懇談会開催状況
4. X 線分析研究懇談会運営内規
5. 「X 線分析の進歩」投稿手引き
6. （社）日本分析化学会 X 線分析研究懇談会幹事名簿
7. "標準粉末 X 線回折図形集" 編集にご協力のお願い

IX X 線分析関係機器資料

◇ X 線分析の進歩 13（X 線工業分析 17 集）
(昭和 56 年発行)
B5 判 250 頁　本体価格 4,200 円　科学技術社

I 状態分析
1. けい光 X 線スペクトル法によるカリウムの状態分析（住田成和・前川　尚・横川敏雄）
2. けい光 X 線ケミカルシフトによるフェライトの状態分析（金沢純悦・前川　尚・横川敏雄）

II X 線回折法
3. 炭素材料の X 線分析（稲垣道夫）
4. パーソナルマイクロコンピューターによる粉末 X 線回折データ検索（小坂雅夫）
5. （研究報告）ミニコンピューターによる粉末 X 線回折データの検索（石場　努・藤井秀司）
6. （研究報告）X 線回折データの自動検索（小崎　茂）
7. ケミカルインフォーメーションシステムと X 線分析（松崎尹雄）
8. （研究報告）ラウンドロビンテストからみた各種検索方法（松崎尹雄・田中　保）

III X 線による生物化学分析
9. エネルギー分散型けい光 X 線分析による担肝癌ラットにおける 5-ブロモ-2′-デオキシウリジンの腫瘍組織および体内分布の測定（太田顕成・松林　隆）

IV X 線による考古学的研究
10. 須恵器のけい光 X 線分析（第 1 報）―西日本産出須恵器の化学特性―（三辻利一・圓尾好宏・西岡淑江）
11. 須恵器のけい光 X 線分析（第 2 報）―中部地方産出須恵器の化学特性―（三辻利一・児島玉貴）

V X 線による膜厚測定
12. （研究報告）(PbLα)(ZrTi)O_3 薄膜のけい光 X 線分析法による組成と膜厚の同時分析（芝原寛泰・萱原史也・虫本修二・村田充弘）

VI 鉄鋼の X 線分析
13. （研究報告）線材試料のけい光 X 線分析（小岩直美・畑中勝美）
14. （研究報告）ガラスビード法による鉄鉱石のけい光 X 線分析（藤野充克・松本義朗）
15. （研究報告）酸化鉄中の塩素のけい光 X 線分析方法―真空中における酸化鉄への塩素の吸着―（田村　隆・辰巳俊一・横田　純）

VII けい光 X 線分析
16. RI けい光 X 線分析の進歩と現状（榎本茂正）
17. （研究報告）けい光 X 線分析法による高融点タンタル化合物中の含有不純物の定量（金子啓二・熊代幸伸・中野喜久男）
18. （研究報告）銅製錬におけるけい光 X 線分析（片岡由行・河野久征・丸山恒夫・岡田収一郎）
19. （研究報告）ガラスビード法による火力発電所ボイラスケールのけい光 X 線分析（吉田　徹・古川次男・鈴木克彦・渋谷勝昭）
20. （研究報告）エネルギー分散型けい光 X 線分析法によるゼラチン中の多元素分析（奥田　潤・押田壮一・大原荘司）
21. エネルギー分散型けい光 X 線分析による潤滑油中の金属の定量（大道武儀・山田　修・黒崎和夫・佐藤光義・石島博史）

VIII 標準粉末 X 線回折図形

IX 1980 年 X 線分析のあゆみ
1. 貴家怒夫幹事を悼む
2. X 線分析関係文献集
3. X 線分析関係国内講演会開催状況
4. X 線分析研究懇談会講演会開催状況
5. X 線分析研究懇談会運営内規
6. 「X 線分析の進歩」投稿手引き
7. （社）日本分析化学会 X 線分析研究懇談会幹事名簿
8. "標準粉末 X 線回折図形集" 編集にご協力のお願い

X X 線分析関係機器資料

◇ X 線分析の進歩 14（X 線工業分析 18 集）
(昭和 58 年発行)
B5 判 226 頁　本体価格 4,500 円
アグネ技術センター

I X 線回折　基礎と応用

1. X線回折の鉄鋼における応用（北川 孟）
2. パーソナル・マイクロコンピューターによる粉末X線回折データ検索 その2（小坂雅夫）
3. CISによるX線データ検索端末の作成（山門多賀・松崎尹雄）
4. X線回折自動検索システム—装置と手順—（小崎 茂・吉沢和幸）
5. 粉末X線回折図形のRietveld解析とシミュレーション（泉 富士夫）

II けい光X線分析　基礎と応用
6. エネルギー分散EPMAによるチタン合金の分析（高橋輝男・元山宗之・橋詰源蔵）
7. X線マイクロアナライザーへのマイクロコンピューターの応用（刈谷哲也）
8. $Cu-NH_4VO_3$系の蛍光X線分析（刈谷哲也・松岡清）
9. シリコーン中微量Clの蛍光X線法による定量—代用標準XRF法の検討—（竹村モモ子・平尾 修・国谷譲治）
10. 液体ナトリウム中に浸せきしたV-Mo合金の表面の蛍光X線分析（藤原純・大野勝美・鈴木 正）
11. 点滴濾紙けい光X線分析法による酸化ジルコニウム中のハフニウムの定量（村田充弘・尾松真之）
12. エネルギー分散型けい光X線分析法による含硫アミノ酸および蛋白質の定量（太田顕成）

III 状態分析
13. 単結晶SiのEXAFS解析（前山 智・籔本周邦）
14. DV-Xα法分子軌道計算による軟X線スペクトルの解析（谷口一雄・足立裕彦）

IV 標準粉末X線回折図形
1. 標準粉末X線回折図形集 No.7
2. 既掲載X線回折図形索引 No.1 (Vol.8)〜No.7 (Vol.14)（物質名と化学式による）

V 1981年X線分析のあゆみ
1. X線分析関係文献集
2. X線関係著書紹介（1970年以降）
3. X線分析関係国内講演会開催状況
4. X線分析研究懇談会講演会開催状況
5. X線分析研究懇談会規約
6. 「X線分析の進歩」投稿手引き
7. (社)日本分析化学会X線分析研究懇談会幹事名簿
8. "標準粉末X線回折図形集"編集にご協力のお願い

VI 既刊総目次
VII X線分析関係機器資料

◇ X線分析の進歩 15（X線工業分析 19集）
（昭和59年発行）
B5判 307頁　本体価格 4,500円
アグネ技術センター

I 特集：エネルギー分散方式の進歩
1. 半導体放射線検出器の現状（阪井英次）
2. エネルギー分散型X線分析システム（松森伸夫）
3. 二次ターゲット励起法によるED蛍光X線分析（大原荘司・言水修治）

II X線分析の応用
II—1. 工業分析の応用
4. 蛍光X線による金属箔の厚さ測定と定量分析（降屋幹男・大河津正司）
II—2. 環境分析への応用
5. 河川水中の懸濁物の蛍光X線分析（刈谷哲也）
6. 大気浮遊塵試料への蛍光X線分析の利用（土器屋由起子・広瀬勝己）
II—3. 考古学への応用
7. 須恵器の蛍光X線分析（第3報）関東地方産出須恵器の化学特性（三辻利一・森田松治郎・山本成顕）
II—4. 生化学，臨床化学への応用
8. キレート濾紙濃縮—内標準添加法による尿中微量元素のエネルギー分散型（劉 平・松本和子）
9. エネルギー分散型X線分析法によるヒト肝臓病理組織のイオウ，カルシウム，鉄，銅，および亜鉛の定量（大田顕成・松林 隆・大部 誠・相田尚文）
II—5. セラミックスへの応用
10. けい光X線分析による高融点ジルコニウム化合物中の含有不純物の分析（I）（金子啓二・熊代幸伸）

III X線回折・基礎と応用
11. わん曲形PSPCを用いた微小領域X線回折システムとその応用（三浦 仁）
12. X線回折分析における結晶粒子数の効果（築山 宏）
13. Rietveld解析システムXPDの改訂（泉 富士夫）

IV 状態分析
14. 非晶質シリコンのEXAFS測定（籔本周邦・前山 智）
15. 励起法による蛍光X線スペクトルのプロファイル変化（河合 潤・合志陽一）
16. 蛍光X線スペクトルの分子軌道計算—SKβ（福島 整・飯田厚夫・合志陽一）

V X線マイクロアナリシス
17. 半自動化X線マイクロアナライザーによる鉱物

の定量分析（刈谷哲也・吉倉紳一）
VI 装置
18. メッキ液自動分析装置の開発（佐藤正雄・羽東良夫・小川誠慈）
19. 表面処理鋼板のX線分析計（藤野允克・松本義朗）
20. 芯線巻取り式ガスフロープロポーショナルカウンタ（岡下英男・上田義人・越智寛友）
VII 資料
21. X線分光法による水分析のための予備濃縮（全訳）R.Van GRIEKEN（吉永敦・合志陽一）
22. 金属材料の微量元素の市販標準試料（河島磯志）
VIII 標準粉末X線回折図形
1. 標準粉末X線回折図形集 No.8
IX 1982年X線分析のあゆみ
1. X線分析関係文献集
2. X線分析関係国内講演会開催状況
3. X線分析研究懇談会講演会開催状況
4. X線分析研究懇談会規約
5. 「X線分析の進歩」投稿手引き
6. （社）日本分析化学会X線分析研究懇談会 1984年度幹事名簿
7. "粉末X線回折図形集"編集にご協力のお願い
X X線分析関係機器資料

◇X線分析の進歩 16（X線工業分析 20集）
（昭和60年発行）
B5判 271頁　本体価格 4,500円
アグネ技術センター

I 生体および環境試料と前処理
1. 微量金属と病態（只野壽太郎）
2. 環境試料への蛍光X線分析の応用（田中英樹・橋詰源蔵）
3. 化学結合型シリカゲルによる環境水中の微量金属の前濃縮と蛍光X線分析（加藤正直・佐藤孝志・宇井俤二・浅田栄一）
4. 炭酸ナトリウム及び硝酸銀含浸フィルターを用いた大気中の二酸化硫黄，硫化水素の分別捕集と蛍光X線分析による定量（田中茂）
5. キレート試薬を含むPVC膜を用いた濃縮法による銅イオンの蛍光X線分析（山田武・山田悦・西山浩一・加藤純治・佐藤昌憲）
6. 蛍光X線分析法の生物試料への応用―毛髪の元素分析（串田一樹・越野浩行・長谷川征史・松林哲夫・松岡努・姉崎恭子・太幡利一）
7. ジベンジルジチオカルバミン酸ナトリウム（DBDTC）を用いた水中及び大気粉じん中のバナジウムの蛍光X線分析（渡辺勇・小瀬豊・柴田則夫）
8. 敦賀半島ビーチサンドの分析化学的研究（三辻利一・圓尾好宏・山本成顕・高林俊麿）
9. 埴輪の蛍光X線分析（第1報）大阪府下の窯跡出土埴輪の化学特性（三辻利一・山本成顕・中橋賢人・大船孝弘・西口陽一）
II マイクロアナリシス
10. 画像解析機能を持った自動EPMA（奥村公男・牧本博・須藤茂・大井英之・新宮輝男・伊津野郡平）
11. X線マイクロアナライザーへのマイクロコンピューターの応用（II）（刈谷哲也・吉倉紳一）
12. 薄膜標準試料を用いたX線マイクロアナリシスの精度の検討（高橋靖男・相原克紀・和田康雄・岩岡正視）
13. EELS（電子エネルギー損失分光法）による鋼中微細析出物の分析（山本厚之・綿引純雄・清水真人・小西元幸）
14. EPMAによる薄膜厚の測定（小坂雅夫）
III X線光学およびX線分光
15. 特性X線波長及び吸収端波長の近似式表現（小沼弘義・富山次雄）
16. EXAFS：測定系と解析法（深町共栄・川村隆明）
17. EXAFS測定装置（前山智）
18. AlKαプロファイルによるAlの配位数分析―非線型最小二乗法によるピーク分離―（白友兆・福島整・飯田厚夫・合志陽一）
19. X線光学とトモグラフィ（青木貞雄）
20. X線顕微鏡の最近の進歩（青木貞雄）
IV X線回折
21. X線粉末プロファイル解析法による多成分系鉱物の定量（立山博・陣内和彦・石橋修・木村邦夫・恒松絹江・諫山幸男）
V X線粉末回折図形
1. X線粉末回折図形集 No.9
VI 1983年X線分析のあゆみ
1. X線分析関係文献集
2. X線分析関係国内講演会開催状況
3. X線分析研究懇談会講演会開催状況
4. X線分析研究懇談会規約
5. 「X線分析の進歩」投稿手引き
6. （社）日本分析化学会X線分析研究懇談会 1985年度幹事名簿
7. "粉末X線回折図形集"編集にご協力のお願い
VII X線分析関係機器資料

◇X線分析の進歩 17（X線工業分析 21集）
（昭和61年発行）
B5判 311頁　本体価格 4,500円
アグネ技術センター

I 状態分析
1. Kα線への配位数の影響の解析（福島 整・白 友兆・飯田厚夫・合志陽一）
2. ガラス，スラグの蛍光X線による状態分析の適用とその問題点（前川 尚）
3. 置換ベンゼンスルホン酸塩のSKαおよびKβスペクトルに及ぼす置換基効果（高橋義人・斉 文啓・榎本三男・野嶋 晋・河合 潤・合志陽一）
4. 実験室規模のEXAFS測定装置によるCo化合物の局所構造解析（岡本篤彦・福嶋喜章）
5. ZrMζ線励起による超軟X線光電子分光法（谷口一雄・野村恵章）
6. XPSによるチタン酸化物の状態分析（矢部勝昌）

II 薄膜の分析
7. 鉛合金熱酸化膜のXPS分析（鈴木峰晴・林 孝好・尾嶋正治）
8. X線光電子分光法による金属上潤滑剤極薄膜の測定（青木 啓・水野利昭）
9. 蛍光X線法によるスパッタ膜中アルゴンの定量（竹村モモ子・砂井正之）

III 定量分析
10. 点滴濾紙蛍光X線分析法のための濃縮装置について（尾松真之・虫本修二・村田充弘）
11. シンクロトロン放射光による蛍光X線分析―ろ紙を用いた元素の検出限界―（米沢洋樹・小林健二）
12. 半自動化Xマイクロアナライザーによる$In_{1-x}Ga_xP_{1-y}As_y$系の定量分析（刈谷哲也）
13. 蛍光X線分析日本工業規格（JIS G 1256）におけるd_j補正法の基本的考え方およびα係数法との比較（阿部忠廣・成田正尚・佐伯正夫）
14. ファンダメンタルパラメータ法によるアルミニウム，銅合金の蛍光X線分析（園田 司・赤松 信）

IV 装置とデータ処理
15. 蛍光X線分析における最近の技術（新井智也）
16. 結晶モノクロメーターによる散乱X線の単色化―弯曲結晶におけるCompton散乱成分の除去率の測定（田尻善親・市橋光芳・脇田久伸）
17. LaboratoryEXAFS装置の試作と評価（谷口一雄・中尾喜紀）
18. 8-bitパーソナルコンピューターを用いたX線粉末回折データの検索（清水康裕・中村利廣・佐藤 純）

V 生体・環境・考古学への応用
19. 蛍光X線分析の生物試料への応用―ラット血清中のゲルマニウムの定量（串田一樹・長谷川征史・姉崎恭子・松林哲夫・太幡利一）
20. タクラマカン砂漠土壌と日本土壌の蛍光X線分析（田中 茂・田島将典・佐藤宗一・橋本芳一）
21. 5～6世紀代の地方窯産須恵器の搬出先（第1報）小隈窯跡群産須恵器（三辻利一・辻本秀明・杉 直樹）
22. 埴輪の蛍光X線分析（第2報）三島古墳群の埴輪の産地推定（三辻利一・岡井 剛・植田史子）

VI 既掲載X線回折図形索引 No.1（Vol.8）～No.9（Vol.16）（物質名と化学式による）

VII 1984年 X線分析のあゆみ
1. X線分析関係文献集
2. X線分析関係国内講演会開催状況
3. X線分析研究懇談会講演会開催状況
4. X線分析研究懇談会規約
5. 「X線分析の進歩」投稿手引き
6. （社）日本分析化学会X線分析研究懇談会1986年度幹事名簿
7. "粉末X線回折図形集"編集にご協力のお願い

VIII X線分析関係機器資料

◇X線分析の進歩 18（X線工業分析 22集）
（昭和62年発行）
B5判 316頁　本体価格 4,500円
アグネ技術センター

I 装置
1. EPMA用コーティング多層膜X線分光素子（河辺一保・斉藤昌樹・奥村豊彦）
2. 蛍光X線分析法における軽元素分析の進歩（河野久征・新井智也）
3. 蛍光X線分析による窒素の定量（村田 守・河野久征・新井智也）
4. X線回折法の検出感度向上について（間瀬精士）
5. ラボラトリ蛍光EXAFS（岡本篤彦）
6. 最近のXPSの装置について（小島建治）

II 定量分析
7. 蛍光X線による$(Ce, Tb)MgAl_{11}O_{19}$系蛍光体の定量分析（藤井信三・加藤正直・宇井倬二・浅田栄一）
8. ファンダメンタルパラメータ法による蛍光X線分析値の正確度（大野勝美・山崎道夫）
9. X線回折分析法の定量性（中村利廣）
10. X線回折法による膜厚測定の新しい試み（小坂雅夫・小林偉男）

11. 合金より抽出した析出物中の酸素の蛍光X線分析法による定量（藤原　純・大野勝美）
12. In-Situ Arイオン・エッチングとXPSの組み合わせによるゼオライト表面のケイバン比の検討（五島正宏・日高節夫・田久敏行・竹下安弘）
13. 点滴濾紙蛍光X線分析法の食品分析への応用（尾松真之・虫本修二・村田充弘）
14. 蛍光X線分析による高融点ジルコニウム化合物中のハフニウム分析（金子啓二・熊代幸伸・平林正之）
15. キレート試薬を含むPVC膜を用いた濃縮法による排水試料中の金属イオンの蛍光X線分析（山田悦・山田　武・佐藤昌憲）

III 状態分析
16. ルイス酸・塩基のハード・ソフト性に関する溶液X線回折法の適用（大瀧仁志）
17. EXAFSならびにX線回折による鉄含有ケイ酸塩ガラスの構造解析（岩本信也・梅咲則正・厚見卓也）
18. セリウムの蛍光X線L系列スペクトルに対する化学状態の影響（史　広昭・藤沢謙二・小西徳三・福島　整・飯田厚夫・合志陽一）
19. EPMAによる状態分析の基礎（奥村豊彦）
20. XPSによる重質油精製用Mo触媒の活性低下挙動の評価（島田広道・佐藤利夫・蕿村雄二・西嶋昭生・柏谷　智・荻野圭三）
21. プラズマ重合膜XPSスペクトルの分子軌道法を用いた帰属（兵藤志明）

IV 応用
22. 蛍光X線元素マッピング法による生体試料の分析（福本夏生・小林慶規・渡辺久男・内海　昭・倉橋正保・川瀬　晃）
23. 高エネルギーX線CTによる鉄鋼分析（田口　勇）
24. 5～6世紀代の地方窯出土須恵器の搬出先（第2報）—神籠池窯産須恵器（三辻利一・杉　直樹・黒瀬勇士）
25. 最新のEPMAのファインセラミックスへの応用（平居暉士）

V X線粉末回折図形
1. X線粉末回折図形集No.10
2. 既掲載X線回折図形索引No.1（Vol.8）～No.9（Vol.17）（物質名と化学式による）

VI 1985年X線分析のあゆみ
1. X線分析関係文献集
2. X線分析関係国内講演会開催状況
3. X線分析研究懇談会講演会開催状況
4. X線分析研究懇談会規約
5. 「X線分析の進歩」投稿手引き
6. （社）日本分析化学会X線分析研究懇談会1987年度幹事名簿
7. 「X線粉末回折図形集」の収集に御協力のお願い
8. JOISによるX線分析関係文献の検索

VII X線分析関係機器資料

◇X線分析の進歩 19（X線工業分析23集）
（昭和63年発行）
B5判353頁　定価4,500円
アグネ技術センター

I 蛍光X線スペクトル：総説
1. 蛍光X線スペクトルのサテライトの化学結合効果（河合　潤・合志陽一・二瓶好正）

II X線スペクトルによる状態分析：報文
2. ゾルゲル法で作成したTiO_2-SiO_2非晶質粉末の蛍光X線による状態分析（秋山弘行・前川　尚・横川敏雄）
3. SR蛍光X線法による吸収端化学シフトの測定（桜井健次・飯田厚夫・合志陽一）
4. 高分解能SiKα線によるシリコン酸化物系蒸着膜の化学構造の解析（小西徳三・根木一彌・藤澤謙二・福島　整・合志陽一）
5. SiKβ線によるSiO蒸着膜の組成分析（小西徳三・根木一彌・福島　整・合志陽一）

III EXAFSによる状態分析：報文
6. EXAFSによる触媒活性種構造の解析（吉田郷弘・田中庸裕）
7. 触媒上の白金のEXAFSによる研究（石川典央・渋谷忠夫・村川　喬・田久敏行・竹下安弘）
8. 水溶液中のTi（III），Ti（IV）及びその混合原子価錯体のEXAFS及びXANES（宮永崇史・松林信行・渡辺　巌・池田重良）

IV XPS分析：総説
9. XPSによる高機能性工業材料の分析（石谷　炯・福田尚央・添田房美・高萩隆行・中山陽一）
10. XPSによる触媒表面の分析（岡本康昭）

V XPS分析：報文
11. XPSによる炭素過剰TiCのアルゴンイオンスパッタリング効果の研究（西村興男・矢部勝昌・岩木正哉）

VI 微量分析：報文
12. 蛍光X線法による高融点ホウ化物，炭化物，窒化物中の含有不純物の定量（金子啓二・熊代幸伸・

13. 点滴濾紙蛍光X線分析法の粉末試料への適用（尾松正之・虫本修二・村田充弘）
14. LIX試薬を含むPVC膜法による水中微量金属の蛍光X線分析（山田　武・加藤純治・山田　悦・佐藤昌憲）
15. 全反射蛍光X線分析法による酸化チタン顔料中の微量成分分析（野村恵章・二宮利男・谷口一雄）
16. 全反射蛍光X線分析法による微細プラスチック片中の成分分析（二宮利男・野村恵章・谷口一雄）
17. 全反射蛍光X線分析法による水溶液中の微量元素分析（今北　毅・木村　淳・西萩一夫・猪熊康夫・谷口一雄）

Ⅶ　環境・生体試料などの蛍光X線分析：報文
18. 土壌の蛍光X線分析—京都周辺の土壌の地域差について（平岡義博）
19. エネルギー分散方蛍光X線分析装置によるヒト胆石および魚骨の分析（山本郁男・伊藤　誠・成松鎮男・鈴木範美）

Ⅷ　薄膜X線回折：報文
20. 半導体薄膜の極点図形Ⅰ（刈谷哲也・高倉秀行・浜川圭弘）
21. 薄膜X線回折法の応用（片山道雄・清水真人）

Ⅸ　装置：報文
22. ソーラースリットを用いた平行法の光学系（新井智也）
23. 蛍光X線分析の自動化（河野久征・村田　守・片岡由行・新井智也）

Ⅹ　既掲載X線回折図形索引 No.1（Vol.8）～No.10（Vol.18）（物質名と化学式による）

ⅩⅠ　1986年X線分析のあゆみ
1. X線分析関係文献集
2. X線分析関係国内講演会開催状況
3. X線分析研究懇談会講演会開催状況
4. X線分析研究懇談会規約
5. 「X線分析の進歩」投稿手引き
6. （社）日本分析化学会X線分析研究懇談会1988年度幹事名簿
7. 「X線粉末回折図形集」の収集に御協力のお願い

ⅩⅡ　X線分析関係機器資料

◇X線分析の進歩 20（X線工業分析24集）
（平成1年発行）
B5判228頁　本体価格4,500円
アグネ技術センター

Ⅰ　X線回折：解説
1. 材料構造解析のための最近のX線粉末回折データ解析技術（虎谷秀穂）
2. セラミックス高温超伝導体のX線Rietveld解析とシンクロトロン放射光の粉末回折への応用（中井　泉・今井克宏・河嶋拓治・泉　富士夫）

Ⅱ　X線回折：報文
3. 粘土鉱物の水分子の粉末X線回折法による分析（渡辺隆）
4. 半導体薄膜の極点図形Ⅱ（刈谷哲也・高倉秀行・奥山雅則・浜川圭弘）

Ⅲ　X線スペクトルによる状態分析：報文
5. アルデヒド亜硫酸塩付加化合物中の硫黄原子の化学結合状態（伊藤博人・高橋義人・福島　整・合志陽一）
6. C_2, K, Ca, Sc および $TiK\alpha$ 線プロファイルの化学結合効果（河合　潤・二瓶好正・合志陽一）
7. 高分解能 $CrK\alpha_{1,2}$ スペクトルによる定量的状態分析（鹿籠康行・寺田慎一・福島　整・古谷圭一・合志陽一）
8. 陽極酸化被膜中のアルミニウムの状態分析（福島　整・栗間康則・清水健一・小林賢三・合志陽一）
9. AlK, SiKX線スペクトルによるファインセラミックス，薄膜の状態分析（河合　進・元山宗之）

Ⅳ　XPS：報文
10. オンライン波形分離法を利用したESCAによる深さ状態分析（山内　洋・服部　健・梶川鉄夫・田辺道穂）
11. カウフマン型イオン銃による低エネルギーイオンビームの特性（桑原章二・伊藤秋男・宇高　忠・新井智也）

Ⅴ　薄膜分析：報文
12. 薄膜の酸素EXAFS測定（前山　智・川村朋晃・尾嶋正治）
13. シリコンウェハー上のレジスト薄膜の不純物分析（橋本秀樹・西大路宏・西勝英雄・飯田厚夫）

Ⅵ　EPMA，蛍光X線分析：報文
14. ZAF補正における諸定数（小沼弘義・丹羽瀬鋆）
15. 蛍光X線法によるホウ化物，炭化物，窒化物中の含有不純物の定量（その2）（金子啓二・熊代幸伸・平林正之・吉田貞史）
16. 粉末法による岩石の蛍光X線分析（刈谷　聡・刈谷哲也・鈴木堯士）
17. 点滴濾紙蛍光X線分析法による粉末試料中の軽元素の分析（尾松真之・虫本修二・村田充弘）

18. 点滴法による窒素の蛍光X線分析（田中　武・上田義人・中西典顕・岡下英男）
19. Be窓形真空液体試料容器による溶液の蛍光X線分析（越智寛友・田中　武・岡下英男）
Ⅶ　既掲載X線回折図形索引 No.1（Vol.8）～No.10（Vol.18）（物質名と化学式による）
Ⅷ　1987年X線分析のあゆみ
1. X線分析関係文献集
2. X線分析関係国内講演会開催状況
3. X線分析研究懇談会講演会開催状況
4. X線分析研究懇談会規約
5. 「X線分析の進歩」投稿手引き
6. （社）日本分析化学会X線分析研究懇談会1989年度幹事名簿
7. 「X線粉末回折図形集」の収集に御協力のお願い
Ⅸ　X線分析関係機器資料

◇X線分析の進歩 21（X線工業分析25集）
（平成2年発行）
B5判235頁　本体価格4,500円
アグネ技術センター

Ⅰ　X線の新たな応用：解説
1. X線異常散乱による無機物質の構造解析（早稲田嘉夫・松原英一郎・杉山和正）
2. X線光音響法の開発と素材分析（升島　努・塩飽秀啓・安藤正海・豊田太郎）
3. EXAFS用二結晶分光器（田路和幸・水嶋生智・宇田川康夫）

Ⅱ　X線回折：報文
4. 多結晶半導体膜の配向（刈谷哲也・奥山雅則・高倉秀行・浜川圭弘）
5. $In_xGa_{1-x}Sb$混晶の成長とX線分析による組成決定（榎本修治・島田征明・片山佐一）
6. 粉末X線回折データのリートベルト解析による $Ln_{1+x}Ba_{2-x}Cu_3O_{7-y}$（Ln=Nd, Eu, Sm, La）の結晶構造解析（横山康晴・浅野　肇）

Ⅲ　X線スペクトルによる分析：報文
7. 実験室でのX線吸収スペクトルの測定と特性X線の影響の除去（岡本篤彦・山下誠一・山田敏男・脇田久伸）
8. 気相より析出した炭素のX線放射スペクトル（元山宗之・石間健市）
9. 耐火れんが及び耐火モルタルの蛍光X線分析（朝倉秀夫・三橋　久）
10. EPMAによる非均質試料のキャラクタリゼーション（今田康夫・浦道秀輝・林　茂・本多文洋・中島耕一）
11. 全反射蛍光X線分析装置とその応用（迫　幸雄・岩本財政・小島真次郎）

Ⅳ　XPS：報文
12. 環境試料のX線光電子分光分析（相馬光之・瀬山春彦）
13. 混合原子価遷移金属化合物のX線光電子スペクトル（河合　潤・奥　正興・二瓶好正）
14. ESCAによるポリマー表面酸素分析法の検討（菊田芳和・島　幸子・阪本　博）
15. 低エネルギイオンスパッタリングにおける深さ方向分解能（松尾　勝・伊藤秋男）
16. XPS用X線モノクロメータの設計と開発（宇高　忠・伊藤秋男）

Ⅴ　既掲載X線回折図形索引 No.1（Vol.8）～No.10（Vol.18）（物質名と化学式による）
Ⅵ　1988年X線分析のあゆみ
1. X線分析関係文献集
2. X線分析関係国内講演会開催状況
3. X線分析研究懇談会講演会開催状況
4. X線分析研究懇談会規約
5. 「X線分析の進歩」投稿手引き
6. （社）日本分析化学会X線分析研究懇談会1990年度幹事名簿
7. 「X線粉末回折図形集」の収集に御協力のお願い
Ⅶ　X線分析関係機器資料

◇X線分析の進歩 22（X線工業分析第26集）
（平成3年発行）
B5判228頁　本体価格4,500円
アグネ技術センター

Ⅰ　バイオサイエンスとX線：総説
1. バイオサイエンスにおけるX線解析（飯高洋一）

Ⅱ　X線分析の新しい展開：報文
2. 散乱X線の屈折現象を利用した新しい表面分析法（佐々木裕次・広川吉之助）
3. X線光音響分光の$CuInSe_2$，真ちゅう，リン青銅への応用（豊田太郎，升島　努，塩飽秀啓・飯田厚夫・安藤正海）
4. X線ラマン散乱の測定とグラファイト結晶への応用（田路和幸・宇田川康夫）

Ⅲ　蛍光X線分析とその応用：報文
5. シンクロトロン放射光蛍光X線分析による生体組織中の微量金属元素の2次元イメージング（中

井　泉・本間志乃・下条信弘・飯田厚夫）
6. 中世の瓦質土器のX線分析法による産地同定（山田　武・山田　悦・鋤柄俊夫・田淵裕之・佐藤昌憲）
7. 北海道，東北地方の花こう岩類と火山灰の化学的特性（三辻利一・山本成顕・伊藤晴明・松山　力）
8. 蛍光X線法による・族炭化物，窒化物及び硼化物中の含有不純物の定量（金子啓二・熊代幸伸・平林正之・鵜木博海）
9. モノクロ全反射蛍光X線分析法によるSiウェハの表面汚染分析（西萩一夫・山下　昇・藤野允克・谷口一雄・池田重良）
10. 卓上型蛍光X線分析計の開発と分析例（坂田　浩）

IV　**X線電子分光とその応用：総説・報文**
11. X線光電子スペクトルのサテライト：希土類化合物及び吸着系（河合　潤）
12. 光電子分光と表面（河野省三）
13. ニッケル－酸素系での酸化数とX線光電子スペクトル（奥　正興・広川吉之助）
14. 銅酸化物超伝導体のXPS（古曳重美・八田真一郎・瀬垣謙太郎・和左清孝）
15. アルゴンイオンスパッタエッチングにおける酸化タンタルの表面変質（西村興男・矢部勝昌）
16. ESCA（XPS）用小型モノクロメータの特性と応用（松本成夫・小島建治）

V　**X線回折とその応用：報文**
17. 結晶相反応の時分割X線構造解析（大橋裕二・関根あき子）
18. プロフィルフィッティング法による光学異常を示すスズ石のX線粉末回折線のプロフィルの検討（中牟田義博・島田允堯・青木義和）
19. 視斜角入射X線回折法の微小量粉末試料への応用（高山　透・松本義朗）
20. 部分結晶化したFe-B-Si系非晶質合金薄帯断面の微小部X線回折測定（前田千寿子・清水真人・森戸延行）
21. {111}Si基板上の多結晶Si膜の配向（刈谷哲也・奥山雅則・高倉秀行・浜川圭弘）

VI　既掲載X線粉末回折図形索引No.1（Vol.8）〜No.10（Vol.18）（物質名と化学式による）

VII　1989年X線分析のあゆみ
1. X線分析関係文献集
2. X線分析関係国内講演会開催状況
3. X線分析研究懇談会講演会開催状況
4. X線分析研究懇談会規約
5. 「X線分析の進歩」投稿手引き
6. （社）日本分析化学会X線分析研究懇談会1991年度幹事名簿
7. 「X線粉末回折図形集」の収集に御協力のお願い

VIII　X線分析関係機器資料
IX　既刊総目次
X　X線分析の進歩22索引

◇**X線分析の進歩 23（X線工業分析第27集）**
（平成4年発行）
B5判322頁　本体価格4,500円
アグネ技術センター

I　**放射光：総説**
1. フォトン・ファクトリー——放射光の特徴とその利用——（岩崎　博）

II　**X線放射スペクトル：報文**
2. DV-Xα法によるX線分光の理論的研究（足立裕彦・中松博英・向山　毅）
3. ホウ素化合物のBKX線放射スペクトル（上月秀徳・元山宗之）
4. 電子線励起によるKβ/Kα強度比の化学的効果（玉木洋一）

III　**EXAFSその他：報文**
5. 銅K殻XANESによる酸化物超伝導体の電子構造の研究（小杉信博）
6. 実験室における蛍光検出EXAFS測定法の開発（田路和幸・宇田川康夫）
7. X線光音響イメージング法による差像解析（河野慎一・升島　努・豊田太郎・塩飽秀啓・安藤正海・雨宮慶幸・樋上照男・横山　友・今井日出夫・玉井　元・角山改之・平賀忠久・和田幾江・池田佳代）

IV　**X線回折：報文**
8. カリウム型ゼオライトLの結晶構造のカリウム含有量依存性（平野正義・加藤正直・浅田栄一・堤和男・白石敦則）
9. X線回折法による表面粗さ測定（小坂雅夫）
10. 冷却型CCDセンサーによる粉末X線回折図形の計測（加藤正直・倉岡正次・服部敏明・榎本茂正・水島廣・木村安一）
11. イメージングプレートの原理とX線分析分野への応用（森　信文・宮原諄二）

V　**蛍光X線分析：報文**
12. 分子軌道法を用いたSKβ蛍光X線スペクトルの計算（河合　潤・橋本健朗）
13-1. 蛍光X線分析法におけるガラスビードの強熱減量（LOI），強熱増量（GOI），希釈率補正—その1（片

岡由行・庄司静子・河野久征）
13-2. 蛍光X線分析法におけるガラスビードの強熱減量(LOI),強熱増量(GOI),希釈率補正—その2（庄司静子・山田興毅・古澤衛一・河野久征・村田 守）
14. 蛍光X線分析法による薄膜および多層薄膜の濃度・膜厚測定（河野久征・荒木庸一・片岡由行・村田 守）
15. 初期須恵器の産地推定法（三辻利一）
16. 全反射蛍光X線分析法による微量分析（宇高 忠・迫 幸雄・小島真次郎・岩本財政・河野 浩・渥美 純）

Ⅵ　X線光電子分光：報文
17. 軟X線マイクロビームの生成と微小領域の光電子分光（μ－XPS）（二宮 健・長谷川正樹）
18. モノクロX線光電子分光における帯電制御の方法（伊藤秋男・松尾 勝）
19. 制限視野型X線光電子分光法の微小部分析への応用（山下孝子・古主泰子・山本 公）
20. スモールスポット型X線光電子分光法におけるピーク形状の改善（塩沢一成）

Ⅶ　既掲載X線粉末回折図形索引 No.1（Vol.8）〜No.10（Vol.18）（物質名と化学式による）

Ⅷ　1990年X線分析のあゆみ
1. X線分析関係文献集
2. X線分析関係国内講演会開催状況
3. X線分析研究懇談会講演会開催状況
4. X線分析研究懇談会規約
5. 「X線分析の進歩」投稿手引き
6. （社）日本分析化学会X線分析研究懇談会 1992年度幹事名簿
7. 「X線粉末回折図形集」の収集に御協力のお願い

Ⅸ　X線分析関係機器資料
Ⅹ　既刊総目次
Ⅺ　X線分析の進歩23　索引

◇X線分析の進歩 24（X線工業分析第28集）
（平成5年発行）
B5判230頁　本体価格4,500円
アグネ技術センター

Ⅰ　蛍光X線分析：報文
1. 蛍光X線によるYBCO系，BPSCCO系及びTBCCO系高温超伝導体の組成解析法（金子啓二・金子浩子・井原英雄・平林正之・寺田教男・城 昌利・石橋章司）
2. エネルギー分散型蛍光X線分析装置による石油坑井試料の迅速分析（金田英彦）
3. ファンダメンタルパラメーター法を用いる蛍光X線分析による半導体用MoSiスパッタ薄膜の定量分析（山下 務・横手ゆかり）
4. ファンダメンタル・パラメータ法による植物中の金属成分の定量（坂田 浩）
5. 励起エネルギー可変性を利用する微量元素の蛍光X線定量分析（早川慎二郎・小林一雄・合志陽一）
6. 波長分散法によるシンクロトロン放射蛍光X線分析法の開発（大橋一隆・飯田厚夫・合志陽一）
7. X線光音響分光法と蛍光X線法の同時測定によるX線領域での蛍光量子収率の測定（加藤健次・杉谷嘉則）

Ⅱ　全反射蛍光X線分析：報文
8. 全反射近傍の反射率と蛍光X線プロファイルを用いたチタン及びチタン－炭素薄膜の評価（橋本秀樹・西大路宏・飯田 豊・西勝英雄）
9. 液滴滴下法による全反射蛍光X線分析の基礎検討（薬師寺健次・大川真司・吉永 敦）
10. シリコンウェーハ表面上の微量元素の全反射蛍光X線分析における注意点（薬師寺健次・大川真司）
11. 薬物分析への全反射蛍光X線分析法の応用（野村恵章・二宮利男・谷口一雄）

Ⅲ　X線光電子分光：報文
12. 多孔質アルミナに担持した銀のX線光電子スペクトル（室谷正彰）
13. X線光電子分光法におけるバックグラウンド補正法（二澤宏司・伊藤秋男）
14. カルコパイライト型Cu-In-Se, Cu-In-Se-n 薄膜のキャラクタリゼーション（古曳重美・西谷幹彦・根上卓之・和田隆博・坂井全弘・合志陽一）

Ⅳ　X線回折：報文
15. X線回折結果からの多変量解析法による安息香酸カリウムと過塩素酸カリウムの混合率の決定（奥山修司・三井利幸・藤村義和）
16. 有機化合物の構造解析用多モード高分解能粉末X線回折装置の製作（倉橋正保）

Ⅴ　EXAFS：報文
17. EXAFS実験のための超強力X線源の改造（桜井健次）

Ⅵ　既掲載X線粉末回折図形索引 No.1（Vol.8）〜No.10（Vol.18）（物質名と化学式による）

Ⅶ　1991年X線分析のあゆみ
1. X線分析関係文献集
2. X線分析関係国内講演会開催状況
3. X線分析研究懇談会講演会開催状況

既刊総目次　A19

4. X線分析研究懇談会規約
5. 「X線分析の進歩」投稿手続き
6. (社)日本分析化学会X線分析研究懇談会1993年度幹事名簿
7. 「X線粉末回折図形集」の収集にご強力のお願い

VIII X線分析関係機器資料
IX 既刊総目次
X X線分析の進歩24索引

◇X線分析の進歩25（X線工業分析第29集）
(平成6年発行)
B5判 464頁　本体価格 5,500円
アグネ技術センター

I X線分光分析
1. イメージング・プレート発光X線分光器による鉄化合物のKX線測定［ノート］(河合 潤・前田邦子)
2. 鉄，コバルト化合物におけるKX線のスペクトル変化［報文］(玉木洋一)
3. アンジュレータ光を用いたホウ素化合物の選択励起BKα発光スペクトル［ノート］(村松康司・尾嶋正治・河合 潤・加藤博雄)
4. X線分光法による微量成分分析の妨害線：放射的オージェサテライト［報文］(前田邦子・河合 潤)

II X線回折
5. デバイ写真における結晶粒度と格子面間隔測定精度の関係［報文］(藤井信之・小崎 茂)
6. イメージングプレート検出器を用いた迅速液体・アモルファスX線回折装置の製作と性能評価［報文］(伊原幹人・山口敏男・脇田久伸・松本知之)
7. X線光学系のXRDパターンへの依存性―集中法と平行法との比較―［報文］(横川忠晴・大野勝美)
8. 大気環境汚染物質の炭素鋼板腐食に及ぼす影響：X線による評価［技術報告］(田村久恵・桑野三郎・久米一成・宇井倬二)
9. 粉末回折法による8-アミノカプリル酸の構造解析［報文］(エルンストホルン・倉橋正保)
10. パーマロイ合金表面自然酸化層の膜厚測定と構造解析［報文］(山本恭之・千原 宏・横山雄一・内田信也)
11. ゼオライトAのカチオンサイトの熱処理法依存性［報文］(加藤正直・守屋英朗・大串達夫)

III EXAFS
12. アモルファス窒化ケイ素化合物のXAFS測定［報文］(梅咲則正・上條長生・田中 功・新原晧一・八田厚子・谷口一雄)
13. CuK EXAFS, OK放射スペクトルによるCuOの酸化状態解析［報文］(元山宗之・上月秀徳・石原マリ)
14. XAFSによる炭化ケイ素・窒化ケイ素薄膜の構造解析［報文］(今村元泰・島田広道・松林信行・葭村雄二・佐藤利夫・西嶋昭生)
15. 放射光を用いたオージェ電子収量法によるXAFS測定―状態別分析および元素選択性の応用―［報文］(松林信行・島田広道・今村元泰・葭村雄二・佐藤利夫・西嶋昭生)
16. in situ 電気化学セルを用いた蛍光XAFS法とその応用［報文］(山口敏男・光永俊之・吉田暢生・脇下久伸・藤原 学・松下隆之・池田重良・野村昌治)

IV 蛍光X線分析
17. 蛍光X線分析法による半導体薄膜の膜厚・組成分析［報文］(河野久征・小林 寛)
18. 蛍光X線膜厚計へのFP法の適用［報文］(田村浩一・藤 正雄・一宮 豊・高橋正則)
19. 蛍光X線法によるIV族炭化物，窒化物および硼化物中の含有不純物の定量［報文］(金子啓二・平林正之・熊代幸伸・伊原英雄)

V 全反射蛍光X線分析
20. 全反射蛍光X線分析用高感度X線分光器［報文］(宇高 忠・迫 幸雄・河野 浩・庄司 孝・清水和明・宮崎邦浩・嶋崎綾子)
21. 単色X線励起全反射蛍光X線分析における見かけ上の不純物ピークと発生原因［報文］(薬師寺健次・大川真司・吉永 敦・原田仁平)
22. 微小角入射微細X線による多層薄膜の分析［技術報告］(武田叡彦・乗松哲夫・吉田敏明)
23. クリーンルーム内環境評価への全反射蛍光X線分析法の応用［ノート］(大杉哲也・京藤倫久)
24. 全反射蛍光X線分析による酸化膜中および界面の重金属評価［報文］(杉原康平・畑 良文・藤井眞治・原田好員)
25. 全反射蛍光X線分析法による急性ヒ素中毒マウス組織中の微量ヒ素の定量［報文］(中井 泉・守口正生・鈴木 拓・河嶋拓治・下條信弘)

VI EPMA
26. EFMAによる花崗岩質岩石中の鉱物の化学分析［報文］(平岡義博)
27. EFMAにおける状態分析への波形分離法の応用［報文］(高橋秀之・奥村豊彦・瀬尾芳弘)
28. EFMAによるSi系セラミックス摺動材の状態分析［報文］(今田康夫)

VII XPS

29. 低速アルゴン中性粒子エッチング法のXPSへの応用［報文］（飯島善時・松本成夫・山田貴久・平岡賢三）
30. Hartree-Fock-Slater法を用いた非化学量論比組成CuInSeの電子状態解析［報文］（古曳重美・坂井全弘・和田隆博・瀬恒謙太郎・八田真一郎）
31. 種々のドナーセットを有する銅（II）錯体のX線光電子スペクトルによる解析［報文］（藤原 学・松下隆之・池田重良）
32. 構造の異なるニッケル（III）錯体のX線光電子スペクトルにおけるサテライトピークと電子配置との関係［報文］（藤原 学・繁実章夫・松下隆之・池田重良）
33. X線光電子分光測定中ヘキサシアノ金属塩の固溶体中鉄（III），マンガン（III）の還元速度［報文］（奥 正興）
34. ポリマーパウダー表面のXPSによる解析［報文］（福島 整・丸山達哉・山田宏一・高橋栄美）
35. XPSによるシリコーンセパレータ表面の解析［ノート］（野口直也）
36. 高性能光電子分光装置ESCA-300の特長を利用した応用例［技術報告］（佐々木澄夫）

VIII その他

37. X線励起電流測定による大気中での表面分析［報文］（早川慎二郎・鈴木説男・河合 潤・合志陽一）
38. STM/AFMによるイオンエッチング表面の粗さ評価と深さ方向分解能［報文］（小島勇夫・藤本俊幸）
39. CsI蛍光膜の作製と顕微断層撮影への応用［報文］（山内 泰・岸本直樹）

IX 既掲載X線粉末回折図形索引 No.1（Vol.8）～No.10（Vol.18）（物質名と化学式による）

X 1992年X線分析のあゆみ

1. X線分析関係文献集
2. X線分析関係国内講演会開催状況
3. X線分析研究懇談会講演会開催状況
4. X線分析研究懇談会規約……
5. 「X線分析の進歩」投稿手続き
6. （社）日本分析化学会X線分析研究懇談会1994年度幹事名簿
7. 「X線粉末回折図形集」の収集にご協力のお願い

XI X線分析関係機器資料

XII 既刊総目次

XIII X線分析の進歩25索引

◇X線分析の進歩 26（X線工業分析第30集）

（平成7年発行）
B5判323頁　本体価格5,500円
アグネ技術センター

I 蛍光X線分析：報文

1. 蛍光X線分析ガラスビード法による定量分析の高精度化（ガラスビード法の高精度化と真度の向上（I））（山本恭之・小笠原典子・柚原由太郎・横山雄一）
2. 蛍光X線分析ガラスビード法の標準試料作成・自動評価システム（ガラスビード法の高精度化と真度の向上（II））（山本恭之・小笠原典子・中田昭雄・庄司静子）
3. 低希釈率ガラスビード法による岩石の主成分と微量成分分析（山田康治郎・河野久征・村田 守）
4. 人工累積膜による超軟X線分光の問題点（小林 寛・戸田勝久・河野久征）
5. 斜入射条件下における取り出し角依存―蛍光X線分析法による真空蒸着薄膜および溶液滴下―乾燥薄膜の分析（辻 幸一・水戸瀬賢悟・広川吉之助）
6. 高分解能2結晶型蛍光X線装置による酸化物薄膜の状態分析（升田裕久・太田能生・森永健次）
7. 蛍光X線分析による鋼板表面酸素の定量分析（妻鹿哲也）
8. ネオジムとアルミニウムをドープしたシリカゲル中のネオジムの局所構造：XAFSによる研究（横山拓史・藤山 毅・吉田暢生・脇田久伸）
9. オンラインSi付着量計の開発［技術報告］（黒住重利・松浦直樹）

II X線回折：報文

10. Ni基超耐熱合金の高温下でのγ/γ'格子定数ミスフィットの精密測定（横川忠晴・大野勝美・原田広史・山縣敏博）
11. イメージングプレート迅速X線回折法による高温高圧水の構造解析（山中弘次・大園洋史・山口敏男・脇田久伸）
12. 高角度2結晶X線回折法による単結晶評価（副島雄児・山田浩志・呂 志力・岡﨑 篤）
13. 表面状態と視斜角入射X線回折図形（小坂雅夫）
14. 構造予測技術を用いた粉末回折構造解析―オルトニトロ安息香酸の結晶構造―（倉橋正保）
15. 粉末回折法による1,2－シクロヘキサンジオンジオキシム－ニッケル（II）錯体の結晶構造解析（エルンスト・ホルン・倉橋正保）
16. X線回折定性分析作業における知的支援［技術

報告］（新井 浩・魚田 篤・石田秀信）
III **EXAFS：報文**
17. XAFS による亜鉛―ホルマザン錯体の構造解析（本田一匡・小島勇夫・惠山智央・藤本敏幸・内海 昭）
18. 地球科学試料中の硫黄の XAFS 測定と 2 次元状態分析への応用（寺田靖子・河嶌拓治・尾形 潔・中野朝雄・中井 泉）
19. X 線励起電流検出によるフライアッシュ中硫黄の XAFS 測定（鄭 松岩・早川慎二郎・河合 潤・古谷圭一・合志陽一）

IV **X 線光電子分光分析：報文**
20. ごみ焼却炉排ガス処理用バグフィルタ材の X 線光電子分光分析（藤田一紀・福田祐治）
21. 高分子化合物 C1s 光電子スペクトル形状の解析（飯島善時・佐藤哲也・平岡賢三・一戸裕司・二瓶好正）
22. 擬四面体構造を有する銅（II）シッフ塩基錯体の X 線光電子スペクトル（池田重良・藤原 学・杖村由佳・松下隆之）
23. X 線照射による鉄（II）錯体の固相還元反応（藤原 学・松下隆之・池田重良）

V **EPMA：報文**
24. Cu-In-Se 膜の EPMA による定量分析（刈谷哲也・白方 祥・磯村滋宏）

VI **その他**
25. ドーパントによる CuInSe 光電子スペクトル変化のクラスター計算を用いた検討（古曳重美・福島 整・坂井全弘・瀬恒謙太郎・八田真一郎）

VII 既掲載 X 線粉末回折図形索引 No.1（Vol.8）〜 No.10（Vol.18）（物質名と化学式による）

VIII 1993 年 X 線分析のあゆみ
1. X 線分析関係文献集
2. X 線分析関係国内講演会開催状況
3. X 線分析研究懇談会講演会開催状況
4. X 線分析研究懇談会規約
5. 「X 線分析の進歩」投稿手続き
6. （社）日本分析化学会 X 線分析研究懇談会 1995 年度幹事名簿
7. 「X 線粉末回折図形集」の収集にご協力のお願い

IX X 線分析関係機器資料
X 既刊総目次
XI X 線分析の進歩 26 索引

◇ **ADVANCES IN X-RAY CHEMICAL ANALYSIS, JAPAN**
Vol.26s

SPECIAL ISSUE: Total Reflection X-Ray Fluorescence Spectroscopy and Related Spectroscopical Methods
(1995)
B5, 206p., ¥5000
The Discussion Group of X-Ray Analysis,
the Japan Society for Analytical Chemistry

Preface
Committees and Sponsorship
I **Trace Element Analysis**
Microanalysis in Forensic Science: Characterization of Single Textile Fibers by TXRF（A.PRANGE, U.REUS, H.BÖDDEKER, R. FISCHER, F.-P.ADOLF and S.IKEDA）
Application of GIXF to Forensic Samples（T.NINOMIYA, S.NOMURA, K. TANIGUCHI and S.IKEDA）
Standardization of TXRF Using Microdroplet Samples. Particulate of Film Type ?（L. FABRY, S.PAHLKE, L.KOTZ, Y. ADACHI and S.FURUKAWA）
Empirical Versus Theoretical Calibration of a Total Reflection X-Ray Fluorescence Spectrometer（R.E.AYALA and J.F.PÉREZ）
X-Ray Spectra Detected with a Lithium Drifted Silicon Detector in Total Reflection Fluorescence Analysis（T.YAMADA and T.ARAI）
Study of Metal Contamination Induced by Ion Implantation Process Using TRXRF and SIMS Techniques（V. GAMBINO, G. MOCCIA, E. GIROLAMI and R. ALFONSETTI）
Total Reflection X-Ray Fluorescence Analysis of Airborne Particulate Matter（R. KLOCKENKÄMPER, H.BAYER and A.von BOHLEN）
Trace Element Determination in Amniotic Fluid by Total Reflection X-Ray Fluorescence（E.D.GREAVES, J.MEITÍN, L.SAJO-BOHUS, C.CASTELLI, J.LIENDO and C. BORGER M.D）
Tungsten Analysis with a Total Reflection X-Ray Fluorescence Spectrometer Using a Three Crystal Changer（T.YAMADA, T. SHOJI, M.FUNABASHI, T.UTAKA, T. ARAI and R.WILSON）
Adsorption Studies of Co-57, Ni-63 and U-238 on Silicon Wafers 'A Comparison of TXRF and Radiochemical Analysis'（G. MAINKA, S.METZ, A.MARTIN, A. FES-TER, P. ROSTAM-KHANI, E. SCHEMMEL, W. BERNEIKE and B.O.KOLBESEN）

Light Element Analysis with TXRF at Different Excitation Energies: Theory and Experiment (C.STRELI, P.WOBRAUSCHEK, G. RANDOLF, R.RIEDER, W.LADISICH)

II **Trace Element Analysis (Si Wafer Related)**

Standard Sample Preparation for Quantitative TXRF Analysis (Y.MORI, K.SHIMANOE and T.SAKON)

Trace Determination of Metallic Impurities on Si Wafers Using a Commercially Available TXRF Analyzer (K.YAKUSHIJI, S.OHKAWA, A. YOSHINAGA and J. HARADA)

A Review of Standardization for TXRF and VPD/TXRF (R.S.HOCKETT)

Impurity Distribution Correction for Full Wafer Mapping by TXRF (N.TSUCHIYA and Y.MATSUSHITA)

III **SR Related Techniques**

High Sensitivity Total Reflection X-Ray Fluorescence Spectroscopy of Silicon Wafers Using Synchrotron Radiation (S. S. LADERMAN, A. FISCHER-COLBRIE, A. SHIMAZAKI, K. MIYAZAKI, S. BRENNAN, N. TAKAURA, P. PIANETTA and J.B.KORTRIGHT)

Total Reflection X-Ray Absorption and Photoelectron Spectroscopies (J. KAWAI, S. HAYAKAWA, Y. KITAJIMA and Y. GOHSHI)

Trace Element Detection Utilizing Sample Current Jump Around X-Ray Absorption Edge (X.C.ZHAN, S.HAYAKAWA, S. ZHENG and Y.GOHSHI)

SR-TXRF Analysis of Metallic Impurities on Silicon Surface (K.Y.LIU, S.KOJIMA, Y.KUDO, S.KAWADO and A.IIDA)

Quantitative Consideration of Background Contributions to TXRF Spectra for the Case of a Synchrotron Radiation X-Ray Source (N.TAKAURA, S.BRENNAN, P. PIANETTA, S.S.LADERMAN, A. FISCHER-COLBRIE, J.B.KORTRIGHT, D.C.WHERRY, K. MIYAZAKI and A.SHIMAZAKI)

IV **Thin Films & Surfaces**

X-Ray Scattering from Samples with Rough Interfaces (D.K.G.de BOER and A.J.G. LEENAERS)

The Estimation on Molecular Orientations in Copper-Phthalocyamine Thin Films by Total Reflection In-Plane X-Ray Diffractometer (K.HAYASHI, T.HORIUCHI and K. MATSUSHIGE)

Characterization of Multiple-layer Thin Films by X-Ray Fluorescence and Reflectivity Techniques (T.C.HUANG and W.Y.LEE)

Depth Profiling in Surfaces Using TXRF (H.SCHWENKE and J.KNOTH)

Characterisation of $SiO_2/Si_3N_4/SiO_2$ Stacked Films by XPS, AFM, I-V and C-V Techniques (R.ALFONSETTI, R.de TOMMASIS, F.FAMA, G.MOCCIA, S.SANTUCCI and M.PASSACANTANDO)

X-Ray Fluorescence Analysis of Thin Films at Glancing-Incident and -Takeoff Angles (K.TSUJI, S.SATO and K.HIROKAWA)

Epitaxial Growth of Organometallic Thin Films Studied by Total Reflection X-Ray Diffraction (K.ISHIDA, T.HORIUCHI and K. MATSUSHITA)

XAFS Spectra of Solution Surfaces by Total-Reflection Total-Electron Yield Method (I.WATANABE and H.TANIDA)

The Application of TXRF for the Adsorbed Impurities on the GaAs Wafers (T. KAMAKURA, J.SUGAMOTO, N. TSUCHIYA and Y.MATSUSHITA)

Soft X-Ray Spectrochemical Analysis of Boron Nitride Thin Film Structure (H.KOHZUKI, M.MOTOYAMA, S.SHIN, A.AGUI, H. KATO, Y.MURAMATSU, J.KAWAI and H.ADACHI)

The Role of Film Thickness in the Realizaion of X-Ray Waveguide Effects at Total Reflection (S.J.ZHELUDEVA, M.V. KOVALCHUK, N. N. NOVIKOVA and A.N.SOSPHENOV)

V **Grazing Exit Techniques**

Study of Epitaxy by RHEED-TRAXF (Total Reflection Angle X-Ray Spectroscopy) (S.INO)

Fluorescent X-Ray Interference from a Metal Monolayer and Metal-Labeled Proteins (Y.C.SASAKI)

Calculation of Fluorescence Intensities in Grazing-Emission X-Ray Fluorescence Spectrometry (P.K.de.BOKX and H.P.URBACH)

Author Index

◇X線分析の進歩 27（X線工業分析第31集）
（平成8年発行）
B5判353頁　本体価格5,500円
アグネ技術センター

I **X線の新たな応用：総説**

1. X線鏡面反射と放射光マイクロビームXRDについて（宇佐美勝久・平野辰巳）
2. SPring-8による蛍光X線分析の新展開（早川慎

二郎・合志陽一）
II 蛍光X線分析：報文
3. 蛍光X線によるBi-Pb-SR-Ca-Cu-O系超伝導体の組成解析法（金子啓二・平林正之・金子浩子・伊原英雄・寺田教男・岡 邦彦・石橋章司・田中康資）
4. 超軽元素用エネルギー分散型検出器の開発とその応用（I）（田村浩一・佐藤正雄）
5. 微小試料の面積補正法による定量分析（古澤衛一・山田興毅・荒木庸一・森 正道）
6. 全反射蛍光X線分析用標準試料に関する一考察（森 良弘・佐近 正・島ノ江憲剛）
III X線回折：報文
7. X線回折法による合金化溶融亜鉛めっき鋼板の各合金相の厚さ分析—結晶質多層膜各層の厚さ分析法—（森 茂之・松本義朗）
8. Zn-Cr電析合金の相構造解析（藤村 亨・片山道雄・下村順一）
9. Ge(111)4結晶平行法による2層薄膜の膜厚測定（横川忠晴・大野勝美）
10. X線回折法によるストリート・ドラッグの由来類別（南 幸男・宮沢正・中島邦生・肥田宗政・三井利幸）
11. 粉末X線回折によるアデニンの結晶構造解析—圧力誘起相変態の解明—（倉橋正保・後藤みどり・本田一匡）
12. 粉末X線回折法による1,4-ベンゼンジチオールの結晶構造解析（エルンストホルン・倉橋正保）
IV X線光電子分光分析：報文
13. 種々の配位構造を有する亜鉛（II）錯体のX線光電子およびオージェ電子スペクトル（藤原 学・松下隆之・池田重良）
14. CX線光電子スペクトルのC1sピーク形状解析（飯島善時・佐藤智重・佐藤哲也・平岡賢三）
15. 放射光を光源とする励起エネルギー可変XPS深さ方向分析（島田広道・松林信行・今村元泰・佐藤利夫・西嶋昭生）
16. 電解合成複合酸化物膜のXPSによる解析（佐々木毅・越崎直人・松本泰道）
V EPMA：報文
17. 固体ターゲットにおける電子後方散乱及び特性X線発生分布のモンテカルロ・シミュレーション（小沼弘義）
18. 2元, 3元散布図分析のEPMAデータ解析への応用（高橋秀之・大槻正行・高倉 優・近藤裕而・奥村豊彦）

VI 状態分析：報文
19. ムライト前駆体中のアルミニウムの配位数分析：XAFS法とAl MAS NMR法との比較（池田好夫・横山拓史・山下誠一・渡部徳子・脇田久伸）
20. 蛍光XAFS法による生体鉱物の非破壊状態分析（沼子千弥・中井 泉）
21. 亜鉛流動焙焼炉焼鉱の硫黄の化学状態—焙焼炉操業に関連して—（河合 潤・北島義典・朝木善次郎）
22. X線励起ルミネッセンス収量法XAFSにおける自己吸収効果（広瀬勇秀・早川慎二郎・合志陽一）
23. PIXEスペクトル自動解析プログラムの開発と希土類鉱石分析への応用（下岡秀幸・西山文隆・廣川 健）
VII 技術ノート
24. 回折X線による顕微画像（下村周一・中沢弘基）
VIII 既掲載X線粉末回折図形索引 No.1（Vol.8）～No.10（Vol.18）（物質名と化学式による）
IX 1994年X線分析のあゆみ
1. X線分析関係文献集
2. X線分析関係国内講演会開催状況
3. X線分析研究懇談会講演会開催状況
4. X線分析研究懇談会規約
5. 「X線分析の進歩」投稿の手引き
6. （社）日本分析化学会X線分析研究懇談会1995年度幹事委員名簿
7. 「X線粉末回折図形集」の収集に御協力のお願い
X 軟X線放射分光に関するワークショップ
1. Theory of Molecular X-ray Emission Spectros-copy (Frank p. Larkins)
2. Analytical Expressions of Atomic Wave functions and Molecular Integrals for the X-ray Transition Probabilities of Molecules (J.Yasui, T.Mukoyama and T. Shibuya)
3. B K-emission Spectra of Ion-plated Thin Film and echanically Milled Powders of Boron Nitride (T.Kaneyoshi, H.Kohzuki and m.Motoyama)
4. Application of TXRF in Silicon Wafer Manu-facturing (L.Fabry, S.Pahlke and L. Kotz)
XI X線分析関連機器資料
XII 既刊総目次
XIII X線分析の進歩27索引

◇X線分析の進歩 28（X線工業分析第32集）
（平成9年発行）
B5判339頁 本体価格5,500円
アグネ技術センター

I X線光電子分光法

1. 放射光を用いたX線光電子分光による最表面分析（報文）（木村 淳・蟹江智彦・片山 誠・西浦隆幸・高田博史・柴田雅裕）
2. X線光電子分光法のin situプラズマエッチングによる深さ方向分析の検討（報文）（飯島善時・田澤豊彦・積田吉起・大島光芳・佐藤一臣）
3. 全反射X線光電子分光法によるCuPc/Au多層膜の島状成長の解析（報文）（天野裕之・河合 潤・林好一・北島義典）
4. 全反射X線光電子分光法による銅フタロシアニン超薄膜の評価（報文）（林 好一・河合 潤・川戸伸一・堀内俊寿・松重和美・北島義典）
5. 多層膜表面に析出した酸化物層の全反射X線光電子分光法によるキャラクタリゼーション（報文）（林 好一・河合 潤・川戸伸一・堀内俊寿・松重和美・竹中久貴・北島義典）
6. アルカリ，アルカリ土類金属をドープした酸化チタン表面の動的XPS測定（報文）（菖蒲明己・新谷龍二・八木原幸彦）
7. X線光電子分光法によるアルミナ上の7,7,8,8－テトラシアノキノジメタンと金属との相互作用に関する研究（報文）（岩元寿朗・肥後盛秀・鎌田薩男）
8. Zn-Cr電析合金の相構造解析（藤村 亨・片山道雄・下村順一）

II 固有X線の化学シフト

9. 鉄，コバルト，ニッケル化合物におけるKX線強度比の化学効果（報文）（玉木洋一・高橋明子・小野昌弘）
10. B-C-N系粉体反応のX線による化学状態の分析（報文）（柏井茂雄・上月秀徳・兼吉高宏・元山宗之）
11. メカニカルアロイング処理によるNb-C系固相反応のEPMA状態分析（報文）（山田和俊・兼吉高宏・高橋輝男・元山宗之）

III 蛍光X線分析

12. 低希釈率ガラスビード法による高珪石質等の微量成分分析（報文）（山田康治郎・大場 司・村田 守）
13. フッ素添加シリコン酸化膜の蛍光X線組成分析（報文）（竹村モモ子・勝又竜太・林 勝）
14. 蛍光X線分析による中部・関東地方の黒曜石産地の判別（報文）（望月明彦）
15. 放射光蛍光XANES法を用いた土器焼成技術の推定（報文）（松永将弥・松村公仁・中井 泉）
16. Sc管球と下面照射方式蛍光X線分析装置による重油中の微量Clの定量分析（技術報告）（水平 学）

IV 全反射蛍光X線分析

17. 全反射蛍光X線分析法による超純水中全シリコンの分析（技術報告）（岩森智之・鳥山由紀子・今岡孝之）
18. 濃縮全反射蛍光X線分析法におけるシリコンウェーハ表面不純物の定量精度（報文）（藥師寺健次・武藤有弘）
19. 放射光全反射蛍光X線分析による生体試料中の微量アルミニウムの定量法の開発（報文）（太田典明・中井 泉）

V X線回折

20. γ′析出型Ni基超耐熱合金のγ′相整合歪の温度依存性（報文）（横川忠晴・大野勝美・山縣敏博）
21. ガラス基板上のCdS膜の配向（報文）（刈谷哲也・白方 祥・磯村滋宏）
22. 超小角X線散乱法によるコロイド分散系の構造解析（報文）（小西利樹・山原栄司・伊勢典夫）

VI EPMA

23. EPMAのバックグラウンド処理法の検討（報文）（木本康司・岡本篤彦）
24. EPMAにおける検出下限の推定方法（報文）（恒松由里子・迫川雅之・渡会素彦）
25. EPMAによる凹凸試料の分析（技術報告）（高橋秀之・大槻正行・奥村豊彦）

VII 装置開発・その他

26. 高計数率X線計測のための検出器エレクトロニクスの高速化（報文）（原田雅章・桜井健次）
27. X線照射下でのSTM観察と探針電流の測定（報文）（辻 幸一・我妻和明）

VIII 既掲載X線粉末回折図形索引 No.1（Vol.8）～No.10（Vol.18）（物質名と化学式による）

IX 1995, 1996年X線分析のあゆみ

1. X線分析関係文献集
2. X線分析関係国内講演会開催状況
3. X線分析研究懇談会講演会開催状況
4. X線分析研究懇談会規約
5. 「X線分析の進歩」投稿の手引き
6. （社）日本分析化学会X線分析研究懇談会1996年度幹事委員名簿
7. 「X線粉末回折図形集」の収集に御協力のお願い

X X線分析関連機器資料

XI 既刊総目次

XII X線分析の進歩28索引

◇ X線分析の進歩 29（X線工業分析第 33 集）
(平成 10 年発行)
B5 判 322 頁　本体価格 5,500 円
アグネ技術センター

I　総説
1. Advanced Light Source（ALS）における第三世代放射光を用いた高分解能軟 X 線発光・吸収分光研究（村松康司）

II　放射光利用：報文
2. 放射光を用いた XPS による表面化学反応の解析（木村　淳・近藤勝義・片山　誠・蟹江智彦・柴田雅裕）
3. 立命館大学小型放射光における超軟 X 線分光分析装置（辻　優司・辻　淳一・中根靖夫・宋　斌・池田重良・谷口一雄）
4. 立命館大学小型放射光における軟 X 線分光分析装置（中根靖夫・辻　淳一・辻　優司・宋　斌・小島一男・池田重良・谷口一雄）

III　蛍光 X 線分析・全反射蛍光 X 線分析：報文
5. Rh/W デュアル X 線管を用いた低希釈率ガラスビード法による岩石中の主成分，微量成分および希土類の分析（山田康治郎・河野久征・白木敬一・永尾隆志・角縁　進・大場　司・川手新一・村田守）
6. エネルギー分散型 X 線反射率測定による銅フタロシアニン超薄膜の初期成長過程の解明（林　好一・石田謙司・堀内俊寿・松重和美）
7. 卓上型微小部蛍光 X 線分析装置を用いた河川水中の微量金属の定量（杉原敬一・田村浩一・佐藤正雄）
8. 可搬型蛍光 X 線分析装置の開発（平井　誠・宇高　忠・迫　幸雄・二澤宏行・野村恵章・谷口一雄）

IV　X 線回折：報文
9. Ni-MH 電池負極合金のその場 X 線回折（岡本篤彦・木下恭一）
10. 粉末回折による高精度結晶構造解析法（NARIET 法）の開発（永野一郎・内埜　信・村上勇一郎・山本博一）
11. Rietveld 法による $Ln_2NiO_{4+\delta}$（La, Pr, Nd）の半導体－金属転移の解析（渡辺鏡子・浅川　浩・藤縄　剛・石川謙二・中村利廣）

V　状態分析：報文
12. 水素プラズマエッチング後の高分子化合物表面の XPS による評価（飯島善時・田澤豊彦・佐藤一臣・大島光芳）
13. X 線光電子分光による酸化物ガラスの電子状態の解明（三浦嘉也・難波徳郎・松本修治・姫井裕助）
14. $DV-X\alpha$ 分子軌道計算および X 線発輝スペクトルによる TiO 価電子帯の研究（宋　斌・中松博英・向山　毅・谷口一雄）

VI　X 線利用の新領域：報文
15. 帯電による X 線の発生（河合　潤・稲田伸哉・前田邦子）
16. 高電圧グロー放電管からの X 線放射（辻　幸一・松田秀幸・我妻和明）
17. X 線域での $\lambda/2$ 板と偏光 XAFS 測定への応用（早川慎二郎・宇賀神邦裕・佐々木功・宮村一夫・合志陽一）

VII　データ解析：報文
18. 統計学の手法による古代・中世土器の産地問題に関する研究（第 2 報）—四国の初期須恵器の産地推定—（三辻利一・松本敏三・福西由美子）

VIII　EPMA：報文
19. MA 処理による W-C 系固相反応の EPMA 状態分析（山田和俊・高橋輝男・元山宗之）

IX　技術報告
20. EPMA 元素マップデータ処理システムの開発（稲場　徹・古川洋一郎）

X　既掲載 X 線粉末回折図形索引 No.1（Vol.8）～ No.10（Vol.18）（物質名と化学式による）」

XI　1997 年 X 線分析のあゆみ
1. X 線分析関係文献集
2. X 線分析関係国内講演会開催状況
3. X 線分析研究懇談会講演会開催状況
4. X 線分析研究懇談会規約
5. 「X 線分析の進歩」投稿の手引き
6. （社）日本分析化学会 X 線分析研究懇談会 1997 年度運営委員名簿
7. 「X 線粉末回折図形集」の収集に御協力のお願い

XII　X 線分析関連機器資料
XIII　既刊総目次
XIV　X 線分析の進歩 29 索引

◇ X線分析の進歩 30（X線工業分析第 34 集）
(平成 11 年発行)
B5 判 279 頁　本体価格 5,500 円
アグネ技術センター

I　特別寄稿
1. 「X 線分析の進歩」30 巻を記念して
X 線分析法の進展と X 線分析研究懇談会の発展を顧みて（大野勝美）

II　報文

2. Ti 酸化膜の波長分散型蛍光 X 線スペクトル測定（林 久史・小野寺修・宇田川康夫・大北博宣・角田範義）
3. 簡易型二結晶分光器による X 線輻射スペクトル（石塚貴司・Vlaicu Aurel-Mihai・杤尾達紀・伊藤嘉昭・向山 毅・早川慎二郎・合志陽一・河合 進・元山宗之・庄司 孝）
4. Cu の K 系列 X 線輻射スペクトルの微細構造（石塚貴司・杤尾達紀・Vlaicu Aurel-Mihai・大澤大輔・伊藤嘉昭・向山 毅・早川慎二郎・合志陽一・庄司 孝）
5. カーボン材料の放射光励起高分解能軟 X 線発光・吸収スペクトル（村松康司・林 孝好）
6. 散乱と重なりを考慮した蛍光 X 線強度の理論計算・及び定量分析への応用（越智寛友・中村秀樹・西埜 誠）
7. 蛍光 X 線分析法によるジルコニア質耐火物中の酸化ハフニウムの定量（朝倉秀夫・山田康治郎・脇田久伸）
8. Cu(InGa)Se 膜の EPMA による定量分析（刈谷哲也・白方 祥・磯村滋宏）
9. 低スピン・高スピンコバルト化合物の 2p X 線光電子と Kα X 線発光スペクトルにおける多体効果（奥 正興・我妻和明・小西徳三）
10. カルコパイライト型 CuInS 薄膜表面の X 線光電子分光と第一原理計算（福﨑浩一・古曳重美・山本哲也・渡辺隆行・吉川英樹・福島 整・小島勇夫）
11. OsO$_4$ グロー放電堆積膜のキャラクタリゼーション（早川優子・古曳重美・奥 正興・新井正男・吉川英樹・福島 整・生地文也）
12. 全反射 X 線光電子スペクトルにおけるバックグラウンド分布関数の検討（飯島善時・田澤豊彦）
13. 一連の鉄（Ⅲ）シッフ塩基錯体のオージェ電子および X 線光電子スペクトル（藤原 学・水村公俊・長谷川正光・松下隆之・池田重良）
14. X 線照射による一次元ハロゲン架橋混合原子価白金（Ⅱ／Ⅳ）錯体の固相還元反応（藤原 学・脇田久伸・栗崎 敏・山下正廣・松下隆之・池田重良）
15. 放物面人工多層膜を用いた薄膜用高分解能 X 線回折装置（表 和彦・藤縄 剛）
16. エネルギー分散型極低角入射 X 線回折法による超薄膜回折線の 3 次元マップ（石田謙司・堀内俊寿・松重和美）
17. 高強度 X 線と多軸ゴニオを有する薄膜解析装置による X 線反射率測定と深さ制御 In-Plane X 線回折（松野信也・久芳将之・表 和彦・坂田政隆）
18. X 線すれすれ入射 In-plane 回折装置の開発（表 和彦・松野信也）
19. 長尺ソーラースリットを搭載した粉末 X 線回折計とリートベルト解析プログラム RIETAN-98 の開発とその応用（池田卓史・泉富士夫）

Ⅲ 技術報告
20. 小型放射光源を用いた全反射蛍光 X 線分析（西勝英雄・松田十四夫・池田重良・山田 隆・天野大三）

Ⅳ ノート
21. 水溶液試料のポリイミドフィルム点滴による微量金属 EDS 分析（杉原敬一・田村浩一・佐藤正雄）

Ⅴ 既掲載 X 線粉末回折図形索引 No.1（Vol.8）～ No.10（Vol.18）（物質名と化学式による）〕

Ⅵ 1998 年 X 線分析のあゆみ
1. X 線分析関係文献集
2. X 線分析関係国内講演会開催状況
3. X 線分析研究懇談会講演会開催状況
4. X 線分析研究懇談会規約
5. 「X 線分析の進歩」投稿の手引き
6. (社) 日本分析化学会 X 線分析研究懇談会 1998 年度運営委員名簿
7. 「X 線粉末回折図形集」の収集に御協力のお願い

Ⅴ X 線分析関連機器資料
Ⅵ 既刊総目次
Ⅶ X 線分析の進歩 30 索引

◇X 線分析の進歩 31（X 線工業分析第 35 集）
（平成 12 年発行）
B5 判 221 頁　本体価格 5,500 円
アグネ技術センター

Ⅰ 報文
1. Al 原子の規則配置に基づく空間群による Na 型フェリエライトの構造解析（加藤正直・板橋慶治）
2. 実験室系高精度・高分解能平行ビーム法粉末 X 線回折装置の開発（藤縄 剛・佐々木明登）
3. XPS 測定時のポリ塩化ビニリデン損傷過程の検討（飯島善時・末吉 孝）
4. チタン化合物の Ti 2p X 線光電子スペクトルからの非弾性散乱部の除去（奥 正興・松田秀幸・我妻和明・古曳重美）
5. 斜出射 X 線回折による薄膜の構造評価（高田一広・野罷 敬・飯田厚夫）
6. コバルト（Ⅲ）錯体の CoNMR および X 線光電子スペクトル（藤原 学・門田知彦・山庄司由子・宮地洋子・松下隆之・池田重良）

7. 蛍光 X 線ホログラフィーの再現性（佐井 誠・林 好一・河合 潤）
8. In-plane X 線回折法による Si 薄膜の異方性評価（松野信也・久芳将之・森安嘉貴・森下 隆）
9. 非晶質カーボン薄膜における CK X 線発光・吸収スペクトルの特徴（村松康司・廣野 滋・梅村 茂・林 孝好・R.C.C.Perera）
10. K, Ca, Rb, SR 因子からみた花崗岩類の地域差（三辻利一・伊藤晴明・広岡公夫・杉 直樹・黒瀬雄士・浅井尚輝）
11. X 線の吸収を利用した薄膜材料の非破壊簡易定量法の開発（北村洋貴・寺田靖子・中井 泉・中込達治・趙 毅・稲益徳雄・原田泰造）
12. 蛍光 X 線イメージングによるカマン・カレホユック遺跡出土彩文土器の顔料分析（泉山優樹・松永将弥・中井 泉）
13. 種々の Li 化合物における Li-K 吸収スペクトル（辻 淳一・小島一男・池田重良・中松博英・向山 毅・谷口一雄）
14. 光学系の改善による EDXRF の検出下限値改善の試み（美濃林妙子・山田昌孝・野村恵章・宇高 忠・谷口一雄）
15. 軽元素分析対応 2 励起源を有する可搬型蛍光 X 線分析装置の試作（宇高 忠・野村恵章・美濃林妙子・二宮利男・谷口一雄）

II ノート
16. ポリイミドフィルム点滴法による水溶液試料中微量金属分析（杉原敬一・田村浩一・佐藤正雄）

III 既掲載 X 線粉末回折図形索引 No.1（Vol.8）～ No.10（Vol.18）（物質名と化学式による）]

IV 1999 年 X 線分析のあゆみ
1. X 線分析関係文献集
2. X 線分析関係国内講演会開催状況
3. X 線分析研究懇談会講演会開催状況
4. X 線分析研究懇談会規約
5. 「X 線分析の進歩」投稿の手引き
6. （社）日本分析化学会 X 線分析研究懇談会 1999 年度運営委員名簿
7. 「X 線粉末回折図形集」の収集に御協力のお願い

IV X 線分析関連機器資料
V 既刊総目次
VI X 線分析の進歩 31 索引

◇X 線分析の進歩 32（X 線工業分析第 36 集）
（平成 13 年発行）

B5 判 230 頁　本体価格 5,500 円
アグネ技術センター

I 解説
1. 遷移金属の Lα, Lβ スペクトルの化学結合効果（河合 潤）
2. 斜出射 X 線測定型の電子線プローブマイクロアナリシス（辻 幸一）
3. RIETAN‐2000 の Le Bail 解析機能の検証と応用（池田卓史・泉 富士夫）

II 報文
4. NiKα₁/NiKβ 線を用いた 2 波長 X 線反射率法の検討（宇佐美勝久・小林憲雄・平野辰巳・田島康成・今川尊雄）
5. EPMA 用 Cr/Sc 多層膜分光素子の分光性能（河辺一呆・山田浩之・奥village豊彦）
6. 高分解能平行ビーム法による結晶格子の熱膨張測定（光永 徹・西郷真理・藤縄 剛）
7. In‐Plane 回折法におけるプロファイル形状評価（高瀬 文・藤縄 剛）
8. 種々の K, Ca 化合物の K X 線スペクトル変化（星野公記・玉木洋一）
9. V Kβ スペクトルの吸収端励起（河合 潤・原田真吾・岸田逸平・岩住俊明・片野林太郎・五十棲泰人・小路博信・七尾 進）
10. 斜入射蛍光 X 線法による BST/SRO 同時組成分析（村上裕是・寺田慎一・古川博明・西萩一夫）
11. 発光過程を識別した蛍光収量 X 線吸収スペクトル測定（村松康司）
12. 軟 X 線を用いた弗化物の K 吸収端の測定（杉村哲郎・河合 潤・前田邦子・福島昭子・辛 埴・元山宗之・中島剛）
13. レイリー又はコンプトン散乱の理論強度で補正する定形外試料と窯業原料の蛍光 X 線分析（越智寛友）

III 技術報告
14. 立命館大学小型放射光源における X 線反射率測定ビームライン（西勝英雄・宮田洋明・山田 隆・谷 克彦・岩崎 博・山本安一・庄司 孝・堂井 真・岩田周行）

IV 既掲載 X 線粉末回折図形索引 No.1（Vol.8）～ No.10（Vol.18）（物質名と化学式による）

V 2000 年 X 線分析のあゆみ
1. X 線分析関係文献集
2. X 線分析関係国内講演会開催状況
3. X 線分析研究懇談会講演会開催状況

4. X線分析研究懇談会規約
5. 「X線分析の進歩」投稿の手引き
6. (社)日本分析化学会X線分析研究懇談会2000年度運営委員名簿
7. 「X線粉末回折図形集」の収集に御協力のお願い

Ⅵ X線分析関連機器資料
Ⅶ 既刊総目次
Ⅷ X線分析の進歩32索引

◇X線分析の進歩33（X線工業分析第37集）
（平成14年発行）
B5判384頁　本体価格5,500円
アグネ技術センター

Ⅰ 総説・解説
1. フォトンファクトリーにおける放射光蛍光X線分析―過去・現在・未来―（飯田厚夫）
2. 偏光と位相に関連した放射光X線利用研究（平野馨一・沖津康平・百生 敦・雨宮慶幸）
3. 蛍光X線分析法による高融点炭化物，窒化物およびホウ化物中の含有不純物の定量（金子啓二・熊代幸伸・平林正之）
4. X線回折法による表面・界面の解析（高橋敏男）
5. K, Ca, Rb, Srによる須恵器窯の分類（三辻利一・松井敏也）
6. X線検出器の最近の動向について（安藤真悟）

Ⅱ 全反射，反射率，定在波，ナノ，表面・界面
7. 楔形Siフィルターを用いた放射光励起全反射蛍光X線分析における増感効果（西勝英雄・早川慎二郎・白石晴樹・園部将実・杉山 進・鳥山壽之）
8. 最小二乗法によるX線反射率解析値の信頼性評価法の検討（上田和浩・百生秀人・平野辰巳・宇佐美勝久・今川尊雄）
9. 銀ナノ微粒子多層膜における周期多層化とその評価（桑島修一郎・吉田郵引・安部浩司・谷垣宣孝・八瀬清志・長澤 浩・桜井健次）
10. 多層膜における全電子収量X線定在波法を用いた層構造の面内分布測定の試み（村松康司・竹中久貴・E.M.GULLIKSON・R.C.C.PERERA）
11. 多点マッピング全反射蛍光X線分析によるシリコンウェハ全面平均濃度分析に関する統計学的検討（森 良弘・上村賢一・飯塚悦功）
12. X線反射率法による表面層解析における密度傾斜効果のシミュレーション（水沢まり・桜井健次）
13. 反射X線小角散乱法による薄膜中のナノ粒子・空孔サイズ測定（表 和彦・伊藤義泰）
14. Si(001)表面のSurface Melting現象の in situ 観察（木村正雄・碇 敦）
15. X線反射率測定用屈折透過型X線フィルタの試作と有用性について（籠 恵太郎・石田謙司・堀内敏寿・松重和美）

Ⅲ X線光学・顕微鏡
16. New Capabilities and Application of Compact Source-cptic Combinations（P.BLY・T.BIEVENUE・J.BURDETT・Z.W.CHEN・N.GAO・D.M.GIBSON・W.M.GIBSON, H.HUANG・I.Yu.PONOMAREV）
17. 動画撮像可能な蛍光X線顕微鏡の開発（桜井健次）

Ⅳ 化学状態分析
18. Mn(Ⅱ)の$K\beta'$および$K\beta_5$蛍光X線スペクトルの強度比変化―アンジュレータ放射光による微量化学状態分析の可能性―（江場宏美・桜井健次）
19. V $K\beta$線を用いた電子線衝撃X線状態分析の検討（菅原健久・玉木洋一）

Ⅴ 装置
20. 銅めっき法とX線マイクロプローブとを組み合わせたSi(Li)素子の特性評価（久米 博・尾鍋秀明・小日向貢・柏木昇介）
21. 飛行時間型光電子分光装置の開発（岩本 隆・原田高宏・森久祐司・南雲雄三・藤田 真・林 茂樹）

Ⅵ データ処理
22. EXEFS解析ソフト（田口武慶）
23. 蛍光X線スペクトルの移動差し引きによる塩素の定量（国谷譲治）

Ⅶ 土壌・環境分析
24. 小型蛍光X線分析装置を用いた土壌中の重金属分析（永田昌嗣・椎野 博・宇高 忠・吉川裕泰）
25. 新開発の3ビーム励起源とシリコンドリフト検出器を備えた可搬型蛍光X線分析装置によるシナイ半島出土遺物のその場分析の試み（中井 泉・山田祥子・寺田靖子・中嶋佳秀・高村浩太郎・椎野 博・宇高 忠）
26. エネルギー分散型蛍光X線分析による環境試料分析のための基礎検討（古谷吉章・真鍋晶一・河合 潤）

Ⅷ 既掲載X線粉末回折図形索引No.1（Vol.8）～No.10（Vol.18）（物質名と化学式名による）

Ⅸ 2001年X線分析のあゆみ
1. X線分析関係国内講演会開催状況
2. X線分析研究懇談会講演会開催状況
3. X線分析研究懇談会規約

4. 「X線分析の進歩」投稿の手引き
5. （社）日本分析化学会X線分析研究懇談会2001年度運営委員名簿
6. 「X線粉末回折図形集」の収集に御協力のお願い
X　X線分析関連機器資料
XI　既刊総目次
XII　X線分析の進歩33　索引

◇X線分析の進歩34（X線工業分析第38集）
（平成15年発行）
B5判 349頁　本体価格 5,500円
アグネ技術センター

I　総説・解説
1. 放射光とレーザーの組み合わせによる新しい分光法（鎌田雅夫・田中仙君・高橋和敏・東　純平・辻林　徹・有本収ノ・渡辺雅之・中西俊介・伊藤　寛・伊藤　稔）
2. High Sensitivity Detection and Characterization of the Chemical State of Trace Element Contamination on Silicon Wafers（Piero PIANETTA, Andy SINGH, Katharina BAUR, Sean BRENNAN, Takayuki HOMMA, Nobuhiro KUBO）
3. X線・中性子反射率法による高分子単分子膜および高分子電解質ブラシのナノ構造評価（松岡秀樹・毛利恵美子・松本幸三）
4. XAFS法による金属錯体の溶存構造解析（栗崎敏）
5. 時分割XAFS装置の開発と反応中間体の局所構造解析（稲田康宏）
6. 特定元素の生体濃縮と生体鉱物化現象に対するX線分析の応用（沼子千弥）
7. 位置敏感式結晶分光器を用いたPIXE分光：大気中での化学状態分析への応用（前田邦子・長谷川賢一・浜中廣見・前田　勝）

II　装置・検出器
8. 新しく開発した液体セルシステムによる軽金属塩水溶液の軟X線吸収分光測定（松尾修司・栗崎敏・P. Nachimuthu・R. C. C. Perera・脇田久伸）
9. 可搬型X線回折装置の試作（前尾修司・中井　泉・野村惠章・山尾博行・谷口一雄）
10. 微小ビーム強度モニターの開発とマイクロビームX線分析への応用（早川慎二郎・鈴木基寛・廣川　健）

III　測定法
11. レーザー照射Fe-3%Si単結晶粒内の応力分布測定（今福宗行・鈴木裕士・三沢啓志・秋田貢一）
12. グラファイトと六方晶窒化ホウ素の軟X線発光・吸収スペクトルにおけるπ/σ成分比の出射・入射角依存性（村松康司・Eric M.GULLIKSON・Rupert C.C.PERERA）
13. 入射X線高次線を有効利用した二波長同時励起全反射蛍光X線分析（森　良弘・上村賢一・松尾　勝・福田智行・清水一明・山田　隆）
14. AES-EELFSによる炭素系材料の状態分析（渡部孝）
15. X線ラジオグラフィーによる発泡アルミ材の圧壊過程の動的観察（渡部　孝・有賀康博・三好鉄二・槇井浩一）

IV　状態分析
16. 希土類金属元素からのK発光X線スペクトル強度に影響を及ぼす要因の検討－化学結合効果観測の可能性（原田雅章・桜井健次）
17. C_{60}の高圧相変化過程のX線分光解析（山下　満・元山宗之・堀川高志・水渡嘉一・小野寺昭史）
18. 配位子の軟X線吸収スペクトルによる金属ポルフィリン錯体の状態分析（山重寿夫・栗崎　敏・Istvar CSERNY・脇田久伸）
19. X線回折法によるMCM-41細孔中に閉じ込められたメタノールの構造解析（丸山浩和・高椋利幸・山口敏男・橘高茂治・高原周一）
20. 置換基を有する鉄（III）シッフ塩基（サレン）錯体のX線光電子スペクトル（山口敏弘・水村公俊・浅田英幸・藤原　学・松下隆之）
21. 希土類フッ化物のX線吸収スペクトル（貝淵和喜・河合　潤・永園　充・福島昭子・辛　垍）

V　土壌・環境分析
22. 小型蛍光X線分析法を用いた土壌中の有害重金属の分析（椎野　博・芦田　肇・中村　保・高村浩太郎・宇高　忠）
23. 小型蛍光X線分析法を用いたオイル中のイオウ及び塩素分析（見吉勇治・永井宏樹・中嶋佳秀・宇高　忠）
24. 植生の異なる森林土壌中の無機成分の分析（深谷靖恵・広瀬由起・藤原　学・松下隆之）
25. 新開発のポータブル蛍光X線分析装置によるエジプト，アブ・シール南丘陵遺跡出土遺物のその場分析（真田貴志・保倉明子・中井　泉・前尾修二・野村惠章・谷口一雄・宇高　忠・吉村作治）
26. 放射光蛍光X線分析によるおよび樹皮に記入皮いりかわ録された環境汚染史の解読（石川友美・

保倉明子・中井 泉・寺田靖子・佐竹研一）
VI 既掲載X線粉末回折図形索引 No.1（Vol.8）〜No.10（Vol.18）（物質名と化学式名による）
VII 2002年X線分析のあゆみ
 1. X線分析関係国内講演会開催状況
 2. X線分析研究懇談会講演会開催状況
 3. X線分析研究懇談会規約
 4. 「X線分析の進歩」投稿の手引き
 5. （社）日本分析化学会X線分析研究懇談会2002年度運営委員名簿
 6. 「X線粉末回折図形集」の収集に御協力のお願い
VIII X線分析関連機器資料
IX 既刊総目次
X X線分析の進歩34 索引

◇X線分析の進歩35（X線工業分析第39集）
（平成16年（2004）発行）
B5判271頁 本体価格5,500円
アグネ技術センター

I 解説・報文
[解説]
 1. 寿命幅フリーXAFS分光（林久史）
[報文]
 2. 蛍光X線分析による弥生時代の人骨に含有する微量元素動態の研究（山口誠治）
 3. 小角X線散乱法によるナノ粒子及び気孔の粒度分布解析手法の研究（橋本久之・稲場 徹）
 4. 斜入射X線散漫散乱法を用いた凹凸評価における蛍光X線の影響（上田和浩・平野辰巳）
 5. 電線被覆材中の微量有害物質の分析（山田康治郎・森山孝男・井上 央）
 6. 単色X線励起蛍光X線分析法によるFeCr合金の定量と不確かさの評価（倉橋正保・水谷 淳・斉藤浩紀・野々瀬菜穂子・日置昭治）
 7. 焦電結晶を用いた蛍光X線分析による日用品の異同識別（井田博之・河合 潤）
 8. Co Kβスペクトルの吸収端励起（河合 潤・原田真吾・正岡重行・北川 進・岩住俊明・五十棲泰人・小路博信・七尾 進）
 9. 蛍光X線分析用の微量金属定量用プラスチック標準試料の開発―原子吸光光度法及びICP-AESへの応用―（中野博彦・本村和子・松野京子・中村利廣）
 10. 3次元偏光光学系を利用したエネルギー分散型蛍光X線分析装置によるプラスチック中の有害重金属元素の高感度非破壊定量（千葉晋一・保倉明子・中井 泉・水平 学・赤井 孝）
 11. 標準的な固体炭素化合物の軟X線発光・吸収スペクトル（村松康司・Eric M.GULLIKSON・Rupert C.C.PERERA）
 12. リチウム化合物のXPSスペクトルの研究（前田賢一・岩田祐季・藤田 学・辻 淳一・春山雄一・神田一浩・松井真二・小澤尚志・八尾 健・谷口一雄）
 13. 蛍光X線分析法を用いた極微小粒子の分析（前尾修司・黒沢鉄平・豊田 徹・愛甲健二・蓬莱泉雄・谷口一雄）
 14. 超軟X線励起XPSによるリチウムイオン2次電池正極材料（$LiMn_2O_4$）の充・放電サイクルの研究（藤田 学・小林克己・前田賢一・辻 淳一・春山雄一・神田一浩・松井真二・小澤尚志・八尾 健・谷口一雄）
 15. 希ガスイオン照射したC_{60}のX線分光解析（山下満・元山宗之・福島 整・高廣克己・大河亮介・川面澄）
 16. 波長分散型全反射蛍光X線分析法による環境水中微量元素分析のための試料調製法の検討（Sandor KURUNCZI・庄司雅彦・桜井健次）
 17. 反射板を利用した全反射蛍光X線分析の基礎検討（辻 幸一）
 18. ローランド円半径100ミリの超小型ヨハンソン型蛍光X線分光器の開発（桜井健次）
[解説]
 19. 比例計数管（河合 潤）
[報告]
 20. 第10回全反射蛍光X線分析国際会議（TXRF 2003）報告（国際会議実行委員会）
 21. 池田重良先生叙勲（西勝英雄）
II 既掲載X線粉末回折図形索引 No.1（Vol.8）〜No.10（Vol.18）（物質名と化学式名による）
III 2003年X線分析のあゆみ
 1. X線分析関係文献集
 2. X線分析関係国内講演会開催状況
 3. X線分析研究懇談会講演会開催状況
 4. X線分析研究懇談会規約
 5. 「X線分析の進歩」投稿の手引き
 6. （社）日本分析化学会X線分析研究懇談会2003年度運営委員名簿
 7. 「X線粉末回折図形集」の収集に御協力のお願い
IV X線分析関連機器資料
V 既刊総目次
VI X線分析の進歩35 索引

◇X線分析の進歩 36（X線工業分析第 40 集）
(平成 17 年（2005）発行)
B5 判 401 頁　本体価格 5,500 円
アグネ技術センター

I　X線分析討論会第 40 回記念講演会企画依頼寄稿

1. ［解説］環境リサイクルを巡る経済産業省の取り組み（電気電子製品中の有害物質対策等）（中村啓子）
2. ［報文］エネルギー分散型蛍光 X 線分析装置（EDXRF）による土壌中の砒素・鉛含有量評価（丸茂克美・氏家 亨・江橋俊臣）
3. ［解説］蛍光 X 線分析用標準物質（中野和彦・中村利廣）
4. ［解説］放射光軟 X 線状態分析の研究・技術動向（村松康司）
5. ［解説］蛍光 X 線分析法における近年の要素技術の進歩と特殊な測定方法（辻 幸一）

II　解説・総説

6. モンテカルロ・シミュレーションの電子線マイクロアナライザー分析への応用（長田義男）
7. X 線回折理論と結晶構造解析の系譜および高木-Taupin 型 X 線多波動力学的回折理論の導出と検証（沖津康平）
8. 高速・高分解能粉末 X 線回折装置の評価（山路 功）
9. 湿式化学分析と組み合わせた蛍光 X 線による半導体材料の分析（籔本周邦・植松重和・篠塚 功・石﨑 享）
10. 乾電池 X 線源と蛍光 X 線分析（井田博之・河合 潤）
11. 広域 X 線発光微細構造（河合 潤）
12. 半導体検出器（河合 潤・村上浩亮・小山徹也）

III　報文：有害元素分析

13. 水溶液中の微量有害物質の分析（森山孝男・山田康治郎・河野久征）
14. 散乱 X 線の理論強度を用いる樹脂中カドミウム，鉛の蛍光 X 線分析（越智寛友・南竹里子・渡邊信次）
15. 乾電池小型蛍光 X 線装置による環境標準試料の蛍光 X 線分析（石井秀司・宮内宏哉・日置 正・河合潤）
16. Cd Kα 線を用いた蛍光 X 線分析法による玄米中 sub-ppm レベルの Cd の迅速定量（永山裕之・小沼亮子・保倉明子・中井 泉・松田賢士・水平 学・赤井孝夫）

IV　報文：方法・装置

17. $Y_3a_2Cu_3O_{7-x}$ 単結晶における X 線回折像に現れるスペックルと超伝導相転移の相関（鈴木 拓・高野秀和・竹内晃久・上杉健太朗・朝岡秀人・鈴木芳生）
18. 「微分型」X 線ラマン散乱分光の試み（林 久史・河村直己・七尾 進）
19. キノア種子の X 線元素マッピングにおける自己吸収の影響の低減（江本哲也・小西洋太郎・X. Ding・辻 幸一）
20. 全反射蛍光 X 線法によるシリコンウェハ表面汚染の全面迅速マッピング分析（森良弘・上村賢一・河野浩・山上基行・清水康裕・鬼塚義延・飯塚悦功）
21. 卓上型放射光装置"みらくる"を用いた重元素の蛍光 X 線分析（西勝英雄・山田廣成・平井 暢・小川浩太郎）
22. マルチエネルギー強力 X 線光源強度の加速電圧依存性とその経時変化（石井秀司・尾張真則・堂井 真・塚本勝美・高橋貞幸・志水隆一・二瓶好正）

V　報文：化学状態分析

23. 全蛍光収量法で測定した軟 X 線吸収スペクトルの電子状態計算による形状解析：粉末および水溶液中のアルミン酸ナトリウムの構造解析（松尾修司・P.Nachimuthu・D.W.Lindle・R.C.C.Perera・脇田久伸）
24. XPS および XANES 法を用いた金属ポルフィリン錯体の電子状態分析（山重寿夫・松尾修司・栗崎敏・脇田久伸）
25. 二核および三核鉄（III）シッフ塩基錯体の X 線光電子スペクトル（根来 世・浅田英幸・藤原 学・松下隆之）
26. 二酸化マンガンに吸着した金（III）イオンの還元挙動：XPS による研究（大橋弘範・江副博之・山重寿夫・岡上吉広・松尾修司・栗崎 敏・脇田久伸・横山拓史）

VI　既掲載 X 線粉末回折図形索引 No.1（Vol.8）〜 No.10（Vol.18）（物質名と化学式名による）

VII　2004 年 X 線分析のあゆみ

1. X 線分析関係文献集
2. X 線分析関係国内講演会開催状況
3. X 線分析研究懇談会講演会開催状況
4. X 線分析研究懇談会規約
5. 「X 線分析の進歩」投稿の手引き
6. （社）日本分析化学会 X 線分析研究懇談会 2005 年度運営委員名簿
7. X 線粉末回折図形集」の収集に御協力のお願い

VIII　X 線分析関連機器資料

IX 既刊総目次
X X線分析の進歩 36　索引

◇X線分析の進歩 37（X線工業分析第 41 集）
（平成 18 年（2006）発行）
B5 判 375 頁　本体価格 5,500 円
アグネ技術センター

1. 追悼　浅田榮一先生　浅田先生の御業績（加藤正直）

I 解説・総説
2. ごみ焼却に伴うダイオキシン類生成における飛灰中銅の挙動（髙岡昌輝）
3. 2005 年 X 線分析関連文献総合報告（河合 潤・桜井健次・辻 幸一・林 久史・松尾修司・森 良弘・渡部 孝）

II 報文：XRF
4. 散乱 X 線の理論強度を用いる蛍光 X 線分析（越智寛友・渡邊信次）
5. 植物中の重金属の簡易蛍光 X 線分析（小寺浩史・西岡 洋・村松康司）
6. 微量重金属分析用蛍光 X 線分析装置の土壌環境評価への応用（丸茂克美・氏家 亨・小野木有佳・根本尚大・松野賢吉）
7. 高感度蛍光 X 線分析法を用いた土壌中の有害重金属の分析（村岡弘一・宇高 忠・谷口一雄）
8. 小型高電圧 X 線管を用いた環境試料中有害重金属カドミウムの分析（俣野有美・宇高 忠・二宮利男・野村惠章・一瀬悠里・沼子千弥・谷口一雄）
9. 蛍光 X 線による銅合金中有害金属の迅速分析（松田賢士・水平 学・山本信雄）
10. 高感度点滴ろ紙と蛍光 X 線分析を用いた土壌溶出溶液の分析（森山孝男・東馬苗子・山田康治郎・河野久征）
11. ELV 指令に対する銅合金中有害元素の蛍光 X 線分析（山田康治郎・小辻秀樹・閑歳浩平・森山孝男・山田 隆・河野久征）
12. 炭素添加熱分解性窒化ホウ素の放射光軟 X 線状態分析（村松康司・藤井清利・J.D.Denlinger・E.M.Gullikson・R.C. C.Perera）
13. 除電用小型 X 線管を用いた蛍光 X 線測定（河合 潤・松田亘司・林 豊秀）
14. 市販 Si-PIN ホトダイオードの X 線検出器としての検討（田辺謙造・青山大督・小原一徳・谷口一雄）
15. 日用品の蛍光 X 線分析（山田 武・山田 悦）

III 報文：XPS
16. 全反射 X 線光電子分光法による WS_2/C 多層薄膜の解析（飯島善時・大濱敏之・田澤豊彦）
17. XPS 法によるテトラアザ配位子を用いた π 電子雲拡張効果の電子状態分析（山重寿夫・井上芳樹・松尾修司・栗崎 敏・脇田久伸）
18. イオン散乱・光電子分光による 6H-SiC 清浄表面の構造解析（城戸義明・竹内史典・福山 亮・松原佑典・星野 靖）

IV 報文：X 線回折・反射率
19. 試料水平型 X 線反射率測定装置への人工多層膜モノクロメータの適用（矢野陽子・飯島孝夫）
20. X 線回折法における簡易定量プログラムの精度（宮内宏哉・中村知彦・日置 正）
21. エネルギー分散型ポータブル粉末 X 線回折装置の開発とエジプトの遺跡発掘現場におけるその場分析（熊谷和博・保倉明子・中井 泉・宇高 忠・谷口一雄・吉村作治）

V 報文：SEM, EPMA, マイクロビーム X 線
22. 水素吸蔵合金の SEM-EDX による元素分布分析（武田匡史・石井秀司・田邊晃生・河合 潤）
23. シリコンドリフト線検出器による走査電子顕微鏡での SEM-EDX（石井秀司・河合 潤）
24. ポリキャピラリー X 線レンズの特性評価（田中啓太・堤本 薫・荒井正浩・辻 幸一）
25. 放射光マイクロビームを用いたヒ素高集積植物モエジマシダの根における蛍光 X 線イメージングと蛍光 XANES 測定（北島信行・小沼亮介・保倉明子・寺田靖子・中井 泉）

VI 報文：XAFS
26. Ga 化合物の寿命幅フリー・価数選別 XAFS（林 久史・佐藤 敦・宇田川康夫）
27. Ti 添加 β-FeOOH さびの XAFS 解析（世木 隆・中山武典・石川達雄・稲葉雅之・渡部 孝）
28. 三次元偏光光学系蛍光 X 線装置による大気浮遊粒子状物質の高感度組成分析と XANES による硫黄の状態分析（南齋雄一・保倉明子・松田賢士・水平 学・中井 泉）

VII 新刊紹介
29. 「蛍光 X 線分析の実際」（脇田久伸）
30. "X-Rays for Archaeology", "Non-Destructive Examination of Cultural Objects － Recent Advances in X-Ray Analysis －（文化財の非破壊調査法－ X 線分析の最前線－）"（河合 潤）
31. "Non-Destructive Microanalysis of Cultural Heritage Materials"（河合 潤）

VIII 既掲載 X 線粉末回折図形索引 No.1（Vol.8）～ No.10（Vol.18）（物質名と化学式名による）
IX 2005 年 X 線分析のあゆみ
 1. X 線分析関係国内講演会開催状況
 2. X 線分析研究懇談会講演会開催状況
 3. X 線分析研究懇談会規約
 4.「X 線分析の進歩」投稿の手引き
 5. （社）日本分析化学会 X 線分析研究懇談会 2006 年度運営委員名簿
X X 線分析関連機器資料
XI 既刊総目次
XII X 線分析の進歩 37 索引

◇ X 線分析の進歩 38（X 線工業分析第 42 集）
（平成 19 年（2007）発行）
B5 判 411 頁 本体価格 5,500 円
アグネ技術センター

I 総説
 1. ポータブル複合 X 線分析装置—開発のいきさつと応用例—（宇田応之）
 2. 岩石粉末の性状とガラスビード/蛍光 X 線分析（中山健一・中村利廣）
 3. 3d 遷移金属の X 線吸収スペクトルのプレエッジピークは電気四重極遷移か電気双極子遷移か？（山本 孝）
 4. 2006 年 X 線分析関連文献総合報告（桜井健次・辻 幸一・中野和彦・林 久史・松尾修司・森 良弘・渡部 孝）

II 原著論文
 5. 改重回帰分析及び形状からの偽造硬貨の異同識別（三井利幸・肥田宗政）
 6. L 特性 X 線を用いたタンタルおよびタングステン化合物の状態分析法の検討（上原 康・河瀬和雅）
 7. Kβ 蛍光 X 線スペクトルによる MnZn フェライトの Mn サイトの識別と磁性評価（江場宏美・桜井健次）
 8. 高速蛍光 X 線イメージング法による $ZnGa_2O_4$ コンビナトリアル試料の迅速評価（江場宏美・桜井健次）
 9. 小型エネルギー分散型蛍光 X 線分析装置による軽元素の測定（俣野有美・村岡弘一・宇高 忠・野村恵章・中井 泉・谷口一雄）
 10. 超高感度蛍光 X 線分析装置を用いた土壌中の有害重金属の測定（村岡弘一・宇高 忠・谷口一雄）
 11. 微小領域への X 線集光を実現する二重湾曲結晶の開発（葛下かおり・前尾修司・宇高忠・島田尚一・小田和弘・阿部智之・谷口一雄）
 12. 微小焦点を可能とする多重励起 X 線管の開発（前尾修司・宇高 忠・久保田誉之・谷口一雄）
 13. Kβ スペクトルによるケイ素と硫黄の酸素との結合状態の定量的解析の試み（国谷譲治）
 14. 散乱 X 線の理論強度を用いて評価した，合金，メッキ，ガラス中カドミウム，鉛，クロムの蛍光 X 線分析（越智寛友・中村秀樹・渡邊信次）
 15. ビスマス，鉛，スズの蛍光 X 線 Lα: Lβ 強度比の変化要因（塩井亮介・佐々木宣治・衣川吾郎・河合 潤）
 16. 小型蛍光 X 線分析装置を用いた人為的鉛・硫黄土壌汚染と自然汚染の識別（丸茂克美・氏家 亨・根本尚大・小野木有佳）
 17. 小型エネルギー分散型蛍光 X 線分析装置（EDXRF）を用いた汚染土壌地の現場迅速分析事例（丸茂克美・氏家 亨・小野木有佳）
 18. 鉛蓄積性植物シシガシラの蛍光 X 線定量分析における試料灰化条件の検討（小寺浩史・上山智子・西岡 洋・村松康司）
 19. 電磁波吸収セラミックス表面に燻化成膜したいぶし炭素膜の放射光軟 X 線状態分析（大林真人・村松康司・Eric M.Gullikson・三木雅道）
 20. 全電子収量軟 X 線吸収分光法による炭素表面酸化の定量分析（上田 聡・村松康司・Eric M. Gullikson）
 21. XPS, SPM を用いた MEH-PPV（有機 EL 材料）の表面解析（飯島善時・境 悠治・中本圭一・大濱敏之）
 22. エネルギー分散法による超音波照射下の水の"その場" X 線回折（矢野陽子・道口洵也・飯島孝夫）
 23. 高エネルギー蛍光 X 線（35〜60 keV）を高分解能分光するための機器開発（桜井健次・水沢まり・寺田靖子）
 24. 異常分散利用 2 波長差分 X 線反射率のフーリエ変換による積層構造解析法の検討（上田和浩）
 25. 蛍光 X 線イメージングによる元素移動過程の動的観察（江場宏美・桜井健次）
 26. 小型全反射蛍光 X 線分析装置による燃料電池排水の分析（河原直樹・清水雄一郎・稲葉 稔・神鳥恒夫・山田 隆・山本勝彦）
 27. 蛍光 X 線分析法による各種金属試料中有害元素の定量分析（古川博朗・寺下衛作・山下昇・市丸直人・大和亮介・西埜 誠）

28. ［ノート］焦電結晶の電圧測定（菅 祥吾・山本 孝・河合 潤）
29. ハンディーサイズの全反射蛍光 X 線分析装置による土壌浸出水モデル試料中の元素分析（国村伸祐・河合 潤・丸茂克美）
30. ポータブル粉末 X 線回折装置の開発と考古資料のその場分析への応用（中井 泉・前尾修司・田代哲也・K. タンタラカーン・宇高 忠・谷口一雄）

Ⅲ 新刊紹介
31. 「化学者たちのセレンディピティー——ノーベル賞への道のり—」
32. "Handbook of Practical X-Ray Fluorescence Analysis"
33. 「物質の構造 II, 分光（下）第 5 版実験化学講座」

Ⅳ 既掲載 X 線粉末回折図形索引 No.1（Vol.8）〜 No.10（Vol.18）（物質名と化学式名による）

Ⅴ 2006 年 X 線分析のあゆみ
1. X 線分析関係国内講演会開催状況
2. X 線分析研究懇談会講演会開催状況
3. X 線分析研究懇談会規約
4. 「X 線分析の進歩」投稿の手引き
   浅田賞報告
5. （社）日本分析化学会 X 線分析研究懇談会 2007 年度運営委員名簿

Ⅵ X 線分析関連機器資料
Ⅶ 既刊総目次
Ⅷ X 線分析の進歩 38 索引

◇X 線分析の進歩 39（X 線工業分析第 43 集）
（平成 20 年（2008）発行）
B5 判 249 頁 本体価格 5,500 円
アグネ技術センター

Ⅰ 総説・解説
1. X 線屈折レンズ誕生の経緯（富江敏尚）
2. X 線を曲げる・絞る, X 線分析の革新技術—マルチキャピラリ（ポリキャピラリ）X 線レンズとその応用—（副島啓義）
3. 2007 年 X 線分析関連文献総合報告（石井真史・栗崎 敏・高山 透・辻 幸一・沼子千弥・林 久史・前尾修司・松尾修司・村松康司・森 良弘・横溝臣智・渡部 孝）
4. 微小角入射 X 線回折による表面近傍層の深さ方向構造解析（藤居義和）
5. ICXOM 2007 報告（河合 潤）

Ⅱ 原著論文

6. 表面プラズモン共鳴（SPR）を利用した X 線検出器（國枝雄一・永島圭介・長谷川 登・越智義浩）
7. 放射光軟 X 線分光法の食品分析への応用；播州駄菓子かりんとうの酸化反応観察（村松康司・鎌本啓志・野澤治郎・天野 治・Eric M. Gullikson）
8. 照射・検出同軸型の微小部 XRF プローブの開発（米原 翼・辻 幸一）
9. 全電子収量軟 X 線吸収分光法による黒鉛系炭素表面酸化の定量分析（2）；DV-Xα 法による検量線の再現と分析精度の向上（上田 聡・村松康司・Eric M. Gullikson）
10. 次世代 X 線検出器 TES 型マイクロカロリーメータによる SEM-EDS 分析システムの開発と応用（中井 泉・小野有紀・李 青会・本間芳和・田中啓一・馬場由香里・小田原成計・永田篤士・中山 哲）
11. Kβ" 線は状態選別 XAFS のプローブとなるか？（林 久史）
12. XPS による Cr 化合物中の微量 6 価クロムの解析（飯島善時・岡部 康・大濱敏之・高橋秀之）
13. 集光 X 線光学系を用いた EDXRF による軽元素の高感度分析（村岡弘一・宇高 忠・谷口一雄）
14. 小型・軽量蛍光 X 線分析装置を用いた土壌中の有害物質の分析（荒木淑絵・村岡弘一・宇高 忠・谷口一雄）
15. プラズモンピークのイントリンシック・エクストリンシックの区別についての研究（高山昭一・河合 潤）
16. 粘着性テープを用いた蛍光 X 線分析用簡易サンプリング方法（西田洋介・辻 幸一）
17. 試料水平型実験室超軟 X 線分光スペクトル分光装置の開発とその評価（栗崎 敏・松尾修司・Rupert C.C.Perera・James H.Underwood・脇田久伸）
18. X 線吸収スペクトルによる亜鉛ガリウム酸化物ナノ粒子の結晶性評価（江場宏美・桜井健次）
19. 蛍光 X 線分析機能を備えたポータブル粉末 X 線回折計の開発と考古遺物のその場分析への応用（阿部善也・K. タンタラカーン・中井 泉・前尾修司・宇高 忠・谷口一雄）

Ⅲ 新刊紹介
20. "Handbook of X-Ray Data"
21. "Applications of Synchrotron Radiation — Micro Beams in Cell Micro Biology and Medicine —"
22. 「内殻分光—元素選択性をもつ X 線内殻分光の歴史・理論・実験法・応用—」
23. 「＜はかる＞科学, 計・測・量・謀…はかるを

24. 「キリストの棺, 世界を震撼させた新発見の全貌」

IV 既掲載 X 線粉末回折図形索引 No.1 (Vol.8) 〜 No.10 (Vol.18)（物質名と化学式名による）

V 2007 年 X 線分析のあゆみ
1. X 線分析関係国内講演会開催状況
2. X 線分析研究懇談会講演会開催状況
3. X 線分析研究懇談会規約
4. 「X 線分析の進歩」投稿の手引き
   浅田賞報告
5. （社）日本分析化学会 X 線分析研究懇談会 2008 年度運営委員名簿

VI X 線分析関連機器資料
VII 既刊総目次
VIII X 線分析の進歩 39　索引

◇ X 線分析の進歩 40（X 線工業分析第 44 集）
（平成 21 年（2009）発行）
B5 判 407 頁　本体価格 5,500 円
アグネ技術センター

1. 新井智也氏　追悼

I 総説・解説
1. ［解説］ハンドヘルド蛍光 X 線分析装置の進歩と新しい分析事例（遠山惠夫・Stanislaw Piorek）
2. ［総説］2008 年 X 線分析関連文献総合報告（石井真史・栗崎 敏・高山 透・谷田 肇・永谷広久・中野和彦・沼子千弥・林 久史・原田 誠・前尾修司・松尾修司・村松康司・森 良弘）
3. ［解説］ガラスキャピラリーを使った X 線収束，イオンビーム収束に関する研究：ロシア，米国，日本の歴史と現状について（梅澤憲司）
4. ［解説］パルス強磁場中での X 線磁気円二色性分光（松田康弘）
5. ［総説］X 線要素技術の動向と X 線先端計測の展望（谷口一雄）
6. ［総説］アスベストの分析－顕微鏡法と粉末 X 線回折法（中山健一・中村利廣）
7. ［解説］研究用エックス線分析装置の安全管理（小池裕也・林恵利子・木村圭志・飯本武志・紺谷貴之・板倉隆雄・中村利廣）
8. ［解説］色即是空による量子と回折の表現（藤居義和）

II 原著論文
有害元素分析
9. 蛍光 X 線スペクトル Lα/Lβ 強度比に対する化学結合効果の影響（塩井亮介・山本 孝・河合 潤）
10. 蛍光 X 線分析装置による確度の高いスクリーニング法の開発―すずめっき及びすず－ビスマスめっき中の鉛定量への応用―（久留須一彦・工藤あい子・山下 智）
11. 蛍光 X 線分析によるエコ電線被覆原料管理のための標準試料の開発（久留須一彦・工藤あい子・山下 智・濱渦博美・西口雅己・松田賢士）
12. アルミニウム合金中 Cd, Pb 及び Cr の XRF による評価方法の開発（山下 智・久留須一彦・工藤あい子）
13. 鉛およびビスマス化合物の L 吸収／発光スペクトル（上原 康・河瀬和雅）
14. 波長分散型微小部高感度蛍光 X 線分析装置による各種材料分析への応用（廣田正樹・寺島徳也・袖岡毅志・高瀬可浩・和田信之・片岡由行・山田康治郎）
15. 微小部蛍光 X 線分析法による「電気パン」の安全性に関する検討（原田雅章）
16. 放射光マイクロビーム蛍光 X 線分析を用いたシダ植物ヘビノネゴザの Pb と Cu の蓄積機構に関する研究（三尾咲紀子・柏原輝彦・保倉明子・北島信行・後藤文之・吉原利一・阿部知子・中井 泉）
17. ケイ酸カルシウム系イオン交換体トバモライトを金属捕集剤として利用した水溶液中微量重金属の簡易蛍光 X 線分析（村松康司・井澤良太・西岡 洋・野上太郎）
18. 試料厚さをパラメータに残した単色 X 線励起 FP 法によるプラスチック試料中の有害元素の定量分析（倉橋正保・城所敏浩・大畑昌輝・松山重倫・衣笠晋一・日置昭治）
19. 小型 EDX を用いたサブ ppm の分析（X 線技研）村岡弘一・宇高 忠・谷口一雄）
20. 多源励起蛍光 X 線分析法を用いた装置開発（村岡弘一・伊藤実奈子・浦池重治・宇高 忠・谷口一雄）
21. 散乱 X 線の理論強度を用いる不定形樹脂の蛍光 X 線分析（小川理絵・越智寛友・西埜 誠・市丸直人・大和亮介・渡邊信次）
22. ハンディー全反射蛍光 X 線スペクトロメータの高感度化について（国村伸祐・井田博之・河合 潤）
23. 血液中金属元素の全反射蛍光 X 線分析（中村卓也・松井 宏・川又誠也・中野和彦・片山貴子・日野雅之・鰐渕英機・荒波一史・山田 隆・辻 幸一）

XPS
24. 帯電液滴エッチング法による PET フィルムの

XPS 深さ方向分析（飯島善時・成瀬幹夫・境 悠治・平岡賢三）

イメージング
25. パラメトリック X 線の位相コントラストイメージングへの応用（高橋由美子・早川恭史・桑田隆生・境 武志・中尾圭佐・野上杏子・田中俊成・早川 建・佐藤 勇）
26. 投影型 X 線回折イメージング法による氷の融解・凝固過程の in-situ 観察（水沢まり・桜井健次）

反射率・小角散乱
27. X-Ray Analysis of Yb Ultra Thin Film: Comparison of Gas Deposition and Ordinary Vacuum Evaporation（Martin JERAB・桜井健次）
28. X 線小角散乱法による霧の中の液滴の粒径分布測定（矢野陽子・松浦一雄・田中雅彦・井上勝晶）

化学状態分析
29. 放射光軟 X 線吸収分光法による播州駄菓子かりんとうの劣化評価；内部脂質部と表面糖質部の酸化状態分析（鎌本啓志・村松康司・天野 治・Eric M. Gullikson）
30. 全電子収量軟 X 線吸収分光法による sp^3 系炭素表面酸素の定量・状態分析技術（鎌本啓志・村松康司・Eric M. Gullikson）

考古学
31. ポータブル蛍光 X 線分析装置への試料観察機構の導入と古代エジプト美術館所蔵ガラスの考古化学的研究（菊川 匡・阿部善也・真田貴志・中井 泉）
32. 蛍光 X 線分析によるイラク製初期ラスター彩陶器の特性化（三浦早苗・加藤慎啓・中井 泉・真道洋子）
33. ポータブル X 線分析装置を用いたイスラーム陶器の白色釉薬の考古化学的研究（権代紘志・加藤慎啓・中井 泉・真道洋子）

III 国際会議報告
34. 第 57 回デンバー X 線会議体験記（中野和彦）
35. SARX2008 報告（湯浅哲也）
36. EXRS2008 報告（保倉明子）
37. The Status and Progresses of Chinese X-Ray Fluorescence Spectrometry Studies and Activities － View on Chinese X-Ray Spectrometry Conference －（Liqiang Luo）

IV 新刊紹介
38. 「X 射線蛍光光譜儀」
39. 「現代無機材料組成与結構表征」
40. 「X 射線蛍光光譜分析」
41. 「X 線反射率法入門」
42. "X-Ray Compton Scattering"
43. "X-Ray Absorption Fine Structure-XAFS13:13th International Conference Stanford, California, U.S.A. 9-14 July 2006 (AIP Conference Proceedings)"

V 既掲載 X 線粉末回折図形索引 No.1（Vol.8）～ No.10（Vol.18）（物質名と化学式名による）

VI 2008 年 X 線分析のあゆみ
1. X 線分析関係国内講演会開催状況
2. X 線分析研究懇談会講演会開催状況
3. X 線分析研究懇談会規約
4. 「X 線分析の進歩」投稿の手引き
　第 3 回浅田榮一賞
5. （社）日本分析化学会 X 線分析研究懇談会 2009 年度運営委員名簿

VII X 線分析関連機器資料
VIII 既刊総目次
IX X 線分析の進歩 40 索引

◇ X 線分析の進歩 41（X 線工業分析第 45 集）
（平成 22 年（2010）発行）
B5 判 260 頁　本体価格 5,500 円
アグネ技術センター

1. 新井智也氏　追悼

I 総説・解説
2. 2009 年 X 線分析関連文献総合報告（江場宏美・栗崎敏・高山 透・永谷広久・中野和彦・林 久史・原田 誠・前尾修司・松尾修司・村松康司）
3. 高感度ハンディー全反射蛍光 X 線分析装置（国村伸祐・河合 潤）
4. X 線と内殻過程に関する国際会議（向山 毅）
5. PIXE 分析にありがちな Pitfalls（落とし穴）—信頼できるデータを得るために—（西山文隆）

II 原著論文
6. 回折 X 線幅を用いた結晶子サイズの異なる二酸化チタン粉体混合物の評価（宮内宏哉・北垣 寛・中村知彦・中西貞博・河合 潤）
7. 可搬型蛍光 X 線透視分析装置を用いた土壌・鉱物試料の X 線イメージングと元素分析（丸茂克美・小野雅弘・小野木有佳・細川好則）
8. ニュースバルにおける産業用分析ビームライン（BL-5）の供用開始について（長谷川孝行・上村雅治・鶴井孝文・清水政義・雨宮健太・福島 整・太田俊明・元山宗之・神田一浩）
9. X 線光電子分光深さ方向分析用帯電液滴エッチ

ング銃の開発（飯島善時・成瀬幹夫・境 悠治・平岡賢三）
10. X線反射率法によるイオン液体水溶液に含まれるCl⁻イオンの表面深さ方向分析（矢野陽子・宇留賀朋哉・谷田 肇・豊川秀訓・寺田靖子・山田廣成）
11. CK端軟X線吸収測定の光強度モニターに用いる金板の簡易洗浄法（村松康司・Eric M. Gullikson）
12. 天然ゴムの放射光軟X線発光・吸収スペクトル（久保田雄基・村松康司・原田竜介・Jonathan D. Denlinger・Eric M. Gullikson）
13. フレネル回折を用いたX線導波路の理論解析（森川悠佑・河合 潤）
14. 放射光軟X線発光分光法を用いたカーボンブラック配合天然ゴムの非破壊組成比分析（村松康司・原田竜介・久保田雄基・Jonathan D.Denlinger）
15. ノート型パソコンの音声入力用A/Dコンバータを用いたX線計測（中江保一・河合 潤）
16. 軟X線分光スペクトル測定装置用生体試料測定システムの設計・開発・性能評価（栗崎敏・迫川泰幸・松尾修司・脇田久伸）
17. X線CT法による特殊構造材料の内部構造の解明（村田 潔・小西友弘・木原 勉・岩波睦修）
18. 蛍光X線スペクトルのケミカルシフトを用いた鉄鋼スラグ中Alの化学状態分析（山本知央・宮内宏哉・山本 孝・河合 潤）
19. プラスチック試料からの溶出液中金属元素の全反射蛍光X線分析（川又誠也・今西由紀子・中野和彦・辻 幸一）
20. 焦電結晶の小型高エネルギーX線源への応用（弘栄介・山本 孝・河合 潤）
21. 針葉樹状カーボンナノ構造体を用いた冷陰極X線源（鈴木良一・小林慶規・石黒義久）
22. 紀元前2千年紀後半におけるエジプトおよびメソポタミアの銅着色ガラスの分析（菊川 匡・阿部善也・中井 泉）

III 国際会議報告
23. CSI，ICXOM国際会議とモンゴルX線国際会議報告（河合 潤）
24. 第58回デンバーX線会議とワークショップ開催（早川慎二郎）

IV 新刊紹介
25. "Powder Diffraction"
26. "The New Quantum Mechanics"
27. 「南極越冬記」
28. 「かけがえのない日々」
29. "X-Ray Lasers 2008"，"Fundamentals of X-ray Physics"
30. "Quantum Mechanics in a Nutshell"

V 既掲載X線粉末回折図形索引 No.1（Vol.8）～No.10（Vol.18）（物質名と化学式名による）

VI 2009年X線分析のあゆみ
1. X線分析関係国内講演会開催状況
2. X線分析研究懇談会講演会開催状況
3. X線分析研究懇談会規約
4. 「X線分析の進歩」投稿の手引き
  第4回浅田榮一賞
  第1回X線分析研究懇談会特別賞
5. （社）日本分析化学会X線分析研究懇談会2010年度運営委員名簿

VII X線分析関連機器資料
VIII 既刊総目次
IX X線分析の進歩41 索引

◇X線分析の進歩42（X線工業分析第46集）
（平成23年（2011）発行）
B5判 409頁 本体価格 5,500円
アグネ技術センター

1. 奥正興先生を偲んで（大津直史・我妻和明）

I 総説・解説
2. フィルタに捕集した物質の定量分析：検量線法と非検量線法（土性明秀・石橋晃一）
3. 2010年X線分析関連文献総合報告（江場宏美・高山 透・永谷広久・中野 和・林 久史・原田雅章・前尾修司・松尾修司・松林信行・山本 孝）
4. 京都大学総合博物館2010年企画展「科学技術Xの謎」報告（塩瀬隆之）
5. 後方散乱線によるX線画像の最近の進歩（藤本真也）
6. 全反射蛍光X線分析法の発展（国村伸祐）
7. X線全反射の物理的な意味（河合 潤）
8. X線ナノ集光の現状と展望（高野秀和）
9. SPring-8における計数型1次元・2次元検出器の開発とその応用（豊川秀訓）

II 原著論文
10. SEM-EDXにおけるオーディオアンプX線計数（澤 龍・中江保一・森川悠佑・河合 潤）
11. SDDを搭載したポータブル全反射蛍光X線装置による感度及び定量性の改善（永井宏樹・中嶋佳秀・国村伸祐・河合 潤）
12. ユーロ硬貨を含むバイカラー硬貨の波長分散型

13. マイクロパターンガス検出器 "Micro Pixel Chamber(μ-PIC)" による 2 次元 X 線イメージング（永吉 勉・田口武慶・谷森 達・窪 秀利・Joseph Don Parker・山本 潤・高西陽一）
14. 蛍光 X 線透視分析装置による汚染土壌分析（丸茂克美・小野木有佳・大塚晴美・細川好則）
15. ファンダメンタルパラメータ法を利用したピーク分離の精密化（荒木淑絵・山下博樹・寺田慎一）
16. 蛍光 X 線分析法による生石灰中の二酸化炭素および強熱減量の定量分析（井上 稔・山田康治郎・北村真央・後藤規文）
17. CCD 画像から取り出した信号による位置分解 XAFS 分析（岡本芳浩・塩飽秀啓・鈴木伸一・矢板 毅）
18. ゾルゲル過程で形成される金属酸化物の Kβ サテライトスペクトル（林 久史・青木敏美・小川敦子・小村紗世・金井典子・片桐美奈子）
19. 電気分解により電極から溶出した金属の蛍光 X 線イメージング（山本英喜・原田雅章）
20. 新規リンドープ酸化チタンの XRD・XPS による解析（岩瀬元希・藤尾侑輝・長濱 俊・山田啓二・栗崎 敏・脇田久伸）
21. 帯電液滴エッチングで得られる高分子材料表面挙動の XPS・AFM による解析（飯島善時・成瀬幹夫・境 悠治・平岡賢三）
22. EPMA による凝固組織の定量マッピング（松島朋裕・臼井幸夫）
23. スチレン類二量化に有効な鉄シリカ触媒の XAFS 法による構造解析（山本 孝・菊池 淳・岡田咲紀・山下和秀・佐田知沙・今井昭二・三好徳和・和田 眞）
24. 焦電結晶によるパルス状の電界放射（中江保一・河合 潤）
25. 音声入力用 A/D コンバータを用いた X 線計測（中江保一・河合 潤）
26. ハンディー全反射蛍光 X 線分析装置による水の微量元素分析（Deh Ping TEE・河合 潤）
27. マジックアングルで測定した黒鉛系炭素の高分解能 CK 端 XANES（村松康司・Eric M. GULLIKSON）
28. 液体セルを用いない液体有機化合物の全電子収量 XANES 測定（村松康司・久保田雄基・玉谷幸代・Eric M. GULLIKSON）
29. 軟 X 線吸収分光法による固体および溶液中の軽元素の状態分析（栗崎 敏・三木祐典・南 慧多・横山尚平・國道伸一郎・岩瀬元希・迫川泰幸・松尾修司・脇田久伸）
30. 水生植物の切断に伴う蛍光 X 線スペクトルの変化（林 久史・郷 えり子・廣瀬友理）
31. 米中カドミウムの高感度分析と管理体制への提案（村岡弘一・粟津正啓・宇高 忠・谷口一雄）
32. 寛永通宝における主要金属元素の分布測定（村松康司・大江剛志・小川理絵・西埜 誠・大野ひとみ・内原 博・衣川良介）
33. 散乱 X 線の理論強度を用いる少量有機試料の蛍光 X 線分析（小川理絵・越智寛友・西埜 誠・市丸直人・大和亮介）
34. 鉛ガラス－鉛系釉薬試料の蛍光 X 線分析における検量線法の適用（権代紘志・阿部善也・中井 泉）
35. 蛍光 X 線検出用電気化学セルの開発と電極反応のその場蛍光 X 線分析（早川慎二郎・田畑春奈・島本達也・森 聡美・廣川 健）
36. 放射光マイクロビーム蛍光 X 線分析と XAFS 解析によるホンモンジゴケ（Scopelophila cataractae）体内における銅と鉛の蓄積に関する研究（吉井雄一・保倉明子・阿部知子・井藤賀操・榊原 均・寺田靖子・中井 泉）

Ⅲ 技術ノート

37. Tsallis エントロピーを用いた蛍光 X 線マトリックス効果の解析（河合 潤・岩崎寛之・Ágnes NAGY）
38. Localised impurity analysis of a 45° inclined sample by grazing-exit SEM-EDX(Abbas ALSHEHABI・Jun KAWAI)

Ⅳ 国際会議報告

39. The 8th China Conference on X-Ray Spectrometry (Shangjun ZHUO)
40. 環太平洋国際化学会議 PACIFICHEM2010 における軟 X 線分析シンポジウム "Analytical Applications and New Technical Developments of Soft X-Ray Spectroscopy" の報告（村松康司）
41. EXRS 2010 国際会議報告（保倉明子）

Ⅴ．新刊紹介

42. "Portable X-ray Fluorescence Spectrometry: Capabilities for In Situ Analysis"
43. "X-Ray Optics and Microanalysis, Proceedings of the 20th International Congress: AIP Conference Proceedings No. 1221"
44. "Introduction to XAFS, A Practical Guide to X-ray

Absorption Fine Structure Spectroscopy"
45. "Synchrotron-Based Techniques in Soils and Sediments"
46. 「すべて分析化学者がお見通しです－薬物から環境まで微量でも検出するスゴ腕の化学者」
47. "X-Rays in Nanoscience"
48. 「科学技術 X の謎：天文・医療・文化財あらゆるものの姿をあらわす X 線にせまる」
49. 「放射光による応力とひずみの評価」

Ⅵ 既掲載 X 線粉末回折図形索引 No.1（Vol.8）～No.10（Vol.18）（物質名と化学式名による）

Ⅶ 2010 年 X 線分析のあゆみ
1. X 線分析関係国内講演会開催状況
2. X 線分析研究懇談会講演会開催状況
3. X 線分析研究懇談会規約
4. 「X 線分析の進歩」投稿の手引き
   第 5 回浅田榮一賞
5. （社）日本分析化学会 X 線分析研究懇談会 2011 年度運営委員名簿

Ⅷ X 線分析関連機器資料
Ⅸ 既刊総目次
Ⅹ X 線分析の進歩 42 索引

◇ X 線分析の進歩 43（X 線工業分析第 47 集）
（平成 24 年（2012）発行）
B5 判 535 頁　本体価格 5,500 円
アグネ技術センター

Ⅰ 総説・解説
1. 2011 年 X 線分析関連文献総合報告（江場宏美・篠田弘造・高山 透・永谷広久・中野和彦・原田雅章・前尾修司・松林信行・森 良弘・山本 孝）
2. EPMA の定義と英和対訳版 ISO 規格へのコメン（河合 潤）
3. 和歌山カレー砒素事件鑑定資料—蛍光 X 線分析（河合 潤）
4. 合成化学研究室における X 線結晶解析—多核金属錯体を中心に（御厨正博）
5. X 線反射率解析における問題点とその改良（藤居義和）

Ⅱ 原著論文
6. 波長分散型蛍光 X 線分析による元素情報を利用した平行ビーム X 線回折法を用いた回折－吸収定量法の鎮痛剤への応用（岩田明彦・河合 潤）
7. The Compact TXRF Cell on Base of the Planar X-Ray Waveguide-Resonator（V.K. Egorov・E.V. Egorov）

8. 低軟 X 線領域における大口径シリコンドリフト検出器を利用した部分蛍光収量 XAFS 測定（与儀千尋・石井秀司・中西康次・渡辺 巌・小島一男・太田俊明）
9. NEXAFS 法を用いたスパッタリング c-BN 薄膜の評価（新部正人・小高拓也・堀 聡子・井上尚三）
10. 毛髪のカルシウム含量と酸化状態のサブミクロン顕微マッピング（伊藤 敦・井上敬文・竹原孝二・瀧慶曉・篠原邦夫）
11. 禁止帯領域で得られるスペクトルを用いたエネルギー非走査 XPS の補正（望月崇宏・里園 浩）
12. N-K 吸収スペクトルにおける TEY 法および TFY 法での分析深さの評価（小高拓也・新部正人・三田村 徹）
13. 蛍光 X 線分析法による鉱石及び土壌の化学分析（丸茂克美・小野木有佳・野々口 稔）
14. 土器の蛍光 X 線分析—主成分酸化物の日常分析のための少量試料ガラスビードと，定量に関する幾つかの検討（中山健一・市川慎太郎・中村利廣）
15. 海水試料の全反射蛍光 X 線分析における試料準備方法の検討（吉岡達史・今西由紀子・辻 幸一・高部秀樹・秋岡幸司・土井教史・荒井正浩）
16. SAGA-LS の現状と BL11 での XAFS 測定の材料研究への展開（岡島敏浩・大谷亮太・隅谷和嗣・河本正秀）
17. Hard Disk Top Layer Analysis by Total Reflection X-Ray Photoelectron Spectroscopy (TRXPS)（Abbas ALSHEHABI・Nobuharu SASAKI・Jun KAWAI）
18. 小型 X 線分析顕微鏡の開発（駒谷慎太郎・青山朋樹・大澤澄人・辻 幸一）
19. ランタン近傍元素（I, Cs, Ba, La, Ce, Pr, Nd）の $L\gamma$ スペクトル（林 久史・金井典子・竹原由貴・大平香奈・山下結里）
20. XPS による帯電液滴照射と低速単原子イオン照射後の高分子材料表面解析（飯島善時・成瀬幹夫・境 悠治・平岡賢三）
21. 蛍光 X 線分析法による高強熱増量ガラスビードの定量分析—フェロシリコンへの適用例—（井上 央・山田康治郎・渡辺 充・本間 寿・原 真也・片岡由行）
22. 酸化ニッケル担持金触媒の状態分析（西川裕昭・川本大祐・大橋弘範・陰地 宏・本間徹也・小林康浩・岡上吉広・濱崎昭行・石田玉青・横山拓史・徳永 信）
23. X 線吸収分光法と ^{197}Au Mössbauer 分光法を組み合わせた金属酸化物担持金触媒のキャラクタリ

ゼーション：金合金生成の確認（川本大祐・西川裕昭・大橋弘範・陰地　宏・本間徹生・小林康浩・濱崎昭行・石田玉青・岡上吉広・德永　信・横山拓史）
24. 蛍光X線分析法による寒天電解質中の金属イオンの拡散係数の測定（服部英喜・原田雅章）
25. 貴重考古資料である「せん佛」のX線分析顕微鏡を用いた科学分析（杉下知絵・藤原　学・松下隆之・池田重良）
26. 中国古代紙史料である大谷文書紙片の科学分析（白澤恵美・藤原　学・江南和幸・池田重良）
27. X線分析による中央アナトリア鉄器時代の土器に使用された黒/褐色系顔料の特性化（五月女祐亮・黄　嵩凱・中井　泉）
28. 科学捜査のための高エネルギー放射光蛍光X線分析法による土砂試料中の微量重元素の定量法の開発（古谷俊輔・黄　嵩凱・前田一誠・鈴木裕子・阿部善也・大坂恵一・伊藤真義・太田充恒・二宮利男・中井　泉）
29. 放射光蛍光X線分析を用いる重金属超蓄積シダ植物ヘビノネゴザ（$Athyrium\ yokoscense$）におけるCd蓄積機構の研究（田岡裕規・保倉明子・後藤文之・吉原利一・阿部知子・寺田靖子・中井　泉）
30. 高感度蛍光X線分析装置を用いる唐辛子中微量元素の定量および産地判別手法の開発（柴沢恵・久世典子・稲垣和三・中井　泉・保倉明子）
31. 焦電結晶上での二元X線発生機構（山岡理恵・山本　孝・湯浅賢俊・今井昭二）
32. X-Ray Reflection Tomography Reconstruction for Surface Imaging: Simulation Versus Experiment（Vallerie Ann INNIS-SAMSON1・Mari MIZUSAWA・Kenji SAKURAI）
33. 西洋漆喰施工後に生じる白華現象のX線分析による解明（西岡　洋・村松康司・廣瀬美佳）
34. ニュースバル多目的ビームラインBL-10における軟X線吸収分析（1）；分光特性評価と軽元素標準物質のXANES測定（村松康司・潰田明信・原田哲男・木下博雄）
35. 金属基板上に蒸発乾固した液体有機化合物の全電子収量XANES測定（村松康司・Eric M. Gullikson）
36. 炭素系試料の全電子収量CK端XANESにおけるπ*/σ*ピーク強度比の考察；sp^2炭素とsp^3炭素からなる粒子混合系と分子系の比較（村松康司・Eric M. Gullikson）
37. ポータブル蛍光X線分析装置を用いた熊本県・茨城県出土古代ガラスの考古化学的研究（松崎真弓・白瀧絢子・池田朋生・中井　泉）
38. SEM-EDXにおける絶縁試料の帯電の有無によるX線スペクトル変化（酒徳唱太・今宿　晋・河合　潤）
39. エネルギー分散方式と単色X線励起の組合せによる軟X線領域の高感度化（村岡弘一・宇高　忠）
40. 単素子SDDを用いる蛍光XAFS測定系とカルシウム水溶液についてのK殻XAFS測定（早川慎二郎・島本達也・野崎恭平・生天目博文・廣川　健）

Ⅲ 技術ノート
41. ブランド品財布と偽造品のSEM-EDXを用いた像観察および組成分析（澤　龍・河合　潤）

Ⅳ 国際会議報告
42. 第4回X線ファンダメンタル・パラメータ国際ワークショップ報告（河合　潤）
43. 第14回TXRF報告［2011年6月6-9日，ドイツ・ドルトムント］（岩田明彦）
44. ICXOM21報告（玉作賢治）
45. CSI37報告（岡島敏浩）
46. Report on 9th Chinese X-Ray Spectrometry Conference (CXRSC)（Ying LIU）
47. 第60回デンバーX会議報告（今宿　晋）
48. 国際分析科学会議（ICAS 2011）（2011年5月22日〜25日国立京都国際会館）（保倉明子）

Ⅴ 新刊紹介
49. "Charged Particle and Photon Interactions with Matter: Recent Advances, Applications, and Interface"
50. 「現代物理学［展開シリーズ］3　光電子固体物性」
51. 「同步辐射应用基础」
52. "Elements of Modern X-Ray Physics (Second Edition)"
53. 「科学ジャーナリズムの先駆者―評伝 石原純」
54. 「いにしえの美しい色―X線でその謎にせまる―ツタンカーメンから，陶磁器，仏教美術まで」

Ⅵ 2011年X線分析のあゆみ
1. X線分析関係国内講演会開催状況
2. X線分析研究懇談会講演会開催状況
3. X線分析研究懇談会規約
4. 「X線分析の進歩」投稿の手引き
　　第6回浅田榮一賞
5. （社）日本分析化学会X線分析研究懇談会2011年度運営委員名簿

Ⅶ X線分析関連機器資料
Ⅷ X線分析の進歩43　索引

◇ X線分析の進歩 44（X線工業分析第 48 集）
（平成 25 年（2013）発行）
B5 判 356 頁　本体価格 5,500 円
アグネ技術センター

1. 追悼　宇高忠さんを偲んで（谷口一雄）

I　総説・解説

2. 絶縁性試料の SEM-EDX 分析（澤 龍・今宿 晋・河合 潤）
3. Peculiarities of the Planar Waveguide-Resonator Application for TXRF Spectrometry（V.K. Egorov・E.V. Egorov）
4. 2012 年 X 線分析関連文献総合報告（江場宏美・国村伸祐・篠田弘造・永谷広久・中野和彦・保倉明子・松林信行・森 良弘・山本 孝）
5. 和歌山毒カレー事件の法科学鑑定における放射光 X 線分析の役割（中井 泉・寺田靖子）

II　原著論文

6. Influence of Substrate Direction on Total Reflection X-Ray Fluorescence Analysis（Ying LIU・Susumu IMASHUKU・Deh Ping TEE・Jun KAWAI）
7. トバモライト生成過程における前駆体 C-S-H ゲルの構造（松野信也・名雪三依・菊間 淳・松井久仁雄・小川晃博）
8. XRF Analysis of Soils Contaminated by Dust Falls（Katsumi MARUMO・Nobuhiko WADA・Hideki OKANO・Yuka ONOKI）
9. 複合型 X 線光学素子を備えた微小部蛍光 X 線分析装置の開発と評価（松矢淳宣・辻 幸一）
10. 角度分解 XPS 測定によるフォトレジスト膜表面重合フッ素化合物の深さ方向分析（飯島善時・久保田俊夫・追中脩平）
11. 鉛 L 線とヒ素 K 線の重なり I －ヒ素の K 線強度の変化（岩田明彦・河合 潤）
12. 鉛 L 線とヒ素 K 線の重なり II －鉛の L 線強度比の変化（岩田明彦・河合 潤）
13. デジタル・オシロスコープによる焦電結晶の X 線発生時間変化測定（大平健悟・今宿 晋・河合 潤）
14. 焦電結晶を用いた小型 EPMA の製作（今西 朗・今宿 晋・河合 潤）
15. 和歌山カレーヒ素事件鑑定資料の軽元素組成の解析（河合 潤）
16. 蛍光 X 線分析と X 線透過画像撮影機能を持つポータブル X 線分析装置の開発（安田啓介・Chuluunbaatar Batchuluun・川越光洋）
17. 高エネルギー放射光蛍光 X 線分析を利用した古代土器の産地推定（河野由布子・黄 嵩凱・阿部善也・中井 泉）
18. 蛍光 X 線分析を用いたサトイモの微量元素分析と産地判別への応用（岩崎美穂・今井晶子・中村 哲・鈴木忠直・中井 泉）
19. 佐賀県鳥栖市出土の古代ガラスに関する考古化学的研究（松崎真弓・白瀧絢子・池田朋生・中井 泉）
20. ハンドヘルド型蛍光 X 分析装置を用いた汚染地域における植物と土壌の分析（岡部哲也・Tantrakarn Kriengkamol・阿部善也・中井 泉）
21. ニュースバル多目的ビームライン BL10 における軟 X 線吸収分析（2）；前置ミラーの炭素汚染除去による分光特性の向上と工業ゴムの軟 X 線吸収分析への適用（村松康司・潰田明信・植村智之・原田哲男・木下博雄）
22. 非骏化物試料のガラスビード法による蛍光 X 線分析―ファンダメンタル・パラメータ法による炭化ケイ素の定量分析―（渡辺 充・山田康治郎・井上 央・片岡由行）
23. 焦電結晶を用いた密封系小型高電場発生ユニットの製作と電場触媒反応への応用に向けた試み（山岡理惠・坂上知里・馬木良輔・山本 孝）
24. X 線回折法によるジルコニア結晶化過程に対する金属イオン添加効果の検討（寺町 葵・山下和秀・山本 孝）
25. 放射光蛍光 X 線を用いるヒ素超集積植物モエジマシダ（Pteris vittata L.）におけるヒ素およびセレン蓄積機構の解明（花嶋宏起・北島信行・阿部知子・保倉明子）
26. 絶縁物試料の転換電子収量 XAFS 測定における電位勾配の影響（早川慎二郎・進 七生・廣川 健・生天目博文）

III　国際会議報告

27. 第 3 回モンゴル X 線国際会議報告（河合 潤）
28. 第 13 回 SARX2012 報告［2012 年 11 月 18-23 日，コロンビア・サンタマルタ］（岩田明彦）
29. 第 61 回デンバー X 線会議 2012 報告（平野新太郎）
30. EXRS 2012 国際会議報告［2012 年 6 月 18 日～22 日，オーストリア・ウィーン］（保倉明子）

IV　新刊紹介

31. "X-Rays and Materials"
32. 「X 線散乱と放射光科学　基礎編」
33. 「X 線物理学の基礎」
34. 「放射光ユーザーのための検出器ガイド―原理と

35. "Topics in X-Ray Spectrometry"
36. "The X-Ray Standing Wave Technique, Principles and Applications"
37. 「分析化学実技シリーズ機器分析編・6 蛍光X線分析」

V 既掲載X線粉末回折図形索引 No.1（Vol.8）〜No.10（Vol.18）（物質名と化学式名による）
1. X線分析関係国内講演会開催状況
2. X線分析研究懇談会講演会開催状況
3. X線分析研究懇談会規約
4. 「X線分析の進歩」投稿の手引き
   第7回浅田榮一賞
5. （公社）日本分析化学会X線分析研究懇談会2012年度運営委員名簿

VII X線分析関連機器資料
VIII 既刊総目次
IX X線分析の進歩44 索引

◇X線分析の進歩45（X線工業分析第49集）
（平成26年（2014）発行）
B5判 頁 本体価格5,500円
アグネ技術センター

1. 追悼元山宗之博士を偲んで（村松康司・上月秀徳）

I 総説・解説
2. X線ラマン散乱の90年―その過去，現在，未来―（林 久史）
3. ガラスキャピラリーを用いたイオンビーム収束, 低速原子散乱法, X線収束の研究（梅澤憲司）
4. X線分析から消えた言葉（林 久史）
5. サンプルリターンにおける放射光軟X線分光分析の役割：惑星物質探査から将来生命探査まで（薮田ひかる）

II 原著論文
6. ポータブルX線装置による屋外通信設備材料の評価の検討（東 康弘・中江保一・河合 潤・篠塚 功・澤田 孝）
7. 和歌山カレーヒ素事件における卓上型蛍光X線分析の役割（河合 潤）
8. 和歌山カレーヒ素事件鑑定における赤外吸収分光の役割（杜 祖健・河合 潤）
9. XPS価電子帯およびXANESスペクトルと第一原理計算による加熱劣化6, 13-bis (triisopropyl silylethynyl) pentaceneの化学状態解析（室 麻衣子・夏目 穣・菊間 淳・瀬戸山寛之）
10. トバモライト生成過程における前駆体C-S-Hゲルの構造（II）小角散乱（松野信也・名雪三依・坂本直紀・松井久仁雄・小川晃博）
11. リアルタイム蛍光X線顕微鏡の ray-tracing（桑原章二）
12. ストレートポリキャピラリーと二次元検出器を備えた波長分散型蛍光X線イメージング装置の開発と特性評価（江本精二・辻 幸一・加藤秀一・山田 隆・庄司 孝）
13. 3d遷移金属のL特性X線における結合状態・励起条件の影響評価（上原 康・本谷 宗）
14. 姫路城いぶし瓦の劣化評価（1）；表面炭素膜の放射光軟X線吸収分析（村松康司・古川佳保・村上竜平・小林正治・Eric M. GULLIKOSON）
15. 姫路城いぶし瓦の劣化評価（2）；SEM-EDXによる表面炭素膜の膜厚測定（村上竜平・村松康司・小林正治）
16. 焦電結晶によるX線発生における放電現象とX線強度のエネルギー依存性（大平健悟・今宿 晋・河合 潤）
17. 焦電結晶を用いた小型EPMAによる軽元素の分析（大谷一誓・今宿 晋・河合 潤）
18. ポータブル全反射蛍光X線分析装置を用いたガソリン中の硫黄分析（永井宏樹・椎野 博・中嶋佳秀）
19. ハンディーサイズ全反射蛍光X線分析装置によるひじき浸出水中の微量元素分析（劉 穎・今宿 晋・河合 潤）
20. 小型白色X線管を用いたX線反射率測定装置（大西庸礼・今宿 晋・弓削是貴・河合 潤・志村尚美）
21. 蛍光X線分析法によるCH比や酸素濃度が異なるオイル中無機元素の定量分析（森川敦史・川久航介・渡邉健二・山田康治郎・片岡由行）
22. 氷砂糖とイオン結晶の破壊におけるX線と可視光の発生（横井 健・松岡駿介・今宿 晋・河合 潤）
23. NaClのカラーセンター着色（辻 拓哉・岩崎寛之・河合 潤）
24. 共焦点型3次元蛍光X線分析法によるリチウムイオン二次電池の電極材料分析（八木良太・平野新太郎・辻 幸一・Mareike Falk・Jurgen Janek・Ursula Fittschen）
25. 116 keVの高エネルギー放射光を用いた蛍光X線分析による古代ガラスの非破壊重元素分析法の開発（阿部善也・菊川 匡・中井 泉）
26. ニュースバル多目的ビームラインBL10における軟X線吸収分析（3）；液体有機化合物とエンジ

ンオイルの状態分析（植村智之・村松康司・南部啓太・原田哲男・木下博雄）
27. 宮崎県・鹿児島県から出土した古代ガラスの考古化学的研究（柳瀬和也・松﨑真弓・澤村大地・橋本英俊・東 憲章・永濵功治・中井 泉）
28. 放射光蛍光X線イメージングによるチャノキにおけるCs吸収・蓄積機構に関する研究（小田菜保子・寺田靖子・中井 泉）
29. SDD用真空コリメーターの開発と大気中での軽元素蛍光X線分析（牧野泰希・吉岡剛志・百崎賢二郎・辻 笑子・野口直樹・西脇芳典・橋本 敬・本多定男・二宮利男・藤原明比古・高田昌樹・早川慎二郎）
30. 積層した焦電結晶によるX線発生挙動およびその温度依存性（山本 孝・馬木良輔・山岡理恵）

III 国際会議報告
31. 第38回真空紫外・X線物理国際会議（VUVX2013）報告（林 久史）
32. 第62回デンバーX線会議報告（秋岡幸司・辻 幸一）
33. Report on 10th Chinese X-Ray Spectrometry Conference (CXRSC) (Ying LIU)
34. 第49回X線分析討論会および第15回全反射蛍光X線分析法（TXRF2013）国際会議合同会議報告（辻 幸一）
35. CSI XXXVIII 参加報告（久冨木志郎）
36. 廣川吉之助先生 叙勲のお祝い（佐藤成男）

IV 新刊紹介
37. 「石岡繁雄が語る氷壁・ナイロンザイル事件の真実」
38. 「薄膜の評価技術ハンドブック」
39. "Handheld XRF for Art and Archaeology (STUDIES IN ARCHAEOLOGICAL SCIENCES)"
40. 「私は66歳，99歳まで人生を楽しもうか」

V 既掲載X線粉末回折図形索引 No.1（Vol.8）～No.10（Vol.18）（物質名と化学式名による）

VI 2013年X線分析のあゆみ
1. X線分析関係国内講演会開催状況
2. X線分析研究懇談会講演会開催状況
3. X線分析研究懇談会規約
4. 「X線分析の進歩」投稿の手引き
第8回浅田榮一賞
5. （社）日本分析化学会X線分析研究懇談会2013年度運営委員名簿

VII X線分析関連機器資料
VIII 既刊総目次
IX X線分析の進歩45 索引

（価格は発売時の本体価格です）

「X線分析の進歩総目次」
ホームページへのリンクについて

アグネ技術センターのホームページで「X線分析の進歩」の在庫状況などを知ることができます．下記アドレスをクリックするとそのホームページにリンクします．

ht:p://www.agne.co.jp/books/xray_index.htm

X線分析の進歩 46　索引

凡　　例

本索引はキーワードの和文索引，キーワードの英文索引の二つに分類してある．

1. 和文についての配列はかな書きの五十音順とした．
2. 和文索引における英文字（元素記号，記号，略歴など）はアルファベット読みとし，五十音順に配列した．
3. 和文と英文とで構成されている用語の英文は発音読みとした．したがって例えば Rietveld 解析はリ項に入る．
4. 数字，長音（ー），ウムラウト（¨），アポストロフィー（'s），上つき，下つき（A_{x-y}），（　）中の用語は配列において無視した．
5. ギリシャ文字 α, β, γ, は alpha, bata, gammer またはアルファ，ベータ，ガンマと読んだ．
6. よう音（つまる音），促音（はねる音）は一固有音と同一に扱った．
7. 濁音，半濁音は清音と同一に扱うが，かなが同一のときは，清音，濁音，半濁音の順とした．
8. 英文索引はアルファベット順とした．

キーワード和文索引

ア 行

ISO 13196 ……………………………………… 145
医学応用 ………………………………………… 134
EDXRF …………………………………………… 251
ウオルターミラー ……………………………… 237
SDD ……………………………………………… 145
XRF ……………………………………………… 145
XAFS …………………………………………… 178
X線回折 …………………………………… 245, 294
X線吸収端構造 ………………………………… 318
X線検出器 ……………………………………… 111
X線顕微鏡 ……………………………………… 237
X線集光系 ……………………………………… 214
X線発生器 ……………………………………… 348
X線発生装置 …………………………………… 27
エネルギー分散型X線分光法 ……………… 111
エネルギー分散型蛍光X線分析（法） …… 214, 333
FP法 ……………………………………………… 228
尾形光琳 ………………………………………… 98

カ 行

回折格子 ………………………………………… 160
回折格子分光器 ………………………………… 160
海底熱水鉱床 …………………………………… 214
拡散 ……………………………………………… 207
カチオンとアニオン …………………………… 207
カドミウム ………………………………… 59, 333
瓦 ………………………………………………… 309
環境 ……………………………………………… 145
環境汚染 ………………………………………… 294
鑑識科学 ………………………………………… 278
寒天 ……………………………………………… 207
ガンドルフィアタッチメント ………………… 245
球面湾曲結晶 …………………………………… 187
きゅうり ………………………………………… 261
共焦点型蛍光X線分析 ………………………… 269
均質性 …………………………………………… 77
金泥 ……………………………………………… 98
金箔 ……………………………………………… 98
CrとFe化合物の化学状態分析 ……………… 187

蛍光X線 …………………………………… 207, 237
蛍光X線分光計 ………………………………… 348
蛍光X線分光法 ………………………………… 339
蛍光X線分析（法） ………………… 59, 77, 228
$K\beta_{1,3}$発光の化学効果 ………………………… 187
結晶子形状 ……………………………………… 245
原子吸光分析法 ………………………………… 59
元素イメージング ……………………………… 269
元素分析 …………………………… 237, 251, 348
元素マッピング ………………………………… 309
高圧電源 ………………………………………… 27
高エネルギー蛍光X線分析 …………………… 278
工業材料 ………………………………………… 145
紅白梅図屛風 …………………………………… 98
高分解能 ………………………………………… 111
小型電子顕微鏡 ………………………………… 203
固体試料 ………………………………………… 77
コッククロフト回路 …………………………… 27
コメ，米 …………………………………… 59, 333
コンピュータートモグラフィー ……………… 237

サ 行

細胞生物 ………………………………………… 134
細胞内元素 ……………………………………… 134
細胞内分布 ……………………………………… 134
XAFS …………………………………………… 178
3次元像 ………………………………………… 237
散乱線補正 ……………………………………… 333
CO_2地中貯留 …………………………………… 228
実験室用・1結晶型・高分解能X線分光器 … 187
焦電結晶 …………………………………… 203, 348
食品分析 ………………………………………… 333
試料調製 ………………………………………… 77
シンクロトロン放射光 ………………………… 318
迅速分析 ………………………………………… 228
スクリーニング法 ……………………………… 333
石油中微量分析 ………………………………… 328
Cs吸着 …………………………………………… 294
全反射 …………………………………………… 214
全反射蛍光X線分析 …………………………… 261

走査型蛍光エックス線顕微鏡··················134

タ 行

大気エアロゾル··251
第三世代放射光源······································167
堆積岩··228
脱出深さ··77
単色 X 線励起··328
炭素膜··309
タンタル··339
置換めっき··269
超硬合金肺··178
超伝導直列接合検出器······························111
超伝導トンネル接合··································111
定量分析··339
投影型電子顕微鏡······································203
頭髪··33
土砂··278
トマト··261

ナ 行

軟 X 線··167
軟 X 線吸収··318
軟 X 線吸収分光··309
軟 X 線多層膜··160
軟 X 線反射率··318
軟 X 線分析··318
二重湾曲結晶··328
粘土鉱物··294

ハ 行

波長分散型蛍光 X 線分析·························328
ばれいしょ··261
ハンドヘルド··145
PMI··145
PM2.5···251
ビームエミッタンス··································167

東日本大震災··294
微小部分析··269
ヒ素··33
姫路城··309
標準物質··59
病理組織標本··178
微量元素分析··261
微量分析··178
品質管理··145
フォトンカウンティング··························237
福島第一原子力発電所（FDNP）············294
文化財··145
粉末試料··77
粉末 X 線回折··278
偏光光学系··251
放射光······································167, 278, 309
放射光 XRF（SR-XRF）···························178
放射光マイクロビーム蛍光 X 線イメージング······294
放射光分光ビームライン··························160
ポリキャピラリー X 線レンズ·················214

マ 行

マイクロ波··261
毛髪··33

ラ 行

Rietveld 法···245
リサイクル··145
硫化銀··98
硫化鉱物··214
硫酸ナトリウム二水和物··························245
ルースパウダー法····································228
RoHS··145

ワ 行

和歌山カレーヒ素事件································33
惑星探査··348

キーワード英文索引

A
Agar······207
Analysis of trace elements in petroleum······327
Analytical depth······77
Arsenic······33
Atmospheric aerosol······251
Atomic absorption spectrometry······59

B
Beam emittance······167
Biology······133

C
Cadmium······59, 333
Calcium sulfate hydrate······245
Carbon film······309
Cations and anions······207
Cesium adsorption······293
Chemical effects of $K\beta_{1,3}$ emissions······187
Chemical state analysis of Cr and Fe compounds······187
Clay minerals······293
CO_2 geological sequestration······227
Cockcroft-Walton generator······27
Computed tomography······237
Confocal XRF······269
Crystallite shape······245
Cucumber······261
Cultural assets······145

D
Diffraction grating······159
Diffusion······207
Displacement plating······269
Double curved crystal······327

E
EDX······111
EDXRF······251
Element analysis······237
Elemental analysis······251, 347
Elemental imaging······269
Elemental mapping······309
Energy dispersive X-ray fluorescence analytical method······214
Energy dispersive X-ray fluorescence spectrometry······333
Environment······145
Environmental pollution······293

F
Food analysis······333
Forensic Science······278
Fukushima Daiichi Nuclear Plant······293
Fundamental parameter method······227

G
Gandolfi attachment······245
Gold foil······97
Gold powder······97
Grating monochromator······159

H
Hair······33
Handheld······145
High resolution······111
High voltage power supply······27
High-energy X-ray Fluorescence Analysis······278
Himeji Castle······309
Histopathological specimen······177
Homogeneity······77

I
Industrial materials······145
Intracellular element······133
ISO 13196······145

J
Japanese roof tiles······309

K
Korin OGATA······97

L
Laboratory-use high-resolution X-ray spectrometer······187
Localization······133
Loose powder methods······227
Low power······13

M

Medical application	133
Micro analysis	269
Microwave	261
Monochromatic X-ray source	327

N

Non-monochromatic	13

P

Photon-counting	237
Planetary exploration	347
PM2.5	251
PMI	145
Polarized optics	251
Polycapillary X-ray lens	214
Portable electron microscope	203
Portable TXRF spectrometer	13
Potato	261
Powdery sample	77
Projection type electron microscope	203
Pyroelectric crystal	203, 347

Q

Quality Control	145
Quantitative analysis	339

R

Rapid analysis	227
Recycling	145
"Red and White Plum Blossoms" Screens	97
Reference materials	59
Rice	59, 333
Rietveld refinement	245
RoHS	145

S

Sample preparation	77
Scanning X-ray fluorescence microscopy	133
Scattering correction	333
Screening method	333
SDD	145
Seafloor hydrothermal deposit	214
Sedimentary rock	227
Silver sulfide	97
Soft X-ray	167

Soft X-ray absorption	309, 317
Soft X-ray multilayer	159
Soft X-ray reflectivity	317
Soil	278
Solid sample	77
Spherically-bent crystal analyzer	187
Sulfide mineral	214
Superconducting series-junction detector	111
Superconducting tunnel junction	111
Synchrotron radiation	167, 278, 309, 317
Synchrotron Radiation beamline	159
Synchrotron radiation μ-XRF imaging	293
Synchrotron radiation X-ray fluorescence	177

T

Tantalum	339
The Great East Japan Earthquake	293
Third generation light source	167
Three-dimensional image	237
Tomato	261
Total reflection	214
Total reflection X-ray fluorescence	261
Total reflection X-ray fluorescence (TXRF) spectrometry	13
Trace element analysis	177
Trace elemental analysis	261
Tungsten carbide lung disease	177

W

Wakayama curry poisoning case	33
WDXRF	327
Wolter mirror	237

X

XAFS	177
XANES	317
X-ray detector	111
X-ray diffraction	245, 293
X-ray diffractometer (XRD)	13
X-ray fluorescence (XRF)	145, 207, 237, 339
X-ray fluorescence (XRF) analysis	227
X-ray fluorescence spectrometer	347
X-ray fluorescence spectrometry	59, 77
X-ray focusing system	214
X-ray generator	27, 347
X-ray microscope	237
X-ray Powder Diffraction	278

X線分析の進歩 46
（X線工業分析 第50集）

（公社）日本分析化学会　　編	2015年3月25日印刷
X線分析研究懇談会 ©	2015年3月31日発行

発行所　株式会社 アグネ技術センター
　　　　東京都港区南青山 5-1-25　北村ビル
　　　　電話 03-3409-5329（代）　〒107-0062

印刷所　株式会社 平河工業社
　　　　東京都新宿区新小川町 3-9
　　　　電話 03-3269-4111（代）　〒162-0814

2015 Printed in Japan

落丁本・乱丁本はお取り替えいたします．
定価の表示は表紙カバーにしてあります．

X線分析研究懇談会，本シリーズ（X線分析の進歩）へのご意見，お問い合わせは㈱アグネ技術センター内"X線分析の進歩係"までお寄せ下さい．

表紙のデザインは，理学電機㈱広報センター部の創案によるものです．

ISBN978-4-901496-77-3 C3043